中国社会科学年鉴

教育部人文社会科学重点研究基地
中国人民大学伦理学与道德建设研究中心 主办

中国伦理学年鉴 2016

CHINESE ETHICS ALMANAC

杨伟清 主编

中国社会科学出版社

图书在版编目（CIP）数据

中国伦理学年鉴．2016／杨伟清主编．—北京：中国社会科学出版社，2019.12
ISBN 978－7－5203－5811－8

Ⅰ．①中…　Ⅱ．①杨…　Ⅲ．①伦理学—中国—2016—年鉴
Ⅳ．①B82－54

中国版本图书馆 CIP 数据核字(2019)第 290475 号

出 版 人　赵剑英
责任编辑　张靖晗
责任校对　邓晓春
责任印制　张雪娇

出　　版　中国社会科学出版社
社　　址　北京鼓楼西大街甲 158 号
邮　　编　100720
网　　址　http://www.csspw.cn
发 行 部　010－84083685
门 市 部　010－84029450
经　　销　新华书店及其他书店

印刷装订　三河市东方印刷有限公司
版　　次　2019 年 12 月第 1 版
印　　次　2019 年 12 月第 1 次印刷

开　　本　787×1092　1/16
印　　张　31.75
插　　页　2
字　　数　677 千字
定　　价　228.00 元

《中国伦理学年鉴》2016卷编写委员会

编辑说明

《中国伦理学年鉴》是由教育部重点研究基地“中国人民大学伦理学与道德建设研究中心”主办的大型文献资料性学术年刊。秉承学术性、权威性、客观性、前沿性的宗旨，《中国伦理学年鉴》力求反映中国伦理学学术研究和道德实践的年度总貌。

《中国伦理学年鉴》的编写始于2011年，至今已出版5卷，其中前4卷由九州出版社出版，自2015卷起改由中国社会科学出版社出版。

《中国伦理学年鉴》2016卷的栏目及内容如下：

特载：对道德建设有重大影响的党和国家领导人的重要讲话与政府重要文件。

道德事件：在国内发生的并引起广泛关注的道德与不道德的事件。

社会道德建设述评：国家在社会道德建设方面的行动、举措与成就。

研究报告：对国内学者伦理学研究成果的综述。

论文荟萃：精选优质的伦理学论文。

新书选介：精选并简介优质的伦理学新书。

学术动态：对伦理学会议、课题、博士论文的综述。

伦理学人：对伦理学研究和道德建设做出卓越贡献的学者简介。

《中国伦理学年鉴》2016卷的编写得到了国内伦理学人的大力支持，在此表示由衷的感谢。在编写过程中，我们尽力想要做到最好，但由于年鉴编写工作量大，涉及的内容广泛，很可能会出现这样或那样的疏漏与错误，请各位学者、专家和读者批评指正。

《中国伦理学年鉴》编辑委员会

2018年9月

目　录

第一篇　特　载

第二篇　道德事件

第三篇 社会道德建设评述

第四篇 研究报告

第五篇 论文荟萃

第六篇　新书选介

第七篇 学术动态

第八篇　伦理学人

Main Contents

I Special Column: Important Speeches Delivered by Chinese Political Leaders

II Influential Moral Events

III Reports on Social and Moral Constructions

IV Research Reports

V Selected Digestions of Research Articles

VI Selected Introductions of New Books

VII Academic Activities

VIII Chinese Ethicists

第一篇

特　　载

习近平在知识分子、劳动模范、青年代表座谈会上的讲话（节选）*

新华社合肥4月30日电　4月26日，中共中央总书记、国家主席、中央军委主席习近平在安徽合肥主持召开知识分子、劳动模范、青年代表座谈会并发表重要讲话。以下是讲话节选。

大家好！我这次来安徽调研，正好是“五一”国际劳动节、“五四”青年节前夕。今天，我们在这里召开一个座谈会，请一些知识分子、劳动模范、青年代表来座谈，主要是想当面听听大家的意见和建议，号召广大知识分子、广大劳动群众、广大青年共同为全面建成小康社会而奋斗，并以此纪念即将到来的“五一”国际劳动节、“五四”青年节。

首先，我代表党中央，向在座各位，并通过你们，向全国广大知识分子、广大劳动群众、广大青年，致以诚挚的问候和节日的祝贺！

今天这个座谈会，请来的是知识分子、劳动模范、青年代表。这样安排，我们是有考虑的。我国是工人阶级领导的、以工农联盟为基础的人民民主专政的社会主义国家。知识分子是工人阶级的一部分，劳动人民是国家的主人，青年是中国特色社会主义事业接班人、是国家的未来和民族的希望。我们要全面建成小康社会，进而建成富强民主文明和谐的社会主义现代化国家，实现中华民族伟大复兴，必须依靠知识，必须依靠劳动，必须依靠广大青年。这是我们国家和民族发展的力量所在，也是我们事业成功的力量所在。

我们正处在实现“两个一百年”奋斗目标中第一个一百年奋斗目标、全面建成小康社会的决胜阶段。党的十八届五中全会和“十三五”规划纲要，描绘了全面建成小康社会宏伟蓝图。现在，摆在我们面前的任务是把美好蓝图变为现实。广大知识分子、广大劳动群众、广大青年要紧跟时代、肩负使命、锐意进取，把自身的前途命运同国家和民族的前途命运紧紧联系在一起，努力为全面建成小康社会贡献智慧和

---

* 原文出处：新华网，http://news.xinhuanet.com/politics/2016-04/30/c_1118776008.htm? =r7urn14408，此文标题为编者所加，并做了删改。

力量。

全面建成小康社会，我国广大知识分子能够提供十分重要的人才支撑、智力支撑、创新支撑。希望我国广大知识分子充分发挥自身优势，勇于担当、敢于创新，服务社会、报效人民，努力作出新的更突出的贡献。

勇立潮头、引领创新，是广大知识分子应有的品格。面对日益激烈的国际竞争，我们必须把创新摆在国家发展全局的核心位置，不断推进理论创新、制度创新、科技创新、文化创新等各方面创新。广大知识分子要增强创新意识，敢于走前人没有走过的路，敢于抢占国内国际创新制高点。要把握创新特点，遵循创新规律，既奇思妙想、“无中生有”，努力追求原始创新，又兼收并蓄、博采众长，善于进行集成创新和引进消化吸收再创新；既甘于“十年磨一剑”，开展战略性创新攻关，又对接现实需求，及时开展应急性创新攻关；既尊重个人创造，发挥尖兵作用，又注重集体攻关，发挥合作优势。要坚持面向经济社会发展主战场、面向人民群众新需求，让创新成果更多更快造福社会、造福人民。

天下为公、担当道义，是广大知识分子应有的情怀。我国知识分子历来有浓厚的家国情怀，有强烈的社会责任感。“修身齐家治国平天下”，“为天地立心、为生民立命、为往圣继绝学、为万世开太平”，“先天下之忧而忧，后天下之乐而乐”，这些思想为一代又一代知识分子所尊崇。现在，党和人民更加需要广大知识分子发扬这样的担当精神。这是一份沉甸甸的责任。广大知识分子要坚持国家至上、民族至上、人民至上，始终胸怀大局、心有大我。要坚守正道、追求真理，立足我国国情，放眼观察世界，不妄自菲薄，不人云亦云。要实事求是、客观公允，重实情、看本质、建真言，多为推进党和人民事业发展献计出力。任何时候任何情况下，都不能做有损国家民族尊严、有损知识分子良知的事。

知识分子工作是党的一项十分重要的工作。各级党委和政府要切实尊重知识、尊重人才，充分信任知识分子，努力为广大知识分子工作学习生活创造更好条件。要深化科技、教育、文化体制改革，深化人才发展体制改革，加快形成有利于知识分子干事创业的体制机制，放手让广大知识分子把才华和能量充分释放出来。要遵循知识分子工作特点和规律，减少对知识分子创造性劳动的干扰，让他们把更多精力集中于本职工作。要善于运用沟通、协商、谈心等方式做好知识分子思想工作，多了解他们工作学习生活中的困难，多同他们共同探讨一些问题，多鼓励他们取得的成绩和进步。

知识分子有思想、有主见、有责任，愿意对一些问题发表自己的见解。各级党委和政府、各级领导干部要就工作和决策中的有关问题主动征求他们的意见和建议，欢迎他们提出批评。对来自知识分子的意见和批评，只要出发点是好的，就要热忱欢迎，对的就要积极采纳。即使一些意见和批评有偏差，甚至不正确，也要多一些包容、多一些宽容，坚持不抓辫子、不扣帽子、不打棍子。人不是神仙，提意见、提批评不能要求百分之百正确。如果有的人提出的意见和批评不妥当或者是错误的，要开展充分的说理工作，引导他们端正认识、转变观点，而不要一下子就把人看死了，更不要回避他们、排斥他们。各级领导干部要善于同知识分子打交道，做知识分子的挚友、诤友。

劳动模范是劳动群众的杰出代表，是最美的劳动者。劳动模范身上体现的“爱岗敬业、争创一流，艰苦奋斗、勇于创新，淡泊名利、甘于奉献”的劳模精神，是伟大时代精神的生动体现。我们要在全社会大力宣传劳动模范的先进事迹，号召全社会向他们学习、向他们致敬。要为劳动模范更好施展才华、展现精神品格提供全方位支持，使他们的劳动技能、创新方法、管理经验能广泛传播，充分发挥示范带动作用。劳动模范要珍惜荣誉、谦虚谨慎、再接再厉，不断在新的起点上为党和人民创造更大业绩。

素质是立身之基，技能是立业之本。广大劳动群众要勤于学习，学文化、学科学、学技能、学各方面知识，不断提高综合素质，练就过硬本领。要立足岗位学，向师傅学，向同事学，向书本学，向实践学。三百六十行，行行出状元。任何一名劳动者，无论从事的劳动技术含量如何，只要勤于学习、善于实践，在工作上兢兢业业、精益求精，就一定能够造就闪光的人生。

人类是劳动创造的，社会是劳动创造的。劳动没有高低贵贱之分，任何一份职业都很光荣。广大劳动群众要立足本职岗位诚实劳动。无论从事什么劳动，都要干一行、爱一行、钻一行。在工厂车间，就要弘扬“工匠精神”，精心打磨每一个零部件，生产优质的产品。在田间地头，就要精心耕作，努力赢得丰收。在商场店铺，就要笑迎天下客，童叟无欺，提供优质的服务。只要踏实劳动、勤勉劳动，在平凡岗位上也能干出不平凡的业绩。

梦想属于每一个人，广大劳动群众要敢想敢干、敢于追梦。说到底，实现中华民族伟大复兴的中国梦，要靠各行各业人们的辛勤劳动。现在，党和国家事业空间很大，只要有志气有闯劲，普通劳动者也可以在宽广舞台上展示自己的人生价值。许多劳动模范平凡而感人的事迹，都充分说明了这一点。我们要在全社会大力弘扬劳动精神，提倡通过诚实劳动来实现人生的梦想、改变自己的命运，反对一切不劳而获、投机取巧、贪图享乐的思想。

各级党委和政府要关心和爱护广大劳动群众，切实把党和国家相关政策措施落实到位，不断推进相关领域改革创新，坚决扫除制约广大劳动群众就业创业的体制机制和政策障碍，不断完善就业创业扶持政策、降低就业创业成本，支持广大劳动群众积极就业、大胆创业。要切实维护广大劳动群众合法权益，帮助广大劳动群众排忧解难，积极构建和谐劳动关系。

实现中华民族伟大复兴的中国梦，需要一代又一代有志青年接续奋斗。青年人朝气蓬勃，是全社会最富有活力、最具有创造性的群体。党和人民对广大青年寄予厚望。

广大青年要自觉践行社会主义核心价值观，不断养成高尚品格。要以国家富强、人民幸福为己任，胸怀理想、志存高远，投身中国特色社会主义伟大实践，并为之终生奋斗。要加强思想道德修养，自觉弘扬爱国主义、集体主义精神，自觉遵守社会公德、职业道德、家庭美德。要坚持艰苦奋斗，不贪图安逸，不惧怕困难，不怨天尤人，依靠勤劳和汗水开辟人生和事业前程。“看似寻常最奇崛，成如容易却艰辛。”青年的人生之路很长，前进途中，有平川也有高山，有缓流也有险滩，有丽日也有风雨，有喜悦也有哀伤。心中有阳光，脚下有力量，为了理想能坚持、不懈怠，才能创造无愧于时代的人生。

广大青年要自觉奉献青春，为全面建成小康社会多作贡献。青年时光非常可贵，要用来干事创业、辛勤耕耘，为将来留下珍贵的回忆。广大农村青年要在发展现代农业、建设社会主义新农村中展现现代农民新形象，广大企业青年要在积极参与生产劳动、产品研发、管理创新中创造更多财富，广大科研单位青年要在深入钻研学问、主动攻克难题中多出创新成果，广大机关事业单位青年要在提高为社会、为民众服务水平中建功立业。

各级党委和政府要充分信任青年、热情关心青年、严格要求青年、积极引导青年，为广大青年成长成才、创新创造、建功立业做好服务保障工作。各级领导干部要做青年朋友的知心人、青年工作的热心人。

我就讲这些。最后，祝大家工作顺利、身体健康、阖家幸福，在今后的工作中取得更大成绩！

用社会主义核心价值观凝心聚力——《习近平总书记系列重要讲话读本》之十一主要内容（节选）*

文化是民族生存和发展的重要力量。人类社会每一次跃进，人类文明每一次升华，无不伴随着文化的历史性进步。没有文明的继承和发展，没有文化的弘扬和繁荣，就没有中华民族伟大复兴的中国梦的实现。习近平总书记指出："中华民族创造了源远流长的中华文化，也一定能够创造出中华文化新的辉煌。"要坚持社会主义先进文化前进方向，坚定文化自信，增强文化自觉，加快文化改革发展，加强社会主义精神文明建设，培育和践行社会主义核心价值观，增强国家文化软实力，建设社会主义文化强国。

1. 推动物质文明和精神文明协调发展

一个国家要实现奋斗目标，既要不断地丰富物质财富，也要不断地丰富精神财富。一个民族要实现复兴，既需要强大的物质力量，也需要强大的精神力量。习近平总书记形象地指出："当高楼大厦在我国大地上遍地林立时，中华民族精神的大厦也应该巍然耸立。"

推动物质文明和精神文明协调发展，要以辩证的、全面的、平衡的观点正确处理两者之间的关系。一方面，"仓廪实而知礼节，衣食足而知荣辱"，这是物质文明对精神文明的决定性作用，但另一方面，精神文明反过来也会促进物质文明，这两者是相辅相成的。要深刻认识经济基础对上层建筑的决定作用，深刻认识上层建筑对经济基础的反作用，既要有硬实力，也要有软实力，物质财富要极大丰富，精神财富也要极大丰富。要在坚持以经济建设为中心、抓好物质文明建设的同时，继续锲而不舍、一以贯之抓好精神文明建设，为全国各族人民不断前进提供坚强的思想保证、强大的精神力量、丰润的道德滋养。

要抓好理想信念建设。一个国家，一个民族，要同心同德迈向前进，必须有共同

---

* 原文出处：人民网，http://politics.people.com.cn/n1/2016/0505/c1001-28325813.html。

的理想信念作支撑。人民有信仰，民族才有希望，国家才有力量。要在全党全社会持续深入开展建设中国特色社会主义宣传教育，高扬主旋律，唱响正气歌，不断增强道路自信、理论自信、制度自信和文化自信。

2. 培育和践行社会主义核心价值观

任何一个社会都存在多种多样的价值观念和价值取向，要把全社会意志和力量凝聚起来，必须有一套与经济基础和政治制度相适应并能形成广泛社会共识的核心价值观。核心价值观在一定社会的文化中是起中轴作用的，是决定文化性质和方向的最深层次要素，是一个国家的重要稳定器。习近平总书记指出："人类社会发展的历史表明，对一个民族、一个国家来说，最持久、最深层的力量是全社会共同认可的核心价值观。"如果没有共同的核心价值观，一个民族、一个国家就会魂无定所、行无依归。

在当代中国，我们的民族、我们的国家应该坚守的社会主义核心价值观，就是党的十八大提出要倡导的富强、民主、文明、和谐，自由、平等、公正、法治，爱国、敬业、诚信、友善。社会主义核心价值观把涉及国家、社会、公民三个层面的价值要求融为一体，深入回答了我们要建设什么样的国家、建设什么样的社会、培育什么样的公民的重大问题。习近平总书记指出，要"用社会主义核心价值观凝魂聚力，更好构筑中国精神、中国价值、中国力量，为中国特色社会主义事业提供源源不断的精神动力和道德滋养"。必须通过教育引导、舆论宣传、文化熏陶、行为实践、制度保障等，使社会主义核心价值观内化于心、外化于行。

3. 牢牢掌握意识形态工作领导权和话语权

意识形态工作是党的一项极端重要的工作。2013 年 8 月 19 日，习近平总书记在全国宣传思想工作会议上指出："能否做好意识形态工作，事关党的前途命运，事关国家长治久安，事关民族凝聚力和向心力。"在集中精力进行经济建设的同时，必须一刻也不放松和削弱意识形态工作。要把意识形态工作领导权和话语权牢牢掌握在手中，不断巩固马克思主义在意识形态领域的指导地位，巩固全党全国人民团结奋斗的共同思想基础。

做好意识形态工作，要正确认识、处理党性和人民性的关系。党性和人民性从来都是一致的、统一的。我们党是全心全意为人民服务的马克思主义政党，从本质上说，坚持党性就是坚持人民性，坚持人民性也就是坚持党性，没有脱离人民性的党性，也没有脱离党性的人民性。因此必须把体现党的主张和反映人民心声统一起来。坚持党性，核心就是坚持正确政治方向，站稳政治立场，坚定宣传党的理论和路线方针政策，坚定宣传中央重大工作部署，坚定宣传中央关于形势的重大分析判断，坚决同党中央保持一致，坚决维护中央权威。这是大原则，决不能动摇。坚持人民性，就是要把实现好、维护好、发展好最广大人民根本利益作为出发点和落脚点，坚持以民为本、以人为本，解决好"为了谁、依靠谁、我是谁"这个根本问题，坚持以人民为中心的工作导向，把党的理论和路线方针政策变成人民群众的自觉行动，及时把人民群众创造的经验和面临的实际情况反映出来，丰富人民精神世界，增强人民精神力量。

4. 坚持以人民为中心的创作导向

文艺是时代前进的号角，最能代表一个时代的风貌，最能引领一个时代的风气。2014 年 10 月 15 日，习近平总书记在文艺工作座谈会上的讲话中指出："实现'两个一百年'奋斗目标、实现中华民族伟大复兴的中国梦是长期而艰巨的伟大事业。伟大事业需要伟大精神。实现这个伟大事业，文艺的作用不可替代，文艺工作者大有可为。"推动文艺繁荣发展，要牢固树立马克思主义文艺观，始终坚持以人民为中心的创作导向，生产出无愧于我们这个伟大民族、伟大时代的优秀作品。

文艺为什么人的问题，是一个根本的问题，原则的问题。习近平总书记指出："社会主义文艺，从本质上讲，就是人民的文艺。"文艺要反映好人民心声，就要坚持为人民服务、为社会主义服务这个根本方向。这是党对文艺战线提出的一项基本要求，也是决定我国文艺事业前途命运的关键。要把满足人民精神文化需求作为文艺和文艺工作的出发点和落脚点，把人民作为文艺表现的主体，把人民作为文艺审美的鉴赏家和评判者，把为人民服务作为文艺工作者的天职。

5. 传承和弘扬中华优秀传统文化

中华优秀传统文化是中华民族的"根"和"魂"。习近平总书记高度重视中华优秀传统文化，并将其作为治国理政的重要思想文化资源。他反复强调，中华优秀传统文化是中华民族的突出优势，中华民族伟大复兴需要以中华文化发展繁荣为条件，必须结合新的时代条件传承和弘扬好中华优秀传统文化。

中华民族为人类文明进步作出了不可磨灭的贡献。5000 多年连绵不断、博大精深的中华文化，积淀着中华民族最深沉的精神追求，包含着中华民族最根本的精神基因，代表着中华民族独特的精神标识，是中华民族生生不息、发展壮大的丰厚滋养。

对传统文化进行创造性转化、创新性发展。中华优秀传统文化与社会主义市场经济、民主政治、先进文化、社会治理等还存在需要协调适应的地方。弘扬中华优秀传统文化，要处理好继承和创造性发展的关系，实现中华文化的创造性转化和创新性发展。创造性转化，就是要按照时代特点和要求，对那些至今仍有借鉴价值的内涵和陈旧的表现形式加以改造，赋予其新的时代内涵和现代表达形式，激活其生命力。创新性发展，就是要按照时代的新进步新进展，对中华优秀传统文化的内涵加以补充、拓展、完善，增强其影响力和感召力。

传承和弘扬中华优秀传统文化，并不意味着固步自封，闭上眼睛不看世界。中华民族是一个兼容并蓄、海纳百川的民族，在漫长历史进程中，不断学习他人的好东西，把他人的好东西化成自己的东西，这才形成我们的民族特色。文明因交流而多彩，文明因互鉴而丰富，对各国人民创造的优秀文明成果，都应该采取学习借鉴的态度，都应该积极吸纳其中的有益成分。要坚持从本国本民族实际出发，坚持取长补短、择善而从，讲求兼收并蓄，在不断汲取各种文明养分中丰富和发展中华文化。

6. 使网络空间清朗起来

互联网的迅猛发展，深刻改变着舆论生成方式和传播方式，改变着媒体格局和舆论生态。当前，互联网已经成为舆论斗争的主战场。习近平总书记指出："要依法加强网络社会管理，加强网络新技术新应用的管理，确保互联网可管可控。"正能量是总要求，管得住是硬道理。要坚持积极利用、科学发展、依法管理、确保安全的方针，完善互联网管理领导体制，加强网上思想文化阵地建设，净化网络环境，使我们的网络空间清朗起来。

7. 提高国家文化软实力

文化软实力集中体现了一个国家基于文化而具有的凝聚力和生命力，以及由此产生的吸引力和影响力。古往今来，任何一个大国的发展进程，既是经济总量、军事力量等硬实力提高的过程，也是价值观念、思想文化等软实力提高的进程。习近平总书记指出，提高国家文化软实力，关系我国在世界文化格局中的定位，关系我国国际地位和国际影响力，关系"两个一百年"奋斗目标和中华民族伟大复兴的中国梦的实现。

8. 讲好中国故事

讲好中国故事，必须树立强烈的文化自信。习近平总书记强调："我们有本事做好中国的事情，还没有本事讲好中国的故事？我们应该有这个信心！"我们业已形成的符合中国国情的道路不能走偏，我国 5000 多年没有断流的文化更不能丢掉。要坚守中华文化立场、传承中华文化基因、展现中华审美风范，从中华民族的辉煌历史和国家发展的伟大成就中汲取精神力量，增强文化自信，增强讲好中国故事的底色和底气。

讲好中国故事，必须积极主动、久久为功。要想国际社会了解和接受我们，就要主动把我们的想法说清楚，让正确的声音先入为主，盖过种种负面舆论和奇谈怪论。要讲好中国特色社会主义的故事，讲好中国梦的故事，讲好中国人的故事，讲好中华优秀文化的故事，讲好中国和平发展的故事。要结合当代中国实际与时俱进，多讲 21 世纪的马克思主义、新时代的马克思主义。讲好中国故事是全党的事，各个部门、各条战线都要讲。要加强统筹协调，整合各类资源，推动内宣外宣一体发展，奏响交响乐、唱响大合唱，把中国故事讲得愈来愈精彩，让中国声音愈来愈洪亮。

习近平在哲学社会科学工作座谈会上的讲话(节选)*

新华社北京5月18日电　5月17日，中共中央总书记、国家主席、中央军委主席习近平在北京主持召开哲学社会科学工作座谈会并发表重要讲话。以下是讲话节选。

今天，我们召开一个哲学社会科学工作座谈会，参加的大多是我国哲学社会科学方面的专家学者，其中有德高望重的老专家，有成果丰硕的学术带头人，也有崭露头角的后起之秀，包括马克思主义理论研究和建设工程的咨询委员或首席专家、国家高端智库代表，还有在校的博士生、硕士生、本科生，以及有关部门负责同志。首先，我向大家，向全国广大哲学社会科学工作者，致以诚挚的问候！

哲学社会科学是人们认识世界、改造世界的重要工具，是推动历史发展和社会进步的重要力量，其发展水平反映了一个民族的思维能力、精神品格、文明素质，体现了一个国家的综合国力和国际竞争力。一个国家的发展水平，既取决于自然科学发展水平，也取决于哲学社会科学发展水平。一个没有发达的自然科学的国家不可能走在世界前列，一个没有繁荣的哲学社会科学的国家也不可能走在世界前列。坚持和发展中国特色社会主义，需要不断在实践和理论上进行探索、用发展着的理论指导发展着的实践。在这个过程中，哲学社会科学具有不可替代的重要地位，哲学社会科学工作者具有不可替代的重要作用。

第一个问题：坚持和发展中国特色社会主义必须高度重视哲学社会科学

观察当代中国哲学社会科学，需要有一个宽广的视角，需要放到世界和我国发展大历史中去看。人类社会每一次重大跃进，人类文明每一次重大发展，都离不开哲学社会科学的知识变革和思想先导。从西方历史看，古代希腊、古代罗马时期，产生了苏格拉底、柏拉图、亚里士多德、西塞罗等人的思想学说。文艺复兴时期，产生了但丁、薄伽丘、达·芬奇、拉斐尔、哥白尼、布鲁诺、伽利略、莎士比亚、托马斯·莫尔、康帕内拉等一批文化和思想大家。他们中很多人是文艺巨匠，但他们的作品深刻

---

* 原文出处：新华网，http://news.xinhuanet.com/politics/2016-05/18/c_1118891128.htm。

反映了他们对社会构建的思想认识。英国资产阶级革命、法国资产阶级革命、美国独立战争前后，产生了霍布斯、洛克、伏尔泰、孟德斯鸠、卢梭、狄德罗、爱尔维修、潘恩、杰弗逊、汉密尔顿等一大批资产阶级思想家，形成了反映新兴资产阶级政治诉求的思想和观点。马克思主义的诞生是人类思想史上的一个伟大事件，而马克思主义则批判吸收了康德、黑格尔、费尔巴哈等人的哲学思想，圣西门、傅立叶、欧文等人的空想社会主义思想，亚当·斯密、大卫·李嘉图等人的古典政治经济学思想。可以说，没有18、19世纪欧洲哲学社会科学的发展，就没有马克思主义形成和发展。20世纪以来，社会矛盾不断激化，为缓和社会矛盾、修补制度弊端，西方各种各样的学说都在开药方，包括凯恩斯主义、新自由主义、新保守主义、民主社会主义、实用主义、存在主义、结构主义、后现代主义等，这些既是西方社会发展到一定阶段的产物，也深刻影响着西方社会。

中华文明历史悠久，从先秦子学、两汉经学、魏晋玄学，到隋唐佛学、儒释道合流、宋明理学，经历了数个学术思想繁荣时期。在漫漫历史长河中，中华民族产生了儒、释、道、墨、名、法、阴阳、农、杂、兵等各家学说，涌现了老子、孔子、庄子、孟子、荀子、韩非子、董仲舒、王充、何晏、王弼、韩愈、周敦颐、程颢、程颐、朱熹、陆九渊、王守仁、李贽、黄宗羲、顾炎武、王夫之、康有为、梁启超、孙中山、鲁迅等一大批思想大家，留下了浩如烟海的文化遗产。中国古代大量鸿篇巨制中包含着丰富的哲学社会科学内容、治国理政智慧，为古人认识世界、改造世界提供了重要依据，也为中华文明提供了重要内容，为人类文明作出了重大贡献。

鸦片战争后，随着列强入侵和国门被打开，我国逐步成为半殖民地半封建国家，西方思想文化和科学知识随之涌入。自那以后，我们的国家和民族经历了刻骨铭心的惨痛历史，中华传统思想文化经历了剧烈变革的阵痛。为了寻求救亡图存之策，林则徐、魏源、严复等人把眼光转向西方，从“师夷长技以制夷”到“中体西用”，从洋务运动到新文化运动，西方哲学社会科学被翻译介绍到我国，不少人开始用现代社会科学方法来研究我国社会问题，社会科学各学科在我国逐渐发展起来。

特别是十月革命一声炮响，给中国送来了马克思列宁主义。陈独秀、李大钊等人积极传播马克思主义，倡导运用马克思主义改造中国社会。许多进步学者运用马克思主义进行哲学社会科学研究。在长期实践探索中，产生了郭沫若、李达、艾思奇、翦伯赞、范文澜、吕振羽、马寅初、费孝通、钱钟书等一大批名家大师，为我国当代哲学社会科学发展进行了开拓性努力。可以说，当代中国哲学社会科学是以马克思主义进入我国为起点的，是在马克思主义指导下逐步发展起来的。

现在，我国哲学社会科学学科体系不断健全，研究队伍不断壮大，研究水平和创新能力不断提高，马克思主义理论研究和建设工程取得丰硕成果。广大哲学社会科学工作者解放思想、实事求是、与时俱进，坚持以马克思主义为指导，坚持为人民服务、为社会主义服务方向和百花齐放、百家争鸣方针，深入研究和回答我国发展和我们党执政面临的重大理论和实践问题，推出一大批重要学术成果，为坚持和发展中国特色社会主义作出了重大贡献。

新形势下，我国哲学社会科学地位更加重要、任务更加繁重。面对社会思想观念和价值取向日趋活跃、主流和非主流同时并存、社会思潮纷纭激荡的新形势，如何巩固马克思主义在意识形态领域的指导地位，培育和践行社会主义核心价值观，巩固全党全国各族人民团结奋斗的共同思想基础，迫切需要哲学社会科学更好发挥作用。面对我国经济发展进入新常态、国际发展环境深刻变化的新形势，如何贯彻落实新发展理念、加快转变经济发展方式、提高发展质量和效益，如何更好保障和改善民生、促进社会公平正义，迫切需要哲学社会科学更好发挥作用。面对改革进入攻坚期和深水区、各种深层次矛盾和问题不断呈现、各类风险和挑战不断增多的新形势，如何提高改革决策水平、推进国家治理体系和治理能力现代化，迫切需要哲学社会科学更好发挥作用。面对世界范围内各种思想文化交流交融交锋的新形势，如何加快建设社会主义文化强国、增强文化软实力、提高我国在国际上的话语权，迫切需要哲学社会科学更好发挥作用。面对全面从严治党进入重要阶段、党面临的风险和考验集中显现的新形势，如何不断提高党的领导水平和执政水平、增强拒腐防变和抵御风险能力，使党始终成为中国特色社会主义事业的坚强领导核心，迫切需要哲学社会科学更好发挥作用。总之，坚持和发展中国特色社会主义，统筹推进“五位一体”总体布局和协调推进“四个全面”战略布局，实现“两个一百年”奋斗目标、实现中华民族伟大复兴的中国梦，我国哲学社会科学可以也应该大有作为。

面对新形势新要求，我国哲学社会科学领域还存在一些亟待解决的问题。比如，哲学社会科学发展战略还不十分明确，学科体系、学术体系、话语体系建设水平总体不高，学术原创能力还不强；哲学社会科学训练培养教育体系不健全，学术评价体系不够科学，管理体制和运行机制还不完善；人才队伍总体素质亟待提高，学风方面问题还比较突出，等等。总的看，我国哲学社会科学还处于有数量缺质量、有专家缺大师的状况，作用没有充分发挥出来。改变这个状况，需要广大哲学社会科学工作者加倍努力，不断在解决影响我国哲学社会科学发展的突出问题上取得明显进展。

历史表明，社会大变革的时代，一定是哲学社会科学大发展的时代。当代中国正经历着我国历史上最为广泛而深刻的社会变革，也正在进行着人类历史上最为宏大而独特的实践创新。这种前无古人的伟大实践，必将给理论创造、学术繁荣提供强大动力和广阔空间。这是一个需要理论而且一定能够产生理论的时代，这是一个需要思想而且一定能够产生思想的时代。我们不能辜负了这个时代。自古以来，我国知识分子就有“为天地立心，为生民立命，为往圣继绝学，为万世开太平”的志向和传统。一切有理想、有抱负的哲学社会科学工作者都应该立时代之潮头、通古今之变化、发思想之先声，积极为党和人民述学立论、建言献策，担负起历史赋予的光荣使命。

第二个问题：坚持马克思主义在我国哲学社会科学领域的指导地位

坚持以马克思主义为指导，是当代中国哲学社会科学区别于其他哲学社会科学的根本标志，必须旗帜鲜明加以坚持。

马克思主义进入中国，既引发了中华文明深刻变革，也走过了一个逐步中国化的过程。在革命、建设、改革各个历史时期，我们党坚持马克思主义基本原理同中国具体实际相结合，运用马克思主义立场、观点、方法研究解决各种重大理论和实践问题，不断推进马克思主义中国化，产生了毛泽东思想、邓小平理论、“三个代表”重要思想、科学发展观等重大成果，指导党和人民取得了新民主主义革命、社会主义革命和社会主义建设、改革开放的伟大成就。我国哲学社会科学坚持以马克思主义为指导，是近代以来我国发展历程赋予的规定性和必然性。在我国，不坚持以马克思主义为指导，哲学社会科学就会失去灵魂、迷失方向，最终也不能发挥应有作用。正所谓“夫道不欲杂，杂则多，多则扰，扰则忧，忧而不救”。

马克思主义中国化取得了重大成果，但还远未结束。我国哲学社会科学的一项重要任务就是继续推进马克思主义中国化、时代化、大众化，继续发展 21 世纪马克思主义、当代中国马克思主义。

在对待坚持以马克思主义为指导问题上，绝大部分同志认识是清醒的、态度是坚定的。同时，也有一些同志对马克思主义理解不深、理解不透，在运用马克思主义立场、观点、方法上功力不足、高水平成果不多，在建设以马克思主义为指导的学科体系、学术体系、话语体系上功力不足、高水平成果不多。社会上也存在一些模糊甚至错误的认识。有的认为马克思主义已经过时，中国现在搞的不是马克思主义；有的说马克思主义只是一种意识形态说教，没有学术上的学理性和系统性。实际工作中，在有的领域中马克思主义被边缘化、空泛化、标签化，在一些学科中“失语”、教材中“失踪”、论坛上“失声”。这种状况必须引起我们高度重视。

即使在当今西方社会，马克思主义仍然具有重要影响力。在本世纪来临的时候，马克思被西方思想界评为“千年第一思想家”。美国学者海尔布隆纳在他的著作《马克思主义：赞成与反对》中表示，要探索人类社会发展前景，必须向马克思求教，人类社会至今仍然生活在马克思所阐明的发展规律之中。实践也证明，无论时代如何变迁、科学如何进步，马克思主义依然显示出科学思想的伟力，依然占据着真理和道义的制高点。邓小平同志深刻指出：“我坚信，世界上赞成马克思主义的人会多起来的，因为马克思主义是科学。”

我国广大哲学社会科学工作者要自觉坚持以马克思主义为指导，自觉把中国特色社会主义理论体系贯穿研究和教学全过程，转化为清醒的理论自觉、坚定的政治信念、科学的思维方法。

坚持以马克思主义为指导，首先要解决真懂真信的问题。哲学社会科学发展状况与其研究者坚持什么样的世界观、方法论紧密相关。人们必须有了正确的世界观、方法论，才能更好观察和解释自然界、人类社会、人类思维各种现象，揭示蕴含在其中的规律。马克思主义关于世界的物质性及其发展规律、人类社会及其发展规律、认识的本质及其发展规律等原理，为我们研究把握哲学社会科学各个学科各个领域提供了基本的世界观、方法论。只有真正弄懂了马克思主义，才能在揭示共产党执政规律、社会主义建设规律、人类社会发展规律上不断有所发现、有所创造，才能更好识别各种唯心主义观点、更好抵御各种历史虚无主义谬论。

坚持以马克思主义为指导，核心要解决好为什么人的问题。为什么人的问题是哲学社会科学研究的根本性、原则性问题。我国哲学社会科学为谁著书、为谁立说，是为少数人服务还是为绝大多数人服务，是必须搞清楚的问题。世界上没有纯而又纯的哲学社会科学。世界上伟大的哲学社会科学成果都是在回答和解决人与社会面临的重大问题中创造出来的。研究者生活在现实社会中，研究什么，主张什么，都会打下社会烙印。我们的党是全心全意为人民服务的党，我们的国家是人民当家作主的国家，党和国家一切工作的出发点和落脚点是实现好、维护好、发展好最广大人民根本利益。我国哲学社会科学要有所作为，就必须坚持以人民为中心的研究导向。脱离了人民，哲学社会科学就不会有吸引力、感染力、影响力、生命力。我国广大哲学社会科学工作者要坚持人民是历史创造者的观点，树立为人民做学问的理想，尊重人民主体地位，聚焦人民实践创造，自觉把个人学术追求同国家和民族发展紧紧联系在一起，努力多出经得起实践、人民、历史检验的研究成果。

坚持问题导向是马克思主义的鲜明特点。问题是创新的起点，也是创新的动力源。只有聆听时代的声音，回应时代的呼唤，认真研究解决重大而紧迫的问题，才能真正把握住历史脉络、找到发展规律，推动理论创新。坚持以马克思主义为指导，必须落到研究我国发展和我们党执政面临的重大理论和实践问题上来，落到提出解决问题的正确思路和有效办法上来。要坚持用联系的发展的眼光看问题，增强战略性、系统性思维，分清本质和现象、主流和支流，既看存在问题又看其发展趋势，既看局部又看全局，提出的观点、作出的结论要客观准确、经得起检验，在全面客观分析的基础上，努力揭示我国社会发展、人类社会发展的大逻辑大趋势。

有人说，马克思主义政治经济学过时了，《资本论》过时了。这个说法是武断的。远的不说，就从国际金融危机看，许多西方国家经济持续低迷、两极分化加剧、社会矛盾加深，说明资本主义固有的生产社会化和生产资料私人占有之间的矛盾依然存在，但表现形式、存在特点有所不同。国际金融危机发生后，不少西方学者也在重新研究马克思主义政治经济学、研究《资本论》，借以反思资本主义的弊端。法国学者托马斯·皮凯蒂撰写的《21 世纪资本论》就在国际学术界引发了广泛讨论。该书用翔实的数据证明，美国等西方国家的不平等程度已经达到或超过了历史最高水平，认为不加制约的资本主义加剧了财富不平等现象，而且将继续恶化下去。作者的分析主要是从分配领域进行的，没有过多涉及更根本的所有制问题，但使用的方法、得出的结论值得深思。

第三个问题：加快构建中国特色哲学社会科学

哲学社会科学的特色、风格、气派，是发展到一定阶段的产物，是成熟的标志，是实力的象征，也是自信的体现。我国是哲学社会科学大国，研究队伍、论文数量、政府投入等在世界上都是排在前面的，但目前在学术命题、学术思想、学术观点、学术标准、学术话语上的能力和水平同我国综合国力和国际地位还不太相称。要按照立足中国、借鉴国外，挖掘历史、把握当代，关怀人类、面向未来的思路，着力构建中国特色哲学社会科学，在指导思想、学科体系、学术体系、话语体系等方面充分体现中国特色、中国风格、中国气派。

第一，体现继承性、民族性。哲学社会科学的现实形态，是古往今来各种知识、观念、理论、方法等融通生成的结果。我们要善于融通古今中外各种资源，特别是要把握好 3 方面资源。一是马克思主义的资源，包括马克思主义基本原理，马克思主义中国化形成的成果及其文化形态，如党的理论和路线方针政策，中国特色社会主义道路、理论体系、制度，我国经济、政治、法律、文化、社会、生态、外交、国防、党建等领域形成的哲学社会科学思想和成果。这是中国特色哲学社会科学的主体内容，也是中国特色哲学社会科学发展的最大增量。二是中华优秀传统文化的资源，这是中国特色哲学社会科学发展十分宝贵、不可多得的资源。三是国外哲学社会科学的资源，包括世界所有国家哲学社会科学取得的积极成果，这可以成为中国特色哲学社会科学的有益滋养。要坚持古为今用、洋为中用，融通各种资源，不断推进知识创新、理论创新、方法创新。我们要坚持不忘本来、吸收外来、面向未来，既向内看、深入研究关系国计民生的重大课题，又向外看、积极探索关系人类前途命运的重大问题；既向前看、准确判断中国特色社会主义发展趋势，又向后看、善于继承和弘扬中华优秀传统文化精华。

我们既要立足本国实际，又要开门搞研究。对人类创造的有益的理论观点和学术成果，我们应该吸收借鉴，但不能把一种理论观点和学术成果当成“唯一准则”，不能企图用一种模式来改造整个世界，否则就容易滑入机械论的泥坑。一些理论观点和学术成果可以用来说明一些国家和民族的发展历程，在一定地域和历史文化中具有合理性，但如果硬要把它们套在各国各民族头上、用它们来对人类生活进行格式化，并以此为裁判，那就是荒谬的了。对国外的理论、概念、话语、方法，要有分析、有鉴别，适用的就拿来用，不适用的就不要生搬硬套。哲学社会科学要有批判精神，这是马克思主义最可贵的精神品质。

要推出具有独创性的研究成果，就要从我国实际出发，坚持实践的观点、历史的观点、辩证的观点、发展的观点，在实践中认识真理、检验真理、发展真理。

第二，体现原创性、时代性。我们的哲学社会科学有没有中国特色，归根到底要看有没有主体性、原创性。跟在别人后面亦步亦趋，不仅难以形成中国特色哲学社会科学，而且解决不了我国的实际问题。1944 年，毛泽东同志就说过："我们的态度是批判地接受我们自己的历史遗产和外国的思想。我们既反对盲目接受任何思想也反对盲目抵制任何思想。我们中国人必须用我们自己的头脑进行思考，并决定什么东西能在我们自己的土壤里生长起来。"只有以我国实际为研究起点，提出具有主体性、原创性的理论观点，构建具有自身特质的学科体系、学术体系、话语体系，我国哲学社会科学才能形成自己的特色和优势。

理论的生命力在于创新。创新是哲学社会科学发展的永恒主题，也是社会发展、实践深化、历史前进对哲学社会科学的必然要求。社会总是在发展的，新情况新问题总是层出不穷的，其中有一些可以凭老经验、用老办法来应对和解决，同时也有不少是老经验、老办法不能应对和解决的。如果不能及时研究、提出、运用新思想、新理念、新办法，理论就会苍白无力，哲学社会科学就会"肌无力"。哲学社会科学创新可大可小，揭示一条规律是创新，提出一种学说是创新，阐明一个道理是创新，创造一种解决问题的办法也是创新。

理论思维的起点决定着理论创新的结果。理论创新只能从问题开始。从某种意义上说，理论创新的过程就是发现问题、筛选问题、研究问题、解决问题的过程。马克思曾深刻指出："主要的困难不是答案，而是问题。""问题就是时代的口号，是它表现自己精神状态的最实际的呼声。"柏拉图的《理想国》、亚里士多德的《政治学》、托马斯·莫尔的《乌托邦》、康帕内拉的《太阳城》、洛克的《政府论》、孟德斯鸠的《论法的精神》、卢梭的《社会契约论》、汉密尔顿等人著的《联邦党人文集》、黑格尔的《法哲学原理》、克劳塞维茨的《战争论》、亚当·斯密的《国民财富的性质和原因的研究》、马尔萨斯的《人口原理》、凯恩斯的《就业利息和货币通论》、约瑟夫·熊彼特的《经济发展理论》、萨缪尔森的《经济学》、弗里德曼的《资本主义与自由》、西蒙·库兹涅茨的《各国的经济增长》等著作，过去我都翻阅过，一个重要感受就是这些著作都是时代的产物，都是思考和研究当时当地社会突出矛盾和问题的结果。

当代中国的伟大社会变革，不是简单延续我国历史文化的母版，不是简单套用马克思主义经典作家设想的模板，不是其他国家社会主义实践的再版，也不是国外现代化发展的翻版，不可能找到现成的教科书。我国哲学社会科学应该以我们正在做的事情为中心，从我国改革发展的实践中挖掘新材料、发现新问题、提出新观点、构建新理论，加强对改革开放和社会主义现代化建设实践经验的系统总结，加强对发展社会主义市场经济、民主政治、先进文化、和谐社会、生态文明以及党的执政能力建设等领域的分析研究，加强对党中央治国理政新理念新思想新战略的研究阐释，提炼出有学理性的新理论，概括出有规律性的新实践。这是构建中国特色哲学社会科学的着力点、着重点。一切刻舟求剑、照猫画虎、生搬硬套、依样画葫芦的做法都是无济于事的。

第三，体现系统性、专业性。中国特色哲学社会科学应该涵盖历史、经济、政治、文化、社会、生态、军事、党建等各领域，囊括传统学科、新兴学科、前沿学科、交叉学科、冷门学科等诸多学科，不断推进学科体系、学术体系、话语体系建设和创新，努力构建一个全方位、全领域、全要素的哲学社会科学体系。

现在，我国哲学社会科学学科体系已基本确立，但还存在一些亟待解决的问题，主要是一些学科设置同社会发展联系不够紧密，学科体系不够健全，新兴学科、交叉学科建设比较薄弱。下一步，要突出优势、拓展领域、补齐短板、完善体系。一是要加强马克思主义学科建设。二是要加快完善对哲学社会科学具有支撑作用的学科，如哲学、历史学、经济学、政治学、法学、社会学、民族学、新闻学、人口学、宗教学、心理学等，打造具有中国特色和普遍意义的学科体系。三是要注重发展优势重点学科。四是要加快发展具有重要现实意义的新兴学科和交叉学科，使这些学科研究成为我国哲学社会科学的重要突破点。五是要重视发展具有重要文化价值和传承意义的“绝学”、冷门学科。这些学科看上去同现实距离较远，但养兵千日、用兵一时，需要时也要拿得出来、用得上。还有一些学科事关文化传承的问题，如甲骨文等古文字研究等，要重视这些学科，确保有人做、有传承。总之，要通过努力，使基础学科健全扎实、重点学科优势突出、新兴学科和交叉学科创新发展、冷门学科代有传承、基础研究和应用研究相辅相成、学术研究和成果应用相互促进。

发挥我国哲学社会科学作用，要注意加强话语体系建设。在解读中国实践、构建中国理论上，我们应该最有发言权，但实际上我国哲学社会科学在国际上的声音还比较小，还处于有理说不出、说了传不开的境地。要善于提炼标识性概念，打造易于为国际社会所理解和接受的新概念、新范畴、新表述，引导国际学术界展开研究和讨论。这项工作要从学科建设做起，每个学科都要构建成体系的学科理论和概念。

构建中国特色哲学社会科学是一个系统工程，是一项极其繁重的任务，要加强顶层设计，统筹各方面力量协同推进。要实施哲学社会科学创新工程，搭建哲学社会科学创新平台，全面推进哲学社会科学各领域创新。要充分发挥马克思主义理论研究和建设工程、中国特色社会主义理论体系研究中心、马克思主义学院、报刊网络理论宣传等思想理论工作平台的作用，深化拓展马克思主义理论研究和宣传教育。要运用互联网和大数据技术，加强哲学社会科学图书文献、网络、数据库等基础设施和信息化建设，加快国家哲学社会科学文献中心建设，构建方便快捷、资源共享的哲学社会科学研究信息化平台。

第四个问题：加强和改善党对哲学社会科学工作的领导

哲学社会科学事业是党和人民的重要事业，哲学社会科学战线是党和人民的重要战线。加强和改善党对哲学社会科学工作的领导，是繁荣发展我国哲学社会科学事业的根本保证。

各级党委要把哲学社会科学工作纳入重要议事日程，加强政治领导和工作指导，一手抓繁荣发展、一手抓引导管理。要深化管理体制改革，形成既能把握正确方向又能激发科研活力的体制机制，统筹管理好重要人才、重要阵地、重大研究规划、重大研究项目、重大资金分配、重大评价评奖活动。

各级党委和政府要发挥哲学社会科学在治国理政中的重要作用。党的十八届三中全会提出，要加强中国特色新型智库建设，建立健全决策咨询制度。党的十八届五中全会强调，要实施哲学社会科学创新工程，建设中国特色新型智库。2015 年 11 月，我主持中央深改组会议，通过了国家高端智库建设试点工作方案，第一批高端智库已经建立并运行起来。我在那次会议上强调，要建设一批国家亟需、特色鲜明、制度创新、引领发展的高端智库，重点围绕国家重大战略需求开展前瞻性、针对性、储备性政策研究。近年来，哲学社会科学领域建设智库热情很高，成果也不少，为各级党政部门决策提供了有益帮助。同时，有的智库研究存在重数量、轻质量问题，有的存在重形式传播、轻内容创新问题，还有的流于搭台子、请名人、办论坛等形式主义的做法。智库建设要把重点放在提高研究质量、推动内容创新上。要加强决策部门同智库的信息共享和互动交流，把党政部门政策研究同智库对策研究紧密结合起来，引导和推动智库建设健康发展、更好发挥作用。

百花齐放、百家争鸣，是繁荣发展我国哲学社会科学的重要方针。要提倡理论创新和知识创新，鼓励大胆探索，开展平等、健康、活泼和充分说理的学术争鸣，活跃学术空气。要坚持和发扬学术民主，尊重差异，包容多样，提倡不同学术观点、不同风格学派相互切磋、平等讨论。要正确区分学术问题和政治问题，不要把一般的学术问题当成政治问题，也不要把政治问题当作一般的学术问题，既反对打着学术研究旗号从事违背学术道德、违反宪法法律的假学术行为，也反对把学术问题和政治问题混淆起来、用解决政治问题的办法对待学术问题的简单化做法。

繁荣发展我国哲学社会科学，必须解决好学风问题。当前，哲学社会科学领域存在一些不良风气，学术浮夸、学术不端、学术腐败现象不同程度存在，有的急功近利、东拼西凑、粗制滥造，有的逃避现实、闭门造车、坐而论道，有的剽窃他人成果甚至篡改文献、捏造数据。有的同志比较激烈地说，现在是著作等“身”者不少、著作等“心”者不多。要大力弘扬优良学风，把软约束和硬措施结合起来，推动形成崇尚精品、严谨治学、注重诚信、讲求责任的优良学风，营造风清气正、互学互鉴、积极向上的学术生态。广大哲学社会科学工作者要树立良好学术道德，自觉遵守学术规范，讲究博学、审问、慎思、明辨、笃行，崇尚“士以弘道”的价值追求，真正把做人、做事、做学问统一起来。要有“板凳要坐十年冷，文章不写一句空”的执着坚守，耐得住寂寞，经得起诱惑，守得住底线，立志做大学问、做真学问。要把社会责任放在首位，严肃对待学术研究的社会效果，自觉践行社会主义核心价值观，做真善美的追求者和传播者，以深厚的学识修养赢得尊重，以高尚的人格魅力引领风气，在为祖国、为人民立德立言中成就自我、实现价值。

同志们！在中国特色社会主义发展历史进程中，我国广大哲学社会科学工作者天地广阔。希望大家不畏艰辛、不辱使命，以自己的智慧和努力，为实现“两个一百年”奋斗目标、实现中华民族伟大复兴的中国梦不断作出新的更大的贡献！

习近平对党和国家功勋荣誉表彰工作作出重要指示（节选）*

新华社北京5月18日电　中共中央总书记、国家主席、中央军委主席习近平近日对党和国家功勋荣誉表彰工作作出重要指示强调，要充分发挥党和国家功勋荣誉表彰的精神引领、典型示范作用，推动全社会形成见贤思齐、崇尚英雄、争做先锋的良好氛围。

习近平指出，建立健全党和国家功勋荣誉表彰制度，是完善和发展中国特色社会主义制度、推进国家治理体系和治理能力现代化的必然要求，是培育和弘扬社会主义核心价值观、增强中国特色社会主义事业凝聚力和感召力的重要手段。要加强统筹规划，从党和国家工作大局出发，牢牢把握正确方向，加强科学谋划，确保功勋荣誉表彰制度有效管用、稳定持久；要突出功绩导向，坚持以德为先，以功绩为重要衡量标准，严格掌握标准，做到宁缺毋滥，经得起实践、人民、历史检验；要坚持依法依规，严格按照规定的标准和程序开展工作，完善配套法规，维护功勋荣誉表彰的公正性和权威性；要抓好功勋荣誉表彰制度的宣传解读，阐释重大意义，为实现“两个一百年”奋斗目标、实现中华民族伟大复兴的中国梦汇聚强大精神力量。

党和国家功勋荣誉表彰工作委员会第一次全体会议18日在京召开。中共中央政治局常委、党和国家功勋荣誉表彰工作委员会主任刘云山主持会议并讲话。刘云山在讲话中指出，做好党和国家功勋荣誉表彰工作，要认真贯彻习近平总书记重要指示精神，贯彻党中央决策部署，充分准确体现党中央意图，确保工作的正确方向。要紧紧围绕“五位一体”总体布局和“四个全面”战略布局，牢牢把握工作的目标任务和原则要求，着力形成统一、规范、权威的中国特色功勋荣誉表彰制度体系。要坚持讲规矩、重程序，严格按制度办事、按规则办事，严格评选的质量和标准，做到公开透明、客观公正，确保功勋荣誉表彰工作的权威性和公信力。要抓紧制定出台配套政策法规，明确功勋荣誉表彰的类别设置、评选条件、奖励颁授等方面的工作规范和程序，做到有法可依、有章可循。要坚持群众路线，广泛听取意见，加强咨询论证，使

---

* 原文出处：新华网，http://news.xinhuanet.com/politics/2016-05/18/c_1118890603.htm。

制定的各项制度机制科学合理、务实管用。各有关部门和单位要加强对功勋荣誉表彰工作的组织领导，切实履行自身职责、落实责任分工，扎实细致做好工作；加强有关舆论宣传和政策解读，为功勋荣誉表彰工作营造良好舆论氛围。

中共中央政治局委员、党和国家功勋荣誉表彰工作委员会副主任栗战书传达了习近平的重要指示精神。

会议审议通过了《党和国家功勋荣誉表彰工作委员会工作规则》《党和国家功勋荣誉表彰工作委员会办公室工作细则》《党和国家功勋荣誉表彰工作委员会重点任务分工方案》。

2015 年 12 月 14 日，中共中央政治局会议审议通过了《关于建立健全党和国家功勋荣誉表彰制度的意见》，决定成立党和国家功勋荣誉表彰工作委员会，负责党和国家功勋荣誉表彰工作的统筹协调、政策制定和督促落实，牵头组织有关功勋荣誉表彰的评选、颁授和典礼等工作。12 月 27 日，十二届全国人大常委会第十八次会议表决通过了《中华人民共和国国家勋章和国家荣誉称号法》，该法自今年 1 月 1 日起施行。

习近平对李保国同志先进事迹作出重要批示（摘要）*

新华社北京6月12日电　中共中央总书记、国家主席、中央军委主席习近平近日对李保国同志先进事迹作出重要批示，强调自觉为人民服务为人民造福，努力做出无愧于时代的业绩。6月12日，李保国同志先进事迹报告会在北京人民大会堂举行。报告会前，中共中央政治局常委、中央书记处书记刘云山亲切会见报告团成员，向李保国亲属表示慰问，并颁发中央组织部追授李保国同志的“全国优秀共产党员”证书。以下是报道摘要。

习近平指出：“李保国同志35年如一日，坚持全心全意为人民服务的宗旨，长期奋战在扶贫攻坚和科技创新第一线，把毕生精力投入到山区生态建设和科技富民事业之中，用自己的模范行动彰显了共产党员的优秀品格，事迹感人至深。李保国同志堪称新时期共产党人的楷模，知识分子的优秀代表，太行山上的新愚公。广大党员、干部和教育、科技工作者要学习李保国同志心系群众、扎实苦干、奋发作为、无私奉献的高尚精神，自觉为人民服务、为人民造福，努力做出无愧于时代的业绩。”

李保国生前是河北农业大学教授、博士生导师。他把太行山区生态治理和群众脱贫奔小康作为毕生追求，每年深入基层200多天，让140万亩荒山披绿，带领10万农民脱贫致富。常年高强度工作让李保国积劳成疾，今年4月10日凌晨，58岁的他突发心脏病，经抢救无效去世。李保国去世后被追授“全国优秀共产党员”“时代楷模”“全国优秀教师”等荣誉称号。他的先进事迹被媒体广泛报道，在全社会引起热烈反响。

刘云山在会见时说，李保国同志的先进事迹体现了我们党全心全意为人民服务的宗旨，彰显了共产党人的本色，是一面很好的镜子。广大党员干部要认真落实习近平总书记重要批示精神，自觉向李保国同志学习，以先进典型为镜，筑牢对党忠诚的政治品格，保持纯正质朴的百姓情怀，弘扬扎实苦干的优良作风。要坚定信念、不忘初心，坚守共产党人的精神高地，带着对群众的深厚感情做工作，矢志不渝为党和人民

---

* 原文出处：新华网，http://www.xinhuanet.com//politils/2016-06/12/c-1119027652_2.htm。

的事业而奋斗。要坚持求实务实，从一点一滴做起，干在实处、走在前列，把业绩写在大地上。要淡泊名利、严于律己，树立清正廉洁、甘于奉献的良好形象。各级党组织要把李保国等先进典型作为“两学一做”学习教育的鲜活教材，引导党员干部对照学习，争做合格共产党员，更好发挥先锋模范作用。要把学习李保国同志先进事迹同打赢脱贫攻坚战结合起来，同推动科技创新、建设世界科技强国的实践结合起来，更好促进经济社会持续健康发展。宣传部门和新闻单位要深入宣传李保国同志的先进事迹和高尚精神，让更多的人受到教育和激励。

刘奇葆、赵乐际参加会见。

报告会由中央组织部、中央宣传部、教育部和中共河北省委联合主办。各主办单位负责同志、中央和国家机关干部代表、北京市基层党员干部代表、首都高校师生代表等参加报告会。会上宣读传达了习近平重要批示，报告团成员讲述了李保国同志的先进事迹和崇高精神，会场多次响起热烈掌声。

习近平主持召开中共中央政治局会议审议《中国共产党问责条例》*

新华社北京6月28日电　中共中央政治局6月28日召开会议，审议通过《中国共产党问责条例》。中共中央总书记习近平主持会议。

会议指出，权力就是责任，责任就要担当，忠诚干净担当是党对领导干部提出的政治要求。我们党95年奋斗取得的伟大成就，充分展现了共产党人的担当精神。实现“两个一百年”奋斗目标、实现中华民族伟大复兴的中国梦，关键是各级党组织尤其是党员领导干部要担当责任，做到在党忧党，为党尽职、为民尽责。只要各级领导干部心系使命、扛起责任，就没有过不去的坎。要唤醒责任意识，激发担当精神，永葆党的凝聚力和战斗力。

会议认为，问责条例是全面从严治党的利器。条例贯彻党章，坚持问题导向，紧紧围绕坚持党的领导、加强党的建设、全面从严治党、维护党的纪律、推进党风廉政建设和反腐败工作开展问责。对于失职失责造成严重后果、人民群众反映强烈、损害党执政的政治基础的都要严肃追究责任，既追究主体责任、监督责任，又追究领导责任。要把责任压给各级党组织，分解到组织、宣传、统战、政法等党的工作部门，释放有责必问、问责必严的强烈信号。

会议强调，问责条例是全面从严治党的重要制度，制度的生命在于执行。全面从严治党、推进标本兼治，最根本的就在于各级领导干部要把管党治党的责任担当起来。各级党组织都要把自己摆进去，联系实际、以上率下，敢于较真碰硬、层层传导压力，让失责必问成为常态。要紧紧围绕贯彻党的路线方针政策、协调推进“四个全面”战略布局强化问责，倒逼责任落实，确保党中央的集中统一领导，确保党中央政令畅通，确保党的团结统一。

会议还研究了其他事项。

---

* 原文出处:新华网,http://news.xinhuanet.com/politics/2016-06/28/c_1119128626.htm。

习近平主持召开东西部扶贫协作座谈会并发表重要讲话*

新华社银川7月21日电　中共中央总书记、国家主席、中央军委主席习近平20日在银川主持召开东西部扶贫协作座谈会并发表重要讲话。他强调，东西部扶贫协作和对口支援，是推动区域协调发展、协同发展、共同发展的大战略，是加强区域合作、优化产业布局、拓展对内对外开放新空间的大布局，是实现先富帮后富、最终实现共同富裕目标的大举措，必须认清形势、聚焦精准、深化帮扶、确保实效，切实提高工作水平，全面打赢脱贫攻坚战。

习近平在宁夏调研期间专门召开这次座谈会。参加座谈会的有北京、天津、辽宁、上海、江苏、浙江、福建、山东、广东和大连、苏州、杭州、宁波、厦门、青岛、广州、深圳、珠海等有帮扶任务的东部9个省市和9个城市的党委书记，内蒙古、广西、重庆、四川、贵州、云南、西藏、陕西、甘肃、青海、宁夏、新疆等接受帮扶的西部12个省区市的党委书记，京津冀协同发展对口帮扶的河北省委书记，中央和国家机关有关部门负责同志。

座谈会上，福建省委书记尤权、宁夏回族自治区党委书记李建华介绍闽宁扶贫协作情况，上海市委书记韩正、四川省委书记王东明、新疆维吾尔自治区党委书记张春贤、深圳市委书记马兴瑞先后发言。他们结合实际，就东西部扶贫协作和对口支援介绍了情况，谈了意见和建议。

习近平边听边记，不时同他们讨论交流。在听取大家发言后，习近平发表重要讲话。

习近平指出，组织东部地区支援西部地区20年来，党中央不断加大工作力度，形成了多层次、多形式、全方位的扶贫协作和对口支援格局，使区域发展差距扩大的趋势得到逐步扭转，西部贫困地区、革命老区扶贫开发取得重大进展。在西部地区城乡居民收入大幅提高、基础设施显著改善、综合实力明显增强的同时，国家区域发展总体战略得到有效实施，区域发展协调性增强，开创了优势互补、长期合作、聚焦扶

---

* 原文出处:新华网,http://news.xinhuanet.com/politics/2016-07/21/c_1119259129.htm。

贫、实现共赢的良好局面。这在世界上只有我们党和国家能够做到，充分彰显了我们的政治优势和制度优势。东西部扶贫协作和对口支援必须长期坚持下去。

习近平强调，西部地区特别是民族地区、边疆地区、革命老区、连片特困地区贫困程度深、扶贫成本高、脱贫难度大，是脱贫攻坚的短板，进一步做好东西部扶贫协作和对口支援工作，必须采取系统的政策和措施。他为此提出 4 点要求。

第一，提高认识，加强领导。西部地区要增强紧迫感和主动性，不以事艰而不为，不以任重而畏缩，倒排工期、落实责任，抓紧施工、强力推进。东部地区要增强责任意识和大局意识，下更大气力帮助西部地区打赢脱贫攻坚战。双方党政主要负责同志要亲力亲为推动工作，把实现西部地区现行标准下的农村贫困人口如期脱贫作为主要目标，加大组织实施力度。要坚持精准扶贫、精准脱贫，把帮扶资金和项目重点向贫困村、贫困群众倾斜，扶到点上、扶到根上。要加大投入力度，东部地区根据财力增长情况，逐步增加对口帮扶财政投入；西部地区整合用好扶贫协作和对口支援等各类资源，聚焦脱贫攻坚。

第二，完善结对，深化帮扶。要着眼于任务的适当平衡，完善省际结对关系。在此基础上，实施“携手奔小康”行动，着力推动县与县精准对接，还可以探索乡镇、行政村之间结对帮扶。要动员东部地区各级党政机关、人民团体、企事业单位、社会组织、各界人士等积极参与脱贫攻坚工作。要加大产业带动扶贫工作力度，着力增强贫困地区自我发展能力。推进东部产业向西部梯度转移，要把握好供需关系，让市场说话，实现互利双赢、共同发展。要把东西部产业合作、优势互补作为深化供给侧结构性改革的新课题，大胆探索新路。在科技创新上，西部地区要不求所有、但求所用，东部地区要舍得拿出真技术支持西部地区。

第三，明确重点，精准聚焦。产业合作、劳务协作、人才支援、资金支持都要瞄准建档立卡贫困人口脱贫精准发力。要着眼于增加就业，建立和完善劳务输出对接机制，提高劳务输出脱贫的组织化程度。要在发展经济的基础上，向教育、文化、卫生、科技等领域合作拓展。要继续发挥互派干部等方面的好经验、好做法，促进观念互通、思路互动、技术互学、作风互鉴。要加大对西部地区干部特别是基层干部、贫困村致富带头人的培训力度，打造一支留得住、能战斗、带不走的人才队伍。

第四，加强考核，确保成效。要用严格的制度来要求和监督，抓紧制定考核评价指标。要突出目标导向、结果导向，不仅要看出了多少钱、派了多少人、给了多少支持，更要看脱贫的实际成效。西部地区是脱贫攻坚的责任主体，也要纳入考核范围。

习近平指出，扶贫开发到了攻克最后堡垒的阶段，所面对的多数是贫中之贫、困中之困，需要以更大的决心、更明确的思路、更精准的举措抓工作。要坚持时间服从质量，科学确定脱贫时间，不搞层层加码。要真扶贫、扶真贫、真脱贫。

习近平强调，抓工作，要有雄心壮志，更要有科学态度。一是领导工作要实，做到谋划实、推进实、作风实，求真务实，真抓实干。二是任务责任要实，做到分工实、责任实、追责实，分工明确，责任明确，履责激励，失责追究。三是资金保障要实，做到投入实、资金实、到位实，精打细算，用活用好，用在关键，用出效益。四是督查验收要实，做到制度实、规则实、监督实，加强检查，严格验收，既不拖延，也不虚报。

习近平指出，脱贫攻坚是干出来的，靠的是广大干部群众齐心干。贫困地区要激发走出贫困的志向和内生动力，以更加振奋的精神状态、更加扎实的工作作风，自力更生、艰苦奋斗，凝聚起打赢脱贫攻坚战的强大力量。要组织和动员有志于为党和人民建功立业、做一番作为的干部到西部地区来，努力在艰苦条件下、在攻坚克难中使自己成长为可以担当重任、能打硬仗的高素质干部。

会前，与会同志分组现场考察了闽宁扶贫协作的情况。1996 年，中央确定福建对口帮扶宁夏。20 年来，闽宁双方建立联席推进、结对帮扶、产业带动、互学互助、社会参与的扶贫协作机制。双方坚持把扶贫开发作为重心，把产业协作扶贫作为关键，把生态环境改造作为基础，把激发内生动力作为根本，一年一度的对口扶贫协作联席会议从未间断，一批又一批援宁干部真心奉献，数以万计的闽商在宁创新创业，几万宁夏贫困群众在福建稳定就业，为推动宁夏经济社会发展发挥了重要作用。

王沪宁、汪洋、栗战书以及中央和国家机关有关部门负责同志参加座谈会。

习近平在全国卫生与健康大会上发表重要讲话（节选）*

新华社北京8月20日电　8月19日至20日，全国卫生与健康大会在北京举行。中共中央总书记、国家主席、中央军委主席习近平出席会议并发表重要讲话。他强调，没有全民健康，就没有全面小康。要把人民健康放在优先发展的战略地位，以普及健康生活、优化健康服务、完善健康保障、建设健康环境、发展健康产业为重点，加快推进健康中国建设，努力全方位、全周期保障人民健康，为实现“两个一百年”奋斗目标、实现中华民族伟大复兴的中国梦打下坚实健康基础。

中共中央政治局常委、国务院总理李克强在会上讲话。中共中央政治局常委张德江、俞正声、刘云山、王岐山、张高丽出席会议。以下为报道节选：

习近平在讲话中强调，健康是促进人的全面发展的必然要求，是经济社会发展的基础条件，是民族昌盛和国家富强的重要标志，也是广大人民群众的共同追求。我们党从成立起就把保障人民健康同争取民族独立、人民解放的事业紧紧联系在一起。改革开放以来，我国卫生与健康事业加快发展，医疗卫生服务体系不断完善，基本公共卫生服务均等化水平稳步提高，公共卫生整体实力和疾病防控能力上了一个大台阶。经过长期努力，我们不仅显著提高了人民健康水平，而且开辟了一条符合我国国情的卫生与健康发展道路。

习近平指出，长期以来，我国广大卫生与健康工作者弘扬“敬佑生命、救死扶伤、甘于奉献、大爱无疆”的精神，全心全意为人民服务，特别是在面对重大传染病威胁、抗击重大自然灾害时，广大卫生与健康工作者临危不惧、义无反顾、勇往直前、舍己救人，赢得了全社会赞誉。习近平代表党中央，向长期奋战在卫生与健康战线的广大干部职工和医务工作者，致以崇高的敬意和衷心的感谢。

习近平指出，在推进健康中国建设的过程中，我们要坚持中国特色卫生与健康发展道路，把握好一些重大问题。要坚持正确的卫生与健康工作方针，以基层为重点，以改革创新为动力，预防为主，中西医并重，将健康融入所有政策，人民共建共享。

---

* 原文出处：新华网，http://www.xinhuanet.com/politics/2016-08/20/c_1119425802.htm。

要坚持基本医疗卫生事业的公益性，不断完善制度、扩展服务、提高质量，让广大人民群众享有公平可及、系统连续的预防、治疗、康复、健康促进等健康服务。要坚持提高医疗卫生服务质量和水平，让全体人民公平获得。要坚持正确处理政府和市场关系，在基本医疗卫生服务领域政府要有所为，在非基本医疗卫生服务领域市场要有活力。

习近平指出，良好的生态环境是人类生存与健康的基础。要按照绿色发展理念，实行最严格的生态环境保护制度，建立健全环境与健康监测、调查、风险评估制度，重点抓好空气、土壤、水污染的防治，加快推进国土绿化，切实解决影响人民群众健康的突出环境问题。要继承和发扬爱国卫生运动优良传统，持续开展城乡环境卫生整洁行动，加大农村人居环境治理力度，建设健康、宜居、美丽家园。要贯彻食品安全法，完善食品安全体系，加强食品安全监管，严把从农田到餐桌的每一道防线。要牢固树立安全发展理念，健全公共安全体系，努力减少公共安全事件对人民生命健康的威胁。

习近平强调，长期以来，我国在履行国际义务、参与全球健康治理方面取得重要进展，全面展示了我国国际人道主义和负责任大国形象，国际社会也给予广泛好评。我们要积极参与健康相关领域国际标准、规范等的研究和谈判，完善我国参与国际重特大突发公共卫生事件应对的紧急援外工作机制，加强同“一带一路”建设沿线国家卫生与健康领域的合作。

李克强在讲话中指出，习近平总书记的重要讲话从战略和全局高度对建设健康中国等重大任务作了深刻阐述，具有重大指导意义，各地区各部门要认真贯彻落实。推进卫生与健康事业改革发展、建设健康中国，是关系现代化建设全局的重大战略任务。要针对健康影响因素抓好预防保健，为保障人民健康营造良好环境。要着力补短板，把卫生与健康资源更多引向农村和贫困地区，加大对贫困地区大病保险、医疗救助支持力度。

李克强强调，要以公平可及和群众受益为目标把医改推向纵深。完善全民基本医保制度，逐步实现医保省级统筹。改革医保支付方式，减少“大处方”、“大检查”等过度医疗现象。用两年时间实现异地就医直接结算，减少群众“跑腿”、“垫资”。加快推进公立医院改革，破除“以药补医”机制，坚持基本医疗卫生事业公益性。加快建设分级诊疗制度，提升基层医疗服务水平。改革薪酬分配机制，调动医务人员积极性。引导社会力量增加医疗卫生资源供给，放宽市场准入、人才流动和大型仪器设备购置限制，加强医疗服务行为监管。深化药品供应保障体系改革，提高药品生产质量，建立完善药品信息全程追溯体系。压缩流通环节、降低费用。实施中医药传承创新工程，推动中医药生产现代化，打造中国标准和中国品牌。

李克强要求，要引导和支持健康产业加快发展，尤其要促进与养老、旅游、互联网、健身休闲、食品的五大融合，大力推进面向基层、偏远和欠发达地区的远程医疗服务体系建设，推动公共体育设施向社会开放。要加大对医疗健康前沿研究领域的支持，消除体制机制障碍，催生更多健康新产业、新业态、新模式。扩大健康领域对外开放。研究制定有利于健康产业发展的土地、税收优惠政策，中央和地方财政要健全稳定可持续的卫生与健康投入机制，引导金融机构加大信贷、债券等融资支持，努力把健康产业培育成为国民经济的重要支柱产业。

中共中央政治局委员、国务院副总理刘延东在总结讲话中指出，各地区各部门各有关方面要认真学习贯彻习近平总书记重要讲话和大会精神，牢牢把握卫生与健康工作方针，树立“大健康”理念，深化改革，强化保障，推动医疗、医保、医药三医联动，健康事业与健康产业有机衔接，全民健身和全民健康深度融合，使健康政策融入全局、健康服务贯穿全程、健康福祉惠及全民。各级党委和政府要加强组织领导，强化责任落实，为建设健康中国作出不懈努力。

习近平主持政治局会议　审议“健康中国 2030”规划纲要*

新华社北京 8 月 26 日电　中共中央政治局 8 月 26 日召开会议，审议通过“健康中国 2030”规划纲要。中共中央总书记习近平主持会议。

会议认为，健康是促进人的全面发展的必然要求，是经济社会发展的基础条件，是民族昌盛和国家富强的重要标志，也是广大人民群众的共同追求。党的十八届五中全会明确提出推进健康中国建设，从“五位一体”总体布局和“四个全面”战略布局出发，对当前和今后一个时期更好保障人民健康作出了制度性安排。编制和实施“健康中国 2030”规划纲要是贯彻落实党的十八届五中全会精神、保障人民健康的重大举措，对全面建成小康社会、加快推进社会主义现代化具有重大意义。同时，这也是我国积极参与全球健康治理、履行我国对联合国“2030 可持续发展议程”承诺的重要举措。

会议指出，新中国成立特别是改革开放以来，我国健康领域改革发展成就显著，人民健康水平不断提高。同时，我国也面临着工业化、城镇化、人口老龄化以及疾病谱、生态环境、生活方式不断变化等带来的新挑战，需要统筹解决关系人民健康的重大和长远问题。

会议强调，“健康中国 2030”规划纲要是今后 15 年推进健康中国建设的行动纲领。要坚持以人民为中心的发展思想，牢固树立和贯彻落实创新、协调、绿色、开放、共享的发展理念，坚持正确的卫生与健康工作方针，坚持健康优先、改革创新、科学发展、公平公正的原则，以提高人民健康水平为核心，以体制机制改革创新为动力，从广泛的健康影响因素入手，以普及健康生活、优化健康服务、完善健康保障、建设健康环境、发展健康产业为重点，把健康融入所有政策，全方位、全周期保障人民健康，大幅提高健康水平，显著改善健康公平。

会议指出，推进健康中国建设，要坚持预防为主，推行健康文明的生活方式，营造绿色安全的健康环境，减少疾病发生。要调整优化健康服务体系，强化早诊断、早

* 原文出处:新华网,http://news.xinhuanet.com/politics/2016-08/26/c_1119462383.htm。

治疗、早康复，坚持保基本、强基层、建机制，更好满足人民群众健康需求。要坚持共建共享、全民健康，坚持政府主导，动员全社会参与，突出解决好妇女儿童、老年人、残疾人、流动人口、低收入人群等重点人群的健康问题。要强化组织实施，加大政府投入，深化体制机制改革，加快健康人力资源建设，推动健康科技创新，建设健康信息化服务体系，加强健康法治建设，扩大健康国际交流合作。

会议强调，各级党委和政府要增强责任感和紧迫感，把人民健康放在优先发展的战略地位，抓紧研究制定配套政策，坚持问题导向，抓紧补齐短板，不断为实现“两个一百年”奋斗目标、实现中华民族伟大复兴的中国梦打下坚实健康基础。

会议还研究了其他事项。

习近平在中国文联十大、中国作协九大开幕式上的讲话（节选）*

新华社北京11月30日电　11月30日，中国文学艺术界联合会第十次全国代表大会、中国作家协会第九次全国代表大会在北京人民大会堂开幕。中共中央总书记、国家主席、中央军委主席习近平出席大会并发表重要讲话。以下是讲话节选。

各位代表，同志们，朋友们：

中国文学艺术界联合会第十次全国代表大会、中国作家协会第九次全国代表大会，是我国文艺界的一次盛会。首先，我代表党中央，向大会的召开，表示热烈的祝贺！向全体代表，并通过你们向全国广大文艺工作者，致以诚挚的问候！

党对文艺工作历来高度重视，这是因为，文艺事业是党和人民的重要事业，文艺战线是党和人民的重要战线。在革命、建设、改革各个历史时期，广大文艺工作者响应党的号召，坚持为人民服务、为社会主义服务的方向，坚持百花齐放、百家争鸣的方针，创作了一大批脍炙人口、深入人心的优秀作品，弘扬了中国精神，凝聚了中国力量，为我们党团结带领人民实现民族独立、人民解放、国家富强、人民幸福作出了十分重要的贡献。

实现中华民族伟大复兴，需要物质文明极大发展，也需要精神文明极大发展。早在革命战争年代，毛泽东同志就多次强调要建设民族的、科学的、大众的中华民族的新文化。1940年，他说："我们不但要把一个政治上受压迫、经济上受剥削的中国，变为一个政治上自由和经济上繁荣的中国，而且要把一个被旧文化统治因而愚昧落后的中国，变为一个被新文化统治因而文明先进的中国。"1979年10月，邓小平同志在中国文学艺术工作者第四次代表大会上发表祝词强调："我们要在建设高度物质文明的同时，提高全民族的科学文化水平，发展高尚的丰富多彩的文化生活，建设高度的社会主义精神文明。"他还强调：要大力发扬党和人民在长期实践中形成的崇高精神，"大声疾呼和以身作则地把这些精神推广到全体人民、全体青少年中间去，使之成为中华人民共和国的精神文明的主要支柱，为世界上一切要求革命、要求进步的人

---

* 原文出处：新华网，http://news.xinhuanet.com/politics/2016-11/30/c_1120025319.htm。

们所向往，也为世界上许多精神空虚、思想苦闷的人们所羡慕”。

中华民族生生不息绵延发展、饱受挫折又不断浴火重生，都离不开中华文化的有力支撑。中华文化独一无二的理念、智慧、气度、神韵，增添了中国人民和中华民族内心深处的自信和自豪。在5000多年文明发展中孕育的中华优秀传统文化，在党和人民伟大斗争中孕育的革命文化和社会主义先进文化，积淀着中华民族最深沉的精神追求，代表着中华民族独特的精神标识。我们要大力弘扬以爱国主义为核心的民族精神和以改革创新为核心的时代精神，大力弘扬中华优秀传统文化，大力发展社会主义先进文化，不断增强全党全国各族人民的精神力量。

各位代表！同志们、朋友们！

文运同国运相牵，文脉同国脉相连。实现中华民族伟大复兴，是一场震古烁今的伟大事业，需要坚忍不拔的伟大精神，也需要振奋人心的伟大作品。鲁迅先生1925年就说过：“文艺是国民精神所发的火光，同时也是引导国民精神的前途的灯火。”广大文艺工作者要坚持以人民为中心的创作导向，坚持为人民服务、为社会主义服务，坚持百花齐放、百家争鸣，坚持创造性转化、创新性发展，高擎民族精神火炬，吹响时代前进号角，把艺术理想融入党和人民事业之中，做到胸中有大义、心里有人民、肩头有责任、笔下有乾坤，推出更多反映时代呼声、展现人民奋斗、振奋民族精神、陶冶高尚情操的优秀作品，为我们的人民昭示更加美好的前景，为我们的民族描绘更加光明的未来。

这里，我给大家提几点希望。

第一，希望大家坚定文化自信，用文艺振奋民族精神。实现中华民族伟大复兴，必须坚定中国特色社会主义道路自信、理论自信、制度自信、文化自信。创作出具有鲜明民族特点和个性的优秀作品，要对博大精深的中华文化有深刻的理解，更要有高度的文化自信。广大文艺工作者要善于从中华文化宝库中萃取精华、汲取能量，保持对自身文化理想、文化价值的高度信心，保持对自身文化生命力、创造力的高度信心，使自己的作品成为激励中国人民和中华民族不断前行的精神力量。

文化是一个国家、一个民族的灵魂。历史和现实都表明，一个抛弃了或者背叛了自己历史文化的民族，不仅不可能发展起来，而且很可能上演一幕幕历史悲剧。文化自信，是更基础、更广泛、更深厚的自信，是更基本、更深沉、更持久的力量。坚定文化自信，是事关国运兴衰、事关文化安全、事关民族精神独立性的大问题。没有文化自信，不可能写出有骨气、有个性、有神采的作品。

一个时代有一个时代的文艺，一个时代有一个时代的精神。任何一个时代的经典文艺作品，都是那个时代社会生活和精神的写照，都具有那个时代的烙印和特征。任何一个时代的文艺，只有同国家和民族紧紧维系、休戚与共，才能发出振聋发聩的声音。反映时代是文艺工作者的使命。广大文艺工作者要把握时代脉搏，承担时代使命，聆听时代声音，勇于回答时代课题。

古今中外，文艺无不遵循这样一条规律：因时而兴，乘势而变，随时代而行，与时代同频共振。在人类发展的每一个重大历史关头，文艺都能发时代之先声、开社会之先风、启智慧之先河，成为时代变迁和社会变革的先导。离开火热的社会实践，在恢宏的时代主旋律之外茕茕孑立、喃喃自语，只能被时代淘汰。

对文艺来讲，思想和价值观念是灵魂，一切表现形式都是表达一定思想和价值观念的载体。离开了一定思想和价值观念，再丰富多样的表现形式也是苍白无力的。文艺的性质决定了它必须以反映时代精神为神圣使命。社会主义核心价值观是当代中国精神的集中体现，是凝聚中国力量的思想道德基础。广大文艺工作者要把培育和弘扬社会主义核心价值观作为根本任务，坚定不移用中国人独特的思想、情感、审美去创作属于这个时代、又有鲜明中国风格的优秀作品。

祖国是人民最坚实的依靠，英雄是民族最闪亮的坐标。歌唱祖国、礼赞英雄从来都是文艺创作的永恒主题，也是最动人的篇章。我们要高扬爱国主义主旋律，用生动的文学语言和光彩夺目的艺术形象，装点祖国的秀美河山，描绘中华民族的卓越风华，激发每一个中国人的民族自豪感和国家荣誉感。对中华民族的英雄，要心怀崇敬，浓墨重彩记录英雄、塑造英雄，让英雄在文艺作品中得到传扬，引导人民树立正确的历史观、民族观、国家观、文化观，绝不做亵渎祖先、亵渎经典、亵渎英雄的事情。要抒写改革开放和社会主义现代化建设的蓬勃实践，抒写多彩的中国、进步的中国、团结的中国，激励全国各族人民朝气蓬勃迈向未来。

坚定文化自信，离不开对中华民族历史的认知和运用。历史是一面镜子，从历史中，我们能够更好看清世界、参透生活、认识自己；历史也是一位智者，同历史对话，我们能够更好认识过去、把握当下、面向未来。“观古今于须臾，抚四海于一瞬”。没有历史感，文学家、艺术家就很难有丰富的灵感和深刻的思想。文学家、艺术家要结合史料进行艺术再现，必须有史识、史才、史德。

中华文化既是历史的、也是当代的，既是民族的、也是世界的。只有扎根脚下这块生于斯、长于斯的土地，文艺才能接住地气、增加底气、灌注生气，在世界文化激荡中站稳脚跟。正所谓“落其实者思其树，饮其流者怀其源”。我们要坚持不忘本来、吸收外来、面向未来，在继承中转化，在学习中超越，创作更多体现中华文化精髓、反映中国人审美追求、传播当代中国价值观念、又符合世界进步潮流的优秀作品，让我国文艺以鲜明的中国特色、中国风格、中国气派屹立于世。

习近平对生态文明建设作出重要指示*

新华社北京12月2日电　全国生态文明建设工作推进会议2日在浙江省湖州市召开，习近平对生态文明建设作出重要指示强调：树立“绿水青山就是金山银山”的强烈意识，努力走向社会主义生态文明新时代。李克强作出批示。张高丽出席会议并讲话。

中共中央总书记、国家主席、中央军委主席习近平近日对生态文明建设作出重要指示强调，生态文明建设是“五位一体”总体布局和“四个全面”战略布局的重要内容。各地区各部门要切实贯彻新发展理念，树立“绿水青山就是金山银山”的强烈意识，努力走向社会主义生态文明新时代。

习近平强调，要深化生态文明体制改革，尽快把生态文明制度的“四梁八柱”建立起来，把生态文明建设纳入制度化、法治化轨道。要结合推进供给侧结构性改革，加快推动绿色、循环、低碳发展，形成节约资源、保护环境的生产生活方式。要加大环境督查工作力度，严肃查处违纪违法行为，着力解决生态环境方面突出问题，让人民群众不断感受到生态环境的改善。各级党委、政府及各有关方面要把生态文明建设作为一项重要任务，扎实工作、合力攻坚，坚持不懈、务求实效，切实把党中央关于生态文明建设的决策部署落到实处，为建设美丽中国、维护全球生态安全作出更大贡献。

中共中央政治局常委、国务院总理李克强作出批示指出，生态文明建设事关经济社会发展全局和人民群众切身利益，是实现可持续发展的重要基石。近年来，各地区各部门按照党中央、国务院决策部署，采取有效措施，在推动改善生态环境方面做了大量工作，取得积极进展。希望牢固树立新发展理念，以供给侧结构性改革为主线，坚持把生态文明建设放在更加突出的位置。着力调整优化产业结构，积极发展生态环境友好型的发展新动能，坚决淘汰落后产能。着力通过深化改革完善激励约束制度体系，建立保护生态环境的长效机制。着力依法督察问责，严惩环境违法违规行为。着力推进污染防治，切实抓好大气、水、土壤等重点领域污染治理。依靠全社会的共同

---

* 原文出处：人民网，http://cpc.people.com.cn/n1/2016/1203/c64094-28922015.html。

努力，促进生态环境质量不断改善，加快建设生态文明的现代化中国。

全国生态文明建设工作推进会议 2 日在浙江省湖州市召开。中共中央政治局常委、国务院副总理张高丽在会上传达了习近平重要指示和李克强批示精神并讲话，进一步部署推进全国生态文明建设工作。他表示，在以习近平同志为核心的党中央坚强领导下，我国生态文明建设取得了重大进展和积极成效。但总体上看我国生态文明建设水平仍滞后于经济社会发展，生态环境恶化趋势尚未得到根本扭转。要切实贯彻新发展理念，坚持绿水青山就是金山银山，把党中央、国务院关于生态文明建设的决策部署落到实处，开创社会主义生态文明新时代。

张高丽强调，要强化主体功能定位，加快优化国土空间开发格局，大力推进绿色城镇化和美丽乡村建设。要结合推进供给侧结构性改革，建立绿色循环低碳发展产业体系。要加强生态环境保护和治理，加大环境督查工作力度，着力解决生态环境方面的突出问题，以看得见的成效取信于民。要坚持节约优先，在转变资源利用方式上狠下功夫，促进资源节约循环高效使用。要加快推进生态文明体制改革，把生态文明建设纳入制度化、法治化轨道。各地区各部门要牢固树立“四个意识”，锐意进取，真抓实干，为建设美丽中国作出新的贡献。

浙江省、福建省、江西省、贵州省、青海省和国家发展改革委、环境保护部负责同志作会议发言。

中央和国家机关有关部门、各省区市和计划单列市、新疆生产建设兵团负责同志等参加会议。

习近平在全国高校思想政治工作会议上的讲话*

新华社北京12月8日电　全国高校思想政治工作会议12月7日至8日在北京召开。中共中央总书记、国家主席、中央军委主席习近平出席会议并发表重要讲话。他强调，高校思想政治工作关系高校培养什么样的人、如何培养人以及为谁培养人这个根本问题。要坚持把立德树人作为中心环节，把思想政治工作贯穿教育教学全过程，实现全程育人、全方位育人，努力开创我国高等教育事业发展新局面。

中共中央政治局常委、中央书记处书记刘云山作总结讲话。中共中央政治局常委王岐山、张高丽出席会议。

习近平在讲话中指出，教育强则国家强。高等教育发展水平是一个国家发展水平和发展潜力的重要标志。实现中华民族伟大复兴，教育的地位和作用不可忽视。我们对高等教育的需要比以往任何时候都更加迫切，对科学知识和卓越人才的渴求比以往任何时候都更加强烈。党中央作出加快建设世界一流大学和一流学科的战略决策，就是要提高我国高等教育发展水平，增强国家核心竞争力。

习近平强调，我国有独特的历史、独特的文化、独特的国情，决定了我国必须走自己的高等教育发展道路，扎实办好中国特色社会主义高校。我国高等教育发展方向要同我国发展的现实目标和未来方向紧密联系在一起，为人民服务，为中国共产党治国理政服务，为巩固和发展中国特色社会主义制度服务，为改革开放和社会主义现代化建设服务。

习近平指出，我国高等教育肩负着培养德智体美全面发展的社会主义事业建设者和接班人的重大任务，必须坚持正确政治方向。高校立身之本在于立德树人。只有培养出一流人才的高校，才能够成为世界一流大学。办好我国高校，办出世界一流大学，必须牢牢抓住全面提高人才培养能力这个核心点，并以此来带动高校其他工作。

习近平强调，我们的高校是党领导下的高校，是中国特色社会主义高校。办好我们的高校，必须坚持以马克思主义为指导，全面贯彻党的教育方针。要坚持不懈传播马克

---

* 原文出处：中国政府网，http://www.gov.cn/xinwen/2016-12/08/content_5145253.htm#allContent。

思主义科学理论，抓好马克思主义理论教育，为学生一生成长奠定科学的思想基础。要坚持不懈培育和弘扬社会主义核心价值观，引导广大师生做社会主义核心价值观的坚定信仰者、积极传播者、模范践行者。要坚持不懈促进高校和谐稳定，培育理性平和的健康心态，加强人文关怀和心理疏导，把高校建设成为安定团结的模范之地。要坚持不懈培育优良校风和学风，使高校发展做到治理有方、管理到位、风清气正。

习近平指出，思想政治工作从根本上说是做人的工作，必须围绕学生、关照学生、服务学生，不断提高学生思想水平、政治觉悟、道德品质、文化素养，让学生成为德才兼备、全面发展的人才。

习近平强调，要教育引导学生正确认识世界和中国发展大势，从我们党探索中国特色社会主义历史发展和伟大实践中，认识和把握人类社会发展的历史必然性，认识和把握中国特色社会主义的历史必然性，不断树立为共产主义远大理想和中国特色社会主义共同理想而奋斗的信念和信心；正确认识中国特色和国际比较，全面客观认识当代中国、看待外部世界；正确认识时代责任和历史使命，用中国梦激扬青春梦，为学生点亮理想的灯、照亮前行的路，激励学生自觉把个人的理想追求融入国家和民族的事业中，勇做走在时代前列的奋进者、开拓者；正确认识远大抱负和脚踏实地，珍惜韶华、脚踏实地，把远大抱负落实到实际行动中，让勤奋学习成为青春飞扬的动力，让增长本领成为青春搏击的能量。

习近平指出，做好高校思想政治工作，要因事而化、因时而进、因势而新。要遵循思想政治工作规律，遵循教书育人规律，遵循学生成长规律，不断提高工作能力和水平。要用好课堂教学这个主渠道，思想政治理论课要坚持在改进中加强，提升思想政治教育亲和力和针对性，满足学生成长发展需求和期待，其他各门课都要守好一段渠、种好责任田，使各类课程与思想政治理论课同向同行，形成协同效应。要加快构建中国特色哲学社会科学学科体系和教材体系，推出更多高水平教材，创新学术话语体系，建立科学权威、公开透明的哲学社会科学成果评价体系，努力构建全方位、全领域、全要素的哲学社会科学体系。要更加注重以文化人以文育人，广泛开展文明校园创建，开展形式多样、健康向上、格调高雅的校园文化活动，广泛开展各类社会实践。要运用新媒体新技术使工作活起来，推动思想政治工作传统优势同信息技术高度融合，增强时代感和吸引力。

习近平强调，教师是人类灵魂的工程师，承担着神圣使命。传道者自己首先要明道、信道。高校教师要坚持教育者先受教育，努力成为先进思想文化的传播者、党执政的坚定支持者，更好担起学生健康成长指导者和引路人的责任。要加强师德师风建设，坚持教书和育人相统一，坚持言传和身教相统一，坚持潜心问道和关注社会相统一，坚持学术自由和学术规范相统一，引导广大教师以德立身、以德立学、以德施教。

习近平指出，办好我国高等教育，必须坚持党的领导，牢牢掌握党对高校工作的领导权，使高校成为坚持党的领导的坚强阵地。党委要保证高校正确办学方向，掌握高校思想政治工作主导权，保证高校始终成为培养社会主义事业建设者和接班人的坚强阵地。各级党委要把高校思想政治工作摆在重要位置，加强领导和指导，形成党委统一领导、各部门各方面齐抓共管的工作格局。各地党委书记和有关部门党组书记要多到高校走走，多同师生接触，多次去高校作报告，回答师生关注的理论和现实问题。要加强同高校知识分子的联系，多关心、多交流、多鼓励，善交朋友、广交朋友、深交朋友，多听他们的意见，真听他们的意见。

习近平强调，高校党委对学校工作实行全面领导，承担管党治党、办学治校主体责任，把方向、管大局、作决策、保落实。要加强高校党的基层组织建设，创新体制机制，改进工作方式，提高党的基层组织做思想政治工作能力。要做好在高校教师和学生中发展党员工作，加强党员队伍教育管理，使每个师生党员都做到在党爱党、在党言党、在党为党。

习近平指出，长期以来，高校思想政治工作队伍兢兢业业、甘于奉献、奋发有为，为高等教育事业发展作出了重要贡献。要拓展选拔视野，抓好教育培训，强化实践锻炼，健全激励机制，整体推进高校党政干部和共青团干部、思想政治理论课教师和哲学社会科学课教师、辅导员班主任和心理咨询教师等队伍建设，保证这支队伍后继有人、源源不断。

刘云山在讲话中指出，习近平总书记重要讲话从全局和战略高度，深刻回答了事关高等教育事业发展和高校思想政治工作的一系列重大问题，具有很强的政治性、思想性和针对性，是指导做好新形势下高校思想政治工作的纲领性文献，对于办好中国特色社会主义大学、推进党和国家事业发展，具有十分重要的意义。要深入学习领会，自觉用讲话精神指导工作，推动高校思想政治工作和党的建设强起来。

刘云山说，贯彻习近平总书记重要讲话精神，重在提高思想认识、解决突出问题、抓好任务落实。要深刻认识做好高校思想政治工作的重大意义、目标任务和基本要求，增强做好工作的责任感使命感。要牢牢把握社会主义办学方向，坚持以马克思主义为指导，坚持党对高校的领导，增强道路自信、理论自信、制度自信、文化自信，培养中国特色社会主义合格建设者和可靠接班人。要办好思想政治理论课，发挥好哲学社会科学育人功能，加强高校各类阵地建设管理，加强教师队伍和思想政治工作队伍建设。要强化问题导向，弘扬改革创新精神，在破解高校思想政治工作短板上取得实质性进展。各级党委要负起把关定向、统筹指导、建强班子的责任，把高校思想政治工作纳入党建工作和意识形态工作责任制，确保高校成为坚持党的领导的坚强阵地。组织、宣传、教育等部门要各负其责，形成齐抓共管的工作格局。高校党委要履行好管党治党、办学治校的主体责任，坚持和完善党委领导下的校长负责制，抓好基层党组织建设，把党建和思想政治工作优势转化为高校发展优势。

习近平主持中共中央政治局第三十七次集体学习时的讲话*

新华社北京12月10日电　中共中央政治局12月9日下午就我国历史上的法治和德治进行第三十七次集体学习。中共中央总书记习近平在主持学习时强调，法律是准绳，任何时候都必须遵循；道德是基石，任何时候都不可忽视。在新的历史条件下，我们要把依法治国基本方略、依法执政基本方式落实好，把法治中国建设好，必须坚持依法治国和以德治国相结合，使法治和德治在国家治理中相互补充、相互促进、相得益彰，推进国家治理体系和治理能力现代化。

习近平指出，法律是成文的道德，道德是内心的法律。法律和道德都具有规范社会行为、调节社会关系、维护社会秩序的作用，在国家治理中都有其地位和功能。法安天下，德润人心。法律有效实施有赖于道德支持，道德践行也离不开法律约束。法治和德治不可分离、不可偏废，国家治理需要法律和道德协同发力。

习近平强调，改革开放以来，我们深刻总结我国社会主义法治建设的成功经验和深刻教训，把依法治国确定为党领导人民治理国家的基本方略，把依法执政确定为党治国理政的基本方式，走出了一条中国特色社会主义法治道路。这条道路的一个鲜明特点，就是坚持依法治国和以德治国相结合，强调法治和德治两手抓、两手都要硬。这既是历史经验的总结，也是对治国理政规律的深刻把握。

习近平指出，要强化道德对法治的支撑作用。坚持依法治国和以德治国相结合，就要重视发挥道德的教化作用，提高全社会文明程度，为全面依法治国创造良好人文环境。要在道德体系中体现法治要求，发挥道德对法治的滋养作用，努力使道德体系同社会主义法律规范相衔接、相协调、相促进。要在道德教育中突出法治内涵，注重培育人们的法律信仰、法治观念、规则意识，引导人们自觉履行法定义务、社会责任、家庭责任，营造全社会都讲法治、守法治的文化环境。

习近平强调，要把道德要求贯彻到法治建设中。以法治承载道德理念，道德才有可靠制度支撑。法律法规要树立鲜明道德导向，弘扬美德义行，立法、执法、司法都

---

* 原文出处:中国政府网,http://www.gov.cn/xinwen/2016-12/10/content_5146257.htm。

要体现社会主义道德要求，都要把社会主义核心价值观贯穿其中，使社会主义法治成为良法善治。要把实践中广泛认同、较为成熟、操作性强的道德要求及时上升为法律规范，引导全社会崇德向善。要坚持严格执法，弘扬真善美、打击假恶丑。要坚持公正司法，发挥司法断案惩恶扬善功能。

习近平指出，要运用法治手段解决道德领域突出问题。法律是底线的道德，也是道德的保障。要加强相关立法工作，明确对失德行为的惩戒措施。要依法加强对群众反映强烈的失德行为的整治。对突出的诚信缺失问题，既要抓紧建立覆盖全社会的征信系统，又要完善守法诚信褒奖机制和违法失信惩戒机制，使人不敢失信、不能失信。对见利忘义、制假售假的违法行为，要加大执法力度，让败德违法者受到惩治、付出代价。

习近平强调，要提高全民法治意识和道德自觉。法律要发挥作用，首先全社会要信仰法律；道德要得到遵守，必须提高全体人民道德素质。要加强法治宣传教育，引导全社会树立法治意识，使人们发自内心信仰和崇敬宪法法律；同时要加强道德建设，弘扬中华民族传统美德，提升全社会思想道德素质。要坚持把全民普法和全民守法作为依法治国的基础性工作，使全体人民成为社会主义法治的忠实崇尚者、自觉遵守者、坚定捍卫者。要深入实施公民道德建设工程，深化群众性精神文明创建活动，引导广大人民群众自觉践行社会主义核心价值观，树立良好道德风尚，争做社会主义道德的示范者、良好风尚的维护者。

习近平指出，要发挥领导干部在依法治国和以德治国中的关键作用。领导干部既应该做全面依法治国的重要组织者、推动者，也应该做道德建设的积极倡导者、示范者。要坚持把领导干部带头学法、模范守法作为全面依法治国的关键，推动领导干部学法经常化、制度化。以德修身、以德立威、以德服众，是干部成长成才的重要因素。领导干部要努力成为全社会的道德楷模，带头践行社会主义核心价值观，讲党性、重品行、作表率，带头注重家庭、家教、家风，保持共产党人的高尚品格和廉洁操守，以实际行动带动全社会崇德向善、尊法守法。

习近平在会见第一届全国文明家庭代表时发表重要讲话*

新华社北京12月15日电　第一届全国文明家庭表彰大会12日在京举行。中共中央总书记、国家主席、中央军委主席习近平亲切会见全国文明家庭代表，并发表重要讲话。他强调，我们要重视家庭文明建设，努力使千千万万个家庭成为国家发展、民族进步、社会和谐的重要基点，成为人们梦想启航的地方。要动员社会各界广泛参与家庭文明建设，推动形成爱国爱家、相亲相爱、向上向善、共建共享的社会主义家庭文明新风尚。以下是讲话。

同志们：

大家好！很高兴同大家在这里见面。你们当中有全国优秀共产党员、全国劳动模范、全国道德模范等先进典型，很多是来自城乡基层的普通家庭代表。你们以自己的模范行为，同家庭成员一起，弘扬和践行社会主义核心价值观，温暖了人心，诠释了文明，传播了正能量，为全社会树立了榜样，都是好样的！

在这里，我代表党中央，向受到表彰的第一届全国文明家庭，表示热烈的祝贺！向工作在精神文明建设一线的同志们，致以诚挚的问候！

中华民族历来重视家庭。正所谓"天下之本在家"。尊老爱幼、妻贤夫安，母慈子孝、兄友弟恭，耕读传家、勤俭持家，知书达礼、遵纪守法，家和万事兴等中华民族传统家庭美德，铭记在中国人的心灵中，融入中国人的血脉中，是支撑中华民族生生不息、薪火相传的重要精神力量，是家庭文明建设的宝贵精神财富。

随着我国改革开放不断深入，随着我国经济社会发展不断推进，随着我国人民生活水平不断提高，城乡家庭的结构和生活方式发生了新变化。但是，无论时代如何变化，无论经济社会如何发展，对一个社会来说，家庭的生活依托都不可替代，家庭的社会功能都不可替代，家庭的文明作用都不可替代。无论过去、现在还是将来，绝大多数人都生活在家庭之中。我们要重视家庭文明建设，努力使千千万万个家庭成为国家发展、民族进步、社会和谐的重要基点，成为人们梦想启航的地方。这里，我给大

---

* 原文出处：人民网，http://politics.people.com.cn/n1/2016/1215/c1024-28953393.html。

家提几点希望。

第一，希望大家注重家庭。家庭是社会的细胞。家庭和睦则社会安定，家庭幸福则社会祥和，家庭文明则社会文明。历史和现实告诉我们，家庭的前途命运同国家和民族的前途命运紧密相连。我们要认识到，千家万户都好，国家才能好，民族才能好。国家富强，民族复兴，人民幸福，不是抽象的，最终要体现在千千万万个家庭都幸福美满上，体现在亿万人民生活不断改善上。同时，我们还要认识到，国家好，民族好，家庭才能好。当前，全党全国各族人民正在实现“两个一百年”奋斗目标、实现中华民族伟大复兴中国梦的新长征路上砥砺前行。只有实现中华民族伟大复兴的中国梦，家庭梦才能梦想成真。中国人历来讲求精忠报国，革命战争年代母亲教儿打东洋、妻子送郎上战场，社会主义建设时期先大家后小家、为大家舍小家，都体现着向上的家庭追求，体现着高尚的家国情怀。

广大家庭都要把爱家和爱国统一起来，把实现家庭梦融入民族梦之中，心往一处想，劲往一处使，用我们4亿多家庭、13亿多人民的智慧和热情汇聚起实现“两个一百年”奋斗目标、实现中华民族伟大复兴中国梦的磅礴力量。

第二，希望大家注重家教。家庭是人生的第一个课堂，父母是孩子的第一任老师。孩子们从牙牙学语起就开始接受家教，有什么样的家教，就有什么样的人。家庭教育涉及很多方面，但最重要的是品德教育，是如何做人的教育。也就是古人说的“爱子，教之以义方”，“爱之不以道，适所以害之也”。青少年是家庭的未来和希望，更是国家的未来和希望。古人都知道，养不教，父之过。家长应该担负起教育后代的责任。家长特别是父母对子女的影响很大，往往可以影响一个人的一生。中国古代流传下来的孟母三迁、岳母刺字、画荻教子讲的就是这样的故事。我从小就看我妈妈给我买的小人书《岳飞传》，有十几本，其中一本就是讲“岳母刺字”，精忠报国在我脑海中留下的印象很深。作为父母和家长，应该把美好的道德观念从小就传递给孩子，引导他们有做人的气节和骨气，帮助他们形成美好心灵，促使他们健康成长，长大后成为对国家和人民有用的人。

广大家庭都要重言传、重身教，教知识、育品德，身体力行、耳濡目染，帮助孩子扣好人生的第一粒扣子，迈好人生的第一个台阶。要在家庭中培育和践行社会主义核心价值观，引导家庭成员特别是下一代热爱党、热爱祖国、热爱人民、热爱中华民族。要积极传播中华民族传统美德，传递尊老爱幼、男女平等、夫妻和睦、勤俭持家、邻里团结的观念，倡导忠诚、责任、亲情、学习、公益的理念，推动人们在为家庭谋幸福、为他人送温暖、为社会作贡献的过程中提高精神境界、培育文明风尚。

第三，希望大家注重家风。家风是社会风气的重要组成部分。家庭不只是人们身体的住处，更是人们心灵的归宿。家风好，就能家道兴盛、和顺美满；家风差，难免殃及子孙、贻害社会，正所谓“积善之家，必有余庆；积不善之家，必有余殃”。诸葛亮诫子格言、颜氏家训、朱子家训等，都是在倡导一种家风。毛泽东、周恩来、朱德同志等老一辈革命家都高度重视家风。我看了很多革命烈士留给子女的遗言，谆谆嘱托，殷殷希望，十分感人。

广大家庭都要弘扬优良家风，以千千万万家庭的好家风支撑起全社会的好风气。特别是各级领导干部要带头抓好家风。《礼记·大学》中说："所谓治国必先齐其家者，其家不可教而能教人者，无之。"领导干部的家风，不仅关系自己的家庭，而且关系党风政风。各级领导干部特别是高级干部要继承和弘扬中华优秀传统文化，继承和弘扬革命前辈的红色家风，向焦裕禄、谷文昌、杨善洲等同志学习，做家风建设的表率，把修身、齐家落到实处。各级领导干部要保持高尚道德情操和健康生活情趣，严格要求亲属子女，过好亲情关，教育他们树立遵纪守法、艰苦朴素、自食其力的良好观念，明白见利忘义、贪赃枉法都是不道德的事情，要为全社会做表率。

今天受到表彰的家庭，要珍惜荣誉、再接再厉，带动全国千千万万个家庭行动起来，共同为促进家庭和睦、亲人相爱、下一代健康成长、老年人老有所养而努力，共同为提高全社会文明程度而努力。

各级党委和政府要充分认识家庭文明建设的重要性，负起领导责任，切实把家庭文明建设摆上议事日程。工会、共青团、妇联等群众团体要结合自身特点，积极组织开展家庭文明建设活动。各方面要满腔热情关心和帮助生活困难的家庭，帮助他们排忧解难。精神文明建设工作部门要发挥统筹、协调、指导、督促作用，动员社会各界广泛参与，推动形成爱国爱家、相亲相爱、向上向善、共建共享的社会主义家庭文明新风尚。

最后，祝愿大家工作顺利、身体健康、阖家幸福！

刘云山在宣传文化系统学习贯彻习近平总书记重要讲话精神专题会议上发表讲话（摘要）*

新华社北京 5 月 19 日电　宣传文化系统学习贯彻习近平总书记在哲学社会科学工作座谈会上重要讲话精神专题会议 5 月 19 日在北京召开。中共中央政治局常委、中央书记处书记刘云山出席会议并讲话。以下是报道摘要。

中共中央政治局常委、中央书记处书记刘云山强调要认真学习贯彻习近平总书记重要讲话精神，立足中国特色社会主义伟大实践，坚定文化自信、强化问题导向、增强创新意识，切实担负起加快构建中国特色哲学社会科学的历史使命。

会议传达学习了习近平总书记重要讲话精神，8 位同志作了会议发言。大家一致认为，习近平总书记重要讲话深刻回答了事关我国哲学社会科学长远发展的一系列根本性问题，是指导哲学社会科学工作的纲领性文献，对做好整个宣传思想文化工作具有重要指导意义，要用讲话精神统一思想和行动，认清肩负责任，珍惜难得机遇，为繁荣发展哲学社会科学贡献力量。

刘云山在讲话中指出，学习贯彻习近平总书记重要讲话精神，重要的是把握好构建中国特色哲学社会科学这一战略任务，以此为重要聚焦点和着力点，更好带动哲学社会科学各方面工作。要牢牢把握以马克思主义为指导这个灵魂，深入学习钻研党的科学理论，把马克思主义立场观点方法贯穿哲学社会科学各学科各领域，切实解决好真懂真信、为什么人、怎么用的问题，确保正确的政治方向、价值取向、学术导向。要贯彻好继承性民族性、原创性时代性、系统性专业性的要求，在增强文化自信、打造中国学说、提升学术品质上下功夫，深入研究回答我国发展和我们党执政面临的重大问题，着力构建有中国特色中国风格中国气派的哲学社会科学学科体系、学术体系、话语体系。要强化质量意识、提升工作水准，深入推进马克思主义理论研究和建设工程，实施哲学社会科学创新工程，加强国家高端智库建设，发挥好重点工程项目

* 原文出处：新华网：http://news.xinhuanet.com/politics/2016-05/19/c_1118898170.htm。

带动作用。要以改革创新精神解决工作中存在的突出问题，完善学术评价标准、成果评价体系、推介转化机制，不断推出高质量科研成果。

刘云山强调，各级党委要高度重视哲学社会科学工作，加强政治领导和工作指导，经常研究有关问题，为构建中国特色哲学社会科学提供良好条件；党政主要负责同志要落实好一手抓繁荣发展、一手抓引导管理的责任。各级宣传文化部门和社科研究单位要强化责任担当，深入开展习近平总书记重要讲话精神的学习培训，抓紧制定贯彻落实方案。要加强人才队伍建设，大力弘扬优良学风，营造良好学术生态，充分调动哲学社会科学工作者的积极性主动性创造性。

刘延东在教育系统学习贯彻习近平总书记哲学社会科学工作重要讲话精神座谈会上的讲话（节选）*

5月17日，习近平总书记主持召开哲学社会科学工作座谈会并作了重要讲话。这次座谈会是党中央在全面建成小康社会、实现中华民族伟大复兴中国梦重要阶段召开的一次具有里程碑意义的会议，预示着我国哲学社会科学事业发展进入了新阶段。5月19日，刘云山同志就学习贯彻总书记重要讲话精神作了全面部署。

高校是我国哲学社会科学事业的一支主力军和重要阵地，贯彻落实总书记的重要讲话精神，进一步加强高校哲学社会科学工作，对高校具有特殊重要意义。

一、深刻领会习近平总书记重要讲话精神对繁荣发展高校哲学社会科学的重要指导意义

习近平总书记在这次哲学社会科学工作座谈会上的重要讲话，从坚持和发展中国特色社会主义事业全局的高度，深刻阐释了哲学社会科学的战略地位，深刻回答了事关我国哲学社会科学长远发展的一系列方向性、根本性问题，深刻揭示了党的思想理论建设的一系列重大问题，深化了我们党对哲学社会科学发展规律的认识，彰显了我们党鲜明的政治立场和高度的理论自觉，进一步发展了党的创新理论。讲话全面分析了哲学社会科学面临的新形势，强调充分发挥马克思主义对哲学社会科学的指导作用，解决真懂真信、为什么人、怎么用等重大问题，明确了加快构建中国特色哲学社会科学的指导思想、目标任务、重点举措和根本保证，对哲学社会科学工作者提出了新期待新要求，为哲学社会科学事业发展提供了强大精神动力。

二、准确把握高校哲学社会科学工作面临的新形势新问题

党的十八大以来，高校哲学社会科学坚持正确方向、紧扣时代步伐、顺应实践要求，开拓进取、勇于创新，取得了显著成绩。马克思主义理论教育教学进一步加强，马克思主义学院建设全面推进，马克思主义理论队伍不断壮大，思想政治理论课教学

---

* 原文出处：中国教育部网站，http://www.moe.edu.cn/jyb_xwfb/moe_176/201606/t20160613_263997.html。

效果明显增强。学科体系不断健全，基本形成了门类齐全、布局合理的学科体系。队伍建设取得长足进步，涌现出相当数量的名家名师，整体素质显著提升。优秀成果不断涌现，推出了一批精品力作。咨政服务能力不断增强，许多高校在建设高水平智库上主动作为，迈出坚实步伐。体制机制改革有所突破，协同创新机制有序推进，人事管理、科研评价、资源配置等综合改革不断深化。

三、坚持正确导向，突出工作重点，切实把总书记重要讲话精神落到实处

教育部门和各高校要按照党中央、国务院的部署要求，进一步增强政治意识、大局意识、核心意识、看齐意识，深刻领会总书记重要讲话的丰富内涵，把握核心要义，切实体现在工作的各环节各方面，努力开创高校哲学社会科学繁荣发展新局面。当前，要着重在“六个抓”上下功夫。

第一，抓学习，把思想和行动统一到总书记重要讲话精神上来。当前，学习贯彻总书记重要讲话精神是教育系统的一项重要政治任务。教育部要全面部署、精心组织，全面推动教育系统深入学习讲话精神，切实把思想和行动统一到讲话精神上来。各地教育部门和高校党委要把学习讲话精神纳入“两学一做”学习教育重要内容，精心制订学习贯彻的具体方案和切实举措，组织召开系列学习讲话精神座谈会、报告会、讨论会。组织高校专家学者深入研究阐释总书记讲话的重大意义、精神实质和丰富内涵，推动学习不断深入。要把学习讲话作为哲学社会科学教学科研骨干和思想政治理论课教师研修等各类人才培训计划的必修内容。高校文科院（系）和研究机构要组织师生通过各种方式，认真学习领会，切实增强做好哲学社会科学工作的思想自觉和行动自觉。

第二，抓方向，坚持和巩固马克思主义在高校哲学社会科学领域的指导地位。坚持以马克思主义为指导，是当代中国哲学社会科学区别于其他哲学社会科学的根本标志，必须旗帜鲜明加以坚持。高校是学习研究宣传马克思主义的重要阵地，肩负着培养中国特色社会主义事业建设者和接班人的神圣使命。要解决好真懂真信的问题，推动师生系统学习马克思主义基本原理，重点学习总书记系列重要讲话精神，全面学习中国特色社会主义理论体系，掌握贯穿其中的马克思主义立场观点方法，增强用中国特色社会主义理论体系武装头脑、指导实践、推动工作的自觉性和坚定性，坚定中国特色社会主义道路自信、理论自信、制度自信。要解决好为什么人的问题，坚持人民是历史创造者的观点，尊重人民主体地位，牢固树立以人民为中心的研究导向，汲取人民伟大智慧，聚焦人民实践创造，回应人民关切，更好地服务党和人民事业。要解决好怎么用的问题，把马克思主义立场观点方法贯穿哲学社会科学各学科领域，把中国特色社会主义理论体系贯穿研究和教学全过程，将其转化为师生清醒的理论自觉、坚定的政治信念、科学的思维方法。坚持问题导向，深入研究回答我国发展和我们党执政面临的重大理论和实践问题，提出解决问题的正确思路和有效办法，努力揭示我国社会发展、人类社会进步的大逻辑大趋势。

第三，抓体系，构筑学生学术学科一体的综合发展体系。要实施以育人育才为中心的哲学社会科学整体发展战略，以学生为根本、以学术为基础、以学科为支撑，形成三位一体的育人育才新格局。要创新人才培养模式，进一步深化教育教学改革，建立健全符合国情的哲学社会科学人才培养质量标准体系，因地制宜、因材施教，增强学生的社会责任感、实践能力和创新精神。要提升学术创新能力，发挥高校人才优势、智力优势、学科优势，加强中国特色社会主义建设中的重大理论和实践问题研究，加强对党中央治国理政新理念新思想新战略研究，提炼出有学理性的新理论，概括出有规律性的新实践，打造中国学说、提升学术品质。要完善学科建设体系，按照突出优势、拓展领域、补齐短板、完善体系的要求，在统筹推进世界一流大学和一流学科建设中，大力支持哲学社会科学学科建设，特别要着力加强马克思主义理论学科建设。进一步加强基础学科、抓好重点学科、发展新兴学科、促进交叉学科、扶持冷门学科，努力建成一批具有中国特色、世界一流的哲学社会科学学科。要抓好教材体系建设，创新教材编写、推广、使用体制机制，编好充分反映当代马克思主义最新成果、教师好用、学生爱读的系列教材，形成适应中国特色社会主义发展要求、立足国际学术前沿、门类齐全的哲学社会科学教材体系。

第四，抓改革，形成既能把握正确方向又能激发科研活力的体制机制。要更加注重改革的系统性、整体性、协调性，深化高校哲学社会科学领域综合改革，破解难题、解决问题，激发科研活力。要深化评价制度改革，建立科学权威、公开透明的哲学社会科学成果评价体系，发挥马克思主义在哲学社会科学评价中的价值引领作用，建立优秀成果推介制度，把优秀研究成果真正评出来、推广开。牢固确立质量第一的评价导向，建立健全体现高校哲学社会科学特点、适应国家经济社会发展需要的分类评价体系。积极参与和重构哲学社会科学国际评价体系。要深化科研经费管理改革，尊重社会科学研究规律，提高经费使用效益。强化激励机制，解除对高校教师不合理的束缚，调动科研人员积极性，最大限度激发创新创造活力。要深化科研体制机制改革，围绕提高研究质量，形成指导监督有力、责权关系明晰、开放合作有序的现代哲学社会科学科研管理体制。创新科研组织形式，建立健全以解决重大问题为导向、课题负责人为核心，内外联合、充满活力的科研组织，大力推动协同创新。

第五，抓队伍，构建种类齐全、梯队衔接的哲学社会科学人才体系。构建中国特色哲学社会科学，要从人抓起，久久为功。要认真贯彻党的知识分子政策，关心、培养、使用好高校哲学社会科学队伍，尊重劳动、尊重知识、尊重人才、尊重创造，密切同知识分子的联系，完善人才培养选拔和管理机制，形成有利于优秀人才脱颖而出、人尽其才的良好机制。要统筹实施人才工程，加大对哲学社会科学人才支持力度，加强各类人才项目对青年学者的支持力度。依托高端专业智库、重点研究基地、重大研究项目，培养造就一批名师大家、学科带头人、学术骨干。要加强高校学术委员会和学风委员会的建设，完善教育监督惩处机制，构筑行之有效的学风建设长效机制和工作体系。按照软约束和硬措施结合的要求，推动形成崇尚精品、严谨治学、注重诚信、讲求责任的优良学风。

第六，抓管理，形成统筹推进高校哲学社会科学发展的新格局。构建中国特色哲学社会科学是一个系统工程。各地教育部门和各高校要从战略和全局的高度，充分认识构建中国特色哲学社会科学的重要性和紧迫性，切实加强政治领导和工作指导。强化高校党委的主体责任，一手抓繁荣发展、一手抓引导管理，确保高校哲学社会科学的正确方向。要做好整体规划，把推动高校哲学社会科学发展与建设高等教育强国结合起来，与落实国家经济社会发展"十三五"规划、制定教育事业"十三五"规划结合起来，与建设一流大学和一流学科结合起来，加强资源配置和力量配备，抓好对重点工程、重点计划、重点项目和资金分配的统筹。要把做好高校哲学社会科学工作与切实转变政府职能、推进教育"放管服"结合起来，加强高校哲学社会科学相关政策制定、宏观指导、协调服务和监督检查工作，为高校哲学社会科学教师潜心教学和研究创造良好条件，引导他们自觉做先进思想的倡导者、学术研究的开拓者、社会风尚的引领者、党执政的坚定支持者。

同志们，伟大的时代呼唤伟大的理论，伟大的理论推动伟大的实践。我们要切实增强使命感、责任感，贯彻好总书记重要讲话精神，落实好党中央、国务院决策部署，锐意进取、奋发有为，努力开创高校哲学社会科学新局面，为全面建成小康社会、实现"两个一百年"的奋斗目标和中华民族伟大复兴的中国梦作出新的更大贡献！

第二篇

道德事件

第一章　党和政府倡导关注道德事件

肖群忠　刘君莉

一、中宣部、中央文明办开展慰问帮扶道德模范活动

为充分体现党和政府对道德模范的关心关爱，2016 年 1 月 31 日，中宣部中央文明办组织广泛开展慰问帮扶道德模范活动，积极关心道德模范的思想状况、工作生活和身体健康等情况，送上党和政府以及社会各界的温暖，在全社会营造好人好报、德行天下的浓厚氛围。

2015 年 10 月，第五届全国道德模范评选产生结果。中央领导同志十分关心道德模范，要求广泛开展慰问和帮扶活动，帮助他们解决实际问题。今年春节前，在各地摸底调查基础上，中宣部、中央文明办拿出 300 万元专项资金，对生活困难的 33 名全国道德模范进行帮扶。近期，中央文明办派专人分别赴陕西、广西、新疆等 10 个省（区、市），登门看望慰问 13 名第五届全国道德模范或其遗属，送上帮扶资金。

此外，各地也将对本地区推荐评出的历届全国道德模范和提名奖获得者以及其他各级道德模范开展上门走访慰问，采取措施，解决他们面临的就医、就学、就业等方面的实际问题；通过进一步健全完善本地区本系统关心关爱道德模范的办法，建立常态化沟通联系、走访慰问、扶贫济困机制；通过建立政策保障、安排专项资金、发动社会捐助、协调慈善救助、提供志愿服务等方式，固化关爱帮扶措施，引导人们关心关爱、崇尚学习道德模范，形成好人好报、德行天下的浓厚氛围。

2007 年以来，中宣部、中央文明办等部门评选表彰了 276 名全国道德模范和 1189 名提名奖获得者，在全社会兴起了宣传学习道德模范的热潮。

（《中宣部、中央文明办开展慰问帮扶道德模范活动》，新华网：http：//news. xinhuanet. com/politics/2016 –01/31/c_1117946913. htm）

二、第一届全国文明家庭评选表彰活动

为深入贯彻党的十八大和十八届三中、四中、五中全会精神，深入贯彻习近平总书记系列重要讲话精神，特别是关于“注重家庭、注重家教、注重家风”重要指示精神，2016年9月23日，经中央批准，中央文明委开展了第一届全国文明家庭评选表彰活动。

中央文明办贯彻落实中央文明委《关于深化家庭文明建设的意见》，根据《全国文明家庭评选标准和评选办法》，印发了《关于做好第一届全国文明家庭推荐评选表彰工作的通知》，正式启动第一届全国文明家庭推荐评选工作。

通知指出，家庭是社会的基本细胞，家庭建设是国家建设、社会建设的基础工程。开展文明家庭评选表彰，抓的是社会的根本，谋的是子孙后代的未来，对于深入推进社会主义核心价值观建设、营造良好社会风气、推动国家发展民族进步社会和谐具有重要意义。

通知要求，各地各部门要坚持以人民为中心的工作导向，坚持面向城乡家庭，听取群众反映，畅通参与渠道，使推荐评选的过程成为吸引群众广泛参与的过程，成为推动家庭文明建设的过程。要严格执行中央“八项规定”，坚持实事求是，防止形式主义、弄虚作假。

通知强调，全国文明家庭荣誉称号是家庭文明建设的最高荣誉，要严格推选程序，坚持优中选优，做到程序规范、客观公正，真正把那些事迹突出、具有典型示范作用的家庭推选出来。要把培育和践行社会主义核心价值观贯穿结合融入文明家庭推选之中，发扬光大中华民族传统家庭美德，建设新时代的家风文化，以好的家风支撑起好的社会风气。

（《中央文明委启动第一届全国文明家庭评选表彰活动》，《光明日报》2016年9月24日第3版）

三、中央电视台“感动中国2016年度人物评选”启动

2016年12月9日，“感动中国2016年度人物评选”活动在北京启动。“感动中国”是中央电视台举办的最重要的人物评选活动之一，每年举办一次，已经连续举办14年。14年来，“感动中国”秉承公开、公正的媒体精神，广泛吸纳观众意见，通过多种投票方式在世界范围内评选年度具有震撼人心、令人感动的人物和群体。在过去14年中，“感动中国”节目向全国观众推出了140多位感动人物，其中有钱学森、袁隆平、黄伯云这样的国之栋梁，有白芳礼、徐本禹、王顺友等来自民间的杰出人士，也有濮存昕、姚明等光彩耀人的明星，每个人物身上都有一种让观众感到心灵

震撼的精神力量。14 年来，“感动中国”一直被媒体誉为“中国人的年度精神史诗”。推选“感动中国”人物须具备以下一种或几种特点：

1. 为推动社会进步、时代发展做出杰出贡献，获得重大荣誉并引起社会广泛关注；

2. 在行业中具有杰出贡献或重大表现，国家级重大项目主要贡献者；

3. 爱岗敬业，在平凡的岗位上做出了不平凡的事迹；

4. 以个人的力量，为社会公平正义、人类生存环境作出突出贡献；

5. 个人的经历或行为，代表了社会发展方向、社会价值观取向及时代精神；

6. 个人在生活、家庭、情感上的表现特别感人，体现中国传统美德和良好社会风尚。

作为央视传统品牌，2016 年的“感动中国”在多个方向上增加了与新媒体的联动，观众可以通过手机等移动媒体浏览候选人事迹，并向评委会推荐自己认为感动的人物。

“感动中国”的投票活动预计在 2017 年 1 月 5 日结束，评选结果将于 2017 年春节后在中央电视台综合频道揭晓。

（《中央电视台“感动中国 2016 年度人物评选”启动》，央视网：http：//m. news. cctv. com/2016/12/09/ARTIjZYeIDJ72H2kyQtxbzyC161209. shtml）

四、国务院发专文，关爱留守儿童

2016 年 2 月 14 日，经李克强总理签批，国务院印发《关于加强农村留守儿童关爱保护工作的意见》（以下简称《意见》），提出加强农村留守儿童关爱保护工作、维护未成年人合法权益，是各级政府的重要职责，也是家庭和全社会的共同责任。要以促进未成年人健康成长为出发点和落脚点，不断健全法律法规和制度机制，强化家庭监护主体责任，加大关爱保护力度，逐步减少儿童留守现象，确保农村留守儿童安全、健康、受教育等权益得到保障。

《意见》提出，要建立完善农村留守儿童关爱服务体系。一是依法强化家庭监护主体责任，对外出务工父母履行监护职责提出具体要求，明确加强家庭监护监督指导的具体措施。二是落实县、乡镇人民政府和村（居）民委员会职责，明确县级人民政府统筹协调和督促检查责任，要求乡镇人民政府（街道办事处）和村（居）民委员会及时掌握农村留守儿童基本情况，加强对家庭监护的监督、指导，确保农村留守儿童得到妥善照料。三是加大教育部门和学校关爱保护力度，明确教育部门、中小学校在农村留守儿童学习教育、心理健康、生活照顾、安全管理等方面的职责任务。四是要求各级工会、共青团、妇联、残联、关工委等群团组织发挥优势，积极为农村留守儿童及其家庭提供关爱服务。五是通过政府购买服务等方式，支持社会工作服务机构、公益慈善类社会组织、志愿服务组织等社会力量为农村留守儿童提供专业服务；支持社会组织、爱心企业举办农村留守儿童托管服务机构。

《意见》依据相关法律规定，建立健全了包括强制报告、应急处置、评估帮扶、监护干预等环节在内的救助保护机制，规定了强制报告情形，确定了强制报告主体和受理主体，细化了应急处置措施，明确了评估帮扶主体，强化了监护干预措施。

《意见》按照标本兼治的思路，提出了从源头上逐步减少儿童留守现象的长远目标，强化了农村留守儿童关爱保护工作保障措施。要求各省（区、市）结合本地实际制定具体实施方案，建立健全农村留守儿童关爱保护工作领导机制。国务院将适时专项督查《意见》执行情况。

（国务院印发《关于加强农村留守儿童关爱保护工作的意见》，《光明日报》2016年2月15日第3版）

五、国务院发专文完善守信联合激励和失信联合惩戒制度，推进社会诚信建设

2016年6月12日，国务院印发《关于建立完善守信联合激励和失信联合惩戒制度 加快推进社会诚信建设的指导意见》（以下简称《意见》），进一步完善诚信社会制度，推进社会诚信建设。

《意见》指出，守信联合激励和失信联合惩戒是构建以信用为核心的新型市场监管体制的重要内容。要进一步加快推进社会信用体系建设，加强信用信息公开和共享，依法依规运用信用激励和约束手段，构建政府、社会共同参与的跨地区、跨部门、跨领域的守信联合激励和失信联合惩戒机制，促进市场主体依法诚信经营，维护市场正常秩序，营造诚信社会环境。

《意见》提出，要健全褒扬和激励诚信行为机制。对诚实守信的市场主体，探索建立行政审批"绿色通道"，优先提供公共服务便利，优化行政监管安排，降低市场交易成本，并积极向市场和社会推介，引导各方面提供优惠和便利，使守信者获得更多机会和实惠，进一步提高守信收益。

《意见》提出，要健全约束和惩戒失信行为机制。对严重危害人民群众身体健康和生命安全，严重破坏市场公平竞争秩序和社会正常秩序，拒不履行法定义务、严重影响司法和行政机关公信力，拒不履行国防义务、危害国防利益等严重失信行为，要依法依规实施行政性、市场性、行业性、社会性约束和惩戒措施，大幅提高失信成本。完善个人信用记录，推动联合惩戒措施落实到人。

《意见》强调，要构建守信联合激励和失信联合惩戒协同机制。包括建立触发反馈机制，实施部省协同和跨区域联动，建立健全信用信息公示和归集共享机制，规范

信用红黑名单制度，建立激励和惩戒措施清单制度，建立健全信用修复机制、信用主体权益保护机制、跟踪问效机制等。

《意见》要求，要进一步完善相关法律法规，建立健全标准规范，加强诚信教育和诚信文化建设，加强组织实施和督促检查。各地区、各有关部门要研究制定具体实施方案，切实加强组织领导，落实工作机构、人员编制、项目经费等必要保障，确保各项联合激励和联合惩戒措施落实到位。鼓励有关地区和部门先行先试，通过签署合作备忘录或出台规范性文件等多种方式，建立长效机制，不断丰富信用激励内容，强化信用约束措施。

（《关于建立完善守信联合激励和失信联合惩戒制度　加快推进社会诚信建设的指导意见》，新华网：http：//news. xinhuanet. com/politics/2016 – 06/12/c _1119027477. htm）

六、国家发改委针对媒体曝光“裸条”借贷事件，要求惩戒失信行为应依法依规

校园网贷一度成为人们关注的焦点，2016 年 6 月 18 日，校园贷又被曝出了“裸条”事件，不少女大学生被要求“裸持”（以手持身份证的裸照为抵押）进行借款，逾期无法还款将被威胁公布裸照给家人朋友，且借款周利息高达 30%。而且网上已经流出了不少裸条照片。

国家发展和改革委员会负责人针对此事正式回应，他表示：“我们鼓励全社会对失信行为进行联合惩戒，让失信行为无处藏身，但是很重要的一条，我们对失信行为的惩戒要做到依法依规。”他说，根据国务院印发的《关于建立完善守信联合激励和失信联合惩戒制度　加快推进社会诚信建设的指导意见》，失信惩戒措施分为两大类，一类是强制性措施，这种强制性措施都是有法律法规依据的；还有一种是推荐性措施，也都是有政策依据的。“如果你惩戒失信的这种措施本身不合法、不合规，那么这本身也是一种失信。”至于被曝“裸条”的女大学生该如何处理这类问题，他说，如果她们自身利益受到损害，可以通过相应的渠道进行投诉，通过政府的监管部门进行惩戒。

人民日报评论员也针对此问题发表评论。学生借贷，门槛如何确定？如何定位校园消费金融市场？如何让学生不再重蹈跳楼赎债、“裸持”借贷的覆辙？重要且关键的是，加强对校园消费金融市场的监管！应强制校园网贷平台明示风险，更应明确平台责任，加强对申请人的信息核实，将申请业务的门槛提高到合理范围内。

（《发改委回应“裸条借贷”：惩戒失信行为要依法依规》，凤凰财经：http：//finance. ifeng. com/a/20160617/14500115_0. shtml）

第二章　社会正能量道德事件

一、女孩受捐适时止捐传递善意爱心

2016年3月4日晚11时5分，一篇《你的春天，我的生命》的微信在肇庆市民的朋友圈中传阅。肇庆中学高二（13）班的学生李思欣因患血癌，躺在肇庆市第一人民医院发出了求救信号，肇庆热心人士纷纷伸出援手。不到一天的时间，就筹集到了123万元。已超过了所需医疗费。5日下午，李思欣再次发出微信，对大家的帮助表示感谢，呼吁大家不要再捐款了。爱心的簇拥，慈善的伟力，不仅洗涤了女孩心中的阴霾，而且给她带来了无以言表的幸福和感动。同时，也激发出了其善良、质朴的情怀，呼吁大家不要再捐款了，使爱心慈善活动能够良性互动与发展。期待由自己发起的这起网络募捐活动，始于慈善，终于爱心，能够画上一个完美的句号；在接受爱心援助的同时，向爱心人士表达感恩之情；希望人们不要把关注和爱心聚集于她一人身上，社会上还有比她更不幸、更需要帮助的人。这种不贪占公众的爱心，不奢享慈善资源的正直行为与善良美德，受到社会的广泛好评与赞扬。

（《“请大家别再捐款”也是一种爱心互动》，《广州日报》2016年3月6日第9版）

二、歼-15飞行员张超壮烈牺牲、为国尽忠

4.4秒，生死一瞬，他毅然选择“推杆”挽救飞机，放弃了第一时间跳伞。2016年4月27日，海军歼-15舰载机飞行员张超因飞机机械故障，在陆基模拟着舰训练中壮烈牺牲。

没有留下豪言壮语，只有拼尽全力的执著，他最终倒在离梦想咫尺之遥的地方——只剩下最后7个飞行架次，他就能飞“上”航母辽宁舰。这一天，年仅29岁的他，来不及给年迈的父母、亲爱的妻子、2岁的女儿留下一句话，便匆匆走了。

“他是我选来的，也是我送走的，他是个天生的优秀飞行员。”海军某舰载航空

兵部队部队长戴明盟动情地说。张超，海军少校，一级飞行员，飞过8个机型。他驾驶歼—8巡逻西沙，驾驶歼—11B在南海战备值班。从陆基转为舰基，他的飞行技能有口皆碑。着舰指挥官王亮说：“他最后一个飞行架次表现依旧出色，面对特情，他的处置冷静而准确。”

国之利器，以命铸之。舰载机上舰飞行，被喻为“刀尖上的舞蹈”，是航母形成战斗力的关键。为国担当，他到舰载航空兵部队报到时与妻子张亚约定：“未来一年别来探亲，等我驾战机从航母上凯旋，再与你相聚！”凭着拼命三郎的劲头，张超和战友克服前所未有的风险和挑战，在一年之内完成歼教－9、歼－15两型战机改装。“他用自身的实践，为海军舰载战斗机飞行员快速成长探索出了一条路。”海军某舰载航空兵部队参谋长张叶说。

暴雨如泣，英雄回家。他的老师不愿相信“那个品质淳朴、学习认真的阳光男孩”就这样走了；他的同学不愿相信“那个英俊帅气、有情有义的哥们”就这样走了。妻子张亚喃喃道：“超，醒一醒，你给我买的新裙子，我还没穿给你看呢。”女儿的哭声，让送行的人们泪流满面，却没能唤醒“睡着了的爸爸”。看完飞行事故视频，老父亲抹干眼泪：“崽，你尽力了，跟爸回家吧。”

“敬礼！”在建军89周年之际，请让我们向英雄的舰载机飞行员张超烈士致以最崇高的军礼！张超很平凡，他因为投入到一项伟大的事业中而变得伟大。他用自己年轻的生命，在海天之间“飞”出一道永恒的航迹，为中国航母事业立起了一座熠熠闪光的精神“路标”！

强军征程，创新之旅，风险难料，流血牺牲难免。面对祖国呼唤，我们应以张超同志为榜样，争当“四有”新一代革命军人，为国担当不惧生死，以坚定信念诠释忠诚，用一流能力攻坚克难，心无旁骛用执著追求梦想，为实现强军目标、建设世界一流军队贡献自己最大的力量。

（《折翼海天，用生命为航母事业铺路》，《解放军报》2016年8月1日第8版）

三、救火英雄王锋忠义感乾坤

2016年，一个平凡的名字响彻全国，王锋。2016年5月18日凌晨，南阳市卧龙区西华村一栋三层居民楼突发大火，浓烟迅速吞噬了整幢楼房。租住在一楼的王锋最早发现险情。刚刚救出家人，王锋转身冲进火海，一路疯狂敲门示警，救出楼内两名学生和一名老师。面对千度烈焰，二度脱险的王锋没有犹豫，第三次冲进火海中救人。

听到王锋的呼救，周边居民赶来救火，在到场消防人员的努力下，火势顺利被扑灭，全楼其他20多人奇迹般无一受伤，然而王锋本人，却已经全身98%烧伤，生命垂危，随后被紧急送往医院抢救。

三入火海，舍己救人，王锋的英雄事迹传遍全国，一周之内，王锋家人接到各界善款200多万元，妻子通过媒体呼吁，钱够了，大家不要再捐。而王锋入院后第一次开口，说的也是感谢。

经过当地医院55天的救治，王锋于7月12日转到北京接受进一步治疗。全体医护工作者夜以继日，全力以赴，只为从死神手里救回英雄。

尽管有过多次的好转，尽管无数次，也曾看到希望，然而命运有时总显得过于残酷。2016年10月1日下午，王锋永远停止了呼吸。

10月16日，王锋的遗体回到故乡南阳，万名民众列队迎接。以他的事迹改编的电影《英雄王锋》，也已经开机拍摄。而在已经结束投票的感动中国2016年度人物评选中，王锋以一千一百多万的票数排名第二，确定上榜。

（《三入火海舍己救人，救火英雄王锋感动中国》，网易新闻：http：//news.163. com/17/0208/18/CCP9TI5200014AEE. html）

四、“耐心医生”蒋益君：平凡琐碎中的温暖

“你是蒋医师非啦？”“哎，对佬。”“我再问一遍，你是蒋医师非？”“哎，我是蒋医师。”“你说你是蒋医师？”“我是蒋医师。”操着一口吴侬软语，在一段小视频中，一名老人反复向坐诊的一名医生询问同一个问题，而医生也是有问必答。2分07秒的视频，老人每问一次医生就回答一次，一共前后17个来回，而医生的每一遍回答都显得如此耐心和友善。最近，这一段视频在朋友圈中走红，而成为“网红”的宜兴市湖汶镇社区卫生服务中心蒋益君医生也被网友找了出来。

从视频上看出来，老人的精神似乎有些问题，应该不是故意所为，而医生的回答显得很有耐心。有网友调侃：“坐诊的医生已疯”“这一刻蒋医生的心理是崩溃的”……记者随后采访获悉，视频中的事情发生在10月31日上午，老人名叫路强大，是宜兴市湖汶镇人，今年已有80多岁。而坐诊的医生是湖汶镇社区卫生服务中心的蒋益君。老人与蒋益君已相识18年，每逢路强大身体感到不适，便会来找他治疗。路强大在三四年前患上了健忘症。虽然老人记忆力变差，却一直记着他，每次来中心看病都是找他。

据悉，今年44岁的蒋益君出生于丁蜀镇洋岸村，是一名党员。1994年，他中专毕业后，便被分配在湖汶卫生院（现湖汶镇社区卫生服务中心）工作，现在是一名全科医生。工作20多年来，他与当地的不少人都已熟识。对于自己成为“网红”一事，他感到十分惊讶。他说，11月5日晚上，朋友在微信上给他发来视频链接后，他才知道此事。他回忆，当天，老人因有些感冒来找他看病，他给老人配了一些感冒

药后，老人便离开了。没想到，老人在离开后便多次返回，询问他的身份，反复足有5次，每次的询问都是同一个问题，问了多少次更是记不得了，而视频中的应该是最后一次。蒋益君说，之所以一直耐心地回复老人，他只是想让老人放心。如今一些老人患有健忘症、老年痴呆等病症，在外难免会遇到一些困难。在这种情况下，作为医生，理应安抚。

其实，蒋益君的耐心在湖汊镇社区卫生服务中心是出了名的。不少病人看完病后都忍不住夸他几句。对此，蒋益君笑着说："身为医生，我们的服务态度肯定要好，这是最基本的。何况我还是一名党员，理应照顾好有困难的人。"

事发后，宜兴日报的记者跟随着湖汊镇社区卫生服务中心工作人员来到湖汊镇银湖村，找到了视频中的老人路强大。与视频中不同，路强大思路非常清晰。对于有关自己的视频被人上传至网络一事，路强大说是从他妹夫那得知的，并希望此事不要给蒋医师的生活带来麻烦。他说，自己的健忘症并不是一直发作，而当天在看病时正好健忘症发作，这才有了视频中的那一幕。当天，由于胸部有些不适，路强大前往湖汊镇社区卫生服务中心治疗，当时精神突然有些混乱，所以才反复确认蒋医师的身份。

医者仁术也，对病人耐心仔细，本应是一个医生的爱心和职业道德，但在现代社会似乎又往往成为一种稀缺资源，因此，蒋大夫对病人的耐心态度视频被人们传上网络，体现了社会对医患应有关系和医务道德的期望。

（《2分钟耐心回答健忘症患者17次发问　视频上网后，宜兴将医生红透朋友圈》，《扬子晚报》2016年11月15日第5版）

五、河北儿童坠井，500人108小时的生命救援

2016年11月6日上午，蠡县鲍墟乡中孟尝村村民赵向阳带领女儿和儿子聪聪到地里挖白菜，将要返回时，发现三轮车不能发动，后叫来村民赵子康帮忙。在三轮车发动过程中，孩子无人看管，不慎坠落40余米的废弃机井中。家长当即向110报警，并向村中求救。

事件发生后，该县迅速启动突发事件应急预案，成立了现场指挥机构，展开有序救援。期间，蓝天救援队、直隶救援队、保定及时雨救援队、保定春雨爱心公益团、博野新夕阳爱心协会、高阳爱心协会、安国市青年志愿者、蠡县爱心群等20多个社会志愿团体也陆续加入到救援中。

救援工作展开后，该县迅速从各方救援队伍中，抽调专业人员与公安局及公安消防大队一起组成技术保障组，负责制定应急救援方案和指挥救援。救援过程中，通过生命探测仪、专业红外线视频、专业打捞机械手臂等设备对井底进行扫描、营救。

救援工作进行了105个小时。迫于“接近枯井底部、始终不见孩子踪影”等救援压力，官方公开对媒体表态：若确认孩子不在井内，将转刑事案件处理。后经过连续108个小时的艰苦救援，河北蠡县落井儿童被成功救出，经医疗专家鉴定，确认儿童已死亡。

虽然最终孩子没有救活，地方政府及各种救援机构花费大量人力、物力进行救援，这体现了我们社会正在形成人的生命价值高于一切的价值观和道德风尚。

（《500人108小时的生命救援：河北蠡县营救坠井儿童纪实》，中国新闻网：http：//www. chinanews. com/sh/2016/11 –11/8060135. shtml）

六 聂树斌故意杀人、强奸妇女再审改判无罪

2016年12月2日，最高人民法院第二巡回法庭对原审被告人聂树斌故意杀人、强奸妇女再审案公开宣判，宣告撤销原审判决，改判聂树斌无罪。

1994年8月10日上午，康某某父亲康孟东向公安机关报案称其女儿失踪。同日下午，康孟东和康某某同事余秀琴等人，在石家庄市郊区孔寨村西玉米地边发现被杂草掩埋的康某某连衣裙和内裤。8月11日11时30分许，康某某尸体在孔寨村西玉米地里被发现。经公安机关侦查，认定康某某系被聂树斌强奸杀害。

河北省石家庄市人民检察院以故意杀人罪、强奸妇女罪对原审被告人聂树斌提起公诉，石家庄市中级人民法院于1995年3月15日作出第53号刑事附带民事判决，以故意杀人罪判处聂树斌死刑，以强奸妇女罪判处聂树斌死刑，决定执行死刑。聂树斌不服一审判决，提出上诉。1995年4月25日，河北省高级人民法院作出第129号刑事附带民事判决，维持对聂树斌犯故意杀人罪的定罪量刑，决定执行死刑，并根据最高人民法院授权高级人民法院核准部分死刑案件的规定核准聂树斌死刑。1995年4月27日，聂树斌被执行死刑。

2005年1月17日，另案被告人王书金自认系聂树斌案真凶。此事经媒体报道后，引发社会关注。自2007年5月起，聂树斌母亲张焕枝、父亲聂学生、姐姐聂淑惠向河北省高级人民法院和多个部门提出申诉，认为聂树斌不是凶手，要求改判无罪。2014年12月4日，根据河北省高级人民法院请求，最高人民法院指令山东省高级人民法院复查本案。山东省高级人民法院经复查认为，原审判决缺少能够锁定聂树斌作案的客观证据，被告人作案时间、作案工具、被害人死因等存在重大疑问，据以定罪量刑的证据不确实、不充分，不能排除他人作案的可能性，建议最高人民法院重新审判该案。

最高人民法院同意山东省高级人民法院意见，于2016年6月6日决定提审该案。6月20日，最高人民法院决定该案由第二巡回法庭审理。7月4日，第二巡回法庭依

法组成合议庭，由最高人民法院审判委员会专职委员、第二巡回法庭庭长胡云腾大法官担任审判长，主审法官夏道虎、虞政平、管应时、罗智勇为合议庭成员。再审期间，合议庭查阅了该案全部卷宗及相关材料，赴石家庄察看案发现场、核实相关证据、询问原办案人员，咨询了刑侦、法学专家，并多次约谈申诉人及其代理人，听取其意见，依法保障其诉讼权利，多次听取最高人民检察院意见。最高人民检察院认为原审判决事实不清、证据不足，应当改判聂树斌无罪。

最高人民法院鉴于原审被告人聂树斌已经被执行死刑，根据刑事诉讼法和有关司法解释规定，决定对本案不开庭审理，并依法作出上述判决。判决主要理由是：原判认定聂树斌犯故意杀人罪、强奸妇女罪的主要依据是聂树斌的有罪供述与在案其他证据印证一致。但是，综观全案，本案缺乏能够锁定原审被告人聂树斌作案的客观证据，聂树斌作案时间不能确认，作案工具花上衣来源不能确认，被害人死亡时间和死亡原因不能确认；聂树斌被抓获之后前 5 天讯问笔录缺失，案发之后前 50 天内多名重要证人询问笔录缺失，重要原始书证考勤表缺失；聂树斌有罪供述的真实性、合法性存疑，有罪供述与在卷其他证据供证一致的真实性、可靠性存疑，是否另有他人作案存疑；原判据以定案的证据没有形成完整锁链，没有达到证据确实、充分的证明标准，也没有达到基本事实清楚、基本证据确凿的定罪要求。

该案宣判后，合议庭向申诉人及其代理人、最高人民检察院出席公开宣判的检察人员送达了判决书，并就有关问题作了释明。据悉，该案后续的国家赔偿、司法救助、追责等工作将依法启动。错案冤案即使是时间过去多久，甚至受冤者已经被冤死，也必须纠错重判，还冤者和家人一个公道，维护法律的正义性，这是一个社会的基本道德底线。

（《最高人民法院再审改判聂树斌无罪》，搜狐网：http：//news. sohu. com/20161202/n474720078. shtml）

第三章　社会不道德事件

一、哈尔滨“天价鱼”宰客事件

2016 年 2 月 14 日，常州游客“Jack 光头”发长篇微博称，自己在哈尔滨北岸野生渔村遭遇“野蛮”宰客，一顿鱼吃掉 1 万多元，堪称“哈尔滨神鱼”。“黑心老板不仅乱报斤两，还动手打人，当地警方对此竟然不闻不问……”

记者与该微博的发布者陈先生取得联系，他告诉记者，他在微博中讲述的遭遇确有其事。据了解，春节前陈先生和另外几个家庭一起报名了常州某旅行社的旅行团，团员共 21 人，大年初二出发前往哈尔滨旅游。“当晚到达后，一名女导游就直接带我们到北岸野生渔村吃饭，坐了两桌人。”陈先生回忆，结账时他发现，饭菜贵不说，鱼的斤两还被人篡改，点单时明明是 10 斤 4 两，结账时就变成了 14 斤 4 两。

陈先生把当晚的菜品清单发在了微博中。记者从清单上看到，最贵的一道菜是鳇鱼中段铁锅，数量为 14.40 斤，单价 398 元，仅这一道菜价格就高达 5731 元，其他两道鱼的价格分别为 2279 元和 1662 元，再加上酒水小菜，这顿饭的总价格为 10302 元。

面对如此“天价”饭菜，陈先生和团员无法接受，与店主理论。“没想到店里冲出一大帮人殴打团员，还逼我们结账。”陈先生说，团员里有 3、4 岁的小孩，还有 70 多岁的老人，都被吓得不轻。随后，陈先生报了警，然而当地警方到现场处理时，饭店内的人仍当着警察的面殴打陈先生的头部，且没有遭到阻止。“民警称如果不能协商解决，就把我们都‘拘’到所里去。”陈先生告诉记者，当时迫于压力，团员们还是“乖乖”付了钱走人。

据了解，饭钱是由陈先生微信转账到导游手机中，再付给饭店的。记者在女导游与陈先生的聊天记录中看到，她承认饭店存在宰客行为，一直对自己没有保护好团员一事道歉，表示自己是一个“不称职”的导游。

记者从陈先生发来的照片上看到，他的头部左侧受伤，头上留下了瘀青。“遇到这样的事情，我们是不可能忍气吞声的。”还在外地的陈先生说，初八上班后，他会与当地物价部门取得联系举报此事，讨要一个说法。

针对此事，记者在网上对哈尔滨北岸野生渔村进行搜索。在某美食点评网站上，食客们纷纷反映该渔村存在严重宰客行为，不少游客都遭遇了与陈先生相似的经历，“一点菜就是2000多”，“价格贵，味道一般，真是被骗进去的”，“如果自己掏钱千万别去，饭没吃好吓都被吓死了”，类似点评屡见不鲜。这一事件突出反映当地人的见利忘义，当地行政及警方监管不力，对维护人民群众的经济利益和人身安全造成很大威胁，足以引起重视。

（《一顿鱼吃掉1万多元　常州旅客遭遇“哈尔滨神鱼”》，《常州日报》2016年2月14日第5版）

二、疫苗之殇　百姓之痛——山东非法疫苗案

2016年3月18日，一则“数亿元疫苗未冷藏流入18省：接种后或致人死亡”的消息在网上引发关注。消息是否属实？具体情况是怎样的？记者从济南警方获悉，疫苗案确有其事，犯罪嫌疑人庞某某母女已被依法执行逮捕。

据济南市公安局食药环犯罪侦查支队办案民警介绍，自2011年以来，在未获取任何药品经营许可的情况下，犯罪嫌疑人庞某某孙某（母女）二人通过网上QQ交流群和物流快递，联系国内10余个省（市）的100余名医药公司业务员或疫苗非法经营人员，购入防治乙脑、狂犬、流感等病毒的25种人用二类疫苗或生物制品，加价销给全国18个省的300余名疫苗非法经营人员或少量疾控部门基层站点，累计涉案金额高达5.7亿余元。

经食药监管部门核查，庞某某母女经营的疫苗及生物制品虽为正规厂家生产，但由于未按照国家相关法律规定运输、保存，脱离了2—8摄氏度的恒温冷链，已难以保证品质和使用效果，注射后甚至可能产生副作用。有的疫苗可致接种者终生残疾或死亡。

目前，庞某某母女两人因涉嫌非法经营罪已被济南市公安局依法执行逮捕，案件已移送检察机关审查起诉；国内多家涉案的医药公司及其业务人员因违规向无资质人员销售疫苗药品、生物制品，均受到当地食药监管部门的行政处罚；国内部分涉案疾控部门基层站点负责人也被当地警方依法立案侦查并采取刑事强制措施。

大量“问题疫苗”销往全国各地存在很大风险隐患，许多网民呼吁有关部门应彻查案件，对流入市场的“问题疫苗”及时追回，并进一步加强对疫苗流通和使用环节的监管，加大对非法经营疫苗犯罪的打击力度，严肃追究犯罪分子的刑事责任，切实保障疫苗安全。

（《济南警方破获案值5.7亿元非法经营疫苗案》，新华网：http://news.xinhuanet.com/2016-03/18/c_1118379012.htm）

三、“残忍42秒”拷问自媒体底线，消除冷漠法律不应缺位

2016年4月15日下午至16日凌晨，广东消防官微一连更新五条微博，言辞极为严厉地愤然回应了一段在网上流传甚广的视频。这究竟是怎么一回事？原来，这段名为《火灾拍摄者残忍42秒》的视频，拍摄于4月14日广州市花都区的一场火灾。当时火灾中的罹难者趴在着火房间的窗台上逃生不成、苦苦哀号，而视频的拍摄者却对此袖手旁观，反而无动于衷地稳稳拍下了这残忍的42秒，视频中呼救的男子最终在大火中丧生。

听闻这样的消息，无论是谁都无法不为之寒心，但类似的事件在近期却不是孤例。前不久在全社会引发舆论轩然大波的“如家酒店女生遇袭”事件中，人们就震惊为何在酒店这样封闭且管理严格的空间里，居然会出现女生被陌生人拖拽而没人阻拦的咄咄怪事。更有网友针对这种社会现象而专门组织社会实验，以模拟街头绑架儿童试探路人反应——结果竟然在9次测试中没有一例出手相援。

近段时间如此集中爆发的几起社会热点事件，不得不让人深思为何社会冷漠呈蔓延之势，而且不少当事人还自觉理所当然。

一种普遍存在的社会心理的形成自然有多重复杂因素，但国家和社会对于见义勇为在制度保障上的支持力度不够也是重要原因。当前，各地出台的见义勇为条例还难以做到免除人们的后顾之忧，帮了人却要自己承担损失，甚至帮了人反倒要被人讹诈，出手相助者“流血又流泪”的相关报道频现报端，明哲保身者自然就会越来越多。

冷漠蔓延对全社会都是一剂致命的毒药。社会秩序的维系，除了国家力量的介入，一个社会天然的自我管理和调整能力事实上是更为根本的。人们之间解困济厄的守望相助，带来的不仅仅是暖暖的温情，而且也是维系共同体的生活纽带。反之，对于他人困境的漠不关心，总有一天也会应验在自己身上，这种冷漠，将慢慢腐蚀社会道德的基础，进而引发大量我们始料不及的社会问题——正如花都火灾中出现的情况。

在今年的“两会”上，不少人大代表都呼吁要对见义勇为予以立法，消除社会冷漠，法律不应缺位。

（《消除冷漠，法律不应缺位》，《人民日报》2016年4月20日第6版）

四、魏则西就医死亡引发网络伦理争议

西安电子科技大学学生魏则西，在两年前体检出滑膜肉瘤晚期，通过百度搜索找到武警北京总队第二医院，而在其花费将近20万元的医药费后，仍不治身亡。随即，“魏则西事件”引发网络上对于“平台的监管责任边界在哪里”“罪责到底在谁”的全民大讨论。目前，国家网信办已会同国家工商总局、国家卫生计生委联合调查组进驻百度公司，对此事件及互联网企业依法经营事项进行调查并依法处理。

互联网与传统医疗服务业融合发展的新形态，包含智慧医疗、医药电子商务、远程医疗服务等多个医疗服务领域。通过互联网医疗，患者能够更便捷地找到所需医疗讯息，医院也能够有更多机会为需要的患者提供服务。国务院在《关于积极推进“互联网+”行动的指导意见》中提出，鼓励有资质的医学检验机构、医疗服务机构联合互联网企业，发展基因检测、疾病预防等健康服务模式。但是，在推进“互联网+医疗”的同时，必须坚持以完善互联网融合标准规范和法律法规为底线，并加强日常安全管理和防护监督，促使在市场准入、行业标准、服务范围、服务模式、权责界定、消费维权、企业义务、技术要求等方面都有章可循，从而确保互联网医疗产业有法可依、有法必依、违法必究。

习近平总书记在网络安全和信息化工作座谈会上指出，互联网是一个社会信息大平台，亿万网民在上面获得信息、交流信息，这会对他们的求知途径、思维方式、价值观念产生重要影响，特别是会对他们对国家、对社会、对工作、对人生的看法产生重要影响。如何将自己的服务与国家的改革大政相嵌合，满足患者对优质医疗服务的需求，是值得所有互联网医疗企业思考的事情。“魏则西事件”背后隐藏的是中国现行医疗体制下的种种乱象，这件事唤醒了消费者的法律意识，也让我们思考应该如何多维度、多层次、多视角地向虚假医疗广告等网络安全问题“亮剑”。

应该说，“互联网+医疗”不仅考验政府放的智慧，也考验管的智慧。一些“互联网+医疗”的产品信息和应用数据敏感、隐私度高，在核心系统和关键环节可能会涉及国家安全问题。蓬勃发展的互联网医疗正在给中国的医疗体制带来一股新风，但是“网上医疗”的安全必须依靠法治来筑底线、设红线。一方面，国家要继续加大对医疗设施的投入，从根本上扭转医疗资源不足、分配失衡的局面；另一方面，在“互联网+医疗”的发展过程中，国家要加快相关立法工作，出台和修订一些规范、标准和细则，加强监管。此外，在发展应用创新技术的同时，更要加强安全性、可靠性研究，打消医患双方的顾虑，为老百姓提供用得上、用得起、用得好的信息服务。

“网信事业要发展，必须贯彻以人民为中心的发展思想。”“魏则西之死”引发了公众对互联网企业责任的拷问。这种拷问，本身就是一种进步和责任。随着调查的开展和结论的公布，非法牟利者们必定会为他们的肮脏付出应有的代价。而如果互联网

医疗企业不能拿出该有的担当，重塑价值观，也必然会被患者抛弃、为人民所唾弃。

（《魏则西之死：如何守住“互联网+医疗”的法治底线》，法制网：http://www.legaldaily.com.cn/commentary/content/2016-05/03/content_6610626.htm?node=34251）

五、雷洋涉嫖被抓身亡

2016年5月9日晚上，一篇题为《刚为人父的人大硕士，为何一小时内离奇死亡?》的帖子在网上传播，引起了网友的广泛关注。帖子内容：5月7日21时左右，雷洋从家里出门去首都机场接亲属，之后就失去联系，其家属不断拨打雷洋电话，到8日凌晨1时，有自称东小口镇派出所的人员接听电话，告知亲属需要去派出所。亲属于凌晨1时30分左右赶到后，被告知雷洋因涉嫌嫖娼，在警车带往派出所的途中因心脏病突发死亡。发帖人称，雷某“手臂和头部有明显瘀血”，发帖人对雷某死因及警方的处置表示怀疑。

靠个人奋斗考入名校、留京就业，年仅29岁、初为人父，却与“嫖娼”“警察”“死亡”等字眼紧密联系在一起，这样的故事，很难不引发网友的关注。面对逐步升温的网络舆情，“平安昌平”9日晚发布了消息。根据昌平警方通报，民警接群众举报将涉嫖男子雷某带回审查，由于当事人“抗拒执法并企图逃跑”，遂“采取了强制约束措施”，在此过程中，雷某“突然身体不适”，送医后抢救无效死亡。

应该说，警方公布信息及时且必要，有助于还原事实、回应关切，是司法公开的实际举措，体现出一种进步。但寥寥数言，尚无法确证当事人的违法事实，也缺乏事发具体时间、地点、经过等关键要素。更重要的是，围绕此事，在家属的说法与警方的声明之间，存在一定程度出入，还有一些问题需要进一步厘清。这种背景下，人们在为生命消逝而惋惜的同时，多种猜测、质疑的声音也一并在网上传播开来。有网友如此留言：“疑点重重、扑朔迷离，真相究竟是什么?”

无论如何，一个生命的意外陨落，都足以令人痛惜，更何况还是一位年轻的父亲。这也提醒人们，与其八卦当事人的个人信息、成长历程、家庭关系，莫如聚焦人命本身，切实尊重死者。当天晚上究竟发生了什么，事实到底是怎样的，执法过程是不是存在瑕疵，责任如何厘清……围绕这起不幸事件的诸多细节，还有待相关机构进一步调查核实，以提供更多的证据、认真回复死者家属的疑问，并在必要的情况下适时予以公开。

其实，无论一个人毕业于哪所学校、处在什么样的社会阶层，褪去外在的种种“标签”，每个人都是普通公民，都面临着最基本的生命权如何有效保障的问题。“人命关天”，对司法机关而言，如果在执法过程中，当事人遭遇了非正常死亡，那么对死因的说明尤应审慎、全面。只有给出令人信服的解答、作出经得起核查的结论，才是对死者及其亲属最负责任的交代，也才能从根本上疏导公共空间的不信任情绪。

（《新华社两评“雷洋案”：即便一个人私德不检，也不能不明不白死去》，《华西都市报》2016 年 5 月 13 日第 A08 版）

六、临沂大学生学费被骗心痛致死谁之罪

山东临沂一名即将踏入大学的女孩徐玉玉，遭遇诈骗电话，一家人省吃俭用大半年才凑出来的 9900 元学费被骗光。徐玉玉伤心欲绝，郁结于心，导致在报案回家途中晕厥，心脏骤停，于 2016 年 8 月 21 日离世。

一个青春少女，就以这样一个匪夷所思又令人义愤填膺的方式，结束了自己短短的人生路。这样的事情让人扼腕，又让人深思，到底是什么让一个宝贵的生命就这样轻易地逝去？

当然，骗子最可恨，是导致徐玉玉死亡的罪魁祸首。然而在这件事情上，我们还要追问，是谁泄露了徐玉玉包括考上大学、家庭贫困、手机号码以及她前一天才申请助学金的种种个人信息？骗子的“陷阱”设得有板有眼：所说的一切信息都是徐玉玉的真实情况，而且从时间上看，也恰好与学校办理助学金的时间相吻合。如果不是这些个人信息的泄露，骗子又怎会轻易得手？不仅仅是徐玉玉一个人，我们平时买了机票、买了汽车、去做了孕检、家里的孩子考上了大学后，各种诈骗电话就会非常有针对性地打来，这些信息又是谁泄露出去的？这些人是否也是害死徐玉玉的帮凶？

我们之所以对徐玉玉事件如此愤怒，是因为我们每个人都是众多电信诈骗的直接或间接受害者。除了这种典型的恶性诈骗，每个中国人平均每天要接若干个骚扰、诈骗电话，正常的工作、生活受到严重的侵扰。《2016 中国网民权益保护调查报告》显示，我国 54% 的网民认为个人信息泄露情况严重，84% 的网民曾亲身感受到因个人信息泄露带来的不良影响。另据腾讯与公安部联合发布《腾讯 2016 年第二季度反电信网络诈骗大数据报告》显示，今年二季度电信网络诈骗造成的总损失金额合计超 29.9 亿元，其中电话诈骗达 16 亿元，网络诈骗达 13.4 亿元，短信诈骗 5400 万元。在这些数字的背后，又有多少徐玉玉这样的极端个例不为人知？又有多少家庭因为遭遇诈骗而家破人亡？我们身边的亲戚朋友乃至我们自己会不会在下一刻遭遇徐玉玉的悲剧？

所以，我们不光希望警方能够尽快将诈骗徐玉玉的犯罪分子绳之以法，更希望有关部门能够堵住犯罪分子背后那条庞大的个人信息泄露渠道，堵住电话实名制后面的巨大漏洞，堵住第三方支付平台上面的安全缺陷……我们希望通过徐玉玉的事件倒逼

监管硬起来、执法严起来，让徐玉玉的悲剧不再重演。

（《徐玉玉之死不是一个人的悲剧》，《青岛日报》2016年8月25日第4版）

七、女教师患癌被开除引发道德拷问

30岁刚过的兰州交通大学博文学院英语老师刘伶利，患癌症被学校开除，法院判决未履行，最后不幸去世的事件引发舆论热议，也引发了大家对劳动者权益保障的关注。

基于同情弱者的心理，校方的行为被披露后，即引发了网民的群体性批评，指责用人单位"无情无义"的跟帖或评论数量巨大。一位年纪轻轻的女教师，在患上癌症、最需要帮助的时刻，被学校开除且断了医保，实在让人难以接受。何况，学校本是教书育人的地方，不该如此无情。

当然，也有许多熟悉劳动合同法的人指出，在劳动关系的处理上，法律首先应被尊重。解除劳动合同，其实是劳资双方共有的权益。根据劳动合同法的规定，劳动者患病在规定的医疗期满不能从事原工作也不能从事由用人单位另行安排工作的，用人单位有权解除劳动合同——毕竟，不是所有的用人单位都有财力对所有病患完全兜底，保障企业合法的用人自主权，才能维护一个公平竞争的人才市场。

从这个角度看，只要是严格按法律规定处置劳资争议，固然并不违法。但法律只是底线，不违法并不等于就"名正言顺"。毕竟在法律之外，道德、文化等方面的约束同样重要。用人单位如何对待患病的员工，有着远超出法律之外的多重意义。人非草木，孰能无情，如果冷冰冰地"依法"办事，损害了职业共同体的情感期待，也会影响用人单位的凝聚力，甚至破坏社会和谐。从这个意义上讲，围绕此事的网络舆论，大致展示了中国社会在劳动关系上的多数共识和道德底线。对陷入困境的人无动于衷，乃至让对方陷入绝境，是会被唾弃的，何况是自己的员工。事实上，过往的案例证明，用人单位如果以"合法"为由挑战这条道德底线，都是不明智的。

值得一提的是，也许是意识到了这一点，兰州交通大学博文学院并未以超过医疗期的名义起诉来解除合同，而是以刘伶利等人"连续旷工"作为开除的理由。尽管一审、二审法院都未支持这一事由，但刘伶利的胜诉，并不意味解除劳动关系的相关法律条款不存在。员工一方在这起诉讼中之所以获胜，是因为有足够的证据让"兰州交大博文学院亦认可"是请假而非连续旷工。否则，遇上用人单位"不认可"甚至"死不认账"，而员工又拿不出有效证据，那么患病员工就有可能处于不利地位。

这也许是"女教师患癌遭开除事件"更值得关注的地方。事实上，对劳动者权益的保护，除了要堵住制度漏洞，更应该注意校正现实生活中劳动关系的失衡。23日，媒体又曝出，兰州交大博文学院去年还曾以"考核不合格"为名，开除了一位身患肝血管瘤的女教师。仲裁和诉讼均失败后，兰州交大博文学院仍长期拒绝履行生效裁判。这些事件无不证明，捍卫一位劳动者的尊严，一方面要用足法律手段，同时也不能忽视医疗保险等社会保障制度的兜底功能。

劳资之间的有情有义，从法律上讲只是一个期待而不是强制性义务，但有一点毋庸置疑，用人单位解除劳动合同，法定程序不容绕道，法律底线不容突破。给劳资争议足够的说理空间，也给人与人之间的温情留一些余地，对企业、员工、社会都是有利的事。

（《女教师患癌遭开除，情理须有安身处》，《人民日报》2016 年 8 月 25 日第 5 版）

八、深圳“罗尔式募捐”涉嫌诈捐风波

2016 年 11 月 30 日上午，一篇《罗一笑，你给我站住!》的文章刷爆朋友圈，这篇文章自 11 月 25 日发布后，短时间内获 100000 + 的阅读与点赞，超过 11 万人打赏，募集数百万善款，但近日，事态发展急转直下，有网友爆料罗尔有“三套房两台车”；又称“罗一笑参加了医保，治病报销比例超过 70%，罗尔家花费还不到 2 万元”；还有知情人士称，“此事有人在背后做营销，营销人是小铜人，出版界的……”

一会儿是铺天盖地的转发、超过 11 万人的打赏；一会儿是排山倒海式的质疑与谩骂，很显然，“罗尔式募捐”正卷入到社会舆论争议的漩涡之中。那么，“罗尔式募捐”于理于法上错了吗?

毫无疑问的是，从一种新式的募捐途径上看，“罗尔式募捐”无疑是成功的，“短短几天内，获得 100000 + 的阅读与点赞，超过 11 万人打赏，募集善款达 270 万元之多”，受捐助人和营销平台都获得了巨大的收益。且从法理上看，也并没有超越基本的法律底线，“根据 2016 年开始施行的《慈善法》并未禁止个人求助，也未禁止以营销的手段进行个人求助。因此，这笔善款是否合法，尚不能定论”。法律专家也释疑说：“新《慈善法》只规定了慈善募捐、慈善捐赠等具体慈善行为，对于公民求助行为并没有进行规定。法律没有禁止公民及其亲友通过网络或其他方式求助，只要求助信息是真实的，没有欺诈行为，求助就是合法的。”

事实上罗尔的女儿罗一笑确实身患白血病，作为杂志社主编的父亲罗尔发出《罗一笑，你给我站住!》的网文情感真挚、细腻，具有很强的感染力，也值得公众的同情，且并未虚构基本事实等情况来牟取不当的利益。按“法无禁止即可为”的原则，“罗尔式募捐”并无触碰法律法规红线之嫌疑。那么，掀起滔滔舆情的“罗尔式募捐”到底错在哪?

与其说“罗尔式募捐”是情理上出了错，不如说是网友的爆料引燃了公众的怒

火："罗尔有三套房、二台车"，"罗一笑参加了医保，治病报销比例超过70%，罗尔家花费还不到2万元"，"此事有人在背后做营销，营销人是小铜人，出版界的……"知悉爆料后，普通网友的热情与爱心一下子转化为质疑和怒火，斥罗尔为骗子敛财，斥营销人利用公众的善心大发其财的大有人在。确实，按基本的生活常识：你有多套房多辆车，还有国家医疗保障的托底，就说明你不缺钱，不缺钱还利用网络募捐就是欺骗，就是利用公众的善心敛财，更可恶的是，还联合网络平台一起欺骗、坑害普通网友，骗取同情心，榨取大家的财富，实在是大恶不赦之罪！

平心而论，"罗尔式募捐"之错关键错在平台与慈善募捐的监管上，一方面，整个事件中，既然开启了打赏功能，平台的自我审核为何完全虚幻化，为什么罗尔的家庭财产情况不能最大程度的公开？要知道，捐赠他人一个隐含的前提就是默认当事人已尽己所能，但还是凑不齐治疗费。但是为了达到更好的筹款效果，隐去当事人关键的财产信息，借"苦情"来自我煽情营销，就是对捐助者的欺骗，对社会公益热情的极大透支。另外一方面，"一方有难、八方支援"是应有的社会正能量，社会公益信任经不起随意的挥霍，民政慈善监管部门亟须完善法规，让法律更加清晰，让慈善真正依循法律的轨道进行。

善良被透支，伤害的是那些真正需要帮忙的人，也会是整个社会向善的积极正能量！对此，我们还能任由"罗尔式募捐"类似行为的野蛮生长吗？

（《"罗尔式募捐"到底错在哪?》，人民网：http：//opinion. people. com. cn/n1/2016/1201/c1003 -28917697. html）

第三篇

社会道德建设评述*

*该篇作者为李茂森。

第一章　概　说

党的十八大以来，以习近平同志为总书记的党中央高度重视精神文明建设，强调实现中华民族伟大复兴的中国梦，提出了一系列新思想新观点新论断。2016 年是“十三五”规划和全面建成小康社会决胜阶段的开局之年，是协调推进“四个全面”战略布局（全面建成小康社会、全面深化改革、全面依法治国、全面从严治党）、贯彻落实五大发展理念（创新、协调、绿色、开放、共享）的关键一年。2015 年 10 月 29 日中国共产党第十八届中央委员会第五次全体会议通过了《中共中央关于制定国民经济和社会发展第十三个五年规划的建议》，对推动“两个文明”协调发展作出专门部署，明确要求“推动物质文明和精神文明协调发展。坚持‘两手抓、两手都要硬’，坚持社会主义先进文化前进方向，坚持以人民为中心的工作导向，坚持把社会效益放在首位、社会效益和经济效益相统一，坚定文化自信，增强文化自觉，加快文化改革发展，加强社会主义精神文明建设，建设社会主义文化强国”。该建议提出的“十三五”时期经济社会发展的主要目标和基本理念包括“国民素质和社会文明程度显著提高。中国梦和社会主义核心价值观更加深入人心，爱国主义、集体主义、社会主义思想广泛弘扬，向上向善、诚信互助的社会风尚更加浓厚，人民思想道德素质、科学文化素质、健康素质明显提高，全社会法治意识不断增强。公共文化服务体系基本建成，文化产业成为国民经济支柱性产业。中华文化影响持续扩大”。我国各地在 2016 年的精神文明建设工作中，高举中国特色社会主义伟大旗帜，深入贯彻党的十八大和十八届三中、四中、五中全会精神，深入学习贯彻习近平总书记系列重要讲话精神，坚持围绕中心、服务大局，以培育和践行社会主义核心价值观为根本，着力加强思想道德建设，着力深化群众性精神文明创建活动，着力提高国民素质和社会文明程度，为全面建成小康社会提供了坚强的思想保证、强大的精神力量、丰润的道德滋养和良好的文化条件，实现了“十三五”良好开局。

2016 年与我国社会道德建设有关的重大事件，概括如下。

1. 1 月 5 日至 6 日，全国宣传部长会议在京召开，中共中央政治局常委、中央书记处书记刘云山出席并讲话，强调要充分认识协调推进“四个全面”战略布局、决胜全面建成小康社会对宣传思想工作的新要求，牢牢把握“两个巩固”的根本任务，以强烈的责任担当做好工作，为“十三五”时期开好局起好步提供有力思想舆论支持。会议强调，要扎实推进社会主义核心价值观建设，弘扬伟大爱国主义精神，注重以文化人，坚持立破并举，做到持续用力、久久为功；加快文化改革发展，坚持社会效益第一，实现社会效益和经济效益有机统一，提高文化事业文化产业发展质量；加强国际传播能力建设，推动传统媒体与新兴媒体融合发展，向世界讲好中国故事、传播中国声音。按照惯例，全国文明办主任会议同期在京召开，总结2015年工作，安排部署2016年精神文明建设工作。中央文明办专职副主任夏伟东同志出席会议并讲话，提出要坚持用习近平总书记系列重要讲话精神统一思想、武装头脑，指导实践、推动工作，坚持紧紧围绕“四个全面”战略布局展开工作，坚持把五大发展理念作为精神文明建设必须长期坚持的重要遵循，坚持把培育和践行社会主义核心价值观作为根本任务，坚持以人民为中心的工作导向；布置了文明办系统要认真抓好的十项重点工作。

2. 1月27日，中央精神文明建设指导委员会召开第四次全体会议，中共中央政治局常委、中央精神文明建设指导委员会主任刘云山主持会议并讲话，强调要深刻认识新形势新任务对精神文明建设工作的新要求，高扬理想信念旗帜，弘扬爱国主义精神，强化共同价值追求，为决胜全面建成小康社会开好局起好步提供思想保证、精神力量、道德滋养和文化条件。刘云山强调，精神文明建设的出发点和落脚点是为了人民群众，要坚持创建为民，把精神文明创建工作同落实各类民生项目结合起来，同打赢脱贫攻坚战结合起来，注重做好困难群体帮扶工作，让人民群众有更多获得感。要坚持分类指导，深化文明城市、文明村镇、文明单位、文明家庭、文明校园创建，丰富思想内涵，体现人文关怀，提升国民素质和社会文明程度。要坚持重在建设、立破并举，继续开展对环境脏乱差、行风不正、诚信缺失、网上有害信息等的专项治理，推动解决群众反映强烈的突出问题。各级党委和政府要坚持“两手抓、两手都要硬”，按照新发展理念的要求推动精神文明建设工作改进创新，拓宽领域、补齐短板、提升水平，促进精神文明与物质文明协调发展。

3. 2月19日，习近平总书记在党的新闻舆论工作座谈会上发表重要讲话。习近平指出，在新的时代条件下，党的新闻舆论工作的职责和使命是：高举旗帜、引领导向，围绕中心、服务大局，团结人民、鼓舞士气，成风化人、凝心聚力，澄清谬误、明辨是非，联接中外、沟通世界。要承担起这个职责和使命，必须把政治方向摆在第一位，牢牢坚持党性原则，牢牢坚持马克思主义新闻观，牢牢坚持正确舆论导向，牢牢坚持正面宣传为主。习近平强调，党的新闻舆论工作坚持党性原则，最根本的是坚持党对新闻舆论工作的领导。党和政府主办的媒体是党和政府的宣传阵地，必须姓党。党的新闻舆论媒体的所有工作，都要体现党的意志、反映党的主张，维护党中央权威、维护党的团结，做到爱党、护党、为党；都要增强看齐意识，在思想上政治上行动上同党中央保持高度一致；都要坚持党性和人民性相统一，把党的理论和路线方针政策变成人民群众的自觉行动，及时把人民群众创造的经验和面临的实际情况反映出来，丰富人民精神世界，增强人民精神力量。新闻观是新闻舆论工作的灵魂。要深入开展马克思主义新闻观教育，引导广大新闻舆论工作者做党的政策主张的传播者、时代风云的记录者、社会进步的推动者、公平正义的守望者。

4. 3 月 17 日，《中华人民共和国国民经济和社会发展第十三个五年规划纲要》发布，在第十六篇“加强社会主义精神文明建设”中提出“坚持社会主义先进文化前进方向，坚持以人民为中心的工作导向，坚持把社会效益放在首位、社会效益和经济效益相统一，加快文化改革发展，推动物质文明和精神文明协调发展，建设社会主义文化强国”。规划纲要提出，要提升国民文明素质，以社会主义核心价值观为引领，加强思想道德建设和社会诚信建设，弘扬中华传统美德和时代新风，倡导科学精神和人文精神，全面提高国民素质和社会文明程度。培育和践行社会主义核心价值观，推进哲学社会科学创新，传承发展优秀传统文化，深化群众性精神文明创建活动。规划纲要提出，要丰富文化产品和服务，推进文化事业和文化产业双轮驱动，实施重大文化工程和文化名家工程，为全体人民提供昂扬向上、多姿多彩、怡养情怀的精神食粮。繁荣发展社会主义文艺，构建现代公共文化服务体系，加快发展现代文化产业，建设现代传媒体系，加强网络文化建设，深化文化体制改革。

5. 6 月 6 日，中央宣传部、中央网信办、中央文明办、教育部、全国总工会、共青团中央、全国妇联联合印发《通知》，强调要以纪念中国共产党成立 95 周年为契机，以社会主义核心价值观建设为根本，以理想信念教育为核心，以爱党爱国爱社会主义为主题，广泛组织开展群众性主题教育活动，在全社会唱响共产党好、社会主义好、改革开放好、伟大祖国好的时代主旋律。《通知》要求，要广泛开展“学党史、感党恩、跟党走”学习教育，开展缅怀革命先烈、走访慰问、学习优秀共产党员和网上群众性纪念活动，深入宣传中国共产党的光荣历史和丰功伟绩，宣传 95 年来中国共产党不断推进马克思主义中国化的理论成果，宣传以习近平同志为总书记的党中央治国理政新理念新思想新战略，宣传党面临的历史使命和全面从严治党的生动实践，宣传各个时期各条战线基层党组织和广大共产党员作出的突出贡献，引导广大干部群众深刻认识没有共产党就没有新中国、没有共产党就没有改革开放伟大胜利，进一步增强中国特色社会主义道路自信、理论自信、制度自信，更加紧密地团结在以习近平同志为总书记的党中央周围，为实现“两个一百年”奋斗目标、实现中华民族伟大复兴的中国梦而努力奋斗。

6. 7 月上中旬，中共中央印发了《中国共产党问责条例》（2016 年 7 月 8 日起施行），并发出通知，要求各地区各部门认真遵照执行。通知指出，党的十八大以来，党中央坚持党要管党、从严治党，深入推进党风廉政建设和反腐败斗争，将全面从严治党纳入“四个全面”战略布局，开创了党的建设新局面。习近平总书记反复强调，有权必有责、有责要担当、失责必追究。党中央紧紧抓住落实主体责任这个“牛鼻子”，把问责作为从严治党利器，先后对一批在党的建设和党的事业中失职失责典型问题严肃问责，强化问责成为管党治党、治国理政的鲜明特色。《中国共产党问责条例》以党章为根本遵循，全面贯彻党的十八大和十八届三中、四中、五中全会精神，深入贯彻习近平总书记系列重要讲话精神，聚焦全面从严治党，突出管党治党政治责任，着力解决一些党组织和党的领导干部党的领导弱化、党的建设缺失、全面从严治党不力，党的观念淡漠、组织涣散、纪律松弛、不担当、不负责等突出问题，体现了党的十八大以来管党治党理论和实践创新成果，是全面从严治党重要的制度遵循，对于统筹推进“五位一体”总体布局和协调推进“四个全面”战略布局，实现党的历史使命，具有十分重要的意义。

7. 9 月 19 日，中央宣传部、中央文明办在北京举办第十二届中国公民道德论坛。中共中央政治局委员、中央书记处书记、中宣部部长刘奇葆出席论坛并讲话，强调要深入学习贯彻习近平总书记系列重要讲话精神，着眼培育和践行社会主义核心价值观，广泛发现和树立各类先进典型，推动形成群星灿烂与七星共明的先进群体格局，着力构筑中国精神、中国价值、中国力量。刘奇葆指出，大力学习宣传先进典型，充分发挥先进典型的示范引领作用，对于推进社会主义核心价值观建设，具有十分重要的意义。要坚持先进性与广泛性相统一，坚持培育先进与学习先进相结合，坚持创新方式与完善制度相协调，在基层广泛发现、推出和表彰各类先进典型，让人们充分感到典型就在身边、榜样就在眼前。要突出表彰和宣传那些作出重大贡献、群众认可度高、社会影响力大的先进典型，使他们成为引领社会价值的精神标杆。要改进学习宣传方式，注重故事化讲述、全媒体传播、多渠道展示、互动式学习，使先进典型承载的价值观力量有效发散出去、传播开来。要关心关爱先进模范人物，强化政策法规导向作用，持续关心先进典型成长，旗帜鲜明捍卫英雄模范，形成德者有得、好人好报的鲜明价值导向。

8. 9 月 7 日，由中宣部组织开展的“重走长征路”主题采访活动在江西瑞金启动，活动旨在更好地继承和发扬伟大的长征精神，激励全国人民为夺取全面建成小康社会新胜利、实现“两个一百年”奋斗目标和中华民族伟大复兴的中国梦而努力奋斗。

10 月 21 日，纪念红军长征胜利 80 周年大会在北京人民大会堂隆重举行。中共中央总书记、国家主席、中央军委主席习近平在会上发表重要讲话强调，每一代人有每一代人的长征路，每一代人都要走好自己的长征路。今天，我们这一代人的长征，就是要实现“两个一百年”奋斗目标、实现中华民族伟大复兴的中国梦。长征永远在路上。不论我们的事业发展到哪一步，不论我们取得了多大成就，我们都要大力弘扬伟大长征精神，在新的长征路上继续奋勇前进。

10 月 23 日，中共中央政治局委员、中央书记处书记、中宣部部长刘奇葆参观纪念红军长征胜利 80 周年美术作品创作展，强调广大文艺工作者要深入学习贯彻习近平总书记在文艺工作座谈会和纪念红军长征胜利80周年大会上的重要讲话精神，大力弘扬伟大长征精神，加强革命历史题材和现实题材创作，推出更多具有强大思想震撼力和艺术感染力的优秀文艺作品。

9. 11月30日，中国文学艺术界联合会第十次全国代表大会、中国作家协会第九次全国代表大会在北京人民大会堂开幕。中共中央总书记、国家主席、中央军委主席习近平出席大会并发表重要讲话。指出广大文艺工作者要坚持以人民为中心的创作导向，坚持为人民服务、为社会主义服务，坚持百花齐放、百家争鸣，坚持创造性转化、创新性发展，高擎民族精神火炬，吹响时代前进号角，把艺术理想融入党和人民事业之中，做到胸中有大义、心里有人民、肩头有责任、笔下有乾坤，推出更多反映时代呼声、展现人民奋斗、振奋民族精神、陶冶高尚情操的优秀作品，为我们的人民昭示更加美好的前景，为我们的民族描绘更加光明的未来。

12月3日，中国文学艺术界联合会第十届全国委员会、中国作家协会第九届全国委员会全体会议在北京举行。中共中央政治局常委、中央书记处书记刘云山出席会议并讲话，强调广大文艺工作者要深入学习贯彻习近平总书记重要讲话精神，坚定文化自信、牢记职责使命、多出优秀作品，推动文艺事业实现更大发展。

10. 12月9日，中共中央政治局就我国历史上的法治和德治进行第三十七次集体学习。中共中央总书记习近平在主持学习时强调，法律是成文的道德，道德是内心的法律。法律和道德都具有规范社会行为、调节社会关系、维护社会秩序的作用，在国家治理中都有其地位和功能。法安天下，德润人心。法律有效实施有赖于道德支持，道德践行也离不开法律约束。法治和德治不可分离、不可偏废，国家治理需要法律和道德协同发力。改革开放以来，我们深刻总结我国社会主义法治建设的成功经验和深刻教训，把依法治国确定为党领导人民治理国家的基本方略，把依法执政确定为党治国理政的基本方式，走出了一条中国特色社会主义法治道路。这条道路的一个鲜明特点，就是坚持依法治国和以德治国相结合，强调法治和德治两手抓、两手都要硬，使法治和德治在国家治理中相互补充、相互促进、相得益彰，推进国家治理体系和治理能力现代化。这既是历史经验的总结，也是对治国理政规律的深刻把握。

11. 12月25日，新华社发布消息，中共中央办公厅、国务院办公厅印发了《关于进一步把社会主义核心价值观融入法治建设的指导意见》（以下简称《意见》），并发出通知，要求各地区各部门结合实际认真贯彻落实。该《意见》是为深入贯彻习近平总书记系列重要讲话精神，大力培育和践行社会主义核心价值观，运用法律法规和公共政策向社会传导正确价值取向，把社会主义核心价值观融入法治建设而提出的。《意见》提出，根植于全民心中的法治精神，是社会主义核心价值观建设的基本内容和重要基础。大力弘扬社会主义法治精神，一是要深入开展法治宣传教育。深入学习宣传习近平总书记关于全面依法治国的重要论述，开展宪法和中国特色社会主义法律体系宣传教育。在全体党员中深入开展党章和党内法规学习教育，提高党员干部法治思维和依法办事能力。坚持从青少年抓起，切实把法治教育纳入国民教育体系，使青少年从小树立宪法意识、国家意识和法治观念。健全普法宣传教育机制，实行国家机关“谁执法谁普法”的普法责任制。广泛开展群众性法治文化活动，把法治教育纳入文明城市、文明村镇、文明单位、文明家庭、文明校园创建活动。二是增强法治的道德底蕴。把法治教育与道德教育结合起来，深化社会主义核心价值观学习教育实践，以道德滋养法治精神。强化规则意识，倡导契约精神，弘扬公序良俗，引导人们自觉履行法定义务、社会责任、家庭责任，努力形成中华儿女互有责任的良好风尚。广泛开展时代楷模、道德模范、最美人物和身边好人学习宣传活动，积极倡导助人为乐、见义勇为、诚实守信、敬业奉献、孝老爱亲等美德善行。大力弘扬中华优秀传统文化，汲取中华法律文化精华，使之成为涵养社会主义法治文化的重要源泉。

2016 年伊始，中央文明办要求重点实施的十项工作如下。

1. 深化文明城市创建，辐射带动社会文明程度整体提升。创建文明城市是群众性精神文明创建的龙头工程，要全面贯彻五中全会精神，贯彻中央城市工作会议要求，结合推进以人为核心的新型城镇化，不断提高创建水平。要更加突出软环境建设，突出社会风尚建设，突出市民素质建设，突出城市文化建设，打造城市精神，对外树立形象，对内凝聚人心。

2. 深化文明村镇创建，促进农村乡风民风、人居环境、文化生活美起来。要坚持美丽乡村建设主题，抓好 12 项具体项目，实实在在地为农民办好事、办实事。推动各地在“十三五”时期实现 50% 以上村镇达到县级及县级以上文明村镇标准。加强城乡统筹、以城带乡，把更多的资源向农村和农民倾斜，着力发挥城市对农村的支持辐射和示范带动作用。

3. 深化文明单位创建，激发文明创建的基层基础活力。创建文明单位是推动物质文明和精神文明协调发展任务落到基层的有效途径。要把社会主义核心价值观融入到各种服务守则、行为准则、规章制度、行业规范中，坚守职业道德，提升服务水平，树立行业新风。文明单位要积极履行社会责任，开展结对帮扶贫困乡村。

4. 深化文明家庭创建，以好家风支撑起好的社会风气。要以培育和建设社会主义核心价值观为根本，深化家庭文明建设，使千千万万个家庭真正成为国家发展、民族进步、社会和谐的重要基点。要引导党员、干部自觉带头树立良好家风，弘扬中华优秀传统美德，传承好家风好家训，让核心价值观在家庭里生根、在亲情中升华。

5. 深化文明校园创建，培育德智体美全面发展的社会主义建设者和接班人。要重视发挥教育部门的主体作用，把文明校园打造成精神文明创建的又一响亮品牌。要加强师德师风建设，点燃学生对真善美的向往，帮助学生健康成长。要积极推进核心价值观进课堂进教材进头脑，提升学生文明素养。要加强校园文化建设，弘扬良好校训校风，普遍开展文明班级、文明宿舍创建。

6. 深入宣传学习道德模范，形成崇德向善、见贤思齐、德行天下的浓厚氛围。

要充分展示道德模范先进事迹，运用基层巡讲、“故事汇”巡演、电视专题片、事迹展览等形式，弘扬他们的高尚品德和崇高精神。广泛开展学习道德模范活动，针对道德模范遇到的实际问题和困难，开展关爱帮扶道德模范，树立好人有好报的价值导向。

7. 深入推进诚信建设制度化，打造“不敢、不能、不愿失信”的制度环境。要深入持久开展诚信宣传教育，大力宣传诚信人物、诚信企业、诚信群体，推介各地各部门诚信建设先进典型。要用信用记录规范引导人们的行为，推动建立统一社会信用代码制度，加强信用共建共享，完善失信“黑名单”制度，构建守信联合激励和失信联合惩戒机制，推动信用法律法规建设。

8. 持续推进志愿服务制度化，推动形成我为人人、人人为我的社会风尚。要发挥好文明委、文明办的牵头抓总作用，促进志愿服务常态化，推动志愿服务项目化运作、专业化支撑，保持活动经常有效开展。要发挥党员志愿者示范带头作用，把志愿服务做到基层做进社区做进家庭。要完善嘉许激励制度，探索和推广为志愿者建立保险的制度，免除志愿服务的后顾之忧。

9. 扎实推进文明旅游工作，不断提升公民旅游文明素质。要运用好协调机制，推动联席会议成员单位和各地齐心协力做好文明旅游工作。要坚持国内游出境游一起抓，有针对性开展教育引导工作，推进依法管理，强化公民文明出游意识。要加强舆论监督，推出一批“最美导游”“最美游客”，也要抓好反面曝光，形成警示效应。特别要在元旦、春节、暑假、国庆节等重要的出行时间节点，形成宣传规模和声势。

10. 深入开展网络文明建设，让网络空间更加清朗。精神文明建设必须主动适应“互联网 +”的大趋势大潮流，把网络作为重要工作阵地和传播渠道，积极倡导网络道德和网络文明，在网上唱响弘扬社会主义核心价值观的主旋律。要建好用好中国文明网，充分发挥网络在精神文明建设中的作用。

社会道德建设是我国的综合工程，在指导思想上要深入开展理想信念教育，努力实现中华民族伟大复兴中国梦；要大力培育和践行社会主义核心价值观，引导群众树立正确的历史观、民族观、国家观、文化观，增强对国家和民族的归属感、认同感、尊严感、荣誉感；要持续深化群众性精神文明创建活动，深化“五大创建”活动；要努力提供更多塑造人、感染人的文化产品和文化服务，坚持文化惠民；要着力提升文化文明传播水平，做好对内对外传播展示文化文明的工作。

第二章　文明城市创建

创建文明城市是群众性精神文明创建的龙头工程，在各种创建活动中居于主导地位，标志性强、荣誉度高，社会普遍关注。我国目前共有359个县级市和1575个县。调动县级创建文明城市的积极性，是在决胜全面建成小康社会5年中提高县市文明程度和群众生活质量的关键环节。要通过抓好县级文明城市创建，不断扩大文明城市创建的覆盖面和影响力，带动社会文明程度整体提升。

在文明城市的创建工作中，全国文明城市每三年评选表彰一届，第五届全国文明城市评选周期为2015—2017年，前两年进行年度测评，第三年进行综合测评，三年成绩按一定比例相加得出总成绩，依据总成绩确定第五届全国文明城市名单。《全国文明城市测评体系》（2015年8月）对文明城市创建作出了非常具体的3—4级要求，如前两级要求是理想信念教育（学习宣传贯彻习近平总书记系列重要讲话精神、学习宣传贯彻“四个全面”战略布局、中国特色社会主义和中国梦学习宣传教育）、社会主义核心价值观建设（组织实施、教育实践、文化培训）、培育文明道德风尚（道德模范评选表彰和学习宣传、志愿服务制度化、文明旅游、“讲文明树新风”公益广告、中国文明网联盟网站建设、网上精神文明建设）、廉洁高效的政务环境（党风廉政建设、政务行为规范）、公平正义的法治环境（法治宣传教育、公民权益维护、基层民主政治）、诚信守法的市场环境（推进诚信建设制度化、市场监督、文明诚信服务）、健康向上的人文环境（国民教育、科学普及、民族团结进步、现代公共文化服务体系建设、市民文明素质、有利于青少年健康成长的社会文化环境）、舒适便利的生活环境（经济发展、公共服务、医疗与公共卫生、社会保障）、安全稳定的社会环境（公共安全体系建设、社会治安）、可持续发展的生态环境（城市绿化、环境管理与环境质量）、长效常态的创建工作机制（组织领导体制、群众广泛参与、文明单位创建、土地资源管理、“以城带乡、城乡共建”、加强动态管理、完善保障机制）。各地在2016年的评测中，还实施了创建文明城市负面清单，即在《全国文明城市创建动态管理措施》中设置了涉及党风廉政建设、公民合法权益维护、打击假冒伪劣、生产生活安全及搞“一阵风”“运动式”创建，突击迎检、扰民劳民等10个领域、30个项目的负面清单。对出现负面清单所列问题的城市，采取扣罚测评分数、限期整改、停止提名城市资格、停止全国文明城市资格1年、取消全国文明城市荣誉称号5种惩戒方法，真正把文明城市创建做成惠及群众、造福百姓的基础工程、民生工程。中央文明办将在深入调研基础上，进一步充实完善测评体系，引导文明城市创建与“十三五”规划相一致，与全面建成小康社会目标相协调，与新型城镇化战略相配套，推动兴起新一轮文明城市创建热潮。

城市生活是道德建设的重要场所，具体生活环境的建设水平能够有目共睹，道德建设的水平则需要人们能够用心感受。各地在文明城市的创建中，着力提升城市环境质量和人民生活质量，创造优良人居环境，做到保护自然景观、延续历史文脉、保持特色风貌、宜居宜业宜游，把城市建设成为人与人、人与自然和谐共处的美丽家园。从1995年在张家港召开的具有里程碑意义的全国精神文明建设经验交流会，“张家港精神”叫响全国，到2004年，首届中国公民道德论坛在南通市举行，形成全国精神文明建设的“南通现象”，江苏一直走在精神文明建设的时代前沿。2014年12月，习近平总书记到江苏视察，殷切希望江苏努力推动文化建设迈上新台阶、建设社会文明程度高的新江苏。为贯彻落实总书记对江苏工作的新要求，江苏省委省政府明确提出建设“两个高地”的目标，即构筑思想文化建设高地、构筑道德风尚建设高地。

2015年底，江苏省文明委出台《构筑道德风尚建设高地行动方案（2016—2020年)》，提出要经过五年的探索实践，努力把江苏建设成为有温度的人文之地、有显示度的文明之地、有感受度的向上向善精神家园。各地结合自己的实际情况出台了具体措施，如扬州市文明委组织实施了七大行动（公民道德培育行动、社会诚信建设行动、志愿服务普及行动、未成年人思想道德建设提升行动、文明创建提升行动、网络文明建设行动、政策法规保障行动），让“爱、敬、诚、善”成为扬州人的鲜明特质，道德楷模持续涌现，注册志愿者占城镇人口比例达到15%，志愿服务参与率≥70%。“道德讲堂”由江苏常州首创，并在全国范围内如火如荼铺展开来。如今在常州，道德讲堂作为一个大平台，无论进入哪个行业，都有实实在在的效用。常州供电公司的道德讲堂，每年集中举办“入职礼”“拜师礼”“晋阶礼”“退休礼”，其中的“拜师礼”庄严而温馨，多少工匠技艺从这里开始传承。在未成年人教育方面，常州市深化拓展“八礼四仪”。“八礼”是指仪表之礼、餐饮之礼、言谈之礼、待人之礼、行走之礼、观赏之礼、游览之礼、仪式之礼，涵盖未成年人日常生活的方方面面；“四仪”是未成年人四个具有标志性的时间节点，7岁入学仪式、10岁成长仪式、14岁青春仪式、18岁成人仪式。“八礼四仪”对不同年龄的未成年人有不同细化要求。在餐饮之礼中，明确小学生应懂得吃饭时不咂嘴，高中生应做到用餐时先请长辈、客人就座后再动筷；入学仪式，让刚入学的小学生感受学习乐趣、接触校园生活、感知礼仪规范；成人仪式，让年满18周岁的学生懂得成人之责，做守法公民，承担社会责任；等等。

全面推进创建文明城市工作，着力提升市民文明素质，着力提升城市文明程度，着力提升城市文化品位，着力提升群众生活质量，让人民群众在城市生活得更方便、更舒适、更安全，坚持为民利民惠民抓创建，进一步提升幸福指数。这已经成为全社会的共识。城市化不断上升是目前我国社会发展的趋势，但是老龄化不断加剧、人口流动日渐频繁等问题也给文明城市创建带来了新的挑战。创建文明城市工作需要在经济、政治、文化、社会、生态文明建设和党的建设等方面得到全面推进，基本思路是，要坚持以社会主义核心价值观为引领，按照《全国文明城市测评体系》要求，围绕优化政务环境、文明习惯养成、社会综合治理、窗口形象建设、诚信建设、文化繁荣、爱心惠民等实施“十项重点创建工程”，推动各项事业发展，增强市民文明意识，规范市民文明行为，营造城市文明氛围，建设崇德向善的城市。要注重发挥文化的滋养涵育作用，用建筑风格提升城市品位，用人文精神增添城市魅力，用文化生活打造城市气质，建设文化厚重的城市。要贯彻以人民为中心的发展思想，打造合理城市空间，提供良好公共服务，创造干净整洁环境，建设和谐宜居的城市。

第三章　文明村镇创建

深化文明村镇创建，促进农村乡风民风、人居环境、文化生活美起来。这对于亿万农民享受美好环境、养成美好品德、过上美好生活，实现全面小康具有重大意义。2015 年 4 月 29 日，质检总局和国家标准委发布了《美丽乡村建设指南》，2015 年 6 月 1 日起实施，为推荐性国家标准。为贯彻落实中央关于美丽乡村建设的安排部署，全国各地以实施“四美五改·美丽乡村”（环境美、产业美、精神美、生态美；改房、改水、改路、改厕、改厨）行动为载体，全力打造农民幸福生活的美好家园，推动了农村精神文明建设水平的显著提升。2016 年 8 月 22 日至 23 日，中宣部、中央文明办在黑龙江省哈尔滨市召开全国农村精神文明建设工作经验交流会，深入贯彻党的十八大和十八届三中、四中、五中全会精神，深入贯彻习近平总书记系列重要讲话精神，坚持以美丽乡村建设为主题，推进农村精神文明建设工作创新发展。

美丽乡村建设十二个专项行动可以概括为：

1. 民居改造专项行动。对已有民居、新建或翻建民居实施改造，每年建设一定的民居改造示范户，加快困难家庭危房改造。

2. 安全饮水专项行动。开展农村饮水安全巩固提升工程建设，逐步建立“从源头到龙头”的农村饮水工程建设和运行管护体系。

3. 污水治理专项行动。根据村庄条件和所处区域要求，采用适宜模式收集和处理农村生活污水。

4. 街道硬化专项行动。硬化农村公路、连村道路、村内街道，增加线杆、路灯等照明设施。

5. 无害化卫生厕所改造专项行动。因地制宜推广使用三格化粪池式、双瓮式等卫生厕所，按规定配备渣液清理车，建立农户缴费、专业人员清掏的市场机制。

6. 清洁能源利用专项行动。引导农户使用清洁能源进行炊事和取暖，推广秸秆等废弃物能源化利用，提高高效清洁燃烧炉具使用比例。

7. “三清一拆”和垃圾治理专项行动。开展清杂物、清残垣断壁和路障、清庭院、拆除违章建筑活动。做好生活垃圾源头分类收集，配备保洁员和垃圾清扫车，定时清扫保洁和清运。

8. 村庄绿化专项行动。大力开展环村绿化、街道绿化、建筑物绿化、庭院绿化、游园绿化，实现村庄绿化达标全覆盖。

9. 特色富民产业专项行动。加快培育新型农业生产经营主体，推进现代农业园区、特色产业链条、特色产业乡镇建设。

10. 农村电子商务网点建设专项行动。拓宽产品市场和流通渠道，构建线上线下相统一的购销网络，依托村民中心、超市等营业场所建设电商服务站点，不断完善美丽乡村云功能。

11. 乡村文化建设专项行动。加强村民中心建设，办好农村中小学，建设文化广场，举办村民讲习所，建好用好农村书屋，广泛开展模范家庭评选活动。

12. 基层组织建设专项行动。选优配强乡镇领导班子，加强服务型党组织建设，基本实现农村基层组织建设全面进步、全面过硬。

安徽省的具体做法是，根据《中共安徽省委办公厅、安徽省人民政府办公厅印发〈关于2016年美丽乡村建设的安排意见〉》（皖办发〔2016〕1号）和《安徽省人民政府关于2016年实施33项民生工程的通知》（皖政〔2016〕25号）要求，制定了总体目标：按照全面建成小康社会和建设社会主义新农村的总体要求，围绕“生态宜居村庄美、兴业富民生活美、文明和谐乡风美”的建设目标，全面推进美丽乡镇建设、中心村建设和自然村环境整治，实现美丽乡村建设由“以点为主”向“由点到面”战略转换，以改善农村人居环境为重点，统筹推进产业发展、社会管理和精神文明建设，努力打造农民幸福生活美好家园。力争到2017年底完成所有乡镇政府驻地建成区整治建设任务；到2020年，力争80%布点中心村达到美丽乡村建设要求，90%以上村庄脏乱差得到有效治理，打造一批环境优美、人口集聚、功能完善、特色鲜明、管理有序、文明和谐的特色小镇、特色村庄。

在具体建设内容上，规定乡镇政府驻地建成区整治建设任务是：

1. 治脏。整治乡镇建成区道路、背街小巷、镇村结合部、集贸市场、河沟渠塘、居民小区、公园广场、公共厕所、建筑工地和学校周边等区域环境卫生，做到垃圾日产日清。

2. 治乱。治理乱搭乱建，严格按规划规范建房审批，加强违法建设整治，依法拆除违法建筑物。治理乱停乱放，完善交通标识、导行设施和停车场地，纠正不文明交通行为。治理乱摆乱占，纠正占道摆摊、店外经营现象，清理、规范建筑材料堆场、煤矸石场、废品收购站等。治理乱拉乱挂，整治主次干道杆线，规范店招广告、过街横幅。

3. 加强基础设施建设和公共服务配套。提升乡镇建成区通达水平，结合实施县乡公路畅通工程，贯通和改善主干道，修缮破损路，整治低洼路，完善路灯、信号灯、交通标识等安全提醒设施，形成安全、畅通的路网。合理规划新建或改造集贸市场。鼓励开发建设居民小区，满足群众进镇居住需求，提升乡镇品位。因地制宜改造或修建综合性文化设施和居民健身场所，可独立占地，也可与街心绿地、公共建筑、学校体育设施相结合。加强互联网基础设施建设。提升绿化水平，重点强化道路沿线、城镇出入口、空置地块等主要节点绿化，以乡土树种为主，植绿见绿，见缝插绿，大幅增加乡镇绿量。

鼓励有条件的乡镇在“两治理一加强”的基础上，开展生活污水处理、沿街建筑立面改造、环境景观综合整治，保持乡镇特色风貌。

规定省级中心村的建设任务是：

1. 垃圾处理。清理积年留存垃圾。建立生活垃圾收运处置体系，交通便利且转运距离较近的村庄，生活垃圾可按照“户集、村收、乡镇转运、市县处理”的方式收运处理；其他村庄的生活垃圾可通过“户集、村收、乡镇处理”等适当方式就近处理。选择符合农村实际和环保要求、成熟可靠的终端处理工艺，推行卫生化的填埋、焚烧、堆肥、沼气处理和垃圾发电等方式。

2. 饮水安全巩固提升。结合“十三五”国家农村饮水安全巩固提升工程，扩大农村自来水使用覆盖面，提升饮水安全保障水平。

3. 卫生改厕。加快无害化卫生户厕建设或改造步伐，消除农村露天粪坑，卫生户厕普及率达到80%以上。

4. 房前屋后环境整治。梳理规范电力、通信等各种线路杆线，有序堆放杂物，实现村庄内无乱搭乱建、乱堆乱放。

5. 道路畅通。结合乡村道路畅通工程，实施通村主干道路拓宽改造和村内主干道路硬化，提高畅通水平。

6. 污水处理。以分散处理为主，通过分户式、联户式的办法，采用整体式粪池、三格式粪池等简易处理技术，就地生态治理。有条件和实际需求的地方，采用经济有效、简便易行、工艺可靠的无动力、微动力处理技术进行集中处理，靠近城镇污水集中收集系统的村庄可以接入城镇系统集中处理。生活污水处理率达到80%以上。

7. 河沟渠塘疏浚清淤。整治疏浚河沟渠塘，加强桥涵配套，实现水系畅通、水体清澈。

8. 公共服务设施建设。按照因地制宜、资源整合、简易适用的要求，在有需要的地方，利用现有设施，结合村级组织活动场所等项目，统筹改造或建设农村综合服务中心。提高宽带普及率。

9. 村庄绿化。开展村庄道路、水体沿岸、庭院和村庄周围绿化，以乔木、乡土树种为主，灌木为辅，倡导自然式种植，推广小菜园、小果园、小竹园、小花园、小茶园等，改善村庄生态环境。

10. 村庄亮化。在村庄主干道和公共活动区域，利用多种方式安装简易路灯，进行适度亮化。

市、县（市、区）自主建设的中心村按照基本标准建设，包括垃圾处理、饮水安全巩固提升、卫生改厕、房前屋后环境整治、道路畅通等5项内容。

此外，农村社会移风易俗也是一项长期而艰巨的任务。针对封建迷信、大操大办等不良风气，有些地区采取建立村民议事会、道德评议会等办法，选派机关优秀干部到贫困村任第一书记，在行政村建立村务村风监督会，形成了“好人好事有人夸、歪风邪气有人抓”的乡风文明新气象。山东省莱芜市推行以婚事新办、丧事简办为主要内容的移风易俗活动，破除陈规陋习，倡树文明新风，促进解决群众“办不起又不能不办”的难题。一是倡导婚事新办，文明节俭。制定“六提倡、六反对”婚事新办模板，即：提倡简约定亲、反对盲目攀比，提倡举办一次婚礼仪式、反对重复浪费，提倡新式婚礼、反对豪华婚礼，提倡“礼轻情重”、反对高额礼金，提倡环保婚礼、反对乱贴红纸和大量燃放鞭炮，提倡低碳迎亲、反对豪华车队。二是推行丧事简办，让群众省时省力又省钱。探索推行“八取消、八提倡”丧事简办活动，即：取消家族自己办丧、提倡红白理事会全程办理，取消普穿白大褂、提倡戴白花黑纱，取消三天丧、提倡一天丧，取消吹鼓手吹奏、提倡放哀乐，取消摆筵席、提倡大锅菜，取消石棺木棺、提倡直接埋葬骨灰盒，取消摆祭赏钱、提倡节俭吊唁，取消各类彩扎、提倡节俭祭祀。三是成立红白理事会，使难办的事情有人管。坚持政府主导和群众自治相结合，组织全市农村采取多种形式建立红白理事会。红白理事会主要由村两委班子、老党员以及正直热心、威望较高的人作为候选人，由党员和群众代表选举产生。同时，把移风易俗工作情况纳入区和镇（街）领导班子绩效考核。

2016年11月28日，中共中央政治局委员、中宣部部长、中央文明委副主任刘奇葆出席推动移风易俗树立文明乡风电视电话会议并讲话，强调要深入学习领会习近平总书记重要指示精神，坚持以社会主义核心价值观为引领，把反对铺张浪费、反对婚丧大操大办作为农村精神文明建设的重要内容，推动移风易俗，树立文明乡风。刘奇葆指出，树立良好社会风气，是推动社会主义核心价值观在农村落地生根的必然要求，是深化美丽乡村建设的有效途径，是完成脱贫攻坚任务的重要抓手。要联系农村生产生活实际和农民群众思想实际，找准工作载体抓手，深化文明素质教育，加强移风易俗宣传和舆论监督，发挥文艺作品敦风化俗的作用，推动乡风民风美起来。刘奇葆强调，要充分发挥群众性精神文明创建活动移风易俗、改造社会的重要作用，依托文明村镇创建形成鲜明导向，依托传统节日弘扬文明风尚，依托重点人群抓好示范带动，让文明新风融入农村生产生活的各个方面。要强化制度约束，构建起党章党规、法律法规、公共政策、规范守则相互支撑的保障体系，推动形成良好社会风气。

第四章　文明单位创建

创建文明单位是推动物质文明和精神文明协调发展任务落到基层的有效途径。2016年9月中下旬，中共中央总书记、国家主席、中央军委主席习近平对二十国集团领导人杭州峰会总结表彰工作作出重要指示强调，新闻宣传有声有色，文艺演出精彩纷呈；我们不仅要表彰先进集体和个人，而且要在全社会大力弘扬广大干部群众表现出来的主人翁意识、爱国主义精神、无私奉献精神，使之成为培育和践行社会主义核心价值观、推进社会主义精神文明建设的重要内容，为实现“两个一百年”奋斗目标、实现中华民族伟大复兴的中国梦提供强大精神力量。文明单位创建活动是推动企业精神文明建设的有效载体，不断提升企业文明程度和员工文明素质，有利于深入推进群众性精神文明创建活动。

在文明单位创建中，各地一般以银行、海关、税务、质检、电力等窗口行业为重点，进一步加强道德建设、弘扬文明风尚，提升群众满意度和社会认可度，把核心价值观融入体现到各种服务守则、行为准则、规章制度、行业规范之中。实际上，文明单位创建有很大发展空间。许多地方的做法值得推荐，一是以文明单位创建为重点，适应企业深化改革、加快转变发展方式的要求，深入推进企业文明单位、文明班组、文明窗口、文明岗位、文明职工等创建工作，不断扩大覆盖面和辐射力；二是以先进典型引领文明行为，采取各种形式宣讲员工身边的先进典型和先进群体，塑造一批具有全国影响的先进集体和典型人物，引导广大员工向先进典型学习；三是积极利用互联网、手机短信等新媒体打造精神文明建设的新平台，运用公益广告、社交网络、微博等新型传播方式丰富精神文明建设的手段和载体，引领员工提升文明素质和道德水平；四是开展丰富多彩的群众文化活动，积极组织开展员工乐于参与、便于参与的文化活动，引导员工在文化建设中展现自我、教育自我、提高自我，提高员工的精神文化生活质量；五是把员工的文化参与和文化认同有机结合起来，精心培育植根员工、服务员工的文化载体，打造一批员工文化活动品牌；六是充分发挥企业文化展厅（室）、博物馆、科技馆、纪念馆等文化设施和爱国主义教育示范基地的作用，使之成为对内开展企业文化教育的生动课堂、对外展示企业文化的重要窗口。

现行的《全国文明单位测评体系》规定，全国文明单位是指积极践行社会主义核心价值体系，坚持物质文明建设和精神文明建设两手抓，各项事业全面协调发展、精神文明建设成效突出，在社会上发挥示范引领作用的单位；根据创建文明单位工作实际，测评体系共设置13个测评项目，满分为100分，分布在学雷锋活动、志愿服务活动、道德讲堂建设、学习型单位建设、文明有礼培育、勤俭节约活动、道德经典诵读、“我们的节日”活动、文明风尚传播、文化体育活动、参与帮扶共建、优质服务状况、优美环境建设之中；数据采集主要使用实地考察、材料审核、问卷调查三种方法。该规定还强调，申报前两年内有下列情形之一的，不得申报全国文明单位：领导班子成员发生严重违纪和违法、员工发生刑事案件、单位发生重大安全生产和食品安全事故、单位员工违反国家计划生育政策。随着社会的发展进入新时期，中央文明办将着手修订这个评测体系，引导各级文明单位始终保持先进性。

在实际评选中，全国涌现了大量的在践行“四个全面”战略布局和五大发展理念中走在前列的文明单位，紧扣示范引领作用，创建责任不断强化。各地在创建评选活动中，采取有效措施，严格把好“五道关”，即申报关、审查关、监督关、验收关、决策关，增强了透明度，提高了创建评选工作的科学化、制度化，确保了文明单位的创建质量。对创建工作意识淡薄、未能较好履行社会责任的单位，坚决取消其文明单位的称号，以便提高社会各界对文明单位创建重要性的认识。

组织文明单位结对扶贫是一项创新性政策。中宣部和中央文明办要求文明单位发挥优势，结对帮扶贫困乡村。这得到了各地文明办积极响应，引导各级文明单位履行社会责任，开展精准扶贫，综合运用产业扶贫、就业扶贫、文教扶贫、科技扶贫、捐赠扶贫等多种方式，帮助贫困乡村、贫困群众增收致富，为打赢脱贫攻坚战作出应有贡献。湖南省湘潭市组织百家文明单位结对共建美丽乡村，提出了明确的目标，在基础设施建设方面，要求各文明单位通过开展共建活动，各结对村镇要普遍达到“三建五改四有五通”（“三建”，建图书室、文体活动场所、阅报栏；“五改”，改路、改栏、改厕、改厨、改水；“四有”，有一条致富门路、一门致富技术、一幢适用整洁住房、一套经济适用家具；“五通”，通电、通路、通电话、通广播电视、通网络。）目标，为美丽乡村建设夯实硬件基础。提出了明确的内容，主要开展“五进”活动，一是核心价值观进乡村，开展涵养社会主义核心价值观的宣传教育等实践活动；二是道德风尚进乡村，开展“讲文明、树新风”“道德讲堂”“五好文明家庭”创建、“好公婆、好媳妇、好妯娌”评选等活动；三是环境卫生进乡村，支持农村交通、水利、电力、环卫等基础设施建设，不断推进农村道路硬化、村庄绿化、环境净化；四是文化娱乐进乡村，推动农民文化广场、文化礼堂、文化大院等基础文化设施建设，开展乡土文化活动；五是扶贫帮困进乡村。这些目标和内容简明具体，可操作性强，通过文明单位与结对村镇的联席会议制度，形成了相互协商、相互配合、齐抓共管、共同推进的工作格局。

第五章　文明家庭创建

当前，随着经济社会发展，城乡家庭结构、家庭功能、家庭观念都发生了很大变化，给文明家庭建设带来了新的课题。家风建设成为2016年的重头戏。2月25日，由中共中央宣传部、全国妇联主办的“最美家庭讲好家训”万场巡讲工作经验交流会在徐州市举行。会议指出，优良家风是中华优秀传统文化的重要组成部分，是涵养社会主义核心价值观的丰厚资源，有着深厚的群众基础和广泛的价值认同；要大力传承优良家风家训，注重家庭、注重家教、注重家风，广泛运用“最美家庭讲家训”等好经验好做法，用优良家风家训培养人们的孝心爱心，引导人们感念父母的养育之恩，感念长辈的关爱之情，让中华孝道和敬老之风代代相传；会议强调，按照《培育和践行社会主义核心价值观行动方案》的部署，大力弘扬优良家风家训，推动家庭美德建设，让社会主义核心价值观在家庭里生根、在亲情中升华。各地在文明家庭创建中引导党员、干部自觉带头树立良好家风，弘扬中华优秀传统美德，传承好家风好家训，让核心价值观在家庭里生根、在亲情中升华，使千千万万个家庭真正成为国家发展、民族进步、社会和谐的重要基点。

习近平总书记在2015年春节团拜会上指出：“家庭是社会的基本细胞，是人生的第一所学校。不论时代发生多大变化，不论生活格局发生多大变化，我们都要重视家庭建设，注重家庭、注重家教、注重家风。”2016年9月23日，新华社发布消息，为深入贯彻党的十八大和十八届三中、四中、五中全会精神，深入贯彻习近平总书记系列重要讲话精神特别是关于“注重家庭、注重家教、注重家风”重要指示精神，经中央批准，中央文明委于2016年开展第一届全国文明家庭评选表彰活动。中央文明办贯彻落实中央文明委《关于深化家庭文明建设的意见》（文明委〔2016〕3号），根据《全国文明家庭评选标准和评选办法》，印发了《关于做好第一届全国文明家庭推荐评选表彰工作的通知》，正式启动第一届全国文明家庭推荐评选工作。通知指出，家庭是社会的基本细胞，家庭建设是国家建设、社会建设的基础工程。开展文明家庭评选表彰，抓的是社会的根本，谋的是子孙后代的未来，对于深入推进社会主义核心价值观建设、营造良好社会风气、推动国家发展民族进步社会和谐具有重要意义，有利于发扬光大中华民族传统家庭美德，建设新时代的家风文化，以好的家风支撑起好的社会风气。

中央文明办贯彻落实中央文明委《关于深化家庭文明建设的意见》提出了深化家庭文明建设的基本原则：坚持价值引领，把社会主义核心价值观贯穿融入到家庭文明建设全过程和各方面，做到内化于心、外化于行、日用不觉；坚持重在建设，加强正面宣传教育引导，持之以恒地建设家庭文明，提升家庭幸福感和凝聚力；坚持广泛参与，充分发挥群众主体作用，扩大家庭文明建设覆盖面和参与度，使群众在共建共享中有更多获得感；坚持改进创新，适应城乡家庭结构、功能、观念、生活方式的变化，关注家庭需求，着眼家庭发展，不断满足人们对家庭文明的新期待；坚持德法并举，发扬光大中华民族传统美德，培育新时代的家风文化，同时运用法治思维、法治方式和刚性制度深化家庭文明建设，实现德法相济、相得益彰；建立健全党委统一领导、文明委组织协调、有关部门分工负责、社会力量积极参与的领导体制和工作机制，汇聚起家庭文明建设强大合力。

各地在评选活动中深化了文明家庭创建，展现了各地的特色，如河南濮阳市提出了市级文明家庭创建标准。

1. 爱国爱家。践行核心价值，弘扬民族精神。落实社会责任，爱岗敬业奉献。同创幸福家庭，共建和谐社会。

2. 勤俭持家。依靠辛勤劳动，创造家庭财富。牢守节俭意识，践行低碳生活。倡导移风易俗，引领社会新风。

3. 廉洁齐家。带头遵纪守法，抵制歪风邪气。弘扬廉洁文化，严于自律修身。传承家训家规，涵养清风正气。

4. 和睦兴家。孝敬父母长辈，兄弟妯娌和睦。互尊互谅互让，自信自立自强。坚守责任担当，共促家门兴旺。

5. 文化传家。推动家庭教育，关注心灵成长。勉励读书学习，争创书香名门。弘贤励志育德，培育一代新人。

6. 以德立家。崇尚英雄楷模，重视言传身教。明理诚信友善，感恩懂礼识义。展示家庭美德，树立良好家风。

新疆提出的文明家庭评选标准如下。

1. 爱国守法。家庭成员拥护中国共产党领导，爱国爱社会主义，维护祖国统一，反对民族分裂，维护民族团结。自觉遵循党和国家的方针政策，学法、尊法、守法、用法，遵守各项规章制度、行业规范、市民守则、村规民约，自觉履行法定义务、社会责任和家庭责任。

2. 团结和谐。家庭成员之间民主平等、相互尊重，理解信任、沟通顺畅，感情深厚、亲情陪伴。父母与子女之间长幼有序、孝老爱亲、传承孝道。夫妻之间忠诚恩爱、包容接纳、责任共担。亲属之间、邻里之间友善和睦、共同分享、守望相助。家庭成员日常生活温馨乐观、彼此扶助、相濡以沫，特殊困难不离不弃、舍己为家、尽心尽责。家庭成员民族团结意识强，积极参加“民族团结一家亲”活动，不断增进各民族之间交往、交流、交融，不断增强中华民族共同体意识。

3. 遵德守礼。家庭成员注重社会公德、职业道德、家庭美德、个人品德养成。乐观豁达、待人宽容，关心他人、助人为乐。维护公共卫生、爱护公共环境，遵守公共秩序和规则，在工作生活、社会交往、公共场所、网络空间、旅游出行等各个方面崇德尚礼、知行统一。奉行科学文明健康的生活理念、生活态度、生活方式，养成良好行为习惯。

4. 家教良好。父母尊师重教、言传身教，用正确行动、正确思想、正确方法教育引导子女。注重子女思想品德、行为习惯和良好个性的培养，引导子女形成正确的世界观、人生观、价值观。家庭成员树立终身学习理念，养成良好阅读习惯，学习氛围浓厚。

5. 家风淳朴。弘扬家和万事兴、忠厚传家久、百善孝为先等中华优秀传统美德，注重为人处事、修身劝学、理家育子、和亲睦邻之道。廉洁修身、廉洁齐家。传承好家训，提醒引导、感染熏陶家庭成员。有体现传统美德、符合生活实际的新时代家规，以好家规规范家庭成员的言行。家庭成员积极参与读家书、谈家教、倡家健、秀家宝等各类家庭文化体育活动，自觉树立良好家风。

6. 热心公益。家庭成员积极参加社会公共事务。积极参加慈善捐助、义务劳动、无偿献血、捐献造血干细胞、社区服务等公益活动。积极参加邻里守望、扶贫济困、生态环保、养老助残、法律援助、文化体育等各类学雷锋志愿服务活动。热情关心特殊困难人员，参加结对帮扶等活动，为他们排忧解难。

沈阳市推进家庭档案建设，免费进机关、企业、学校、军营、社区等单位，引导市民以家庭为基本单元，开展“探家谱、写家史、传家训、立家规、树家教、育家风、忆家事、寄家书”等家庭档案建设活动。重点做法是寻宗问祖探家谱、追根溯源写家史、崇德向善传家训、勤劳节俭立家规、敬老爱幼树家教、知荣明耻育家风、鉴往知来忆家事、相亲相爱寄家书。拟定了建档标准，按照类别、时间进行分类排序，以“家谱、家史、家训、家规、家教、家风、家事、家书”为基本线索，编印序号页码，分类收集、完善、制定相关资料。对录像照片类的材料，倡导市民要完整撰写摄影者、事由、时间、地点、人物、事件等文字资料，确保家庭档案资料的完整性。通过建立系统的家庭档案，营造浓郁的家庭文化，使市民阅鉴家道，知往兴来，进一步增强家庭责任感，家族荣誉感，家国使命感，切实促进社会主义核心价值观在家庭层面的弘扬和践行。

2016 年 11 月 2 日，全国妇联联合教育部、中央文明办、民政部、文化部、国家卫生和计划生育委员会、国家新闻出版广电总局、中国科协、中国关心下一代工作委员会共同发布《关于指导推进家庭教育的五年规划（2016—2020 年）》，提出到 2020 年，基本建成适应城乡发展、满足家长和儿童需求的家庭教育指导服务体系。规划提出建立健全家庭教育公共服务网络，依托城乡社区公共服务设施、城乡社区教育机构、儿童之家、青少年宫、儿童活动中心等活动阵地，普遍建立家长学校或家庭教育指导服务站点，城市社区达到90%，农村社区（村）达到80%。规划要以培育和践行社会主义核心价值观，加强儿童思想道德教育为核心，以强化家长家庭教育主体责任，提高家长家庭教育水平，培养儿童优良品质和健康人格，促进儿童健康成长为目标，以文明家庭创建活动及家庭教育宣传实践活动为载体，着力推动中华优秀传统文化、家庭美德以及科学的儿童发展观宣传教育，着力建立健全适应城乡发展、满足家长和儿童需求的家庭教育指导服务体系，促进家庭教育工作均衡深入发展，为营造有利于儿童健康成长的家庭和社会环境创造条件，为促进国家发展、民族进步、社会和谐发挥重要基础作用。

2016 年，各省（区、市）、新疆生产建设兵团文明委和全国妇联等有关部门根据评选标准和评选办法，经过宣传发动、筛选把关、社会公示等，推出 302 户全国文明家庭候选家庭。全国文明家庭荣誉称号是家庭文明建设的最高荣誉。2016 年 12 月 12 日，第一届全国文明家庭表彰大会在京举行。中共中央总书记、国家主席、中央军委主席习近平亲切会见全国文明家庭代表，并发表重要讲话。他强调，我们要重视家庭文明建设，努力使千千万万个家庭成为国家发展、民族进步、社会和谐的重要基点，成为人们梦想启航的地方。要动员社会各界广泛参与家庭文明建设，推动形成爱国爱家、相亲相爱、向上向善、共建共享的社会主义家庭文明新风尚。

第六章　文明校园创建

我国拥有世界最大规模的教育体系。2016 年，全国共有各级各类学校 51.2 万所，全国各级各类学历教育在校生达 2.65 亿人，非学历教育注册人数 5325.5 万人。党的十八大以来，党和国家始终把教育摆在优先发展的战略地位，部署一系列重大教育改革、重大政策措施和重大工程项目，国家财政性教育经费占 GDP 比例连续五年保持在 4% 以上，中国教育事业取得了历史性进展，总体发展水平跃居世界中上行列，培养了一大批高素质人才，提高了全民族素质，推进了科技创新、文化繁荣，为经济发展、社会进步和民生改善作出了重要贡献。抓好文明校园创建，对于贯彻党的教育方针，坚持立德树人、塑造美好心灵、养成良好行为习惯、培育基础文明具有重要意义。

2016 年中央文明办在全国文明办主任会议上提出了文明家庭创建和文明校园创建，开拓了文明城市、文明村镇、文明单位的“三大创建”活动。2015 年 9 月 22 日，中央文明办联合教育部发布《教育部、中央文明办关于深入开展文明校园创建活动的实施意见》（以下简称《实施意见》），明确提出“将文明校园创建纳入《全国文明城市测评体系》和《全国未成年人思想道德建设工作测评体系》，赋予相应评分权重，促进形成自下而上、整体联动的创建格局”。到 2016 年，各地文明办积极响应《实施意见》，结合本地实际，各施举措开展文明校园创建。贵阳市文明办、市教育局于 2015 年 11 月制定“文明校园”创建实施方案，在全市组织开展了“文明校园”创建活动。2016 年 5 月 13 日，贵阳市组织召开“文明校园”创建工作推进会，公布了 31 所荣获 2015 年度“文明校园”的学校名单，并对下一步“文明校园”创建工作进行了安排部署。2016 年 5 月 25 日，安徽省文明办联合省教育厅共同召开了高校文明校园创建工作调研座谈会，强调文明校园重在加强三项建设——建设理想信念构筑精神支柱，建设思想道德凝聚精神力量，建设文明风尚引领精神风采。2016 年 5 月，惠州市文明办联合市教育局印发《关于深入开展文明校园创建活动的实施方案》，大力开展“文明班级、文明宿舍、文明餐桌、文明网络、文明旅游、文明公厕、文明离校”等为重点的“文明校园”创建活动，力争 2020 年前实现文明校园创建活动 100% 覆盖。此外，长沙市、南宁市、包头市、新乡市、河间市等地文明办纷纷召开文明校园创建工作会议和文明校园创建工作推进会，全方位启动与推进各地文明校园创建。

文明校园创建的基本任务，一是加强师德师风建设。建设好学校领导班子和教师队伍，引导广大教师学为人师、行为世范，用自己的学识、阅历、经验点燃学生对真善美的向往，帮助学生健康成长。各地学校教师加强政治学习，进一步提升师德水平，以《中小学教师职业道德规范》《教师行为十不准》规范教师行为，要求教师模范遵守社会公德，不讲粗话、脏话，使用文明语言、推广普通话，不向学生传播不健康或错误的思想，不讽刺、挖苦、歧视学习困难学生，讲礼貌用语，说文明话；要求教师爱岗敬业，严谨治学，关心爱护学生，尊重学生人格，不得体罚或变相体罚学生，认真备课上课，认真批改作业，刻苦钻研业务，不断学习新知识，改进教育教学方法，提高教育、教学和科研水平，不在教学场所接听手机，不在公共场所抽烟，待人友好真诚，举止文明礼貌，办文明事；要求教师团结协作，廉洁从教，发扬奉献精神，自觉抵制社会不良风气影响，谦虚谨慎，尊重同志，相互学习，相互帮助，关心集体，维护学校荣誉，不得乱收费或向学生推销资料和压销物品，不得向学生及其家长索要钱物或要求学生家长为自己办私事，不参与赌博、色情、迷信、邪教等活动，衣着整洁得体，严于律己，作风正派，以身作则，依法执教，廉洁从教，文明施教。

二是提升学生文明素养。积极推动核心价值观进课堂进教材进头脑，引导孩子们从小立志向、有梦想、爱学习、爱劳动、爱祖国，增强学生社会责任感、创新精神、实践能力，养成文明行为习惯。许多学校在学生中开展“文明言行与我同行”教育活动，教育学生爱护公物，保护环境，讲究个人卫生，不随地吐痰，不乱扔果皮纸屑，不乱倒脏物垃圾，争做“环保小卫士”；教育学生自觉遵守交通规则，举止文明，诚实守信，遵纪守法，说普通话，讲礼貌用语，争做“文明小标兵”；教育学生加强自律，崇尚科学，关爱家庭，珍惜生命，积极参加健康的娱乐活动，快乐学习，健康成长；教育学生勤俭节约，从身边小事做起，不乱花钱，节水节电，不浪费笔墨、纸张等，争做“节约小能手”；教育学生勤奋好学，团结友善，勇于进取，形成良好的卫生习惯、生活习惯、学习习惯，争做学校的好学生、家长的好孩子、社会的好公民。

三是加强校园文化建设。弘扬良好校训校风，普遍开展文明班级、文明宿舍创建，积极开展团队活动，管好校园宣传文化阵地，加强心理健康辅导，美化校园环境，形成良好育人氛围。各地学校积极进行校园文化建设，营造文明的活动环境。学校要开全开齐课程，特别是体育、音乐、美术课的教学。在师生中开展丰富多彩的文艺活动，培养学生特长。美化校园环境，使学校真正成为学生学习的乐园。严格管理校园卫生，健全卫生制度，为师生创造一个良好的工作、学习、生活环境，真正做到以优美的环境陶冶人。加大学校安全管理，落实安全责任制度，对学生进行安全教育。做好学校安全工作既是学校的基本责任，也是对国家、对社会、对人民应尽的义务。因此，各级领导要从改革、发展、稳定的大局出发，牢固树立学校安全重于泰山、稳定压倒一切的思想，增强政治意识、大局意识和责任意识，从讲政治的高度，把维护学校安全和稳定放到重要位置。

5月13日，全国妇联、中央文明办、共青团中央、教育部、民政部、文化部、国家卫生和计划生育委员会、国家新闻出版广电总局等八部门联合印发了《关于庆祝2016年“六一”国际儿童节的联合通知》，要求各地和有关部门按照中央关于未成年人思想道德建设工作部署和要求，开展好“六一”国际儿童节庆祝活动。该通知提出四项要求，一是大力开展社会主义核心价值观宣传教育活动，二是广泛开展弘扬和传承中华传统美德和时代新风主题实践活动，三是积极营造有利于儿童健康成长的社会文化环境，四是切实开展特殊困境儿童关爱帮扶活动。在开展社会主义核心价值观宣传教育活动中，各地、各有关部门抓住“六一”国际儿童节的有利契机，紧紧围绕立德树人根本任务，讲好中国梦的故事，将爱国主义教育贯穿“六一”国际儿童节各项庆祝活动的全过程，大力弘扬爱国主义精神，唱响爱国主义主旋律，增强广大儿童对国家和民族的归属感、认同感、尊严感、荣誉感，让国家观念、爱国意识在广大未成年人心中牢牢扎根。2016年是中国共产党成立95周年和中国工农红军长征胜利80周年，各地学校发挥爱国主义教育基地作用，生动形象地展示党的光辉历史和伟大成就，教育引导广大儿童心向党、感恩党、听党话、跟党走。中央文明办、教育部、共青团中央、全国妇联、中国关工委也以“我的中国梦”为主题，开展“学习和争做美德少年”活动、“童心向党”歌咏活动。共青团中央、全国少工委开展“红领巾相约中国梦——关注‘十三五’，创造新生活”主题教育实践活动。各地的具体活动主题鲜明、内容丰富、形式多样，如“我爱我家·同悦书香”亲子阅读活动、“让爱留守·关爱农村留守儿童特别行动”、制作农村留守儿童关爱保护宣传片、“圆梦蒲公英”主题教育实践活动、“歌声伴着我成长”第四批全国新创推荐少儿歌曲推广传唱活动、“关注生命最初1000天”主题活动、“我的书屋我的梦”农家书屋阅读实践活动等，让广大儿童度过一个健康幸福快乐而有意义的节日。

9月9日，中共中央总书记、国家主席、中央军委主席习近平来到北京市八一学校，看望慰问师生，向全国广大教师和教育工作者致以节日祝贺和诚挚问候。习近平强调，教育决定着人类的今天，也决定着人类的未来；基础教育在国民教育体系中处于基础性、先导性地位，必须把握好定位，全面贯彻落实党的教育方针，从多方面采取措施，努力把我国基础教育越办越好；广大教师要做学生锤炼品格的引路人，做学生学习知识的引路人，做学生创新思维的引路人，做学生奉献祖国的引路人。习近平指出，基础教育是全社会的事业，需要学校、家庭、社会密切配合。学校要担负主体责任，对学生负责，对学生家庭负责。家长要尊重学校教育安排，尊敬老师创造发挥，配合学校搞好孩子的学习教育，同时要培育良好家风，给孩子以示范引导。各相关单位特别是宣传、文化、科技、体育机构要积极为学生了解社会、参与实践、锻炼提高提供条件。习近平强调，中小学生是青少年的主体，是国家的未来和希望。中小学生要立志成才，必须勤奋学习、提高综合素质，努力做到修身立德、志存高远，勤学上进、追求卓越，强健体魄、健康身心，锤炼意志、砥砺坚韧。同学们都要自觉加强道德养成，从小就让社会主义核心价值观的种子在心中生根发芽，把国家、人民、民族装在心中，注重养成健康、乐观、向上的品格；都要乐于学习、勤于学习、善于学习，在求知境界上越来越高；都要把身心健康牢牢抓在手上，养成良好的生活习惯，经常参加劳动和体育锻炼，通过多种方式怡情养性；都要敢于面对各种困难和挫折，自觉培养不畏艰难、顽强奋进的意志品质。他希望同学们敞开胸怀拥抱自然，点点滴滴播撒阳光，经年累月铸就美好，努力做一个心灵纯洁、人格健全、品德高尚的人，努力做一个有文化修养、有人文关怀、有责任担当的人。

第七章　学习道德模范

道德模范是道德实践的榜样，是时代的英雄、人格化的价值观。精神的力量是无穷的，道德的力量也是无穷的。中华文明源远流长，孕育了中华民族的宝贵精神品格，培育了中国人民的崇高价值追求。自强不息、厚德载物的思想，支撑着中华民族生生不息、薪火相传，今天依然是我们推进改革开放和社会主义现代化建设的强大精神力量。推进道德建设，必须用好道德模范这一“精神富矿”，深入开展宣传学习活动，创新形式，注重实效，把道德模范的榜样力量转化为亿万群众的生动实践。

各地广泛开展学习道德模范活动。召开座谈会，发挥道德模范感召示范作用，引导广大群众向道德模范看齐，形成讲道德、尊道德、守道德的社会氛围。4 月 27 日，在“五一”国际劳动节来临之际，中央宣传部、中央文明办、全国总工会在中国文明网向全社会公开发布耿家盛、高凤林、顾秋亮、胡双钱、宁允展、周东红、管延安、方文墨、卢仁峰、潘玉华等 10 位“最美职工”的先进事迹。他们坚守高尚的职业理想，秉持对事业的忠诚和责任，锐意进取、追求卓越，练就了高超的技艺技能，攻克了一个又一个难关，在平凡的岗位上做出了不平凡的业绩。他们以自己的实际行动，展现了中国工人阶级的伟大品格，诠释了社会主义核心价值观的要求，不愧为一线技术工人的杰出代表，不愧为精益求精、创新创造的“大国工匠”。5 月 26 日，中央宣传部在中央电视台向全社会公开发布“时代楷模”李保国和万少华的先进事迹。李保国生前是河北农业大学教授、博士生导师。他把太行山区生态治理和群众脱贫奔小康作为自己的毕生追求，坚持 30 年扎进太行山，用科技力量帮助百姓脱贫致富，创建了一套完整的山区生态开发模式，探索出了经济社会与生态效益同步提升的扶贫新路，赢得山区人民的爱戴。万少华是浙江省衢州市柯城区人民医院医生。他多年坚持利用业余时间，带领团队义务上门为侵华日军细菌战烂脚病受害者提供优质医疗服务，在减轻老人身体伤痛的同时，也给他们送上了亲人般的关爱和抚慰，以大爱仁心抚慰民族伤痛，赢得了患者的信任和尊敬。6 月上旬，中共中央总书记、国家主席、中央军委主席习近平对李保国同志先进事迹作出重要批示，指出：“李保国同志 35 年如一日，坚持全心全意为人民服务的宗旨，长期奋战在扶贫攻坚和科技创新第一线，把毕生精力投入到山区生态建设和科技富民事业之中，用自己的模范行动彰显了共产党员的优秀品格，事迹感人至深。李保国同志堪称新时期共产党人的楷模，知识分子的优秀代表，太行山上的新愚公。广大党员、干部和教育、科技工作者要学习李保国同志心系群众、扎实苦干、奋发作为、无私奉献的高尚精神，自觉为人民服务、为人民造福，努力做出无愧于时代的业绩。”

各地充分展示道德模范先进事迹。运用基层巡讲、“故事汇”巡演、出版报告文学集、拍摄电视专题片、举办事迹展览等形式，弘扬他们的高尚品德和崇高精神。7月27日晚，由中央文明办、中国文联等部门主办，旨在示范推动各地以文艺形式宣传道德模范，培育向上向善、诚信互助社会风尚的2016年“全国道德模范故事汇”基层巡演启动仪式暨首场演出在中国人民大学举行。2007年以来，中央宣传部、中央文明办等部门开展了五届全国道德模范评选表彰活动，推出一大批事迹感人、品德高尚的先进典型，让社会主义核心价值观生动展现、深入人心。首场演出后，广大演职人员将继续深入城乡基层演出，推动在全社会形成崇德向善、见贤思齐、德行天下的浓厚氛围。8月3日，中央宣传部在中央电视台向全社会公开发布“时代楷模”张超和张楠的先进事迹。张超生前是海军某舰载航空兵部队一级飞行员。入伍12年来，他始终怀揣“强军梦”“飞行梦”“舰载梦”，精飞苦练不停歇，履职尽责不懈怠，超越自我不止步，多次参加重大演习演练和军事行动，磨砺成长为优秀的航母舰载战斗机飞行员。2016年4月在执行任务中，他不幸以身殉职，年仅29岁，被批准为革命烈士。张楠生前是武警山东省总队临沂市支队直属大队一中队班长。他自觉接受沂蒙精神滋养熏陶，始终恪守“当兵就要当好兵”的铮铮誓言，时刻以冲锋的姿态顽强拼搏、积极进取，先后圆满完成多项重大任务。2015年7月在担负我驻索马里大使馆安全警卫任务中，他遭遇恐怖袭击壮烈牺牲，被批准为革命烈士。

从中央到地方，各级组织努力关爱帮扶道德模范。针对道德模范遇到的实际问题和困难，通过安排专项资金、发动社会捐助、协调慈善救助、走访慰问关心等多种方式，让道德模范在工作上、生活中得到实实在在的帮助和支持，树立好人有好报的价值导向。2016年1月底2月初，为充分体现党和政府对道德模范的关心关爱，中宣部、中央文明办组织广泛开展慰问帮扶道德模范活动，积极关心道德模范的思想状况、工作生活和身体健康等情况，送上党和政府以及社会各界的温暖，在全社会营造好人好报、德行天下的浓厚氛围。中央领导同志十分关心道德模范，要求广泛开展慰问和帮扶活动，帮助他们解决实际问题。春节前，在各地摸底调查基础上，中宣部、中央文明办拿出300万元专项资金，对生活困难的33名全国道德模范进行帮扶。然后，中央文明办派专人分别到陕西、广西、新疆等10个省（区、市），登门看望慰问13名第五届全国道德模范或其遗属，送上帮扶资金。此外，各地也对本地区推荐评出的历届全国道德模范和提名奖获得者以及其他各级道德模范开展上门走访慰问，采取针对性措施，解决他们面临的就医、就学、就业等方面的实际问题；通过进一步健全完善本地区本系统关心关爱道德模范的办法，建立常态化沟通联系、走访慰问、扶贫济困机制；通过建立政策保障、安排专项资金、发动社会捐助、协调慈善救助、提供志愿服务等方式，固化关爱帮扶措施，引导人们关心关爱、崇尚学习道德模范，形成好人好报、德行天下的浓厚氛围。

各地积极鼓励和发掘百姓身边的道德模范和好人好事，方法丰富多彩。湖南省长沙市精心组织开展“十百千万”系列活动，即十佳系列树先进典型，深入开展“雷锋家乡学雷锋”活动，逢单年组织“雷锋号”示范单位和“雷锋式”先进个人创评活动，逢双年开展学雷锋“十佳先进集体”和“十佳先进个人”评选；百篇故事讲中国好人，组织发动专业作家、编辑记者等 50 人，通过深入采访，挖掘 100 多位长沙籍“中国好人”的先进事迹，创作人物传记故事，突出故事性、文学性、可读性，用事实说话，以真情感人，热情讴歌中国好人的崇高精神和优秀品质；千首赞歌唱雷锋精神，与中国音乐家协会联合举办“情系雷锋大爱长沙”全国原创新歌征集活动，共收到原创歌曲 1500 余首，评选出金曲 12 首、优秀奖 18 首和提名奖 20 首；万行长诗颂道德模范，组织全国 104 名诗人，采取一对一的方式为 104 位道德模范写颂诗，歌颂对象包括全国道德模范、各省市道德模范、中国好人、优秀志愿者、三八红旗手、学雷锋标兵、感动中国人物、全国劳动模范等，结集出版万行长诗集《榜样的力量》。通过载体创新、典型引路，为群众喜闻乐见，大力弘扬社会主义核心价值观，凝聚起道德建设强大力量。

第八章　诚信制度建设

习近平总书记指出，人而无信，不知其可；企业无信，则难求发展；社会无信，则人人自危；政府无信，则权威不立。党的十八大和十八届三中、四中全会对诚信建设作出重要部署；十八届五中全会强调加强社会诚信建设，让向上向善、诚信互助的社会风尚更加浓厚。按照国务院《社会信用体系建设规划纲要（2014—2020 年）》和中央文明委《关于推进诚信建设制度化的意见》，2016 年 1 月 20 日，由国家发展改革委和最高人民法院牵头，人民银行、中央组织部、中央宣传部、中央编办、中央文明办、最高人民检察院等 44 家单位联合签署了《关于对失信被执行人实施联合惩戒的合作备忘录》（以下简称《备忘录》）。《备忘录》包括联合惩戒对象、信息共享和联合惩戒方式、惩戒措施内容和实施单位、共享信息的持续管理和落实、配套措施等五部分内容。主要有四个特点，一是惩戒部门多、措施多，此次签署的部门达到 44 个部门，明确了 55 项惩戒措施；二是惩戒力度大，在信用信息共享基础上，多个部门在多个领域对失信当事人共同实施惩戒，惩戒对象既包括失信的自然人，也包括失信的单位及其法定代表人、主要负责人、影响债务履行的直接责任人员、实际控制人；三是影响范围广，涉及金融机构审批、民商事交易安全、食品药品经营等 30 多个重点领域；四是双向共同惩戒，《备忘录》中各项惩戒措施的落实，各部门密切配合，联合实施惩戒，并通过全国信用信息共享平台，共享失信信息和惩戒措施。构建守信联合激励和失信联合惩戒机制是社会信用体系建设的重要内容，期望这个措施能够让保护和激励守信主体，在全社会形成褒扬诚信、惩戒失信的良好氛围。这是贯彻落实党中央、国务院推进社会诚信建设决策部署的重要举措。

诚信是公民基本道德规范，是社会主义核心价值观的重要内涵，也是市场经济重要基石。在市场经济条件下，诚信不仅是道德问题，而且与经济关系息息相关。诚信的背后是信用，没有信用就没有市场经济，没有诚信就没有信用。各地紧紧围绕诚信文化培育、政策法律规范、约束惩戒失信等问题，努力推动诚信建设制度化。2016 年 5 月 16 日，中宣部、中央文明办在浙江省义乌市召开“建设核心价值，构建诚信社会”现场交流会，强调要深入学习贯彻习近平总书记系列重要讲话精神，以培育和践行社会主义核心价值观为根本，大力加强社会诚信建设，增强全体公民的诚信意识，着力解决诚信方面的突出问题，努力营造诚信光荣、失信可耻的社会氛围。创建于1982年的义乌中国小商品城，日客流量21万人次，是“全球最大的小商品批发市场”。早在2000年，义乌市就将“诚信义乌”建设列入战略目标，将“信用市场”建设列为重要工作长期推进。2013年，义乌小商品批发市场官方网站“义乌购”将7.5万网上商铺与实体商铺一一对应绑定，率先构建线上线下互通的诚信保障体系。买家受到欺诈导致经济损失的，除商铺应承担责任外，“义乌购”还将对买家进行100—5000元不等的赔偿。2014年3月，义乌市启动了“我诚信、我吉祥”工程，着力建设“信用之都”。2015年7月，义乌市获批创建国家社会信用体系建设示范城市，成为国内唯一一个入选的县级市。“义乌购”在全国首发了“网上商户营业执照”，将网上商户的认证及监管纳入国家行政管理层面。如今，义乌的市场信用分类监管已成全国样本。以市场信用分类监管平台为基础，信用指数、品牌培育、质量监测三大中心为链接，知识产权保护、人民调解、合同履约、经营者自律四大机制为保障的市场信用体系，构建了一个完整的市场诚信体系生态链。51个政府部门、90家金融机构的1000多个数据项及1000余万条信用数据，被全面归集，建立了覆盖基础信息、良好信息、失信信息和行为信息等多维度的法人和自然人信用数据库。

各地在诚信宣传教育方面丰富多样。有典型示范，2016年8月18日，中央宣传部、中央文明办向全社会公开发布“诚信之星”的先进事迹，10个“诚信之星”是中国北京同仁堂（集团）有限责任公司、石药控股集团有限公司、浙江中国小商品城集团股份有限公司、东阿阿胶股份有限公司、湖北信义兄弟建设集团有限公司等诚信企业和孙世福、徐兰英、李江福、李国武、叶奕锐等诚信个人。有重点活动时间，各地围绕“食品安全宣传周”“诚信宣传月”“3·15”国际消费者权益保护日、“6·14”信用记录关爱日等开展系列主题活动。河南把11月22日作为诚信宣传日，开展集中教育活动。还有特色主题活动，广泛开展“质量第一”“诚信做产品”“诚信经营示范点”等活动。电子商务诚信体系成为亮点。电子商务企业运用互联网经济对信用信息采集应用提供的极大便利，通过专业数据分析和运算，形成了富有特色、良性运行的网络诚信体系。淘宝网和天猫商城累计记录7亿个人注册用户和上亿家企业注册用户信用信息，建立一套信用信息记录、评价、查询、追溯、奖惩机制，为诚信建设创新提供了借鉴。

根据调研总结，我国的诚信建设制度化取得阶段性成果，呈现出鲜明特点。一是价值观导向作用突出。重在见思想、见精神，把培育诚信价值理念贯穿到行政管理、执法实践中，引导人们强化诚实信用意识。二是与深化改革步伐相协调。适应发挥市场配置资源的决定性作用、政府简政放权等改革举措，管理部门向以信用为核心的新型市场监管机制转变，打造信用经济、信用社会、信用政府。三是重点突破与全面推进相结合。市场经济发达地区先试先行，法院、税务、工商、质检等部门开展失信联合惩戒，对各地区各领域诚信建设发挥了示范带动作用。四是各方共治的局面初步形成。各级文明委努力争取党政领导重视和支持，调动有关部门积极性，引导社会共同参与诚信建设。五是尊重市场经济规律，充分发挥市场主体积极性，把诚信建设与人们的切身利益结合起来，探索用信用积分、等级评价等利益杠杆引导人们恪守诚信。近几年打击制假售假、坑蒙拐骗的力度明显加大，重大失信败德案件明显减少，社会诚信意识有所提升，人们对打造“诚信中国”充满期待。

第九章　志愿服务建设

志愿服务是社会文明程度的重要标志，是加强思想道德建设、培育和践行社会主义核心价值观的重要载体。中央领导同志强调，要推动建立中国特色志愿服务制度，完善志愿服务队伍建设、活动运行、激励回馈、政策法律保障机制，促进志愿服务持续健康发展。据不完全统计，2016 年我国正式登记和在社区内部成立的志愿服务组织数量已有 18 万多个，团结凝聚了超过 6600 万名志愿者，在推进精神文明建设、推动社会治理创新、解决群众实际困难、维护社会和谐稳定等方面发挥了重要作用。但总体上看，组织数量还不足、服务能力还不强，与人民群众的企盼相比还有较大差距。各地各有关部门认真贯彻中央文明委《关于推进志愿服务制度化的意见》要求，发挥中国志愿服务联合会等社团的优势，坚持以培育和践行社会主义核心价值观为根本，把推进志愿服务制度化作为精神文明建设的一项重要工作，把志愿服务与学雷锋活动有机结合起来，不断完善活动运行机制和工作机制，以志愿服务制度化推动志愿服务活动常态化、长效化。

2 月 26 日，中宣部、中央文明办在北京召开全国学雷锋志愿服务工作推进会，强调要深入学习贯彻习近平总书记系列重要讲话精神，以培育和践行社会主义核心价值观为根本，学习传承雷锋精神，弘扬奉献、友爱、互助、进步的志愿精神，倡导有困难找志愿者、有时间做志愿者，着力扩大学雷锋志愿服务覆盖面，着力推进学雷锋志愿服务制度化，为营造向上向善、诚信互助的社会风尚，为显著提高国民素质和社会文明程度作出新的贡献。会上公布了最美志愿者、最佳志愿服务项目、最佳志愿服务组织、最美志愿服务社区“四个 100”先进典型名单，公布湖北监利沉船事件和善后工作全体志愿者为“最美志愿服务群体”，并向先进典型代表颁发了奖牌。2 月 29 日，中央宣传部、中央文明办在中国文明网向全社会公开发布李勇杰、李红英、陈文学、朱立红、胡朝霞、张波、宋丽萍、张永忠、张子培、欧珠拉姆等 10 位学雷锋“最美人物”坚持立足岗位学雷锋，爱岗敬业、乐于奉献，认真做好“八小时、手上事”，积极为他人献爱心的先进事迹，弘扬了文明新风，传播了社会正能量，谱写了一曲曲新时期的雷锋之歌。

3 月 5 日，在“学习雷锋纪念日”之际，全国各地积极组织活动。北京市海淀区文明办、海淀团区委、海淀区志愿服务联合会在紫竹院公园东门广场联合举办2016年海淀区学雷锋志愿服务日主题活动，进一步弘扬雷锋精神，倡导全社会积极参与志愿服务活动，汇聚志愿服务正力量，推动雷锋精神和志愿精神在首善之区发扬光大。来自海淀区的创新创业企业、公益社会组织和相关委办局组成的专业志愿服务团队，为到场嘉宾、志愿者和社区群众提供了医疗义诊、法律咨询、科普知识、义务理发、免费按摩、自救互救、金融知识宣传等便民服务，受到不少市民啧啧称赞。参与此次活动的志愿服务团队中，“素剪”“理大师”“滴滴打车”“龙佑律师事务所”等团队格外引人注目，它们都是在“大众创业、万众创新”浪潮中涌现出的新兴企业，因为精准对接群众需求、服务独具个性化特点而为人们所熟知。“素剪”通过整合理发师资源，利用理发店理发师闲暇时间为用户提供上门快速剪发服务；“理大师”专注服务于拥有亚健康、脊柱劳损、办公室问题、中老年人问题、运动损伤等病症的人群，为群众提供上门理疗、推拿、按摩健康服务；“滴滴打车”利用移动互联网特点，将线上与线下相融合，建立培养出大移动互联网时代下引领的用户现代化出行方式；北京市龙佑律师事务所通过合理的专业分工和精密的团队合作，为群众提供知识产权保护、劳动法、争议解决等22项免费法律咨询。青龙桥地区文明旅游宣传队，是在海淀区文明办的大力支持下，在青龙桥地区义务指路队的基础上，开辟的一个新的学雷锋志愿服务项目。队员们组织起来，自编自演一些群众喜闻乐见的文艺节目：相声、三句半、小品、情景剧、快板……用这种方式，宣传和倡导大家都做文明的使者。团队成立以来，在颐和园每周演出一次，演出20场的受益游客达到5000余人次。海淀区成立的“文明举止提示队”，利用志愿者人熟、地熟、情况熟的优势，主要对乱扔垃圾、乱贴小广告、随地吐痰、噪音污染等各类不文明行为进行耐心劝导。“文明海淀APP”也受到欢迎。志愿者可在安卓手机软件市场扫描二维码，下载“文明海淀APP”并实名注册，成为文明海淀的监督志愿者，可随时将发现的问题上传至“文明海淀APP”。志愿者每上传一条有效信息就能获得相应积分，通过累计还可以兑换奖励。

5月20日上午，中共中央总书记、国家主席、中央军委主席、中央全面深化改革领导小组组长习近平主持召开中央全面深化改革领导小组第二十四次会议。会议审议通过了《关于支持和发展志愿服务组织的意见》，后由中央宣传部、中央文明办、民政部、教育部、财政部、全国总工会、共青团中央和全国妇联印发，明确提出到2020年，基本建成布局合理、管理规范、服务完善、充满活力的志愿服务组织体系，使志愿服务组织发展环境得到优化，初步形成登记管理、资金支持、人才培育等配套政策；使志愿服务组织服务范围不断扩大，基本覆盖社会治理各领域、群众生活各方面，涌现一批公信度高、带动力强的志愿服务组织；使志愿服务组织功能有效发挥，成为推进人们相互关爱、传递文明的重要渠道，成为提升社会服务水平、改善民生福祉的有力助手，成为增进社会信任、维护社会稳定、促进社会和谐的有生力量。会议强调各级党政领导干部要充分发挥示范带头作用，利用工作之余参与志愿服务活动；倡导鼓励广大公务员、专业技术人员、企事业单位干部职工、公众人物等积极加入志愿服务组织，参加志愿服务活动；要在全社会大力弘扬雷锋精神，弘扬奉献、友爱、互助、进步的志愿精神，培育学雷锋志愿服务文化。

9月26日至28日，中央文明办在江苏省南京市举办学雷锋志愿服务工作培训班，总结交流经验，研究部署任务，持续推进学雷锋志愿服务制度化常态化。教育部、文化部、国家文物局、中国科协有关司局负责同志，各省（区、市）文明办负责同志和负责志愿服务工作的处长、各计划单列市和省会城市文明办负责同志、公共文化设施开展学雷锋志愿服务首批示范单位有关负责同志，共160余人参加培训。江苏省、黑龙江省、上海市和福建省厦门市、湖南省长沙市、四川省成都市6个地方文明办负责同志作了经验交流，取得了多方面的共识。在工作思路和任务要求方面，大家一致认为，思路决定出路，导向决定方向，深化学雷锋志愿服务必须始终坚持"三个结合""三个导向"。"三个结合"就是，把志愿服务与学雷锋活动相结合，将雷锋精神作为志愿服务的灵魂，赋予志愿服务新的时代内涵和民族特色；把志愿服务与核心价值观教育实践相结合，使其成为抵御拜金主义影响的重要抓手，成为培育助人为乐、团结友善文明风尚的有效途径；把志愿服务与创新社会治理相结合，充分发挥人民群众在加强和创新社会治理中的主体作用，倡导相互关爱、服务社会，人人尽力、人人共享。"三个导向"就是，注重目标导向，紧紧围绕实现全面建成小康社会奋斗目标、实现中华民族伟大复兴的中国梦，立足把握新起点、适应新起点、助力新起点，来思考和谋划学雷锋志愿服务工作；注重问题导向，围绕解决工作开展不平衡、供需对接不通畅、活动组织不规范、有的志愿者"被志愿"、登记人多参与人少等短板和不足，找准症结、分析原因、研究对策；注重需求导向，多开展接地气、顺民意的活动项目，多做雪中送炭的实事，多办温暖人心的好事，让有需要的群众感受到社会关爱和人间真情。大家进一步明晰了任务要求，认为深化学雷锋志愿服务必须围绕中心、服务大局，突出扶贫、济困、扶老、救孤、恤病、助残、救灾、助医、助学等重点领域，抓住工作中的关键环节，积极培育志愿文化，以项目化运作、专业化支撑、社区化扎根、信息化管理、常态化激励为主攻方向，着力推进学雷锋志愿服务制度化，着力扩大学雷锋志愿服务覆盖面。把重点工作落实在宣传推选学雷锋志愿服务"四个100"先进典型活动，建立完善志愿服务嘉许激励制度，抓好《关于支持和发展志愿服务组织的意见》贯彻落实，推动公共文化设施开展学雷锋志愿服务活动，运用好全国志愿服务信息管理系统等五个方面。

10月20日，中宣部、中央文明办、教育部、民政部、文化部、国家文物局和中国科协联合印发《关于公共文化设施开展学雷锋志愿服务的实施意见》（简称《意见》），明确提出到2020年，基本建成公共文化设施志愿服务组织体系、志愿服务项目体系和志愿服务管理制度体系。公共文化设施志愿者的服务内容主要包括社会教育

（讲解导览、公共教育、文化活动等）、专业服务（参与文创开发、藏品登记、专业研究、文献翻译、陈列展览等）、辅助管理（行政运行、信息咨询、环境秩序维护等）。《意见》规定了四条基本原则，一是坚持正确导向。牢固树立以人民为中心的工作导向，树立红色阵地意识，把社会主义核心价值观贯穿结合融入文化志愿服务，引导人们服务他人、奉献社会，主动承担社会责任，共同建设美好生活，促进在全社会形成积极向上的精神追求和健康文明的生活方式。二是坚持文化育人。突出爱国主义主旋律，用中华民族创造的一切精神财富来以文化人、以文育人，大力宣传中华民族的光荣历史、优秀文化和科技成果，继承"五四运动"以来的革命文化传统，让收藏在禁宫里的文物、陈列在广阔大地上的遗产、书写在古籍里的文字活起来，引导人们树立和坚持正确的历史观、民族观、国家观、文化观，增强做中国人的骨气和底气。三是坚持示范带动。立足公共文化设施实际，自上而下、逐次推进，率先搞好国家级文博单位和科普场馆的志愿服务，抓点带线、以线促面，建立示范带动机制，建设一批活动规范有序、作用发挥明显、社会影响力强的示范单位，为公共文化设施开展志愿服务树立榜样和标杆，示范带动各类志愿服务组织和服务项目健康发展，促进学雷锋志愿服务制度化常态化。四是坚持改革创新。把支持和发展公共文化设施志愿服务纳入文化体制改革，促进基本公共文化服务标准化、均等化。深化志愿服务内容和形式创新，因地制宜，科学规划，突出特色，打造品牌。深化文化志愿服务管理模式创新，鼓励志愿者自我教育、自我管理、自我服务，提高志愿服务效率，提升志愿服务水平。

第十章　文明旅游建设

文明旅游特别是文明出境游，不仅体现着公民个人的文明素养和道德水平，也关系着中国形象和国家软实力。2013 年以来，习近平总书记多次对文明旅游工作作出重要批示和指示，明确交给中央文明委这一重要任务。2014 年是推动文明旅游工作力度最大的一年，各地认真落实中央领导同志批示，组织开展了“文明旅游、礼貌乘车”活动，有关部门与外交部、公安部、中央台办、港澳办、商务部、交通运输部、国家旅游局等 8 部门组成 5 个督查组，对 10 个重点省市区文明旅游工作进行督导，深入到办证大厅、旅行社和口岸调研，督促各地把好护照关、组团关、出境关、交通关、落地关、行程关“六关”，推进工作关口下移。各地各有关部门开展导游、领队培训，抓住了文明旅游的关键，把工作向公交站点、景区景点、社区基层推进延伸。2015 年 4 月，国家旅游局下发《关于进一步加强旅游行业文明旅游工作的指导意见》，就进一步学习贯彻习近平总书记重要批示精神，积极落实《旅游法》及中央精神文明建设指导委员会《关于进一步加强文明旅游工作的意见》，深入推进旅游行业文明旅游工作，进一步提升我国公民旅游文明素质，提出具体要求。2016 年，我国公民出境旅游人数预计达到 1.22 亿人次，旅游花费 1098 亿美元，游客的整体素质普遍提高，但是大声喧哗、不按序排队、不尊重当地风俗等不文明行为仍然存在，需要在加强法律约束、推动齐抓共管、创新制约机制等方面进一步寻求解决之道。

2016 年 1 月 26 日，提升中国公民出境旅游文明素质部际联席会议在北京召开，外交部、公安部、国资委、国家旅游局、民航局、中国铁路总公司负责同志分别发言。黄坤明同志在讲话中谈到了认清进一步推进文明旅游的重要性紧迫性、进一步夯实文明旅游工作的基层基础、进一步营造文明旅游的良好舆论氛围、进一步形成共抓文明旅游的长效机制的问题。在关于进一步营造文明旅游的良好舆论氛围方面，他强调，舆论引导和监督，是推进文明旅游的重要条件，也是促进文明行为习惯养成的有效手段。各级各类新闻媒体和网络媒体，要发挥应有作用，坚持长流水、不断线常态化宣传，特别是抓住元旦、春节、“五一”、暑期、“十一”等重要时间节点，一环扣一环、一步紧一步，形成规模声势、持续升高热度，使广大游客时时处处感受到文明旅游的浓厚氛围。一是加强正面宣传教育。中央主要新闻媒体要设置专题专栏，拿出黄金时段、重要版面，推出有分量的报道和评论。要大力宣传“最美导游”“最美游客”，大力宣传先进经验和有效做法，发挥榜样示范引领作用。要经常性宣传普及文明礼仪，传播文明旅游理念，引导游客讲文明、树新风。地方媒体和都市类、行业类媒体要紧紧跟进，加大刊播力度，加强深度分析，形成宣传合力。要制作一批主题鲜明、短小耐看的文明旅游动漫片、提示语和公益广告，在各类媒体和服务窗口、交通工具内的点击屏幕、广播电视广为刊播，营造鲜活而富于教益的文明旅游生动场景。二是加大曝光警示力度。事实表明，曝光不文明行为，形成舆论批评压力，对促进人们自我约束、养成良好习惯具有立竿见影的效果。要坚持问题导向，对那些有悖公德、有伤风俗、有损形象的反面案例予以曝光鞭挞，及时报道处理结果、惩戒措施，以发挥警示教育效用。联席会议成员单位要掌握公民旅游不文明行为典型案例，向媒体提供报道素材。中央主要新闻媒体驻外记者站要反映公民出境旅游的情况和问题，加强分析研判，帮助开展有针对性的教育引导。三是加强网上舆论引导。互联网、手机等新媒体对出门在外的游客影响更直接更广泛。要坚持传播正能量的工作导向，综合发挥新闻网站、商业网站、旅游网站和旅行社电商平台以及微博微信等新媒体的作用，采取互相讨论、跟帖交流、常识介绍等多种方式，生动活泼地开展文明旅游宣传，扩大影响力和覆盖面，增强吸引力和感染力，让文明旅游越来越成为人们的自觉选择。

国家旅游局要求旅游行业自觉提高文明旅游工作的责任感和使命感，强化对文明旅游工作重要性的认识，增强抓文明旅游工作的紧迫感，推动旅游行业文明旅游工作再上新台阶。要切实把文明旅游工作贯穿旅游工作始终，切实加强组织领导，切实投入更多精力，切实组织更强力量，将旅游行业文明旅游工作摆到更加重要位置，往深里做、往实处抓，抓出水平，抓出实效。旅游文明问题表面上看是游客不讲文明、素质不高，实际上和导游领队、旅游企业、社会风气等方面都有关系。2016 年，国家旅游局推动落实旅行社、A 级景区、星级饭店及导游领队在文明旅游方面的主体责任。国家旅游局与中国民航局签署《关于加强文明旅游工作　促进行业融合发展的合作协议》，推动国航、东航、南航、海航、春秋五大航空公司联合签署《关于共同营造文明乘机大环境的联合声明》，共同抵制不文明行为。同时，推动各地在旅游条例规章修订中，增加旅游不文明行为约束惩戒等条款，提高“黑名单”制度的权威性和执行刚性。国家旅游局从导游体制改革入手，积极优化导游执业环境。2016 年，探索开展导游自由执业试点改革，拓宽导游职业渠道，建设全国导游公共服务监管平台，建立了“互联网 + 导游”监管模式，由市场对导游领队进行第一轮自然评价，用游客选择甄别导游服务的优劣；健全导游行业组织、保险保障体系和事中事后监管机制，推动厦门、南京、桂林等地建立导游爱心救助基金、导游意外救助基金，联合交通运输部推动设立“导游专座”。为强化导游领队文明督导责任，旅游系统举办了全国导游领队文明旅游师资培训班，各地将文明旅游培训覆盖到每位导游领队，落实

《旅行社出境旅游服务规范》国家标准及《导游领队文明旅游引导规范》《旅行社行前说明服务规范》等行业标准，提高导游领队及时提醒游客遵章有礼，及时劝阻游客不文明动作和行为的自觉性。

国内旅游市场中的诸多乱象，大多与“低价团”、导游强迫购物有关。这几年，旅行社和导游的准入门槛较低，良莠不齐，一些旅行社利用消费者偏爱低价的消费心理设置价格陷阱。在旅游过程中，再由导游诱导甚至强迫游客参加自费项目或购物的方式，赚取成本和利润。许多导游处于行业底层，大多挂靠在导游管理服务公司名下，没有基本工资和社会保险等基本保障，便和旅行社同流合污，甚至参与“赌团”。因此，除了加大惩罚力度，细化惩罚措施之外，还要完善维权渠道，各级旅游管理部门应建立完善系统的质监、督查、投诉处理机制，公布投诉热线或网络投诉渠道，明确旅行社、导游、商家的主体责任。2016 年，国家旅游局在全国选树了 100 家文明旅游先进单位，组织全国 6000 家旅行社自愿签订《旅行社诚信经营承诺书》。在中青旅等企业开展文明旅游工作试点，发挥龙头旅行社在规范经营、诚实守信、倡议文明上的践行和引领作用。督促旅行社等加强对导游领队等从业人员的培训和管理，将文明旅游工作融入渗透到行业服务监管工作之中。同时，旅游系统还在全国掀起旅游市场整治风暴，通过约谈警示、通报批评、暗访督查、立案调查、督查督办等举措，约谈通报一批整改不力的企业，重点监管一批问题频发的企业，严厉查处一批违法违规的企业。2016 年全国共查处违法违规案件 1324 起，行政处罚 819 家旅行社，公示 76 件旅游经营服务不良信息记录，有效打击旅游市场违法违规行为，保障游客切身利益，为文明旅游建设夯实市场基础。

文明旅游建设是一项综合工程，各地根据实际情况有很多工作创新。首都北京是极其重要的旅游地。2016 年国庆期间，首都文明办、团市委、市志愿服务联合会等单位积极引导 80 万名志愿者，科学有序地参与学雷锋志愿服务，累计服务时长 2000 万小时，为节日营造了温暖和谐氛围，展示了首都良好形象。一是做好重点区域志愿服务。国庆节期间，北京天安门地区游客总量突破 403 万人次，比去年同期增加 35 万人次。天安门地区志愿服务队在广场周边区域设置 10 个志愿服务岗位，编写《国庆天安门游览攻略》，为游客提供道路指引、秩序维护等服务。一些市民主动加入“志愿家庭”行动计划，以家庭为单位参与广场志愿服务，有效保证了天安门地区秩序井然、环境整洁。来自北京多所中学的志愿者自发参与义务清理广场垃圾活动，带动游客积极参与维护广场环境卫生，受到各界广泛赞誉。媒体和网站以“游客天安门广场观升旗，仪式结束后自发捡垃圾”为题报道这一新风。二是开展文明出行志愿服务。公交、地铁、铁路系统根据自身特点，广泛组织志愿者开展文明排队、文明乘车等志愿服务。北京公交青年志愿者服务队在公交场站设立“公交志愿者服务岗”132 处，累计服务乘客超过 100 万人次。北京铁路局团委在北京西站、北京南站、北京站等开展出行指引、扶弱助残等志愿服务，仅北京西站地区志愿者每天就有 1248

人次上岗，服务时长共计3744小时。北京平安地铁志愿者总队组织累计近千名志愿者，在23座人流量大的地铁车站，协助工作人员开展疏导乘客、应急救助等志愿服务，为平安北京作出有力贡献。三是组织文明旅游志愿服务。推出“最美一米风景”文明旅游口号，在首都各大公园广为传播，发放文明游园温馨提示卡，邀请游客参与并承诺文明游园、安全游园。市公园管理中心组织各单位开展弘扬长征精神、倡导文明游园主题实践活动，倡导游客文明守序、文明游览、爱护环境、保护古建。有关志愿服务组织在景区学雷锋志愿服务岗（站）为游客提供信息咨询、语言翻译等服务。市旅游志愿者联合会、市公园志愿服务总队等发动旅游志愿者在前门、故宫等30余处旅游志愿服务站开展礼仪接待、语言翻译、信息咨询、交通引导等志愿服务。

第十一章　网络文明建设

互联网正在深刻改变着世界，改变着人类的生产生活方式，对我国社会的发展产生着深刻影响。“互联网+”时代的到来，对精神文明建设提出了新的挑战，也带来了新的机遇。精神文明建设必须主动适应这个大趋势大潮流，坚持“正能量是总要求、管得住是硬道理”，把网络作为重要工作阵地和传播渠道，积极倡导网络道德和网络文明，在网上唱响弘扬社会主义核心价值观主旋律。

对于网络使用，各地各部门都有明确的上网制度和规范要求。一般表述为严格遵守《中华人民共和国计算机信息网络国际联网管理暂行规定》《互联网信息服务管理办法》等国家法律法规，恪守网络道德，文明上网。自觉遵守有关保守国家机密的各项法律规定，不泄露党和国家机密，或传送有损国格、人格的信息；禁止在网络上从事违法犯罪活动；不制作、查阅、复制和传播有碍社会治安及社会公德和有伤社会风化的信息；不得发表任何诋毁国家、政府、党的言论，不得发表任何有碍社会稳定、国家统一和民族统一的言论；不得擅自复制和使用网络上未公开和未授权的文件，遵守知识产权的有关法律法规，不利用网络盗窃别人的研究成果和受法律保护的资源；不得窃取他人口令，非法入侵他人计算机系统，阅读他人文件或电子邮件，滥用网络资源，破坏网络资源，或其他恶作剧行为；不在网络上接收和散布封建迷信、淫秽、色情、赌博、暴力、凶杀、恐怖等有害信息；不得捏造或歪曲事实、散布谣言、诽谤他人、扰乱社会秩序的不良信息；上班时间不浏览与工作无关的网页、视频等。

在网络文明的建设中，各级政府和组织强调大力传播社会正能量。加强网上思想阵地建设，实施网络内容建设工程，加大网上正面宣传力度，发展健康向上网络文化，开展网络文明传播活动，积极扩展红色地带、有效转化灰色地带、坚决打击黑色地带。2015 年 2 月 4 日，逢农历立春，上海市“网络文明能量大放送联合行动”启动暨 2015 上海市公益广告征集大赛颁奖会议在上海儿童艺术剧场火热举行。中央文明办中国文明网，上海市委宣传部、市文明办、市网信办、市人大教科文卫委员会、市公益广告宣传协调小组成员单位，上海市级主要媒体网站领导，上海各区县委办宣传部、文明办负责人，全国道德模范、身边好人、网络文明传播志愿者代表，专家评委、获奖代表、媒体、市民代表等近1000人出席现场活动，通过中国文明网、东方网、蜻蜓FM在线全程收看或收听本次活动的网民超过1000万。会上正式发布的100个“上海市网络文明能量大放送联合行动市级重点项目”，不仅主题积极向上，而且特点鲜明。这些均是经过层层筛选，秉持“好中选优、优中选强”原则，综合权衡项目“全民性、内容性、参与性、技术性”等诸多方面精心甄选出来的，涵盖物联网、微平台、客户端、手游FLASH、HTML5等时下互联网最新、最潮、最热的各种技术应用。其中既有知名度大、品牌影响力强的传统“老牌劲旅”，还有线上结合线下、极具亮点特色的“强势栏目”。如上海广播电视台广播频率选送的“为好人点赞”、《新闻晨报》选送的反抛客公益视频网上展播、腾讯大申网选送的“寻找上海之美”网上专题、土豆网选送的“2016土豆映像季”、东方网选送的“少年中国梦励志讲堂”等。又有形式生动新颖、互动参与性强的“后起之秀”，如黄浦区选送的“小海聊文明”、嘉定区选送的“陋习大作战”手游APP、松江区选送的“茸城之光”公益广告秀等。如市文明办公益广告中心选送的“微视界网络视频文明能量大放送”、上海文明网“网上英文大看台”、浦东新区选送的“好人天天见”微专题、教卫党委选送的“博闻研微”网络文化工作室、市经信委选送的“感动微栏目”、建设交通党委选送的穿越上海城市公益定向赛新媒体联动宣传。目前上海有约34万家网站，在全国排名第四。经过近10年发展，涌现出东方网、盛大网络、巨人网络、东方财富网、携程网、大众点评网、土豆网等一批在全国具有较大影响力的新闻或商业网站。上海文明网自2006年12月开通以来，累计访问量超过23亿人次，月访问量超过5000万人次，多次被授予“上海市优秀网站”称号。

各级政府和组织加强对网络的依法管理。着力净化网络环境，在内容审查、信息发布、队伍建设、人员准入等方面制定严格管理办法，全面落实网站主体责任，切实做到配好刹车再上路、修好堤坝再蓄水。7月25日，全国网信办主任座谈会在北京召开。在这次会议召开之前，国家网信办会同北京市网信办和广东省网信办，对新浪、搜狐、网易、百度、腾讯、凤凰、今日头条和一点资讯等8家商业网站和客户端进行内容管理制度专项检查，发现这些网站在落实管理规范、总编辑负责制、值班制度以及人员培训等方面还存在一些亟待解决的问题。这些问题，既有思想认识高度不够、盲目追求经济利益的主观原因，也有监督制约力度不强、基本规范依据不健全的客观原因；既有新技术新应用迅猛发展引发的新问题，也有法规滞后、队伍建设不强等现实问题。所以这次会议有的放矢，强调了“重基本规范、重基础管理，强化属地管理责任、强化网站主体责任”四点，一是重基本规范，要制定行之有效的制度规范，确保有章可循、有据可依、有违必究；二是重基础管理，要切实加强网站制度规范落实，确保总编辑负责制等相关制度有效执行；三是强化属地管理责任，按照“谁主管谁负责”原则，强化各级网信部门对所在地网站的监督管理责任；四是强化网站主体责任，要按照“谁主办谁负责”原则，切实把网站的管理责任落实到位。

各地广泛开展网络公益活动。“互联网＋”以在线化、互动化以及功能叠加化的形态，加强了现实和虚拟之间的互动，在经济、文化、日常生活等方面改变着人们的传统行为方式。“互联网＋”时代的微博、微信等平台成为第一时间向大众发布重大事件特别是突发事件现场信息的第一载体。网络空间人人平等，网络文明建设必须更加牢固地树立尊重受众、平等待人的观念，网络文明传播必须用大众喜闻乐见、生动活泼的形式，增强吸引力；互联网没有上下班，人人都是报道者，人人都是评论员、监督员，网络文明建设要善于把广大网民从旁观者变成精神文明建设的积极参与者，共同为真善美点赞，共同谴责假丑恶，共同曝光不文明，从而凝聚价值共识，汇聚起精神文明建设的强大力量。“互联网＋”代表着一种能力，即利用互联网技术和资源的能力。各地积极探索如何用好互联网技术和资源，实现培育和践行社会主义核心价值观能力的现代化，实现文明创建工作能力的现代化，推动各级各类网站开展扶贫济困、扶老助残、慈善捐助、救灾助学、义务献血、环保宣传等网络公益活动，强化网站社会责任，吸引网民广泛参与，让公益正能量传导到网络的每个角落，让网络公益弥漫网络空间，让人们更加注重与珍惜自己的道德资产，支持公民道德建设始终走在时代前沿，担当引领社会道德风气的使命和责任。

第十二章 结 语

实现“十三五”奋斗目标、全面建成小康社会，需要物质文明和精神文明协调发展。要深入推进社会主义核心价值观建设，注重以文化人，引导人们增强国家意识、法治意识和社会责任意识，努力提高国民素质和社会文明程度。社会道德建设是积极营造社会价值的过程。习近平总书记指出：“一种价值观要真正发挥作用，必须融入社会生活，让人们在实践中感知它、领悟它。要注意把我们所提倡的社会主义价值与人们日常生活紧密联系起来，在落细、落小、落实上下功夫。”群众性精神文明创建活动是人民群众移风易俗、改造社会的伟大创造，是人民群众群策群力、共建共享的生动实践。社会道德建设必须包含在各类群众性精神文明创建活动之中。全国各地在实践中深化文明城市、文明村镇、文明单位、文明家庭、文明校园等各类创建活动，创新形式内容，提升思想道德内涵，注重实际效果；开展“讲文明、树新风”活动，有针对性地解决诚信缺失、拜金主义、铺张浪费等突出问题；评选表彰道德模范，广泛发现和表彰群众身边的好人好事、善行义举，产生良好示范效应；抓好未成年人思想道德建设和大学生思想政治教育，加强家庭文明建设，推进志愿服务和诚信建设制度化，深化文明旅游，营造守信光荣、失信可耻的良好社会风尚，不断提高国民素质和社会文明程度。

纵观 2016 年我国社会道德建设，补充以下几点感想和看法。

1. 社会道德建设要致力于保障和改善民生。为民利民惠民。以人为本，实现好、维护好、发展好最广大人民的根本利益，是精神文明建设的根本出发点和落脚点。改善民生是坚持立党为公、执政为民的本质要求，改善民生既是经济发展的目的又是经济发展的推动力，只有在发展经济中改善民生，才能更好地发挥人民群众的积极性和创造性，更好地促进经济发展，为民生改善奠定厚实基础。必须发挥人民在精神文明建设中的主体作用，坚持为了人民、依靠人民、精神文明建设成果由人民共享，多为群众办好事办实事，切实保障人民群众基本文化权益，不断满足人民群众日益增长的精神文化需求。我们在文明城市创建和文明村镇创建中不难发现，人居环境最直观地体现着一个地方的文明程度，最直接地影响着人们的生活品质。城市要以宜居宜业为目标，注重城市市容市貌管理，积极解决出门便堵、垃圾围城等“城市病”问题，创造优美环境、优良秩序、优质服务，让人民群众过上更加安全、有序、健康、文明的现代生活。农村要加强“美丽乡村”建设，整治“脏乱差”，突出“洁净美”，让人们望得见山、看得见水、记得住乡愁。建设和谐宜居新家园，是人人向往的幸福目标。在精神生活上，要保障文化民生。大力实施文化惠民工程，加强各类道德讲堂、文化礼堂等惠民项目建设，开展送欢乐到基层、文化进万家等活动，开展春节、清明、端午、中秋等“我们的节日”活动，都有利于弘扬中华优秀传统文化，打造人们的共有精神家园。我们坚持中国特色社会主义就是坚持以人民为中心的工作导向，就要充分考虑人民群众的愿望和要求，从群众最欢迎的事情做起，从群众最不满意的问题改起，凡是为民造福的事情就千方百计做好，凡是损害群众利益的事情就坚决不做；就要相信群众、依靠群众，尊重人民群众的主体地位和首创精神，激发人民群众的主人翁责任感，发挥人民群众的积极性主动性。人民群众在亲身参与精神文明建设的实践中，也必定会不断提高自身的文明素质。

2. 寓教于乐，循循善诱。社会道德建设是一个庞大的社会教育过程，必须坚持分类施教、全面推进，使社会主义核心价值观入耳入脑、扎根到广大民众的道德意识之中。孔子说：“知之者不如好之者，好之者不如乐之者。”（《论语·雍也》）道德建设要考虑从广大市民兴趣爱好的文体艺术入手，用群众喜闻乐见的形式，在“寓教于乐”中弘扬社会主义核心价值观的主旋律，让广大市民最大可能地感受到教育过程中所带来的快乐，让教育活动更加深入民心。很多地方开办了市民兴趣爱好培训班。坚持以群众的需求为导向，定期组织举办插花、手工编织、茶艺、书法、绘画等培训，组织参观茶艺、面点制作、书法绘画鉴赏等，让大家感受文化氛围，享受生活乐趣，最大限度地满足广大市民的需求。很多地方“以文惠民、以文乐民、以文育民、以文富民”的理念，积极推进文化惠民工程，广泛开展送书籍、送电影、送节目等进社区活动，培育和扶持秧歌队、书画社、合唱队、京剧队、时装表演队和各类体育项目健身队等社区业余文艺团队，广泛开展广场文化、楼院文化、楼道文化和家庭文化等一系列主题鲜明、形式多样的社区文化活动，使广大市民在浓厚的文化活动氛围中，汲取文化知识营养，满足精神文化生活的需求。没有这些的农村地区，可以创建“文化墙”，以独特方式呈现现代文明生活，可以潜移默化教育人、引导人，用简洁的线条、生动的图片、鲜艳的颜色向群众传递党的政策、现代文明生活方式等内容，以浅显的形式展现在农民群众面前，既美化了村容村貌，以艺术的形式宣传了党和国家的方针政策，又传播了精神文明，丰富了农村文化生活，潜移默化地促进了村风民风的改善和生活方式的转变，从思想上教育和引导农民，影响农民群众形成现代文明的生活习惯，远离宗教极端思想的毒害，为营造团结、和谐的社会环境打下良好的思想基础。

3. 让家庭和社区相融合。文明家庭创建要和文明社区、文明小区、文明楼院、文明村镇创建结合起来、相互促进，增强居民的归属感和荣誉感，以小家为大家增光添彩，形成向上向善、互帮互助的风尚。培育优良家风、注重家庭教育是文明家庭创建的重要内容。“三岁看小，七岁看老。”家庭是人生的第一所学校，父母是孩子的第一任老师，家庭是人格形成的原点。家庭教育对人的生活学习习惯养成潜移默化，影响伴随一生、受益终身。孩子健康快乐成长是每个家庭最关注最切身的利益所在。从小不打好基础，长大就会“江山易改，禀性难移”。要引导家长提高素质、以身作则，既重言传更重身教，既教知识更育品德，帮孩子“扣好人生第一粒扣子”，形成有利于孩子成长的家庭氛围。从近年来查处的一些腐败和经济案件看，出问题的干部普遍家风不正、家教不严，家属亲属恶性循环，形成家族式腐败。中央印发的《中国共产党廉洁自律准则》第八条明确规定“廉洁齐家，自觉带头树立良好家风”，这为加强党员干部的家庭文明建设创造了条件。重视党员干部家风建设，是关心爱护党员干部的重要举措。要结合“三严三实”专题教育，将家风建设作为加强作风建设的重要内容，作为干部考核评价的重要标准，吸取反面教训，教育引导广大党员干部保持高尚道德情操和健康生活情趣，管好亲属子女，在家庭中扬正气、压邪气，为社会公众作出榜样。社会重视家庭文化建设，把家庭生活和社区生活有机地融合在一起，如利用节假日，把亲情最浓郁的节日作为建设家庭文明的重要契机，引导人们在辞旧迎新、慎终追远、阖家团圆、真挚情感、尊老敬老中建设家庭文明。国家要发挥政策法规的鲜明导向和刚性约束作用，在制定法律法规、出台政策制度、加强社会治理过程中，进行道德评估，充分论证对保障家庭利益、维护家庭稳定、传承家庭美德、建设家庭文明的影响，避免负面作用。

4. 维护社会公平正义和依法治国。实现社会公平正义和依法治国，符合最广大人民的根本利益，是我国社会主义制度的本质要求。维护公平正义和依法治国需要逐步建立以权利公平、机会公平、规则公平为主要内容的社会公平保障体系，使社会各方面的利益关系得到妥善协调，人民内部矛盾和其他社会矛盾得到正确处理，从法律上、制度上、政策上努力营造公平的社会环境。习近平总书记曾提出“努力让人民群众在每一个司法案件中感受到公平正义”。人民法院必须严格按照《民事诉讼法》和《民事诉讼法》司法解释的规定，严格依法查清案件事实、正确适用法律，维护实体公正。一个文明进步的社会，只有建立在规范有序的基础之上，把道德的软约束和法律的硬约束结合来，才能实现健康发展。要坚持依法治国和以德治国相结合，把他律和自律紧密结合起来。在落实社会的主体责任时，有一个简明的比喻：“配好刹车再上路、修好堤坝再蓄水。”社会上经常发生见利忘义、损公肥私、以权谋私的行为，存在着不讲信用、欺骗欺诈的社会公害。在产生这些问题的地方，往往缺乏有效的管理体制。维护社会公平正义，既要落实在重大社会问题上，也要着眼于生活中的“小事”。管理部门要调动社会资源，采取主动干预的办法，通过媒体曝光、通报所在单位、公示不道德信息等办法给予惩戒，维护社会主义核心价值观和社会良风美俗，体现善有善报、恶有恶报的价值导向。2016 年 12 月 25 日，中共中央办公厅、国务院办公厅印发了《关于进一步把社会主义核心价值观融入法治建设的指导意见》，要求完善市民公约、乡规民约、学生守则、行业规范、团体章程等规范建设。该《意见》规定在立法实践中，必须坚持以社会主义核心价值观为引领，把核心价值观的要求体现到宪法法律、行政法规、部门规章和公共政策之中，转化为具有刚性约束力的法律规定。一是加强重点领域立法。通过深入分析社会主义核心价值观建设的立法需求，把法律的规范性和引领性结合起来，坚持立改废释并举，积极推进相关领域立法，使法律法规更好体现国家的价值目标、社会的价值取向、公民的价值准则。加强规范性文件备案审查制度和能力建设，建立健全法律法规定期清理机制，对与社会主义核心价值观要求不相适应的，依照法定程序及时进行修改和废止。二是强化公共政策的价值目标。制定出台各类经济社会发展政策时，都要充分体现公平正义和社会责任，注重政策目标和价值导向有机统一，注重经济效益和社会效益有机统一，形成有利于培育和弘扬社会主义核心价值观的良好政策导向和利益机制。完善政策评估和纠偏机制，防止具体政策措施与社会主义核心价值观相背离，实现公共政策和道德建设良性互动。

5. 形成社会整体的道德合力。在党和国家的领导下，各级政府、企业和组织共同努力，稳固社会道德舆论，广泛吸引公众积极参与，是推动社会道德建设可持续发展的重要支撑。要发挥政府的引领和促进作用，明确管控责任主体，健全完善顶层设计和制度安排，加大支持力度和政策引导，把开展道德建设作为考核、评比、奖励各类网站的重要条件，作为评选文明城市、文明单位、文明行业的重要依据。在社会道德舆论中，要提升我国政府公信力，如加强政府信息公开程度，信息透明度越高，与公众之间的沟通和联系就越紧密。企业是社会生产和发展的主力军，但是不良企业在恶性竞争中可能会扰乱行业秩序，侵犯社会公共利益，这需要通过相关的法律制约和道德规范，来纠正和惩罚不良行为，维护社会的生产和发展秩序。国家的政策导向与社会整体的道德合力在这里至关重要。互联网越来越深刻地改变着社会生产方式、生活方式，在不知不觉中影响着人们的精神世界和价值观念。互联网企业发挥技术优势，广泛开展网络公益活动，能够把企业的追求和社会需求结合起来，推进了自己的产品品牌，也发展了社会公益。在现实生活中，我们会发现，“互联网+”的发展拓宽了社会公益活动的范围，让更多的人能够参与进来。网络公益活动作为新兴慈善公益形式，以便捷、快速、高效的互联网平台，形成了线上线下互动互助、网络公益和传统公益携手发展的社会活动，有效地激发和放大全社会向上向善、诚信互助的良好风尚。相关网络企业有责任去芜存菁，把公益主题转化为党和政府关心的事、百姓身边需要的事、对社会进步有益的事，争取社会各界的认同、参与和支持。这就让社会道德建设渗透到人们的生活中，提高了人们的精神生活，促进了社会文明发展。《公益广告促进和管理暂行办法》于 2016 年 3 月 1 日起正式施行。7 月 9 日，中央文明办召开全国公益广告工作推进会，强调进一步推进公益广告宣传工作，要把公益广告作为面向基层、面向群众开展思想政治教育、传播社会主义核心价值观的有效载体，作为精神文明建设的重要任务切实抓紧抓好。要牢牢把握宣传主题，进一步突出公益广告的思想道德内涵，凝聚奋发向上、崇德向善的强大力量。要把创新的理念体现在公益广告的策划制作之中，把思想性艺术性观赏性有机结合起来，做到吸引人打动人感染人。要加大媒体刊播和社会覆盖力度，把公益广告传递到更多的人群之中。如今，全国文明城市和提名城市基本实现了公共广场、主要干道、建筑围挡、公园景区、街道社区、交通工具等公共场所全方位覆盖，公益广告遍布大街小巷，成为城市乡村的一道靓丽风景，融入人们日常生活，产生良好社会效果。

6. 弘扬中华传统美德。2014 年 2 月 24 日下午，中共中央政治局就培育和弘扬社会主义核心价值观、弘扬中华传统美德进行第十三次集体学习。中共中央总书记习近平在主持学习时强调，培育和弘扬社会主义核心价值观必须立足中华优秀传统文化。牢固的核心价值观，都有其固有的根本。抛弃传统、丢掉根本，就等于割断了自己的精神命脉。博大精深的中华优秀传统文化是我们在世界文化激荡中站稳脚跟的根基。中华文化源远流长，积淀着中华民族最深层的精神追求，代表着中华民族独特的精神标识，为中华民族生生不息、发展壮大提供了丰厚滋养。中华传统美德是中华文化精髓，蕴含着丰富的思想道德资源。不忘本来才能开辟未来，善于继承才能更好创新。对历史文化特别是先人传承下来的价值理念和道德规范，要坚持古为今用、推陈出新，有鉴别地加以对待，有扬弃地予以继承，努力用中华民族创造的一切精神财富来以文化人、以文育人。

中华文化源远流长、灿烂辉煌。在 5000 多年文明发展中孕育的中华优秀传统文化，是当代中国发展的突出优势，对延续和发展中华文明、促进人类文明进步发挥着重要作用。中华优秀传统文化蕴含着丰富的道德理念和规范，如天下兴亡、匹夫有责的担当意识，精忠报国、振兴中华的爱国情怀，崇德向善、见贤思齐的社会风尚，孝悌忠信、礼义廉耻的荣辱观念，体现着评判是非曲直的价值标准，潜移默化地影响着中国人的行为方式。传承发展中华优秀传统文化，就要大力弘扬自强不息、敬业乐群、扶危济困、见义勇为、孝老爱亲等中华传统美德。在传统的家庭教育中，“四书五经”是非常重要的基础教材，历代思想家还编制了一些“家训”典籍。现在比较流行的家训有南北朝时的《颜氏家训》、宋代朱熹的《朱子家训》、明代朱柏庐的《朱子治家格言》、清代曾国藩的《家书》等。“修身、齐家、治国、平天下”的思想贯穿其中，“三纲五常”的思想也贯穿其中。这是积累了丰富的家庭教育经验的文献，值得学习。人生早期的道德学习对于建立儿童的道德价值、规范和信念，是非常重要的。《颜氏家训》有这样的名言：“少成若天性，习惯如自然。”但这里面有很多封建糟粕的内容，如“三从四德”“父母之命”“媒妁之言”等观念，把不服从封建统治的人视为离经叛道的“逆子”等。传统道德给我们提供的道德推理方式仍然有效，如儒家忠恕之道所提倡的“己欲立而立人，己欲达而达人”和“己所不欲，勿施于人”。这和现代社会的生活价值和法治观念并不矛盾。仁爱的观念也是如此。但是孝道的观念则需要家庭制度的依托。传统社会的家庭既是宗族血缘的纽带，也是社会生产的经济场所，孝道包含的不只是亲情，更重要的是个体和家族生存发展的生活条件和宗法观念。今天的孝道所依附的家庭结构、功能及其社会重要性都发生了变化，传统孝道所要求的“孝顺”也就简化为“孝敬父母”等。总的来说，中华传统美德依然具有很强的生命力，指导着人们在是非、善恶、美丑方面做出基本的道德判断。

7. 促进人类命运共同体。2016 年 7 月 1 日，庆祝中国共产党成立 95 周年大会在北京人民大会堂隆重举行。中共中央总书记、国家主席、中央军委主席习近平在大会上发表重要讲话，表示中国“愿扩大同各国的利益交汇点，推动构建以合作共赢为核心的新型国际关系，推动形成人类命运共同体和利益共同体”。“命运共同体”是习主席近年来在外交场合多次强调的关键词，但这不是外交措辞，确实反映了中国始终坚持和平发展、互利共赢的初心。2015 年 9 月 28 日，习主席出席第七十届联合国大会一般性辩论，在题为《携手构建合作共赢新伙伴，同心打造人类命运共同体》的讲话中，习近平主席全面深入阐述以合作共赢为核心的新型国际关系理念：“‘大道之行也，天下为公。’和平、发展、公平、正义、民主、自由，是全人类的共同价值，也是联合国的崇高目标。目标远未完成，我们仍须努力。当今世界，各国相互依存、休戚与共。我们要继承和弘扬联合国宪章的宗旨和原则，构建以合作共赢为核心的新型国际关系，打造人类命运共同体。为此，我们需要作出以下努力。我们要建立平等相待、互商互谅的伙伴关系。我们要营造公道正义、共建共享的安全格局。我们要谋求开放创新、包容互惠的发展前景。我们要促进和而不同、兼收并蓄的文明交流。我们要构筑尊崇自然、绿色发展的生态体系。”2016 年 1 月 16 日，习主席在北京出席亚洲基础设施投资银行开业仪式并致辞，强调要“推动构建以合作共赢为核心的新型国际关系，推动国际秩序和国际体系朝着更加公正合理的方向发展，推动建设人类命运共同体”。我国发起的“一带一路”倡议，坚持相互尊重、平等相处、和平发展、共同繁荣。这既是我国全面深化改革的伟大战略，也是全方位扩大对外开放、融入并引领经济全球化的重要举措。这项工程的建设和实施必将给沿线（路）国家或地区带来经济社会发展和繁荣，必将大力促进中国经济结构转型升级和发展，必将造福全人类。在国际交流的过程中，社会主义精神文明建设对于展示中华文化精神内涵、传播当代中国价值观念、让中国形象不断树立和闪亮起来，具有非常重要的意义，应该说是国家文化软实力的核心。所以，国内的社会道德建设，也应该把促进人类命运共同体作为一个奋斗的目标。只有我们自己做好了，把中国建设成人类最美好的家园时，我们的“道路自信、理论自信、制度自信、文化自信”才会更加具有国际影响力和感召力。

第四篇

研究报告

第一章　伦理学专题研究报告

葛晨虹　陈伟功　乔　柯

一、伦理学理论形态

（一）分析进路的伦理学

伦理学范式转换，不仅与人类文明的发展方向和目标相关，也与哲学本身的奠基原则直接关联。就奠基原则而论，哲学经历了以本体论为第一哲学的古典形态，以知识论为第一哲学的近代形态，在当代出现了以“伦理学为第一哲学”的第三形态。分析进路的伦理学范式是伦理学发展进入20世纪以后的一个主要趋向，对伦理学范式，学界展开了热烈讨论。有学者指出，20世纪是一个虚无主义的世纪，是一个价值颠覆的世纪，是一个被相对主义溶解的世纪。社会结构金字塔的颠覆带来了精神世界金字塔的坍塌，分析进路的伦理学不过是适应由这种颠覆和坍塌而催生的一个民主化、平等化、个体主体化世界的一种新型的伦理学。这种伦理学不再像以往伦理学不经反思、不加限制地宣称自己的主张就是人类必须如此的绝对命令。分析进路伦理学的意义在于：伦理学在一个非金字塔的世界中重新确立自己的位置。作为分析进路伦理学开山之作的摩尔思想值得认真讨论。分析进路的伦理学的意义在于：第一，伦理学中没有唯我独尊的真理王位，没有具有真理特权的伦理道德规范发布者，所有伦理规范都必须给出令人信服的理由；第二，现代社会是一个个体具有主体性、每个人用头脑思考问题的社会。[①] 有学者为分析进路的伦理学范式辩护，认为“分析进路的伦理学范式”其实主要指分析哲学的研究方法，即逻辑和经验的研究方法，有时也被称为科学理性的方法。哲学研究也需要科学理性的方法。要理解分析进路的伦理学研究的必要性，就必须考虑三个层面的问题。第一，究竟应当怎样理解哲学的性质和目的；第二，究竟应当采取怎样的方法才能实现哲学研究（包括伦理学研究）之目的；

---

① 冯平：《分析进路伦理学的意义——为摩尔辩护》，《华东师范大学学报（哲学社会科学版）》2016年第2期。

第三，分析伦理学的研究状况究竟是否如有些学者所断言的那样“彻底失败”。首先，哲学就是对世界和人生意义的根本性问题的理性反思活动，其目的是追求关于这些问题的确定性认识。只有对世界和人生意义的根本性问题进行理性反思的活动才是哲学研究活动，哲学理性反思活动的目的是要追求对世界和人生意义的根本性问题的确定性认识。其次，要获得对哲学问题的确定性认识，只有通过理性反思活动：澄清概念、命题和所讨论问题的意义；推理论证，以证明所主张的观点。这两个方面的活动实际上就是分析哲学的研究方法，亦即逻辑和经验的方法，它可以区分为三种更为具体的方法，即分析的、逻辑推理的和逻辑经验检验的方法。最后，分析哲学的研究方法并不能保证所有伦理学研究结果的正确，也不能保证不会发生意见分歧，正如自然科学的研究方法既不能保证所有的研究结果都是正确的，也不能保证不会发生争论一样，但这并不能构成对这一方法的否定。①

分析进路的伦理学研究是否存在某种局限性？如何突破这种局限性？有学者指出，讨论分析进路的伦理学需澄清两个问题：第一，到底是应该把分析伦理学理解为一项错误和失败的事业，还是理解为有正当作用但往往被错误地自我理解的研究方法；第二，如何走出分析伦理学的困境，恢复伦理学的统一性和完整性。从摩尔等人的文本可看到，元伦理学传统一开始并非把自己视为伦理学知识本身，而是把分析哲学的方法运用于伦理知识，澄清其错误理解的特殊研究方法，在这个意义上，它是20世纪初哲学的语言学转向在伦理学领域的特殊表现。分析伦理学传统的失误不在于它坚持对伦理概念的语言分析，而在于它忘记了摩尔关于善的非定义性和开放性所包含的难题。如果伦理学家把自己从事的道德概念和道德命题性质分析的研究等同于整个伦理学事业，就是以偏概全或僭越自己的界限。但我们同时也应看到，分析伦理学对打破伦理学中普遍存在的自然主义和独断论的错误态度所起的积极作用。如何走出分析伦理学的限制？一个完整的伦理学理论起码包含三个层面：对道德知识来源的历史解释；对道德知识的概念分析和道德规范的证明；对道德的社会任务和社会效力的评价。在第一个层面上，道德哲学家不是规范和价值的生产者，道德规范是社会生产的。在第二个层面上，分析伦理学的作用有两个，一是通过对道德自然主义谬误的批判，澄清道德规范的语义学特征；二是元伦理学的分析工具可以帮助各种伦理学去完善自己的理论，澄清其模糊和矛盾之处，达到理论的明晰性。② 有学者分析了分析伦理学其本身局限性的深层根源，指出真正导致伦理学碎片化，使其既不能通达天理又不能脚踏实地的是摩尔之后的分析哲学家们那种彻底的经验主义立场，最典型的代表是维也纳学派的逻辑经验主义者们。按照这一派的观点，只有那些能够在经验中彻

① 陈真：《分析进路的伦理学研究方法之辩护》，《哲学动态》2016 年第 7 期。

② 汪行福：《如何走出分析进路伦理学范式的限制?》，《华东师范大学学报（哲学社会科学版）》2016 年第 2 期。

底得到验证的判断才是有意义的，其他一切判断，包括伦理的、美学的，甚至逻辑的判断都无意义。正是这样的立场，阻断了伦理学通达天理的道路。道德事实至少可以从三个层面上去理解：个人具体道德行为的总体；特定人类社会在特定时期道德观念的总和；道德概念的本质和它们之间的客观联系。经验主义者，及其在当代的继承人物理主义者，否认善、正义这些道德概念的客观存在，否认有关这些概念的判断在客观上为真为假。在他们看来，如果伦理学是一门科学，那也不是关于客观的道德概念的，而是对个人的道德心理状态，或者一时期人类社会所接受的道德规范的总结和描述。而站在概念实在论的立场上，正是这第三个层面才是道德事实所意指的东西，才具有"事实"这个词所应有的客观内容，才应该是伦理学探究的根本任务和目标。所以只有概念实在论才能真正承担伦理学的使命。[①] 有学者从思想史出发，诊断分析伦理学症候要害。道德之为道德在西方的传统中一直在追求一种普遍性，从苏格拉底开始，道德就始终在寻求这种普遍性基础。在中世纪，道德的普遍性则是由上帝来保障的。但在近现代社会，人自身成了道德权威的最终来源，主要是通过苏格兰的情感主义、康德哲学以及功利主义完成了个体主义的道德理论建构。元伦理学秉承其两千多年的传统，在追求普遍性方面有了新的发展，也就是说，这种普遍性不再作为道德内涵上的普遍性，而是作为一种形式上的普遍性，即通过对道德语词与道德推理的辨析来完成这项"科学"工作。但是这种道德语词和道德推理上的辨析并不能带来道德判断上的普遍性。在道德语词的普遍形式之外，就道德评价的具体内涵而言，现代道德哲学所能依据的依然是个体。于是，分析的伦理学范式对于现代道德哲学的诉求就有了一种分裂的回应：一方面，分析的伦理学范式哲学依然在追求某种普遍性，通过描述和分析道德语词的准确含义来实现这种形式上的普遍性和一致性，其背后的理论预设则是把这个时代的道德概念绝对化，然后通过语词和推理分析的工作来呈现这种绝对化；另一方面，在理解和把握具体的道德诉求上，无论是诉诸直觉、情感还是主观选择，分析的伦理学范式依然置于个体主义的语境之中，放纵个体主义倾向所带来的相对主义结论。在貌似精确、科学的分析中，个体主义照样迫使每一种路径都进入到破碎的和相对主义的结论。原本由于道德差异所产生的道德语词的歧义，并不会因为对于语词的清晰分析而消弭其中内涵上的巨大分歧。因此，元伦理学最终还是做不到澄清语义的作用，这才是分析进路的伦理学范式之所以失败的要害所在。[②]

有学者指出，对分析进路伦理学的批判，并非是对分析哲学本身的批判，也不是对整个分析进路的伦理学的批判，而只是对那种不适当地把分析哲学方法应用于伦理学研究的某些"范式"进行批判。早期分析哲学存在着元伦理学的、严格逻辑实证

---

① 郝兆宽：《概念实在论框架下的伦理学》，《华东师范大学学报（哲学社会科学版）》2016 年第 2 期。

② 孙向晨：《要害在于走不出个体主义的语境》，《华东师范大学学报（哲学社会科学版）》2016 年第 2 期。

主义的、维特根斯坦的和石里克的四种伦理学进路，通过分析维特根斯坦和石里克伦理学的观念之争，可以发现分析哲学本身在“可证实”与“不可说”之间的内在矛盾。随着分析哲学成为一种学院哲学，更存在一种玩弄分析技巧的危险，导致伦理学逐渐远离真实的生活，甚至根本不关心生活的意义问题。伦理学应该脚踏社会生活的实地，在社会生活中阐明伦理规范的意义。① 语言分析的方法在伦理学研究中并非一无是处，至少在概念澄清方面，语言分析方法的必要性不容忽视。有学者以价值概念为例，指出用语言分析方法澄清价值概念就是区分并明确它的涵义和指称。价值概念的涵义是人在使用这个概念时所理解的意义，指称是用这个概念所指的事物。在日常语言中“价值”一词的主要用法是评价事物，用它评价的事物有三种类型，相应地有三种涵义：在评价为人所使用的事物时其涵义是“有用”；在评价为人所追求的事物时其涵义是“美好”；在评价人及其相关事物时其涵义是“重要”。这三种涵义分别对应三种性质：有用性、善性和重要性，可是这三种性质都不是事物的实际性质。由此得出结论“价值”没有指称，不指向实在的事物和性质。因为价值概念有涵义却没有指称，所以不能通过指明所指物的方式界定概念，而只能从它作为评价用语的角度揭示它的涵义。②

（二）美德伦理学

美德伦理学是诸种道德规范理论中历史最为久远的一种，早在中国的孔孟和古希腊的亚里士多德那里，追求人的德性的圆满是伦理学的主旨之一。20 世纪中叶以来，德性伦理复兴的大潮日显突出，在麦金太尔等伦理学家的推动之下，美德伦理学重新回到人们的视野并日益占据越来越重的分量，德性伦理研究成为伦理学研究的一大热门。研究美德伦理学首先需要澄清“美德伦理学”这一概念的内涵，有学者指出，并非所有研究美德的伦理学都是严格意义上的美德伦理学。“美德伦理学”和“关于美德的伦理学”有着本质的区别。以研究对象（如美德或行为者）或以研究的问题来界定美德伦理学都无法将美德伦理学与其他的规范伦理学（如后果主义和义务论）区别开来。正确的方式应当是以是否将美德概念视为伦理学的基本概念为依据来界定美德伦理学。美德伦理学是将美德概念视为基本概念并且追求理论自足性的伦理学。美德概念可以成为理论上具有第一性的基本概念，理由有三：第一，具体的美德概念理论上本身就具有第一性；第二，美德概念具有后果主义和义务论的基本概念及其规则无法穷尽的意义；第三，美德概念有着约定俗成的规定、直觉的认知基础和人性的心理基础，其规范性的内容完全可以独立于其他伦理学的基本概念而认识和确定。③

---

① 张庆熊：《在“可证实”与“不可说”之间的价值——对“分析进路的伦理学范式”的思考》，《哲学动态》2016 年第 4 期。

② 兰久富：《用语言分析方法澄清价值概念》，《清华大学学报（哲学社会科学版）》2016 年第 3 期。

③ 陈真：《何谓美德伦理学?》，《哲学研究》2016 年第 7 期。

美德伦理学为何会在现代复兴？有学者通过研究给出了答案。伦理学除了应该告诉我们应该做怎样的事和成为怎样的人，更重要的是需要给出一些深入人心的理由，让我们心悦诚服地明白，为什么我们该成为那样的人。关于这个问题，美德伦理学以其独特的体系构建为我们寻找到一条理论上更直接，实践上也更可行的路径。西方古代伦理学将道德看成整体生活的一个部分，道德本身并不构成一个独立的领域。古代伦理也是一种美德伦理，因为美德伦理恰恰是“完善主义”的，始终以追求目的的完善或完美实现为价值目的。与古代伦理学为自己规定的任务呈现完全不同的两极状态相比，现代道德哲学把道德看成最小的要求。以功利主义和义务论为代表的规范伦理学的任务，在于阐述我们人本身应遵从何种道德标准，才能使我们的行为做到道德上的善，这与道德伦理本身的属性特征显得天然不可调和。而元伦理学虽然与规范伦理学不同，但仍然没有对“为什么我们该成为有德之人”这个问题进行正面回答。作为伦理学发展的新方向，美德伦理学在理论上更具有先进性，是对现代以来道德哲学的一种重构。美德伦理学可以跳脱绝对义务、避免普遍规则、还原真实个体，它的复兴是伦理学在当代发展的必然环节。美德伦理学的任务，除了要梳理和强调伦理美德，还要意识到它们是情感欲求的卓越和适度，更关键的是要告诉人们如何在生活中实践美德，对判断和行动予以正确的规范。美德伦理学将幸福设定为终极目标，融于共同体的价值认同之中，强调基于内心敏悟的适度修行。这种对道德哲学的重构与实践，对真正克服西方伦理学的危机具有理论意义与实践价值。① 有学者指出，面对日渐公共化的现代社会，如何看待并处理德性伦理与现代社会之间的关系是当代德性伦理面临的迫切的前沿性课题。在此问题上，当代德性伦理学一方面指认了德性伦理在传统社会向现代社会转型过程中遭遇的公共化困境，客观地认识到现代社会出现的新变化可能对德性伦理造成的冲击，另一方面，也试图提出各种化解德性伦理公共化困境的方案，确证德性伦理在现代社会的理论价值与实践优势，论证德性伦理在现代社会的正当性与有效性。当代德性伦理学主要提出了如下几种化解德性伦理公共化困境的方案：麦金太尔的道德社会学方案、斯洛特的道德情感主义方案、康德的德性理论方案、儒家伦理的“推己及人”方案，这些方案都或多或少存在一定的缺漏。要走出这一困境，就需要认识到在社会发展的不同历史时期，人的生存实践会出现不同的形式，呈现不同的特征，德性伦理也随着人的生存实践本性的绽放而出现新的形态。无论是熟人，还是陌生人，都不过是德性主体的两种不同身份而已；无论是传统社会的熟人圈子，还是现代陌生人之间的公共空间，也不过是德性主体在传统社会与现代社会两个不同历史时期所处的不同生存场景罢了。因而，问题的关键不是德性伦理是否遭遇公共化困境，而是去揭示现代社会所需要的德性伦理类型，寻求现代人生存实践

① 周琳：《美德伦理学对现代道德哲学的重构与实践》，《浙江社会科学》2016 年第 5 期。

活动所需要的多样化的德目清单。[1]

研究美德伦理学，避不开对其进行历史探源，因而对传统儒家伦理学和亚里士多德伦理学的关注也成为美德伦理学研究的一个重要方向。有学者指出，美德伦理学在历史上的诞生有其特定的背景。正如孔子面临删定诗书的文化使命一样，苏格拉底、柏拉图也面临审定神话的任务。源远流长的神话传说对古希腊人具有重要影响，但是这些神话传说所包含的“神话神学”却给伦理世界带来了诸多悖谬，首先是其“命运说”带来的责任危机。苏格拉底努力通过确立“理性神学”来摆脱“神话神学”带来的伦理危机。但是，“理性神学”在拉开人—神距离、解开人类生活空间的同时，它的人—神关系理论又产生了新的命运说，给所要确立的“美德伦理学”带来了新的困境。虽然苏格拉底—柏拉图引入了“选择”环节，并以一种“存在论知识”或“知识存在论”作为选择活动的基础，但是这些并未能帮助他们成功地克服命运说，从而克服普遍的责任危机问题，因而也就未能为美德确立基础。[2] 有学者指出，任何规范的伦理学都可被大致区分为道德要求、道德理由以及用于支撑理由的存在论基础和心理学基础等层面。作为美德伦理学可资采用的两种伦理学范式，亚里士多德主义和儒家伦理分别提供了以“最高善”和“道”为宗旨的道德理由。亚里士多德主义被认为在道德理由的规范性与激发性的统一上具有优势，是因为它们建立在关于行为者的生存结构与心理结构的某种特殊想象的基础上。进一步的，前者通过诉诸本性——自然学说和灵魂学说，后者通过诉诸“天命”观念和“心性”观念，描述了相关的存在图景和心灵结构，为各自的道德理由奠定基础。就道德理由而言，亚里士多德主义和儒家伦理，作为古代伦理学的两种典型范式，均明显地表现出目的论特征。无论是追求“最高善”还是实现与弘扬“道”，它们都是行为者的道德思维和道德行动所指向的最终目标和最高宗旨。两者皆相信，人的存在和成长不是随意的，而是有一种必然性与规范性相统一的本质之物蕴含其中。它既是一种“规定”，也是一种“使命”，是一个人既应该去实现也必然要完成的生存状态。而为了证明这一点，双方都提供了各自的存在论基础与心理学基础。在一定程度上，它们分别对应着双方的自然哲学（乃至形而上学）和心灵哲学，反映出二者的世界观念和自我观念。[3]

就亚里士多德伦理学研究而言，有学者指出，亚里士多德继承、修正和发展了苏格拉底与柏拉图提出的“德性统一论”，在他自己的德性理论中提出了关于德性统一的四重论证。苏格拉底最早提出了“德性统一论”这样一个似乎颇为有悖常识的论

① 叶方兴：《德性伦理果真遭遇公共化困境吗？——现代社会语境下德性伦理公共化问题的思索与应答》，《伦理学研究》2016年第1期。

② 黄裕生：《“理性神学”的原则与“美德伦理学”的困境——从“神话神学”的责任危机谈起》，《道德与文明》2016年第6期。

③ 李义天：《美德伦理的道德理由及其基础——关于亚里士多德主义与儒家伦理的比较》，《道德与文明》2016年第1期。

题，也就是说，如果我们有了某一种德性也就有了全部德性，或者一个人不可能在缺少其他德性的情况下拥有某一种德性。在柏拉图的著作中，我们看到他借苏格拉底之口说到了至少三种形式的德性统一论：通过知识统一德性、通过秩序统一德性、在哲学家（王）中统一德性。亚里士多德著作中或隐或显地提到四种不同意义上的统一：第一，以普遍正义统一伦理德性，普遍正义作为守法大体上是一种政治性的德性，正义统一其他各种德性的方式是给出一个由法律提供的结构，在政治共同体之中给各种德性赋予恰当的位置；第二，伦理德性在豪迈之中的统一，豪迈使得其他德性更加宏大，而且没有其他德性豪迈不能产生，豪迈者必然是在其他领域都已经拥有了德性并且做得很好；第三，通过明智实现伦理德性的真正统一，通过明智进行的思虑，以伦理德性为行动目的的人可以决定在具体的情境下采取什么样的行动才是真正符合德性的，正是通过明智，各种严格意义上的伦理德性得到了统一，并且实现了在理智德性和伦理德性之间一定程度上的统一；第四，在哲学家中实现的伦理与理智德性的最终统一，哲学家最终通过沉思，掌握了一切存在和好的最终依据，从而也是自上而下地统一了所有的德性。① 有学者以 aretē 的翻译问题为基点，指出了亚里士多德德性伦理学存在两个面向。就亚里士多德伦理学核心范畴 aretē 而言，现代德性伦理学及多数研究者只继承了其品性维度而丧失了其活动面向。而在亚里士多德对 aretē 的界定中，自足而自主的活动不论在价值上还是在逻辑上都优越于品性。这也表明在对亚里士多德伦理学基本定位方面——即究竟是活动伦理学还是品性伦理学——的根本分歧。从亚里士多德伦理学的时间——发生视角看，活动——品性在形式上的循环非但不是其理论缺陷，反倒在个体层面和城邦层面都具有重要意义，且其中充满张力。从词源及义理看 aretē 译为“德性”并不妥当，而译为“美德”甚为恰切。用以翻译 virtue 的德性只涵盖了美德的品性面向，而遗漏了后者更为重要的德行即活动面向。② 有学者指出，通常认为，亚里士多德把德性界定为品质。实际上除了将德性定义为品质，亚里士多德也把德性界定为能力，但后者一般不为人们所关注。这两种界说是内在统一的。德性既是品质，又是理性能力。亚里士多德的中道概念，恰恰说明了两者的统一。亚里士多德的中道论，实际上是指出了德性作为一种能力的特征。这个能力不是别的，是理性选择的能力。但是，作为理性选择的能力，为什么只选择好的行为，而不选择不好的行为？这还应当联系亚里士多德的德性是习惯养成的品质这一论点来理解。一定的内在品质是行为者的相当稳定的行为倾向。而一定的行为倾向，则是人们在长期的行为实践中通过习惯性的行为养成的。在一定的环境条件下，人们之所以选择合乎中道的行为，不仅在于人们的判断，还在于人的内在品质最后起了担保

① 刘玮：《亚里士多德论德性的四重统一》，《中国人民大学学报》2016 年第 4 期。

② 郝亿春：《美德的两面——兼谈〈尼各马可伦理学〉中 aretē 的中译问题》，《世界哲学》2016 年第 1 期。

作用。而有德性的人不为所动，主动选取善而不为恶，不仅仅是因为他在知识论方面的判断正确，更重要的还在于当事人的行为有着这种行为倾向。因此，德性既是能力，也是品质。①

如何看待美德伦理学的发展历程？有学者指出，西方德性论丰富多彩、风格各异的多元理解样态，构成德性论发展史上一道亮丽的风景。以一种形态学的新理念和新方法来总体考察德性论，更能发觉德性伦理精神自我发展和演变的内在有机生命及其所形成的道德形态气质。在道德世界中，德性论存在的全部努力在于面对道德世界的基本问题，将自然形态的个体自我提升为道德形态的主体存在，和谐地解决道德与自然或幸福之间的现实同一。然而，不管是对于亚里士多德式抑或康德式的德性主体来说，这都是一项永远有待完成的道德任务。② 纵观历史上关于德性思想的研究，有把德性理解为知识、品质和能力的，也有把德性理解为情感和习性的。而德性如何获得，如何在实际行为中发挥它的作用，多数哲学家都会付诸于人的理性。这是西方德性研究的理论传统，也是大多数研究德性论者所持的内在观点。由此德性的理性研究就成为德性思想的主要特色，牢牢地掌握了德性理论的话语权。但事实上，德性的研究除了理性的路径之外，还有精神的路径可以探究。德性的理性路径是把人看作一个理性的存在者，其获得主要靠理性对于感性偏好的克服而产生的；德性的精神路径则是把人看作一个精神的存在者，其获得就是通过精神自身的辩证演绎而产生的。二者的辨析，从德性的取得范式、德性的内涵和外延、人的德性本意三个方面来进行展开。其中德性的精神路径的理论显然超越于德性的理性路径的理论，这赋予了德性思想研究以新的价值和意义。③ 有学者援引美国伦理学家科尔斯戈德的思想，指出基于科尔斯戈德对道德概念规范性的分析，可以发现，当代德性伦理学面临的质疑和挑战实质上大多源于批判者对德性规范性的诉求。而这种规范性诉求的产生以及引发的相关争论，实则忽略了两种实践性概念的区别，即古代伦理学与现代伦理学的“人应该如何生活”与“人应该如何行动”之间的差异和裂隙。为了弥合这种裂隙，必须规范伦理生活目标，将古代伦理学的“人应该如何生活”融入现代伦理学语境中，这种融合将使得德性伦理学的应用呈现为一种弱规范性解读。④ 在德性伦理学研究中，还存在一个特殊的问题——“超美德”。有学者指出，由于“美德”能够为一个人换取精神、物质利益，人们就争先恐后地在“美德”方面展开了竞赛，于是社会上就渐次出现了“超美德”的现象。“超美德”的出现，是人类美德教育所次生的一

① 龚群：《亚里士多德德性伦理的几个问题》，《社会科学辑刊》2016 年第 1 期。

② 赵素锦：《西方德性论道德形态的精神哲学阐释》，《东南大学学报（哲学社会科学版）》2016 年第 1 期。

③ 黎松、侯道娟：《德性的理性路径与精神路径之辨》，《华中科技大学学报（社会科学版）》2016 年第 5 期。

④ 韩燕丽：《论德性伦理学的规范性诉求——从科尔斯戈德规范性概念出发》，《安徽大学学报（哲学社会科学版）》2016 年第 3 期。

种悲剧。“超美德”是指超越正常美德标准的行为。“超美德”行为出现的原因，一是出于不懂权变的真诚，二是出于谋取名利的欺骗。无论是哪种原因形成的“超美德”行为，都应该受到批判，因为“超美德”的行为不仅伤害了自己，更重要的是伤害了整个社会。“超美德”的出现，是人类的悲剧：即使是出于真诚，也会造成人的无谓牺牲；如果是出于作假，其危害更大，因为无谓的牺牲，一般只涉及少数人，而作假者一旦盗取了名利权势，危害的将是整个社会。①

（三）功利主义

功利主义是几种主要的伦理学规范中引发争议最多的一支，自边沁、密尔提出功利主义理论，对功利主义的批驳和辩护就不绝于耳，这也使得现在摆在我们面前的功利主义理论要远比边沁、密尔的功利理论更加精致。尤其在对功利主义进行辩护的阵营里，涌现了一大批颇有成效的研究成果。有学者探讨了如何将以功利主义为代表的后果主义改造成有助于更好实现社会合作的道德评价理论。首先，“囚徒困境”是研究后果主义道德评价理论的合理途径，其原因有二：第一，在后果主义视角下，囚徒困境与道德评价同时具有社会合作的本质属性；第二，在后果主义视角下，囚徒困境是社会合作的简单模式而道德评价是社会合作的复杂模式，从简单模式向复杂模式的推理是分析和解决问题的有效途径。囚徒困境的解决就是要在其基本模型上添加一定的限制条件，促使博弈双方能自发地选择同时招供，以达到利益最优。从解决囚徒困境所添加的限制条件中能够推导出社会合作的根本原则，而社会合作的根本原则也能够应用于道德评价的分析之中。社会合作的基本原则必须满足两方面的要求：其一，该原则必须促使社会中的人进行合作而不是各自为战；其二，该原则必须促进社会中的人选择更优的合作方式。从囚徒困境解决方式的分析可得到能够满足这两方面要求的社会合作基本原则：最大收益原则和共同受益原则。传统的后果主义最大的缺陷就在于不能兼顾二者。能够体现“最大收益”原则的后果主义理论，乃是基于功利原则的效益式后果主义；能够体现“共同受益”原则的后果主义理论，乃是基于正义原则的公平式后果主义。完整的后果主义需要同时关注“效益”与“公平”，也必然同时体现出“最大收益”原则与“共同受益”原则。统一二者需要借助于普遍模仿验证理论。② 普遍模仿验证是一种判断行为、政策、权利、权力甚至价值是否正确或合理的检验方法。在特定情形 S 中评价 A 行为，首先假定行为 A 在特定情形 S 中是策略上的最优选择，普遍模仿则意味着每个人在类似的情形 S’ 中都采取类似的行为，进而通过普遍模仿形成一个由优势策略组成的行为集合 A’，对行为 A 的评价则

---

① 张松辉、罗凤华：《论“超美德”》，《伦理学研究》2016 年第 1 期。

② 刘宇：《后果主义道德评价的社会合作理论——以“囚徒困境”为视角》，《南京师大学报（社会科学版）》2016 年第 2 期。

取决于集合 A’所产生的后果。如果集合 A’对回馈基本相同的每个人都产生正向的影响，则该行为是一个正确的行为；如果集合 A’对回馈基本相同的每个人都产生负向的影响，则该行为是一个错误的行为。普遍模仿验证与后果主义都坚持一个相同的评价理念：行为本身没有绝对的对错或善恶，只有通过后果的好坏才可能判断行为的对错或善恶，即“目的论”之理念。对功利主义道德评价理论的质疑可以总结为两个方面：对特定价值追求的批评和对特定评价模式的批评。前者主要针对“快乐主义”理论；后者主要针对“目的论”，其评价标准即“效益目的论”（在分配上的问题），其评价对象即“行为目的论”（在决策上的问题）。针对功利主义的三点缺陷，可以分别利用三种方案进行弥补。针对“快乐主义”，后果主义变“一元化价值观”为“多元化价值观”；针对“效益目的论”，后果主义兼顾“公平目的论”的特点；针对“行为目的论”，后果主义容纳“规则目的论”与“品格目的论”的特征——前者解决“预期结果”造成的“过分严苛性”，后者解决“不偏不倚”造成的“过分严苛性”。在功利主义理论模型下，无法真正实现这三种弥补方案；而普遍模仿验证，由于其根本特征——变单个行为 A 的后果分析为行为集合 A’的后果分析，所以能够在不改变后果主义逻辑与理念的基础上，真正实现对功利主义的弥补。[①]

有学者考察了黑尔对功利主义的推导。黑尔希望通过对道德语词意义的考察，能够产生一套指导我们道德思维的逻辑法则，进而解决实际生活中的道德冲突。黑尔通过对道德语言的深入分析，指出道德判断的两个基本特征，并由此提出道德推理的两个基本规则：规约性和可普遍化性。基于此，黑尔提出对道德规约的可普遍化要求，产生了功利主义。黑尔对“平等”采用了功利主义式的诠释，在预设“他人的苦乐感受可以被其他人感知”的前提下，道德冲突将得以解决。然而这种功利主义的平等观是否站得住脚却需要进一步讨论。黑尔的推论是以人们可以感知他人内心的苦乐感受为前提的。但在这样的推导过程中，但凡某种伦理理论否认每个人对同一件事的苦乐感受可以是一样的，便将无法得出任何含有具体内容的普遍道德规范。而且，“平等”并非只能推论功利主义一种结论，黑尔连由“人们希望彼此平等相待”可推出功利主义作为唯一结论这个主张都无法确保。需要注意，人性对基本权利的重视。纵使人们认同“人人希望彼此平等相待”的原则，人类所希望的未必就是将此原则作功利主义的诠释（因为这种诠释将掏空个人权利），而更可能是“人人必须先在某些事项上拥有平等的权利”这样的诠释。因此，黑尔想导出功利主义这样的最根本的目的，最终未能成功。[②] 有学者考察了波斯纳对功利主义的改造。波斯纳建构伦理学基础的方法是秉承功利主义精神，引入经济分析方法，对功利主义进行实用主义的

---

① 刘宇：《普遍模仿验证的道德评价理论——对功利主义理论缺陷的弥补》，《求是学刊》2016 年第 1 期。

② 原成成：《从“普遍规则”到功利主义——黑尔对功利主义的导出以及在处理实际道德冲突上的困境》，《南昌大学学报（人文社会科学版）》2016 年第 6 期。

改造。这种改造对于波斯纳的理论而言有得有失。最大的得益在于，财富最大化理论是站在功利主义肩膀上进行的改造，承继了功利主义的诸多优点。最大的失误在于，财富最大化理论因脱胎于功利主义，遭受到人们实际上针对功利主义的批评，也难以找到自身的伦理学基础。波斯纳为了自圆其说，不得不证明财富最大化理论的独特性和正当性。他选择与功利主义比较来完成这项工作，并试图进一步论证财富最大化理论优于功利主义理论。功利主义思想源于人类趋利避害的自然本能，而财富最大化理论则起源于经济事实，前者是重视道德直觉的“感性派”，而后者是重视经济事实的“理性派”。功利主义理论的核心概念是“效用”，这是个纯道德属性的概念；财富最大化理论的核心概念则是“效率”。在这个层面上，波斯纳对功利主义改造的得与失不相上下。效率概念克服了效用标准无法计算的弊病，但却使理论堕入片面的一元价值论。功利主义追求的价值在于最大幸福，财富最大化理论则认为“幸福”主观性太强以至于不能作为价值标准。但是将财富最大化当成最高的终极善这显然与人们的道德直觉相违背，而且这个理论根本无法处理人性尊严问题。财富最大化理论的计算方式则与功利主义显著不同。波斯纳认为效用无法计算，便主张采用可计算的“效率”作为衡量行为善恶的标准。在此层面上，波斯纳对功利主义的改造是比较成功的。在默认价值可通约的前提下，抽象的价值概念寻找到了量化途径，使得不同价值间的衡量与比较成为可能。功利主义不得不面临正义的责难，波斯纳则从法律领域效率与正义的联系切入论证财富最大化理论的正当性。在这个层面上，波斯纳对功利主义的改造并不成功。财富最大化的正当理论虽借鉴了功利主义的论证思路和罗尔斯的正义理论，但仍和功利主义面临同样的诘难。①

还有学者别出心裁，试图从孔子思想当中发掘出功利主义理论。已有不少学者基于对功利作宽泛的理解——用以满足人需要的就是功利的——来证明孔子思想学说的功利特征。在对功利和功利主义作严格限定的基础上，仍然能够看出孔子思想的功利主义特征，它体现为注重修身克己、更求实效的实践精神；以多数人利益为价值追求的功利精神；通过以义取利而实现整体利益最大化的理性精神。从孔子对管仲的肯定性评价中，我们可以读出孔子伦理思想中的以多数人利益为取向的功利主义的本质特征。孔子“仁”的最高层次理想本质上是一种以多数人利益为取向的功利主义追求。因此，管仲在私德上虽有亏损，但被孔子称谓仁者，这按照功利主义伦理原则就好理解了。孔子对管仲的评价还体现了他着眼于利国安民之大义和追求整体利益最大化之大功。孔子的伦理思想的功利性特征客观上表明了，国家发展经济和满足人民各方面利益需要，这是最大的仁政。孔子伦理思想的功利特色肯定了人们获取利益的正当性，充满着对逐利思想的道德认可，这符合人道主义要求，也符合现代社会对人的主体性张扬的客观需要。最后，孔子的功利思想是立足于大义大利的角度进行阐释关照

① 吴益芳：《波斯纳｜对功利主义改造的得与失》，《伦理学研究》2016年第5期。

的，因此，当义利冲突时要以义制利，坚守大信，秉持大义，并最终收获大利。①

二、伦理学基本问题

（一）人性论

凡言伦理道德，必要谈论人性。在古今中外关于人性的理论宝库中，中国传统伦理思想中的人性理论尤为突出。有学者以孔子和老子为例阐明了先秦人性论的源起，指出作为中国哲学的基本问题之一，人性问题发于人类主体意识的觉醒。孔、老在社会政治、道德伦理和教育等很多方面的论断都需要其人性理论的支撑。孔、老对待人性的态度直接决定了其对待礼乐、教育持两种几乎完全相反的态度。② 有学者指出，孔子思想的原点是其人性论，它蕴含存在论意义的“性相近”、生存论意义的“习相远”和实践论意义的人性重塑。孔子努力于后者，以“以仁入礼”为基本进路。《中庸》以此为出发点，为后世开出致思人性的形上学先风，孟子和荀子发展了孔子实践论意义上的道德人性论思想，为血缘宗法政治之可以德治和必须德治提供了截然不同的人性依据。③

孔子之后孟荀人性之辨极大地拓展了先秦人性论的理论宽度。有学者指出，界定“性”的所指，是孟子构建人性理论时首先考虑的问题。从其论述中可以发现四个限定，即被称为“性”的东西是指人身上自发、固有、独有且能为人自主的欲求。孟子正是通过它们落实了对“善”的追问，走向了对“心”的发现。④ 有学者指出，所谓动态人性观，指认为先秦“性”概念有时指生长这一动态过程的特性，这与把“性”理解为生命这一静态存在的属性不同。性善论的主要依据之一是指孟子发现了生命健全成长的一条法则——为善能使生命辉煌灿烂。对孟子人性观的重新认识，可以弥补心善说和人禽说在解释孟子性善论时的不足。⑤ 有学者指出，孟子以仁义礼智之心作为人之为人、人禽之辨的根本，这种人性论自提出后就因其先验性而受到质疑。孟子所说的仁义礼智之心指的就是这种文化学习能力和道德倾向性，它意味着没有独立于文化的人性。没有文化的人类会是没有多少有用本能的怪物，只有极少的可理解的情感，而且没有智力，是智力的残疾人。换言之，没有文化的人类不能称其为人，正是在这个意义上孟子才将仁义礼智之心作为人性的根本。仁义礼智之心是先验的，但由于它是在人类的文化实践中形成的，因而又是经验的，只有在相应的文化中

① 徐玖平、李诗和：《孔子伦理思想的功利主义特征》，《伦理学研究》2016 年第 4 期。
② 王先亮：《孔老人性论思想探赜》，《东岳论丛》2016 年第 12 期。
③ 唐代兴：《孔子“人性”思想的生成敞开进路》，《哲学研究》2016 年第 6 期。
④ 李巍：《“性”指什么？——孟子人性论的起点》，《现代哲学》2016 年第 5 期。
⑤ 方朝晖：《从生长特性看孟子性善论》，《北京师范大学学报（社会科学版）》2016 年第 4 期。

才能被感知。所以说道德建设的根本在于文化建设，这也正是孟子仁政思想所要表达的主旨。[①]

关于如何理解荀子的性恶论，有学者指出，《富国》《荣辱》反映了荀子前期人性论思想，特点是提出了情性—知性说，将情感欲望与材性知能都称为性。一方面认为顺从情性或情感欲望会导致争夺、混乱，因而蕴含有情恶的观点，另一方面又认为人的知性可以作出抉择判断，制作礼义，“知者为之分”，实际是将知性看作善的来源。这为后来《正名》《性恶》篇中的性伪说做了理论准备。后荀子通过对性的两重定义，将性主要限定为情性，同时又提出伪的概念，以概括能知和所知，消解了前期思想中的矛盾。[②] 有学者指出，《荀子》由自然性的性伪分导出社会性的性伪合，再由性伪合而申礼治，其人性论的实质是性有恶端可化论。在《荀子》，化性起伪的“化”不是改变而是教化之意，性伪合依旧立足于性伪分。[③] 也有学者指出，以荀子为性恶论者是一种强大的历史惯性。《性恶》事实上不出自荀子本人而出自其后学。刘向在编《荀子》时把《性恶》夹在《子道》和《法行》之间，而这两篇以及《宥坐》《哀公》《尧问》等都被公认为不是出自荀子之手。多种证据表明：荀子不是性恶论者，而是性朴论者。[④] 另有学者融合了性恶和性朴的说法，指出荀子人性学说包括三个层次：其一，性朴是荀子对人性的基本认定，是“生之谓性”古义的继承；其二，性恶是荀子人性学说的独特贡献，这是关注人性消极的层面（欲）的结果；其三，人性向善是荀子对儒家基本立场的坚守。[⑤] 从荀子性恶论中有一个至关重要的论据，那就是人性自利。针对人性自利论，有学者指出，动物本性是趋乐避苦，人的本性是好利恶害，二者存在本质差异。说人性自利，属于事实陈述，不等于说人性恶。认为非但经济人自利，政治人自利，道德人也自利。很多著名思想家在承认人性自利的同时，也声称人有利他性。实际的情况是：人虽有利他行为，并无利他人性；其他各种人性，也内在地服从于自利性。[⑥]

将孟荀人性论并而论之是人性论研究的一个重要面向。有学者认为，二者的分歧在于道德原则的具体内容从何而来，孟子认为它们来源于先天本有的情感，荀子则认为来源于理性的后天建构。孟子所强调的人性中先天本有的道德情感，可在自然进化中找到根源。人性并不像荀子所认为的那样完全是自私的，道德的起点也不是人为的理性建构，而是直接的情感关联。但是人类社会生活的规模和复杂性使得其中发生的

---

① 王小建：《文化与人性：再论孟子的心性论》，《齐鲁学刊》2016 年第 2 期。

② 梁涛：《荀子人性论的历时性发展——论〈富国〉〈荣辱〉的情性—知性说》，《哲学研究》2016 年第 11 期。

③ 孙燕青：《〈荀子〉人性论的实质及逻辑理路》，《现代哲学》2016 年第 6 期。

④ 周炽成：《荀子人性论：性恶论，还是性朴论》，《江淮论坛》2016 年第 5 期。

⑤ 王军：《性朴、性恶与向善：荀子人性学说的三个层次》，《现代哲学》2016 年第 1 期。

⑥ 韩东屏：《反思“人性自利”》，《伦理学研究》2016 年第 6 期。

道德问题无法单凭情感加以解决。荀子在这方面表现出他的洞见。[①] 另有学者从重视教化的角度指出了孟荀人性论的共通之处。孟子和荀子都提出了关于教化重要性的论断，并从人性论的角度阐述了教化的重要性。孟子虽然主张性善，但认为人到世上后必受到万物的影响和感染，需要通过不断修养和教化来提高自身以保存善性。而荀子认为，人性恶，顺从人性社会就会产生争夺和暴乱，所以更需要去恶扬善，加强道德教化。[②] 有学者借助《礼记·乐记》指出，应该超越善恶范畴而用动静范畴来诠释人性。"人生而静，天之性也"，《乐记》这一人性论对宋明理学产生了深刻的影响，但因着宋明理学的影响之深之大，它的真实内容和意义却被长期遮蔽。以超越善恶的动静论人性，既克服了孟子以降内省或内原式的道德成长路径的虚玄，而转向内得真实确定的礼乐而建立起德性成长的客观之途；也从起点上摆脱了《荀子》人性之恶带来的理论逻辑困境。这一人性论也为在"清静澄明"中知识与德性的成长，相得益彰，分任殊途，提供了强有力的支持。跳出了宋明及至现代新儒学心性论中"尊德性"与"道问学"的纠缠，将知识从后世一直被德性的捆绑与束缚中解放自由出来。[③] 有学者指出，性善与性恶的分野本质上是因为孟子和荀子采用了不同的视野。人性论问题本质上不是描述性的，而是规范性的。作为一种逻辑上的要求，性善论预设是把人规范为超越性存在的需要，它试图把握的只是应当如此者，而非事实如此者。在中国伦理型文化中，性善论信念是社会重建伦理秩序，个体真正获得自由和解放不可或缺的精神资源和精神根基。在这种资源的发掘和转换中，以黑格尔的精神哲学理论为分析工具，系统呈现"性善论"的精神哲学意义，彰显其对建构和谐社会秩序与个体获得自由和解放的意义尤为必要。性善论预设了个体获得自由的伦理能力，这是当前中国社会建构伦理秩序与个体生命秩序的精神前提。[④]

人性论在西方伦理史中也是一个重要问题。有学者梳理了亚里士多德伦理学中的人性论思想。《尼各马可伦理学》沿袭苏格拉底以来对人的存在本质的拷问。亚里士多德在第一卷第七章中将人的灵性分为三个部分：植物性部分、动物性部分和专属人的部分，人整体的本质是个三连贯：兽性——人性——神性。人有灵性，亚里士多德又称之为慧根，因而人有神性部分，可人又有显而易见的动物性。这就注定了人可能有三种存在形态：无限趋近于神（但永远也不可能成为神，比如儒家诉求的圣人）；既不趋近神性也不趋近兽性的人；无限趋近于兽。只有不断从人性趋近神性，才能避免自己坠入兽性。亚里士多德认为，从人性向神性攀越的这种普遍意义上的人的尊严

① 王觅泉：《进化论伦理学视野下的孟荀之辨》，《兰州学刊》2016 年第 3 期。

② 李艳玲：《教化与人性：孟荀的不同视角及其启示》，《学术交流》2016 年第 8 期。

③ 成祖明：《超越善恶：人生而静，天之性也——〈乐记〉被遮蔽的人性论突破》，《中国哲学史》2016 年第 1 期。

④ 许敏：《性善论的精神哲学意义》，《学海》2016 年第 2 期。

纯粹植根于人的理性即逻各斯。[①] 有学者指出，康德人性善恶论也是人们热衷研究的论题，康德“人性”有三个不同层次，人性概念也分别对应 Menschen Natur 与 Menschheit 两个不同的词。三个层次中，第一个是作为现象界中的存在者的自然性；第二个是处于人的任意之下的人的本性（Menschen Natur）；第三个层次的人性则是作为人格性存在的人的本质性（Menschheit）。三个不同的层次所具有的道德意义也并不相同。在自然层次上，人无所谓善恶；任意的层次，人仅有善的禀赋与恶的倾向；人格中的人性也不能说有善恶，其本身构成善的根据。[②] 有学者进一步将康德的人性论与孟子、荀子进行比较。荀子虽只看到经验层面之人性，无法了解孟子所要表达的人之所以为人的价值之善性为何，而被批评本源不透，但孟子对于人会为恶这方面的论述有所忽略，荀子的学说可以补充。孟子的性善说之人性属康德“理性性格”之层次，荀子性恶说之人性属康德“经验性格”之层次。康德与孟、荀三者人性论比较之结论即是康德人性论含孟子、荀子人性论的要素。这个结论，意味着人性跨越了古今（现代性）与中西（世界性），有着永恒而普遍之处。[③]

（二）道德价值

价值一词所蕴含的哲学含义契合了伦理学的本质特征，它们共同指向一个“应该是”的世界。马克思对价值的理解为我们思考价值概念提供了一条重要的思路，有学者指出，马克思的价值概念提供了改造世界的价值导向。马克思指出，哲学不只是解释世界，更重要的是改造世界。改造世界则要使世界“应如此”。[④] 有学者认为，使用“价值之在”这个概念，可以避免以往用“价值之物”概念等同所有价值对象时，将“人”和“事”也统归为“物”的不妥和缺陷。在区分了价值和价值之在后，一个变得清晰的问题是，通常人们所讲的价值序列，实际上指的是价值之在的序列，而对价值之在进行排序则可以回答人们关于应当追求什么的问题。价值之在的等级，首先体现为人这种价值之在高于非人价值之在，即作为价值之在的人，高于作为价值之在的物和事，在所有的价值之在中，只有人同时还是具有元价值的存在者，即元价值之在，而其他所有价值之在，则都仅仅是价值之在。[⑤]

价值哲学尤其是伦理学始终不得不面对休谟难题，如果以“是”为象征的事实世界与以“应当”为象征的价值世界之间如休谟所言是完全断裂的，那么价值哲学乃至伦理学的基础就不再牢固。有学者指出，道德客观性是自柏拉图、亚里士多德以

---

① 谢芳：《人性之维：亚里士多德论逻各斯》，《伦理学研究》2016 年第 4 期。

② 彭孝光：《康德人性论的三个层次》，《理论月刊》2016 年第 8 期。

③ 费艳颖、曹广宇：《康德、孟子与荀子人性论之比较》，《社会科学家》2016 年第 4 期。

④ 宋希仁：《关于价值概念的哲学探讨》，《广东社会科学》2016 年第 2 期。

⑤ 韩东屏：《价值之在的等级——“价值之在”补论》，《湖北大学学报（哲学社会科学版）》2016 年第 1 期。

来大多数伦理学家所试图捍卫的，然而休谟问题、道德相对主义、道德虚无主义、逻辑实证主义等或多或少贬损了这一基础，其中休谟问题给伦理学所带来的冲击尤甚。当代实用主义哲学家普特南对事实与价值二分问题的处理方式值得借鉴。普特南通过带有明显语言哲学风格的分析，将价值领域进行了类型化处理。通过指出认知价值的存在，修正逻辑实证主义颇显贫乏的价值观念；通过分析混杂的伦理价值概念的描述性功能和不可还原性，驳斥了事实—价值二分法的理论逻辑，为道德客观性提供了有效的支持，捍卫了一种认知主义的伦理学立场。但是，需要注意的是，在明确价值层次化的理论逻辑之后，普特南对空洞的伦理价值概念并未给出详细的、系统的论述。[①] 有学者分析了当代著名情感主义伦理学家斯洛特的从“是”推出“应当”的论证。斯洛特认为我们从人们正常条件下对某种行为移情反应的事实（亦即赞同或不赞同某一行为的心理习性或人性倾向的事实），就可以有效地推导出关于该行为道德属性的道德判断。换言之，我们可以从“是”推导出“应当”。然而，由于他的论证预设了接受他推理有效性的人们必须具有移情心和移情体验，这就使得他从前提到结论的“推论”依旧建立在听者的心理特征而非前提和结论之间的逻辑关系上。从“是”到“应当”的过渡至少在很多情况下实际上是建立在某种先天认知的基础上，它们之间的联系就如同几何学中的公理一样必然和普遍。[②] 另有学者指出，通过语义分析可发现，“能不能从事实推出价值”其实是个假问题，因为任何价值归根结底都只能从存在的东西（事实）中推出，不可能从不存在的东西（非事实）中推出，否则就会变成荒诞离奇的无中生有了，所以真实的问题在于“怎样从事实推出价值”。只要凭借语义分析澄清了事实与价值、认知与情意、描述与评判、评判与诉求、实然与应然、是与应当等概念的交叠互动，尤其是抓住了需要这个纽结，回答怎样从事实推出价值的问题并不是什么特别棘手的老大难。至于“需要”在此能够发挥关键效应的原因在于：作为人生在世的一个原初性事实，它同时也是人生在世所有价值的终极性根源，从而构成了破解是与应当之谜的要害所在。西方主流哲学在这方面误入歧途的主要原因在于：它凭借认知理性精神将“是”与“应当”嵌入到了某种二元对立的理论架构之中，没有看到两者之间通过“需要”这个核心纽结形成的交叠互动。[③]

我们现在所处的凡俗的人文主义大框架中，如何重新建构我们的共同价值？目前人类正面临由人类中心、工具理性、征服自然、个人为主所造成三大困境：第一大困境是人和自然的关系；第二是人与人之间的关系、国与国之间的关系，种族、民族、文化之间的关系；第三是人和天的关系，这就牵涉到宗教的问题。因此在世界各地，

① 季雨、王成兵：《伦理价值概念的类型化策略评析——以普特南客观性思想为视角》，《北京师范大学学报（社会科学版）》2016 年第 3 期。

② 陈真：《斯洛特是如何从“是”推出“应当”的》，《伦理学研究》2016 年第 4 期。

③ 刘清平：《怎样从事实推出价值？——是与应当之谜新解》，《伦理学研究》2016 年第 1 期。

对于新的人文主义有一种特别的关注。为了应对人类面临的现代困境，一种崭新的人文主义呼之欲出。我们要以良知理性所代表的新精神，来重塑我们的共同价值。自由、平等、和谐、容忍、责任等价值，是我们价值重塑过程中的重要参考。① 另有学者指出，工业社会发展过程中的内在矛盾和冲突，已经激发了价值观的转向。这种转向，按照美国学者英格尔哈特的说法，就是从物质主义价值观逐渐转换为后物质主义价值观。与以物质富裕、经济繁荣、秩序安全、个体自由、政治参与为价值观念的物质主义不同，后物质主义价值观的主旨在于：在经济需求、物质安全得以保障的前提下，人们应更重视非物质性的生活目标，如自尊意识、满足感受、自我表达、个体发展、生活质量、环保观念、志愿服务，等等。这种强调自我表达、重视生活质量、倡导顾及未来的后物质主义价值观所内含的伦理基础，是由整体伦理、责任伦理、风险伦理、消极伦理共同构成的。也就是说，后物质主义是人类在新的历史境遇下自觉形成的价值观念，它基于一种前瞻性的责任意识，关注现世人类活动无可预知的巨大风险，秉持不伤害与放弃的行为美德，顾及未来人类的长远发展与整体利益。②

（三）道德判断

认识论研究中，中西方呈现出不同特征。中国传统认识论侧重对伦理德性即道德知识的认识，而西方传统认识论侧重于对客观存在物即自然知识的认识，这种差别背后有其深刻的根源。就中国传统思想而言，中国儒家形成了不同于西方智性思考的道德理性认识，一个重要的途径就是“思”，即通过“思”，“观乎天文以察时变，观乎人文以化成天下”。“思”之重要，是由于伦理道德意识和行为极其复杂，其把握和运用更为复杂。不但有直接的，还有间接的；不但有现象，而且有本质。真正把握和运用伦理道德必须由此及彼，由表及里，由近及远，去粗取精，去伪存真，而这就需要“思”。道德修养的过程中面临着诸多认识上的困惑和实践中的困境，因此“思”作为一种理性的思维模式，成为道德修养的必要方式，这是儒家的共识。先秦儒家诸子分别从各自的人性论观点出发阐述自己的理性之“思”。孔子强调学而思，认识到了“思”的能动性，但也发现了无学之思的不足，孟子强调发自道德本心之思，为“思”确立人之本性根源；荀子重视理性思维之思，为“思”寻找外在的认识对象。虽各有侧重，有所不同，但三者相互补充，共同使先秦儒家认识论蔚为大观，并且在某种程度上表现出了先秦儒家认识论的共通性。从认识论的角度讲，先秦儒家强调对生活意义的追求，关心人的精神生活，尊重人作为精神存在的价值，有助于将认识论从纯粹的科学认知转向生活的面向，从而使人的发展实现由异化到复归，由片面到全

① 杜维明：《以良知理性重建价值》，《道德与文明》2016 年第 2 期。

② 马越：《后物质主义价值观的伦理基础》，《哲学动态》2016 年第 4 期。

面，由绝对到自由。① 如何准确定位道德认知在儒家伦理学中的地位，有学者指出，在儒家道德哲学中，道德认知是道德领域更为内在的认识论问题，认识的主体是具体存在的人，既有感性的规定，也有理性的意愿。在对善的道德追求中，理智的辨析与情感的认同、意志的选择总是交织在一起，缺乏理智的辨析往往无法对善恶作出判断，若没有趋善的意向，“知善”的过程则将失去内在的动力。从道德认识的对象来看，上述儒家“心”“性”“理”“道”等形而上是其必有之内容；在认识方法方面儒家也有多重路径，先天的认识能力和认识方法能够必然保证后继命题的确定性和真理性。儒家对“德性之知”与“闻见之知”所作的区分，成为确立儒学经验的普遍法则。“德性之知”和“闻见之知”固然有别，但最后还是要保持“闻见之知”的必要性，这种必要性是联系“物”“我”的纽带，是人的道德情感存在的基础。由此观之，儒家道德哲学所倚重的道德认知也就涵盖了更为广泛的内容。②

对道德判断与道德动机的关注是当代道德知识论与道德心理学的一个热点问题。道德判断内在主义表述了道德判断与道德动机之间的可能联系。强内在主义认为，一个人做出道德判断后必然会产生强烈的道德动机并行动。当代哲学家们基本放弃了这种严格的内在主义，转而支持更可行的弱判断主义。他们认为，尽管道德主体做出道德判断后产生了道德动机，但是这一动机会因为其他因素（如生病、犹豫、恐惧）而失败，从而产生不了相应的道德行为。如麦克·史密斯——道德判断内在主义代表人物之一——提出“实践性要求”，指出道德判断与道德动机之间的必然联系至少发生在善良且意志坚定的人身上，为道德判断与道德动机之间的内在联系提供了一个独立的论证。然而，事实上，“实践性要求”存在两个难以解决的问题，其既没有说明根据道德判断产生的动机是否会压倒其他动机，也没有说明这种动机的强弱程度。而这两个难题的解决可以追溯到康德伦理学。康德提示我们，内在主义者与外在主义者都忽视了自由意志的作用。借鉴康德伦理学对自由意志和实践理性的论述，我们能够突破“实践性要求”的束缚，一个理性人只有在意志自由的条件下，做出真正的道德判断并且产生相应的欲望，才具有道德动机，这样理性的行为主体将根据道德法则而行动。③ 道德具有认知性和实践性两个面向，非认知主义者认为，动机包含了类似于欲望的一些准态度，这可以解释道德所具有的实践性，但他们认为，道德判断表达的是非认知态度，而不是信念，这也就意味着我们要放弃道德的认知性。不过，在道德认知主义的前提下，也可以理解道德动机问题，将道德的认知性和实践性统一起来，这主要有两种立场：动机内在主义与动机外在主义。内在主义者与外在主义者之间的对立非常明显，内在主义者认为，道德判断本身就足以产生动机，外在主义者却

① 刘媛媛：《慎思：先秦儒家的道德认识论研究》，《社会科学研究》2016 年第 2 期。
② 常新：《论儒家道德实践中的认知与意志问题》，《南昌大学学报（人文社会科学版）》2016 年第 2 期。
③ 王奇琦：《道德判断与道德动机》，《求索》2016 年第 12 期。

认为，行为者做出道德判断，但却不按照该判断产生动机是完全可能的，完全可以想象非道德主义者的存在。内在主义者要反对外在主义者，最直接的方式就是证明非道德主义者不可能存在。但是，如果非道德主义者坚称自己所作出的判断是真正的道德判断，那么内在主义者只能坚称他们弄错了情况，这些判断根本就不是真正的道德判断。这样双方就会陷入僵局，这种争论也只是口舌之争。所以我们需要为内在主义者寻找新的出路。对内在主义立场的辩护分两部分展开：对于外在主义者抽象地谈论道德判断不能产生动机的问题，我们对道德判断的人称性作了区分，内在主义者在许多情况下会同意外在主义者的看法，同样认为道德判断不能产生动机，内在主义所阐发的只是第一人称单数的道德判断必然会促发动机。我们接着论证在作出第一人称单数道德判断的情况下，行动者也可能不会据此行动，但这并不能说这个道德判断没有产生相应的动机，这只能归因于道德情境的复杂性，从这种意义上讲，内在主义依然站得住。①

事实上，在道德判断与道德动机关联问题上，内在主义和外在主义之间的争论也集中表现在对道德判断内涵与功能的界定上。有学者对各类判断进行分类梳理，指出判断可以分为事实判断、价值判断，而价值判断又包括评价判断和规范判断，事实判断是关于事实的直接断言，而其中的评价判断则直接地表达价值客体是什么及其对主体是否有价值和价值的大小、正负。规范判断不是描述性的事实判断，这是规范判断与事实判断以及作为它的一个种类的评价判断的显著区别；评价判断描述价值事实，而规范判断则引起行动，这是规范判断与价值判断的又一重要区别。所以，区别于评价判断类型之一的真实与否、评价判断类型之二的真诚与否，规范判断具有合理与否的属性；事实判断的语气往往是直陈的，评价判断的语气既可能是直陈的，也可能是感叹的，而规范判断不同，其语气主要是祈使性的，是对人们行为的驱动。规范判断的功能可以概括为以下几点：规范判断能够向人们提供有用的知识，但不是关于事实的知识而是关于如何行动的知识；规范判断能够用于指引行为，促使人们按照特定的方式去行动；规范判断能够用于表达态度；规范判断具有建构和维持社会共同体的作用。② 按照这种划分，我们可以将内在主义与外在主义的争论概括为，内在主义认为道德判断是一种规范判断，其可以引发行动，而外在主义认为道德判断是一种评价判断，其不能引发行动。另有学者以亚当·斯密的公正的旁观者理论为例考察了道德判断的特性。道德判断是个体运用已有的道德概念及道德认识对自己或别人的行为进行分析、鉴别、评价和选择的过程。进行道德判断的最初动因是情感还是理性，这是道德哲学中长期争论的一个话题。根据对这一问题的不同回答，有了情感主义和理性主

---

① 陈江进：《认知主义背景下的道德判断与道德动机》，《湖北大学学报（哲学社会科学版）》2016 年第 5 期。

② 徐梦秋、杨松：《规范判断的特征与功能》，《中国人民大学学报》2016 年第 2 期。

义的区分。前者如亚里士多德、休谟等，后者如柏拉图、康德等。在道德判断上，斯密对情感和理性的作用皆给予承认。借助公正的旁观者斯密将情感与理性有机结合起来进行道德判断。斯密认为道德认可或道德判断的源泉主要有四个：一是对于行为动机的同情；二是对于行为后果的同情；三是概括性的普遍规则；四是效用。如果说前两个带有感性因素的话，后两个则带有理性的因素。斯密认为判定行为合宜与适当的基础就是公正的旁观者的同情心。① 权且不论斯密的公正的旁观者理论是否成功，最起码这一理论向我们揭示了道德判断的两重特性，道德判断既来源于情感，也来源于理性，所以外在主义对内在主义的驳斥似乎再也站不住脚。除过在内在主义与外在主义争论的背景下讨论道德判断之外，还有一些学者指出了道德判断中可能存在的其他问题。在批评者看来，道德判断面临着多重困境：第一，不能包容道德变化；第二，不关心道德感知和道德敏感性，只追求判断形式的同一性。面对这些困境，赫尔曼提出基于“道德显著规则”的康德式辩护，旨在说明道德规则在道德判断理论之内是如何得到运用的。一方面“道德显著规则”能够包容道德特殊因素，因而容纳道德变化；另一方面，“道德显著规则”把行为者的道德感知结构化，进而提高行为者的道德敏感性。“道德显著规则”不仅使道德有一种客观基础，同时又为容忍某些基于文化的道德差异提供理由。②

（四）伦理精神

精神哲学为伦理道德研究提供了一个独特的视角，但是这一视角在伦理学研究中并没有得到充分的重视。因此，有学者发出“伦理道德期待精神哲学”的呼吁。伦理道德与人类精神世界的关系到底是什么？文明密码的破译必须经过三次回归：“伦理道德”向“精神”的回归、“精神”向“精神哲学”的回归、“精神哲学”向“精神哲学形态”的回归。三次回归，“伦理道德”是主题，“精神哲学”是核心和中枢，“精神哲学形态”是总体性话语。其中，伦理道德因何期待精神哲学，是必须探讨的首要问题。伦理道德的“精神”回归，在理念与话语形态上，必须由“伦理‘＝’道德”“伦理‘与’道德”“伦理‘VS’道德”，向无任何中介的“伦理道德”回归；亚里士多德“伦理的德性”与“理智的德性”、《论语》与《道德经》共生的轴心时代的智慧演绎了伦理道德的这一“精神”密码。“精神哲学”回归的要义，是在人的伦理道德与生活世界的辩证互动中把握伦理道德发展的规律和人的精神世界建构的规律，康德道德哲学和玄学伦理以否定性的方式演绎了这一回归的必然性。“精神哲学形态”回归的精髓，是在精神哲学体系和人的精神世界的辩证发展中把握伦理

---

① 孟繁英：《道德判断：情感抑或理性——亚当·斯密的公正的旁观者理论评介》，《兰州学刊》2016 年第 12 期。

② 何宇白：《道德判断的困境与赫尔曼的康德式辩护》，《北方论丛》2016 年第 6 期。

道德发展的历史规律和民族精神传统，黑格尔精神哲学和宋明理学呈现了这一文明智慧。立足当今中国伦理道德发展，则需要三次连续推进的学术进程："精神"的认同、"哲学"的期待、"形态"的建构。"精神"的认同，是使伦理道德回归"精神"的家园，在人的精神发展和人的精神世界中考察伦理道德。"哲学"的期待，是在伦理道德的精神哲学体系中破解伦理道德发展的尖端性的理论难题和现实难题。"形态"的建构，是在伦理道德发展的民族传统和人的现实精神世界中具体地而不是抽象地把握伦理道德发展的规律。三个进程的总体性命题和总体性话语是"伦理道德的精神哲学形态"。① 在精神哲学意义上，现代中国伦理道德发展遭遇三大问题——道德僭越伦理、理性僭越精神、道德理性僭越伦理精神；相应存在三大病症——无伦理、没精神、道德理性泛滥；必须进行三大回归——伦理回归、精神回归、伦理精神回归。三大回归必须探讨三个前沿性课题：在人的精神发展和精神世界中，到底伦理优先还是道德优先；伦理道德到底期待理性还是期待精神；中国伦理道德的精神哲学形态到底是"道德理性"形态还是"伦理精神"形态。伦理是人类的家园和"安宅"，精神是回归家园的大道。伦理与精神既是中国基因和中国传统，也是中国话语，"走向伦理精神"是现代中国伦理道德发展的精神哲学之路，它期待两个哲学觉悟或哲学革命：由"应当如何生活"的道德问题意识向"我们如何在一起"的伦理问题意识的革命；由只是作为社会存在反映的"意识论"向主体建构的"精神论"的革命。简言之，"伦理"革命，"精神"革命。现代中国伦理道德的精神哲学形态是"伦理精神形态"。"伦理精神形态"是植根中国传统、针对现代问题、追求伦理理想和伦理信念的中国话语与中国形态，是伦理道德发展的现代中国精神哲学形态。"伦理精神形态"传递一种宏愿：中国文明将继续沿着自己的轨道为人类精神发展，为人类精神世界作出独特的贡献，以此屹立于世界精神文明之林。与之相对应，回归伦理、回归精神、回归伦理精神的三大回归，绝不是泛伦理主义和泛精神主义，绝不是以此否定道德、否定理性、否定道德理性，而只是扬弃道德对伦理的僭越、理性对精神的僭越、道德理性对伦理精神的僭越。它所做的最重要的工作是："把上帝的还给上帝，把恺撒的还给恺撒"；把理性还给道德，把精神还给伦理；把道德理性还给西方，把伦理精神还给中国；最后，把家园和回归家园之路还给全人类。②

在伦理道德的精神哲学形态上，中西方存在着显著的差异。中国文明史和精神史以历史叙事的方式演绎了由伦理与道德构成的人的精神世界发展的一般规律，并且从文明的开端就戏剧般地显示其作为伦理型文化的特殊走向。道德发展的中国精神哲学形态具有几个特别要素。其一，对于伦理与道德"相濡以沫"的坚守，和对于"相忘江湖"的拒绝；其二，老子哲学智慧与孔子伦理情怀的合璧，老子以"大道废，

① 樊浩：《伦理道德，因何期待"精神哲学"》，《江海学刊》2016 年第 1 期。

② 樊浩：《走向伦理精神》，《道德与文明》2016 年第 3 期。

有仁义，智慧出，有大伪”的哲学智慧道破精神世界的秘密，完成对精神世界的批判，孔子以“仁”的道德创造及其向“礼”的伦理的辩证复归，进行精神世界的重建；其三，伦理道德精神哲学形态的经典表述或中国表达，就是孔子“克己复礼为仁”的精神哲学范式。“克己复礼为仁”作为标示伦理与道德关系的中国精神哲学范式，具有三个基本的结构元素：“礼”的伦理实体；“仁”的道德主体；由“克己”而达到的“礼”与“仁”、伦理与道德之间的和解，或由此建构的精神世界的同一性。如果对这一历史进行话语转换，与黑格尔“伦理世界—教化世界—道德世界”的“西方范式”相比，“礼—克己—仁”的“中国范式”最重要的“中国风情”便是“克己”。“中国范式”在现代以文化坚守与问题共识两种方式呈现，一方面表现为对伦理型文化的坚守，以及“伦理上守望传统，道德上走向现代”的转型轨迹；另一方面是在关于分配不公和官员腐败两大问题诊断的高度共识中所表现的伦理忧患意识。伦理道德的精神哲学形态的中国话语，就是“伦—理—道—德—得”的精神哲学过程和精神哲学体系。① 与中国不同，西方伦理道德的精神哲学形态则体现为黑格尔的“伦理世界—教化世界—道德世界”范式。在西方文明史上，黑格尔以“伦理世界—教化世界—道德世界”的图式，建立了伦理道德的精神哲学范式。在这个精神世界和精神哲学形态中，伦理与道德是两个基本结构，它们以教化世界为中介，借此实现精神世界的辩证运动和自我完成。“精神”的内核是“单一物与普遍物的统一”，是将人从个体性的“单一物”提升为“普遍物”的超越性进程，是思维与意志、知与行统一的自我实现。伦理世界是个体性与普遍性自然同一的实体性世界，因而是“直接的和自然的精神”；教化世界是精神从自然世界中异化的世界，其特点是抽象的个人成为世界的主宰，在这个意义上是世俗世界或生活世界；道德世界是在生活世界中重新意识到自己的实体性，达到个体性与实体性统一的世界，是既具有个体性又回归实体性的主体性世界。“伦理世界—教化世界—道德世界”的精神哲学形态，既是一种具有一定普遍意义的形上形态，又是一个不折不扣的“西方精神哲学范式”，因而必然遭遇“西方问题”。在历史、理论、逻辑上，“伦理世界—教化世界—道德世界”的精神哲学范式遭遇的最大挑战，也是最具前沿意义的课题，就是所谓“异乡人问题”。在“异乡人”的伦理驿站，中国西方精神哲学分道扬镳，因为“异乡人”并不是一个“中国问题”。在精神世界的中国风情中，伦理道德的精神哲学形态的“中国问题”，是伦理家园和伦理能力问题。②

在精神哲学的视阈下对各种伦理文化进行检视，是伦理精神研究的重要面向。有学者考察了中国哲学的伦理精神。中国哲学的特性在于它是关于生命的学问，以人为核心，关注人的内在生命，重视人自身生命的意义及其完成。中国哲学的主旨就是教

① 樊浩：《伦理道德的中国精神哲学范式与中国话语》，《学海》2016 年第 2 期。

② 樊浩：《伦理道德的西方精神哲学范式》，《东南大学学报（哲学社会科学版）》2016 年第 1 期。

人学习如何做人，如何体认人在天地之间的地位，进而自觉地进行自我修养，以造就完善的人格，彰显人类生命的特殊意义。儒家的全部学说都可以视为论述成人之道，都是教人进行自我修养，达到人格完成之境。儒家“为己之学”的传统表明人的道德生活是一个自我实现、自作主宰的过程。同时，儒家将自我实现与德性完善的终极依据深植在人性之中。道德本体不是建筑在超越的外在（理）上，而是直接建筑在个体的“此在”（心）中。从而便不是从外在的主宰（理）出发，而是从内在的良知（心）出发，这才是由内而外。它既超越又内在，既“有”且“在”，是具体的现实的“此在”。这就是儒家哲学的“内在超越”精神，或者说儒家哲学的宗教性。儒家将自我实现与德性完善的终极依据深植在人性之中。人通过觉悟和成德过程，扩充本性，成就人文价值世界，同时达到贯通天地的超越之境。“内在超越”将超越世界与现实世界融合为一，实现了入世与出世、理想主义与现实主义的统一，集中体现了儒家哲学“致广大而尽精微，极高明而道中庸”的伦理精神。① 有学者考察了汉传佛教“慈悲”的美德精神。般若与慈悲是佛教的两大根本，可以说佛教既是智慧型宗教也是伦理型宗教。大乘佛教视“慈悲”为佛道的根本。无论佛教戒律（制度化的道德规范）还是佛教诸应用伦理，乃至整个佛教伦理体系，一以贯之的便是“慈悲”精神。这是因为菩萨不忍众生沉浮生死苦海而生起救度众生的慈悲之心，然后发菩提心上求佛道，证得无上智慧，在漫长的时光岁月中救度众生不厌不辍，菩萨即便早就可入涅槃成佛，但也正是出于大慈悲之心而不舍众生独自成佛，所以佛教常以菩萨道来代指大乘佛教。“慈悲”在大乘佛教中的根本或核心地位决定了佛教的伦理化宗教色彩，尤其在传入中土后，佛教更是积极融摄儒家伦理，其伦理化色彩愈加深郁，“慈悲”精神更是相应地融入了诸多中土伦理的内涵。从佛教二千多年的历史来看，佛教不仅依其“智慧”，更依其“慈悲”精神的践行确证其社会存在价值。佛教不仅注重信众内在“慈悲心”的培植与长养，更重视“慈悲”精神的外化践行，这种践行必然与他人和社会发生种种关联，我们称之为“佛教的慈善”。慈善之举是佛教“慈悲”精神通向社会的一扇大门。② 针对当前社会现实，有学者指出，当今中国社会道德文化精神必须从多个方面进行综合铸造。这主要是因为当今社会经济的市场化改革使得我们的道德精神必须适应市场经济对人们的道德要求。市场经济是一种制度性的存在，它本身就十分需要建立秩序，越是需要个人自主性的竞争和合作领域就越需要建立秩序，从而也越要求人们具备与秩序相适应的思想情感和道德品质，市场经济就是这么一个领域。当今中国道德进步的根源在此，但出现某种程度的道德迷失现象的根源也在此。出现道德迷失现象的原因，是利益意识强劲彰显，而权利意识仍然没有真正得到制度化实现并成为人们道德品质的基础。权利是前提词、条件词，具

① 郭小军：《论儒家哲学的伦理精神——以“内在超越”为视界》，《江苏社会科学》2016 年第 6 期。
② 张有才：《论汉传佛教的“慈悲”美德精神》，《东南大学学报（哲学社会科学版）》2016 年第 2 期。

有政治道德价值，利益是目的词、结果词，具有经济价值。利益应该在法治状态中在权利的框架下去争取。在当今时代，中国道德文化精神必须进行多维综合铸造，需要抓住根本，从基本的现代人伦关系的构造出发，尊重和保卫人们的自由和平等权利，这既是最基本的法治要求，也是当今道德文化建设的基本条件；同时，人们都要从事职业活动以谋生和满足自己的成就动机，所以构建基于职业责任的道德文化就十分重要；就人们的道德心灵建设而言，既要培养一种理性的道德思维方式，同时也必须培养一种公共伦理精神。①

三、社会道德问题

（一）共享发展理念

中共十八大召开以来，以习近平总书记为核心的党中央提出创新、协调、绿色、开放、共享的新发展理念，其中共享发展注重的是解决社会公平正义问题，因而也凝聚着重大的伦理意蕴，成为伦理学研究的一大热点。共享发展理念是新时代中国特色社会主义理论与实践的重要成果，有学者指出，共享是中国特色社会主义的本质要求。首先，共享是科学社会主义的基本原则。在马克思看来，让每个社会成员平等占有或享有社会财富是社会主义和共产主义社会区别于存在经济剥削的资本主义社会的一个本质特征。保障所有社会成员共享社会财富是共产主义社会的一个本质属性，共享发展理念是对科学社会主义人人共享这一基本原则的继承和发展。其次，共享是共同富裕的必然要求。社会主义的本质是最终达到共同富裕，而先富者并不必然带动后富者，富者也不必然反哺贫穷者，先富并不必然带来共富，那么，全民共享社会发展的文明成果便是社会主义本质的内在要求和应有之义。实现共同富裕，必然要求实行共享。只有共享才能有共富，没有共享就不可能有共富；共享的结果是共同富裕，不共享的结果必然是两极分化。最后，共享是社会主义公平正义的集中体现。共享所内含的“全体人民共建共享”“人人参与、人人尽力、人人享有”“坚守底线”“注重机会公平”“共同富裕”等，无论是在共享主体、共享方式、共享条件，还是在共享的阶段性和目标性等方面，都强调和体现了公正的本质规定和价值诉求。共享发展理念中的共享是人人的共享，且是人人平等、公正的共享，体现了社会主义公平正义的本质内涵和内在要求。② 有学者认为，共享理念承载着社会主义者对人类美好生活的憧憬。共享理念，在先哲、先知那里就隐隐约约地表达出来，如古代中国的“大同”思想、古希腊的“理想国”、基督教的“千年太平天国”等；社会主义作为人类理想

① 詹世友、王涵林：《当代中国道德文化精神的多维综合铸造》，《南昌大学学报（人文社会科学版）》2016 年第 1 期。

② 王诗卉：《论共享是中国特色社会主义的本质要求》，《湖南师范大学社会科学学报》2016 年第 2 期。

的一种历史实现形式，真正具有“为天地立心，为生民立命，为往圣继绝学，为万世开太平”的崇高抱负，因而社会主义者必然继承、坚持和发展共享理念，而绝不会也不应与这一人类文明成果背道而驰。社会主义的本质要求，即是说依据社会主义的本质，社会成员有这样的愿望并希望落到实处，即构建一个更加公平正义的社会，给自己带来更多的获得感，用以促进自身的全面发展。从目前的实际情况看，我国在共享方面存在的主要问题有：一是在结构上还是重在物质方面，其他方面相对较为薄弱或者较不受重视；二是在普惠性上公平正义还没有很好落地生根。解决这两个问题，使共享的阳光照遍祖国大地，中国梦这一“最大公约数”才能更好发挥凝聚全社会共识的作用。①

有学者认为，共享发展理念的伦理基础是共享伦理。共享伦理是以“共享”为核心价值取向的伦理思想、伦理精神、伦理原则和伦理行为统一而成的一个伦理价值体系。它将“共享”视为一种美德，反对社会发展成果在一个国家或社会被少数人支配或占有的状况，要求最大限度地实现社会发展成果的共享。共享伦理是支撑共享发展理念的道德力量。共享伦理是共享发展理念的伦理支撑。它对共享发展理念的伦理支撑作用主要表现在三个方面：第一，共享伦理将“共享”作为一个道德价值观念来限定“发展”的内涵，从而使共享发展理念从根本上变成了一个伦理理念；第二，共享伦理将“共享”作为一个伦理原则来限制当代中华民族追求发展的具体行为，从而使共享发展理念成为规范人们谋求政治发展、经济发展和文化发展的一个重要行为准则；第三，共享伦理将“共享”作为一个伦理价值目标来规定当代中华民族追求发展的目的性，从而使共享发展理念变成了能够引导当今中国社会发展的价值导航仪。如果没有共享伦理作为支撑，共享发展理念必定会因为缺乏伦理基础而难以成为人们乐于接受的一个理念。共享伦理具有多种多样的表现形式。国内外学术界倡导的公共服务伦理、教育伦理、医学伦理、财富伦理、慈善伦理、扶贫伦理、社会保障伦理、环境伦理、制度伦理等伦理形态本质上都属于共享伦理的范围，此外，“共享”还是一个具有国际伦理意蕴的发展理念。②

共享发展理念是对共同富裕思想的继承和发展，这一点基本上成为学者们的共识，对共同富裕思想的伦理审视也是思考共享发展理念伦理意蕴的重要一环。有学者考察了共同富裕思想的道德内涵。自改革开放以来，共同富裕思想成为中国特色社会主义区别于其他社会制度的重要特征，成为衡量中国共产党各种政策合理性的重要尺度。共同富裕意指全体国民普遍享有的心满意足的状态，即大家都感觉到现在的生活水平提高了，现在的生活条件变好了，自己过得跟同时期、同地区的其他人差不多，自己没有被社会发展落下，也分享到了社会进步的好处。因此共同富裕并非经济学概

① 林怀艺、张鑫伟：《论共享》，《东南学术》2016 年第 4 期。
② 向玉乔：《共享发展理念的伦理基础》，《伦理学研究》2016 年第 3 期。

念，而是一个政治哲学概念，是中国共产党为巩固自身执政党地位、体现人民利益代表者这一历史角色而设立的政治追求。共同富裕的合道德性体现在其内在地蕴含了平等、人道、善意等道德价值，共同富裕是社会主义本质的应有之义。社会主义本来就包含了政治、经济、道德等复合的目标，换句话说，在社会主义概念中，价值与事实无阻碍地实现了一体，社会主义提供了一种道德实在论的制度基础。有一种观点认为共同富裕有违市场道德，必须指出共同富裕并不是依靠政府搞平均主义，共同富裕并不排斥市场经济，相反，国家应该构建有序的市场经济、公正的司法制度与合理的税收体系，这样既能维护国民追求富裕的积极性，又能管控解决国民间围绕富裕的争端和过大的贫富差距，达成“涓滴效应”。[①] 从正面来看，共享发展理念继承和丰富了共同富裕思想；从侧面来看，共享发展是对发展主义弊端的理论批判和深刻反思。共享发展紧紧围绕“解决为什么人，由谁享有这个根本问题”，强调发展不是以物而是以人为本，坚持以人民为中心的发展思想。为此，共享发展强调人本身才是内在目的，而不是达到外在目的的工具，这是对发展主义暗含的工具理性的深刻反思。共享伦理本质上是一种民生伦理。共享发展理念体现了尊重“人性尊严”这一民生伦理的逻辑起点，共享发展倡导的是人人共享和人的自由全面发展，彰显了对生命个体的现实关怀和终极关怀；共享发展是人民权利与义务对等的共享，也是人民权利与公共权力相平衡的共享，这其中蕴含了推进公众参与这一民生伦理的行动表达；共享发展既内含了包容性发展所追求的代内公平，又体现了可持续发展所强调的代际公平，将公平的时空维度兼顾起来。共享发展强调在发展进程中，政府要制定公平制度，保证人民在发展进程中充分享有程序和机会的公平，增强人民对发展成果共享的正当合理性，凸显了以实现正义为价值取向的执政诉求。[②]

（二）命运共同体理念

构建人类命运共同体是中国共产党外交理论的重大创新。这一提倡背后蕴含着深刻的价值意蕴，对此进行伦理学审视非常必要。要进行伦理学审视，就必须先廓清人类命运共同体这一概念的内涵。有学者指出，习近平提出的命运共同体思想是对世界和中国发展变化的深刻认识，是主观上的思想解放，是中国对国际战略的一种富有远见的顶层设计。命运共同体内涵丰富，包含平等互信的新型权力观、合作共赢的共同利益观、包容互鉴的文明观，是具有前瞻性的新的战略理念，它以构建周边、地区和发展国家命运共同体为基础，倡导各种形式和层次的国际合作，把硬措施与软理念结合起来，推动命运共同体建设。要科学辩证地把握习近平命运共同体思想，命运共同

---

① 段希：《论共同富裕及其道德内涵》，《广东社会科学》2016 年第 2 期。

② 邓鹏：《论共享发展理念的民生伦理意蕴》，《中国社会科学院研究生院学报》2016 年第 5 期。

体是复杂的、矛盾的，构建命运共同体是一个长期的过程。[①] 有学者指出，命运共同体是“命运”与“共同体”的紧密融合，意味着共同体的组建与维护基于共同的命运，要求每一个成员把“共命运”的伦理精神自觉与“同命运”的伦理精神自醒有机地结合起来，并把价值层面“共命运”的伦理共识和行为层面“共命运”之责任担当有机地统一起来。命运共同体超越了一般意义上的共同体类型及其价值要求，同时又是诸种共同体精神和特质的综合化集结和辩证统一，是一个已经开始生成但仍需要不断建设、精心打造和耐心呵护的共同体，是对历史上和现实生活中各种共同体类型的一种超越与全面整合。命运共同体价值理念内涵是一种将利己与利他、利国与利群有机结合起来的己他两利主义和己群诸重主义，是一种共生共赢共发展的伦理精神的集中体现和确证。命运共同体在价值观上反对非此即彼的零和思维，反对损人利己的利己主义，同时也反对那种不顾及个人自由、尊严和价值的所谓绝对整体主义，有着对传统整体主义和个人主义的双重超越。命运共同体的伦理精义集中体现在利益共生、情感共鸣、价值共识、发展共赢、责任共担诸方面，本质上是一种有福同享有难同当的共同体主义伦理观。命运共同体的价值理念彰显着交互主体性与共生主义的伦理深蕴，有一种将功利与道义、目的与手段、内在与外在有机结合起来的伦理神韵，凸显着同舟共济、同甘共苦、同心同德的伦理精神和价值意义。命运共同体的价值理念有着“尊德性而道问学，致广大而尽精微，极高明而道中庸”的伦理精神特质，融“敦化”的“大德”与“川流”的“小德”于一体，彰显出“以和为贵”“以共为大”“以安为尚”的伦理美德，无疑是引领和规范人类朝向和平、幸福、美好新生活的价值航标和价值动能。[②] 有学者进一步指出，“人类命运共同体”的价值意蕴具有历史、现实和未来三重维度。从历史维度看，“人类命运共同体”是在吸收借鉴古代“天下”观的基础上，超越“帝国”和“国族”建构、在中国崛起的国际背景下选择的一种和平绿色的国际发展战略，追求的是一种更加恢宏、高远的国际关系准则；从现实维度看，“人类命运共同体”衔接外来理念，内化传统理念，在坚持“全球正义”“空间正义”以及“正确义利观”的基础上，“通三统”而成一统，包容而进取，广大而精微，积极有为地参与国际体系的变革与完善，充实和完善国际治理体系；从未来维度看，“人类命运共同体”是站在全人类的高度，在“正其谊不谋其利，明其道不计其功”价值观的指导下，扬弃了“霸权”和“均势”而形成的新型外交观，向世人展示的是中国传统文化“己欲立而立人、己欲达而达人”的东方交往智慧，反映的是人类追求世界大同、和谐安宁的价值取向。全球化视野下“人类命运共同体”三重维度的价值定位，昭示着中国作为一个以“人类命运共同体”为

---

① 陶文昭：《科学理解习近平命运共同体思想》，《中国特色社会主义研究》2016 年第 2 期。

② 王泽应：《命运共同体的伦理精义和价值特质论》，《北京大学学报（哲学社会科学版）》2016 年第 5 期。

价值诉求的新型“文明型”国家的崛起。[①] 有学者基于“当下主义”的立场，就人类命运共同体理念进行再认识，意欲设定若干伦理与政策边界，提出了两大伦理判断：第一，人类命运共同体理念包含个人正义、国际正义和世界正义三大价值取向，但基于当下的国际关系现实，必须把国际正义置于首位；第二，中国外交经常表现出“利他主义”，但在打造人类命运共同体过程中，基于当下的内外政治需要，必须把“开明的自利”作为首要的伦理原则。当下人类命运共同体理念的首要乃至核心的价值取向是国际正义而非个人正义或世界正义，这是因为：第一，国家是首要责任主体，唯有首先实现国际正义，个人正义和世界正义才有可能实现。第二，中华人民共和国外交实践和外交思想的逻辑脉络表明，维护国家平等正义和分配正义一直是中国特色外交的核心要义。第三，新时期中国外交的话语表达和政策宣示表明国际正义依然是首要关注。与此同时需要注意，尽管打造人类命运共同体需要世界各国的自律和利他，但这绝非表明中国在推进这项伟大外交工程的过程中需要以“利他主义”作为主导的伦理原则。打造人类命运共同体需要有不同于利他主义的主导伦理原则。该原则以“自利”（自我利益）为核心，崇尚开明的自利，通过合作而非对抗，共赢而非独占，利他而非自私的方式来达到自利的目标。以上两个伦理判断，既有利于世界，也有利于维护和拓展中国国家利益，最终有利于中华民族的伟大复兴。[②]

“人类命运共同体”理念有着深厚的历史文化底蕴，有学者考察了其与儒家大同思想之间的关联。大同社会展示了儒家对人类美好社会的理想构建，即孔子所说的尧舜尚且没有达到的“博施于民而能济众”的至善境界的社会。其包含以下特征：大同社会是“天下为公”的社会，天下为天下人所共有的社会，在这个全民公有的社会制度中，既包括权力的公有，又包括财物的公有；在大同社会中，讲求信睦是构建良好人际关系的原则；在大同社会中，实行了良好的社会保障制度，人人皆有“所终”“所用”“所长”“所养”，既为社会发展贡献能力，又拥有社会保障的权利。人类命运共同体意识，是超越民族国家和意识形态的“全球观”，表达了中国追求和平发展的美好愿望，体现了中国与各国合作共赢的目标追求。第一，儒家大同思想与人类命运共同体有着“天下为公”的价值共识。与西方全球主义的模式不同，人类命运共同体在价值共识上提倡真正的全人类价值，而不是所谓的普遍化的西方价值。儒家的大同社会追求的是天下为公的社会，实现的是天下人共同的利益。第二，儒家大同思想与人类命运共同体贯穿着“公平正义”的治理理念。维护当今世界的和平，实现人类的共同发展，正确处理好国家之间的关系，促进世界文明的全面进步，是当今社会共同的话题。儒家大同思想倡导的公平正义的理念，与人类命运共同体所追求的全球治理观是相互一致的。第三，儒家大同思想与人类命运共同体蕴涵着“和而

---

① 徐艳玲、李聪：《“人类命运共同体”价值意蕴的三重维度》，《科学社会主义》2016 年第 3 期。

② 黄真：《“人类命运共同体”理念的伦理透视》，《理论月刊》2016 年第 2 期。

不同”的文化理念。儒家关于人与人之间、国与国之间的相处之道，是以持守“和而不同”的原则为其鲜明特点的，它强调“己所不欲，勿施于人”，主张“己欲立而立人，己欲达而达人”这些思想，同样也适用于人类命运共同体的构建。① 有学者阐释了“人类命运共同体”理念的马克思主义哲学根源。对“人类命运共同体”的深刻关注和思考，是马克思哲学的核心议题之一。在一定意义上可以说，“人类命运共同体何以可能”这一问题构成了马克思哲学的深层的重要问题意识和价值关怀。围绕这一议题进行多方面探讨，将为马克思哲学与当代哲学和当代世界的对话与结合提供重要的理论生长点。首先，马克思所说的人的“社会性”的真正实现状态所体现的正是“人类命运共同体”。在这种社会关系中，每个人与他人、个人与社会在根本利益上实现了内在的统一：既消除了群体对个人的压迫，也消解了个人对他人的支配。自由个性得到充分发展的个人形成的联合体，即是人类命运共同体。在这种共同体中，每一个人命运与共，每个人的自由发展与其他人的自由发展息息相关。在此意义上，“类”概念所表达的正是马克思哲学对“人类命运共同体”的价值追求。其次，“类”概念彰显了一种人的自我理解的崭新思想视野和思维方式，我们可称之为“类思维”，“类思维”是对“物种思维”的超越，而后者正是造成人与人的分裂并瓦解“人类命运共同体”的思想根源。“类思维”通过对“物种思维”的克服，为“人类命运共同体”奠定了重要的思想基础。最后，马克思哲学的“类”概念为“人类命运共同体”的生成提示了现实的道路，那就是必须消解种种把人与人隔离开来的抽象力量，破除“抽象对人的统治”，不断促进人与人之间的团结，推动人与人的自由联合，从而推动“人类命运共同体”成为现实的可能。②

（三）社会主义核心价值观

习近平总书记在庆祝中国共产党成立95周年大会上强调指出，文化自信是更基础、更广泛、更深厚的自信。文化自信是表明了我们党对中国特色社会主义有了更加明确、广阔的认识和建构，注重从中国特色社会主义的总体性这一内在属性来进行文化建设，以文化意义的深刻呈现阐明了文化之于道路、制度、理论的深刻性、持久性和超越性。而文化自信的本质与灵魂就在于培育和弘扬社会主义核心价值观。社会主义核心价值观就是要在“物化”世界建立精神家园，解决理想、信念、动力、凝聚力等问题。社会主义核心价值观立足于中国特色社会主义的伟大实践，扬弃了中国传统文化价值观，具有深厚的民族文化根基。社会主义核心价值观密切关注并回应中国现代化进程中的重大时代问题，通过尊重差异、包容多样以整顿文化秩序，引领文化思潮，具有深刻的现实合理性。社会主义核心价值观吸收、借鉴其他国家、民族的优

---

① 孙聚友：《儒家大同思想与人类命运共同体建设》，《东岳论丛》2016年第11期。

② 贺来：《马克思哲学的“类”概念与“人类命运共同体”》，《哲学研究》2016年第8期。

秀文化成果，慎思明辨、为我所用，具有了不卑不亢的文化气度。核心价值观融历史视域、时代精神、世界视野于一身，集民族性、时代性、世界性于一体，确立了文化理性精神，成为先进文化的本质和灵魂，价值观自信成为文化自信的集中显现。社会主义核心价值观是理论维度和实践品格的统一，是价值意识的理性表达，具有上升为信仰的潜质。信仰是凝聚的旗帜，站在信仰的高度来理解和透视核心价值观，就不难理解培育、践行核心价值观对于增强、实现文化自信的意义。① 有学者从社会主义核心价值观拓延到“当代中国价值观”，将社会主义核心价值观提升到了与文化自信联系更为紧密的高度。自党的十六届六中全会提出“建设社会主义核心价值体系”，特别是党的十八大提出“培育和践行社会主义核心价值观”以来，学界在讨论社会主义核心价值体系和核心价值观的过程中，提出了“当代中国价值观”的概念，并正在开展对当代中国价值观问题的研究和讨论。“当代中国价值观”概念的提出，拓展和深化了核心价值观的内涵，并促进了核心价值观与中国文化传统和当代中国现实的对接。以核心价值观为核心内容的“当代中国价值观”概念不仅更容易获得中华儿女的普遍认同，更为中国大众喜闻乐见，也更有助于在当代世界树立当代中国的价值形象和凸显当代中国价值的民族特色。② 有学者指出，从马克思主义哲学视角看，社会主义核心价值观彰显了三重理性向度。第一，社会主义核心价值观以“对话超越”为旨趣的交往理性向度。社会主义核心价值观与西方现代文明对话，超越意识形态差异，转向价值求同；与中国传统文化对话，重塑文化自信，形成文化凝聚；与时代主题对话，倾听时代诉求，彰显时代理性。第二，社会主义核心价值观以“人的自由全面发展”为判据的价值理性向度。社会主义核心价值观促成了人的精神生活与物质生产之间达成和解；促成了个体发展与人类解放的历史趋同；促成了人的自然主义与自然的人本主义的有机统一。第三，社会主义核心价值观以“改变世界”为要务的实践理性向度。社会主义核心价值观带有革命指向和实践批判意蕴的“时代辩证法”，是协调个体实践活动“境遇性”和社会历史实践“超越性”的“价值媒介”，是以崇实尚行为手段对未来社会理想图景的创造性谋划。③

社会主义核心价值观之所以成为伦理学研究的一个重要主题，是因为其本身就凝聚和彰显着特定的道德意蕴。有学者指出，社会主义核心价值观具有道德的“质”，是一种社会主义性质的道德。作为社会意识，它是道德自觉，规定了社会主义的价值本质和发展趋势；它是道德灵魂，从根本上影响了国家软实力；它是道德基石，为实现中华民族伟大复兴奠定了坚实的精神基础。作为规范体系，它是保证力量，维护和实现着广大人民群众的根本利益；它是“指路明灯”，引领市场经济的健康发展。作

① 梁秀文、夏从亚：《文化自信与社会主义核心价值观》，《中州学刊》2016 年第 11 期。

② 江畅、蔡梦雪：《“当代中国价值观”概念的提出、内涵与意义》，《湖北大学学报（哲学社会科学版）》2016 年第 4 期。

③ 关雯文、吕立志：《论社会主义核心价值观的三重理性向度》，《湖南社会科学》2016 年第 6 期。

为自律精神，它是精神之“钙”，帮助人们树立了崇高的理想信念；它是生活动力，满足了人们追求美好生活的愿望；它是心理支撑，增强了人们的民族归属感；它是价值共识，为人们确定了德性修养的标杆。① 从社会主义核心价值观和社会主义道德之间的关系来看，社会主义道德原则和道德规范是社会主义核心价值观的道德基础，而社会主义核心价值观是社会主义道德规范的价值引导。社会主义核心价值观是人们对社会主义价值的最根本、最核心的看法和观点，因此社会主义核心价值观必然包含对社会主义道德的最本质的要求，这个最本质的要求就是集体主义。因为社会主义道德原则是集体主义，所以社会主义核心价值观蕴含着集体主义原则。从社会主义核心价值观的道德内涵来看，优秀的中国传统文化是社会主义核心价值观的重要源泉，社会主义荣辱观是其道德基础，而“社会公德”“职业道德”“家庭美德”这社会主义“三德”是社会主义核心价值观的行为规范。② 社会存在决定社会意识，社会主义核心价值观属于社会意识形态，以人们的需要为依据，而生产力和生产关系的发展决定着人们的需要和利益。因此，社会主义核心价值观的道德基础表现为两个方面：一方面，它的形成以当下人们现实需要为依归，符合广大人民的价值选择；另一方面，它的实质和终极目标是要实现人的自由全面发展，是为人们提供精神信仰，帮助人们获得幸福。社会主义核心价值观是社会主义核心价值体系的内核，是社会主义核心价值体系的高度凝练。作为社会主义意识形态的核心价值观，也是一种道德价值观，是对各种现象中道德价值的看法，其中蕴含着丰富的道德内涵：富强、民主、文明、和谐是国家之德；自由、平等、公正、法治是社会之德；爱国、敬业、诚信、友善是个人之德。从道德价值角度看，社会主义核心价值观是以价值为特定对象的思想理论，其蕴含着丰富的道德内涵，也是一种道德价值观，因此它具有作为道德理论观念的价值，具体表现为提高道德判断力、调节道德关系、规范道德行为三方面；与此同时，社会主义核心价值观蕴含了对道德本质、道德现象等具体价值的看法，作为实践的道德观念，对人们的道德信念、文化品质及道德理想都有着重要影响，它可以培养道德信念，提升文化品质，构建道德理想。③

立足新时代，之所以要大力培育和弘扬社会主义核心价值观，是因为它指明了国家发展的价值目标、社会进步的价值取向和公民培育的价值准则，成为全国各族人民普遍认同的价值观“最大公约数”，对于实现中华民族伟大复兴中国梦具有重大而深远的意义。科学把握社会主义核心价值观的基本特征，是深入认识其科学内涵和精神实质，凝聚建设正能量、增强理论自信心的迫切需要。概括来讲，社会主义核心价值观具有以下基本特征：它不是无本之木，而是社会主义的本质要求；不是无源之水，

---

① 张卫明：《社会主义核心价值观的道德属性及其价值意蕴》，《道德与文明》2016 年第 6 期。

② 贾金玲：《社会主义核心价值观的道德蕴涵》，《道德与文明》2016 年第 1 期。

③ 刘志山、王杰：《社会主义核心价值观的道德之维》，《伦理学研究》2016 年第 6 期。

而是对我国优秀传统文化的传承和创新；不是无为而成，而是对世界文明有益成果的扬弃和吸纳；不是无中生有，而是对时代发展中重大问题的积极应对，体现着鲜明的时代精神；不是无的放矢，而是寄托着近代以来中国人民上下求索确立的理想和信念，承载着我们每个人的美好愿景。社会主义核心价值观三个层面的内容不是彼此割裂的部分，而是辩证统一的理论整体，统一于中国特色社会主义伟大实践。[①] 无论从内在和外在维度还是从价值向度来看，社会主义核心价值观体现了社会主义本质要求，继承了中华优秀传统文化，吸收了世界文明有益成果，体现了时代精神，展现出强大的生命力。在当代，社会主义核心价值观生命力的内构特征表现为方向性、传承性、包容性和实践性的有机统一。社会主义核心价值观生命力的外部呈现，主要包括定位合理、沃土深厚、营养丰富、活力充沛。[②] 有学者指出，社会主义核心价值观具有凝心聚力的作用。核心价值观是文化最深沉、最本质的东西，它决定着文化的性质与方向。社会主义核心价值观回答了我们要建设什么样的国家、构建什么样的社会、培育什么样的公民的重大问题。社会主义核心价值观的重要意义体现在：第一，民族复兴之路需要思想文化的指引，用社会主义核心价值观推动物质文明和精神文明协调发展；第二，社会发展需要精神力量的推动，用社会主义核心价值观为中国特色社会主义事业提供精神动力和道德滋养；第三，国家认同需要共同理想的引导，用社会主义核心价值观凝聚民族的共性；第四，文化软实力需要思想和价值的话语力量，用社会主义核心价值观讲好中国故事。[③] 有学者从另外的角度指出，核心价值观是现代国家建构的正当性根基。核心价值观属于观念、价值，马克思在建构唯物史观、革命、阶级斗争语境下曾反对用观念、价值论证历史发展和社会主义，但在当代中国改革、和谐、国家现代化以及马克思主义中国化语境下则要重视观念、价值的巨大能动作用。核心价值观的分层主张是核心价值观的构成部分，它使国家具有了自主性、独立性、有限性，是国家的现代性自觉。国家核心价值观是构建现代性国家的灵魂；社会核心价值观是构建现代性国家的根本；公民核心价值观是构建现代性国家的基础。[④]

正如学者们一再指出的，社会主义核心价值观并不是无源之水、无本之木，它根植于中华民族五千多年的文化积淀，又面向中国特色社会主义事业的伟大实践。它的提出有着深刻的时代背景。有学者指出，价值个体主义是传统社会向现代社会转型的必然文化结果，其特点就是从公共性、统一性和超越性三个方面瓦解了传统社会以目的论世界观为道德论证依据的社会共识。诚然，价值个体主义的出场让个人自由走上

---

① 都清杰：《论社会主义核心价值观的基本特征》，《伦理学研究》2016 年第 1 期。

② 柳礼泉、汤素娥：《社会主义核心价值观生命力的内构特征与外部呈现》，《伦理学研究》2016 年第 6 期。

③ 韩震：《论社会主义核心价值观的凝心聚力作用》，《中国高校社会科学》2016 年第 5 期。

④ 刘进田：《核心价值观与现代国家构建的正当性逻辑》，《清华大学学报（哲学社会科学版）》2016 年第 3 期。

了人类历史的舞台，然而它也使个人自由走到了道德共识的对立面。在保障个人自由的前提下重建现代社会的道德价值共识成了这个时期人们不得不审慎解决的重要课题，这也是社会主义核心价值观出场的哲学背景。① 有学者解释了社会主义价值观与中国传统文化之间的重要关联。社会主义核心价值观深深植根于中华优秀传统文化的土壤之中，但学界同人多从儒家的视角展开论述。作为中国传统文化重要组成部分的道家思想，亦蕴含着与社会主义核心价值观相通的思想文化资源。道家“贵和有度”的和谐理想、“顺黔黎之心”的民主诉求、“各得其正”的自由愿景、“尊卑如一”的平等理念、“抱朴弃诈”的诚信美德、“慈柔不争”的友善情怀，可为践行社会主义核心价值观构筑更坚实的文化沃土。②

当前，进一步加快培育社会主义核心价值观，已经成为社会主义精神文明的内在要求，也是提升国家文化软实力的基本支撑点。在社会转型过程中，由于传统文化资源的流失、西方自由主义价值观的侵入，以及主流意识形态的日渐式微，培育和践行社会主义核心价值观面临着诸多挑战。为此，必须要深入推进社会主义先进文化建设，努力实现传统文化的传承与超越，加强社会主义意识形态的时代生发，促进本民族文化与外来文化的相融发展，在引导人民不断增强文化自信的基础上，形成富有时代性、具有强大感召力的社会主义核心价值观。③ 有学者结合现代性的大背景指出，现代性在成就国家性、社会性与个体性的同时也成就了个人主义、工具主义和自由缺场的三重隐忧，现代性隐忧的消除不仅需要物质维度的寻求，而且需要现代精神的重构，社会主义核心价值观就是在回应现代性中获得的一种精神重构。通过图像转换，能够促进社会主义核心价值观大众传播的实现。④

有学者指出，社会主义核心价值观是当代中国核心价值建设的重要命题。社会主义核心价值观建设需要遵循内化与外化、显性与隐性相结合的两种逻辑方式：一是社会主义核心价值观的大众化和生活化，把国家价值、社会价值和个体价值相统一；二是社会主义核心价值观的“内化”与“外化”，通过一定的教育活动引导社会群体对社会主义核心价值观的认同与践行相统一。⑤ 有学者指出，社会主义核心价值观的践行需要明确主体承载，该主体即马克思所提出的“现实的个人”。主体是责任和权利的统一体，既是“活动者”也是“享受者”。“现实的个人”主体强调活生生的有理性和德性的生命存在，它既包括总体主体又包括个体主体，本身蕴含着责任规范和道德伦理的内在逻辑。先天条件、个性偏好与自身能力差异导致主体履行义务的不均

① 石寅：《价值个体主义背景下道德价值共识的重建——兼对社会主义核心价值观出场的哲学解读》，《云南社会科学》2016 年第 1 期。

② 吕锡深：《道家思想与社会主义核心价值观》，《求索》2016 年第 6 期。

③ 蒋艳、张长立：《社会主义核心价值观培育的文化困境及其应对》，《学海》2016 年第 6 期。

④ 贾凌昌：《社会主义核心价值观大众传播的图像转换》，《伦理学研究》2016 年第 4 期。

⑤ 周琪：《社会主义核心价值观建设的内在逻辑及实现》，《西南大学学报（社会科学版）》2016 年第 1 期。

衡，“活动者”可以是“享受者”，但是“享受者”不一定要是“活动者”，两者矛盾困境的解决彰显了社会主义核心价值观的崇高性及其主体的德性。①

有学者指出，中国传统思维方式中蕴含着丰富的培育和践行核心价值观的经验。“家国一体”的传统思维方式倡导国家、社会和个人三个层面一体化；“一多相容”的传统思维方式坚持一元性与兼容性相结合；“循序渐进”的传统思维方式重视青少年核心价值观的养成；“知行合一”的传统思维方式强调“培育”和“践行”相统一。这对于我们今天培育和践行社会主义核心价值观具有重要的启示。② 有学者提出，作为一种融认知技能与思维情感特质为一体的思维方式，批判性思维不仅可以提高公民对社会主义核心价值观的认知水平，而且可以促使其在社会生活层面上予以弘扬与践行。在运用批判性思维引导社会成员树立社会主义核心价值观的过程中，要针对不同成员的认知特点和情感特质，采取富有针对性的教育策略，以提高社会主义核心价值观培育的效率与效果。③ 有学者指出，践行社会主义核心价值观，需要内在精神力量的促进和推动。科学精神为践行社会主义核心价值观奠定理性基础，为核心价值观提供思想前提、精神动力，使践行核心价值观成为坚定信仰。科学精神为践行社会主义核心价值观提供基础保障，能够创设民主氛围、奠定物质基础、提供制度保障。科学精神为践行社会主义核心价值观提供实践主体，使公众成为践行核心价值观的主体力量、科技工作者成为践行核心价值观的先锋力量、理论工作者成为凝练核心价值观的中坚力量。④ 有学者指出，在如何实现社会主义核心价值观与民众结合的深层次问题上，承继中华民族传统价值理念，使价值皈依本根、皈依文明、皈依民族的道德文化基因，皈依个人—家庭—国家一体的价值认同情怀与境界追求是尤为重要的，它构成中国特色社会主义的精神之基。要将社会主义核心价值观与中国传统核心价值理念进行有效对接，并积极传承与创新，使核心价值理念进入家家户户、进入每一个公民的精神世界，就要弘扬中国传统价值观中孝、公、忠的价值理念，积极构筑起家国一体的价值培育与实践推进体系是当务之急。⑤ 有学者进一步指出，要高度重视传统道德文化的现代转化。核心价值观的提出，体现国家意志，昭示政党的合法性伦理，吁求确立优良的社会秩序与民众健康的心灵秩序。这样一种“三位一体”的实践，其成功与否，彰显着我们这个民族的理论识见和水准。对于中国这样具有深厚的传统民族伦理文化积淀和价值理性规制的国度，核心价值观的培育和践履，其最为

---

① 张灯：《现实的个人：践行社会主义核心价值观的主体》，《道德与文明》2016 年第 1 期。

② 石书臣、蒋翠婷：《中国传统思维方式对培育和践行社会主义核心价值观的启示》，《道德与文明》2016 年第 3 期。

③ 李朝红、肖琦：《批判性思维与社会主义核心价值观培育》，《道德与文明》2016 年第 3 期。

④ 梁秀文、夏从亚：《论科学精神与践行社会主义核心价值观》，《天津师范大学学报（社会科学版）》2016 年第 3 期。

⑤ 王永智、哈克木·阿里甫汗：《构建家国一体核心价值观的培育与实践推进体系》，《道德与文明》2016 年第 6 期。

主要的问题之一，在于必须以异常清醒的意识直面和努力破解社会和文化发展中的“现代性难题”，致力于解决所谓“后东方时代”，崛起中的中国如何以自己的方式，完成民族人格自我圆融实践中一个最为核心和关键性的问题：属于中华民族的“现代性文化”“现代性价值”“现代性道德”“现代性心智和素养”等是如何可能的。回答这一问题的关键，在于坚信这样一个现代文明社会的真理：核心价值的践履过程其实就是现代国民之公民风范（公民性）的养成过程。围绕此所展开的所有努力，关涉中华民族的生存境界，关涉精神生活的安宁，关涉属于我们这个民族自己的优良的“价值理性”信念的自主证成。① 有学者从女性的立场出发，指出男女平等的价值追求内在地契合社会主义核心价值观，在内容结构和实现过程上与社会主义核心价值观密切关联。伴随着社会地位和自身能力的不断提升，女性群体要明确自身在培育和践行社会主义核心价值观过程中的责任，积极参与到政治建设、经济建设、文化建设、社会建设以及生态建设当中，以实际行动助力社会主义核心价值观内化于心、外化于行。② 有学者将社会主义核心价值观和大学生理想信念教育结合起来，指出作为高校思想政治教育工作的核心内容，理想信念教育是帮助和促进大学生身心健康发展、全面茁壮成长的重要途径，必须得到高度重视。社会主义核心价值观在属性、目标、内容上，与大学生理想信念教育存在着广泛契合，并对之具有重大的引领作用。社会主义核心价值观的方向性、渐进性、针对性和系统性，为新时期大学生理想信念教育创新发展明确了原则、目标、内容和方法。③ 有学者进一步指出，大学阶段是大学生核心价值观成熟的关键时期，核心价值观教育对大学生确立积极坚定的人生观和价值观起着重要作用。由于历史和现实的因素，核心价值观教育存在理念偏差、网络阵地建设低效、针对性不足、时代感缺失等问题。加强大学生核心价值观教育应坚持以人为本，回归生活世界；明确教育目标，创新教育内容；依托现代科技，占领网络阵地，进而提升价值观教育的实效性。④ 有学者以公正为视角，审视了当下培育和践行社会主义核心价值观所面临的主要障碍，指出公正是衡量一个国家或社会文明程度的重要标准，也是中国特色社会主义的重要特征之一。然而，社会不公引发的社会焦虑，正逐渐成为培育核心价值观认同的主要障碍。要破解这一难题，必须多管齐下，从三方面系统推进：一是紧抓“社会焦虑症”的三大症结，政府积极兑现一个公正社会的政治承诺；二是反求诸己，做独立思想、敢行动愿担责的“公民”；三是积极

---

① 袁祖社：《优良价值理性信仰与美好心灵生态的制度文化重建——中国传统价值观的现代性转化是如何可能的》，《湖北大学学报（哲学社会科学版）》2016 年第 4 期。

② 杜敏：《培育和践行社会主义核心价值观的“她力量”》，《安徽师范大学学报（人文社会科学版）》2016 年第 5 期。

③ 薛利锋：《社会主义核心价值观引领大学生理想信念教育研究》，《东北师大学报（哲学社会科学版）》2016 年第 2 期。

④ 王娜、侯静：《大学生核心价值观教育的问题及路径探析》，《东北师大学报（哲学社会科学版）》2016 年第 1 期。

互动，以对话协商促成价值观融合。①

（四）罗国杰伦理思想研究

罗国杰教授是我国著名伦理学家，新中国伦理学事业的重要奠基者，当代中国马克思主义伦理学的开拓者、集大成者，对推动马克思主义伦理学教育事业的蓬勃发展作出了重要贡献。他对马克思主义伦理学、中国传统伦理思想及西方伦理思想深入研究，形成了中国特色的马克思主义伦理思想体系。2016 年有多位学者就罗国杰教授伦理思想进行深入学习研究，产生了一批具有代表性的学习研究成果。

有学者指出，罗国杰教授在推进马克思主义伦理思想中国化并形成中国马克思主义伦理思想系列成果方面占有着独特的地位。比较而言，罗国杰教授对马克思主义伦理学学科体系、理论结构及其主要内容方面所作的研究要更为系统，更为全面，也更为深刻，甚至可以说，罗国杰教授是中国马克思主义伦理学的奠基人和开创者。罗国杰教授深度探寻马克思主义伦理学的基本特征，科学把握马克思主义伦理学的研究对象，系统揭示马克思主义伦理学的结构体系。罗国杰教授提出了社会主义道德规范体系的整体架构。在其主编的《马克思主义伦理学》中，罗国杰教授将共产主义道德规范体系概括为一个基本原则、五个主要行为规范、四个范畴和两个特殊方面的要求。罗国杰教授指出社会主义道德体系具有层次性，可以分为公共生活领域的一般道德规范、家庭生活领域职业生活领域的特殊道德规范、社会主义社会基本道德规范三个层次。罗国杰教授指出了社会主义道德建设的核心和基本原则，即以为人民服务为核心，以集体主义为基本原则。与此同时，通过对古今中外伦理思想的比较研究，特别是功利主义与德性主义的比较研究，罗国杰教授创造性地提出并深刻论述了马克思主义的“新德性论”伦理思想。② 集体主义是中国特色社会主义道德建设的原则。坚持历史唯物主义的立场，揭示集体主义道德原则的本质，坚守集体主义的价值导向，是罗国杰教授对马克思主义伦理学基本理论的重大发展，是对中国特色社会主义道德建设体系的重大建树。③ 罗国杰教授作为一名坚定的马克思主义者和忠诚的共产党员，对马克思主义伦理学的中国化进程尤其是社会主义道德建设事业做出了巨大的贡献。罗国杰教授对于社会主义道德建设的贡献主要体现在：第一，他强调伦理道德在治国理政中的重要地位，正确分析了伦理道德和法治的关系，澄清了人们对于德治的误解。在罗国杰教授看来，伦理道德建设是治国理政的重要方面，它为社会提供辨别是非、善恶、美丑、荣辱的标准，帮助人们提高道德水平、形成良好道德风尚，为国家和社会的健康稳定发展创造条件。第二，他努力建立与社会主义市场经济相适应的

---

① 郭建新：《公正视阈下社会焦虑与核心价值观认同研究》，《江苏社会科学》2016 年第 6 期。

② 王泽应：《罗国杰对马克思主义伦理学的创造性探索》，《齐鲁学刊》2016 年第 4 期。

③ 李萍、童建军：《罗国杰对马克思主义伦理学基本理论的学术贡献——坚持集体主义的几个问题》，《齐鲁学刊》2016 年第 4 期。

道德规范体系。罗国杰教授深刻洞察了社会主义市场经济的道德诉求，他指出社会主义市场经济产生的“利益格局的调整使人们的道德价值观念和取向发生多元化的变化，这是历史发展的现实”。第三，他坚持和发展了集体主义原则。罗国杰教授旗帜鲜明地指出，坚持集体主义原则是确保社会主义事业健康发展的伦理基石，是人类社会本质和社会主义市场经济现实所决定的。第四，他提出了社会主义道德建设的整体思路。随着我国改革开放程度加深，社会结构和社会生活方式都发生了深刻变化。面对日益复杂的社会关系，罗国杰教授提出了以社会主义道德为核心，以“五爱”为基本要求，涵盖社会公德、职业道德、家庭美德、市场道德的整体建设思路。①

马克思主义“新德性论”是罗国杰教授对马克思主义的创新发展。有学者指出，德性主义是罗国杰晚年主要理论或思想命题之一，对它的理解不仅是研究罗国杰思想的重要环节，也是研究当代马克思主义伦理思想中国化的重要任务。《学术自述》反映了罗国杰最终的思想意愿和学术期待，可称为“伦理学遗嘱”，其中提出的新德性论表明对道德概念本身认识的一个重要变化，即从早期的《伦理学》等代表的从社会意识形态和思想上层建筑的角度认识、分析道德，到晚年转入沉思人的精神世界，以主体普遍性的德性为核心思考人的生存之境，并由此观照、探察道德，从而再次论定伦理学的功能与伦理学人的使命。罗国杰的德性论深深植根于中国人的精神文化世界之中，蕴含着一种具有远古渊源的德性传统的重叙和对现代道德问题的全景性视观，无疑有益于我们立足民族文化建设中国特色和中国气派的伦理学。他以一种全新的灵活性在中国传统德性论、西方理性主义德性论与历史唯物主义的密网中游刃有余，其辩谈追求德性、德行与规范的统一，体现出故土情怀、现代道德观、理性方法和包容态度之方法特色，因此能直达现代社会道德问题的视阈极境。新德性论亦是一个将世界观、人生观、价值观和德性观辩证统一的教育伦理理论体系。② 有学者概括，罗国杰教授新德性论思想的重要影响体现在多个方面。第一，这一思想揭示了伦理学学科性质、功能和愿景，强调伦理学教学研究应该以充分体现实践性哲学伦理学理念、切实解释和解决现实社会生活中的道德现象和道德问题、研究和阐释人的德性及其有针对性的实现路径为宗旨。第二，这一思想注解了美德之为美德，对美德给出了完整的、辩证的阐释，在一定意义上回应并弥补了在美德论问题上的“人性说”“自由说”“善行说”“功利说”“义务说”和“习惯说”上存在的或多或少的问题或欠缺。第三，这一思想揭示了理想的“道德理想”。罗国杰教授在给当今中国道德理想或理想人格定位的基础上强调，道德理想或理想人格就是要追求崇高，这既反对了庸俗的所谓个性至上的道德理想或理想人格的谬论，也纠正了道德理想或理想人格不能要求太高的观点。第四，这一思想勾画了培育人的德性之图景。为实现“自我完

---

① 李建华、姚文佳：《罗国杰的社会主义道德建设思想》，《齐鲁学刊》2016 年第 3 期。

② 王文东：《德性主义的重叙和再建——罗国杰德性伦理思想简论》，《道德与文明》2016 年第 3 期。

善”和“慎独”，完善“人的德性”，罗国杰教授提出了以下几方面有针对性的要求：其一，必须坚持正确的价值导向；其二，让“道德需要”成为人生自觉的行为选择；其三，用中国优良道德传统和革命道德传统滋养人的德性；其四，在实践中提升和完善人的德性。①

罗国杰教授始终关注现实问题，提出的“以德治国”最终上升为治国方略。有学者系统梳理了罗国杰教授德治思想的主要内容。第一，罗国杰教授科学界定了法治和德治的内涵，我国社会主义法治就是依照我国宪法、法律来规范人们的行为，实施国家治理，而德治是建立于我国社会主义制度基础上的德治。第二，罗国杰教授全面探索了法治和德治的关系，他对中西方思想家关于德治和法治思想或理论都有一定的批判吸收，指出法治与德治相互区别，各有侧重，但又互相支持，互为依托；把德治作为对法治的补充而构成治国方略绝不是要无限夸大道德的作用。第三，关于如何落实法治德治相结合的治国方略问题，罗国杰教授从思想认识、领导干部带头实践、开展广泛深入的道德教育、加强规范化、制度化建设等方面提出了自己的建议。② 有学者指出，罗国杰教授德治思想的形成具有丰厚的实践基础和理论资源；对道德理想人格和学术素养的孜孜追求，以及第三代领导集体的德法合治方略也为罗国杰德治思想的发展和完善提供了重要条件。这一思想澄清了德治、法治与人治问题上的误区，强调了德治主体与重点群体，厘清了以德治国与民主政治的关系，挖掘了德治的理论意义与现实价值。③

有学者总结梳理了罗国杰教授的道德修养理论，指出道德修养论是罗国杰伦理思想的重要组成部分，包括三个最基本的起点，即重视自我反省的道德修养方法、坚持社会主义的价值导向、追求奉献社会和国家的理想人格。④ 有学者指出，罗国杰开展伦理思想研究已经形成了科学范式，这体现在三个方面。第一，积极推动伦理学科学共同体建设。他高度重视伦理学教学和科研机构建设，积极推动伦理学专业人才队伍建设；精心谋划和成立伦理学学术团体，组织开展研讨，促使全国伦理学科学共同体建设形成规范化体制和制度；积极推动伦理学科学共同体的价值认同，坚定地主张伦理学建设和发展要为社会主义现代化建设事业服务。第二，自觉运用历史唯物主义的方法论原则。致力于推进马克思主义伦理思想中国化、时代化和大众化；主张对中华民族传统道德要实行批判性的继承；主张伦理思想研究要理论联系实际、实事求是，倡导讲真话实话的科研作风。第三，恪守合乎中国道德国情的话语体系。他为展现伦理学的学科属性和使命而区分道德哲学与伦理学之语言学的界限；为推进伦理思想研

① 王小锡、郭建新：《罗国杰“新德性论”思想的价值旨归》，《齐鲁学刊》2016 年第 4 期。
② 龙静云：《罗国杰法治德治思想探析》，《伦理学研究》2016 年第 6 期。
③ 牛绍娜、陈延斌：《罗国杰德治思想及其时代价值》，《齐鲁学刊》2016 年第 3 期。
④ 李茂森：《罗国杰道德修养论的基点》，《道德与文明》2016 年第 3 期。

究的科学范式转换而拓展伦理学之道德语言的应用范围。① 还有学者指出，我们不仅要从伦理学学科的角度，而且要从中国特色社会主义事业主流意识形态建设的高度研究罗国杰伦理思想。罗国杰继承了中国传统文化中“经世致用”的传统，以高度的使命感将伦理学学科的建设与中国主流意识形态建设对接。他主编了国内第一本《马克思主义伦理学》教材，使社会主义精神文明建设有了坚实的学科支撑；提出了集体主义是道德的基本原则，成为社会主义精神文明建设的主旋律；主张“以德治国”的思想，为中国共产党在新形势下探索治理国家的基本方针作出了重大贡献。罗国杰教授以马克思主义为指导建设伦理学学科，夯实中国主流意识形态的思想道德基础。他总结提出了马克思主义的新德性主义思想，积极推动对青年一代的思想教育工作，加强主流意识形态建设。罗国杰教授密切联系现实，推动应用伦理学和思想道德教育的发展，扩大中国主流意识形态的影响力。他高度重视伦理学在社会实践生活当中的应用，他将伦理学分为理论伦理学、规范伦理学和实践伦理学，呼吁学界加强对应用伦理学的研究，他本人尤其在职业伦理和生态伦理研究方面做出了不懈的探索。② 有学者指出，罗国杰教授始终重视对道德原则的研究，在社会主义基本道德原则是一个还是多个的问题上，驳斥了多原则论；在社会主义道德的基本原则是什么的问题上，驳斥了取消集体主义地位的种种主张；在社会主义道德原则的总体框架上，坚持集体主义为基本原则，社会主义人道主义和社会主义公正为重要原则。针对罗国杰教授在道德原则问题上出现的转变，应坚持用发展的全面的观点从总体上把握罗国杰道德原则思想的实质。既不能简单地用后来的观点否定早期的观点，也不能用早期的观点简单地否定后来的观点，更不能断章取义，只见树木，不见森林，而要从总体上把握罗国杰道德原则精神的实质，动态把握道德原则思想从提出到发展完善的过程，辩证地看待若干表述的变化。③

（五）生态文明

2012 年 11 月，中共十八大从新的历史起点出发，做出“大力推进生态文明建设”的战略决策，从十个方面绘出生态文明建设的宏伟蓝图。生态文明建设关乎如何对待人与自然关系这一伦理学重要问题，因而对生态文明的关注成为伦理学界研究的一大焦点。建设生态文明，必须有伦理学作为基础，以便为其提供伦理原则和道德规范。生态文明建设的伦理学基础主要有：马克思主义伦理学、生态伦理学、发展伦理学。其中，马克思主义伦理学作为关于道德的科学理论，从总体上和根本上为生态文明建设提供伦理指导；生态伦理学作为研究人与自然关系的新学科，着眼于人类所

---

① 钱广荣：《罗国杰的伦理思想研究科学范式述论——兼议中国伦理学的建设与发展》，《道德与文明》2016 年第 3 期。

② 周中之：《罗国杰伦理思想与中国主流意识形态建设》，《齐鲁学刊》2016 年第 3 期。

③ 姚郁卉：《罗国杰道德原则思想论纲》，《齐鲁学刊》2016 年第 4 期。

面临的生存危机并从“生存”层面为生态文明建设提供伦理内核；发展伦理学作为研究发展问题的新学科，则着力于人类所遭遇的发展困境并从“发展”层面为生态文明建设提供伦理导向。生态文明建设就是要解决人如何才能“生存和发展得更好”这个有关人类命运与前途的大问题。① 有学者从人疏离自然的历史观念出发，考察了传统伦理文化内蕴人与自然同一性的精神资源。通过普遍理性主义对传统伦理文化进行价值颠覆的“现代性”道德，在彰显人的主体性及伦理价值的同时，由于人与自然伦理价值观盲点，使现代人陷入孤独、空虚等道德心理困境。生态正义是生态文明的伦理升华。就本质内涵而言，生态正义是社会正义在人与自然关系中的拓展，正义不仅存在于人与人之间，也存在于人与自然之间，正义原则在人与自然关系中的应用与拓展，直接催生了生态正义。社会制度则是生态文明的现实保障，生态重建与社会重建是不可分割的，建设生态文明，根本出路是要消解资本逻辑，扬弃资本力量，从制度建构上解决生态环境危机。②

人类发展历史始终贯穿着人们对人与自然关系的思考。有学者指出，在众多思想资源中，儒家生态特点最为鲜明。孔子和孟子的“仁学”，含有我国先秦儒家优秀的生态思想。孔孟本着“爱人”的“仁德”，运用“能近取譬”的“仁之方”，推己及人，立己立人，成己成物，推“亲亲”及“仁民”，再推“仁民”及“爱物”，彰显了尊重自然、顺应自然、保护自然的理念。③有学者指出，相对于西方环境美德伦理学，中国儒家环境美德伦理学更具有理论和实践优势。但现有的环境美德伦理学基本上沿袭了亚里士多德的幸福主义路线。儒家的环境美德伦理，特别是以王阳明为代表的版本，则与此不同。一方面，儒家环境美德伦理学的核心在于有德之人与万物一体，因此，有德之人的福祉也就意味着宇宙万物的福祉，从而可以避免人类中心论。另一方面，王阳明将传统儒家的“爱有差等”观念扩展到处理人与人之外的存在者之间的关系。依此，有德之人与万物一体并不意味着无差别地对待万物。④ 追求“天人合一”是中国传统思想的根本特质，有学者指出，“天人合一”关键是以天道推究和规定人道，实现人道对于天道的“诚”与“弘”。面对人与自然之间的现实生态危机，生态伦理吸收借鉴“天人合一”的思想精髓，着力实现人类伦理文化模式的生态转型。从“天人合一”到生态伦理的返本开新，旨在革新人的生存之道，和解和谐人与自然的实践关系。⑤ “天人合一”作为中国传统文化核心观念之体现，在近现代的研究中经历了宗教神秘化解释、理性文本化解释、审美与伦理化解释、生态维度解释的存在论转化历程，反映了作为世界观的天人合一原初观念在被赋予现实指向后

---

① 李桂花、于天宇：《生态文明建设的伦理学基础》，《学习与探索》2016 年第 5 期。
② 田启波：《生态文明的四重维度》，《学术研究》2016 年第 5 期。
③ 钱耕森、沈素珍：《孔孟“仁者爱人”说与生态文明》，《齐鲁学刊》2016 年第 2 期。
④ 黄勇：《儒家环境美德伦理》，《华东师范大学学报（哲学社会科学版）》2016 年第 3 期。
⑤ 杨英姿：《返本开新：从“天人合一”到生态伦理》，《伦理学研究》2016 年第 5 期。

逐渐转向方法论的整体趋势。①

马克思主义哲学中也蕴含着丰富的生态伦理思想。一方面，马克思批判了导致人和自然相分离的形而上学自然观，以及资本的反生态性，阐述了人与自然的辩证统一关系；另一方面，马克思超越了人类中心主义极端的立场和生态中心主义的片面主张，以人的实践为逻辑出发点，给予人与自然关系的深刻价值阐释。围绕人与自然、人与社会的矛盾关系的解决，马克思提出共产主义的社会形态，为解决当代生态问题指明了社会变革之路。② 有学者指出，马克思生态伦理思想的科学内涵包含两个基本维度——对旧哲学自然观的扬弃和对资本主义生产方式的批判。在当代中国，正确认识和科学理解马克思生态伦理思想的深刻意蕴，对于深化对五大发展理念中绿色发展理念的认识，进一步推进社会主义生态文明建设，无疑具有重要的理论价值和现实意义。③ 党的十八大以来，以习近平同志为核心的党中央提出了治国理政的新思想新理念新战略，把绿色发展理念确立为五大发展理念之一，把持续推进并拓展深化社会主义生态文明建设摆在了突出重要的位置上。习近平的绿色发展理念内涵丰富，是对马克思主义自然观的继承和弘扬，是对中国优秀传统文化和人类优秀文明成果的吸收和借鉴。习近平的绿色发展理念坚持唯物主义世界观，强调顺应自然、尊重规律、人与自然和谐相处；发挥生产力对于推动社会进步的决定性作用，强调改善生态环境就是发展生产力；坚持唯物辩证法的根本方法，强调经济发展和生态保护的辩证统一；凸显普遍联系的整体思维，强调绿色发展是一项系统工程；坚持以人为本的价值取向，强调良好生态环境是最普惠的民生福祉。④

在生态伦理学发展的过程中，形成了许多非常有影响力的主张。针对生态主义，有学者指出，在人类文明的演化史上，生态主义伦理思想的发展经历了一个“关注生物个体—关爱生命整体—关怀生态实体”的生命演进历程。如果说，“生物中心主义”关注生物个体的生命权益，但由于缺乏普遍的“实体性”依托，最终处于“作恶的待发点上”，遭遇“伦理”——“道德”形态的分裂与对峙，那么，“生态中心主义”则将伦理关怀的中心由个体生命拓展到整个自然生态系统。⑤ 环境人权说也是生态伦理学中一种日渐流行的观点，有学者对这一观点进行了分析。环境人权是在全球环境危机的背景下为应对日益严重的环境问题给人类造成的威胁和挑战而提出来的。对环境人权的主体进行审慎的伦理界定，能够为正确合理地解决环境问题和缓和各种因环境问题而产生的矛盾冲突提供强有力的现实价值支撑。⑥ 社会生态人从人与

---

① 包庆德、杨铮：《天人合一：生态维度解读及其存在问题述评》，《伦理学研究》2016 年第 1 期。
② 齐晓明：《理论批判与价值超越：马克思生态思想探究》，《北方论丛》2016 年第 2 期。
③ 严文波：《马克思生态伦理思想的两个基本维度及当代意义》，《云南社会科学》2016 年第 4 期。
④ 向海英：《习近平绿色发展理念的哲学基础》，《华南师范大学学报（社会科学版）》2016 年第 6 期。
⑤ 牛庆燕：《生态主义“伦理”——“道德”形态的逻辑进路》，《中州学刊》2016 年第 11 期。
⑥ 冯庆旭：《环境人权主体的伦理界说》，《中州学刊》2016 年第 5 期。

自然、人与社会、人与人、自然与社会、人与自身的关系出发，从处理这五大关系中折射出社会生态人的伦理维度和价值诉求，孕育出社会生态人的伦理价值观，即和谐生态伦理观、和谐社会观、生态文明观、生命价值观。这四种伦理价值观维度反映了社会生态人对自然、社会、生态和人生的基本态度和伦理构想。① 有学者指出，以德性为根基构建环境道德，有助于摆脱西方环境伦理学的困境，促进环境道德的理论发展和广泛践行。

也有学者呼吁，在对生态文明建设给予理论思考的同时，更应该推进环境治理实践历程的发展。随着世界范围内生态环境危机的日益严重，人们从不同的视角关注环境污染和生态失衡问题的解决，其中一个角度就是道德视域。② 有学者阐述了公民环境道德在生态文明建设中的重要作用。公民环境道德培养具有重要的时代价值，是应对不断恶化的生态环境的迫切要求，是现代公民素质培养的内在需要，也是落实绿色发展理念的时代选择。在新形势下，根据绿色发展理念的要求和引领，结合公民环境道德的特点，可以从协同教育、主体能动、实践参与、舆论导向等方面构建有效的公民环境道德培养机制，引导公民树立科学的生态观念，培养公民良好的环境道德观念，助推我国生态文明建设进程。③

（六）道德治理

道德治理是国家治理的重要维度。立足中国国情来看，道德治理既凝结着传统中国社会治理的经验和智慧，同时也是国家治理体系和治理能力现代化的应有之义。国家治理本身负有伦理使命，国家治理的种种行动本质上也是或者应该是伦理行动。有学者指出，国家治理是国家治理者借助于一定的理念、机构、规范、人员等对国家的运行进行综合整治的活动。它是一个政治问题，也是一个伦理问题。目前，我国正处于从现代化大国迈向现代化强国的关键时期，全面深化改革的总目标是要完善和发展中国特色社会主义制度，推进国家治理体系和治理能力的现代化。在此时代背景下，从政治伦理的视阈对国家治理问题展开深入系统的探究，不仅能够凸显国家治理的伦理意蕴或道德价值，而且能够对我国当前推进国家治理体系和治理能力现代化的历史实践提供有益启示。国家治理的核心伦理问题，是必须保证国家公共权力在人类道德价值观念允许的范围内运行，其核心任务是必须保全国家公共权力的内在善性，杜绝政治腐败，强化国家治理的道德合理性基础。国家治理的最重要伦理价值目标是维护分配正义。分配正义、国民基本权利和国家公共利益在本质上具有内在一致性。共享发展理念，就是以强调分配正义为核心内容的中国特色社会主义发展理念，是国家治

---

① 钟贞山：《社会生态人的伦理价值观》，《江西社会科学》2016 年第 1 期。

② 朱兆香：《理论与实践的冲突：当代环境道德治理有效性剖析》，《湖北大学学报（哲学社会科学版）》2016 年第 6 期。

③ 郑士鹏：《公民环境道德培养机制研究》，《中州学刊》2016 年第 6 期。

理走向现代化的最重要标志。在伦理手段的选择上，从以德治为主、法治为辅的国家治理模式转向德治和法治相结合的国家治理模式，有助于对国家公共权力的运行进行“双保险”式的管控，从而使德治和法治方略真正成为国家治理的手段善或工具善。在国家治理的国际伦理空间中，克服狭隘民族利己主义的伦理路径在于，确立尊重国情差异性和世界文明多样性、积极促进世界和平与发展的国际伦理观，承担维护国际正义的道德责任。①

从道德治理这一概念的内涵来看，其意指“以道德手段进行治理”，即运用“应当”和“不应当”这种特殊命令方式发挥其“扬善”“抑恶”的作用。人的善恶观念并不是来自先天的预设，而是由其所处特定社会的现实经济关系所决定，是人们在调整社会经济关系的过程中所产生的一种需要，这种客观需要和历史要求正是道德生成和发展进步的内驱力，这种内驱力首先表现为“抑恶”的需要，也即道德生活的首要定位是“治理”，治理人在利益关系中的态度倾向和行为选择问题。所以，“抑恶”是道德治理的逻辑基点，道德治理是道德发展进步的逻辑要求。但是，“抑恶”仅仅解决了道德治理的必要性问题，但必要性不等于可能性，必要条件不等于充分条件。道德治理要想深入人心，“抑恶”必须从客观必要转为主观需要，这需要从学理上进一步回答道德治理何以可能的问题。“扬善”则是更多地以肯定的语气激励和引导人们求真向善的价值选择，保障着道德发展进步的可能性。总而言之，善从根本上对恶具有价值优先性，并不代表善对恶具有逻辑优先性。这是道德治理的认识前提，也是道德治理的逻辑前提，道德治理就是以“抑恶”的禁止性命令和“扬善”的激励性期待相统一的方式不断推动道德发展进步。② 与道德治理这一逻辑进路相对应，有学者指出，道德治理有其独特的运行机制。道德治理既需要从社会的现实道德水平出发，又必须树立起更高的道德理想，从而为人们的行为选择提供导向，并将人们的行为不断引入到一个更加和谐的秩序化水平。再加之，道德治理目标的层级性和道德治理手段的多样性，道德治理的实现是一个循序渐进的过程，在其实现上是不可能一蹴而就的。一般而言，道德治理可以划分为这样三个阶段：初级阶段、中级阶段和高级阶段。在道德治理的初级阶段，由于主体对道德治理认识的不充分性和没有形成稳固有序的社会人伦关系，因此，在这个阶段的道德治理，应以外在的道德规范的治理为首选，主要从外在道德规范的角度对身处伦理关系中的个体进行调控。在第二个阶段，由于主体已经对道德治理有了进一步的认识基础，社会人伦关系也正趋向于稳固有序，这个阶段就可以实现道德治理从外在道德规范到内在道德自觉的转化，从而保证道德治理的时效性和针对性。在道德治理的高级阶段，社会整体以及社会成员对道德治理有了较高的认识基础，并在处理伦理关系方面有了较为一致的规范和原则，社

① 向玉乔：《国家治理的伦理意蕴》，《中国社会科学》2016 年第 5 期。

② 王艳：《道德治理：道德发展进步的历史逻辑》，《道德与文明》2016 年第 1 期。

会人伦关系总体上较为和谐有序，这个时期最主要的是要培植内部调节机制，使道德治理从社会个体的外部走向内部，真正成为每个社会个体自觉的行动意识和行为规范的内在约束力量，促使个体与社会走向全面发展与完善。①

道德治理是国家治理体系中必不可缺的重要一环。有学者指出，在当前的民情、世情、国情下，基于道德治理在国家治理中的作用，其对社会关系的调节，可以通过推动社会秩序形成、促进社会力量整合和导向社会思想统一等三个视角来认识。首先，道德治理恰恰就是以道德原则和价值规范，以应对和纠正那些偏离社会秩序以及与社会秩序相冲突的行为，进行道德调控以构成社会秩序的过程。社会秩序并非天然形成，而是需经人为治理形成的客观性关系。这种客观性关系所形成的内在原则与规范，就构成社会关系的内在秩序，并借由这种秩序外显为人类社会的道德原则和价值规范。其次，社会整合既在于维护社会秩序，也是社会保持持续发展的内在要求。整合作为道德治理的一个重要形式，既能“修己”，又能“安人”。整合的目的在于使社会形成一个整体，从而激发社会整体的力量，实现社会功能系统最大的创造能力。在一定程度上而言“修己”与“安人”，就意味着人在社会中承担一定的职分或角色，履行自己的道德义务和承担既定的道德责任。最后，每个时代应该奠定什么样的意识形态，从而能够依据人们的思想状况的实际，采取一定的道德治理手段统一思想，形成核心价值理念，这才是道德治理理论的基点。道德治理作为国家治理的一种重要方式，是以个人与社会的有机统一为基本指导思想。其不仅强调个体的主体精神，而且更为强调社会的完善、群体的和谐对个体完善所具有的治理意义。目标的实现，就必须转化为人们行为的动机，成为激励人们服膺道德治理的精神力量，从而使目标从观念转化为现实。②

值得注意的是，道德治理既带有历史的底蕴，又必须保有时代特色。如何让道德治理立足时代背景发挥功效？有学者针对这一问题指出，以改革开放为节点，中国社会价值观从改革前到改革后经历的变迁表现出这样的总体镜像，即从一元价值观向多元价值观转变、从整体价值观向个体价值观转变、从神圣价值观向世俗价值观转变以及从精神价值观向物质价值观转变。这些转变是一把双刃剑，一方面它为中国带来了世界经济奇迹、公民意识觉醒、民主政治发展、社会财富积累，另一方面却又使中国出现了严重的贫富差距、人文精神失落、高发的官员腐败、价值与道德危机。虽然这些结果是多因素综合作用形成的，但是从理念层面来讲便要归因于社会价值观变迁。国家治理现代化是为了应对这些挑战而开展的政治变革，在政治理念上就是要进行价值重构，包括对社会的价值目标、价值尺度和价值取向等的重构。这意味着国家治理

---

① 王乐：《试论道德治理的三个阶段》，《伦理学研究》2016 年第 5 期。

② 张溢木：《道德治理：调节社会关系的三个视角》，《江西师范大学学报（哲学社会科学版）》2016 年第 4 期。

将不再是政府单方面的、封闭的、自上而下的权威统治，而是多元治理主体协同的、民主的、法律的、道德的治理。[1] 乡村治理是社会治理的一个缩影，以乡村治理为样本，可以窥见转型期中国社会治理模式相应发生的转变。中国自古以农耕文化为根基，在中国农村社会治理中，家庭关系是基础且重要的一环，“慈孝”历来是中华传统美德的重要组成，在封建社会中发挥着非制度性的社会治理职能。随着时代变迁，以传统“慈孝”思想为基础的封建家庭伦理模式已经失去其赖以存在的社会经济基础和政治环境，但“慈孝”精神仍然传承至今，仍然具备内外两个向度，即家庭和社会。一方面是“父慈子孝”的个体道德规范，另一方面是人际关系和谐的社会伦理原则，而后者正是中华传统文化基因之一，“慈孝”美德的弘扬对于家庭关系乃至人际关系的和谐具有不可低估的重要价值，同样与当今时代主题交相辉映。“慈孝”美德对于家庭关系融洽、人际和谐、文化代际传承、社会稳定等都具有积极的意义和价值，因而传统的“慈孝”文化在中国农村仍然继续发展着。但随着时代的变迁，中国农业社会原有的“熟人社会”交往模式逐渐发生变化。相应的，传统“慈孝”美德的存在基础和内涵也逐渐发生转变，因而要想重塑“慈孝”美德在乡村治理中的重要功能，需要完善“慈孝”美德教育的培育机制，需要激发农村社会活力的参与机制的创新，还需要法律手段等外在的制约机制作为保障。[2]

（七）法治与德治

法治和德治是国家治理的两种重要方式。2016 年 12 月 9 日，中共中央政治局就我国历史上的法治和德治进行第三十七次集体学习。习近平在主持学习时强调，法律是准绳，任何时候都必须遵循；道德是基石，任何时候都不可忽视。在新的历史条件下，我们要把依法治国基本方略、依法执政基本方式落实好，把法治中国建设好，必须坚持依法治国和以德治国相结合，使法治和德治在国家治理中相互补充、相互促进、相得益彰，推进国家治理体系和治理能力现代化。法治和德治关系是学界的焦点之一。有学者研究指出，法律和道德是规约人类社会行为的两大基本规范，二者虽同属上层建筑，但在理论和实践中却呈现出多维差异和相互影响。这种哲学关联反映在我国的治国方略上便表现为“法治”（依法治国）和“德治”（依法治国）的有机统一。然而，在我国贯彻治国方略的历程中，却生发出三个有待厘清的时代论题。一是法律和道德是否构成一对矛盾？关于这一问题学界主要存在两种观点，“不置可否说”和“肯定说”。既不能说没有道德就没有法律，因为道德只是法律产生的主要源泉，风俗习惯、宗教准则等也是法律规范的重要来源；也不能说没有法律就没有道

① 廖小平、孙欢：《价值观变迁对国家治理现代化的诉求》，《伦理学研究》2016 年第 3 期。

② 魏艾：《传统“慈孝”美德的农村社会治理之维》，《东南大学学报（哲学社会科学版）》2016 年第 2 期。

德，因为法律后生于道德。虽然说法律和道德是相互渗透、密不可分的，但事实上二者是一种相互交叉的关系，而非相互依存的关系，因而不能建构成一个矛盾统一体，从而我们也不能把二者界定为一对矛盾。二是德治是法治的基础还是法治是德治的基础？在“基础”问题上，对法治和德治关系的正确界定应当是两者互为基础。但也应当承认，二者的指向是不同的：“德治是法治基础”中的法治指的是“底线道德”的治理，“法治是德治基础”中的德治则强调的是“高层次、高水平”的道德的运行。“高层次、高水平”的道德调控是法治的价值旨归和灵魂，而法治又是“底线道德”运行的重要保障。因此，完整科学的概括应当是：德治是法治的基础和灵魂，法治则是德治的保障和基础。三是依法治国和以德治国有无重点之分？认为依法治国和以德治国存在重点之分是不科学的。因为这一命题预设的理论前提是不能够成立的。实际上，依法治国和以德治国何为重点是一个十分复杂的问题，两者之间没有绝对的主次之分、重点之别。二者的功能是各有所长，也各有所短。我们还是应当坚持依法治国和以德治国同等重要，两手抓，两手都要硬。① 在法治与德治之间保持均衡是大多数学者的共识。有学者指出，以德治国与依法治国是相互交叉、相互渗透的，两者并非相互隔离的个体。我们既不能割裂二者之间的联系，也不能误入“重德轻法”或“重法轻德”的失衡陷阱，它们在国家治理体系中应该相辅相成、相得益彰、齐头并进。只有这样，才会实现良法善治的理想社会。我们要善于从传统中发掘有利因素，使传统产生创造性转化，让现代的法治深深扎根于自己的民族传统之中。建构中国特色社会主义法治体系，一方面要善于汲取中国传统法律文化的精华。中华法律文化流淌至今，虽数经风雨，屡历艰险，但终于形成了令世界瞩目的中华文明，积累了丰富的历史文化资源。它不是简单的历史文献的堆积，而是一条生生不灭、活水长流的文化之河，是深刻作用于后世思想和行为的“文化模式”，是重构、新建法律文化时不可缺少的本土资源。另一方面，社会主义法治体系的建构，离不开人们道德观念和法律意识的与时俱进。中国特色社会主义法治体系能否成功构建，在很大程度上取决于人们的思想观念、道德水平、行为模式以及诸因素与法治意识的有机结合。②

德治与法治关系背后渗透的一个基本问题是道德与法律的关系问题。法治与德治、法律与道德究竟有没有关系？如果有，这种关系又是怎样的？在诸如此类的问题上，学界存在两种观点：一种观点认为，法治与德治、法律与道德各自不同、相互独立、彼此外在，没有关系，从而走向关于依法治国与以德治国的差异性研究，我们可以把这种观点称之为“德法独立论”；另一种观点认为，法治与德治、法律与道德相辅相成、相得益彰，关系明显，从而走向关于依法治国与以德治国的关联性研究。在

① 余达淮、陈光洁：《“法治”与“德治”关系三题》，《道德与文明》2016 年第 2 期。

② 李交发、李天助：《“以德治国”与“中国特色社会主义法治体系”》，《湘潭大学学报（哲学社会科学版）》2016 年第 3 期。

依法治国与以德治国的关联性研究中，绝大多数学者主张法律为先，断言法律是比道德更有效的治理方略与制约机制，因此，正确的取向是让道德与法律相关，从道德向法律关联，从道德走向法律即道德法律化，而不主张让法律与道德相关，从法律走向道德即法律道德化。我们可以把这种观点称为“法律优先论”。德法独立论和法律优先论都应当受到批判。道德总是处于法律的上位，法律只是道德的底线。与法律相比，道德是更高的规范和要求，具有更多的优先性与优越性。法律必须从道德中汲取力量，如果法律失去了道德的价值保证，注定就会失去自身的合法性，而成为一种外部的强制力量，成为一架可怕的暴力机器，至多只有出于功利需要的消极守法。只有具备了对法律的道德认同与情感尊重，法律才不再是异化力量，不再是一纸空文，自觉守法才会产生。有鉴于此，应该倡导从法律走向道德即法律道德化，而不是从道德走向法律即道德法律化。[①] 有学者指出，道德与法律作为调整人们行为、维持社会秩序的两种最主要的社会规范，在人类社会发展过程中发挥着重要的作用。道德作为在人类社会中自觉生长的规范，是依靠社会舆论、人们的内心信念及传统的习俗来调整人们的行为并维持基本的社会秩序；而法律则是社会发展到一定阶段，仅仅依靠道德来调整人们的行为不足以维持社会秩序的情况下而产生的，是依靠国家的强制力来保障实施的行为规范。自道德和法律成为调整社会关系的两大基本手段以来，两者就共同发挥着治理国家和社会的功能。在理论层面，道德与法律相互结合于法哲学；在实践层面，德治与法治共同结合于国家治理体系。社会法学派认为自然法学派过分注重了法律的道德内容或道德基础，而实证法学派则过分注重了法律的形式，所以其既反对将道德与法律合二为一，也反对将两者截然分开。在马克思主义法学看来，道德是人类社会中一个永恒的规范，只要人类社会存在，就离不开道德的规范；而法律则是历史的范畴，是人类社会发展到一定历史阶段的产物，它会随着国家的消亡而消亡。自古迄今，在治理层面，道德与法律的关系存在着三种模式：一是道德至上模式；二是法律至上模式；三是道德法律互动模式。在解决法律与道德的关系问题上，道德至上模式、法律至上模式和法律道德互动模式在合理程度上呈现出由低到高的次序，这就使得一个国家在处理法律与道德关系时存在着由道德至上模式向法律至上模式，进而向法律道德互动模式演化的发展趋势。[②] 针对法律与道德的关系问题，有学者在制度伦理的视阈下讨论了法律伦理。当代中国制度伦理建设的根本任务在于解决国家公权力的道德合法性问题，而法律又是现代法治中国国家公权力唯一合法来源。因此，让具有中国特色的法律伦理的现代“到场”，用以构建当代中国法律的现代伦理品格，这应属我国制度伦理建设的核心命题。而要完成当代中国法律伦理现代品格的塑造，根本问题在于如何让当代中国法律具有道德以及具有什么样的道德？无疑，在法

① 戴茂堂、左辉：《法律道德化，抑或道德法律化》，《道德与文明》2016 年第 2 期。

② 韩克芳：《论国家治理现代化过程中德治与法治的结合》，《学术探索》2016 年第 12 期。

律是民主的制度化与法律化的今天，只有以人民当家作主的民主方式实现对“国家公权力”的完全驾驭，才能真正让当代中国法律具有现代伦理品格。同时需指出的是，当代中国法律应具有的现代伦理品格，不是实现一般意义上的自由或平等，而是实现制度意义上的、以公共利益为基础的、兼顾起点与结果平等的公平正义。①

（八）消费伦理

当代中国社会金钱至上、消费主义的思潮弥漫，已经成为社会主义精神文明建设的重要挑战。有学者指出了当代消费主义文化的三重伦理悖论。消费主义是现代社会的产物，它已成为现代社会的一种存在样态。与前消费主义时代相比，现代社会在消费主义流行之际，由于生产劳动被抽象地规定为“一般劳动”而使个性、需求以及人的整个生存发生异化。首先，消费主义作为一种事实上的流行思潮伴随着市场经济的扩张也必然侵入到伦理实践的领地。人们沉浸在消费类型化、同一化的狂欢之中，在彼此的共在和形式平等中幻想个性的真实展现。事实上，这其实不过是服从了表面上体现为差异化、个体性而实际上是同一的符号编码的操纵。现代意义上的个体和个体性依然挣扎于个性与普遍性的矛盾之中，其伦理实践也就逃脱不了受诸如广告、流行元素等蒙蔽乃至被操纵以及整体上的物化命运。其次，现如今的人们越来越发现前消费主义时代，在满足真实需求、追求自我生存意义上所具有的优于现代社会消费主义精神的具体性和自然性。在消费主义时代，生产活动完全脱离了它的自然规定，仅从抽象性上被理解为“一般劳动”，从而也就被错误地理解为“财富的唯一本质”。而且，消费主义时代的产品不再被看作是源于自然的特殊东西，而是被看作源于“一般劳动”，并且财富的本质就是“一般劳动”。这使得虚假需要可以获得“永恒化”的表象，催生出更多“为消费而消费”的荒诞行为。第三，消费主义所推崇的占有性的生存方式不外是人被普遍的同一性、被虚假需要所操纵，而忽略了生存或生命体验本身的价值和意义。一方面个体对商品的占有导致对自我的占有，自我成为一种商品而被符号化，成为一个空洞的形而上的自我，缺乏与商品之间实际的互动；另一方面，从整个社会来说，消费主义使得资本主义条件下的资产阶级和无产阶级都无法逃脱这一占有性生存方式的操控。② 对于中国社会而言，经过近 40 年的改革开放，中国的生产力水平有了大幅度的提高，人们的生活水平和生活质量也得到了很大的改善。在社会物质产品极大丰富的同时，出现了以享乐主义和消费主义为核心的“炫耀性消费”“奢侈性消费”“一次性消费”等现象，人们的消费观念和消费方式发生了巨大的变化，给我们赖以生存的环境和资源造成了巨大的破坏与浪费，必须认识

① 付鹤鸣：《法律伦理：当代中国制度伦理构建的核心命题》，《伦理学研究》2016 年第 5 期。
② 朱晓红：《现代社会消费主义的三重伦理悖论》，《浙江社会科学》2016 年第 8 期。

到，消费主义的生活方式不利于经济的可持续发展，也不利于我国产业的健康发展。①

消费主义的危害是学者们集中讨论的一个方向。有学者指出，消费主义鼓励人们极力追求炫耀性、奢侈性消费，追求无节制的物质享受，将物质消费看作生活目的和人生价值。消费主义崇尚感官刺激、物欲至上、享乐第一，忽视人的精神追求和全面发展，是一种有悖于人的本质的消极文化形态。消费主义的"符号性"造成消费主体自主性的丧失；消费主义的"单面性"造成消费主体的异化；消费主义的"碎片化"使得消费意义被解构；消费主义的"过度化"使得消费方式急需转化。在当下中国，消费主义思潮的"境遇主义"带来价值迷惘；消费主义思潮的"享乐主义"冲击了合理的人生观；消费主义思潮对可持续发展观带来严峻挑战；消费主义思潮对当代中国大众文化产生了不良影响。因此，应当高度注意消费主义思潮的"价值"解构与核心价值导向问题、消费主义生活方式与绿色价值观构建问题和核心价值观对大众文化的引领问题。② 有学者从意识形态的高度审视了消费主义，指出意识形态既有理论化的存在形式，也有感性化的存在形式，消费主义就是一种感性化的意识形态。它以大众文化产品为载体，不断制造虚假需求，将本质上是资产阶级增加利润的需求通过大众传媒演绎成每个人都要追求的目标。消费主义从生活方式到价值观再到社会制度，一步步将资本主义作为样板和榜样推销给广大发展中国家，它是为维护国际垄断资本的根本利益和整体利益服务的，它的感性化存在和传播方式决定其危害更为隐蔽，容易引起误解、混淆视听。因此，有必要从消费价值、模式和立场上，认清消费主义这一社会思潮的真实面目。消费原本是促进人的自由全面发展的重要手段和方式，但是，消费主义崇尚以物为本的消费观，倡导大量浪费的消费模式，过度宣扬消费自由，这使它陷入现实困境：以物为本的消费观使人陷入物欲的泥潭；大量浪费的消费模式为生态环境带来不能承受之重；过度崇尚的消费自由虚构了一个难以实现的乌托邦。因此，需要建构科学的消费观，实现从以物为本到以人为本，从大量无节制浪费到适度消费，从个人自由到社会责任的转变。③ 有学者针对消费主义刺激产生虚假需要举出了例证——大学生网贷。从消费特点看，时尚性消费、超前性消费、炫耀性消费、冲动性消费的愈演愈烈已成为大学生贷款消费的主要特点，由父母买单、由明天买单，被看成是理所当然的事情，消费主义倾向日益严重；从网贷环境看，商人、资本、媒体、社会甚至政府都在有意无意地刺激需求，创造需求乃至伪造需求，这个过程既是一个刺激消费的过程，也是一个放大风险的过程，大学生在这个过程中被诱导出越来越多的虚假需要，产生了越来越多的额外压力，大学生网贷的乱象和悲

① 刘飚：《中国消费主义发展的伦理思考》，《学术探索》2016 年第 11 期。

② 贾雪丽：《消费主义思潮及对社会价值观的影响》，《齐鲁学刊》2016 年第 1 期。

③ 余保刚：《消费主义思潮的困境与超越》，《南京师大学报（社会科学版）》2016 年第 6 期。

剧就其实质而言，是现代社会消费主义倾向以及由此引发的虚假需要过度膨胀而导致的恶果。①

消费主义带来的不良影响是多方面的，以生态环境为例，在消费主义价值形态的影响下，异化生产和过度消费及随之而来的人的价值物化和精神贫困化使生态文明建设面临着物质和精神两个层面的挑战。异化生产和过度消费使得人与自然在物质交换过程中出现了不可逆转的“物质变换裂缝”，而价值物化和精神贫困化让人逐渐丧失对消费主义价值形态下的异化生产和过度消费的批判和纠偏能力，使得生态危机进一步加剧。因此，要有效推进生态文明建设，需要克服资本逻辑下的异化生产和过度消费，不断丰富人的价值世界和精神生活。② 在生态文明与消费主义的问题上，有学者指出，形成于工业文明时代的消费主义对人与自然的和谐构成了巨大威胁。在生态环境日益恶化的当下，用生态文明的视野对其进行反思与批判，有助于人类更好地生存和发展。基于这种反思，提出以生态化消费来消解并取代消费主义，探讨通过生产、生活方式的变革来实现“消费得更少，但生活得更好”。③ 有学者指出，建设生态文明的关键在于克服消费主义。“将生态文明建设融入社会建设”的根本旨趣在于保护人民的生态人权。政府据此而进行的“生态社会建设”之民生工程具有重大意义，但其质底上只是“治标”工作，因为政府行为只是“生态社会建设”的“外因”。社会的主体是人民群众，他们是生态资源和产品的直接生产消费主体和废弃物的排放主体，因此，只有人民群众主动参与的“生态社会建设”才是“内因”，才具有“治本”的意义。而既然人民群众是“生态社会建设”的主体，就要求每一个人都在其中扮演角色和承担责任；在社会公众所应承担的责任中，最重要者莫过于克服国人在工业文明时期养成的“消费主义”生活方式，这是社会领域中反生态文明的质底因素，不克服这种生活模式，生态文明就不能在根本上取代工业文明。据此，“将生态文明建设融入社会建设”的关键是：克服“消费主义”的生活方式。④

对消费主义的反思和批判早已经引起了全世界思想家们的关注。有学者对鲍德里亚关于消费主义的批判进行了剖析。在当今社会，“消费与浪费”是比剥削更隐秘的管理和控制的方式。鲍德里亚指出，在这种管控方式中，主要通过“消费中的浪费”和“浪费中的消费”两种逻辑来进行。这应是与世界上绝大多数的人口生产和生活状况相背离的，也是与社会占有的自然资源总量的状况相矛盾的；其背后隐藏的是交换带来的力与力之间的一种较量，是一种社会阶层与另一种社会阶层的区别划分，是一种权力与权力的交换，是一种社会矛盾的凸显，是一种没有硝烟、看不见鲜血的残

---

① 张跣：《大学生网贷：虚假需要与消费伦理》，《中国青年社会科学》2016 年第 5 期。

② 刁龙：《消费主义视阈中生态文明建设的困境与突围》，《内蒙古社会科学（汉文版）》2016 年第 4 期。

③ 李芳：《生态文明视域中的消费主义反思》，《兰州学刊》2016 年第 7 期。

④ 胡建：《建设生态文明与克服消费主义》，《上海师范大学学报（哲学社会科学版）》2016 年第 1 期。

忍的战争，甚至更甚。[①] 有学者指出，当代社会消费主义弥漫的一个重要原因是人文主义的缺场。过分感性的消费不仅消解了消费本身的意义，更主要的是人们一贯倡导的人文精神遭遇了尴尬；在时下消费文化中，更多地“被弘扬”的是为消费而消费，激发的是无尽的消费欲望，消费者似乎并不顾及是否应注意对消费行为的某种人文关怀；就当下各种消费行为而言，对以人为本曲解多于正确的理解，认识误区多于理性的解读；甚至可以认为，非理性的种种理解层面的误区成为引导消费的信号。应对消费文化中人文色彩的日趋缺憾，应该倡导当代文化的和谐内涵，矫正消费异化，构建人与物之间的和谐——人与消费品之间的和谐；应该改变时下人们对消费审美的感性化、平面化乃至平庸化的理解，使人们对消费审美、消费文化中的审美意义有更深层次的理解；应该培育合理的人文价值取向，甄别不健康、亚健康的消费文化，提升消费文化中的人文价值取向；应该注重发挥消费文化的公共属性；应该为消费文化注入更多的人文精神，使消费文化成为彰显人文关怀、人文理念的文化。[②] 有学者基于消费文化和伦理道德的关系指出，消费文化要受到道德的规约。在消费社会里，人类的消费活动、消费过程文化意义越来越浓厚，消费文化对人类消费活动的引领作用亦随之明显。文化自身承载着意义，拥有教育功能和批判精神。拟使消费文化发挥更多的积极的导向作用，不仅要发挥文化的积极意义和批判精神，还应强调消费文化的真正正义，使消费文化释放出更多的“正能量”，表现出一种道德担当。在一个人均资源并不丰厚的国度里，消费既包含文化，也包含道德规约；既包括文化牵引，也涵盖道德自觉。第一，资源的有限性呼唤消费道德，放纵式的消费应当受到严肃的批评，消费文化的道德坚守与考量是非常必要的；第二，消费文化中渗透着价值观的道德考量，对消费文化进行道德考量，最基本的依据在于消费文化的主体是人，即消费文化是围绕消费者及其行为模式、理念而生成的文化；第三，消费文化是一种伸张正义的文化，正义的伸张一定要建立在对非正义批判的基础上，否则“控制”是苍白无力的。因此，必须对属于陋俗、恶俗的各种消费现象进行一次“十字军”式的征伐，消费文化方能真正伸张正义，发挥正确的引领作用。[③]

有学者提出应当构建消费伦理，指出消费社会不同于其他社会的特征，早已在当今发达资本主义国家得以体现。在实践维度上，消费主义作为一种价值追求，通过对人们消费行为的影响，正对社会的经济文化发展产生巨大的导向作用。从一个社会整体性的健康发展角度来看，这种导向作用可以分为积极的导向作用和消极的导向作用。面对消费社会带来的信仰危机、生态危机，应积极倡导负责任的消费。负责任的消费，应从制度和文化两个层面来克服消费主义，并努力建立一种健康积极的消费伦

① 史娟红：《关于鲍德里亚“消费与浪费”的伦理考察》，《学术论坛》2016 年第 1 期。

② 闰禹、徐晓风：《当代消费文化的人文缺憾》，《北方论丛》2016 年第 2 期。

③ 吴井泉：《消费文化的道德规约》，《北方论丛》2016 年第 6 期。

理。[①] 该学者进一步指出，基于对消费伦理研究成果的总结和现实发展的考察，当前中国消费伦理，应主要从适度消费、绿色消费和科学消费三个维度来构建。第一，在适度消费的维度要做到崇尚节俭、合理消费，适度消费意味着崇尚节俭与合理消费，可以正确认识和平衡个人消费取向和社会消费伦理间的张力；意味着引导消费趋向合理，正视消费观念随着现实社会经济发展而产生的变革，客观处理“超前消费”问题；意味着辩证地看待物质消费和精神文化消费之间的关系。适度消费最终将促成实现经济评价和伦理评价的统一、实现“超前消费”与“合理适度”的统一、实现“俭而有度，合理消费”的统一。第二，在绿色消费的维度，消费应符合保护生态环境的要求，绿色消费是基于生态文明而掀起的一种消费潮流，它要求人们在购买和消费物品时，不能仅仅局限于满足自身需要的层次，更要致力于环境保护和生态平衡。绿色消费是解决生态环境污染问题的基础性工作。要真正实现绿色消费，作为政府机关的环保部门务必要贯彻落实绿色理念，消费者在日常生活中也要认真践行绿色消费方式。第三，在科学消费的维度要建立科学、文明、健康的消费方式，坚持科学消费，就是以科学的内涵指导全社会消费群体的日常消费，现实消费中的科学应是与文明、健康相联系的，科学的消费方式应该是鼓励人们身心健康发展的，同时这种消费方式又是文明的，文明的表现就是能反映出时代的进步性与合理性。[②]

引导形成合理的消费文化，需要从各种思想资源中汲取养分。有学者分析了中国人的节俭价值观，指出“价值超越”是节俭的目标，既涉及节制物欲以清明心性等传统文化中倡导的“修身私德”，也有通过节俭以实现可持续发展的环保诉求——节俭作为“济世公德”与时代需求结合的反映；对节俭正心养性的教育伦理价值与治国平天下的社会意义的关注，集中体现了中国人节俭的文化属性。中国人“福利增续”的节俭目标是未雨绸缪式的，指向“未来的不时之需”，这个“未来”是不确定且无止境的，这或许是中国社会高居民储蓄率的重要原因。节俭手段是节俭价值观的直观表现，“精打细算”等维度是先前研究的主要对象，也是节俭价值观量表与其他节俭测量工具主要交叠之处；不同的是，中国人节俭价值观结构中还有“安于节俭”与“乐于节俭”的成分，从认知和情感两方面调节外在节俭行为及策略，是节俭价值观得以践行的内在动力因素。中国人的节俭并非一味地省吃俭用，而是强调“节用以礼”，在特定场合、对特定对象“不节俭”也被认为是合宜的，这可能是外在节俭行为与内在节俭价值观并不必然联系的重要原因。[③] 有学者阐发了传统文化中劳动之美与节俭之德的现代价值，指出劳动赋予了人类生活之美、智慧之美和心灵之美，是人类幸福和快乐的源泉。因此，热爱劳动应是人类社会的“首德”，应是每个想拥

① 于博瀛：《消费主义批判与消费伦理构建》，《北方论丛》2016 年第 1 期。
② 于博瀛：《当代消费伦理规范体系构建的三个维度》，《社会科学战线》2016 年第 12 期。
③ 李林、黄希庭：《中国人节俭价值观的结构研究》，《西南大学学报（社会科学版）》2016 年第 1 期。

有幸福生活、非凡智慧和善良道德的人必然之选择。节俭是人性的内在需要，“无节制，不成人”是人性定律；节俭符合“中道”伦理，能给人持久的幸福；节俭符合公平正义原则，有钱不能任性；节俭合乎消费伦理，是对人类劳动的尊重。尽管21世纪的人类已拥有高度发达的物质文明，但勤劳与节俭仍是渴望幸福的人们须臾不可离的美德与良习：第一，以勤劳战胜懒惰，以节俭遏制奢靡，为人类社会发展存储恒久的精神动力；第二，以劳动教化人性，以节俭淬炼理性，构筑中华民族的道德大厦；第三，以勤劳节俭之德践行社会主义价值理念。[①] 有学者总结了马克思消费观的形成过程和思想内涵。马克思的消费理论是继承和批判传统理论形成的一套针对资本主义社会现象与实质的理论与学说。马克思消费观形成过程经历了三个阶段。第一阶段萌芽时期以《1844 年经济学哲学手稿》为代表，尽管马克思对消费问题的关注更多的是从其人本主义的角度来分析的，并未在其经济研究中深入分析，但是，正是这种人本主义的分析路径让我们看到了马克思关于消费理论的萌芽思想中已经深切蕴含着消费理论的人文关怀指向与无产阶级大众立场。第二阶段初步形成时期以《1857—1858 年经济学手稿》为代表，马克思对资本主义社会中奢侈消费进行了批判，指出资本家的奢侈是对人的蔑视，是一种狂妄放肆，是对物的践踏，资本主义的奢侈性消费是建立在对劳动无产阶级必要消费的剥夺与压榨基础之上的一种虚假性繁荣。资本主义对消费的推崇，实际上是资本主义生产提升后继续扩大市场的内在客观要求。第三阶段成熟时期以《资本论》为代表，马克思对资本主义的生产关系进行总揭露，揭露了资本主义消费假象背后所蕴含的阶级实质与政治意识形态意义；指出无产阶级同资产阶级和土地所有者阶级之间的对立与斗争，将成为埋葬资本主义社会的力量。在这一过程中，劳动者无产阶级才能够真正成为自己的主人，在自己的劳动过程中感受到自身的意义，在自身的消费活动中实现其作为人的意义。马克思的消费观展示了马克思主义并不是一种僵化的观点，而是不断丰富、发展和完善着的理论体系，指明了资本主义的内在本质，有助于透过消费社会纷繁复杂的消费幻象揭露资本主义消费的虚假意识形态。[②]

---

① 张自慧：《劳动之美与节俭之德的现代价值》，《上海师范大学学报（哲学社会科学版）》2016 年第 2 期。

② 申家字：《马克思消费理论的形成逻辑与启示》，《学习与探索》2016 年第 8 期。

第二章　马克思主义伦理学研究报告

张　霄　周雅灵

近年来，马克思主义伦理学研究呈现出复兴趋势。2016 年，马克思主义伦理学研究的论域并没有扩大很多，但对相关问题的研究越来越深入。这也体现了马克思主义伦理学研究近年来的积累和水平。总的来看，马克思主义伦理学研究更多地开始关注中国问题和中国话语立场。在 2016 年，东欧马克思主义伦理学研究和罗国杰伦理思想研究是比较热门的话题。

一、经典作家伦理思想研究

马克思主义与道德的关系问题，一直是马克思主义史上备受争论的议题。这个问题似乎已经成了马克思主义伦理学研究的元问题。只要马克思主义伦理学在研究，这个问题就总是大家关注的焦点和热议的话题。

艾伦·伍德认为马克思是非道德论者，而凯·尼尔森的观点则恰恰相反。一位学者在文章中指出，尼尔森并非完全反对伍德提出的结论，但是他通过对这一命题的深入剖析使之限定在特定的意义上。尼尔森通过为马克思的道德观作出辩护，强调马克思主义的非道德论实质上是通过揭露道德在阶级社会的真正意图来“打破全部道德的权杖”，马克思运用历史唯物主义对道德意识形态的认识，确信资本主义社会的道德同法律和宗教等一样，只不过是掩盖资产阶级利益的资产阶级偏见。接受资本主义社会的道德就是没有认识到其阶级社会的本质，而这在阶级斗争的状态下就是对无产阶级利益的背叛。但是，尼尔森对马克思主义道德观的辩护主要是围绕“马克思主义非道德论”的观点进行的，他并没有在马克思主义道德观的具体内容上作更多的探讨；而缺少了这一关键内容，使得他对马克思主义道德观的辩护具有空泛之嫌。这一点无疑是尼尔森的欠缺之处。[①] 另一位学者指出，尼尔森认为道德社会学的解释是

---

① 吕梁山：《对尼尔森的马克思主义非道德论的反思》，《哲学动态》2016 年第 4 期。

建立在历史唯物主义的基础之上的，这样就为马克思道德哲学的解读找到了坚实的基础。因此，对于马克思道德哲学的辩护，尼尔森采取的是以下的思路，他对历史唯物主义与道德、道德与意识形态的关系从宏观的层面进行了论证，坚定地站在了马克思主义道德主义的立场，又从微观的层面对正义、平等等具体的道德理论进行了论证，进一步捍卫了马克思道德主义的立场。①

为解决马克思主义是否兼容道德这一问题，还有学者从文本分析、逻辑分析、哲学分析等方面进行了论证。有学者搜集了马克思从青年时期开始撰写的诸多文献资料，认为，匡扶正义是马克思恩格斯自青年时期开始就已经秉持并在随后的思想演化中不断坚守和发展的责任和使命。虽然它的具体内容在不同时期会随着形势的发展产生一些变化，但面向大众幸福，推翻异化社会，实现自由生活，是始终萦绕在从青年直到晚年马克思、恩格斯脑海中的道义理想。同时该学者还指出道德尺度是贯穿于马克思、恩格斯理论发展过程中的一条价值红线，这根红线作为经线与历史的情境纬线交织合成了马克思与恩格斯独特的哲学认识方法——从抽象上升到具体。马克思颠倒和改造了黑格尔哲学方法的唯心主义，在实践唯物主义的新视野内，使“从抽象上升到具体”的方法回归大地，回归人身，成为人类思维方式与生存方式的自化过程。在这里，“抽象”意味着道德正义的超越性价值存在，“具体”则表示对当下性、阶段性境遇的关照。“从抽象上升到具体”就是指把抽象的、超越性的道德正义精神贯穿于、落实于不同条件、不同境遇的实践场域。这种哲学认识方法实现了历史尺度和道义尺度的科学统一。另外该学者还从实践的认识论、方法论和存在论三个层面对马克思主义如何兼容道德进行了分析。该学者指出，首先，实践是生成道德、正义思想的客观基础；其次，实践是实现道德、正义理想的根本路径；最后，实践是体现真正道德、正义的理想方式。②

还有学者从《反杜林论》出发，指出《反杜林论》中体现的恩格斯的道德思考应在思想史与现实的语境中进行考察，它关联到对马克思主义和科学社会主义的真正理解及其与“现代社会主义”和启蒙话语的本质区分。准确理解恩格斯对“现代社会主义”的批判及其理论成果，即历史唯物主义和辩证思维以及“真正的人的道德”理想，有助于反对将马克思主义伦理主义化或去道德化，也有助于维护和论证马克思主义的当代意义。马克思主义和科学社会主义不能理解为伦理主义的，它不是对资本主义进行道德批判，而是力图回到资本主义社会现实，扬弃资本主义时代，这是实践批判和社会历史批判，这种批判具体体现为政治经济学批判或资本批判，它对于当今依然处于资本原则支配的时代具有重要的理论意义。它也不是反道德或否定道德的，而是真正看到了道德的起源、本质及其基本功能，并且还提出了“真正的人的道德”

① 杨荣：《凯·尼尔森对历史唯物主义的道德社会学解释》，《牡丹江大学学报》2016 年第 4 期。
② 武铁传：《马克思主义兼容道德——正义的三个理由》，《道德与文明》2016 年第 6 期。

理想。所有这些，显示了马克思主义和科学社会主义丰富的理论张力和现代意蕴。历史唯物主义及辩证思维依然是我们应对当代问题的有力的理论武器。[①]

除了对马克思主义伦理学是否存在进行辩护，还有学者为马克思主义伦理学的合理性作辩护。有学者对“道德”与“历史”如何和解进行了分析。他指出，“道德”与“历史”在何种意义上能够得到和解，关键在于对“道德”与“历史”作出合乎马克思的解释。即将“道德”解释为“解放的道德”，“历史”解释为“发展社会学”与“解放辩证法”的“合体”。只有这样，才能使“道德”与“历史”得到和解与统一。既避免了将“道德”理解为“意识形态的幻象”，也避免了将“历史”理解为“经济的决定论”。同时，在二者统一与互释的基础上，既彰显了“解放道德”的现实可能性，也体现了历史唯物主义强烈的人文关怀。[②] 这位学者还在另一篇文章中指出，在探讨马克思的道德时，一个不可回避的问题是与历史唯物主义的关系。然而对此关系的处理或者声称历史唯物主义是与人无关的客观的物质运动过程，具有“自然的必然性”，排除了“道德的自由性”；或者承认历史唯物主义的基础作用，却不自觉地陷入道德相对主义和功利主义的漩涡。究其原因在于对历史唯物主义的机械阐释，因此跳出机械历史唯物主义的藩篱，在历史唯物主义“革命的”“实践的”指导下，走一条道德与历史唯物主义互释的道路，才是澄明马克思解放全人类的道德的正确选择。[③]

也有学者对马克思道德哲学是一种什么样的哲学进行了进一步的解释，他指出，追溯伦理学的根本问题，可以解读出马克思拥有一种实质性的道德哲学。从总体思路上看，马克思的道德哲学具有三个基本特征：第一，它不是对个体提出道德要求，而是对社会制度提出道德要求；第二，它以人的幸福和自我实现等“善”作为伦理价值基础；第三，它以正义社会制度的实现作为实现“善”的实践路径。马克思的道德哲学有别于传统的各种规范伦理学理论，更倾向于一种制度伦理。[④]

有学者研究了《反杜林论》之道德论的原典精神。他指出，将一切道德现象归根于一定社会生产和交换的经济关系是《反杜林论》之道德论建构的现实逻辑；视社会道德要求为历史的民族的范畴是《反杜林论》之道德论建构的历史逻辑；区分伦理与道德的学理逻辑话题是《反杜林论》之道德论建构的学理逻辑。他认为，其在三种逻辑维度上建构的道德论之原典精神，在马克思主义道德理论和西方道德哲学与伦理思想发展史上具有重要的理论和方法意义，对此加以梳理和阐发有助于我们加

---

① 黄学胜：《恩格斯的道德视界及其当代意蕴——基于〈反杜林论〉的分析》，《福建论坛（人文社会科学版）》2016年第11期。

② 杨荣：《道德与历史：一种可能的和解》，《求实》2016年第10期。

③ 杨荣：《马克思道德的澄明：历史唯物主义视域下的反思》，《广州大学学报（社会科学版）》2016年第6期。

④ 赵永刚：《善与正义的统一：作为制度伦理的马克思道德哲学》，《马克思主义与现实》2016年第7期。

深对马克思主义道德理论乃至整个马克思主义理论体系的理解，进而发掘和说明其对于当代中国道德理论研究和道德建设实践的启发意义。①

除了对马克思主义是否兼容道德进行讨论，学者们还研究了其他马克思伦理思想，提出了新的主题。有学者对马克思的财富伦理进行了分析。他指出，马克思财富伦理思想的逻辑理路是依托历史唯物主义方法论原则，揭示财富伦理观念产生、发展与嬗变的根本动因，立足于劳动解放及人的自由全面发展的基本价值立场，聚焦财富活动的价值合理性与财富增长、人的主体性发展，探讨在具体的社会实践中如何实现经济发展与伦理诉求的有机统一。坚持解构与建构的统一、决定论与能动论的统一、物的尺度与人的尺度的统一，是马克思财富伦理思想的基本方法论原则。这些思想和方法论原则不仅为我们认识与评价当代财富活动提供了不可或缺的重要价值坐标，而且为当代中国财富伦理的实践创新提供了永不枯竭的思想源泉，同时对于深入落实科学发展观、实现“包容性增长”和“绿色化增长”具有重要的方法论指导意义。②

还有学者对马克思恩格斯的执政伦理建设思想进行探究。他指出，把马克思主义作为自己的理论基础是马克思主义政党执政伦理建设要始终坚持正确的指导思想；谋取无产阶级和广大人民群众的根本利益是马克思主义政党执政伦理建设的根本目的；保持党的先进性和纯洁性是马克思主义政党执政伦理建设的根本任务；党的纪律和制度是马克思主义政党执政伦理建设的重要保障。马克思恩格斯提出的执政伦理建设的思想和观点，开创了马克思主义关于无产阶级政党伦理的理论先河，是社会主义国家执政党尤其是中国共产党执政伦理建设的重要理论源泉，对当今的社会主义国家执政党尤其是对长期执政的中国共产党进一步加强执政伦理建设有着重要的借鉴价值和指导意义。③

“走进文本”与“走出文本”的良好互动是理论思想研究的重要方法之一，有学者指出，理解马克思经典文本所蕴含的经济伦理思想，必须从批判与建构相统一的经济伦理过程论这一根本方法入手。马克思经济伦理的方法论特色在于，在批判性与建构性辩证统一的基础上，以历史批判和伦理批判的辩证结合来实现对现实的批判与超越，这也是马克思主义经济伦理思想的鲜明特质。马克思运用历史辩证法、主体性与价值关系分析法来重点分析资本主义经济主体——资产者与无产者，阐明了两者之间不同的经济伦理价值诉求以及他们之间对抗性的矛盾关系。马克思还以十分锐利的笔触集中剖析了建立在资本主义私有制基础之上的、以按资分配为分配伦理的资产阶级经济伦理价值观，进而为阐述“公有制”“从政治平等到经济平等”“按需分配”（社会主义条件下的“按劳分配”）等无产阶级的价值观铺平了道路。该学者还指出

---

① 钱广荣：《〈反杜林论〉之道德论的原典精神及当代中国传承》，《马克思主义研究》2016年第2期。

② 张志丹：《马克思财富伦理思想的方法论及其当代性》，《江苏社会科学》2016年第6期。

③ 张振：《马克思恩格斯执政伦理建设思想探源》，《伦理学研究》2016年第1期。

马克思科学地揭示了经济伦理的终极旨归与基本方法论、主体性与价值关系的伦理分析和经济伦理的基本价值观等，除此之外，马克思还就前资本主义的劳动伦理和资本主义劳动伦理之间的差异性，以及经济中的时空伦理、科技伦理、竞争伦理等问题都进行了阐释。①

有学者在马克思主义物质利益关系视域下分析了社会道德困境原因。他指出，道德的生成就是为了调节各种利益矛盾冲突，保持社会和谐稳定，使每个人的需要和利益得以实现，促进个人和社会的互利共赢。只有做大“蛋糕”，分好“蛋糕”，使“效率优先、兼顾公平”的原则真正落到实处，才能处理好社会成员之间的利益关系，调节好个人利益与公共利益的冲突，实现利己与利他、个人与集体的有机统一，才能使道德建设具备现实的基础。只有夯实了物质基础，规范利益分配关系，切实体现社会主义核心价值观的“公正”要求，道德建设才有可能，道德领域突出问题的专项治理才有保障，才能建立既符合社会主义核心价值观要求，又符合社会主义市场经济内在要求的新的道德价值体系：要求义利兼顾、公私兼顾，要求自由平等、公平正义等。②

还有学者就马克思主义经典作家的新闻伦理思想进行探析。他指出，新闻的党性原则是马克思主义经典作家新闻伦理思想区别于一般的新闻伦理思想的最为显著的特征。新闻党性原则要求一切新闻实践活动应当以执政党的政治纲领、既定策略以及道德要求为根本原则和指导方针。而新闻自由是新闻伦理的实践依据。新闻真实是新闻伦理的内在要求。在社会主义条件下，新闻的公开报道和真实性更是紧密结合在一起的。坚持公开报道就必须注重新闻真实，而新闻真实的实现也需要公开报道的履行。③

还有学者对马克思主义经典作家诚信思想进行探析。他们指出，马克思主义经典作家思想宝库中具有丰富的诚信思想，他们在阐述诚信问题时所体现出来的基本立场、方法和观点，对诚信品质的分析肯定，对资产阶级虚伪道德的批判，对新型社会主义制度对个人、群众和政党诚信品质内在要求的阐释，闪耀着真理的光辉，对于今天我国诚信建设和社会主义核心价值观建设具有重要指导意义。④

二、国外马克思主义伦理思想研究

除了对马克思主义伦理学中国化的研究外，学术界还对国外马克思主义者的伦理学思想进行了研究，值得注意的是，与往年不同，学者的视角越来越宽阔，分析与讨

① 邢盘洲：《马克思经济伦理方法论及其当代思考》，《马克思主义研究》2016 年第 4 期。

② 张夺：《马克思主义物质利益关系视域下的社会道德困境分析》，《理论导刊》2016 年第 8 期。

③ 张曦：《马克思主义经典作家的新闻伦理思想探析》，《伦理学研究》2016 年第 11 期。

④ 侯衍社：《马克思主义经典作家诚信思想探析》，《当代中国价值观研究》2016 年第 8 期。

论也越来越深入，关于东欧马克思主义学者思想的研究也发展了起来。

有学者就西方马克思主义伦理思想的主要特征与意义进行了论述，他指出：西方马克思主义的伦理思想呈现出一个十分明显的对马克思主义伦理思想和现实道德层面逐渐增强关注和研究的发展过程；另外，西方马克思主义伦理思想还呈现出了从继承和借鉴马克思的批判传统对资本主义给予道德批判到积极发掘马克思主义的伦理思想和注重从伦理层面上建构未来社会主义社会的变化过程；除此之外，西方马克思主义伦理思想的发展也呈现了一个从政治革命、社会批判到生态建构的发展过程。他认为，深入探究西方马克思主义的伦理思想具有重要的理论意义与现实意义。①

还有学者对西方马克思主义应用伦理进行了研究和探索。他指出，西方马克思主义应用伦理以对“科学技术合理性”问题的追问为逻辑起点，围绕科学技术与哲学、科学技术与生态、科学技术与消费关系的探讨，形成了系统的科技伦理、生态伦理和消费伦理。它们不同于一般应用伦理探讨现实问题应遵循的道德规范，而是立足于人的自由和解放这一本体论角度探讨上述问题，主要表现为一种伦理价值观，其应用伦理是其社会批判理论的内在组成部分。②

正义价值一直是马克思主义伦理学中关注的重要价值。20 世纪 70 年代以来，英美马克思主义者发生了旷日持久的“马克思与正义”之争。有学者对当代英美马克思主义正义观研究的四个焦点问题进行了分析与研究。他指出，20 世纪 70 年代以来，争论双方主要围绕以下四个焦点问题展开。一是马克思如何理解正义？二是马克思认为资本主义剥削是正义的吗？三是马克思是根据正义批判资本主义的吗？四是马克思认为共产主义是一个正义的社会吗？争论双方都以马克思的经典文本为依据，却得出了迥然不同的结论，甚至出现了“马克思反对马克思”的混乱局面。研究表明，各执一端并不能把握马克思的正义理论，必须立足于整体性原则，对马克思正义理论进行立体式解读，否则就会使马克思正义理论支离破碎，从而扭曲马克思正义理论的整体性。③ 还有学者指出，分析马克思主义者围绕“资本主义是否正义”这个核心问题致力于澄清、重构马克思主义的正义理论。但因没有从总体视域上把握马克思主义的正义理论，没有正视马克思主义的辩证法与历史主义原则，因此形成了不同的研究理路，在其内部形成了难以克服的相互对立，主要体现为“内在性”与“超越性”、非道德主义与道德主义的对立，最终偏离了马克思主义的轨迹。研究分析马克思主义者的正义理论，分析他们的争论，不仅可以得到正反两方面的鉴戒，还能反观到马克思主义对待正义理论的态度以及马克思主义辩证法、历史主义原则的科学性与有效

① 聂文军：《简论西方马克思主义伦理思想的主要特征与意义》，《伦理学研究》2016 年第 1 期。

② 王雨辰：《论西方马克思主义应用伦理及其基本特点》，《道德与文明》2016 年第 3 期。

③ 陈飞：《当代英美马克思主义正义观研究的四个焦点问题》，《江西社会科学》2016 年第 7 期。

性。[①] 另一位学者也指出，分析马克思主义者关于马克思有无正义理论的争论，彰显出西方学者对作为“辩证整体性”的马克思主义理论的深刻怀疑，其对马克思主义理论内在的历史维度和价值维度的割裂，使得分析马克思主义者在“拯救”马克思主义正义论的同时，也再次面临陷入“碎片化”和“虚无化”的可能性。因此，我们在与西方学者就此展开积极对话的同时，亦需清醒地认识到西方学者正义批判方法论的缺陷及其对资本主义制度背景的深刻依赖，进而在历史唯物主义和辩证法的双重视域中重新审视马克思对资本主义“正义”的批判的当代内涵及其独特价值。[②]

有学者就“超越正义的正义”进行了讨论，他指出，马克思恩格斯的“超越正义的正义”具有三重意蕴。第一层次是对抽象正义的“消解式超越”，消解和否定了道德意义上永恒的正义；第二层次是变革社会现实的“外在式超越”，强调对实存的资本主义社会的否定性实践活动；第三层次是道德规约的“重构式超越”，在扬弃旧有道德正义理论基础上，结合新的时代背景，构建马克思主义传统的正义理论。[③]

还有学者就马克思主义正义论原则进行了分析。他指出对照罗尔斯的“平等的自由”原则，重新解读马克思的解放理论，我们可以建构出当代马克思主义的“平等的自由”原则。实际上，马克思的解放理论在很多维度已经关注并涵括着罗尔斯所阐释的“平等的自由”原则，并显现出与罗尔斯之前提及视野的差异。这些维度包括：自由的概念与“平等的自由”体系；“平等的自由”体系中的良心的平等自由、平等的政治自由与平等的人权；马克思政治哲学的道德判断和历史判断；政治哲学观及其功能；等等。由此，马克思主义的“平等的自由”原则可以表述为：每个公民对于最广泛的、总体的、平等的、基本的自由体系都拥有同等的权利；这个自由体系与所有公民的类似的自由体系相容。当然，马克思的作为“类存在物”的人的自由是对这种自由的扬弃。[④]

除了对西方马克思主义伦理思想的宏观研究外，还有学者就西方著名马克思主义者马尔库塞的新人本主义伦理学进行了研究。他指出，马尔库塞一生致力于融合马克思主义、存在主义和弗洛伊德主义，开启社会道德批判之维，分析发达工业社会景观下人存在的意义，无论是对生命本真的找寻、工具理性的控诉，抑或单向度社会的批判，无不饱含着深刻的人本主义动机，因此应将其伦理思想归属于西方马克思主义人学阵营，是人本主义的马克思主义发展中承前启后的重要阶段。人的欲望、行为与痛苦、自由与幸福等问题构成了马尔库塞新人本主义伦理思想的主要研究对象，否定性、个体性和新感性是其新人本主义伦理学着意标举的特征。马尔库塞坚持沿着生

① 王志：《分析马克思主义者正义理论的批判与反思——分析马克思主义重构正义理论的方法论局限》，《河南社会科学》2016 年第 7 期。

② 宋建丽：《分析马克思主义正义论及其当代批判》，《国外社会科学》2016 年第 5 期。

③ 刘伟：《论马克思恩格斯“超越正义的正义”》，《湖南社会科学》2016 年第 7 期。

④ 闻晓祥：《马克思主义正义论原则之建构——关于“平等的自由”原则》，《哲学动态》2016 年第 7 期。

命、爱欲、审美和人的解放这条道路进行理论研究和社会实践，在伦理研究方法创新、道德话语范式改造和人本主义意涵拓展等方面作出了贡献，构造了一个标新立异且笼罩着浓厚乌托邦色彩的新人本主义伦理思想大厦。①

除了对西方马克思主义者的思想进行研究，还有学者就日本马克思主义经济伦理思想的最近发展进行研究，以2011年以后日本经济理论学会研究主题和近5年来日本马克思主义经济学新成果为研究对象，从资本主义国家经济危机的价值评价、制度伦理视角，对生态危机的审视、资本主义发展状况和未来前途的伦理反思三个方面对池上岳彦、岩佐茂、的场昭弘等日本马克思主义学者的经济伦理思想进行介绍，并提出我国应当借鉴的经验和吸取的教训。他指出当前日本马克思主义经济伦理思想所关注的焦点问题离不开“危机”这个关键词，日本学者们不论是对危机成因的认识还是对资本主义未来的思考，都表达了对资本主义前途的质疑。日本学者们解决目前危机的政策建议有一定的借鉴作用，但是其中也不乏空想主义的色彩。总体而言，其思想仍然丰富了马克思主义的经济危机理论。而我国也应从其面临的危机中吸取经验教训，获得新的启示。②

东欧的马克思主义伦理思想也成为2016年马克思主义伦理思想发展的重要部分。有学者就后苏联时代俄罗斯伦理学研究的路径演变进行了研究。他指出，后苏联时代俄罗斯伦理学研究的路径演变及范式转向反映了社会道德意识形态的变化，研究呈现出可以纵向探究和横向考察的理论空间。历时态变迁中的后苏联时代俄罗斯伦理学，其研究的实践进路体现在伦理学研究的整体裂变、社会适应、理性转变和价值传承上；共时态视野中的后苏联时代俄罗斯伦理学，其主要特征之一就是政治伦理学、生态伦理学、经济伦理学、宗教伦理学等伦理学分支学科研究的范式转向。后苏联时代俄罗斯伦理学研究的路径演变及范式转向是社会生活对道德意识形态建构提出的具体要求，它既反映了俄罗斯社会从社会主义制度向资本主义制度的根本转变，同时又在道德层面持续指引和反映着俄罗斯社会发展的演进历程。③

除了对东欧宏观思想变化的研究外，学者们还致力于东欧马克思主义者思想的研究。有学者指出，现代性开启，普适正义的“祛魅”在所难免，传统正义范式从静态正义走向动态正义、从完备正义走向不完备正义。面对普适正义的现代性危机，东欧新马克思主义者赫勒主张进行现代性批判与超越。无论是静态正义还是动态正义，无论是伦理正义还是社会—政治正义，都不过是一种必要的正义程序，正义的实质内容在于日常生活本身。东欧新马克思主义用历史学和现象学的诠释方法，以微观的文化哲学的审视视角为当代正义论争提供了新的范式，即超越普适的静态正义和善变的

① 石小娇：《马尔库塞对新人本主义伦理学的贡献》，《道德与文明》2016年第11期。
② 乔洪武：《日本马克思主义经济伦理思想的新发展》，《马克思主义研究》2016年第11期。
③ 武卉昕：《后苏联时代俄罗斯伦理学研究的路径演变及范式转向》，《道德与文明》2016年第11期。

动态正义，转向良善的日常生活。他们强调正义是骨骼，良善生活才是血和肉。[①]

有学者对列宁的伦理学思想进行了研究。他指出，列宁著作中涉及的主要伦理学问题包括：道德的本质、共产主义道德产生和发展的过程；对共产主义事业的忠诚和对社会主义的觉悟问题；个人与集体的关系；爱国主义与国际主义；表现在劳动态度、劳动纪律中的自我约束问题等。他强调，列宁在对马克思主义伦理学问题进行研究的同时，注重研究方法的创新，包括对道德唯物史观的现实推进、对历史主义的具体运用、对决定论思想的伦理学贯彻、用阶级分析方法界定道德归属。这些方法的使用拓展了伦理学理论研究的空间，并且有效地解决了社会现实问题，成为助力理论指导实践的优良媒介。[②]

还有学者对科西克的伦理思想进行了研究。他指出，科西克基于对人、人的实在及现代社会的实在的新理解，通过批判性的检视，揭示了道德现代性的窘境：面对分裂的现代人类实在，道德功利主义无力解决现代人幸福问题；面对现代"理性"的蜕变和普遍化操控性系统中人辨别真理与非真理、善与恶的能力和需要的丧失，道德主义变成"伪善"，导向虚无主义。在此基础上，科西克既否定了寄望于未来解决道德现代性困局的道德形而上学，也拒斥了当时机械论的道德观。科西克在继承马克思主义优良传统并忠诚于马克思主义唯物辩证法的基础上，直面现代社会的种种矛盾，最终建构了理论与实践辩证统一的马克思主义伦理。科西克强调，只有通过辩证法，特别是通过革命性的、人道化的社会主义实践，才能解决现代实在的对立和道德问题。[③]

三、中国化马克思主义伦理思想研究

马克思主义伦理学自产生以来虽备受争议，但是也得到了各个国家学者的关注与讨论，成为学术界讨论的主题之一。2016 年中国学者不仅从马克思主义的经典文本出发进行自己的阐释与发展，还从东欧、英美、日本等国家的马克思主义者思想中汲取有益的部分。值得注意的是，2016 年是罗国杰教授逝世一周年，《罗国杰文集》也在此时出版，由此引发了学术界对罗国杰教授思想研讨的热潮。

唐凯麟教授在评吴潜涛教授等所著的《中国化马克思主义伦理思想研究》中写道，从历史维度看，中国化马克思主义伦理思想的发展历程是与中国的现代化进程密不可分的。中国化马克思主义伦理思想正是在中外矛盾、制度冲突、阶级矛盾、思想斗争中产生和发展的。[④] 因此我们的学者也就中国化的马克思主义伦理思想进行了

① 文长春：《普适正义的批判与超越——东欧新马克思主义正义思想论衡》，《学术交流》2016 年第 9 期。

② 武卉昕：《列宁对马克思主义伦理学研究方法的运用和创新发展》，《西伯利亚研究》2016 年第 8 期。

③ 管小其：《科西克对道德现代性的批判和伦理建构》，《学术交流》2016 年第 1 期。

④ 唐凯麟：《中国化马克思主义伦理思想研究的四个维度——评〈中国化马克思主义伦理思想研究〉》，《道德与文明》2016 年第 5 期。

研究。

有学者就近代马克思主义伦理思想在中国的传播与发展进行了研究。他指出，中国马克思主义伦理思想的形成和发展是伦理和文化发展的必然要求，具有历史发展的必然性，同时也是中华民族历经苦难和屈辱后中国人民迫切渴望新的伦理价值观念和道德生活准则进行指导的价值使然。[①] 有学者对马克思主义者陈独秀的启蒙思想进行了研究，他指出，五四时期陈独秀的启蒙思想中，无论是早期主张的伦理觉悟，还是后来提出的阶级觉悟，都始终受到马克思主义的影响。陈独秀的这一思想转变过程也正是其成为一名真正马克思主义者的过程。[②] 有学者就李大钊的伦理思想进行了研究。该学者指出，李大钊是近代中国第一个传播马克思主义并主张向俄国十月革命学习的先进分子。他最早运用马克思主义理论武器研究和解决道德建设的理论问题和实践问题，有力地推动了近代伦理思想的启蒙，开创了马克思主义伦理思想中国化的进程。李大钊伦理思想以马克思主义唯物史观为理论基础，具有破旧与立新的特色，始终关注塑造新社会的“人”，并积极将伦理变革与政治革命紧密结合，对当前培育和践行社会主义核心价值观、加强思想道德建设具有启示意义。[③] 同时还有学者就毛泽东的伦理思想进行了研究。他指出，毛泽东伦理思想是“革命功利主义”。这种思想是对于抽象的道义论和极端功利主义的扬弃，是一种崭新的科学的功利主义理论形态。毛泽东“革命功利主义”的范畴思维是建立在唯物史观的科学人性论和实践辩证法的基础之上的，因此，它能够科学解决诸如功利和道义、集体和个人等矛盾问题。在当代，毛泽东“革命功利主义”具有重要的科学意义，它确立了中国化马克思主义伦理学的基本理论路径；奠定了中国化马克思主义政治经济学的伦理学基础；指明了社会主义初级阶段人们幸福生活的科学方向。[④]

除了近现代马克思主义者伦理学思想是学者研究的热点外，《罗国杰文集》的出版也引发了学者们对罗国杰教授思想的研讨。.

有学者对罗国杰教授的德性论进行了研究。有学者指出，德性主义或德性论是罗国杰晚年的主要理论或思想命题之一，对它的理解不仅是研究罗国杰思想的重要环节，也是研究当代马克思主义伦理思想中国化的重要任务。《学术自述》反映了罗国杰最终的思想意愿和学术期待，可称为“伦理学遗嘱”，其中提出的新德性论表明对道德概念本身认识的一个重要变化，即从早期的《伦理学》等代表的从社会意识形态和思想上层建筑的角度认识、分析道德，到晚年转入沉思人的精神世界，以主体普

---

① 王瑞：《近代中国马克思主义伦理思想传播和发展的原因》，《山西大同大学学报（社会科学版）》2016年第5期。

② 乔飞宇：《从伦理觉悟到阶级觉悟——五四时期陈独秀启蒙思想的嬗变》，《边疆经济与文化》2016年第5期。

③ 谢新春：《试论李大钊伦理思想的理论特色》，《南京政治学院学报》2016年第2期。

④ 李建森：《毛泽东“革命功利主义”的科学性及其当代意义》，《西北工业大学学报（社会科学版）》2016年第12期。

遍性的德性为核心思考人的生存之境，并由此观照、探察道德，从而再次论定伦理学的功能与伦理学人的使命。罗国杰的德性论深深植根于中国人的精神文化世界之中，蕴含着一种具有远古渊源的德性传统的重叙和对现代道德问题的全景性视观，无疑有益于我们立足民族文化建设中国特色和中国气派的伦理学。他以一种全新的灵活性在中国传统德性论、西方理性主义德性论与历史唯物主义的密网中游刃有余，其辩谈追求德性、德行与规范的统一，体现出故土情怀、现代道德观、理性方法和包容态度之方法特色，因此能直达现代社会道德问题的视阈极境。新德性论亦是一个将世界观、人生观、价值观和德性观辩证统一的教育伦理理论体系。①

还有学者就罗国杰教授的道德原则进行了研究并指出，罗国杰教授始终重视对道德原则的研究，坚持社会主义道德的基本原则只有一个，即集体主义原则。在社会主义集体主义原则的指导下，社会主义人道主义原则、社会主义公正原则也应成为社会主义道德的两个重要原则。他强调把握罗国杰的道德原则思想应结合我国社会的实际，辩证地看待罗国杰思想的变化。②

也有学者就罗国杰伦理思想研究的科学范式进行了阐述。他指出罗国杰开展伦理思想研究已经形成了科学范式，并且从积极推动伦理学科学共同体建设、自觉运用历史唯物主义的方法论原则、恪守合乎中国道德国情的话语体系三个方面对这一范式进行了阐述。③

有学者对罗国杰的伦理思想进行了阐释，首先，他强调罗国杰教授对马克思主义伦理学体系结构进行了深入的探讨。罗国杰教授深度地探寻了马克思主义伦理学的基本特征，科学地把握了马克思主义伦理学的研究对象，系统地揭示了马克思主义伦理学的结构体系。其次，罗国杰教授对马克思主义伦理学的主要内容暨社会主义道德规范体系进行了创造性的探索。罗国杰教授在研究马克思主义伦理学的过程中，紧密结合马克思主义经典作家的有关论述，结合中国共产党人特别是毛泽东、邓小平等的有关论述，在承继新中国成立以来关于国民公德和社会主义道德研究成果的基础上，初步建构了一个社会主义道德规范体系。最后，罗国杰教授还提出并深刻论述了马克思主义的“新德性论”伦理思想。④

还有学者从罗国杰教授的“集体主义”思想出发进行了研究。他指出，罗国杰先生提出的正确理解集体的正当性，科学把握集体的真实性，辩证分析个人的地位，合理看待个人应当为集体做出牺牲，是全面正确地论述集体主义的基本前提。坚持集体主义，不仅是中国特色社会主义的道德要求，亦是符合道德的本质规定、道德的价

---

① 王文东：《德性主义的重叙和再建——罗国杰德性伦理思想简论》，《道德与文明》2016年第3期。

② 姚郁卉：《罗国杰道德原则思想论纲》，《齐鲁学刊》2016年第7期。

③ 钱广荣：《罗国杰的伦理思想研究科学范式述论——兼议中国伦理学的建设与发展》，《道德与文明》2016年第5期。

④ 王泽应：《罗国杰对马克思主义伦理学的创造性探索》，《齐鲁学刊》2016年第4期。

值导向功能以及道德的特殊主义属性。坚持集体主义，就要旗帜鲜明地反对各种形形色色的个人主义①。有学者还指出，罗国杰教授系统地阐释了集体主义的科学内涵，完整地阐述了集体主义的主要内容，深刻地阐明了坚持和弘扬集体主义的重要意义，并积极地探索出坚持和弘扬集体主义的主要途径。罗国杰是集体主义研究领域的集大成者，他的集体主义思想直接影响了党中央的政治决策，推动了中国当代伦理学事业的发展。②

不仅如此，还有学者分析了罗国杰教授对中国主流意识形态建设的重要意义。他指出，罗国杰教授继承了中国传统文化中“经世致用”的传统，以高度的使命感将伦理学学科的建设与中国主流意识形态建设对接；以马克思主义为指导建设伦理学学科，夯实中国主流意识形态的思想道德基础；罗国杰教授密切联系现实，推动了实践伦理学和道德教育的发展，扩大了中国主流意识形态的影响力。③

还有学者指出，罗国杰教授提出的马克思主义道德价值观，从马克思主义的立场科学地诠释了道德价值的含义及其特征。罗国杰教授认为道德价值是实践的基础上所形成的主体与客体之间的关系范畴，是着眼于影响社会意识、协调人际关系，强调人的内在自觉意识，是实践与精神相互融合的价值，是绝对性与相对性相统一、现实性与理想性相统一的价值。罗国杰教授所提出的马克思主义道德价值对促进马克思主义伦理学的理论创新与实践发展具有重要意义。④

---

① 李萍：《罗国杰对马克思主义伦理学基本理论的学术贡献——坚持集体主义的几个问题》，《齐鲁学刊》2016 年第 7 期。

② 王易：《罗国杰集体主义思想研究》，《思想理论教育导刊》2016 年第 12 期。

③ 周中之：《罗国杰伦理思想与中国主流意识形态建设》，《齐鲁学刊》2016 年第 5 期。

④ 杨豹：《罗国杰关于马克思主义的道德价值观及其当代意义》，《安阳师范学院学报》2016 年第 12 期。

第三章　中国伦理思想史基础理论研究报告

郭清香　刘甘霖　李　冲

在中国伦理思想史研究中，基本问题和范畴的研究是学者们一向致力较多的领域。2016 年，学者们对中国伦理思想史基本问题和范畴的研究，在延续了往年基本的关注点和问题框架的基础上，有所拓展和深化。

一、基本问题

2016 年，学者对中国伦理思想史基本问题的研究，主要可以分为以下七个方面：其一，对古代道德起源、基础和某种德性伦理的探讨；其二，对人性论的研究；其三，对义利观的研究；其四，传统伦理思想在近现代的转化；其五，中国伦理思想史的学科建构问题；其六，传统伦理思想的当代诠释和当代价值；其七，在中西比较、道德心理学等新的方法论下，对传统伦理进行考察。

（一）道德起源和基础

道德的起源和基础问题，是伦理学的基本问题。任何一种成体系的伦理思想，都要对道德的起源和基础作出回答。2016 年，学者主要对儒家和道家的相关问题进行了探索。

在宏观的研究上，辛晓霞研究了古代道德的诞生和普遍化进程，认为“德”最初产生于政治领域，经由儒家的重构，德从主要指向君主，逐渐扩展为对臣、进而普及到对士的要求，最终指向每一个人，成为普遍的价值原则，成为整个文明的价值内核。①

在对儒家伦理的道德起源和基础的研究上，有三位学者分别从不同角度进行了探讨。黄凯旋认为，孟子“以羊易牛”的典故为我们分析道德意识的起源及其基础提

---

① 辛晓霞：《中华远古道德价值的挺立与普遍化进程》，《道德与文明》2016 年第 5 期。

供了一个极好的事例。站在存在论的视域我们可以发现，道德意识在本质上属于一种非实体意义上的特殊存在者，它依赖于存在而存在，并奠基于存在论的境域而生成和显现。通过分析我们可以找到道德意识一种更为本真的存在论起源。由此我们可以看到，孟子具有与海德格尔的存在论十分相似的哲学路线。用海德格尔的存在论解读孟子“以羊易牛”的典故并由此揭示道德意识的起源及其存在论基础，也许更加符合孟子的本意及其哲学的本体论意蕴。① 沈顺福梳理了儒家的道德本源论的思想脉络。古代儒家关于道德的本源理论形成了两个不同的传统，即以孟子为代表的性本论传统和以荀子为代表的教化论传统。这两个看似矛盾的传统在宋明时期得到了统一，并形成了新型的儒家道德本源论。这一本源论的理论框架是体用论。理学家将存在分为体用，认为德性是体，教化是用。从形而上的角度来说，道德本源于德性；从形而下的经验来说，教化则是道德的本源。德性与教化分别构成了儒家道德的本源或基础。② 而李义天则比较了亚里士多德主义与儒家伦理，认为亚里士多德主义和儒家伦理分别提供了以“最高善”和“道”为宗旨的道德理由。进一步地，前者通过诉诸本性/自然学说和灵魂学说，后者通过诉诸“天命”观念和“心性”观念，描述了相关的存在图景和心灵结构，为各自的道德理由奠定基础。③

在对道家的研究上，石丽娟将以老庄伦理为代表的道家伦理思想概括为“道性伦理”，因为道家伦理的基础乃“自然”等道家的核心概念，而非“德”。④ 而陈霞则认为，老子讲“孔德之容、唯道是从”，就是明确了“道”和“德”的关系——“德”要跟从、效法“道”，“道”是“德”的根基。⑤

（二）人性论研究

作为对人类共同本质探究的理论，人性论在每一独立的思想体系中几乎都处于基础性理论的地位。在对人性是什么的讨论中，争辩最长久的、最激烈和最集中的，就是人性的善恶问题。2016 年，学者们除了将火力集中于先秦人性论的研究之外，也对唐代、明代的人性论有所研究，并注意从新的角度对古代人性论进行反思和阐发。

先秦的人性论研究以孔孟荀和老子为主要对象。

唐代兴梳理了先秦儒家人性思想的敞开进路，他认为，原儒的人性论思想由孔子发微，并通过告子、孟子、荀子而一脉相传：《中庸》以此为出发点，为后世开出致

① 黄凯旋：《论道德意识的起源及其存在论基础——对孟子论“以羊易牛”典故的一种分析》，《广东社会科学》2016 年第 3 期。

② 沈顺福：《儒家道德本源论辨析》，《天津社会科学》2016 年第 6 期。

③ 李义天：《美德伦理的道德理由及其基础——关于亚里士多德主义与儒家伦理的比较》，《道德与文明》2016 年第 1 期。

④ 石丽娟：《道性伦理：道家伦理思想新释——以老子伦理思想为中心的考察》，《江淮论坛》2016 年第 2 期。

⑤ 陈霞：《孔德之容，唯道是从——论道家道德哲学的根基及其特征》，《哲学研究》2016 年第 3 期。

思人性的形上学先风；告子从生生、本能、自律入手弘扬了孔子的天赋人性观；孟子和荀子则发展了孔子实践论意义上的道德人性论思想，分别创建起性本善和性本恶理论，为血缘宗法政治之可以德治和必须德治提供了截然不同的人性依据。[①] 郭卫华则认为，先秦儒家思想是在继承“即生言性”思想的基础上，对“性”又进行了从“物性”到“人性”的哲学转变：孟子提出“即心言性”，使“人性”从“物性”中挺立出来，突出了人性的应然性特质，并为贯通天道与人道提供了思想基础；荀子提出“生之所以然者谓之性”，肯定了“性”的自然必然性，同时以“伪”理念强调了人的主体性自由，与孟子人性论思想成为互补结构，共同奠定了儒家深厚的人文精神。[②]

在对孟子人性论的研究上，朱光磊强调孟子的性善论是性本善而非性向善，认为性本善的论证方式，是由自我的本真经验状态直接推导至人人共有的普遍性本真经验状态。[③] 方朝晖从生存方式或成长法则这一角度来理解孟子性善论，提出一种新的动态人性观，即认为孟子的“性”概念包含先天地决定的生存方式或成长法则这一重要含义，而性善论的主要依据之一是指孟子发现了生命健全成长的一条法则——为善能使生命辉煌灿烂。[④] 允春喜、金田野挖掘了孟子人性论作为方法论的意义，认为孟子从人性论的前提出发，塑造起一种作为外在良善政治生活之根基的内在精神秩序，在中国政治思想发展历程中具有非常重要的方法论意义。[⑤] 何中华选择从儒家和自由主义的区别处着眼，将德治和法治传统的差别，追根溯源为儒家和自由主义在人性论上的性善论和性恶论的分野，并指出儒家这一性善传统乃由孟子所定。[⑥] 郑治文、傅永聚则聚焦于孟子对孔子仁学意义的开显处，认为孟子以心性说“仁”，确立了以“仁义内在、性由心显”为内核的性善论立场，从而使“扩而充之”的工夫论成为可能，解决了善从可能变为现实的问题。不过，孟子性善论的思想史效应虽可在德性伦理的范式下得到观照，然其所重扩而充之、存心养性的“心上工夫”，却遗落了孔子礼学的精神。[⑦]

在对荀子的研究上，梁涛考察了荀子早期的作品《富国》和《荣辱》，指出荀子人性论思想在这时期的特点是提出了“情性—知性”说，将情感欲望与材性知能都称为性：一方面认为顺从情性或情感欲望会导致争夺、混乱，因而蕴含有情恶的观点；另一方面又认为人的知性可以作出抉择判断，制作礼义，“知者为之分”，实际

---

① 唐代兴：《孔子“人性”思想的生成敞开进路》，《哲学研究》2016年第6期。

② 郭卫华：《从“即生言性”到“生之所以然者谓之性”——先秦儒家性论思想的哲学演绎》，《石家庄学院学报》2016年第2期。

③ 朱光磊：《由“孺子入井”看孟子性善论的理性论证》，《孔子研究》2016年第5期。

④ 方朝晖：《从生长特性看孟子性善论》，《北京师范大学学报（社会科学版）》2016年第4期。

⑤ 允春喜、金田野：《价值理性的自觉与优良秩序的基点——孟子人性学说的方法论意义》，《道德与文明》2016年第3期。

⑥ 何中华：《儒家与自由主义：人性论分野及其历史文化后果》，《文史哲》2016年第1期。

⑦ 郑治文、傅永聚：《孟子对孔子仁学意义的开显及其伦理意蕴》，《东岳论丛》2016年第12期。

是将知性看作善的来源。这一思想为后来《正名》《性恶》篇中的性伪说做了理论准备。[①] 张红珍分析了“性朴论”观点，认为“性朴论”的倡说者解决了“性恶论”主张的理论矛盾，克服了先天性恶与后天“化性起伪”的理论困难，使“涂之人可以为禹”成为可能，因而使荀子的人性论成为系统的、完整的、有逻辑合理性的理论体系，但同时也留下了一些理论问题，需要进一步完善。[②] 涂可国则认为，荀子的性恶论较为彰显人与动物共有的“性”的自然性能之类的普遍性（恶性），但也注意到了人身上所具有的为善的特殊类本质（知性、义性）；荀子只是在内在可能性意义上认为人性是善的或恶的，在内在现实性意义上没有直接断言人性是善的或恶的，认为只有立足于外在角度当人性外化于人的行为时才有善恶可言。因此，荀子的性朴论和性恶论不是正相反而是“殊途同归”、互相补充的。[③]

在对老子人性论的研究上，张杰、巩曰国梳理先秦道家人性论的脉络，认为《老子》《庄子》及《管子》稷下道家在论述人性善、恶方面，属于同一类型。《老子》《庄子》以“道”“德”为人性，认为世俗的善、恶不但不是人性，而且伤性害命，因此主张性超善恶论。《管子》稷下道家一方面继承了《老子》《庄子》以“道”“德”为人性的思路，另一方面又发展和完善了它们的人性论思想，认为义、礼、法由“道”“德”所生，是“道”“德”在人道的表现，因此它与《老子》《庄子》一样，都主张人性超越世俗的善恶，或称之人性纯善论。[④] 王先亮认为，不以善恶论人性是孔、老人性论思想的典型特色，孔子开创了以仁为核心内涵的人性论思想，老子开创了以朴为核心内涵的人性论思想，孔、老对待人性的态度直接决定了其对待礼乐、教育等持两种几乎完全相反的态度。[⑤]

在先秦人性论研究之外，刘亮红从道德修养的角度探讨了李翱的复性说，认为性善情恶的人性论是其道德修养的依据。[⑥] 廖璨璨全面分析了方以智的人性论思想，指出方氏人性思想的公性、独性、习性的三分架构和强调后天生成之习性的特点。[⑦] 阿不力米提·乌买尔·毕力盖则将维吾尔族哲学家优素甫的人性论与儒家人性论做了对比，讨论了二者在人性追求和完善人性方法上的异同。[⑧]

---

① 梁涛：《荀子人性论的历时性发展——论〈富国〉〈荣辱〉的情性—知性说》，《哲学研究》2016 年第 11 期。

② 张红珍：《近期倡说荀子人性论为“性朴论”的意义与问题》，《鲁东大学学报（哲学社会科学版）》2016 年第 4 期。

③ 涂可国：《荀子人性论真义之再辨析》，《临沂大学学报》2016 年第 2 期。

④ 张杰、巩曰国：《〈老子〉〈庄子〉及〈管子〉稷下道家性超善恶论》，《管子学刊》2016 年第 3 期。

⑤ 王先亮：《孔老人性论思想探赜》，《东岳论丛》2016 年第 12 期。

⑥ 刘亮红：《论李翱“去情复性”的道德修养思想》，《湘潭大学学报（哲学社会科学版）》2016 年第 2 期。

⑦ 廖璨璨：《方以智人性论思想探析》，《道德与文明》2016 年第 6 期。

⑧ 阿不力米提·乌买尔·毕力盖：《优素甫与儒家人性论比较研究》，《西北民族研究》2016 年第 4 期。

（三）义利观

义利观是中国古代伦理思想中的一个重要命题，对于什么是义、什么是利以及义与利的关系，古代思想家们都有不同的理解。学者在2016年对此问题的研究，主要集中在先秦诸子和宋明理学家的身上。

义利思想最丰富的来源，当属先秦诸子。杨冬认为，先秦时期的“义利观”，主要表现为儒家的“重义轻利”、法家的“重利轻义”、墨家的“义利合一”、道家的“义利双弃”四种理论形态，其内容丰富，立论高远。① 孙秀昌研究了孔子的“义利之辨”，认为由孔子所开启的“义利之辨”是从以下两个层面展开的：一个是对人在“富”与“贫”、“贵”与“贱”之间进行取舍而作的“义”或“不义”的价值裁断；一个是对人在“生”与“死”之间进行取舍而作的“义”或“不义”的价值裁断。② 钱耕森和陈鹏分别从利的对象和价值旨归研究了孟子的义利观，前者认为孟子所提倡的是合乎“义”的“利”，反对的是大小统治者不义的“上下交征利”与小人的不义的私利③；后者指出，孟子让形上本体之天为道德主体行“义”提供价值根据，虽然体现了主体道德实践的自律自觉，但也使孔子修己安人的双向价值旨归逐渐趋于单一性的内圣走向，并在后来不自觉地发展出泛道德主义倾向④。

在对宋明理学的义利观的研究中，徐代鸿认真研读了《近思录》的第七卷，对仕途经营中的义利之辨做了一些探讨，认为该卷不仅提出了“以义为利”的最高仕途经营境界，还提出了“出利入义”的正确义利取舍方式。⑤ 胡长海探讨了陈亮与朱熹的义利观，指出陈亮从自然主义人性论以及道物一体的道物观出发从而认为义利、王霸具有内在的一致性，而朱熹则从传统儒家性善论以及理气不离不杂、理在气先的理气观出发得到义利、王霸是相对对立的结果，二者义利王霸之辨的差异，乃根源于不同的人性论和认识论。⑥ 王小康则对黄宗羲对“私利”的关怀进行反思，认为在黄氏所谓“圣君贤臣治法”的制度设计下，其对天下人“私利”之关怀只能映现于“天下为公”的道德精神之中，即只可由统治者进行安排，却不是任由天下生民积极主张。正由于此，黄氏“私利”关怀虽反专制却不能克服专制，重视私利而不能伸张“权利”。⑦

此外，王正整体研究了先秦儒家的义命之辨，认为义命之辨既是儒家对人的道德

---

① 杨冬：《先秦“义利观”的四种理论形态》，《青岛行政学院学报》2016年第1期。

② 孙秀昌：《孔子“义利之辨”发微》，《孔子研究》2016年第1期。

③ 钱耕森：《孟子义利观新探》，《中原文化研究》2016年第6期。

④ 陈鹏：《论孟子义利观的内圣走向》，《南昌大学学报（人文社会科学版）》2016年第3期。

⑤ 徐代鸿：《〈近思录〉中仕途经营的义利之辩》，《伦理学研究》2016年第3期。

⑥ 胡长海：《陈亮与朱熹“义利王霸”之辨新探》，《九江学院学报（社会科学版）》2016年第2期。

⑦ 王小康：《黄宗羲“私利”关怀之反思——以“自然权利”和“义利之辨”为视角》，《湖北警官学院学报》2016年第4期。

与命运之间关系的处理，也是儒家对人的生命之终极关怀。命作为最大的利，其研究可作为一种对义利之辨的参照。[①] 而刘梦溪则全面总结了敬之为义的内涵和价值，为我们拓展了对义的理解。[②]

（四）传统伦理的近现代转化

鸦片战争以降，中国进入了从传统社会到现代社会的转型历程。在这一历史进程中，中国与西方先发展国家的时代落差、中国自身几千年的文化传统以及西方国家在发展理念、发展方式上的渗透和影响等诸多因素，使得近代以来中国的社会转型极具复杂性。这种复杂性不仅体现在不断改变的生活方式上，还体现在人们伦理观念的转变上。2016 年，学界对近代伦理思想的研究，主要有两条路径：一是从整体上把握不同的伦理思潮或对比不同学术派别的伦理思想；二是以近现代学人的伦理思想为研究对象，探讨其与传统伦理观念的不同之处。

从第一条路径来看。杨海秀从总体上研究了民国时期自由主义西化派伦理思潮、现代新儒家伦理思潮和马克思主义伦理思潮，认为三者都具有认同传统优秀伦理文化的“本根”情怀，但在处理与传统伦理文化的关系问题上选择了不同的文化路径，即自由主义西化派的“有限认同”、现代新儒家的“返本开新”、马克思主义者的“批判继承”。[③] 方旭红从三个方面探讨了学衡派和新文化派的伦理信仰之争：其一，新文化派彻底否定宗教及其于伦理的终极依据和信仰支持，学衡派则坚持批判继承的态度对待宗教及其与伦理的关系；其二，新文化派否定宗教，却无法否定伦理精神的信仰特质，学衡派亦特别强调伦理精神的宗教情怀；其三，新文化派的伦理信仰是自由，后又被科学所取代，但科学真理并不能安顿生命和实现精神超越，学衡派对此有深刻的批判，并提倡至善的伦理信仰，然而不正视科学真理及其自由精神，也难以建立合理的伦理信仰。[④] 李良玉考察了五四新文化运动，认为“伦理革新”是五四新文化运动提出来的一个重要命题，它坚持了共和立宪的政治理想，批判了复古思潮，提出了现代共和立宪的伦理基础是民主、自由、科学、法治的价值理念，具有极其重要的国家意义。[⑤]

以第二条路径观之。陈来通过细致分析冯友兰的思想脉络，指出了冯友兰对忠孝对象研究的创新之处，即中国历代忠臣孝子忠孝的对象不是君父，而是忠孝的概念，

---

① 王正：《先秦儒家道德哲学中的义命之辨》，《伦理学研究》2016 年第 1 期。

② 刘梦溪：《敬义论》，《北京大学学报（哲学社会科学版）》2016 年第 3 期。

③ 杨海秀：《民国时期三大伦理思潮“本根”意识之比较及其现代启示》，《广西社会科学》2016 年第 2 期。

④ 方旭红：《学衡派与新文化派的伦理信仰之争》，《四川师范大学学报（社会科学版）》2016 年第 3 期。

⑤ 李良玉：《“五四”伦理革新的国家意义——兼论当代社会的伦理重建》，《江苏大学学报（社会科学版）》2016 年第 1 期。

进而表明了冯氏的这一主张在传统道德现代传承转化中的借鉴意义。[①] 李醒民将蔡元培思想总结为伦理思想和修身之道两方面进行论述，肯定了蔡氏的贡献。[②] 陈红、张福红从“他者”的角度，探讨了梁漱溟的伦理责任观。[③] 杨景玉则考察了严复在社会公共领域、职业领域和家庭领域对传统伦理道德近代化的探索。[④] 此外，乔飞宇研究了陈独秀启蒙思想的转变过程，认为陈氏在探索救亡图存的道路中，逐渐经历了一个从伦理觉悟到阶级觉悟的转变。[⑤] 谢新春对李大钊伦理思想的理论特色作出了全面总结，他认为，李大钊伦理思想以马克思主义唯物史观为理论基础，具有破旧与立新兼著的特色，始终关注塑造新社会的“人”，并积极将伦理变革与政治革命紧密结合，有力地推动了近代伦理思想的启蒙。李大钊在中国最早运用马克思主义理论武器研究和解决道德建设的理论问题和实践问题，开创了马克思主义伦理思想中国化的进程。[⑥]

（五）中国伦理思想史的学科建构问题

中国伦理思想史的构建，一直是中国伦理学学科的重要议题。在2016年对该问题的讨论中，学者们分别从中国伦理的精神性历史性结构、文化根基、道德情感体系、绵延原因等角度进行了有益的探索。

樊浩探讨了中国伦理道德的精神哲学形态。他认为，伦理道德的精神哲学形态的“中国范式”就是孔子的“克己复礼为仁”。如果进行话语转换，与黑格尔“伦理世界—教化世界—道德世界”的“西方范式”相比，“礼—克己—仁”的“中国范式”最重要的“中国风情”便是“克己”。伦理道德的精神哲学形态的中国话语，就是“伦—理—道—德—得”的精神哲学过程和精神哲学体系。[⑦] 唐代兴高度评价了樊浩的工作，认为樊浩以“中国伦理精神的历史性建构”为“一以贯之”的主题，在历史地还原性建构中国古代伦理精神基础上，求证中国伦理精神现代建构的必然性，由此开辟从个别到一般、从具体到抽象、从历史到现实的三维认知路向，完成了对中国传统伦理及精神的逻辑还原，为现代社会伦理的建构开辟出一种认知路径。[⑧]

---

① 陈来：《冯友兰的“伦理概念”说——兼论冯友兰对陈寅恪的影响》，《清华大学学报（哲学社会科学版）》2016年第2期。

② 李醒民：《论蔡元培的伦理思想和修身之道》，《山东科技大学学报（社会科学版）》2016年第6期。

③ 陈红、张福红：《梁漱溟伦理责任观及其当代价值——基于“他者”视角》，《学术交流》2016年第9期。

④ 杨景玉：《严复对传统伦理道德近代化的探索》，《郑州轻工业学院学报（社会科学版）》2016年第2期。

⑤ 乔飞宇：《从伦理觉悟到阶级觉悟——五四时期陈独秀启蒙思想的嬗变》，《边疆经济与文化》2016年第5期。

⑥ 谢新春：《试论李大钊伦理思想的理论特色》，《南京政治学院学报》2016年第2期。

⑦ 樊浩：《伦理道德的中国精神哲学范式与中国话语》，《学海》2016年第2期。

⑧ 唐代兴：《中国伦理精神历史性建构的致思之路》，《哲学分析》2016年第3期。

不过，对于如何建构中国伦理的中国范式，学者们显然有不同看法。李建华认为，现有的伦理学表现出时代的滞后性，没有体现中国特色，缺乏中国态度。中国伦理学必须植根于中国道德土壤，立足于当代中国实践，着眼于中国重大问题。构建中国伦理学，必须以中国特色社会主义理论为指导，以传统伦理和西方伦理为参照，以学术、学科、话语三体系为抓手。① 肖群忠则指出，当代学术界解释伦理与中国伦理路径主要有三种：西方哲学反思型、马克思主义的意识形态论和中国式的文化—道德观。在这三种路径中，中国式的文化—道德观解释模式最佳，因为它以中国话语解释中国文化与伦理，更加接近中国人的生活和实践。②

此外，学者们还讨论了中国伦理学建构的不同侧面。江畅讨论了道德情感体系的构建，在他看来，道德情感的核心是“仁爱”。从维度看，仁爱可划分为“邻人之爱”和“环境之爱”；从强度看，仁爱可划分为“道德柔情”与“道德激情”。构建当代中国社会道德情感体系除了要充分认识构建的必要性、紧迫性之外，还要加强情感问题的理论学术研究，营造有助于人们形成美好感情和道德感情的社会氛围，增强学生培养道德情感的意识和能力，促进人们将仁爱修养与智慧修养有机地结合起来。③ 许建良将传统美德的核心精神概括为“上善若水”和“厚德载物”两个方面：“上善若水”体现的自然无为性，使万物因循自己本性而发展的外在环境有了保障；“厚德载物”所持有的对社会他人的担当精神，正是实现自我与他者完美结合的基础；“厚德载物”是道德的目中有人、心中有他真谛的凝聚。④ 王泽应则认为，中华伦理文明绵延发展有许多原因，其中，损益性的文明路径，旧邦新命的国性基质，中华美德的涵育与陶铸，中华道统的建构、拱立与护卫，“道并行而不相悖”的会通意识和包容精神是根本原因，它们共同支撑并促进着中华伦理文明的传承与发展。⑤

（六）传统伦理的当代诠释和当代价值

中国的传统伦理思想要保持其长久的生命力，必须与时代发生关联，并对最新的时代问题作出回应。从这个意义上来说，传统伦理思想当代诠释的成功与否，深刻影响着传统伦理思想在当今社会的价值和地位。2016 年，学者们主要采取两种方式进行诠释：其一，先对传统伦理思想进行解释，再发掘其于当代社会的价值；其二，就某一具体情境，检视某种伦理思想的效用。

在第一种诠释路径下，强调孔子思想的道德塑造力量，认为孔子思想中的崇德、

---

① 李建华：《中国伦理学：意义、内涵与构建》，《中州学刊》2016 年第 7 期。

② 肖群忠：《论中国伦理的文化根基与诠释路径》，《新疆师范大学学报（哲学社会科学版）》2016 年第 5 期。

③ 江畅：《试论当代中国道德情感体系构建》，《道德与文明》2016 年第 1 期。

④ 许建良：《中华传统美德的核心精神论》，《东南大学学报（哲学社会科学版）》2016 年第 2 期。

⑤ 王泽应：《中华伦理文明绵延发展原因论》，《道德与文明》2016 年第 2 期。

贵仁、尊义、守中、尚和等内容，对未来中国的发展将继续发挥重要影响。干春松分析了中国传统思想中“让”的价值理念，认为“让”是一种有效处理争执的道德原则和政治经济制度上的“分享”原则，可以作为目前纷争世界的一个共享的价值基础。① 刘永春、肖群忠将儒家思想中的敬业精神归纳为五点：以仁为业、博施济众的奉献精神；自强不息、刚健有为的工作风貌；严肃谨慎、主一无适的执事态度；忠于职守、尽心竭力的职业操守；精益求精、止于至善的精艺之道。他们认为，儒家敬业精神对敬业价值观的培育与弘扬具有重大的理论价值与现实意义。另外，两位学者对“德”的当代价值做了阐释。② 郭淼、缑文恩研究了“德”之传统意蕴及现代转换，他们指出，“德”是中国传统文化的普遍观念和精髓，不过，传统德性素养要继续发挥社会整合作用，就必须实现现代转换，由思想理论变为社会实践，由陈旧观念转向同步发展，由制度约束转为自觉自律，才能重新焕发新机。③ 王颖则对“悌德”进行了阐释，他认为，悌是中国传统道德文化体系中的重要德目，是于弟、幼方面的伦理规范的总名，与仁、义、礼、智紧密联系，在现代社会具有重要的实践价值。④

在第二种诠释路径下，有两位学者对儒家伦理对现代社会的适用进行了研究。一方面，陈少明针对时下对儒家传统中“陌生人”观念缺席的批评，做了一次非常有意义的探索性回应。论文的思路，是追溯儒家伦理原则的形成，同它运用于其中的社会组织或结构的相互关系，探讨它在应对社会秩序的变化时，是否具有变通或扩容的能力。在描述人与人的关系上，作者不再沿用阶级分类或抽象的人的概念，而是采取像亲人、熟人、生人甚至敌人这样更直观的表达范畴，这些范畴在理解我们的伦理经验时更具普适性。文中通过对不同社会结构的具体分析，表明儒家伦理之所以在现代社会中不可缺失，是因为传统与现代社会结构本身的关系乃是生成与叠加，这样一个叠加生成的社会，不仅需要适用于陌生人的道德原则，更需要儒家伦理原则作为其基石发挥作用。⑤ 另一方面，陈嘉明认为，现代化法治社会的建立需要“权利论”的伦理观，而这正是作为一种“单边”的义务论的儒家伦理所缺乏的。因此，儒家伦理要在中国的现代化进程中发挥积极的作用，需要弥补其缺陷，发展出一种权利论，以求在义务与权利之间取得一种平衡。具体而言，要以其“仁者爱人”的人文精神为基础，从中转化出以“权利”为本位的伦理观；亦即以尊重人的权利为前提，并从道德权利方面为法定权利提供伦理基础。⑥

① 干春松：《“让”：儒家伦理中的分享与共同体建构》，《新东方》2016 年第 6 期。

② 刘永春、肖群忠：《论儒家思想中的敬业精神》，《道德与文明》2016 年第 1 期。

③ 郭淼、缑文恩：《“德”之传统意蕴及现代转换》，《西安交通大学学报（社会科学版）》2016 年第 6 期。

④ 王颖：《论悌德的内涵及现代价值》，《伦理学研究》2016 年第 1 期。

⑤ 陈少明：《亲人、熟人与生人——社会变迁图景中的儒家伦理》，《开放时代》2016 年第 5 期。

⑥ 陈嘉明：《中国现代化视角下的儒家义务论伦理》，《中国社会科学》2016 年第 9 期。

（七）传统伦理思想的多视角研究

学术研究的进步，要求我们不断用新的视角对传统伦理进行检视，以拓宽原有的研究领域，加深对传统伦理思想的理解。2016 年，学者们在新的视角下，将传统伦理思想的研究推向一片新天地。

首先是中西比较的方法。廖申白认为，孔子思想体系可概括为一种关心人的性与心的学说体系，可进一步概括为孔子的“为己之学”的人文主义。他指出，之所以称为人文主义，是因为这是与孔子“仁”的思想最接近的概念。而在哲学方法上，这种人文主义同时关注两个方面：人的最终的真实与善；人的当下正确道路及策略——并以此来贯通对人的广泛关系的理解和对人的境况的关怀。因而，这种人文主义的基础或本质是“为己之学”——一种泛义的人生的教育实践。① 孙伟比较了亚里士多德和荀子的德福观，并发现了二者的一致性：人能否获得幸福的关键即在于人们的德性修养和个人的努力，把握并充分利用好外在的机遇，能够使“德”与“福”相一致。② 韩燕丽以《尼各马克伦理学》和《中庸》为文本，比较了中西德性观的差别，认为二者有“动”“静”之别。所谓静态化的德性，是指亚里士多德在理解“幸福”时，从践行德性出发，把德性本身处理为“中庸”（适中）。这种“中庸”的参照物始终是人自身，这种试图依靠人的理性来掌握最高善形式的做法，称之为“德性”的静态化。作为对比，儒家伦理学在处理“道”时以率性来践行德性，率性以天命为向心轴，以诚为纽带，与天命形成良好互动。这一践行德性的过程，称之为“德性”的动态化。③ 田薇则对比了儒家与基督教在道德超越观念检审上的不同，她认为，二者在根据、途径、目标上都有不同。儒家主张源于天赋良知的自力成圣论，关于先验善性与天命之谓性的设定是自力超越的可能性根据，“尽心—知性—知天”和“存心—养性—事天”的反省内求之路是自力超越的途径，内圣外王的天人合一之境是道德超越的最高目标。而基督教坚持源于他力救赎的因信称义论，关于悖神的罪性论及其无能为善的设定是他力救赎的神学根据，打开信仰之门走上悔罪之路是接受神圣救恩的路径，因信而称义是道德超越的目标。④

其次是道德生活的视角。李伟、陈文江将“道德生活”作为一种研究范式进行了探究，他们认为，这种研究范式把人类学、社会学的实证分析方法和伦理学的价值分析方法结合起来，具有巨大的方法论优势。从这种研究视域出发，他们认为，对我

---

① 廖申白：《孔子德性伦理学的人文主义引论》，《道德与文明》2016 年第 1 期。

② 孙伟：《荀子德福观的再分析——基于与亚里士多德的比较》，《武汉大学学报（人文科学版）》2016 年第 5 期。

③ 韩燕丽：《中西德性观之比较——以〈尼各马克伦理学〉和〈中庸〉为例》，《华中科技大学学报（社会科学版）》2016 年第 2 期。

④ 田薇：《自力与他力：关于儒家与基督教的道德超越观念的检审》，《道德与文明》2016 年第 1 期。

国多民族道德生活的历史变迁的分析路径可做如下划分：我国多民族道德生活中人的道德来源问题；人的德性是如何在一个民族的道德生活中陶冶的；各民族道德生活中人的德性是在“何处养成的”；各民族道德生活中人的德性呈现的空间及德性的社会建构过程；各民族道德生活中人的德性是如何传播和展现的。①彭定光从道德生活的角度，考察了明朝的君臣关系，把权力冲突、追求私利、意气之争和沽名钓誉归结为明代君臣关系扭曲甚至冲突的主要原因。②杨卉则考察了唐君毅对道德生活的理解，她指出，唐君毅认为真正纯粹的“道德生活”是自觉、自律地按自己“应当意识”做自己认为该做的。唐君毅通过对人生目的在于追求快乐、幸福、满足欲望或某一状态等类“道德生活”追求目标的批判，得出“道德生活”仅在于“行自己之应当意识对自己下命令”，而不在于追求某一目的。③

最后是其他学者的新颖视角。余开亮对儒家伦理美学做了探讨。他认为，在现代性美学视域下，作为中华美学精神显性形态的儒家美学因其与伦理道德的密切关联，往往被当代美学研究者视作理论粗放的功利主义美学。事实上，儒家美学对道德善的注重并不妨碍其成为一种可行性的当代美学观。在文艺观上，儒家伦理美学的“善”是作为内在价值存在于作品中的；在美感论上，儒家伦理美学的“善”是作为自然价值存在于审美情感中的；在形而上学上，儒家伦理美学的“善”是作为本体价值存在于审美境界中的。因此，儒家伦理美学实质是一种审美与道德价值内在结合的伦理美学，其不但具有当代美学的合法性，而且是有着美好价值担当的生活之道。④

蔡蓁、赵研妍从当代道德心理学的角度考察了孟子的恻隐之心，她们认为，运用当代道德心理学的概念资源可以发现，恻隐之心作为人性中最首要的善之端，既包括对他人痛苦感到移情式的不安，也包括对他人的福祉怀有同情式的关切。对孟子恻隐之心的这种解读也有助于澄清孟子和他在进化生物学领域中的当代支持者之间究竟存在哪些共鸣和差异，以及孟子的理论可能面临的挑战。⑤

杜海涛从伦理符号学的角度指出，由于近代以来人类符号活动太过关注于科学认知的领域，已经导致了人类与世界、身体交流的“病症”。所以，在人类的符号活动中应该同时包含对“他者”的责任和对生命的关注。而在此问题上，《周易》中的符号伦理思维在原初意义上就包含了一种以符号来表达生命和意义的思想倾向。因此可以说伦理符号学和《周易》的符号伦理思维其实面对的是共同的伦理问题，即人类作为唯一的具有符号反思性的生物对全球生命的责任，以及全球生命在符号活动中应

① 李伟、陈文江：《道德历史人类学视域中我国多民族道德生活的历史变迁》，《中国人民大学学报》2016年第2期。

② 彭定光：《论明朝君臣道德生活的扭曲与冲突》，《伦理学研究》2016年第6期。

③ 杨卉：《唐君毅论道德生活》，《湖北大学学报（哲学社会科学版）》2016年第4期。

④ 余开亮：《儒家伦理美学如何可能》，《孔子研究》2016年第5期。

⑤ 蔡蓁、赵研妍：《从当代道德心理学的视角看孟子的恻隐之心》，《社会科学》2016年第12期。

有的“他性”意义。[①]

刘金山认为，儒家试图通过提高主体的道德涵养，进而以推己及人的方式实现“己所不欲，勿施于人”的儒家伦理规则，存在着“上学难以下达”的困境。而实验伦理学的“系统理论”认为，行恶的决定性因素是人所处的环境系统而非主体的自由意志。因此，借鉴“系统理论”的洞察，摆脱“上学难以下达”困境的途径首先在于构造使“己所不欲，勿施于人”得以实施的外在环境，而不仅是提高主体的道德涵养的问题。[②]

王堃则探讨了如何建立儒家“诗性伦理”。他认为，由于儒家哲学建立在由诗歌表现出来的本真情感上，故可以依据诗的修辞建构起绝对和相对的主体性，给出伦理主体和社会规范。因此，儒学是“诗情儒学”，而儒家伦理则是“诗性伦理”。诗性伦理由“兴于诗，立于礼”构成，并分别以“克己复礼”与“礼有损益”作为其规范性和时间性的维度。[③]

二、基本范畴

范畴是一个学科最一般的概念，它是人类思维成果高级形态中具有高度概括性的基本概念。中国传统伦理史上的基本范畴，则是被无数实践证明并内化为人类思维成果，并反映当时人们思维特点的基本概念。2016 年学者的研究仍然集中在儒家。儒家伦理蕴含着丰富的基本范畴，如仁、诚、忠、义、礼等，其中以对“仁”的讨论为主。

（一）仁义

仁义思想是儒家伦理最基本的价值，更是中国古代含义极广的道德范畴。因此，对仁和义的义理的阐发与现代转化都是学界所关注的重点。

毫无疑问，“仁”在现代的价值首肯是问题研究的基础。杜维明把儒家的“仁”定位为普世价值。儒家追求终极关怀，面对当今世界之政治、经济、科技、文化、环境等领域的种种问题，21 世纪的儒学更需要关注人类长久的存活与繁荣。儒学的核心价值“仁”是源头活水，由“仁”发展出来的“学以成人”“何为人”等深刻的论域，可以为当前的困境提供可选择的思路借鉴。[④] 陈来在对程颐、朱子、康有为、谭嗣同、梁启超等历代诸儒关于仁与四德关系的论述中，抉发出了在新的历史时期，仁可以统摄仁爱、自由、平等、公正这一新的“仁统四德”的重要论述。此论述不

① 杜海涛：《伦理符号学与〈周易〉符号伦理思维》，《周易研究》2016 年第 5 期。

② 刘金山：《论儒家伦理“金规则”的实践困境与一条可能的出路》，《道德与文明》2016 年第 1 期。

③ 王堃：《“诗性伦理”导论——儒家伦理的重建》，《社会科学研究》2016 年第 3 期。

④ 杜维明：《儒家的仁是普世价值》，《西安交通大学学报（社会科学版）》2016 年第 3 期。

但深刻揭示了传统程朱“仁统四德”思想所具有的重大而深远的现代价值，更从“仁统四德”这一特殊视角，为在新的历史条件下儒学如何“返本开新”作了重要示范，具有重要的理论和实践意义。①

历来都不乏对“仁”的义理进行阐发。孔子首先把“仁”作为最高道德规范，提出以“仁”为核心的一套学说，对孔子“仁”义理的阐发是学者们研究的重点。韩星认为“仁”是孔子思想体系的核心，并分析了“仁”的构建。他认为自爱是仁爱展开的基本环节，仁者自爱，中和长寿；仁始于爱亲人，亲情之爱体现为孝悌之道，是为仁之本；忠恕之道，推己及人，是践行“仁”的基本途径；泛爱众人，亲近仁德的人，博爱无私；行仁政，爱民力，是王道政治的基本理念；爱物惜命，仁者与天地万物一体，民胞物与。② 卢兴、吴倩分析了儒家“仁德”的内在理路和逻辑层次。他们指出“仁”是一种对人的生命价值予以肯认与培护的情感，这种情感基于人本性中的道德意识，同时其外推也蕴含着超道德的义涵。“仁德”可以归结为立体的四个层面：“个体之仁”“类性之仁”“成物之仁”和“本体之仁”。这四者之间有机联系、逐层升进。仁爱的对象分别是自我、人际社会、自然界和宇宙本体，四者之间的内在逻辑是仁德的推扩原则，这种推扩建基于仁爱之情的感通作用。③ 冯晨探讨了孔子“天命”与“仁”的关系。他认为孔子的“天命”内涵有两个维度：一是以“德性”的形式落实在个体生命中；二是作为“使命”为个体所感悟而成为其人生动力。这两层含义都与“仁”密不可分。“仁”作为人之为人的本性，其道德力量和自我创造能力成就了“天命”的权威性和原发性。作为外在的力量，“天命”的意义是以一种难以抗拒的道德命令促使个体去实现“仁”的内在要求。④ 袁永飞对孔子“志于道，据于德，依于仁，游于艺”进行了解读，认为不可先按“为学”进路来确认其成德行教的次序，应据“为道”进路来推阐其归仁行义的宗旨。孔子的“道”不是自然的天道直接落实为王道理想，而是从王道理想出发，觉解成伦常的人道。他的“德”不是纯粹理想化的“仁德”，绝对关注“行仁义”的精神世界建设，而是周德的历史成就，被提炼为现实的圣德文化典范。他的“仁”不是抽象的绝对精神本体，完全统摄所有事物的存在与发展，而是具体的文化生命主体，希望回归自由王国的本心。他的“艺”不是工具性技能要求或活动，展示自身的兴趣特长，而是价值性理想诉求或目标，揭示人类存在与活动的意义。⑤

也有学者对孟子“仁”的思想进行了探讨。如郑治文、傅永聚探讨了孟子对孔子仁学意义的开显及其伦理意蕴。他们指出孟子以心性说“仁”，确立了以“仁义内

① 陈来：《仁统四德——论仁与现代价值的关系》，《江苏社会科学》2016 年第 4 期。
② 韩星：《儒家核心价值体系》，《哲学研究》2016 年第 10 期。
③ 卢兴、吴倩：《儒家“仁德”内在理路和逻辑层次》，《伦理学研究》2016 年第 2 期。
④ 冯晨：《孔子的“天命”与“仁”》，《道德与文明》2016 年第 4 期。
⑤ 袁永飞：《“志道、据德、依仁、游艺”的推阐》，《道德与文明》2016 年第 5 期。

在，性由心显”为内核的性善论立场。仁义内在作为一种理论预设（本体论主张）从根本上回答了善何以可能的问题；性由心显（以心善说性善）则使性善由一种理论预设变为“乍见孺子入井”时的当下生活体验。在此基础上，孟子依其性善论立场，提出了“扩而充之”的主张。“扩而充之”论作为一种“工夫论”要求，其所试图回答的是善端如何变为善德，善如何从可能变为现实的问题。①王传林从孟子的仁心、仁人至仁政探讨了孟子的“仁”之内构及价值向度。孟子建构的仁心、仁人至仁政的三位一体的政治伦理思想是基于战国时期特定历史环境的政治伦理化与伦理政治化的理想化设计，是儒家伦理范式与政治实践的新结合，也是儒家德治思想系统化与理论化的新拓展。②

宋明理学是儒学发展的另一个阶段，大儒们对仁的探讨也具有了新的内涵。也有学者对这个时期“仁”的内涵进行了讨论。如向世陵分析了王阳明仁说的博爱理念。他指出大人“以天地万物为一体”成为王阳明仁说的中心课题。“心体之同然”与“一体之仁”相结合，并随着良知发用而呈现。博爱是有边际的，爱善是博爱的内容限定。“致良知”为博爱的实现提供了最重要的心理动因，而且直接担负起了践行博爱的道德责任。生民的困苦通过“一体之仁”的心理架构而转移到“我”的身上，不忍人之心已转换成义不容辞的救济职责。博爱的施行并不拒绝回报，互惠是施行博爱的理想结果。③易飞从“仁之得名”“仁智关系”“万物一体”等三个方面，深入分析朱熹和王阳明在仁学上的差异。朱子是从理学的角度来解释仁的，仁在他那里本质上是性理，他是不承认心与仁相等同的，而在王阳明这里，从心学角度来阐释仁的，是理也是心，从根本上讲，仁是与本心相等同的。④在佛教那里，具有与儒家“仁”有相近意义的概念是“慈悲”。张有才论述汉传佛教的慈悲美德精神时，认为“慈悲”是汉传佛教伦理中的“母德”，佛教中的戒律（制度化的道德规范）以及佛教诸应用伦理中基本原则和道德规范皆依“慈悲”精神而确立，皆体现“慈悲”精神、皆统摄于“慈悲”精神。佛教慈善则是“慈悲”精神的弘扬与践行。⑤

王桂艳、刘金阳论述了“义”在传统道德价值体系中的融通性。他们认为“义”在我国传统道德价值体系中的阶位是相对的。鉴于“义”所特有的关于正当性、适宜性原则的规范要求，它与其他诸德有着极强的融通性。“义”与“道”融通生成“道义”，与“德”融通生成“德义”，与“仁”融通生成“仁义”，与“礼”融通生成“礼义”，与“公”融通生成“公义”，与“理”融通生成“理义”，与“忠”融通生成“忠义”，与“利”融通生成“利义”，与“孝”融通生成“孝义”，与

① 郑治文、傅永聚：《孟子对孔子仁学意义的开显及其伦理意蕴》，《东岳论丛》2016年第12期。
② 王传林：《仁心、仁人至仁政——孟子的“仁”之内构及价值向度》，《船山学刊》2016年第2期。
③ 向世陵：《王阳明仁说的博爱理念》，《哲学研究》2016年第9期。
④ 易飞：《王阳明仁学与朱子仁学之比较》，《理论界》2016年第11期。
⑤ 张有才：《论汉传佛教的“慈悲”美德精神》，《东南大学学报（哲学社会科学版）》2016年第2期。

"正"融通生成"正义"等等。[①] 王宏、龙运杰从字源字义考察了"义"，繁体"義"由"羊""我"两部分构成。可清楚看到"義"的构词源于两个部分：表示王权神圣和刑罚威严的"我"、表示法度公正的"羊"。二者合在一起，表达王权的威严统治、绝对权威；以及表示神圣性力量对王权统治、刑法实施的监督。正是由于"義"包含神圣与公正，以及君王的权威在其中，因而"義"到后期的文献中逐渐演化为君臣关系之"義"，而其中的公正意涵更多地保留了下来，并且延伸到普遍的社会关系与社会行为之中，最终被泛指为社会道德，成为"义利"之"义"。[②]

黄玉顺在论述儒学的现代性时，考察了仁、义、礼的关系。他认为儒学的现代性不仅源于中国社会的现代转型，而且基于儒学自身的基本原理，即"仁—义—礼"的理论建构。礼是社会规范及其制度，是儒家的关切所在。义是正义原则，是据以进行社会规范建构及其制度安排的价值原则。礼有损益性，而义有普遍性。仁是道德情感，在社会规范建构及其制度安排中，是否依据正当性原则，即是否要求仁爱的动机，是中国正义论与西方正义论之间最根本的区别之一。[③]

（二）诚与诚信

"诚"是中国哲学和伦理学中的重要范畴，它既是一种心理状态和情感追求，又是道德修养的功夫与途径，同时也是一种道德规范。"诚信"作为一种道德规范，一直是中华民族最基本的传统道德要求，在今天也是社会主义核心价值观的重要内容。2016 年，学者们对"诚"和"诚信"的内涵与当代价值进行了探讨。

刘乾阳研究了先秦、两汉儒家的"诚"观念，认为儒家"诚"观念首先是作为一种真实无伪的心理状态与情感追求而出现的，它的对象先是天帝鬼神，随着西周礼乐文化与人文精神的发展与兴盛，对于伦理道德的敬重与信守又成为"诚"的主要内容。后来思孟学派从人对于儒家价值规范所应该秉持的虔诚忠敬之情中抽离出"真实"的内核，将人心之真诚无伪与天道之真实无妄对接，希望借助于天道的权威性、至上性来劝导世人接受儒家的道德价值。经过这样的改造之后，儒家"诚"观念上就附着了本体论的内容。汉代"诚"观念的建构继承了先秦"诚"学的基本理路，但其神秘性、政治性更为突出。这一方面成为汉代统治者确立合法性的借口，另一方面也有助于儒家知识分子借由天道来限制王权、推行教化。但是，对于"诚"的过分强调往往会走向它的反面——虚妄不实。[④] 吴祖刚探讨了荀子对诚的阐释。荀子对诚的阐释与《中庸》有紧密的联系，但是荀子之诚却因其理论基点——性恶论——而又与思孟一系儒家不同。在荀子这里，诚仅仅作为一种道德修养功夫而存

---

① 王桂艳、刘金阳：《论"义"在传统道德价值中的融通性》，《道德与文明》2016 年第 2 期。

② 王宏、龙运杰：《中国古代德、福、义、利诸范畴的本源考辨》，《湖南社会科学》2016 年第 4 期。

③ 黄玉顺：《论儒学的现代性》，《中国哲学》2017 年第 1 期。

④ 刘乾阳：《先秦、两汉儒家"诚"观念研究》，博士学位论文，山东大学，2016 年。

在。这一道德修养功夫又可以具体化为“常”和“慎独”两个层次。作为功夫的诚之最终目的乃在于实现人本身的“化”，但是这种化指的是心对道的认可及行为的合规范性，并非是在人性层面实现本质性的转化。①

陈学凯、鲁建辉考察了诚信观念在几千年历史中的演变。春秋以前，受生产方式制约，人们只有“忠信”观而无“诚信”观；其后伴随生产方式的变革，“忠信”的升华激发了“诚信”的萌芽，然而“诚信”只在少数思想家那里流行，未能成为大众的主体精神；秦汉至清末两千余年的帝国时代，随着人身与人格依附的变化，诚信作为主体精神的彰显也高低不齐。他们还指出，建设诚信社会，并不能把全部精力放在道德说教上，而是应该把主要的精力投入到“尽己”“尽人”“尽物”三方面。②马辉试图从中华优秀传统文化中寻找“诚信”的思想元素和修养方法。他认为明确“诚信”的“仁爱”涵养、“忠义”要求、“四端”支撑及“内外”逻辑等，从“格物、诚意、慎独”及最终“落脚点”等方面探索培育和践行“诚信”之德的理路和方法，可以使社会主义核心价值观“诚信”理念的培育和践行富有“根”性，进而有利于社会主义核心价值观的培育和践行。③

古代各学派都有自己的诚信观，其诚信观和现代的诚信观是否融通和承续？这需要我们对它们的诚信观进行客观、准确的理解，以获得启示和价值。陈继红以儒家内部对于一系列“契约”事件的评述作为路径来看儒家的诚信之辨。指出儒家诚信是以“诚”作为“信”的价值依据与实现途径，这样会使诚信只是少数人的自觉而缺少普遍根基。而现代诚信建设要依靠制度完善和信仰培育两条途径。④ 周四丁探讨了韩非的诚信观。韩非从富国强兵的目标出发阐述其诚信思想，形成了系统的诚信观。他认为君主信任他人存在受制于人的道德风险，法律信用却有利于赢得民心，有利于保护君主权力免受权臣侵蚀，有利于富国强兵；基于信任他人的道德风险和法律信用的价值，韩非提出了“循名责实”的诚信管理论，诚信是指名实一致，诚信管理以君主自律守法为前提。⑤ 兰浩通过对朱熹诚信思想相关文献的梳理和剖析，并与佛学伦理思想中的因果报应说进行比较探索，朱熹诚信观对佛教因果报应说持有一种否定疏离的态度。儒学中重视自律忽视他律、通过道德约束以防范和惩戒失信行为等方面有较大局限性。由此，现代中国社会，既要弘扬道德传统价值，也要综合发展其他伦理资源。这方面，佛教因果报应说对个人、社会诚信伦理的价值作用值得深入挖掘和弘扬。⑥

---

① 吴祖刚：《荀子诚论发凡》，《道德与文明》2016 年第 4 期。

② 陈学凯、鲁建辉：《诚信溯源》，《西安交通大学学报（社会科学版）》2016 年第 5 期。

③ 马辉：《试析社会主义核心价值观之“诚信”的传统文化意蕴》，《内蒙古大学学报（哲学社会科学版）》2016 年第 4 期。

④ 陈继红：《从“契约”事件看儒家的诚信之辨》，《哲学研究》2016 年第 1 期。

⑤ 周四丁：《论韩非的诚信观》，《伦理学研究》2016 年第 4 期。

⑥ 兰浩：《朱熹诚信思想对佛教因果报应说的疏离研究》，《宁夏社会科学》2016 年第 6 期。

（三）忠

忠是中国传统社会十分重要的伦理道德范畴，近年来围绕忠德的研究为学界所重视，研究视域从忠观念的起源到忠德的嬗变，从对忠内涵的辨析到对忠外延的界定，从对忠德中糟粕的批判到对忠原初本义中精华内蕴的挖掘及其现代价值的转换等等，都有很丰富的成果。

孔祥安探讨了中国传统忠观念的起源。他通过对其他学者关于忠观念研究方法论的批评，指出五帝时代“中”的意识是“忠”观念产生的文化源头，“忠”源于“中”，忠观念起源于五帝时代。“中”即“忠”是五帝以来部落联盟军事首领或酋邦酋长为本群体或集团利益所产生的中正不偏、公正无私、全心全意、尽心竭力等的意识和观念，以及在其意识和观念下的道德原则、行为要求，它集中反映了为民的价值取向。同时，也是五帝时代军事民主制下的氏族成员对军事首长这一权威中心的归依和服从，以及对社会整体利益的维护和公平规则的期求。① 桑东辉探讨了春秋时期政治家、思想家子产的忠德观的内在价值和当代意义。他指出子产自觉奉行“忠德”信念并积极践行之。“忠”在子产思想中不仅占有重要位置，而且相对已成体系。即子产把“苟利社稷死生以之”作为忠德的核心基点，坚持“视民如子、与人谋忠”等价值取向。当今，要继承发扬子产的忠德观，主要应立足于其爱国利民、忠于职守、真诚对待他者等“忠德”之为政为人之精髓。②“忠”是孔子思想体系的核心重要组成部分，被看作“为国之本”“天下大公之道”，是个人安身立命的最高行为准则。修晓日以《论语》《孟子》《荀子》三部经典著作为中心，采用问题研究法、时代研究法以及比较分析法等研究方法，把“忠”的思想作为问题提出来，研究其内容是什么。追根溯源，探讨先秦儒家学派代表性人物孔子、孟子、荀子，对“忠”的释义及主张。③

如同诚信一样，传统忠德也要实现现代化的转化才能有生命力。鄯爱红分析了传统忠德在现代的转化与创新。她把传统忠德的特点概括为：忠寓于孝，忠孝统一；忠诚相通，重内轻外；君国一体，重人轻事。在现代行政伦理的视域中，传统忠德转化涉及三个层面：价值观念层面需要拓展忠诚的内涵；行政伦理实践层面需要转移忠诚重心；保障机制层面需要强化忠诚契约，实现由重内轻外的单向的品德忠诚向内外结合的双向的契约忠诚的转化。其中，培养具有独立判断和创新精神的现代人格最为关键。④

---

① 孔祥安：《中国传统忠观念的起源再探》，《齐鲁学刊》2016 年第 4 期。

② 桑东辉：《子产忠德观的内在价值及其当代意义》，《武汉理工大学学报（社会科学版）》2016 年第 5 期。

③ 修晓日：《先秦儒家“忠”思想初探》，硕士学位论文，华北电力大学，2016 年。

④ 鄯爱红：《传统忠德在现代行政伦理中的转化与创新》，《中国人民大学学报》2016 年第 4 期。

（四）伦理关系及其他

人是社会化动物，人的德性也要在与他人的共在关系中体现出来。2016年，学者们较多地探讨了传统思想中的友爱关系和父子关系。王天民、刘美探讨了《论语》交友观的实质与当代启示。他们认为，《论语》交友观念的实质在于两个方面，一是朋友以“信”为根、以“恕”为怀、以“和”为贵的精神特质，二是交友弘扬正义、修养自我、移风易俗的价值诉求。《论语》交友观的深刻思想，为当前社会主义和谐社会建设和友善精神培育提供了重要启示。① 唐明燕借鉴社会心理学的相关理论、结合当代中国进行道德治理的现实需要，从心理动因、心理环境保障和具体行为方式三个方面梳理了荀子哲学所蕴含的友善资源。他指出礼是激发“友善”行为的心理动因；不怨天，不尤人是确保“友善”施行的心理环境；“君子之道”是实施友善的具体方式。② 为了回应部分儒者对“友伦”的质疑，王硕从“五伦”观念的关系结构、伦理规范与道德成就三方面的道德意涵出发，对儒家友伦思想进行分析，证出朋友是一种以道相合、以信相维的人伦关系，具有责善辅仁的道德功效。这种人伦关系不仅体现着天理，更维持着天理；它是无数人伦关系中的一种，但却成就了所有人伦关系的和谐与圆满。在道德理想的实现过程中，友伦起到了独特的、无可取代的作用，故其重要性足以与父子、君臣、夫妇、兄弟四者相匹敌。③

凡事皆有两面，传统社会出现了由“朋友”演变成“朋党”的“朋而成党”现象，在党争比较激烈的时候，危害极大。这一演变对朋友交往带来巨大的伦理变异。揭芳结合历史中的“朋而成党”现象从伦理属性、伦理取向、伦理价值三方面梳理其中的变异：由私人性的社会关系变异成为群体内具有一定公共性或者说“有限公共性”的政治关系、由以道义为最高原则和目标变异成以团体私利为最高原则和目标、随着伦理取向的变异朋友交往的伦理价值发生的变异。这些变异由“成人安民”变异成祸国殃民。④ 李薇薇研究了孔子及其弟子师生关系的伦理性质。孔子与其学生的关系最初具有陌生人性质，通过教学活动，他们最终转化为熟人性质甚至是拟亲人性质的师生关系。当拟亲人性质的师生关系出现时，容易蜕变为紧密的利益共同体，然而孔子与弟子之间形成的却是道义共同体，从而形成了人际关系中崭新的一伦——“师生”，奠定了古典时代师生关系伦理的基本内涵。⑤

周浩翔探讨了三纲说的原始要义与现代评价。他分析指出传统“三纲”说实有

---

① 王天民、刘美：《〈论语〉交友观的实质与当代启示》，《北京师范大学学报》2016年第5期。

② 唐明燕：《荀子思想中的“友善”资源探析》，《伦理学研究》2016年第2期。

③ 王硕：《儒家友伦的道德意涵新辨》，《道德与文明》2016年第2期。

④ 揭芳：《朋而成党：传统社会朋友交往的伦理变异分析》，《伦理学研究》2016年第3期。

⑤ 李薇薇：《从陌生人到共同体——孔子及其弟子师生关系伦理性质考论》，《北京社会科学》2016年第8期。

两层意涵，其一是指三种伦理关系，其二是指“君为臣纲，父为子纲，夫为妻纲”。“三纲”包含了和合一体、主从有别的伦理指向，内蕴了各安其分、一本于义的内在要求。“三纲”作为三种伦理关系，其间存在一种“差序格局”。“三纲”的内在价值在于肯定人伦的重要性，强调人格主体应各安其位、各尽其道。通过事例点明在原始儒家那里，父子之伦明显重于君臣之伦。① 而季乃礼、魏朝利则认为“三纲”本质上是一种儒家对于社会政治秩序的规定，但是现代社会中这种规定本身已经失去了合理性。他们认为以文本、制度、行为三个维度综合分析、评价儒家思想，方能接近历史真相。以汉代“父为子纲”为例，结合文本、制度、行为的三维度分析，他们支持了批儒一派的结论：父子间的权利义务是不对等的，“三纲”规定本身已经失去了现代的合理性。②

调节伦理关系的规范被称为“礼”。王苏探讨了“礼”的伦理学意义的孕育与确立。他指出，“礼”的起源很早，但起初它并不属于伦理道德的范畴，而是带有浓郁的宗教色彩和政治色彩。“礼”成为伦理学范畴，是经过夏商周三代直至孔孟才得以完成的。孔子在维护“周礼”的努力中对“礼”之深层的精神内核进行挖掘和创新，使之成为伦理关系的理想模式；孟子设计了由仁、义、礼、智构成的德性结构，使原来外在的“礼”内化为本心所具有的一种内在属性。③ 屈行甫发现复仇问题与儒家的仁爱思想二者之间存在着紧张和对立的关系。因此，基于复仇行为的正当性，儒家的仁爱思想在道德践履层面也可能会陷入伦理困境，其周延性似乎也受到挑战。他深入考察影响复仇行为的“以直报怨”原则，并将其放在儒家仁爱思想的视阈下分析，发现儒家学者为了调和这一冲突，在“礼”的框架下寻求问题的解决，以“礼”规制复仇行为，既保证了儒家“仁爱”思想的周延性，又为人们的复仇情结提供了理论依据。④

除了对伦理关系的讨论外，学者们还探讨了“德”和“慎德”等方面。罗新慧认为西周时期，周人明确了德的概念。其后，重要的问题是思考德由何而来、如何获取德即如何修德。周人创造性地提出“帅型祖考之德”的观念，将距离遥远的天降之德转向“近取诸譬”的祖考之德，为社会中人们的修德开辟了可由之径。而自春秋时期始，以孔子为代表的儒家学派逐渐发展出德修的观念，认为德内在于己，遂倡导自修、内修，将修德转入自我、内向一途，开创了修己成德的重要路径。天子之德与祖考之德非一宗一姓之私德，而是由家族伦理扩展为政治伦理。⑤ 耿加进论述了

---

① 周浩翔：《“三纲”说的原始要义及其现代评价》，《河北大学学报（哲学社会科学版）》2016 年第 4 期。

② 季乃礼、魏朝利：《儒家思想研究的文本、制度、行为三维度分析》，《新疆师范大学学报（哲学社会科学版）》2016 年第 5 期。

③ 王苏：《“礼”的伦理学意义的孕育与确立》，《齐鲁学刊》2016 年第 1 期。

④ 屈行甫：《复仇观念与儒家仁爱思想的冲突与调和》，《道德与文明》2016 年第 3 期。

⑤ 罗新慧：《“帅型祖考”和“内得于己”：周代“德”观念的演化》，《历史研究》2016 年第 3 期。

《尚书》中的“慎”德。他认为“慎”是精神始终处于紧张、诚悫、专一的状态。在《尚书》中，“慎”表现为一种德，它不是对普通老百姓的要求，而是对国家治理者的要求，要求其态度严肃而谨慎地对待和处理一切政事以及与之相关的一切活动。①

① 耿加进：《论〈尚书〉之慎德》，《北方论丛》2016年第6期。

第四章　中国伦理思想与现实问题研究报告

许叶楠　李　冲　邓　玲

历史的思想只有与现实的问题相结合才能焕发新的生机。2016 年，学者们充分挖掘中国伦理思想对社会各个领域内的问题解决的资源意义，这涉及政治伦理、家庭伦理、个人品德、生命伦理、生态伦理、职业道德等各个领域。

一、政治伦理研究

中国传统文化中政治与伦理是密不可分的，尤其是在儒家思想居于社会治理的主导地位时期，政治伦理化和伦理政治化是基本常态。2016 年学者们对中国传统政治伦理进行了积极探讨，并对其在当下历史环境条件下的作用进行了深刻反思。本部分将从政治制度伦理、传统行政伦理、社会政治思想以及对传统政治伦理的现代反思这四个方面进行介绍。

（一）政治制度伦理

政治制度伦理是一个社会制度建构、运行所遵循的伦理规范，是依靠国家的强制力将道德原则规范化，以确保政治制度的合理性和道德性。中国传统社会的制度建立，所依靠的伦理规范和道德准则整体而言主要是德治、礼治，具体方面而言主要包括公平、正义等思想。

1. 德治、礼治、法治

在中国传统社会中，儒家治国理政的主要方式是德治或礼治，同时也不排斥法治对社会治理的补充作用。兰甲云、刘体胜、郭齐勇分别以一部儒家经典为研究视角，对儒家的德治、礼治思想分别进行了分析和探究。兰甲云认为《周易》的社会治理思想是以礼治为中心和主体的，涵盖了治心、修身、齐家、治国、平天下等各个方面，并以法治为辅助手段，最终实现德治的最高目标，具有典型的社会综合治理特征。[①] 刘体胜对《尚书》的义观念进行了分析，认为义观念可上溯唐虞，而真正完备是在西周前期，其核心内容为“敬德”“明德”“保民”“康民”，它是唐虞三代王道政治建构的首要原则，更在证成王道政治正当性及其兴衰的过程中起决定性作用。[②] 郭齐勇以《礼运》《王制》为中心进行讨论，认为《礼记》哲学诠释的向度之一为礼与礼治的根源在于“天”的终极性，从精神信仰层面肯定儒学具有“宗教性”。[③]

一些学者对先秦时期具体思想家的德治、法治思想进行了研究。陈继红以法刑事件为新的研究视角，认为在德治与法治关系上，孔子提供了一种“德法互济”的思想，以德教的先在性作为任刑的必要条件，同时认识到了任刑对德教的反向推助作用。[④] 李艳玲和曹成双对荀子的礼治思想进行了探究，李艳玲认为荀子的政治伦理思想是以性恶论为基础，以“隆礼”为重心，把礼看作是道德生活和政治生活的最高准则，具有现实主义色彩[⑤]；而曹成双则以荀子为例，分析了儒家“礼制”思想在中国传统社会中表现出的三种差序等级，即亲亲、尊尊和贤贤。而贤贤在现代社会中的重要性逐渐凸显，成为最高政治权威的构成原则[⑥]。韩星分析了荀子的三才构架，认为天与人职分不同，人能够与天地参，具有主体性。在此基础上建构以礼义为主干的国家治理体系，分析梳理出百姓、士、君子、圣人等不同人格层级，以圣人为治道的最高担当者，以君子为治道的主体，使礼义在治道中居中制衡，上通下贯，形成了立体的国家治理体系。[⑦] 金春峰认为老子对“名”的论述，反映其对“礼”的态度，老子常以“常名”与“可名”对立，表明社会统治秩序已名实不副，“礼”的出现则是这种伦理道德缺乏时代的标志。[⑧]

彭林、王锋、李若晖对儒家的政治伦理思想进行了整体性考察。彭林认为礼治思想缘起于西周对殷商“不敬厥德”而覆亡的反思，从学理而言，礼治所倡导的礼乐双修是完人教育的最高层次，而礼治的文化功用是为社会提供符合道德理性的规范，加强民众的文化认同。[⑨] 王锋则认为儒家以“以德配天”为基础的伦理治理，在赋予君主权力神圣性的同时也要求君主施行仁政德治，而君主贤明与否的偶然性不可避免

---

① 兰甲云：《〈周易〉礼治、德治、法治思想略论》，《周易研究》2016 年第 2 期。

② 刘体胜：《义：三代王道政治的首要原则——试论〈尚书〉的义观念》，《学术研究》2016 年第 7 期。

③ 郭齐勇：《〈礼记〉哲学诠释的四个向度——以〈礼运〉〈王制〉为中心的讨论》，《复旦学报（社会科学版）》2016 年第 1 期。

④ 陈继红：《法刑事件中孔子德法互济思想观略》，《道德与文明》2016 年第 2 期。

⑤ 李艳玲：《荀子之“礼”的政治伦理意蕴及现代启示》，《齐鲁学刊》2016 年第 5 期。

⑥ 曹成双：《儒家传统“礼制”中的三种等级：以荀子思想为例》，《安徽师范大学学报（人文社会科学版）》2016 年第 4 期。

⑦ 韩星：《荀子三才构架下的国家治理体系》，《社会科学战线》2016 年第 2 期。

⑧ 金春峰：《老子之社会政治与伦理道德思想——兼论〈老子〉的成书时代》，《江苏师范大学学报（哲学社会科学版）》2016 年第 6 期。

⑨ 彭林：《儒家礼治思想的缘起、学理与文化功用》，《湖南大学学报（社会科学版）》2016 年第 6 期。

地使德治蜕化为人治，而人治的偶然性、不确定性使其必然为法治所否定。① 李若晖通过对周礼德性政治的考察，认为周礼体制最为关键的制度设计是主权在上、治权在下，治权的分割和主权与治权的分离使周天子的权力受到双层约束，只有周天子以万民为念而行德政时，才会实现主权与治权的统一。② 靳浩辉系统论述了孔子治国理政的思想，以制度伦理为视角，孔子的治国理政思想主要体现在“政者正也”的治国理政逻辑，“德、礼、法”相结合的治国理政方略，“庶民、富民、教民”的治民之道，中庸辩证的君臣关系以及“举贤才”的人才战略五个方面。③ 王乐对先秦儒家的政治伦理思想基础进行探究，认为《中庸》在继承前人思想的基础上提出的“知行相顾”，是道德主体自身知、行合理互动的状态，这种互动既能实现道德主体的具体的道德目标，又可以实现个体道德目标为载体，不断优化和提升个体道德的价值，进而，实现社会整体的政治伦理目标，在这一意义上，知行相顾才成为《中庸》，乃至整个先秦时期政治伦理思想的真实基础。④

2. 公平

公平作为社会政治制度构建的重要原则也引起学者们的探讨。赵昆对孔子的公正思想进行了分析，认为公正是孔子思想中的隐问题、隐概念，以公正思想实质为分析线索，可知“仁”是孔子思想中的最高道德原则，“义”是基本道德原则，“礼”是从属于仁义的外在制度规范，而公正则是从属于“仁”和“义”的一种具体道德原则，其基本要求通过“中”和“正”表现出来，以最终达到“和”的理想目标。⑤ 李宗桂认为董仲舒的“调均”是儒家“均平”思想的创造性发展和主流，体现了儒家思想的公平观，对于防止和反对贫富两极分化具有警示意义。⑥ 李长泰则对王夫之的哲学进行了分析，认为其哲学突出了公平、公正思想，其公正思想又通过“礼用”实现贯通，即理公情正以礼通礼、义本礼实以礼通义、上正下服以礼同人、修制正纪以礼通伦。⑦

3. 正义

王云萍、朱璐、陈科华对中国传统社会的正义思想进行了研究。王云萍认为儒家的社会正义观与其人性假定、社群观念及理想的善观念、好生活息息相关，是在假定社会是一个道德共同体的条件下进行的，而不是离开社群感和关怀感的纯粹的现代社

---

① 王锋：《儒家伦理治道逻辑的权治观照》，《东南大学学报（哲学社会科学版）》2016 年第 5 期。

② 李若晖：《主权在上治权在下——周礼德性政治要论》，《中山大学学报（社会科学版）》2016 年第 3 期。

③ 靳浩辉：《孔子的治国理政思想及其当代启示》，《社会科学家》2016 年第 2 期。

④ 王乐：《先秦儒家政治伦理思想的基础》，《齐鲁学刊》2016 年第 5 期。

⑤ 赵昆：《孔子公正思想论析》，《齐鲁学刊》2016 年第 6 期。

⑥ 李宗桂：《从“调均”看中国文化的优秀传统》，《哲学研究》2016 年第 8 期。

⑦ 李长泰：《论王夫之公正思想的礼用贯通面向》，《湖南师范大学社会科学学报》2016 年第 2 期。

会正义原则[①]。朱璐对朱熹的正义思想进行了分析，认为朱子推崇德性正义，主张行天理之公义，格物致知；推行政治正义，主张“正君心”“格君心之非”以行政，以民本“为国家者明道正义”；践行经济正义，倡导“正经界”，带有鲜明的理学特质。[②] 陈科华对中国传统正义思想的理论构建进行详细论述，认为其是三代以来形成的以“执中”为核心的政治传统，其理论雏形便是《尚书》中提出的“王道”正义论思想，孔子及历代儒家提出了基于仁爱原则的分配正义论，以“时中”为取向的实践正义论，以及以“行权”为补充的矫治正义论等三个理论层面，构建起了一种以“中重于正”思想为特点的“时中”正义论。[③]

（二）传统行政伦理

行政伦理是行政管理领域内的角色伦理，主要是行政人员在履行职责和义务的过程中所遵循的行为规范和应有的价值观念。在中国传统社会中行政人员主要分为两种，一是拥有最高权力的君主帝王，一是以士为主体的各级官员。因此，本部分传统行政伦理内容主要围绕君德和官德展开。

1. 君德

杜云、杨明和吴灿新均以先秦典籍为研究视角，来分析中国传统行政伦理。杜云、杨明认为《吕氏春秋》蕴含丰富的君德思想，君主是治世的主体，君德主要体现在君主应勤于人事、谨慎好学等个人道德，知贤、求贤、礼贤等君臣道德及利群为民、德治等君民道德三个方面。[④] 吴灿新则分析了《尚书》中的“政治道德形象”，认为其是选拔人才、王朝兴亡、巩固政权的重要因素，且“政治道德形象”说孕育了古代中国三大政治伦理传统，即“德治”“民本主义”和“修身”，有德之人才能治国安邦定天下。[⑤]

一些学者对不同历史时期的儒家君德思想分别进行了研究。代云以《左传》《论语》《孟子》为中心，分析认为孟子提出的“民贵君轻”思想有效地解决了春秋时代君臣之间的伦理困境，而孟子这一主张不是为“乱臣贼子”作辩护，而是主张君主应该施行仁政。[⑥] 王建光则认为汉武帝之后，儒家的纲常伦理及其价值观的自然延伸，事实上即成为一种与体制相补充的制约帝王的道德力量，主要是通过孝顺伦理、祖制祖训、历史定位、前朝惯例、自然警示等形式来制约君主权力，力求塑造有道德

① 王云萍：《儒家社会正义观的思考》，《哲学研究》2016 年第 11 期。

② 朱璐：《朱熹正义思想探析》，《哲学研究》2016 年第 4 期。

③ 陈科华：《中重于正——中国传统正义思想的理论构建》，《湘潭大学学报（哲学社会科学版）》2016 年第 4 期。

④ 杜云、杨明：《〈吕氏春秋〉“君德”思想简论》，《伦理学研究》2016 年第 5 期。

⑤ 吴灿新：《〈尚书〉的“政治道德形象”说》，《中原文化研究》2016 年第 4 期。

⑥ 代云：《先秦儒家对君臣伦理困境的解决——以〈左传〉〈论语〉〈孟子〉为中心》，《学理论》2016 年第 8 期。

的明君。[①] 陈晓杰通过对南宋理宗朝发生的“霅川事变”政治事件为线索，历史地考察了朱子学的公私观，认为朱子及其后学打破了传统公私观中君主代表天下和公德天然优先于“爱亲敬长”的私德的思想，而认为私德能通过“身—家—国—天下”的同心圆直接影响天下之公，而重要的前提则是君主必须是圣人。[②] 赵金刚分析了朱熹的“汤武革命”论，认为“汤武革命”论蕴含了儒家学说内部“忠孝”与“革命”的张力，朱熹化解这一矛盾的方式是“格君心之非”，即劝勉君主修身养德、以天下为念。[③]

2. 官德

曹利群、苑秀丽、王晶对官德中的廉德进行了研究。曹利群对老子政治伦理思想中的廉政诉求进行了分析，认为为官者应秉持“无为”的政治理念主张统治者以德化民、以正治国、戒奢抑贪，对现代的党员干部从政道德培养和反腐倡廉均具借鉴意义。[④] 苑秀丽则探讨了廉吏伦理品格中所蕴含的儒学思想根基，认为廉吏的三大伦理品格，即自律、爱民和为民，分别是以儒家倡导的修身理论和仁政思想为基础的。[⑤] 王晶则在义利关系维度下探讨了廉德的两种呈现方式，一是直觉呈现方式，它基于“义”与“天理”贯通的最高意义，体现了最简易的道德呈现原则；一是理性呈现方式，它基于“义”社会整体性的价值取向，更具有可操作性。[⑥]

伍先禄对《周易》中的官德思想进行了系统研究，认为其突出部分是对官员德性修养的论述，以“居贤德善俗”为修养目标，以“不失其正”“施禄及下”“至临无咎”为官德德目，并通过意志坚定、敬畏之感、不断坚守的修养方法来达到。[⑦] 彭绪铭、左志德对老子的“虚静”思想进行了探析，认为“虚”包含的宽厚包容、处下不争和“静”所包含的清静无为思想，对当代官德建设中的廉洁奉公、忠诚等道德品质的培育具有一定的借鉴价值。[⑧] 马秋丽对儒家的狂狷文化和政治生态之间的关系进行了分析，认为狂与狷虽未达到“中行”的境界，但体现了不同的人格之美，狷者精神在于知耻不为，坚守善道，狂者精神在于志向远大，光明磊落，弘扬狂狷精神有助于遏制败坏政治生态的好人主义，营造良好政治生态。[⑨] 唐代兴剖析了孔子的“异端”论思想，采取语境还原法，可知孔子之论，意在培养弟子道德容忍的智慧，

---

① 王建光：《儒家伦理对古代帝王的制约》，《光明日报》2016 年 4 月 11 日第 16 版。

② 陈晓杰：《朱子学公私观的一种政治史考察——以“霅川事变”为线索》，《复旦学报（社会科学版）》2016 年第 3 期。

③ 赵金刚：《常道与变易的困境——朱熹论“汤武革命”》，《河北学刊》2016 年第 4 期。

④ 曹利群：《老子政治伦理思想中的廉政诉求及现代价值研究》，《宁夏社会科学》2016 年第 4 期。

⑤ 苑秀丽：《论廉吏伦理品格的儒学根基》，《东方论坛》2015 年第 6 期。

⑥ 王晶：《义利关系维度下的廉德呈现探究》，《广西社会科学》2016 年第 11 期。

⑦ 伍先禄：《〈周易〉中的官德修养思想探析》，《湖南行政学院学报》2016 年第 6 期。

⑧ 彭绪铭、左志德：《老子“虚静”思想及其对当代官德建设之价值》，《江汉论坛》2016 年第 4 期。

⑨ 马秋丽：《儒家文化的狂狷精神及其政治生态优化价值》，《山东大学学报（哲学社会科学版）》2016 年第 6 期。

包含正面的慎取和反面的广纳两层含义，是培养从政者“有容乃大”的胸襟和持守正道的君子大法。①

此外，彭新武对秦汉之际政治领域形成的“贤人之治”的利弊进行了剖析，一方面，较之先秦的“血亲政治”，贤人治国的制度化，使社会精英有了确定的流向，从而扩大了统治基础，也有利于决策的科学性，但对精英的过度推崇，会削弱组织决策的民主意识，要通过“集体性的对话”和共同学习，以避免精英治理的独断和偏执。②

（三）社会治理思想

中国传统社会的治理思想主要是以儒家为主，兼论道家和其他学派的思想，它不同于权威化的政治制度，更倾向于一种约定俗成的社会习惯、社会力量和社会理想。

1. 儒家的社会治理思想

陈乔见以公私观为切入点分析了儒家的治国理念，儒家公私之辨的一项重要内涵是“合私成公”，其实质是藏富于民，与之相关联的义利之辨旨在说明义对利的规范功能，反对官府专利，而非通常所理解的以公利否定私利。而义对公共领域的规范功能，体现了社会性公德。③ 林安梧认为中国古代社会下的子民是一自然状态下的天民，其伦理是“天民伦理”，而公民伦理则重在以自我的限定为起点，并依客观的契约而构造一个新的连结体，但儒家所倡导的“根源性伦理”，即德性治理，仍是现代社会向公民伦理转变过程中的重要思想资源。④

叶树勋和郑济州、姬明华从孔子参与社会治理的方式对儒家进行了研究。叶树勋分析了孔子“第三方”理念和从政方式，认为儒士作为普遍价值的守护者，一定程度上可超越政治领域的二元架构，通过“学而优则仕”“施于有政”和“隐居以求其志”等或直接或间接的方式参与政治生活，用自己的信念和实际行动来践行天下公义。⑤ 郑济州、姬明华则通过对《论语》“子奚不为政”章的辨析，同样认为孔子及其开创的儒家是通过教化，将“孝悌之道”传递给执政者，以实现教化即为政，是另一种政治实践方式。⑥ 允春喜、金田野认为孟子通过赋予天以终极解释和终极价值的意涵，进而改变将理想政治生活的必然性和合法性寄托于天的路径，而转向对人性

---

① 唐代兴：《“攻乎异端，斯害也已”的政治智慧和道德容忍度思想》，《中国社会科学院研究生院学报》2016 年第 3 期。

② 彭新武：《贤人之治：价值与流弊》，《山西大学学报（哲学社会科学版）》2016 年第 2 期。

③ 陈乔见：《儒家公私理念与治国理政》，《江汉论坛》2016 年第 9 期。

④ 林安梧：《从“德性治理”到“公民社会”的建立——“顺服的伦理”“根源的伦理”与“公民的伦理”》，《江淮论坛》2016 年第 6 期。

⑤ 叶树勋：《以道化政：孔子的“第三方”理念及其践行方式》，《学术研究》2016 年第 12 期。

⑥ 郑济洲、姬明华：《教化即为政：〈论语〉“子奚不为政”章辨义》，《福建论坛（人文社会科学版）》2016 年第 12 期。

的探讨，孟子的人性学说实现了人的价值理性的自觉，其成为构成优良政治秩序构建的基点。①

此外，魏艾分析了传统的“慈孝”美德在农村社会治理中的作用，认为其仍有社会治理功能，与精神文明建设相契合，可以辅助新农村的建设发展，但同时需要完善“慈孝”的美德教育机制及相关法律的规范。②

2. 道家与墨家

王敏光对《老子》的群己观进行了详细的分析，老子把“自然”与“无为”不仅看作是群己的依存法则，更是个体生存面向的展开与生命个体追求的价值体现，个体生存真正得以保障，是群己融洽的前提与基础，依此群体社会生活才具有真正和谐的可能存在，而老子“小国寡民”的设想向世人展示了其对理想社会的构想，表达了个体以无为方式生存，以自然为价值追求的向往，同时也展现了老子对群己之间交往的设想。③ 欧阳辉纯对墨子的政治伦理思想进行研究，认为其主要内容包括：以“天志”和“明鬼”为自然哲学基础；以泛道德主义“兼爱”和“非攻”为社会道德规范；以“尚贤”和“尚同”为政治伦理制度保障原则。但墨子的政治伦理一直强调无差别、无等级的功利主义，是脱离现实的，无法实现个体道德价值和政治伦理的超越，最终走向了式微和衰落。④

3. 其他

此外，赵浩对根植于乡土中国的“乡贤”社会治理文化进行了反思，“乡贤”是乡土社会依靠伦理进行宗族自治的重要人物，“乡贤”体现了三个层面的道德哲学品性：个体生命与其公共本质的合一、道德价值的特殊性与普遍性的辩证综合、道德主体与伦理实体之间的良性互动。“乡贤”的道德价值对现代社会“乡”的治理仍有重要意义，关键在于当代“新乡贤”应向着乡贤类型的多样化与乡贤德性的多元化发展。⑤ 袁瑾认为圣贤崇拜这一类信仰形态在民间的广泛传播、发展与儒家为政以德的社会政治理想、神道设教的价值取向有紧密的关系，它可以使民众明德行善，实现规范和疏导作用，继承和发展其中的优秀文化价值，有利于提高社会成员的道德伦理自觉意识，促进社会主义德治观念在民众中的传播和发展。⑥ 王颖通过对梁启超公德论的研究，指出梁启超在公德与私德有机统一的框架中建构公德，彰显了公德与私德之

① 允春喜、金田野：《价值理性的自觉与优良秩序的基点——孟子人性学说的方法论意义》，《道德与文明》2016 年第 3 期。

② 魏艾：《传统“慈孝”美德的农村社会治理之维》，《东南大学学报（哲学社会科学版）》2016 年第 2 期。

③ 王敏光：《〈老子〉群己观探赜——以“小国寡民”为视角》，《社会科学家》2016 年第 10 期。

④ 欧阳辉纯：《从自然意志到伦理秩序——墨子的政治伦理思想及其价值》，《道德与文明》2016 年第 4 期。

⑤ 赵浩：《“乡贤”的伦理精神及其向当代“新乡贤”的转变轨迹》，《云南社会科学》2016 年第 5 期。

⑥ 袁瑾：《圣贤崇拜与儒家政治伦理的社会实践》，《杭州师范大学学报（社会科学版）》2016 年第 2 期。

间的互动性，但试图先养私德再养公德的单向实践顺序忽略了两者之间利己和利他的本质差异，是不可行的，现代社会公德的养成需要建构多维立体的路径体系来实现。[①] 余建军对李大钊的政治哲学公意论进行了分析，认为其思想是综合西方共同体主义和自由主义这两大思想传统而形成的，有两层含义：一，公意是民主政治的思想基石；二，全体国民的“自由认可”是“公意”的形成机制；两者有机地结合。这充分重视了个体自由的“公意”论，富含协商民主意蕴，在当代具有启示意义。[②] 张曙光认为以“天下为公”作为价值指向和理想的传统的天下观，通过近代以来中国所经历的革命性变迁，非但没有被丢弃，反而发挥了远比历史上更大的影响力：它既昭示着一种完全不同于“家天下”的主权在民的新社会新秩序，又以其丰沛的人文道德意涵，鼓舞着中国人对民族和国家命运的担当，乃至产生为人类作出贡献的崇高责任感，仍可为国内的文明秩序的建立和改进国际社会秩序提供思想支持。[③]

（四）传统政治伦理的现代反思及其他

2016 年学者们除了对中国传统政治伦理思想进行整体性的研究或对一个重要主题进行深入分析之外，还通过审视现代社会条件和西方政治哲学的方式对传统政治伦理思想进行了现代意义的反思。

一些学者通过中西对比的方式，来解析或充实中国传统政治伦理思想。张华勇对比了《周易》与黑格尔哲学对社会秩序建构的主要理论内容，认为黑格尔哲学的“市民社会”侧重于制度的建立，个体是生活于社会制度中的一员，儒家则侧重强调人的成己成德应是社会秩序所关注的重点，社会制度以维护这一活动作为其存在的目的。在现代社会的构建过程中，儒家的政治思想理应成为制度建设的根本原则，同时也要注意到西方文化在制度框架上的精巧设计，由此使得人们的修身活动以及社会生活皆可得到有力的保障。[④] 李德顺、王金霞从中西文化传统中对现代“人民主体”理念进行了分析，从历史的角度来看，“人民”在中西传统社会中长时间被看作是被神和权势所疏远的群体，这一概念在 17 世纪欧洲启蒙运动中趋于神圣，而马克思主义创设人更是强调了人民在社会生活和历史进步中的重要作用，我国社会主义政治文明建设过程中必须把人民当作民主和法治的主体。[⑤] 萧功秦与方朝晖都从人性论出发，结合中西，来反思传统儒家的政治伦理思想。萧功秦认为儒家以性善论为基础，执着于道德治国，这种传统一直延续至康有为的大同思想、自由主义学者和新左派，都不

---

① 王颖：《梁启超公德论的实践困境及现代应对》，《齐鲁学刊》2016 年第 5 期。

② 余建军：《李大钊公意论及其启示》，《社会科学家》2016 年第 8 期。

③ 张曙光：《“天下为公”：在理想与现实之间》，《北京师范大学学报（社会科学版）》2016 年第 2 期。

④ 张华勇：《〈周易〉哲学视域下的社会政治秩序之构建及其当代意义——兼与黑格尔哲学的“市民社会”相比较》，《西北大学学报（哲学社会科学版）》2016 年第 1 期。

⑤ 李德顺、王金霞：《论当代中国的“人民主体”理念》，《哲学研究》2016 年第 6 期。

自觉地存在道德建构主义，这种缺乏经验主义的思维方式，易于走向乌托邦。[①] 方朝晖则认为在儒学史上，只有程朱理学占据统治地位时，性善论才处于主导地位，但程朱却明确反对专制、独裁。同时西方历史上，主张性恶论的马基雅维利、霍布斯明确支持君主专制，而提倡民主政治的洛克、孟德斯鸠、卢梭等人皆从“自然状态”说出发，持一种近于人性善的立场。因此，严格而言，从人性善恶，不必然推出人类应该建立何种政治制度。[②]

此外，还有学者对中国传统政治伦理思想进行了现代反思。任者春对中国古代核心价值观的践行情况进行了历史性的研究，认为其践行的基本经验可从国家主体向度上彰显政府的导引职能、社会主体向度上重视各种社会组织互助自治等独特作用及个人主体向度上发挥个体主体力量这三个向度来探析。对于这些基本经验，应以科学的心态加以研究，为对当今社会主义核心价值观的践行寻找有利的历史支撑。[③] 孙聚友对儒家大同思想进行了反思，认为大同思想是中国古代思想家对于人类美好社会的理想追求，而人类命运共同体意识是现代中国对于当今世界进步发展的理想追求，二者之间有着历史的相联，观念的相通，更有着价值上的相融，具体表现为“天下为公”的价值共识、“公平正义”的治理理念、“和而不同”的文化理念，对两者的思考有利于解决当今世界发展问题，推进人类的和平进步。[④] 方锡良认为可以从传统“农本”思想中，科学继承“农政之道”“治道上农”等思想，认识到农业是衣食之源、富强之本，挖掘其中的农业智慧，结合时代发展、科学研究和实践探索，为我国现代化建设奠定新的“农本”。[⑤] 谢芳、肖剑平以王船山的《读通鉴论》为文本，分析他的“生民之生死”思想警醒我们政治改革要以民生为重；“严法仁治”的思想对当前的社会主义法治建设有积极意义；“严以治吏”的思想对当前我国的反腐倡廉工作的有效展开有借鉴意义。[⑥]

二、家庭伦理研究

在古代社会，家庭与国家、小家庭与宗族的关系以及家庭内部各种人伦关系的发展都有一个漫长却时期分明的过程。了解古代核心家庭的发展历程，有助于我们更好地认识古代家庭伦理关系。2016 年，学界在去年研究成果的基础上，进一步在孝、

---

① 萧功秦：《儒家乌托邦传统与近代中国的激进主义》，《文史哲》2016 年第 1 期。

② 方朝晖：《人性善恶与民主、专制关系的再认识》，《文史哲》2016 年第 1 期。

③ 任者春：《从“为政以德”到“化民易俗”：中国古代核心价值观践行的基本经验探析》，《山东大学学报（哲学社会科学版）》2016 年第 1 期。

④ 孙聚友：《儒家大同思想与人类命运共同体建设》，《东岳论丛》2016 年第 11 期。

⑤ 方锡良：《中国传统“农本”思想及其现代思考》，《兰州大学学报（社会科学版）》2016 年第 4 期。

⑥ 谢芳、肖剑平：《王船山政治伦理的价值诉求、工具理性及现代启示——以〈读通鉴论〉为文本》，《湘潭大学学报（哲学社会科学版）》2016 年第 4 期。

婚姻和家风家训等方面展开了研究。

（一）孝道研究

在传统社会，“孝”是家庭最具传承性的德目，敬祖事父是天经地义的道德要求。那么，了解“孝”的发展历程、理论地位、基本观念的研究，既有助于我们进一步了解传统家庭的亲子关系，也有助于我们构建符合新时代的亲子伦理道德。

1.“孝”的发展历程

巴新生、宋娜认为，先秦孝道经历了三个发展阶段。第一阶段是西周宗法政治下的追孝、享孝。殷商时代祖先神与至上神上帝合而为一，因而殷人的“德”涵盖了对祖先神与至上神的双重崇拜，“德”即是“孝”，“孝”即是“德”。周革殷命之后，政治上的变故迫使周人在宗教观、天命观上进行了革新：割断了祖先神与至上神的血缘关系，创造了至上神“天”，使之上升为国家保护神，而“天”与任何氏族都没有血缘关系，从而完成了祖先神与至上神的二元化分离。在这样的背景下，在西周产生了尊祖先神的“孝”观念，“德”“孝”并称，“德”以对天，“孝”以对祖。然而，西周孝的对象主要为祖神考妣，而非在世之人，如青铜器铭文“追孝”“享孝”等记载。这一时期的“孝”成为构建以血缘为基础的家国一体的“宗盟”的道德向心力，具有鲜明的等级特征。第二阶段是春秋裂变中的惠宗族、尊君宗与养父母、爱父母。一方面，随着周天子地位下降、大宗小宗易位、君权旁落等现象的发生，春秋之孝并非维护一般父子关系的伦理准则，而是调节君宗与储君嗣宗关系的重要政治准则，其内容均以尊宗惠族为中心展开。另一方面，随着铁器、牛耕的使用，一部分家庭从宗族中解放出来，孝的对象开始增加现实生活中的父母。第三个阶段是战国新型国家机器中的奉养、善事父母。铁器牛耕的广泛使用、经济上的授田制和政治上的编户齐民制度，使个体家庭逐渐成为国家赋税、徭役的直接来源，赡养父母也由家庭内的子嗣来完成，“孝”被抬高到无以复加的地位。同时，战国以后，侍奉父母的“孝”延伸到侍奉君主的“忠”。①

2. 传统孝道的理论地位与基本观念

申圣超、舒大刚认为，“孝”既为诸行之首，又与悌、忠、信、礼、义、廉、耻有着密切的联系，具体表现在：兄友弟悌、移孝作忠、诚孝为信、敬孝合礼、诤孝谓义、以孝养廉、孝则知耻。孝从家庭伦理出发，中至社会，终至国家，与社会主义核心价值观有关公民、社会和国家的三个层面具有内在的一致性。② 吴凡民则分析仁孝关系的内在逻辑。他认为，儒家秉持仁孝一体的思考方式与逻辑路向，把仁爱建立在血亲之爱的基础之上，仁的本然之源内在于每个人的爱亲之心，从而寻找到了仁的先

① 巴新生、宋娜：《先秦孝道的起源与嬗变》，《天津师范大学学报（社会科学版）》2016 年第 2 期。

② 申圣超、舒大刚：《论孝为八德之首》，《孔子研究》2016 年第 5 期。

验理据。如此一来，孝是仁的原点，由爱亲扩大至广大地域的人际关系，进而将仁爱之心扩大到爱一切事物，从而仁便具有了普遍意义。①

荆世群将“孝”的基本观念主要概括为五个方面：一体相通、尊卑等级、感应报应、互惠和对等的观念。在这五个观念的基础上，孝道表现出现实和超越两种情怀。现实的情怀主要表现在对人们如何对待自己在世的父母等长辈这一现实问题的关注、认识和解决上，即善养其体、善养其心。超越的情怀比现实情怀更加深刻，一般是指对人生终极问题的认识和解决，其对象超越了事务性、功利性的考虑，主要表现在生殖崇拜、祖先崇拜、天地崇拜、圣贤崇拜以及继志述事、延续香火等方面，具有一种永恒感、尊严感和神秘感。②

3. 儒家孝道的理论发掘

作为以“修身齐家治国平天下”为抱负的儒家学派，其在家庭伦理方面积攒了丰厚的理论资源和实践经验。儒家亲子关系的理论研究，是儒家家庭伦理的重要内容。

孔子孝道思想是儒家孝道思想的源头。吴锋认为，孔子虽未创建完整的孝道理论体系，却为儒家孝道思想提供了很好的理论预设。孔子在继承西周敬祖、承祖业等观念的基础上，于孝养和孝敬、行远与关切、报本与无改、孝顺与孝谏等方面提出了自己的创见。首先，孝养必须建立在“礼敬”的基础上，只有通过“敬”才能确立“孝”。其次，孔子既强调“父母在，不远游，游必有方”，又强调子女应关心父母的生存状况。再次，丧礼要循礼、合情、合节，三年不改父道。最后，子对父的孝要有层次——小棰则忍，大杖则逃，因顺父母而损伤身体的健康是不孝；同时，要对父母的过错实行劝谏，但劝谏的方法必须符合“礼敬”的原则。③ 金小燕从德性伦理学视野下“孝”的道德性和规范性出发，对“孝”的道德期许进行了厘清。首先，孔子将“孝”划分到家庭内部的生活领域，“孝”不仅体现在具体的德行上，也体现为一种内在品质，其核心为“敬”。其次，合适的情感动机与行为的一致性才是好生活的应然状态，“孝”本质上是子女对父母的真情流露。“孝慈”并举是好的亲子生活所必须的，慈爱的亲情让子女感受到彼此特殊的情感和对待，从而形成子女的孝道情感。再次，孝道本身具有规范性，要求子女克修己德，使子女的真性情被其他欲求或诱惑所遮蔽。最后，孔子认为遵循“礼”是践行孝道的重要内容，这有助于形成、表达德性和实现人之人的本质。④

此后，孝道长期得到儒者的重视。卢明霞、杨吉村对宋明理学教育思想进行了梳

① 吴凡民：《论儒家仁孝关系的内在逻辑》，《伦理学研究》2016 年第 5 期。

② 荆世群：《中华传统孝道的基本观念和双重情怀》，《道德与文明》2016 年第 5 期。

③ 吴锋：《孔子孝观念的创见及孝行应用的理论预设》，《中国社会科学院研究生院学报》2016 年第 6 期。

④ 金小燕：《〈论语〉中“孝”的德性期许：道德感与行为的一致性——兼与安乐哲、罗思文商榷》，《孔子研究》2016 年第 3 期。

理，认为其思想内容主要体现在三个方面。一是以“天理”“良知”为主题，对孝德作了更进一步的哲学论证。孝是一种自觉活动，具有自觉性和主动性。二是强化了孝德教育的地位。宋明时期，孝道教育的对象由士人扩大到整个社会，教育的形式也多种多样。三是对孝德教育实践做出了一系列理性思考，如由浅入深、从日用处开端、知行合一等。[①] 张仁玺则通过梳理《温公家范》，总结出司马光的孝道观。首先，孝道不仅要求子女在经济上要供养父母，还要在供养和照料的过程中让父母心情愉悦。其次，子女必须以礼尊敬父母、顺从父母，但对父母不能盲从，发现父母有错误时要及时劝谏。最后，父母去世后子女要以礼安葬，但不能过度哀伤毁害身体，也不能迷信吉日、风水不及时安葬父母。这一孝道观念对宋以前的孝道思想进行了继承和发展，对形成良好的社会风气有一定的积极作用。[②] 林家豪、刘梦莹以明清方志《列女传》中较为常见的“节孝”“淑孝”“贞孝”等目为资料来源，对镇江女子的孝行作了梳理。他们发现，一方面，明清时期的女子行孝如男子，既有供养双亲、亲侍汤药、救亲于难等“事生”孝行，也有哀毁骨立、丧葬尽礼等“事死”孝行。另一方面，女子的孝道义务繁重却地位低下，其孝行呈现出极端化倾向，推崇割股、殉亲等愚孝行为和托梦、“风返火熄”等孝感现象。[③] 陈继红则从《孟子》和明清小说《七十二朝人物演义》中的“匡章事件”讨论了孝道中的性别难题，即当从父和从母发生冲突时的优先性问题。“不欺死父”意味着在行为选择中完成了对父亲的孝，但同时却背离了对母亲的孝；“孤身悼母”则在心理情感上使这种行为上的背离获得了补偿。作者由此得出，从父的优先性只是体现在行为选择上，并不存在于心理情感中，孝母在心理情感上获得了与从父同等的地位。[④] 这一研究“孝”的理论视角，较近几年的孝道研究而言，颇有新意。

（二）传统婚姻观探析

家庭始于夫妻，传承于子女。在传统家庭伦理的建构中，于夫妻一伦，其内容主要是对男性天经地义的特权和女性绝对义务的论证。2016 年，学界关于传统婚姻的研究成果并不丰富，主要集中在对清朝前中期婚姻关系的反思和婚姻研究发展的综述。

施文斐在研究“理欲之辨”总体走向的基础上，分析了清代前中期的女性婚姻道德生活。清人以原始儒学为参照，援“礼”入“理”，使清朝婚姻道德更具人文关怀。这一人性化的思维维度，在清人论及“贞洁观”及其相关问题时产生的道德困

---

① 卢明霞、杨吉村：《宋明理学孝德教育思想探析》，《东北师大学报（哲学社会科学版）》2016 年第 5 期。

② 张仁玺：《〈温公家范〉中的孝道观论述》，《东方论坛》2016 年第 5 期。

③ 林家豪、刘梦莹：《明清镇江女子孝行探赜》，《湖北工程学院学报》2016 年第 5 期。

④ 陈继红：《儒家孝道的性别难题》，《中国人民大学学报》2016 年第 6 期。

境尤为突出。一是“从一而终”道德观所引发的道德困境。在正统的伦理道德中，“从一而终”的道德规范使女性既没有选择婚姻的权利，也没有改嫁的权利，通奸行为就成为低质量婚姻的结果，且通奸行为在清朝中期具有一定的普遍性。二是“寡妇守节”所引发的道德困境。明人的道德价值取向是以死烈为尚，以守节为次。及至清朝，为将诸多问题消化在家庭内部，清廷重守节而轻死烈，希望寡妇可以承担起赡养舅姑、抚育幼孤、维持家业的重任。同时，在“寡妇改嫁”这一问题上，一方面国家希望寡妇守节养家，另一方面以中下层庶民为主的婚姻市场对寡妇有着极大的需求，这就导致了官方主流观念与中下层观念产生了巨大的冲突。三是“未嫁守节”所引发的道德困境。贞女们为了坚守自己的道德贞操，付出了巨大的代价。在这一问题上，清人普遍持“尊身重生”的观念，主张不当死则不死。为解决上述困境，清人区分了小我与大我、身体贞洁和精神贞洁、孝父母与继宗嗣的价值优先性，体现了“以理顺情”的情感化倾向。①

李桂梅认为，近代婚姻道德的变化主要体现为：从追求家族利益到追求爱情的婚姻目的转变；从“父母之命，媒妁之言”的包办婚姻到“婚姻自由”的婚姻观念转变；从“一夫多妻，男尊女卑”到“一夫一妻，男女平等”的夫妻关系转变。但是，这一变革具有很大的不平衡性，经济发达地区的婚姻道德发生了质的改变，广大的农村地区仍然是传统婚姻道德占主导地位，当风俗与法律发生冲突时，仍以法律退让为主。②

张祥龙试图以《周易》为文本依据来探讨儒家对同性恋的态度。他认为，儒家将同性恋人群的产生归为阴阳发生过程的可能产物，有其自然的原因，并不是一种罪恶，所以同性恋者应该受到公正的对待。但是，也正是由于儒家信持这样一个阴阳生发的结构，而不可能赞许同性婚姻的合法化，因为同性婚姻的合法化会导致一些对于人群长久延续不利的后果：这种合法化会从道理上打开通向群婚制的缺口；它还可能会伤害一些无辜者，如父母和收养的子女等；它具有的某种示范效应可能会引导那些在性别取向上的徘徊者走上他们本来不一定要选择的性道路。③

陈丛兰则综述了史学、民俗学和哲学对《礼记》婚姻观的研究成果。在史学研究方面，1949 年之前，研究者针对《礼记》婚姻及其范畴展开“源”的考察与“流”的爬梳，其成果有吕思勉的《社会生活史》和陈顾远的《社会生活史》。1949—1980 年间，中国大陆、中国台湾和日本关于《礼记》婚姻的史学研究陷入沉寂。1980—1997 年间，《礼记》婚姻观的研究呈蓬勃之势，研究者将《礼记》婚姻与另外二礼婚姻、先秦婚姻联系起来分析，具有多元性和立体性，其成果有陈鹏的

---

① 施文斐：《“理欲之辨”与清代前中期的女性婚姻道德生活——以“贞节观”及其引发的诸种道德困境为探讨对象》，《安康学院学报》2016 年第 6 期。

② 李桂梅：《论近代中国社会婚姻道德的嬗变》，《道德与文明》2016 年第 5 期。

③ 张祥龙：《儒家会如何看待同性婚姻的合法化?》，《中国人民大学学报》2016 年第 1 期。

《中国婚姻史稿》等。新世纪，为解决现实婚姻危机，学者以“立足本来”的态度从《礼记》婚姻中寻找方案，女性研究者开始进入该领域的研究，其成果有杨雅丽的《礼记研究》等。在民俗学研究方面，民国期间，民俗学肩负启蒙的使命，其婚姻观的逻辑规律是：女性的觉醒，就是中国人的觉醒，女性的解放，就是中国文化的解放，研究成果有《中国妇女生活史》等。1949—1976 年间，《礼记》婚俗研究陷入沉寂。1977 年以后，中国大陆学者在历史的角度上对《礼记》婚姻进行研究，中国香港、中国台湾和国外则主要集中在婚俗研究和婚俗的比较研究等方面，研究成果有汪玢玲的《中国婚姻史》和张肇智的《礼记士昏礼仪式研究》等。在哲学研究方面，《礼记》婚姻观的研究分为四个阶段。第一阶段在 20 世纪初达到高潮，婚姻问题成为人性自由、人格解放、女性解放乃至文化解放的标志，其成果有陈王的《论婚礼之弊》等。第二阶段（1949—1980）中国大陆关于《礼记》婚姻的学术研究完全荒芜，在中国台湾与日本却有所发展，其成果有高明的《原礼》和《〈礼记〉概说》、山口义男的《论仪礼、礼记中的家族伦理》。第三个阶段为 20 世纪 80 年代至 20 世纪末，《礼记》婚姻的研究开始复兴，其成果有任继愈的《礼记的封建宗法主义思想》和李学颖的《〈仪礼〉〈礼记〉人生的法度》等。第四阶段为新世纪至今，《礼记》婚姻的哲学研究进入了新的发展时期，其成果有肖群忠的《中国传统女性道德观述评》和林素英的《从古代的生命礼仪透视其生死观：以〈礼记〉为主的现代诠释》等。①

（三）家风家训研究

2016 年，学界跳开去年主要对某一地区（如苏浙一带）的家风家训的研究，更系统地梳理了家风家训存在和延续的合理性、特征、内容以及现代化转向。

传统家风家训存续的原因与特征。杨威、关恒将传统家训文化产生与延续的原因归为两个方面。一方面，家风文化在一定的社会历史条件中产生和发展。稳定的农耕经济为其提供坚实的物质基础；“家国同构”的血缘政治为其提供重要的政治保障；儒家思想为其提供了基本内核和理论根基。另一方面，家风文化的产生和发展还需要长期稳定的内在动力，即实践动力、需要动力（个体需要、宗族需要和国家需要）和精神动力（家庭本位观念、共通性认知和批判性思维）等。② 李鼎楚在比较视野下总结出了传统“家法族规”的四个特征：相对国家法的公共理性，“家法族规”具有人伦私情的性质；国家法具有统一体系，而“家法族规”注重各宗族自身的不同特色；相对“帮规”及各类“行规”，“家法族规”形式架构上更接近国家法；和西方特色的教会法或宗教审判比较，“家法族规”不过分注重宗教式的神秘色彩。③

---

① 陈丛兰：《〈礼记〉婚姻观百年研究述要》，《齐鲁学刊》2016 年第 4 期。

② 杨威、关恒：《传统家训文化存在与存续的合理性探究》，《中州学刊》2016 年第 8 期。

③ 李鼎楚：《中国传统“家法族规”的特征及现代法治意义》，《湘潭大学学报（社会科学版）》2016 年第 5 期。

我国传统家训的主要内容为长对幼、尊对卑的劝诫和平辈之间的相互勉励，贯穿了睦亲治家、处事之道和教育子孙的全过程。陈延斌通过梳理明代思想家袁黄的《了凡四训》，总结出了袁黄的四条家训教化思想：以自强为“立命之学”；以耻心、畏心和勇心为“改过之法”；以成人之美为“积善之方”；以造福为“谦德之效”。同时，袁黄在参照其他典籍的基础上，形成了更简明的《功过格款》，其中“功格”50条、“过格”50条，具有浓厚的劝善思想。① 戚卫红认为，曾国藩家训思想是以立身与和家为基本指向的，具体表现为：以进德修业为读书的指向，以自立自强为立身处世之道，以孝友亲邻为和家兴家之方。② 樊庆元、杨国才在云南大理地区的碑刻中，得出“勤劳节俭是持家的关键，和气良善是发家的根本，严格施教是治家的保障，父慈子孝是兴家的传家宝”的结论。③ 宣璐则以传统母训文化为考察中心，探讨了母亲家庭伦理角色。她认为，母亲既是伦理道德的教育者，也是伦理道德的示范者。一方面，母亲教子恪守儒家的日常礼节、廉洁奉公的为官之德和忠诚报国的节操；另一方面，母亲以表里如一的实际行动形成了对子女道德品质和道德人格的教育。④

传统家风家训的现代化转向问题也得到了关注。杨威、关恒基于对传统家训文化存续的合理性分析，尝试对当下的家训文化进行现代构建。首先，转变“整旧如旧”的文化保护理念，力求处理好“传统”与“现代”之间的关系，最终实现“活态传承”。其次，创建理性权威的话语交际模式，实现话语民主。最后，规范民众的现代生活方式，实现伦理自觉。⑤ 李鼎楚则在总结传统“家法族规”特征的基础上，分析了“家法族规”现代化转向的三重意义。一是“家”强调关联和情感，有利于维护社会团结和增强精神归属感，从而克服当前法治的现代危机。二是“家法族规”可解决一些国家法律领域之外的社会纠纷，从而促进中国法治的制度架构。三是家族“执罚”经验可丰富司法技巧，促进中国法治实践。⑥

三、道德教育与道德修养

围绕个人品德修养有两个关键性问题：道德教育与道德修养。2016 年也有不少学者探讨了这一领域的问题。下面笔者从目标、知行观、工夫论三个方面进行综述。

---

① 陈延斌：《论袁黄的家训教化与功过格修养法》，《武陵学刊》2016 年第 5 期。
② 戚卫红：《曾国藩家训思想与教化路径新探》，《武陵学刊》2016 年第 5 期。
③ 樊庆元、杨国才：《儒家家庭伦理思想在大理碑刻中的彰显》，《齐鲁学刊》2016 年第 4 期。
④ 宣璐：《论母亲家庭伦理角色——以传统母性文化为考察中心》，《中州学刊》2016 年第 4 期。
⑤ 杨威、关恒：《传统家训文化存在与存续的合理性探究》，《中州学刊》2016 年第 8 期。
⑥ 李鼎楚：《中国传统“家法族规”的特征及现代法治意义》，《湘潭大学学报（社会科学版）》2016 年第 5 期。

（一）道德教育与道德修养的目标

理想人格是一个社会对其成员进行道德教育和社会成员进行道德修养所要追求的目标。在中国传统文化中，对后世影响最大的是儒家确立的理想人格模式。2016年，学者们探讨了不同层次的理想人格，如君子、士人、圣人等。还有不同时期的儒者对理想人格的理解。陈来通过对冯友兰《新原人》的研究，甚至认为境界伦理学具有可发展为与目前西方德性伦理学和规范伦理学并立的一种伦理学的前景。[①] 张毅认为《左传》是涉及"君子"问题最重要的先秦典籍之一，他通过对史料的系统解读，看到在孔子之前百余年，"君子"已经成为贵族政治家普遍关心和反复探讨的问题。当时的政治家已提出了诸多君子的行为规范和判断标准。这些规范和标准虽与日后《论语》给出的君子标准还有差异，但仍不失为孔门君子之学的渊源和先驱。[②] 张茂泽探讨了孔子的君子观及其历史发展，他认为孔子的君子观包括日常生活修养、四大修养原则等内容，其核心修养内容则是仁义道德，即人性的自觉和实现。《大学》《中庸》《孟子》《易传》《荀子》发展了孔子的君子观，提炼出君子之道，定格为理性的君子之学。[③] 蒋国保认为孔孟将理想人格分为现实的理想人格与可能的理想人格。君子被孔孟归于现实的理想人格。孔孟所谓君子人格，集中体现了儒家所提倡的好人品德，诸如志道、为仁（爱人）、怀德、守义、知耻、诚信等，可以为当代纠正以功利价值为首尚的危机提供营养。[④]

马兰兰、李振纲探讨了儒家君子主体人格的衍化与复归。他们指出先秦儒家对君子主体人格在道德选择、道义涵养以及价值取向等方面的自主性一直保持充足的信心。然而，人作为主体不仅要受其自身主体性决定，还不可避免会受到其他客观因素的影响，在政治、经济、文化、科技等诸多现实具体条件影响下，君子主体人格的实现也会随之呈现相应的完满变化，即从先秦"君子"理想人格到后世"文人"变异人格的衍化。而坚守道的最高原则不为权势所夺，是儒家君子修身进行内向超越的终极追求，亦是君子人格主体性复归的关键所在。[⑤] 唐慧丽论述了辜鸿铭对儒家道德人格的重新诠释。辜鸿铭认为中国人的精神实质是一种以"优雅（gentle）"为特征的理想化的道德人格，其具体内涵主要包括"仁""礼""智""义""孝悌"五种儒家义理。对这五种义理进行阐释时，辜氏又引证了大量浪漫主义者的学说，形成一种中学西学双向阐发的模式。他所谓的"优雅的中国人""中国人的精神"，并非国别、

---

① 陈来：《境界伦理学的典范及其改善》，《北京大学学报（哲学社会科学版）》2016年第1期。

② 张毅：《论〈左传〉史料系统与先秦君子问题起源》，《北京社会科学》2016年12期。

③ 张茂泽：《论孔子的君子观及其历史发展》，《学术界》2016年第12期。

④ 蒋国保：《儒家君子人格的当代意义》，《道德与文明》2016年第6期。

⑤ 马兰兰、李振纲：《文人到君子：儒家君子主体人格的复归》，《宁夏社会科学》2016年第5期。

人种上的概念，而是一种理想化的道德人格。[①]

夏秀分析了儒家士人的人格特征，他认为“温柔敦厚”对于儒家士人人格的影响根深蒂固。“非侵略性人格”“悲悯乐观”品格、“道德人格”是儒家士人人格的突出特征也是积极的精神特质。但是，植根于宗法等级人伦体系内的“温柔敦厚”对于士人人格的负面效应也是不可避免的，主要表现为：批判性思维欠缺，缺乏超越精神的现世人格及缺乏独立性的臣子型人格特征突出。[②]“圣人”是儒家理想人格的最高层次，李可心认为儒家的圣人观念大体上可以说是人伦与天道的统一，人性与圣性的统一，循理与自由的统一，主体与客体的统一，个体与全体的统一。其在历史中呈现出越来越开放、越来越通俗的趋向，圣人之德从殊德转为总德，从绝德变为通德。儒家圣人观蕴含了儒家式的古典平等、自由观念，对人生和世俗社会具有积极向上的精神引导功能。[③]

蓝法典探讨了明初士人人格的转变，明初洪武、建文和永乐三朝奠定的不尊重士大夫的政治风气，客观上为心学的出现埋下了伏笔。在明初特殊的政治环境塑造下，士人的人格先后经历了三次转变：由独立的道德人格转变为依附皇权意志的忠君人格，由依附性的忠君人格趋向于人格的自我消解，自政治身份中的无人格变为仕途之外的人格独立。[④]欧阳辉纯探讨了王阳明的圣人观，他指出王阳明圣人观的主要内容是：在道德认识论上，圣人是道德主体和道德客体、知与行的统一；在道德行为上，圣人是存天理、灭人欲的道德价值载体；在道德修养上，圣人“吾性自足”，具备最本质的人性。王阳明的圣人观是对先儒圣人观的“自我超越”，完成了儒家圣人观从“庙堂”到“人间”、从“书斋”到“民间”的伟大转变，实现了儒家圣人观的世俗化、大众化和民间化。[⑤]

（二）知行观研究

知行问题是道德修养中的重要问题，与西方伦理学中的自制问题、意志自由问题有相通的地方。因此对这一问题的研究就有了中西比较的意义。

中国哲学非常重视实践理性。李巍辨析了先秦儒墨的“推类”思想，他认为儒墨所谓“推”并不主要是推理、推论，而是实践性的推广；“类”亦不主要是宽泛的、形式化的类关系，而是特指正当行为与正当表达的类型。据此，与其将“推类”理解为“类比推理”的逻辑方法，不如说是一种伦理实践。[⑥]陈默分析了荀子以

---

① 唐慧丽：《论辜鸿铭对儒家道德人格的新释》，《湖北社会科学》2016年第3期。

② 夏秀：《“温柔敦厚”与儒家士人人格》，《齐鲁学刊》2016年第3期。

③ 李可心：《儒家“圣人”观念的历史考察与现代反思》，《道德与文明》2016年第3期。

④ 蓝法典：《论明初士人人格的转变》，《陕西师范大学学报（哲学社会科学版）》2016年第4期。

⑤ 欧阳辉纯：《论王阳明的圣人观》，《齐鲁学刊》2016年第1期。

⑥ 李巍：《逻辑方法还是伦理实践？先秦儒墨“推类”思想辨析》，《文史哲》2016年第5期。

“类”为核心的道德认识方法，在荀子那里，人的道德认识与对物的认识一样，都可以通过逻辑性的“推类”方法来超越经验性认识的不足，以达到对事物的抽象把握。但是，伦理、道德之“推类”并非纯粹演绎逻辑中的必然性推理，它因其随机性和情境性具有或然性。①

刘媛媛研究了先秦儒家的道德认识论，她认为孔子之“思”重在检省身心，思孟之“思”重在尽性至诚，荀子之“思”重在理性思虑；三者共同之处在于认识向度的内倾性、认识原则的道德性、认识内容的伦理性、认识目的的形上性；先秦儒家认识论之“慎思”有助于形成完整的道德理性认知模式，塑造具有圆融生命精神的认识主体。② 陈志伟探讨了孟子的道德行动与人格生成。孟子将恻隐之心这种无中介的直接情感因素作为道德行动的内在动力，同时也是人格生成的发端。经由知言养气的工夫论，孟子阐发了人格生成的过程：知言是辨别善恶和对错，从而形成确定的信念，而以“集义”为中介的养气则为人格的生成提供内在支撑，并以孔子的圣人气象显示了道德工夫论的终极目标——人格的圆成。③ 王庆节从情感的角度探讨知与行的关系。他认为存在论意义上的“感动论”可以作为儒家伦理学说的核心与基础。“感动”作为枢纽和端口不仅启动人类的道德行为，而且还将存在论层面上的感应一方面与认知层面上的道德感觉与感知连接起来，另一方面又与心理情感层面上的感情、情绪与同情连接起来。它使两者相互作用，生发与形成道德感通、感悟与道德知识，从而影响与指导我们的道德生活。④

王开元认为，在孔子思想中，自我认知不仅是理性的分析判断，更是一种实践意义上的成己，知己与成己并不是两个分离的过程，而是具有高度的融通性与合一性。反省在其中发挥了重要的作用，反省是自身认知的实践性所在。⑤ 傅齐纨探讨了朱熹有关道德失败的论述。朱熹提倡“知行合一”的理想状态，但也承认现实中“知而不行”情况的存在。在朱熹看来，道德失败的原因可归结为知之不足，也即“非真知”。“真知”其实是一个包含实践性在内的概念。而常知之所以没能达到真知，是因为知、情、欲等心理要素有缺陷，易受“私”的影响，从而在面对情境时道德无力。这种道德无力是道德意志软弱的表现，意志软弱要为道德失败负首要责任，因而避免道德失败的关键在于如何克服意志软弱。知行问题不只是个人自身意志的问题，从群体上说也和道德主体有关。⑥ 阮春晖认为儒学的内在思想之维具有多重性，到泰州学派时期，则体现为不断辐向广阔生活情境的走向。他把泰州学派的这种思想质

---

① 陈默：《论荀子以“类”为核心的道德认识方法》，《道德与文明》2016 年第 5 期。

② 刘媛媛：《慎思：先秦儒家道德认识论研究》，《社会科学研究》2016 年第 2 期。

③ 陈志伟：《孟子的道德行动与人格生成》，《华东师范大学学报（哲学社会科学版）》2016 年第 2 期。

④ 王庆节：《道德感动与儒家德性示范伦理学》，《学术月刊》2016 年第 8 期。

⑤ 王开元：《知己与成己——试论孔子思想中的自我认知问题》，《安徽大学学报（哲学社会科学版）》2016 年第 4 期。

⑥ 傅齐纨：《何以知而不行？——朱熹论道德失败》，《理论界》2016 年第 11 期。

地，命名为“下达伦理”。它展露为三个道德维度：道德实践主体的下移、圣凡一致的本质是道德平等、在百姓日用中展现道德作为。①

（三）工夫论研究

工夫论是儒家思想中的重要一环，其阐明理想人格养成的途径与方法。与理想人格类型具有层次性类似，儒家自我修养的过程包括自我反省、自我反思和自我修正三个既相互联系又层层递进的基本环节。② 2016 年学者们主要从思想家着眼探讨他们的道德修养和道德教育理论，也有的从问题入手进行分析说明。

先秦儒家的修养与教育理论依然是学者们研究的重点。臧要科认为何谓仁以及“如何仁”是孔子哲学的核心。“己欲立而立人，己欲达而达人”是孔子对仁的界定，孝悌是行仁的始点。克己旨在对以身为中心的致思趋向进行持续否定，净化和纯化人的意志以唤起本有的价值自觉。尽己与推己是克己中形成的自我定向上的成人与成物。③ 刘翔分析了《论语》中“直”的三重意蕴，《论语》中的“直”，承继早期传统的一般内涵，又在仁学精神结构下获得新义，呈现出三重意蕴。直性为真，内外一如，是仁者的基本品德；直行好义，合理合情，趋向仁智统一；直道尚正，有立有恒，肯定并超越直性，仁道为归。从成就德性到伦理实践，以至普遍意义上的人格塑造，“直”是成己与成人的当然之义。④

朱俊林探讨了《中庸》的道德修养和工夫。他认为《中庸》的道德工夫思想以作为天道的“诚”为其形上基础，阐明了道德工夫的可能性和必要性，提出了“自诚明”和“自明诚”两条相反相成的工夫路径，提出了立志向道、循序渐进、安身求道、注重内容和实质的道德工夫原则以及学、问、思、辩、行的具体方法。⑤

对于孟子的修养工夫和教育观点，学者也多有论及。匡钊认为孟子曾用一系列术语来指称精神修炼工夫，如所谓“存心”：“君子所以异于人者，以其存心也”；“求放心”：“学问之道无他，求其放心而已”；“养心”：“养心莫善于寡子人格教育思想中的主体精神是异常恢宏而壮阔的。”通过这些修身活动，孟子认为我们最终应该达到“不动心”的精神状态。达到此种状态，需通过“知言养气”的修养技术。⑥ 叶飞认为孟子以自由自觉的道德本心和德性品质为基础提出了人在道德层面上不受干涉的自由状态，形成了独具儒家特色的自由理念。⑦ 叶飞通过孔孟对比分析了孟子人格教育中的主体精神。他认为孟子在人性观、道德修养方法、道德意志、道德行为诸方

① 阮春晖：《泰州学派“下达伦理”的道德之维》，《伦理学研究》2016 年第 5 期。
② 傅琳凯、王伯棣：《论儒家修养方法的层次性》，《东北师大学报（哲学社会科学版）》2016 年第 1 期。
③ 臧要科：《孔子“仁”与“为仁”工夫间的内在紧张及其意义》，《道德与文明》2016 年第 1 期。
④ 刘翔：《直以成人：〈论语〉中“直”的三重意蕴》，《孔子研究》2016 年第 5 期。
⑤ 朱俊林：《敬畏与慎独：〈中庸〉的道德工夫思想及其现代启示》，《伦理学研究》2016 年第 5 期。
⑥ 匡钊：《论孟子的精神修炼》，《深圳大学学报（人文社会科学版）》2016 年第 5 期。
⑦ 叶飞：《论孟子伦理思想中的自由理念》，《道德与文明》2016 年第 6 期。

面都超过了孔子。① 郭江滨、孙启厚、吴新颖探讨了荀子的音乐教化思想。荀子重视音乐教化，试图借助音乐等艺术作品来打造充满人文气息的文化氛围，尊礼崇礼，使人的尊贵得以凸显，人禽有别。同时，他认为人人经过自身的修为都可以成为善人，君子与小人的区别在于自己的把控。② 宗晓兰探讨了《吕氏春秋》的民众教化思想。《吕氏春秋》认为民众道德的生成主要依赖于教化，并把其视野聚焦于政治、风俗和人心三者及其关系中。政治构成民众道德教化能够顺畅有效进行的外部机制。民众道德教化的核心任务是"化民成俗"，人心是道德情感和道德意志的表征，依赖于良性社会风俗的培育和涵养，是民众道德教化的最终目的和结果。③

对于宋明理学和明朝后期一些劝善书的修养和教育思想，学者们也多有论述。陈立胜从"独知"概念入手探讨了朱熹与王阳明的慎独工夫。"独知"成为一个修身学的概念始于朱子慎独说。朱子训《中庸》与《大学》慎独之"独"为"人所不知而己所独知之地"，此"己所独知之地"不是一"物理空间"概念，乃是一心理空间概念。他将李延平静坐验夫喜怒哀乐未发之前气象与胡五峰"察识端倪"两条修身路径加以折中，而走出一条静存动察的"两轮一体的工夫"。④ 王阳明进一步视"独知"为"吾心良知处"，"独知"成了"良知"之别名。"独知"之范围不再仅限于对初动之念或行迹未彰状态的觉察，而是涵括了整个心灵生活。"独知"工夫也不再通常仅仅限定在一念初动时的提防性、防御性之警觉上面，而且还具有体认、默识、涵养"心之本"（量只能）这一积极功能。"独知"工夫乃是一，即省察即涵养、即明即诚、即知即行的端本澄源的一元工夫，而有别于朱子省察与涵养、明与诚、知与行两轮一体的工夫。⑤ 刘云超探讨了元代学者王申子易学视野下的工夫论。宋元时代的易学，处在一系列的学术流派交汇与合流的趋势当中。使得王申子的易学呈现出折中调和、兼容并包的特点。在工夫论意义上，王申子常常以"诚"为感通之道，包括上下、神人、君臣、朋友、家庭等的感通。王氏认为此心既至静而清明，"诚"则发之于外必合乎"天道"，合乎天道则必然所不通。在祭祀时至诚可通神，人与人相交亦要以"诚"为本，"诚"还是齐家之本，"诚"更是君臣上下感通之道。⑥ 张世琼研究了晚明劝善书《迪吉录》中的德命关系。他认为晚明时期善书的创作思想暗示了作者对道德选择与人的生活乃至命运有密切相关性的确信。善书的形式是多样的，以果报学说、阴骘观念为立论基础，杂糅感应冥报和仙佛鬼神，涉及题材广泛。

---

① 叶飞：《论孟子人格教育思想的主体精神》，《华东师范大学学报（教育科学学版）》2016 年第 1 期。

② 郭江滨、孙启厚、吴新颖：《〈荀子〉音乐教化思想实质及价值》，《湖南大学学报（社会科学版）》2016 年第 4 期。

③ 宗晓兰：《〈吕氏春秋〉民众教化思想的推演逻辑》，《求索》2016 年第 10 期。

④ 陈立胜：《作为修身学范畴内的"独知"概念之形成——朱子慎独工夫新论》，《复旦学报（社会科学版）》2016 年第 4 期。

⑤ 陈立胜：《王阳明思想中的"独知"概念》，《中山大学学报（社会科学版）》2016 年第 5 期。

⑥ 刘云超：《觉即复——易学视野下王申子工夫论探析》，《孔子研究》2016 年第 6 期。

但善书主题是突出的，那就是进行严肃的道德劝善。晚明是善书写作历史上的关键阶段，善书创作和传播的盛况也是晚明甚为突出的一个文化现象。在《迪吉录》中，人的道德选择是自身命运变化的唯一依据。元命自作的观念将道德实践与宗教实践融合起来，对公善思想有一定影响。① 对于这一劝善思潮中的另一著作《了凡四训》，陈时龙认为袁黄的劝善思想虽然借鉴了佛道思想，但归根结底源于儒学。儒学“亲民”的社会责任感、重视家庭伦理的传统在袁黄劝善思想中都有表现，而其对“善”的界定以及“随缘行善”等提法也体现了阳明心学强调内心而不著于外物的特点。策略化的表达使袁黄的劝善思想更为流行，而功过格的引入使劝善由例证式的、说教式的转变为个人的、私密的、可以量化的，从而使劝善由简单的对外宣讲变成了每个人改过向善的工具。② 汪学群也认为《了凡四训》属于善书，主讲道德，其主旨是劝人为善，主要讲人的命运由人自己来把握，人孰能无错而关键在于改过，而且要与人为善，谦虚谨慎，如此才能得到好回报，平安度过一生。③

李醒民研究了蔡元培的伦理思想和修身之道。关于修身或修己之道，蔡元培认为体育、智育、德育三者不可偏废，力倡信义、节俭、独立和自制。他推崇自由、平等、博爱的新道德，注重精神修养与树立和谐的人生观，主张过一种丰富的、进步的新生活。④ 何怀宏对新文化运动中“人”观念进行了反省。他提出，人在多大程度上能够改变社会上几乎所有人或者大多数人的人性？而且，在新文化运动时期一种强行的试图全盘改造他人和整个社会的尝试，是否本身就违反道德乃至人性？他认为重温孔子有关“学以成人”的名言，深感其中有即便是现代人亦不可违者。儒家的“成人”路径或可说是一种“学以成人，约以成人”，即最终能够趋于道德自由之境的人，主要是通过一种自我的学习和功夫，通过一种和神圣、社会与同道的立约，通过规约自己而最后达到自由的自律。⑤

综上所述，2016 年，学者们主要研究了儒家的道德教育和道德修养思想，涉及了许多人物，贯穿各个时期，从中可见儒家修身和教育思想依旧有很大的现实意义。

四、生命伦理研究

生命伦理学最主要的研究对象是“人本身”。纵观 2016 年学界对生命伦理学的研究，我们可以发现，研究成果兼涉儒道两家，关注的问题围绕“养生”以及“送

① 张世琼：《积德造命：德命关系在〈迪吉录〉中的展开》，《浙江学刊》2016 年第 5 期。

② 陈时龙：《论袁黄的劝善思想》，《道德与文明》2016 年第 4 期。

③ 汪学群：《〈了凡四训〉伦理思想发凡》，《道德与文明》2016 年第 4 期。

④ 李醒民：《论蔡元培的伦理思想和修身之道》，《山东科技大学学报（社会科学版）》2016 年第 6 期。

⑤ 何怀宏：《学以成人，约以成人——新文化运动人的观念的一个反省》，《安徽大学学报（哲学社会科学版）》2016 年第 1 期。

死”这一终极的人生关怀问题。

（一）儒家的生命伦理思想

对儒家生命伦理思想的整理和挖掘并不系统。学者们从各自的兴趣点出发，多从某部经典或者人物的思想中研究其中包含的生命伦理思想。

1. 儒家的养生观

《周易》等经典包含了儒家养生的观点。张舜清从《周易》的儒家解读方式出发，分析了《周易》中“养正为吉”的养生观。张舜清认为，《周易》以“生”为体，从伦理本体论的角度揭示了生命的本源、意义与价值，从而确证了“顺天”之于人之当为的根本意义。“顺天”即“顺性命之理”，其根本途径是“养正”。他将“养”解释为三个层次，每个层次都是涉及人生休养全方位的养：第一个层次是个人之“养”，包括了个人的养护自我身体之道和如何正确处理与他者关系的“为人之道”；第二个层次是“养民之道”；第三个层次则涉及天地养育万物这一根本的生养之道。“正”的基本意思是指阴居阴位、阳居阳位，阴阳爻各得其位为正，是要顺应天道的本然秩序。“养正”即以“正道”养生，则政兴人和、成己身强。① 许至分析了《礼记》中的饮食之道。他将《礼记》中的“饮食之道”解释为“人在自然采猎、家庭生活、社会交往、政治交际与神鬼相处等情境中所形成的，与饮食相关的习惯、礼仪、规范和制度等的总和”，并从饮食之道的“挺立生命根本性”推出了饮食之道德生机原则（指饮食之道在人与自然交往中遵循自然特征、四时变化与动植物生长规律，目的使人与自然皆能保持生命与生气）。同时，饮食之道集修身、教化和调和功能于一体，最终实现天地、神鬼和人的统一。②

另外有学者考察了戴震的养生观。徐玲英认为，戴震从人的生存和发展的内在要求角度构建了一整套伦理思想体，实现了伦理思想的嬗变，即由理学的强调尊卑贵贱转向重视生命和平等。戴震首先运用考据方法摧毁了程朱伦理思想的立论之基——理，指出理就是事物发展的客观规律，从而将程朱作为世界本源的形而上的理拉下了神坛。他循着“人道本于性，而性源于天道”的哲学思路，由天道探讨人性，认为人的血气心知之性皆本于天道之生生，而人伦日用无不为遂人之生，所以行人伦日用之事就是人道。由此，赋予传统的道德规范“仁义礼智”以新的内容，认为能掌握人伦日用的条理，用以调节人的自然情欲，使之无过无不及，从而有利于生生，这就是“懿德”。同时，戴震所倡导的“遂情达欲”的重生思想和“以情絜情而得其平”的道德理性，为近代启蒙运动奠定了基础。③

---

① 张舜清：《论〈周易〉中的生命伦理意蕴》，《孔子研究》2016 年第 3 期。

② 许至：《〈礼记〉饮食之道伦理意蕴》，《孔子研究》2016 年第 5 期。

③ 徐玲英：《论戴震重生平等伦理思想体系的构建》，《安徽师范大学学报（社会科学版）》2016 年第 4 期。

2. 儒家的终极关怀

传统丧葬礼仪里包含着儒家对人之意义的关怀。李大平认为，儒家丧祭礼仪具有感念先祖亲恩薪火相传的生命永续的意义。慎终追远的宗庙祭祀文化是死而不绝的生命信仰的实质表现：先人的有形躯体虽已不复存在，但其精神生命始终是延续不绝。祭礼以一个新的仪式关系来连接死者和生者，使得死者的生命不只是成为超越性的存在，还内化于生者的生命中，然后再转成人间的人间性。① 张寿安将儒家丧礼分为“生者自饰”和“饰死者”两个方面：“生者自饰”指生者依其与死者的身份关系进行自饰，包括服饰及丧期，这是一般所说的“丧服”；“饰死者”指为死者进行装饰。他主要对“饰死者”进行了述说。儒家丧礼从人之将死即已展开，分为弥留、气绝、沐浴与含饭、小俭（死者加衣衾）与大俭（入棺）、下葬等过程，其中气绝有迁尸于寝、复两种礼仪，沐浴与含饭有正尸、沐浴、含饭、袭、冒、冰尸等礼仪。慎重繁复的“饰尸”礼仪表现了儒家“事死如事生”的送葬态度，合乎人道之极。②

而王学智以鸟瞰式的论述方式，总结了宋明理学家对“终极关怀”问题的理解：在具体修养中追求超越境界，获得精诚和勇气，同时悦乐和享受这种境界。他通过对宋明理学“明”与“诚”、性体的统一性与表现的多样性、理一分殊及其超越与内在、以心体道的不同层次的梳理，发掘出宋明理学终极关怀对象的发展轨迹：从周敦颐、张载、邵雍的注重天道到程颢的注重人道，从程颐、朱熹的天人不二、体用一源到陆九渊、王阳明的立基于心、以心贯通天人，最后到刘宗周的返回天道、以天立极。③ 王夫之以张载的“太和”为最高目标，以庄子的“相天”为其方法，试图帮助人们建立健康道德和宇宙和谐的伦理体系。首先，王夫之通过将天划分为“自然之天”“神化之天”“仁心之天”三个层次，将人和仁心提高到宇宙的高度。其次，王夫之以天之不足、人的情欲问题来论证“相天”的重要性，主张利用人的智慧创造发明，补充天之不足。最后，提出“相天”的三个方法，主张以改造自然，修身养性来增加天下的和气。王夫之相信，只要人们能够坚持履行儒家的礼义，气质可以改变，而神气可以得到保持。即使形体消散，自己对宇宙所贡献的那一团和气仍然会造福后代。④

（二）道家的生命伦理思想

基于道家对人与宇宙关系的视角，道家养生送死的观念有自己的特点。

1. 道家的养生观

道家的养生观基于他们对本真纯朴之人生状态的强调。杨燕、李骥将《道德经》

---

① 李大平：《儒家丧祭礼仪的伦理意蕴》，《社会科学家》2016 年第 5 期。

② 张寿安：《儒家丧礼“饰死者”析义》，《学海》2016 年第 2 期。

③ 王学智：《宋明理学中的“终极关怀”问题》，《中国社会科学》2016 年第 9 期。

④ 谭明染：《相天：王夫之思想体系的终极关怀》，《湖南大学学报（社会科学版）》2016 年第 3 期。

中的“观复观”与《易·复》中的象数义理结合分析，发现老子的养生观既贯穿着道德关怀意识，也蕴含着性命修持旨趣。万物唯有回归天性本真（归根复命），才能实现“没身不殆”的人生终极目标。归根复命包含着两个方面的内容：一是心性维护，二是体魄调理。心性维护包括“知常”“妄作凶”；体魄条理则需要一定的技术，如“专气致柔”“谷神不死”“天门开合”等。这两个方面既相对独立，又密切相关。[①] 周山东则从“贵生重命”出发，认为老子的养生思想主要表现为“致虚守静”的心性道德修炼过程，意在使人归于真朴的身心和谐状态，体现了老子对世界生命、整体生命和个体生命的尊重和维护。[②] 在另一篇论文中，周山东通过梳理嵇康的养生观念发现，嵇康将修心炼性的道德实践功夫引入到了养生实践之中。嵇康把人性界定为人之自然欲望，认为养生的重要内容就是满足人的基本欲望和防止嗜欲的膨胀，倡导运用心智的分辨作用、心灵的净化功能、心志的磨练力量、心境的陶冶功夫来提升和超越自然欲望，彰显了道德实践的内在觉悟、内在超越价值和身心保健功能。[③]

2. 庄子的生死观

“生死一体”“安之若命”是庄子对待生死的态度。在庄子看来，生与死是自然而然的过程，生和死是起点和终点的重合，故生之可贵，死之安然，死生成为一体。“安之若命”是生命得以延续、实现生命之自然价值的无可奈何之举，其最终目的是突破生死而得“道”，超越自我达到无待，实现逍遥的精神价值。[④] 胡伟力将庄子的生死观分为形下生死观和形上生死观两个部分。前者由安生顺死、常因自然而不益生的自然生命观和虚己以游世的社会生命观构成；后者表现为独与天地精神往来。庄子对人的生死持“安生顺死”的态度，既顺自然的固然状态而享尽天年，又保存好生命内在的自发的东西，不受任何外物所影响，实现了自然与社会在生死观上的统一。[⑤]

（三）中国生命伦理学的本土化架构

赖平认为，生命伦理学于20世纪七八十年代初被介绍、引入中国，在取得一定成就的同时，也面临着理论架构相对粗糙、缺乏对现实生活的话语引导权、学科发展动力不足等困境。为化解这些问题，我们需要回归自己的文化本源，加强与本土文化的对话。他认为，我国本土宗教道教以“道”为生命的形上根据，赋予生命神圣的价值，强调“珍生”“贵生”，鼓励人们通过修炼脱离自然存在的状态，获得精神生命和自由意志，为中国生命伦理学的架构提供了深刻的启示：明确生命伦理学的价值

---

① 杨燕、李骥：《〈道德经〉“观复观”与身心涵养》，《中州学刊》2016年第2期。
② 周山东：《老子养生思想的多维伦理意蕴解析》，《唐都学报》2016年第3期。
③ 周山东：《论修心炼性的道德践行意蕴——以嵇康养生为中心的考察》，《船山学刊》2016年第6期。
④ 况晓慢：《论庄子的人生观》，《河北大学学报（哲学社会科学版）》2016年第6期。
⑤ 胡伟力：《庄子生命观探析》，《湖北社会科学》2016年第11期。

自觉——“人”是目的；以“人的自由全面发展”为生命伦理学的价值旨归；强化生命伦理学的人文情怀，尊重人的主体性和自由意志，以抵制、对抗生命科技对人的异化。①

五、生态伦理研究

纵观2016年学界对生态伦理学的研究，我们可以发现，其研究领域主要集中在儒家的生态伦理思想。虽然刊登的成果数量少，但其质量却十分过硬，这说明有思想力的学者正将研究视野转向生态伦理学。

（一）传统生态伦理思想的资源发掘

对传统生态伦理思想的挖掘，也是循着关注典型思想家的路子展开的。2016年有学者对荀子和朱熹生态伦理观进行了研究。

李记芬研究了荀子“总万物”的生态伦理思想。在荀子看来，君子有仁义、知通统类，从而能够总括、调理天地万物，这主要体现在两个方面。一是“忠信端悫而不害伤”。主要包括人在守仁、行义中做到端悫诚信和“不害伤”的敬爱之原则。二是“相持而长”。荀子意识到人与万物之间的发展存在矛盾——人欲无限而万物有限，提出名分使群的思想，强调人与自然之间的均衡、平衡发展。君子总括万物的思想，涵摄的是人与自然万物相互友爱的平等关系，从而可以兼容人与自然适度平衡、和谐发展，以达到彼此共生的人类理想。②

李涛研究了朱熹的生态伦理观。提出“仁民而爱物”与“爱有差等”，普爱与差爱的矛盾冲突。为解决这一问题，首先，朱熹在本体论上以“生生之仁”确立了人、物的平等意识。其次，他强调理一分殊，分殊之中又有分殊，应看到其中各自具有的“等级差别”，这旨在协调平等之爱和差等之爱间的矛盾，强调二者的统一性，如果偏于“理一”，就会过于强调平等之爱，而看不出宇宙万物之间的差别性，人之“参赞化育”的主体性就会消弭于这种无差别的同一性之中而难以彰显。如果偏于“分殊”，则会过于强调差等之爱，则会流入人之私欲而难以自拔。最后，他以“推己于物”和“用之有时，取之有节”的方式展现人对万物的仁爱之情。③

（二）儒家生态伦理的理论建构

中国生态伦理学的理论建构一直是学术研究急迫需要解决的问题。学者们或从历

---

① 赖平：《论中国生命伦理学的本土化建构及其与道教生命伦理思想的融合》，《伦理学研究》2016年第1期。

② 李记芬：《荀子总万物思想的生态伦理价值》，《道德与文明》2016年第4期。

③ 李涛：《爱物何以可能——朱熹的生态伦理观探析》，《伦理学研究》2016年第1期。

史出发分析现代社会生态伦理的内容，或者基于思想资源构建生态伦理学的原则和规范体系。

李伟、翟澜杰以周秦时期“因”的生态治理思维方式和“以时禁发”的时禁思想为出发点，将周秦时期生态文化的内容和特征概括为：当时统治者的生态保护制度的建立、“天地万物为一体”的道德共同体、“天人合一”的信仰体系和道德境界及“应时而生”的道德行为准则。工业文明所面临的困境使周秦时期生态伦理文化的现代价值日益彰显：周秦生态伦理文化为后世的生态文明建设提供了一种学术传承——“天人一体”“万物一体”“应时而生”，为解决全球生态危机提供了一种生存智慧——“道法自然”“天行有常”“制天命而用之”，提供了“天地万物一体之仁”的普适文化价值取向，提供了处理生态关系的合理维度——爱人、亲亲、仁民、爱物。①

“万物一体”和“爱有差等”是儒家生态伦理中的两条基本原则，为我们提供了一条超越人类中心主义和非人类中心主义之争，整合当代生态伦理学诸种理论的重要途径。黄勇认为，一方面，儒家环境美德伦理学的核心是有德之人与万物一体，有德之人的福祉意味着宇宙万物的福祉，这可以避免人类中心论。另一方面，王阳明将传统儒家的“爱有差等”观念扩展到处理人与人之外的存在者之间的关系。② 黄海成则认为，“万物一体”是儒家理想中最高的道德境界，是仁人的德性表征；“爱有差等”则是仁人的“万物一体之仁”在具体道德情境中的必然表现，是儒家“万物一体”思想区别于道家、佛家的标志。同时，他还认为前者优于后者，只有达到“万物一体”境界的人才能合适地做到“爱有差等”。③

生态伦理的基本范畴体系建构也是一个难点。乔清举、曹立明认为，儒家生态哲学是一个由“气”“通”“和”“生生”“时”“道”构成的范畴体系。“气”是构成宇宙万物也包括人的最基本的元素或质料。“通”是气在不同物质实体之间、人与物质实体之间、人与人之间的流通、循环，是物质、能量和信息的交换。“和”是阴阳二气的运行能够产生生命的状态和万物之间相互关系的应然状态。“生生”是天地万物的生命、生长，是对宇宙万物的存在状态、机能和发展趋势的说明，是一种包含死亡在内的辩证统一性。“时”是宇宙运行，万物产生、发展和变化的节奏、节律和阶段性，天道和人道的结合点，人类对自然的认识表现在对“时”的把握。“道”是对宇宙起源及运动规律的总体概括，它综合地含有宇宙的整体性、有机性、有序性、联系性、合目的性等。“气”“通”“和”“生生”“时”“道”是人在与自然互动中形成的对自然界的认识，同时也包含着自然对于人的行为的制约。④

---

① 李伟、翟澜杰：《论周秦生态伦理文化及其当代价值》，《道德与文明》2016 年第 4 期。

② 黄勇：《儒家环境美德伦理》，《华东师范大学学报（哲学社会科学版）》2016 年第 3 期。

③ 黄海成：《儒家生态伦理的两条基本原则及其关系》，《孔子研究》2016 年第 4 期。

④ 乔清举、曹立明：《论儒家生态哲学的范畴体系》，《道德与文明》2016 年第 4 期。

六、职业道德研究

生产活动是人类的基本的实践活动。一般道德与具体的生产实践相结合，构成了不同领域的职业伦理，就其内容而言，有主体责任、职业价值观和职业纪律等。学界对职业伦理学的研究不多，分散在儒墨和医学等方面。

刘永春、肖群忠将儒家思想中的敬业精神归结为以下几方面：以仁为业、博施济众的奉献精神；自强不息、刚健有为的工作风貌；严肃谨慎、主一无适的执事态度；忠于职守，尽心竭力的职业操守；精益求精、止于至善的精艺之道。[①] 薛勇民、王晋丽认为，晋商的商业精神深深打上了儒家思想的烙印。一方面，他们从儒家义利观、敬业观及仁和观的影响入手深入分析晋商重义轻利、信誉至上、立足善商的信义伦理、敬事而信、外商内士、仁信的职业素养和相与和睦、父母严慈、兄友弟恭的社会伦理；另一方面，他们也分析了晋商精神中的局限性，因循守旧、重人文轻器物、愚忠愚孝和崇德轻法等。[②]

徐平华研究了墨子的设计思想。他认为，“以人为本”“以用户为中心”的设计理念是儒家“爱有差等”的“仁爱”精神在设计中贯彻的结果，可导致“设计异化”。而墨子设计思想中蕴含丰富的伦理意蕴对解决这一难题有重要启示，其内容包括：“兼相爱”的设计伦理原则，“利人”“节用”“非乐”的设计伦理标准和“兴天下之利，除天下之害”的设计伦理目标。墨子主张以“爱人若己”的“兼爱”伦理取代“爱有差等”的“仁爱”伦理，简称“设计义治”。[③]

有学者特别重视民国中医师团体的成立，认为这是传统中医们的一场自救运动，这一过程折射出传统士大夫从意图伦理转向责任伦理的一种尝试。王芳芳认为，传统士大夫从“洒扫应对”中所学的格致之知并不具有以责任为核心的职业伦理意蕴，具体落实到医生这一行业，医者也始终没有放弃“攀缘于儒”的努力，表现出强调主观性意图、忽视后果责任的伦理属性。同时，20 世纪 30 年代长达十年的中西医之争、医家“择病而医”和传统中医师内部的同行相讥等因素，严重威胁中医群体，使各中医师团体空前团结起来，责任伦理开始超越意图伦理。然而，这一转型却面临着困境：传统中医师群体虽然具有浓厚的意图伦理意识，但是缺乏西方社会启蒙运动以来的公共理性以及以风险共担、契约精神、相互保障等为特质的责任伦理精神，这也成为当代医患关系紧张的原因之一。[④]

---

① 刘永春、肖群忠：《论儒家思想中的敬业精神》，《道德与文明》2016 年第 1 期。
② 薛勇民、王晋丽：《儒家伦理文化与晋商伦理》，《甘肃社会科学》2016 年第 4 期。
③ 徐平华：《墨子设计思想的伦理意蕴》，《伦理学研究》2016 年第 3 期。
④ 王芳芳：《民国中医师团体的道德价值诉求》，《伦理学研究》2016 年第 4 期。

第五章　古希腊至文艺复兴时期伦理政治思想研究报告

刘　玮

2016年古希腊至文艺复兴时期伦理和政治思想的研究中出现了一些新的亮点。第一，江畅教授的四卷本《西方德性思想史》成为这一年西方伦理学研究中最醒目的成果；第二，关于早期希腊诗歌的研究呈现出比此前更加繁荣的景象；第三，对于柏拉图的伦理教育思想有了比较突出的关注；第四，关于中世纪伦理政治思想的研究有所丰富，出现了一些深入细节的专题研究；第五，2016年是莫尔的名作《乌托邦》发表500周年的纪念年，因此出现了一批关于莫尔的研究。

一、古代伦理政治思想总论

江畅教授在多年研究的积累之上，推出了皇皇三百余万字的《西方德性思想史》，这无疑是中国伦理学界近年来少有的重量级成果。其中第一卷“古代卷”的“绪论”部分从总体上讨论了西方德性思想的基本特征和主要关注，随后作者对西方古代德性传统做出了整体性的评价，细致地讨论了苏格拉底、柏拉图、普罗提诺、亚里士多德、伊壁鸠鲁学派、斯多亚学派、斐洛、奥古斯丁和阿奎那的德性思想，力图揭示古代德性思想的演进过程、精神实质和显著特色，着重阐明西方古典德性思想大家德性思想的来龙去脉、基本观点、内在逻辑、突出贡献和历史影响。①

孙磊继2015年出版的《自然与礼法：古希腊政治哲学研究》之后，在2016年又出版了《古希腊罗马政治哲学史纲》，依然围绕着“自然”与“礼法”这两个主轴，提纲挈领地讨论了荷马史诗到奥古斯丁的古代政治哲学史，该书和前著多有重复，问题也依然不少，主要的差别就是将西塞罗、塞涅卡和奥古斯丁纳入了讨论。②

---

① 江畅：《西方德性思想史》，人民出版社2016年版。

② 孙磊：《古希腊罗马政治哲学史纲》，社会科学文献出版社2016年版。

二、前苏格拉底思想中的伦理政治问题

2016年关于早期希腊思想的研究中，对于史诗和悲剧的关注比较突出；而对于前苏格拉底哲学家残篇中的伦理政治问题关注有所不足，对希腊史家著作中的伦理和政治思想缺少有分量的研究。

杨德煜的专著《希腊神话传说中的复仇主题研究》较为系统地梳理了希腊史诗和悲剧中体现的复仇主题，作者将这个主题细分为血亲复仇主题、荣誉复仇主题、爱情复仇主题，分析了俄狄浦斯、俄瑞斯忒斯、狄俄尼索斯、阿喀琉斯、赫拉等希腊神话中的复仇故事；在“余论”部分讨论了希腊神话中复仇情节的异变、这些复仇故事的埃及和巴比伦影响，以及这些故事对后世的影响。① 上官剑的论文讨论了荷马开创的“教谕诗”传统和英雄观，以及随后的赫西俄德、提尔泰奥斯、梭伦在城邦语境下创作的教谕诗对荷马的继承和发展，最终落脚在古风时代末期品达对于荷马史诗英雄语境的回归。歌颂高贵的精神和崇高的情感。经过这番梳理，作者对于希腊古风时期的“诗教传统”的当代启示进行了分析。② 吴雅凌的论文《赫西俄德诗歌中的自述问题》比较了赫西俄德《神谱》第27行和荷马《奥德赛》第19卷第203行的自述，引出了诗人之争问题，以及诗人的言说与王者的言说在古典诗歌传统中的张力问题。赫西俄德以诗人身份言说王者的公正，而奥德修斯以伪装身份言说思想的真实，两者都呼应了柏拉图从理想城邦的教育问题探讨言辞的限度及其对辩证术的最终定义。③ 蒋保的论文讨论了荷马两部史诗中的“怜悯”问题，认为它不仅是神、人所具有的一种情感，更是一种行为，一种为神所认可的、正义的和有选择的行为，具有重要的伦理价值，这种对“怜悯”的理解为后世希腊人所继承，成为希腊人的优秀品质和城邦生活的一部分。④ 陈芸的论文从荷马史诗《伊利亚特》中大量的哭泣入手，讨论了柏拉图借苏格拉底之口对史诗中大量描写英雄哭泣的不满，强调灵魂的理性部分应该控制这种发泄的欲望。由此苏格拉底/柏拉图改造了希腊传统的荣誉观和死亡观。在此之后，对个体荣誉的重视转变为对群体荣誉的倚重，对死亡的惧怕转换为对死亡的接纳。作者进一步指出，哭泣问题深刻地展露了诗歌与哲学之争，个体与共同体之间的紧张关系。⑤

郑飞的论文讨论了埃斯库罗斯悲剧作品中处于主导地位的大量激动、不安和恐惧

---

① 杨德煜：《希腊神话传说中的复仇主题探究》，浙江工商大学出版社2016年版。

② 上官剑：《从荷马“回到”荷马：希腊古风时代的教谕诗》，《湖南师范大学教育科学学报》2016年第6期。

③ 吴雅凌：《赫西俄德诗歌中的自述问题》，《外国文学》2016年第1期。

④ 蒋保：《论荷马的“怜悯”》，《学海》2016年第5期。

⑤ 陈芸：《阿基琉斯的眼泪——论荷马〈伊利亚特〉中的哭泣问题》，《广州大学学报（社会科学版）》2016年第12期。

现象，认为这是秘索思（*mythos*，通常译为“神话”）情结的表现。秘索思是某种超出人的神圣力量决定人们不可捉摸的“定数”；在此基础上，作者进一步指出，公元前5世纪随着古希腊逻格斯（*logos*，通常译为“理性”）思想的逐渐发展，不但没有消除秘索思带来的不安，反而将人们逼入了命运的无常与理性的控制之间的夹缝中，更加剧了原有的激动、不安和恐惧。① 王峰讨论了埃斯库罗斯的《被缚的普罗米修斯》中普罗米修斯与宙斯的核心冲突，普罗米修斯试图用“术”实现普遍的启蒙，而宙斯对普罗米斯修斯的惩罚则体现了“道”与“术”的不可通约，和宙斯的“政治正确”，而这背后是埃斯库罗斯对于希腊智术师新兴教导的担忧，想要借宙斯对普罗米修斯的惩罚遏制这种背离传统礼法的倾向。② 叶然的论文试图从“自然”的角度回答索福克勒斯的《俄狄浦斯国王》中塑造的俄狄浦斯是不是一个僭主的问题。作者认为，俄狄浦斯试图通过依从城邦的自然而服从神圣的自然，但是他在城邦中的所作所为却体现了狷狂的一面，导致了他的悲剧命运。但是当俄狄浦斯戳瞎双眼并自我放逐，却是真正依从了城邦的自然，开启了哲学的生命。在这个意义上，俄狄浦斯并不是一个僭主，而是一个柏拉图式的哲人。③ 胡健讨论了索福克勒斯的《俄狄浦斯》中的自由精神，作者认为，这种精神集中体现在为了正义承受命运或厄运，却不屈从于神示的“命运”，并在反抗中成就英雄性的“自我”。④ 罗峰的论文《欧里庇得斯的启蒙》讨论了《酒神的伴侣》中，欧里庇得斯通过改写盲先知忒瑞西阿斯的形象，将他塑造成一位启蒙者，由此完成了对公民和王者的双重启蒙。这种公民启蒙的核心在于，新式公民要有理智，破除民众对传统宗教的信仰，用理性和自然哲学重塑酒神，瓦解传统统治的根基。而对王者的启蒙，体现在忒瑞西阿斯引导老王卡德摩斯去除羞耻心，一起狂欢，以摧毁传统统治的权威；还劝说新王彭透斯改变心性，彻底放弃强力，实现人人平等、毫无约束的自由城邦。⑤

刘小枫和宋继杰分别讨论了古希腊两位最著名的智者普罗塔戈拉和高尔吉亚的思想。刘小枫的论文利用柏拉图的《普罗塔戈拉》理解普罗塔戈拉对雅典民主的批评，普罗塔戈拉用惩罚来界定政治教育的本质，暗含的意思是，公民在德性上的资质参差不齐，如果要让公民们在德性上向好品德看齐，唯一可行的办法就是“立法”。⑥ 在

---

① 郑飞：《埃斯库罗斯剧作中秘索思、逻格斯探究》，《郑州大学学报（哲学社会科学版）》2016年第2期。

② 王峰：《普罗米修斯的Bound——重读〈被缚的普罗米修斯〉》，《安徽大学学报（哲学社会科学版）》2016年第2期。

③ 叶然：《俄狄浦斯是僭主吗？——索福克勒斯〈俄狄浦斯国王〉中城邦的自然》，《学术月刊》2016年第5期。

④ 胡健：《悲剧中的自由精神——重读索福克勒斯的〈俄狄浦斯〉》，《贵州大学学报（艺术版）》2016年第6期。

⑤ 罗峰：《欧里庇得斯的启蒙——评〈酒神的伴侣〉中的盲先知忒瑞西阿斯》，《外国文学》2016年第3期。

⑥ 刘小枫：《普罗塔戈拉论公民教育》，《湖南师范大学教育科学学报》2016年第4期。

另一篇论文里，刘小枫试图为普罗塔戈拉“西方第一位政治学家”的地位辩护，认为他通过神话提出了一种政治的自然起源学说，这种自然状态的学说论证了君主制的正当性，否定了民主制的正当性，这和现代自然状态的学说形成了鲜明的对比。[①] 宋继杰讨论了高尔吉亚在修辞范本《海伦颂》中对“红颜祸水”海伦的辩护，以此展示了修辞术话语对于道德实在的压倒性胜利，从根本上消解了伦理性存在对于道德评价话语的有效性，使得道德究责彻底丧失客观依据。作者认为，高尔吉亚的这种非道德主义并不预设某种人性论，而是植根于一种独特的语言哲学。[②]

三、苏格拉底与柏拉图的伦理政治思想

2016 年专门关于苏格拉底的研究并不多，现有的研究也都集中在柏拉图著作中的苏格拉底形象上。盛传捷的论文通过分析苏格拉底的 *daimonion*（精灵）所具有的含义，试图论证，苏格拉底确实信奉新的精灵，因而犯有不敬神之罪。他的“精灵”不是一个，而是两个（分别是实体性的作为神的后代的精灵和私有的某种神圣的精灵般的声音）。作者由此试图说明苏格拉底对“不敬神”的指控作出的辩护是无力的。[③] 贺方婴的论文讨论了《吕西斯》中的情节，苏格拉底引导的四场对话在两对青年朋友的不稳定关系中展开，以此入手解析苏格拉底如何通过两对朋友之间的复杂关系来展现友爱的政治哲学问题，启发青年人认识到选择何种朋友意味着选择何种生活方式。[④] 陈坎的论文从柏拉图的《申辩》、《斐多》和《理想国》入手讨论苏格拉底的死亡观，认为苏格拉底提出的“哲学就是练习死亡”的看法在政治层面冲击了以宗教为核心的城邦基础，为哲学的发展提供了一种新的路径，他表明哲学并不限于知识论意义上的探索，更重要的是实践层面的“自我修行”。[⑤]

关于柏拉图的研究方面，彭磊的《哲人与僭主》是国内第一部系统研究柏拉图书简的专著。柏拉图的十三封书简到底是柏拉图实际写就，还是后世假托柏拉图的文学创作，迄今仍无定论。但是，作者认为，不管这些书简的实际作者是谁，它们毕竟从某些方面展现了柏拉图一生的行迹，映射出柏拉图与现实政治的关系以及柏拉图对哲学的理解，对于现代人理解柏拉图具有重要的价值。本书分三部分讨论了柏拉图的

---

① 刘小枫：《普罗米修斯神话与民主政制的难题——柏拉图〈普罗塔戈拉〉中的神话解析》，《学术月刊》2016 年第 5 期。

② 宋继杰：《海伦是祸水吗？——高尔吉亚〈海伦颂〉中的修辞术与伦理学》，《道德与文明》2016 年第 1 期。

③ 盛传捷：《苏格拉底不敬神吗？——论〈申辩〉中的 *daimonion*》，《世界哲学》2016 年第 2 期。

④ 贺方婴：《苏格拉底如何与青年交友——柏拉图〈吕西斯〉的情节与论证》，《江汉论坛》2016 年第 10 期。

⑤ 陈坎：《对话与练习死亡——苏格拉底死亡观的政治与哲学意蕴》，《海南大学学报（人文社会科学版）》2016 年第 5 期。

这些书简，首先对这些书简的真伪、研究现状和戏剧结构做出了整体性的讨论，随后重点研究了这些书简中最著名也最重要的《书简七》，最后对其他十二部书简做了相对简要的梳理。①

在论文研究中，有学者特别关注了柏拉图伦理学的基础问题。先刚的论文《柏拉图和亚里士多德论中庸之道》试图反驳学界通常的看法，即是亚里士多德发展出了成熟的“中庸”（或“中道”）学说。作者梳理了柏拉图思想中的“中庸”思想，认为柏拉图实际上已经具备了一套完整的关于“中庸美德”的学说。柏拉图的二元本原学说不仅为“中庸美德”做了形而上的奠基工作，而且为后学指出了一条明确的走向美德之路，即通过辩证法知识而达到理论和实践的统一。而后者恰恰是亚里士多德哲学未能妥善解决的问题。② 宋继杰则讨论了柏拉图伦理学的宇宙论基础，柏拉图在《蒂迈欧篇》中试图表明，宇宙为人类的伦理提供了最宏大的模型，为人类的行为提供了最深远的意义。因为两者的关系既是一种作为“模型”的宇宙或自然的运作与作为“模仿者”的人类活动之间的关系，又是一种作为“整体”的宇宙或自然，与作为其“部分”的人类本然状态或人性之间的关系，伦理学的宇宙论基础正是这两种关系的内在要求和具体展现。③

在有关柏拉图伦理学的讨论中，普遍和具体的“德性”是学者们最为关注的概念。梁中和的论文讨论了柏拉图《斐多》中关于德性与净化的讨论，主张柏拉图认为德性有真假，假德性不过是用一种恐惧替代另一种恐惧，而真正的德性需要净化，即通过理性的反省和智慧转化，拥有真正的德性。④ 在具体的德性方面，田洁的论文试图为柏拉图的《欧叙弗伦》中与苏格拉底辩论的欧叙弗伦进行一定程度的辩护，认为欧叙弗伦给出的“虔敬”定义始终围绕“正义”展开，因此并非简单的宗教狂热或者神意论，在这方面甚至与苏格拉底的立场相当接近。⑤ 罗峰的论文分析了《拉克斯》中对勇敢德性的讨论，对话中的拉克斯与尼基阿斯的勇敢定义都陷入困境，是因为二者都失之片面，一方认为勇敢仅仅是坚持，而另一方则寄望于某种超自然的知识，而真正的勇敢与节制、正义、智慧密不可分，是一种哲人式的智慧。⑥ 盛传捷从“欲望”的视角讨论了《理想国》第一卷至第四卷的四个正义定义，将这四个定义分为两类，苏格拉底的对话者们预设了人的欲望是无限制的，从而假定正义必然屈从于欲望。这样的正义论强调正义是一种行为并以“人自愿为恶”为前提；苏格拉

---

① 彭磊：《哲人与僭主：柏拉图书简研究》，华东师范大学出版社 2016 年版。

② 先刚：《柏拉图和亚里士多德论中庸之道》，《哲学动态》2016 年第 10 期。

③ 宋继杰：《柏拉图伦理学的宇宙论基础：从〈理想国〉到〈蒂迈欧篇〉》，《道德与文明》2016 年第 6 期。

④ 梁中和：《〈斐多〉中的“净化”与“德性”释义》，《西南民族大学学报（人文社会科学版）》2016 年第 9 期。

⑤ 田洁：《虔敬与正义》，《世界哲学》2016 年第 2 期。

⑥ 罗峰：《柏拉图论勇敢——以〈拉克斯〉为例》，《世界哲学》2016 年第 1 期。

底则坚持人的欲望需要由理性来引导，正义就是做适合本性的事情，每一个人都需要克制自己的欲望。[①] 何祥迪的论文讨论了《理想国》第一卷中色拉叙马霍斯的正义观，认为他的核心观点是“正义是法律”，因此是一个法律实证主义者，而“正义是强者的利益”以及“正义是他人的善”仅仅是这个核心主张的结果而已。[②] 王进的论文则讨论了《理想国》第二卷关于护卫者与狗的类比，强调护卫者必须拒绝以哲学上的抽象判断作为最高准则，才能承担起保卫政治共同体的指责。失去节制的哲学心性最终必然沦为政治共同体的叛徒。[③]

苏格拉底和柏拉图的伦理教育思想在2016年发表的论文中得到了较多的关注。樊黎利用古代记载分析了阿尔喀比亚德这个教育失败的案例，他指出，虽然柏拉图、色诺芬、普鲁塔克从各自的角度为苏格拉底进行辩护，但是通过修昔底德的记载，我们看到了苏格拉底尽管没有“败坏”阿尔喀比亚德，但使阿尔喀比亚德败坏的诱因同哲学的内在特性有着某种相似，从而使哲学容易被当作某种具有败坏作用的东西。这是哲学教育的内在弱点，也是必须以伦理教育为其基础的理由。[④] 张波波的论文探讨了与樊黎相近的主题，他通过《理想国》第一卷苏格拉底与克法洛斯父子的谈话，论证了苏格拉底式的辩驳法可能对一些价值观已经成型的老人不起作用；而对一些轻信妄言缺乏逻辑训练的年轻人而言则是危险而无益的。[⑤] 舒炜讨论了《普罗塔戈拉》中苏格拉底与智术师之间论辩的根本目标，乃在于争夺在场青年人的灵魂。但是年轻人是否能够经得住智术师的诱惑却是一个根本性的疑问。[⑥] 万昊的论文细致地分析了《欧蒂德谟》的开篇，并结合《克里同》，强调了“教育”这条主线，试图论证在柏拉图看来德性和哲学教育应该是一个贯穿人一生的追求。[⑦]

在苏格拉底/柏拉图和中国思想的比较方面，成中英的论文高屋建瓴地讨论了中西乌托邦思想的异同。在他看来，西方式乌托邦离现实十分遥远，追求乌托邦事实上反映了现实的反乌托邦以及现实的丑恶，并往往陷入“无力状态”；而中国哲学有老子的“小国寡民”、庄子的“无何有之乡”、儒家的“大同世界”，但并非纯粹为乌

---

① 盛传捷：《“欲望”视角下〈理想国〉中的正义》，《伦理学研究》2016年第2期。

② 何祥迪：《色拉叙马霍斯的法律实证主义及其危机》，《华东政法大学学报》2016年第2期。

③ 王进：《柏拉图笔下的城邦与护卫者——〈理想国〉第二卷374a－376c发微》，《古典研究》2016年第2期。

④ 樊黎：《哲学教育为什么失败——以阿尔喀比亚德为例》，《湖南师范大学教育科学学报》2016年第4期。

⑤ 张波波：《苏格拉底式的辩驳法——以〈理想国〉中的一对父子为例》，《古典研究》2016年第3—4期合卷。

⑥ 舒炜：《争夺年轻人的灵魂——〈普罗塔戈拉〉三题》，《甘肃社会科学》2016年第3期。

⑦ 万昊：《古典教育中的父与子——柏拉图〈欧蒂德谟〉开场绎读》，《湖南师范大学教育科学学报》2016年第3期。

托邦理想或理论构建，具有现实意义。[①] 朱钦运、朱大可的论文从一个独特的视角，比较了后人记载的孔子与柏拉图的临终之梦，即孔子的“楹间坐奠之梦”和柏拉图的“树间天鹅之梦”。作者通过对这两则梦的追溯和解读，论证了孔子的“楹间坐奠之梦”，是一个未完成的、以自身为客体的临终忧思之梦；而柏拉图的“树间天鹅之梦”，则是一个完满自足、以自身为主体的临终喜乐之梦。它们体现了不同文明体系对贤哲形象的不同塑造和人们对身后命运的不同关注。[②]

四、亚里士多德的伦理和政治思想

对亚里士多德伦理学的研究中，实践、善（好）和德性是学者们的主要关注。刘宇的论文讨论了亚里士多德的“实践”概念，以及这个概念对后世的影响。作者认为，亚里士多德在自然哲学中对人类行动的一般结构进行了说明，解决了实践“是什么”的问题，而在实践哲学中对实践的丰富性做出阐释，指明了实践“如何展开”的问题。后世哲学虽然继承了亚里士多德对行动的分析，但是没有采用他对实践的阐释，从而使得“实践”概念萎缩为“行动”概念。[③] 邵华的论文分析了亚里士多德通过对前人的批判继承，确立了自己的“善观念”，并且对不同的善做出了排序，最重要的是理论的沉思，其次是实践德性的善，最后就是身体的善和外在的善。但是在亚里士多德那里，排序显然不是关键问题，而是要去实现这善，而且不同的人实现的程度也有差别。[④] 张彭松的论文将亚里士多德的最高善等同于单纯的哲学思辨，认为亚里士多德的幸福概念有着重要的实践内容，强调的乃是“属人的幸福”。强调亚里士多德的“幸福”概念有重要的实践维度固然不错，但是这种解读明显没有尊重亚里士多德伦理学中超越自然的维度。[⑤] 龚群的论文讨论了亚里士多德对德性的界定，认为将德性界定为“品质”与“能力”是统一的，“中道”概念正说明了两者的统一，因为人们选取中道，既是理性能力的体现，又是习性与品质的结果。[⑥] 刘玮的论文讨论了亚里士多德关于德性统一性的论述，提出了亚里士多德的德性有四个不同层面的统一性：伦理德性可以在普遍正义那里得到统一，也可以在豪迈这种伦理德性之中得到统一，还可以通过明智这种理智德性得到统一，而最终所有的伦理德

① 成中英：《乌托邦吊诡及其解决之道——从柏拉图的理想国到儒家的大同世界》，《探索与争鸣》2016年第12期。

② 朱钦运、朱大可：《临终之梦的哲学意涵——以孔子与柏拉图为例》，《上海师范大学学报（哲学社会科学版）》2016年第2期。

③ 刘宇：《论实践与行动的存在论差异——从亚里士多德实践哲学的视角看》，《马克思主义与现实》2016年第2期。

④ 邵华：《论亚里士多德的善观念》，《武汉科技大学学报（社会科学版）》2016年第2期。

⑤ 张彭松：《亚里士多德幸福观的实践转向》，《云南师范大学学报（哲学社会科学版）》2016年第6期。

⑥ 龚群：《亚里士多德德性伦理的几个问题》，《社会科学辑刊》2016年第1期。

性和理智德性都在拥有智慧的哲学家之中达到了最终的统一。① 刘玮在另一篇论文里，讨论了亚里士多德的"豪迈"这种引发了很多争论的伦理德性，作者认为，亚里士多德在《欧德谟伦理学》中提出了以荣誉为核心的豪迈定义，但是这个定义导致了很多问题。于是亚里士多德在《尼各马可伦理学》中提出了以自我认识为核心的豪迈定义。这样的讨论不仅有助于我们理解亚里士多德德性列表中最令人困惑的豪迈这种德性，也有助于厘清两部伦理学著作的关系。② 田洁的论文讨论了亚里士多道德心理学中的几个问题，论述亚里士多德的道德心理学既有与自然哲学一脉相承之处，又有非决定论的特征；亚里士多德的伦理学虽然也强调理性的因素，但是在理性与欲望之间建立了更多的联系；他的这种道德心理学，尤其是以德性为主导的友谊，也为人类共同体的建立奠定了基础。③

对亚里士多德政治思想的讨论中，得到关注较多的问题是伦理学与政治学的关系、亚里士多德的德治与法治思想，以及"人是政治的动物"这个著名命题。陶涛的专著《城邦的美德：亚里士多德政治伦理思想研究》比较系统地讨论了亚里士多德的城邦概念、城邦的目的、实现目的的方式，并重点讨论了政体、法律、教育中体现的伦理和政治德性。该书对亚里士多德思想的梳理较为清晰准确，也借鉴了一些国外学者的研究成果，但整体而言研究性还有所欠缺。④ 陈玮的论文认为，亚里士多德伦理学与政治学的关系其实相当复杂，一方面，伦理学确实从属于政治学，原因在于亚里士多德想要避免一种柏拉图式的、强的道德实在论，而是将道德立足于政治共同体之上；但是另一方面，亚里士多德又没有主张共同体优先于个体，从而保留了个体善和个体道德生活的独立性。⑤ 郝春鹏的论文从友爱的角度讨论了伦理学与政治学的关系，认为友爱提供了连接伦理学与政治学的桥梁，但是亚里士多德更重视友爱，认为它所建立起来的共同体有更大的凝聚力，这与现代契约论视域下的正义大不相同。⑥ 黄梦晓的论文讨论了亚里士多德德治与法治的关系，认为二者指向同一个根源，即理性的统治。但是，作为不同的统治方式，二者又具有各自的优势和弊端，体现了他对理想与现实的融合，只有这样才能实现人类所能实现的好生活。⑦ 田道敏的论文从完善主义的立场讨论了"人是政治的动物"这个著名的命题，人类有一种本

---

① 刘玮：《亚里士多德论德性的四重统一》，《中国人民大学学报》2016 年第 4 期。

② 刘玮：《荣誉与自我认识：亚里士多德论豪迈》，《世界哲学》2016 年第 1 期。

③ 田洁：《自然本性与理性选择——亚里士多德的德性伦理学及其问题》，《道德与文明》2016 年第 6 期。

④ 陶涛：《城邦的美德：亚里士多德政治伦理思想研究》，上海三联书店 2016 年版。

⑤ 陈玮：《在个体善于城邦善之间——亚里士多德论伦理学和政治学》，《浙江社会科学》2016 年第 7 期。

⑥ 郝春鹏：《友爱与政治——从友爱的两分到衍生的政治实践》，《江苏大学学报（社会科学版）》2016 年第 3 期。

⑦ 黄梦晓：《亚里士多德的德治观与法治观》，《内蒙古大学学报》2016 年第 1 期。

性要成为最好的人，人的功能就是表达德性的理性活动。[①]

亚里士多德的《诗学》中有着丰富的伦理和政治内容。赵振羽的论文讨论了《诗学》中的核心概念“恐惧”和“怜悯”这两种情感，作者认为这两个概念具有双重含义，一方面是指对具体对象产生的“怕”或“同情”；另一方面则是无具体对象的、作为境域之开敞的“畏惧”或“悲悯”。相应的，*katharsis*（“净化”）也具有消极与积极的两层含义，分别对应了恐惧和怜悯情绪的双重意义，这两组对应共同构成了 *katharsis* 完整充盈的意义域。在此基础上，亚里士多德对悲剧目的的论述可以解读为：通过一种与观众无直接因缘关系的演出，来引发怜悯和恐惧的情绪，并且令它们得到澄明和升华，从而使人能够达到由畏惧和悲悯所敞开的形而上的境界中。[②] 崔嵬的论文从亚里士多德《诗学》（或译《诗术》）第 17 章关于奥德修斯离家的叙述与荷马《奥德赛》中实际叙述的出入，分析了亚里士多德的“微言大义”，即亚里士多德想要借此隐喻性地说明“诗”与政治、哲学之间的关系，尤其是要揭示伪装之术正是“诗术”的内核。[③]

在比较亚里士多德与中国思想方面，崔丽萍的专著《德性之用》对思孟学派和亚里士多德伦理学的德性之旨和德性之用进行了较为细致的分析，认为双方都以德性为其伦理学的基础和依归，但前者具有天人合一的辩证思维，德性的先天性、内在性，情感的基础性，形而上学、伦理学和政治学合一的主要特色；后者具有认知的形式思维，德性的后天性、理性的主导性，以及在形而上学、伦理学和政治学分离基础上统一的主要特色。[④] 李义天通过比较亚里士多德与儒家，讨论了美德伦理学的道德理由和基础问题，他认为亚里士多德主义和儒家伦理分别提供了以“最高善”和“道”为宗旨的道德理由；亚里士多德通过诉诸本性/自然学说和灵魂学说，而儒家通过诉诸“天命”和“心性”的观念，描述了相关的存在图景和心灵结构，为各自的道德理由奠定基础。[⑤] 孙伟的论文比较了荀子与亚里士多德的“德福观”，作者提出，荀子和亚里士多德在这方面多有相似之处。荀子将德性修养与荣誉等外在物质幸福关联了起来，认为从长远看来，人的德性修养能帮助他获得荣誉等外在物质幸福；而亚里士多德认为人能否获得幸福的关键既在于人们的德性修养，也需要通过个人的

---

① 田道敏：《亚里士多德“人是政治动物论”的完善主义阐释》，《河南师范大学学报（哲学社会科学版）》2016 年第 4 期。

② 赵振羽：《畏惧与悲悯——亚里士多德〈诗学〉中的情绪问题及其伦理意义》，《陕西师范大学学报（哲学社会科学版）》2016 年第 5 期。

③ 崔嵬：《奥德修斯的“回家”释义——析亚里士多德〈诗术〉第 17 章对〈奥德赛〉的主题概述》，《思想战线》2016 年第 5 期。

④ 崔丽萍：《德性之用：思孟学派与亚里士多德的伦理学》，中国社会科学出版社 2016 年版。

⑤ 李义天：《美德伦理的道德理由及其基础——关于亚里士多德主义与儒家伦理的比较》，《道德与文明》2016 年第 1 期。

努力，把握并充分利用好外在的机遇，从而使“德”与“福”相一致。①

五、晚期希腊罗马伦理政治思想

晚期希腊和罗马的伦理政治思想一直是我国学界关注较少的问题，2016 年这方面的成果数量和质量都有所提高，尤其是对伊壁鸠鲁主义和罗马伦理政治思想的研究上。

包利民和扈志东的论文讨论了伊壁鸠鲁主义“心灵哲学”与当代心灵哲学的差别，认为现代心灵哲学有过强的还原论和决定论色彩，而伊壁鸠鲁则从第一人称和第三人称两个视角考察心灵，这使得他的心灵哲学更加主张自由意志，提倡学习理论而非听从生理决定论的安排，以此获得心灵的宁静和幸福。② 扈志东的论文讨论了柏拉图主义者普鲁塔克对伊壁鸠鲁的批评。伊壁鸠鲁要重新认识自然和生命的存在，强调“个体快乐”；而普鲁塔克为了重塑共和德性的基本精神，展开了对伊壁鸠鲁个体之乐的激烈批评。这两种不同的伦理主张，从根本上体现了不同生活境况下人们所理解的生活价值取向的基本可能性。③ 杨鹏的论文讨论了伊壁鸠鲁对死亡的系统哲学反思，通过厘清原子聚散与个体生死的关系，否定了以往哲学赋予死亡的现实感觉性和人生价值性，批评了因惧怕死亡而膜拜神灵的愚蠢行为，进而指出真正的幸福在于身体的无痛苦和灵魂的无纷扰，倡导人们以既不惧死又不厌生的态度，实现有德性的理智生活。④ 蒋九愚和施海平的论文比较了伊壁鸠鲁和庄子的快乐观，认为伊壁鸠鲁的快乐观建立在感觉论的基础上，走理性主义路线；而庄子的快乐观建立在“道”论的基础上，贬斥经验知识，批判仁义道德，主张通过“坐忘”“心斋”等方式去体认“至乐”，走的是神秘直觉主义路线。这两种快乐观为当代人解决精神痛苦提供了一些可资借鉴的思想资源。⑤ 施海平还撰文比较了伊壁鸠鲁与孟子的快乐观。⑥ 晁乐红、龚浩宇比较了伊壁鸠鲁与道家的人生哲学，认为两家思想都崇尚远离政治，过自然的简约生活，都辩证地看待善恶、祸福与生死，也都因为伦理本位而得出拒智主义结论。⑦

斯多亚学派研究方面，徐健的论文讨论了斯多亚学派的“目的”概念，认为在斯多亚学派创始人芝诺那里，并没有区分“目的”和“目标”，因此芝诺主张德性与

---

① 孙伟：《荀子德福观的再分析——基于与亚里士多德的比较》，《武汉大学学报（人文科学版）》2016 年第 5 期。

② 包利民、扈志东：《伊壁鸠鲁“心灵哲学”的双重视角》，《浙江学刊》2016 年第 5 期。

③ 扈志东：《两种生活方式之争：德性与快乐》，《道德与文明》2016 年第 2 期。

④ 杨鹏：《伊壁鸠鲁对死亡的哲学考察》，《中北大学学报（社会科学版）》2016 年第 6 期。

⑤ 蒋九愚、施海平：《伊壁鸠鲁和庄子快乐观的比较及其当代意义》，《江西社会科学》2016 年第 8 期。

⑥ 施海平：《伊壁鸠鲁和孟子快乐观之比较》，《九江学院学报（社会科学版）》2016 年第 3 期。

⑦ 晁乐红、龚浩宇：《伊壁鸠鲁与道家的人生哲学比较》，《湖南师范大学社会科学学报》2016 年第 3 期。

幸福的等同，但是在斯多亚学派随后的发展中，这一等同遇到了严重的挑战，于是斯多亚学派的后学区分了“目的”和“目标”，将更多非德性的要素，即“中性的事物”，引入到考量之中，丰富了斯多亚学派的幸福理论。① 龚群与何小媛的论文讨论了斯多亚学派的自然法思想。认为“自然”这一概念不仅包括对物质世界的理解，也包括对人的理解。自然与理性相等同意味着人必须遵循必然性，而遵循理性也就是依自然而生活，合乎自然的生活也就是德性的生活。宇宙与自然秩序中包含着自然法，自然法是永恒不变和普遍适用的理性法。自然法是宇宙与人类的共同法，在这一自然法中，包含着严格意义上的正义。②

古罗马伦理政治思想的讨论中，相对得到较多讨论的是西塞罗。何为的论文讨论了西塞罗哲学立场的双重性，作为哲人的西塞罗，深刻意识到哲学与政治的冲突，以及政治生活的内在局限性。因此他借用了斯多亚学派的自然法学说为其政治目的服务。然而，即便西塞罗对斯多亚学派的自然法学说进行了改造，也未能创造出一种“西塞罗式的自然法学说”，因为其原初的哲学立场决定了他的自然法学说的本质乃是柏拉图式的古典自然正当理论。③ 王银春的论文梳理了西塞罗的慈善思想，认为西塞罗从自然法的外在规定性与绝对道德责任的内在要求，论证了慈善存在的合理性与正当性。同时也确立了慈善行为应当遵循的基本伦理原则：不超越财力的适度原则，根据亲疏关系、受助者的品格及需要选择施助对象的差别原则；回报优先于行善的感恩原则。④ 李丹和龚廷泰的论文讨论了从西塞罗经由马基雅维利到孟德斯鸠的共和主义传统中的“共同善”问题，随着这条思想发展的线索，共同善理论的基础日益深厚，实现机制愈发完善，包容性也越来越强。⑤

除了关于西塞罗的讨论之外，曾维术讨论了罗马史学家塔西佗的《日耳曼尼亚志》中的政治哲学问题，作者认为这部著作两部分之间其实是形式与质料的关系，而塔西佗写作这个文本的目的是为了应对基督教造成的政治挑战。⑥ 马勇编译了罗马帝国哲学皇帝尤利安的著作，还撰文讨论了尤利安的政治行动（对基督教的批判，试图发起的大规模复兴古典传统的运动），以及他本人的政治哲学（哲学沉思是高于政治的生活）和政治神学（存在一个万有的上帝，但是这个上帝给各个民族和城市

---

① 徐健：《廊下派论“目的”》，《经典与解释》第44辑，华夏出版社2016年版。

② 龚群、何小媛：《斯多亚派的自然法伦理观念》，《湖北大学学报（哲学社会科学版）》2016年第6期。

③ 何为：《论西塞罗的哲学立场与自然法》，《时代法学》2016年第2期。

④ 王银春：《自然法、道德责任与伦理原则——西塞罗慈善伦理思想及其评价》，《齐鲁学刊》2016年第2期。

⑤ 李丹、龚廷泰：《共和主义传统中“共同善”思想的流变》，《武汉理工大学学报（社会科学版）》2016年第6期。

⑥ 曾维术：《人种志遮盖下的政治哲学——〈日耳曼尼亚志〉的结构与意图分析》，《海南大学学报（人文社会科学版）》2016年第5期。

分配了不同的保护神），认为他的思想为日后的“世界帝国论”奠定了重要的基础。[1]

六、基督教和中世纪伦理政治思想

关于基督教伦理和中世纪伦理政治思想的研究水平在近年来又有了相当大的提高。2016年在整体研究方面，张庆熊的论文《良心、信仰和律法：基督教良心观解析》从思想史的脉络入手，整体性地论述了基督教的“良心观”如何继承斯多亚学派的学说，主张良心是一种内生的道德情感。但是在涉及良心的来源问题时，基督教与斯多亚学派的观点又截然不同。斯多亚学派认为良心来自人的自然本性，道德律的依据是自然法，神并不高于自然；而基督教则认为，人的良心来源于上帝，律法归根到底也是来自上帝的诫命，强调上帝拯救的“外力”和人的“因信称义”。[2] 姜启舟和赵辉兵的论文历史性地讨论了中世纪罗马教会神学政治论的核心主张“双剑论”。在教皇格拉西乌斯一世“教权与俗权”分工理论的基础上，“双剑论”在中世纪中期被正式提出。到中古盛期教俗相争，“双剑论”经重新诠释实现勃兴，教义诠释者赋予了其崭新内涵，意在提升教皇权威，树立教权高于俗权的权力地位。进入14世纪以后，伴随教会势力的下降与西欧民族国家观念的兴起，教俗权能逐步分离，“双剑论”饱受批判，最终在宗教改革的浪潮中走向式微。[3]

国内学者对奥古斯丁的研究在吴飞、吴天岳、夏洞齐、张荣等学者的推动下，近年来有了较大的进展。李猛主编的《思想与社会》丛书第九辑《奥古斯丁的新世界》中收录了三篇长文。吴飞的《尘世之城与魔鬼之城——奥古斯丁政治哲学中的一对张力》，讨论了奥古斯丁政治哲学中的一个核心问题：尘世之城与魔鬼之城是否有着相同的指代？作者论证认为，这两个说法虽然有很多共同之处，但是奥古斯丁并没有将尘世之城与魔鬼之城完全等同，以尘世政治统治者为首的政治维度与以魔鬼为首的心灵维度之间存在着根本性的张力。孙帅的论文《社会性的动物——奥古斯丁思想中的家国问题》比较了柏拉图、亚里士多德与奥古斯丁对婚姻和家庭的不同理解，讨论了奥古斯丁如何在改造古典政治思想的过程中，建立以陌生人社会为核心的人际关系新形态。人不再像亚里士多德说的那样依据自然就是政治的动物，而是通过与基督的团契，成为具有个体性的社会存在。陈斯一的论文《从“柏拉图上升”到“奥斯蒂亚异象”》比较了新柏拉图主义与奥古斯丁的思想，分析了以意志纪律为主题的伦理秩序与奥古斯丁的新形而上学之间的关联。[4] 花威的论文讨论了奥古斯丁《忏悔

---

① 马勇编译：《尤利安文选》，华夏出版社2016年版；马勇：《论尤利安皇帝的写作》，《经典与解释》第44辑，华夏出版社2016年版。

② 张庆熊：《良心、信仰与律法：基督教良心观解析》，《复旦学报（社会科学版）》2016年第4期。

③ 姜启舟、赵辉兵：《试论中古西欧“双剑论”的传播与诠释》，《政治思想史》2016年第1期。

④ 李猛主编：《奥古斯丁的新世界》，上海三联书店2016年版。

录》中记录的青年阿利比的事迹，基于人类的整体堕落，阿利比的德性操练遭遇到心灵与身体、好奇与罪、节制与不节制的复杂纠葛。奥古斯丁从中认识到，要开启人类的救赎上升，实现完美德性，基督信仰是迫切必要的。因为这一信仰以爱来接纳软弱的信心，在团契生活中培养出新德性，在亲近上帝中最终达到幸福生活。[①] 龚群撰文讨论了奥古斯丁思想中恶的来源问题，认为奥古斯丁之前的神学家没有摆脱柏拉图哲学的影响，提出二元论的意志说；而奥古斯丁坚持认为，造物主创造的这个世界一切从本性上看是善的，同时认为上帝给了人意志自由。正是因为被造物有意志自由，他们才因为骄傲而自己背离上帝，从而才有了罪与恶。骄傲是恶的开端，而谦卑是一切德性中首要的德性。[②] 宋文慧和张晓东的论文则比较了奥古斯丁与荀子关于恶的论述，凸显了对恶的来源和救赎之路的理解上，神圣与世俗道路之间的巨大差异。[③]

阿奎那伦理思想研究方面，最重要的成果是黄超的专著《托马斯·阿奎那情感理论研究》，这是第一次有国内学者深入到阿奎那伦理思想的内部，以专著的形式讨论阿奎那的一个重要伦理概念。作者从理论渊源、情感的本质与结构、情感理性化的心理机制、情感理性化的伦理意义，以及阿奎那情感理论的特性与影响，几个角度系统讨论了阿奎那伦理思想中的重要一环——情感理论。作者特别强调了阿奎那在人的欲求、情感，与理性之间建立直接联系的努力。在服从理性的范围内，情感有了自由；而且情感作为一种具有理性的能力，成为了伦理德行的主体。[④]龚群的论文指出，阿奎那将亚里士多德的伦理思想与神学思想结合，提出了有特色的德性伦理思想。阿奎那的德性伦理对于习惯十分重视，强调习惯就是德性；阿奎那对于德性的本质以及三种不同的德性（理智德性、道德德性和神性德性）都有独到的观点看法；阿奎那对于神性德目之间的秩序分析，体现了他的世俗精神的倾向。[⑤]刘招静的论文通过高利贷的问题考查了阿奎那的经济伦理观，阿奎那认为高利贷合乎人法且具有现实性，但违背自然法和神法而不具有德性。在分析了一系列与借贷有关的伦理问题之后，作者在结论中认为，阿奎那的高利贷论虽以基督教伦理为先，但也不乏某种“经济学”因子，因此成为整个经济学说史的组成部分。[⑥]周伟驰详细讨论了围绕阿奎那政治哲学核心概念“自然法”的当代争论，文章首先介绍了阿奎那的理论，之后批判性地考察了马里旦、尼尔森、波尔克、扎克特对阿奎那理论的不同理解，对于深化我们对

---

① 花威：《德性与信仰：论奥古斯丁〈忏悔录〉中的阿利比》，《伦理学研究》2016 年第 2 期。

② 龚群：《意志之罪：恶的根源——奥古斯丁恶理论的伦理意义》，《南昌大学学报（人文社会科学版）》2016 年第 3 期。

③ 宋文慧、张晓东：《关于恶的比较——以奥古斯丁和荀子为视角》，《扬州大学学报（人文社会科学版）》2016 年第 4 期。

④ 黄超：《托马斯·阿奎那情感理论研究》，人民出版社 2016 年版。

⑤ 龚群：《托马斯·阿奎那的德性论》，《伦理学研究》2015 年第 5 期。

⑥ 刘招静：《交换、正义与高利贷：托马斯·阿奎那的经济伦理观》，《历史研究》2016 年第 6 期。

这个重要概念的理解有重要意义。①

以往关注较少的犹太教伦理和政治思想传统，在2016年也有一些比较有意义的成果问世。黄江的论文讨论了犹太教拉比法学中的希腊化要素，作者论证了以斐洛为代表的“寓意解经法”和以希勒尔为代表的“解经七则”，其中都有共同的希腊化因素，而这些希腊化要素在迈蒙尼德的寓意解经法和隐微术那里得到了发扬光大。② 赵同生的研究则更强调迈蒙尼德忠于犹太律法的维度，指出他在探索希腊哲学和犹太传统的关系时，认为柏拉图传统中的“哲学王”虽然具备灵活性和适应性的优势，但至高无上的神圣律法才是维持民族文化认同、维护城邦社会中公平正义以及个人实现终极幸福的基础。③

七、文艺复兴时期的伦理政治思想

2016年关于文艺复兴时期伦理政治思想的研究，有一个突出的亮点：很多学者都撰文纪念莫尔的《乌托邦》发表500周年，其中比较有代表性的讨论有这样一些。蒲国良的文章历史性地讨论了莫尔《乌托邦》的思想资源，认为这个文本吸收了柏拉图的“理想国”、古希腊罗马文化精神、《圣经》中的原始基督教共产主义、中世纪天主教会的修道院共产主义、莫尔所处时代的人文主义思潮等，而地理大发现时代的文学和游记则是直接孕育《乌托邦》一书的温床。④ 龚群的论文重点讨论了莫尔对柏拉图公有制和正义思想的继承，以及对斯多亚学派自然幸福论思想的继承和超越。⑤ 李恒宇通过比较但丁的“地球国”与莫尔的“乌托邦”，讨论了莫尔对意大利人文主义传统的超越，认为莫尔最大的贡献在于提出人民国家体制的设想。⑥ 李筠的文章则从学理上深入讨论了莫尔的政治思想，他反对人们对莫尔的通常看法，认为莫尔并非纯粹的理想主义文人，而是积极入世参与政治的政治家。莫尔坚持基督教世界的统一，反对路德和亨利八世的宗教改革。《乌托邦》是一部“严肃的喜剧”，它的社会政治批判真正的标准是“圣经人民论”，充分地展现出莫尔对西塞罗共和论的深入探索，也暴露出文艺复兴时代共和理论的深层次困境。莫尔深谙实力政治，《乌托邦》中的社会政治批判和建构充满了现实感和力量感，绝非局外文人的文字游戏或

---

① 周伟驰：《阿奎那自然法的现代争论》，《世界宗教研究》2016年第4期。

② 黄江：《犹太教拉比法学中的希腊化因素》，《政治思想史》2016年第3期。

③ 赵同生：《迈蒙尼德论律法、智慧与城邦治理》，《世界宗教研究》2016年第2期。

④ 蒲国良：《莫尔乌托邦思想的文化和理论渊源》，《江西师范大学学报（哲学社会科学版）》2016年第3期。

⑤ 龚群：《〈乌托邦〉思想的制度与道德含义》，《史学理论研究》2016年第4期。

⑥ 李宇恒：《从“地球国”到乌托邦：托马斯·莫尔对意大利人文主义传统的继承和超越》，《云南民族大学学报（哲学社会科学版）》2016年第2期。

无知抱怨。①

除了莫尔引发的热烈讨论之外，对马基雅维利的研究依然是国内学者关注的重点。陈华文的专著《命运与审慎：马基雅维里政治哲学研究》从马基雅维利的《君主论》《李维史论》，以及喜剧《曼陀罗》入手，讨论马基雅维利政治学说的双重叙事结构：历史与喜剧。作者紧扣命运与审慎（或“明智”）这对主题，讨论善变的命运女神在马基雅维利学说中的核心位置，而命运的无常决定了马基雅维利要在变化的历史视域中理解政治与道德，马基雅维利在作品中，让带有典范性的历史和喜剧人物表达出他对意大利政治以及人类根本处境开出的药方：我们唯有审慎地生活，在善行与恶行，人道与兽道之间切换，才能在无常的命运面前立于不败之地。而这也显示了他的政治学说的革命意义。② 张昭的论文与陈华文的研究有着相似的主张，他也认为，在马基雅维利看来，政治与道德的关系不是简单的互斥关系，而是一种相辅相成的张力关系。道德与非道德之间的“度”主要在于为何而用、何时而用和如何而用，君主的道德抉择是在道德展示出的吊诡之处及与非道德之间相互转换的复杂多变的幻象中、在各种困境和冲突中、在理论与实践的错位和鸿沟中审慎地考量后作出的，道德的应然逻辑和想象的理论推演被打破。马基雅维利倡导的君主道德表面上是行恶，实际上是在行善，且需要运用高超的政治智慧和技艺才能把握的一种品质。③ 张广生的论文认为，马基雅维利的“必然性”概念将他的“共和政体科学”和“新君主技艺”整合为一体。借此，马基雅维利不仅颠覆了基督教政教，而且背叛了古典文明，成为联邦党人式的“新罗马”国家理论的首倡者。但是这个关于马基雅维利的结论似乎过于“现代”了。④

除了对于莫尔和马基雅维利的关注之外，朱振宇近年来发表了一系列关于但丁的重要研究。在最新的论文《灵泊中的罪与罚》中，作者讨论了维吉尔这位异教诗人在古代的记忆与对未来不确定的期待之间挣扎，却对“当下”发生的事情缺乏知识。在奥古斯丁的《忏悔录》中，时间的出现正是堕落的结果，人类心灵时间的三重结构（过去、现在与未来）是对上帝三位一体的拙劣模仿。只有理解“现在”，才能皈依上帝这“永远的现在”。因此，在但丁的地狱中，消失的“现在”是对不信者充满诗意的讽刺，而“只在向往中生活而没有希望”既是灵泊之罪的体现，也是对这罪的惩罚。⑤

---

① 李筠：《人民、共和与权力——托马斯·莫尔政治思想新论》，《浙江学刊》2016 年第 5 期。

② 陈华文：《命运与审慎：马基雅维里政治哲学研究》，商务印书馆 2016 年版。作者还发表了一系列相关的论文：《命运与政治秩序——论马基雅维利的命运观及其政治意义》，《政治思想史》2016 年第 1 期；《审慎作为政治家德性的历史及其伦理要求》，《道德与文明》2016 年第 3 期；《命运、审慎与马基雅维利的道德叙述》，《学海》2016 年第 3 期。

③ 张昭：《君主政治行为的道德与非道德——马基雅维利道德思想探究》，《道德与文明》2016 年第 2 期。

④ 张广生：《新君主与新共和：马基雅维利的“新政治科学”》，《政治思想史》2016 年第 1 期。

⑤ 朱振宇：《灵泊中的罪与罚》，《同济大学学报（社会科学版）》2016 年第 6 期。

第六章　近代西方伦理思想研究报告

杨伟清

就既有的研究文献来看，近代西方伦理思想研究主要包括近代英国伦理思想研究和近代德国伦理思想研究。近代英国伦理思想研究又可以区分为三部分内容，即霍布斯与洛克的社会契约思想研究，从沙夫茨伯里到斯密的道德感学派研究，以边沁和密尔为代表的古典功利主义研究。近代德国伦理思想研究则主要围绕康德和黑格尔展开。此外，卢梭的伦理思想也备受关注。考虑到卢梭从属于契约论思想的脉络，且经常被拿来与霍布斯和洛克的思想比较，我们可以把这三个人放在一起处理。如此一来，近代西方伦理思想研究就由四大块组成，即古典功利主义研究，从沙夫茨伯里到斯密的道德感学派研究，霍布斯、洛克与卢梭的社会契约思想研究，康德和黑格尔伦理思想研究。

一、古典功利主义

古典功利主义的代表人物为边沁、密尔和西季威克。相对而言，密尔受到的关注最多，边沁次之，西季威克最少。但综合来说，古典功利主义在当前学界并没有得到足够的重视，相关的研究文献数量欠缺，质量也很不理想。

就边沁而言，有些研究者考查了他的法理学思想与功利主义的关联，认为功利原理构成他的整个法哲学的理论基础。① 也有人专门考查了他的功利主义式刑罚观念。② 有研究者则考查了他的功利主义权利观念，认为边沁的权利主要是法定权利，而法定权利的基础是功利主义。③ 有人考查了他的功利主义大学观念，指出其核心特征为世

---

① 谭志福：《“主权者的命令”还是“最大幸福”——从〈一般法律〉看边沁法哲学的理论基础》，《山东警察学院学报》2016 年第 1 期。明辉：《功利与变革：边沁法理学思想评述》，《中共浙江省委党校学报》2016 年第 1 期。

② 沈悦：《边沁的功利主义刑罚观》，《城市学刊》2016 年第 1 期。

③ 李思：《边沁功利主义权利观解析》，《河北青年管理干部学院学报》2016 年第 2 期。

俗化和实科化。[①] 还有人探讨了他的功利主义幸福观。[②] 也有人比较了边沁和墨子功利思想的异同。[③]

就密尔而言，他的自由理论和民主思想颇受关注。

在讨论密尔的自由理论时，有研究者把他与霍姆斯的言论自由理论进行了比较，认为两者在四个方面存在明显的差异，且若从民主与自由的关系来看，密尔追求的是民主意义下的自由，而霍姆斯追求的是自由基础上的民主。[④] 有人从近代英国出版自由思想史的角度考查了密尔的出版自由思想。[⑤] 还有人从密尔的伤害原则出发来分析网络言论自由问题。[⑥] 有人认为，密尔自由观念的要旨不仅在于推进开明社会和开明政治，更是为了鼓励首创精神和社会的生机勃勃。[⑦] 也有人论及密尔自由理论的个性思想。[⑧] 有人考查了他的自由主义思想与帝国主义思想之间的张力。[⑨]

在讨论密尔的民主思想时，研究者们论及了他的代议制民主思想的核心特征与基本内容，以及他对代议制民主之限度的反思。[⑩]

有些学者探讨了密尔的功利主义思想与美德的关系，指出培养高尚的品格为密尔所看重，因为它是实现功利主义目标的重要途径。[⑪] 有人则认为，密尔有一种美德伦理学，提出了自己的四主德。[⑫]

有人关注了密尔的分配正义理论，认为他持有一种抽象的分配正义观，并在财产分配领域、税收领域以及社会福利领域提出了三种具体的分配正义准则。[⑬] 有人考查

---

① 袁传明：《试论边沁的功利主义大学观》，《高教发展与评估》2016 年第 2 期。

② 马妮：《边沁功利主义幸福观刍议》，《天津社会科学》2016 年第 6 期。

③ 赵娟娟：《墨子与边沁功利主义比较研究》，《学理论》2016 年第 6 期。

④ 谢小遥：《经典言论自由理论的分型及其意蕴——立足密尔与霍姆斯立场的比较解读》，《清华大学学报》2016 年第 3 期。

⑤ 聂卉：《论西方言论出版自由思想的发展——以弥尔顿、詹姆斯·密尔和约翰·密尔的出版言论为例》，《传媒与法治》2016 年第 7 期。

⑥ 田枭：《浅析网络言论自由的限制——基于密尔的“伤害原则”》，《法制与社会》2016 年第 7 期。

⑦ 王蓓：《首创精神和文明教化：自由的深在意蕴——密尔的自由观新论》，《陕西师范大学学报》2016 年第 3 期。

⑧ 李志龙：《约翰·密尔〈论自由〉中的“个性”及其作用》，《岭南师范学院学报》2016 年第 5 期。

⑨ 赵玉洵：《自由与压迫之间——约翰·密尔政治思想中的自由帝国主义》，《燕山大学学报》2016 年第 4 期。

⑩ 王蒙蒙、刘添才：《论约翰·密尔的代议制民主观及其当代启示》，《湖南省社会主义学院学报》2016 年第 3 期。杨娜：《密尔民主思想论析》，《梧州学院学报》2016 年第 1 期。邓渊哲：《密尔论代议制的局限》，《法制与社会》2016 年第 6 期。

⑪ 钟小燕：《功利与品格：理解功利主义的一个新维度——兼评约翰·密尔的功利主义品格观》，《学习论坛》2016 年第 3 期。

⑫ 张继亮：《通过美德来获得幸福——约翰·密尔的美德伦理学》，《伦理学研究》2016 年第 3 期。

⑬ 张继亮：《功利主义不讲分配正义吗？——论约翰·密尔的分配正义理论》，《华中科技大学学报》2016 年第 4 期。

了他的社会主义观念和阶级观念。[①]

二、道德感学派

在道德感学派中，休谟受到的关注最多，斯密次之，其他思想家则很少有人问津。

就休谟而言，相关的研究比较散乱，很少有围绕特定主题的广泛研讨。

有研究者关注了他的道德动机理论，认为他的动机理论不同于动机论的休谟主义，前者关注的是行为的动力要素，后者关注的是行动被激发后的心理状态。[②] 有人认为，休谟的道德动机观存在一个从自爱到仁爱的发展。[③] 有人考查了休谟的工具主义和道德规范性观点。[④]

一些研究者关注了休谟的情感主义伦理思想。有人重点考查了休谟如何解决情感主义倾向引发的道德相对主义问题。[⑤]

有些学者讨论了休谟的正义思想。有人比较了他和荀子的正义观,[⑥] 有人从休谟正义思想的角度试图回应《理想国》中格劳孔对正义的挑战，探讨正义与幸福是否真的存在对立。[⑦]

有人考查了休谟的法治思想，认为它主要体现在三个方面，即保护私人产权、限制政府权力、具备形式要素。[⑧] 也有学者考查了休谟的政体理论，认为他把孟德斯鸠的政体理论向前推进了一步，通过把法治作为衡量专制程度的客观标准，为政体类型的划分开辟了一条新的路径，提出了一个两阶的实质性政体理论：一阶是野蛮政体与文明政体的划分，以法治之有无为界限；在两阶层面的文明政体中，政体的优劣在于法治的多少。[⑨]

就斯密而言，相关的研究也比较凌乱。有人从道德判断的角度考查了他的公正的旁观者理论，认为公正的旁观者是理性和情感的有机结合。[⑩] 有人考查了他的道德判

---

① 盛文沁：《约翰·密尔论社会主义》，《浙江学刊》2016年第5期。张继亮：《阶级、阶级对抗与社会主义——约翰·密尔的阶级观念》，《贵州大学学报》2016年第5期。

② 张晓渝：《Motive与Motivation：从休谟的动机论到动机论的休谟主义》，《道德与文明》2016年第5期。

③ 胡宗超：《从自爱到仁爱：休谟道德动机观的发展》，《学理论》2016年第11期。

④ 文贤庆：《休谟关于工具主义和道德规范性的观点及其论争》，《哲学动态》2016年第8期。

⑤ 罗伟玲：《解决道德情感相对性难题的新探索——基于同情理论的思考》，《广东技术师范学院学报》2016年第1期。

⑥ 杨文佳：《休谟和荀子的正义观比较研究》，《九江学院学报》2016年第1期。

⑦ 邓定：《正义与幸福的虚假对立——休谟视角下的“格劳孔”挑战》，《道德与文明》2016年第1期。

⑧ 刘洋：《规则之治的所以然：休谟法治思想的逻辑探究与意义阐释》，《东岳论丛》2016年第12期。

⑨ 高全喜：《政治宪法学视野下的“文明政体论”——从孟德斯鸠到休谟的政体论申说》，《学术界》2016年第10期。

⑩ 孟繁英：《道德判断：情感抑或理性——亚当·斯密的公正的旁观者理论评介》，《兰州学刊》2016年第12期。

断中的合宜性思想。[1] 也有人关注了斯密的美德思想和慈善伦理。[2] 有研究者考查了他的法律思想，认为他系统总结和评述了被普芬道夫、格劳秀斯、洛克以及休谟等人展开的自然权利学说，创立了一种关于国家和社会的崭新理解范式。[3] 有人则比较了韩愈和斯密的国家治理学说，认为两者存在高度的相似性。[4]

哈奇森的伦理思想也受到一定程度的关注。有人考查了他的人性理论和自然法学说，并指出，在哈奇森那里，人性中的道德感使人自然地就具有社会本性，并能将人类的普遍利益置于个人权利之上。[5]

三、霍布斯、洛克与卢梭

这一部分既有对这三位思想家的单个研究，也有对他们的比较研究。但就已阅读的资料来说，比较研究大多流于表面，主要是对三者不同观点的简单复述，故在此不论。我们主要考查对霍布斯、洛克和卢梭的单独研究。

就霍布斯而言，《云南大学学报》推出“霍布斯与现代秩序”专栏，组织了三篇文章试图呈现霍布斯思想的深度和复杂性。有研究者指出，霍布斯对修昔底德的翻译，发现了不仅是历史学家更作为哲学家的修昔底德，正是这一发现，而非修昔底德的历史叙事，成为霍布斯政治思考的起点，而他自己分析关于英国内战的《狴希莫斯》一书则与修昔底德的作品，无论在主题，还是精神气质上，都有高度的契合，同样关注面对内乱的危险如何建立稳定的政治秩序。[6] 有人从类似的关切入手，强调内战是理解霍布斯思想的重要线索。然而，内战虽然是霍布斯用来支持自然状态学说的经验实例，但仅仅将内战理解为自然状态，恰恰忽略了内战在霍布斯有关政治秩序建构的理论中发挥的作用。若从自然国家入手，不仅可以澄清自然国家与内战的紧密联系，还可以揭示在人为政治秩序背后的自然力量。[7] 有人则借助罗尔斯有关“合理”与“理性”的区分和解释路径，对霍布斯建立政治社会的学说给出了一个从个

---

① 魏功祥：《试论亚当·斯密的“合宜”思想的可能性》，《四川文化产业职业学院学报》2016年第2期。

② 侯红霞：《亚当·斯密美德思想及其对我国道德建设的启示》，《马克思主义理论学科研究》2016年第1期。张琨：《亚当·斯密对慈善伦理的现代转换》，《北方论丛》2016年第2期。

③ 冯玉军：《亚当·斯密法律思想评述：以〈法理学讲义〉为中心》，《中外法学》2016年第5期。

④ 刘真伦：《性、道、教三位一体：论韩愈〈原道〉内圣外王国家治理学说——兼与亚当·斯密的〈道德情操论〉比较》，《周口师范学院学报》2016年第3、4期。

⑤ 郭威、应星：《道德感与自然权利——哈奇森道德哲学中的人性论与自然法》，《求是学刊》2016年第1期。

⑥ 任军锋：《“立法诗”与“悲剧诗”——霍布斯与修昔底德对观》，《云南大学学报》2016年第6期。

⑦ 郭小雨：《告别内战——以“内战”为线索论霍布斯从自然国家到契约国家的规范性重构》，《云南大学学报》2016年第6期。

体私利的“合理选择”出发走向“理性共识”的理性选择解释。[①]

有些研究者比较了荀子和霍布斯的思想，或者是对两者政治哲学整体思路的比较，[②] 或者是对两者人性观的衡量。[③]

有人考查了霍布斯的自然法思想，认为他对传统自然法理论基石给予了颠覆性打击，从而清晰地展现了自然法自我消解的内在理路，成为法律实证主义思潮的理论先驱。[④]

有研究者考查了斯金纳对霍布斯的政治服从学说的解释，认为政治服从是霍布斯政治哲学的核心问题之一。学界对霍布斯的政治服从性质的解释光谱，一端是事实权力解释，一端是规范义务论解释。斯金纳提出了前者的典范版本并影响至今。斯金纳早期的“事实权力”解释在文本上有重大困难，政治服从无法直接从事实权力中产生，必须经由臣民的同意建立；斯金纳后期的解释表明，政治服从的规范性来自于原初权利和自由的转让，臣民服从主权者意味着臣民将主权者视为自己言行的代表者。[⑤]

有人探讨了霍布斯的公民政治教育思想，[⑥] 有人认为霍布斯政治哲学的革命在于确立了“经验的政治”，[⑦] 也有人考查了《利维坦》中提出的“愚人”问题。[⑧]

在研究洛克时，他的教育思想受到了一定程度的关注。有研究者探讨了“理性”在洛克德育思想中的重要地位，[⑨] 有不少研究者特别关注他的《教育漫话》中的教育思想。[⑩]

有人关注了洛克的自然权利思想，认为他的自然权利说既有对传统思想的继承，也有自己的创新，这尤其表现在对财产权的论述中。[⑪] 有人比较了他的自然权利学说和诺齐克的个人权利理论，认为洛克只承认个人有限的自我所有权，而且自然权利的

---

① 孟锐峰:《从“合理选择”走向“理性共识”——霍布斯契约论中的内在逻辑》,《云南大学学报》2016 年第 6 期。

② 魏福明、孙旭鹏:《自然・和平・自由——荀子与霍布斯政治哲学比较》,《西北大学学报》2016 年第 4 期。

③ 黄小珊、赵金科:《霍布斯与荀子人性观比较探析》,《西安文理学院学报》2016 年第 6 期。程政博:《“利维坦”与“圣人”政治——比较霍布斯与荀子针对人性恶的两种方案》,《中共济南市委党校学报》2016 年第 4 期。

④ 何俊毅:《自然法的自我消解——以霍布斯的自然法思想为视角》,《北京航空航天大学学报》2016 年第 3 期。

⑤ 王茜茜:《霍布斯的政治服从学说——对斯金纳的霍布斯解释的检讨》,《政治思想史》2016 年第 3 期。

⑥ 王军伟:《霍布斯的公民政治教育思想》,《全球教育展望》2016 年第 11 期。

⑦ 李勇、高继鑫:《经验的政治：霍布斯的政治哲学革命》,《湖北经济学院学报》2016 年第 2 期。

⑧ 晋运锋:《愚昧之徒遵守契约是理性的吗？——从霍布斯的契约论谈起》,《社会科学研究》2016 年第 4 期。

⑨ 夏青:《“理性”在洛克德育思想中的体现》,《集美大学学报》2016 年第 1 期。

⑩ 谢娜:《漫话中的“教师观”——读洛克的〈教育漫话〉有感》,《语文建设》2016 年第 7 期。杜晗:《试论洛克〈教育漫话〉中的教育思想》,《中州大学学报》2016 年第 1 期。

⑪ 龚群:《洛克的自然权利学说》,《道德与文明》2016 年第 6 期。

道德根源并不在于个人本身，而是来自于上帝。①

有研究者全面考查了洛克的自然法思想，并特别关注了自然法的指导力问题，以及自然法脉络中的平等观念。②

有人研究了洛克的劳动财产权理论，并指出他的劳动财产理论打破了束缚私有财产的最后一根锁链，从根本上肯定了私有财产的价值。洛克返归国家政府建立前之自然状态，他认为促使最初由神赐之公有财产转向供个体消费之私有财产的媒介是专属于个人所有的劳动。自然状态下的个人占有受到“腐烂原则”的限制，然而货币的出现使个人积聚大大过于其需求的财富成为可能，“腐烂原则”已形同虚设。财富占有不均衡而导致的掠夺行为、自然状态下个人救济手段的低效共同激发了人类对公民社会的向往，人类保护其所占有之财产的欲望是为国家政府诞生的最根本原因，建立国家的目的即在于保护私有财产，劳动财产理论彻底摧毁了将私有财产视作政治分裂之大敌的观点，私有财产从此得到彻底解放。③

有人考查了洛克的宪政理论，认为在传统的自由宪政理论中存在着社会契约与宪法之间的混淆，这种混淆模糊了宪法的公法性质和政治要素，也没有正确反映宪政史的实践。通过挖掘洛克政治理论中对契约和信托的区分，发现洛克实际上构造了一种人民制宪权的理论，并未忽视宪法的这种政治要素。这种理论能够回应来自施米特和阿伦特正反两面的批评。④

有学者探讨了洛克的政治义务理论，并指出他并非如研究者所普遍认为的那样，是企图“根据人们的设计和同意”这种单一原则一劳永逸地解决政治义务问题，同意和自然法构成其阐释政治义务论的双重阐释路径：政治义务的确立有赖于公民自己自愿的同意，但这种同意并不是任意的，而是必须对道德上可以辩护的国家的服从。⑤

有学者重新翻译了洛克的《政府论》下篇，并认为自然权利学说和分权制衡理论构成下篇的核心内容。⑥ 有人研究了洛克的《政府短论两篇》，认为《政府短论两篇》的目的是反驳白格肖的良心自由论，维护世俗最高权威规定无关紧要之事的合法性。洛克通过提出一套法体系理论说明了国法与良心法的关系，确立了国法的世俗

---

① 胡业成：《论诺齐克的“个人权利”理论对洛克的“自然权利”学说的背叛》，《内蒙古大学学报》2016 年第 4 期。

② 刘敏：《在理性与意志之间——洛克〈自然法论文集〉中的自然法指导力问题》，《中国法律评论》2016 年第 1 期；《上帝面前的平等——洛克论自然法与平等》，《法制与社会》2016 年第 1 期。

③ 林立成：《私有财产的束缚与解放——洛克劳动财产理论研究》，《研究生法学》2016 年第 4 期。

④ 唐飞、郭忠华：《契约、信托与洛克的人民制宪权理论》，《浙江学刊》2016 年第 4 期。

⑤ 石碧球：《在同意与自然法之间——洛克的政治义务理论再释》，《人文杂志》2016 年第 1 期。

⑥ 顾肃：《公民自然权利与分权制衡学说的经典阐述者——洛克〈政府论〉第二篇译者序言》，《社会科学论坛》2016 年第 6 期。

最高权威地位。①

在研究卢梭时，有学者考查了他的公民教育思想，认为公民教育是卢梭政治思想的核心，是其美德共和国的微观基础。卢梭心目中的公民具有强烈的爱国情怀，积极地参与公共事务，将公意作为自我行事的最高准则。卢梭的公民教育包括两个部分——家庭教育和公共教育，它们共同承担着将“人”转变为“公民”的任务。在古今之争的背景下，卢梭提出了现代社会公民教育的解决方案：在理想的城邦中，通过公共教育对全体公民实施公民教育；在腐化的现代民族国家中，公共教育不再可行，只能诉诸改良版的家庭来对个体实施公民教育。②

有人关注了卢梭民主理论中的政治代表制问题，认为卢梭最早对政治代表制提出了在概念上极为彻底的批评，这一批评对后世理论家在这一问题上的看法影响很深。卢梭对代表制的否定与他关于主权意志的不可分割性有关，主权意志被代表即意味着不自由，这一观点在许多当代民主理论家那里都有所体现，同时也招致很多批评。③

有学者考查了卢梭的公意概念，认为可以把人们对公意的理解区分为五种类型，也即狄德罗—卡西尔类型，公意是理性的普遍意志；公意的法律式解释；公意是每个人对公共利益的自私追求；公意就是公共利益；公意与政治实践的关系。④

有人则考查了卢梭的公民宗教思想，并指出，公民宗教是依据社会契约而设立的新型的政治宗教，也即国家宗教。而卢梭得出这种革命性的宗教观经历了一个否定之否定的内在辩证过程，是在扬弃自然宗教和人类宗教的基础上形成的。自然宗教关注地上的事物，人类宗教关注天上的事物，公民宗教则又重新把天上的事物拉回到地上，试图调和强调天上社会的人类宗教与强调地上法律义务实践的国家之间的矛盾。⑤

有人考查了卢梭的异化观念，认为在近代思想史上，卢梭是异化的先知先觉者，是他开启了批判资本主义社会异化的先河。卢梭的异化观透彻地揭示了文明与自然的断裂与悖反，深刻批判了社会发展进步背后的异化和滥用理性导致的人性异化。⑥

有研究者讨论了卢梭的人民主权理论中的“人民”是如何形成的问题，并提出，卢梭以一种理论的彻底性探讨了人民的形成。人民通过契约而产生。契约既是一种历史事实，更是一种原则要求。而为了保障这种契约的原则性，卢梭特别强调了参与立约者的条件平等。正是这一要求，使得卢梭笔下的“人民”不再是一种自然的或自发的既定事实，而是一个被塑造、被建构的共同体。但这种建构性也暗示了这一人民

① 王涛：《洛克〈政府短论两篇〉中的国法和良心》，《社会科学研究》2016 年第 2 期。
② 谈火生：《公民教育：卢梭美德共和国的微观基础》，《学术月刊》2016 年第 5 期。
③ 段德敏、党成孝：《卢梭政治思想中的代表制问题探析》，《云南大学学报》2016 年第 2 期。
④ 林壮青：《卢梭公意研究的五个类型》，《东南学术》2016 年第 1 期。
⑤ 段世磊、庞君芳：《卢梭宗教理论视野下的国家理想》，《学术探索》2016 年第 2 期。
⑥ 万晓飞：《追溯“异化”之源——论卢梭的异化观》，《江南大学学报》2016 年第 3 期。

共同体的内在脆弱，即这是一个始终有待于被维持、被完善的共同体，卢梭对立法者和公民宗教的阐述正表明了这一点。[①]

有人比较了卢梭和庄子的自由观念，认为二者既有契合之处，也有明显分歧。契合之处在于，二者都以追寻“自由”为目标，并且认同“自然”，批判“文明”。分歧之处在于，二者实现“自由”的途径不同：庄子立足于“个体”，认为“自然”即是“自由”，卢梭则诉诸“社会”，认为人类必将走出“自然”，“自由”只能依靠社会契约来实现。[②]

四、康德与黑格尔

在研究康德时，他的绝对命令思想受到了特别的关注。有不少学者考查了绝对命令式如何可能的问题。[③] 有人指出，在论述绝对命令何以可能的过程中，康德意识到一种可能的质疑：自由和道德法则的交互论证将陷入循环，于是他通过寻找一个自由的非道德的根据来摆脱循环，完成绝对命令式的演绎。循环是双向的，但归根结底是从道德法则到道德法则的推论。康德通过先验观念论确认我们是理性行为者，并得以摆脱循环。循环的摆脱构成绝对命令式演绎的重要条件。[④] 有些研究者则考查了他的不同绝对命令式之间的关系。有人认为，普遍法则公式是绝对命令的主导公式，自然法则公式、人性公式以及目的王国公式是它的变式。[⑤] 有人指出，康德的绝对命令式主要有三种表述，且它们是等值的。[⑥] 还有人指出，以帕通与罗尔斯为典型代表的英美学者，曲解了康德的绝对命令理论，特别是他的目的公式。帕通与罗尔斯混淆了康德的普遍法则公式与自然法则公式，同时认为目的公式只是一条附属性的公式。然而，绝对命令公式一共有四条，目的公式必须联合到自然法则公式的应用之中，进而限制我们对自然法则公式的理解。[⑦] 有些研究者则在绝对命令哲学的谱系中去考查康德的绝对命令思想，并探讨它所蕴含的责任思想对当今的虚无主义、相对主义以及犬儒主义时代的意义。[⑧]

如何定位康德的伦理学也是学人关注的一个问题，研究者们试图在义务论、后果

---

① 张尧均：《塑造人民——对卢梭“社会契约”的一种解释》，《政治思想史》2016 年第 4 期。

② 孙旭鹏：《庄子与卢梭的自由观比较》，《华中科技大学学报》2016 年第 2 期。

③ 陈世放：《康德的道德命令如何可能》，《世界哲学》2016 年第 2 期。成城、吴宏政：《康德对道德直言判断的论证》，《学术交流》2016 年第 11 期。冯裕强：《论康德的道德命令如何可能》，《中山大学研究生学刊》2016 年第 2 期。

④ 胡好：《重看康德定言命令式如何可能——以自由和道德法则的循环为视角》，《世界哲学》2016 年第 3 期。

⑤ 刘作：《康德定言命令表达式之间的关系及其当代意义》，《湖北大学学报》2016 年第 1 期。

⑥ 詹世友：《论康德三大道德律令的等值性》，《东南大学学报》2016 年第 3 期。

⑦ 李科政：《论英美学者如何曲解了康德的目的公式》，《西南民族大学学报》2016 年第 11 期。

⑧ 汪行福：《从康德到约纳斯——“绝对命令哲学”谱系及其意义》，《哲学研究》2016 年第 9 期。

主义、美德理论或契约理论的框架中去界定康德伦理思想的位置。有人主要从义务论的角度去理解他的伦理思想,① 有人指出，出于人的完善性和行动完整性的要求，康德并没有拒斥义务论对后果的需要，动机和后果以一种更深刻的内在逻辑在康德义务论中得到了合理的安置。② 也有人力图强调康德伦理思想中的义务论和功利主义要素之间的张力。③ 还有人试图从美德伦理的角度去解读康德的伦理思想，认为它是美德伦理和规范伦理的有机结合。④ 有人试图阐发康德的契约论思想，认为康德不同于前人之处在于他是从纯粹实践理性出发来确证契约论的，因而它是一种假设的契约论。康德一方面回应了休谟对于社会契约论的批判，另一方面也改变了传统契约论的意志主义倾向，使其具有了理性主义的特征。康德第一次将社会契约论明确地描述为一种规范性的理想，从思维方式上看康德的社会契约论是最恰当的，它表达了社会契约论的实质；从内容上看，康德的社会契约论以维护人的自由权利为核心，是一种自由主义契约论。⑤

部分学者检讨了康德的道德教育思想。有人关注了他的道德教育观念中对叙事的运用，对故事、小说、传记、辩难、道德问答等手段的运用。⑥ 也有人则强调大众道德智慧之于价值观教育的重要性。⑦

康德道德哲学中的一些重要概念也得到了辨析。有人辨析了 Sitten 和 Moral 这两个概念在康德那里的使用，认为他对这两个概念的使用不甚明确，他更多的是在“道德”的含义上使用“伦理”一词。⑧ 有人考查了康德的“德性”概念，认为“德性”或“道德”是康德伦理学的核心概念，但在论述中，康德交替使用了 Tugend、Sittlichkeit、Moralitat 这三个相近的术语，并未加以明确的区分和说明。实际上，它们分别代表了“德性”“伦理性”和“道德性”这三个德性层次，并且彼此之间存在内在的关联——处于由经验到超验逐渐递进的不同层面上。所以康德的“德性”概念还有广义与狭义之分，“广义的德性”包含所有这三个层面的含义，“狭义的德性”只包含第一个层面。⑨ 有研究者考查了康德的“至善”概念，认为借助对义务道德意识构成的现象学分析，我们可以将康德的至善概念解释为义务意识原构成所预设的道德世界，从而将至善论界定为康德的善理论的一个自然延伸。这一解释不仅在相当程度上回应对至善概念的批判，而且勾连了法则与目的，并因此提供了一种对康德思想

---

① 向青山:《论康德伦理学中的道义论》,《中共南京市委党校学报》2016 年第 3 期。

② 张晓渝:《道德心理学进路的康德道德动机结构澄清》,《河南科技大学学报》2016 年第 2 期。

③ 李娟、白刚:《康德伦理学中道义和功利的内在张力》,《学习与实践》2016 年第 7 期。

④ 陶立霞:《规范与德性的统一：康德规范伦理的构建与反思》,《理论界》2016 年第 1 期。

⑤ 邵华:《论康德的社会契约论》,《华中科技大学学报》2016 年第 1 期。

⑥ 郑晓绵、黄泰轲:《康德论道德教育中的叙事运用》,《广州大学学报》2016 年第 4 期。

⑦ 沈湘平:《价值观教育必须接引大众道德智慧——康德道德哲学与传统儒家思想的重要启示》,《北京师范大学学报》2016 年第 5 期。

⑧ 张东辉:《Sitten 和 Moral 的含义及其演变——从康德、费希特到黑格尔》,《哲学研究》2016 年第 3 期。

⑨ 张晓明:《康德“德性”概念的三个层次——论 Tugend、Sittlichkeit、Moralitat 三个术语的异同》,《道德与文明》2016 年第 5 期。

中的目的论维度的新的理解路径。[①]

康德的政治哲学思想也为学人所关注。有人考查了他的法治思想,[②] 有人关注了他的政治哲学和伦理学的关系问题,[③] 有人关注于他的法权思想推导问题,[④] 有人从怀疑论的角度考查了他的政治哲学，认为怀疑论不仅是康德批判哲学的一个重要的问题意识，同时也是康德政治哲学的一个重要的问题意识。康德对于现代政治境况的理解受到怀疑论的影响，这尤为鲜明地体现在他对自然状态采取了一种典型的霍布斯式的理解，即把自然状态理解为一种意见的战争状态。但康德也在政治哲学上对怀疑论作出了鲜明的回应，并由此在两个关键点上修正了霍布斯的现代政治建构方案：其一是自保作为政治社会的道德基础；其二是绝对主义的主权观。正是康德在这两点上所作的关键修正使他能够把现代政治的理想描绘成一种关于法制共和国及其相互之间和平共存的理想。[⑤] 有学者关注了他的永久和平思想，并认为，康德所设想的和平首先是法权意义上的和平，而法权和平的保障必然是一项道德课题，与此同时，这项体现道德义务的道德课题与自然机械作用是可以相容的。其次，康德讨论永久和平及其保障的出发点是与其整个批判哲学的反基础主义的建构性特质相一致的，而指向公共理性的公开性原则在很大程度上构成了最低限度的道德义务运用的原则及策略，并以此协调普遍性和个体性。就此而言，自然、道德义务和理性的公开性在不同意义上构成了康德永久和平的三重保障。[⑥]

此外，有人考查了康德对于自杀的论述,[⑦] 有人比较了康德与王阳明的自律伦理学,[⑧] 有人讨论了康德实践哲学中的"应该"问题,[⑨] 还有人探讨了《实践理性批判》中的两处文本疑误。[⑩]

在研究黑格尔时，他的市民社会思想颇受关注,[⑪] 但相关文献仅限于对这一思想

---

① 孙小玲:《至善与道德世界——康德至善概念的现象学诠释》,《世界哲学》2016 年第 5 期。

② 詹世友:《康德政治哲学视域中的法治思想》,《华中科技大学学报》2016 年第 1 期。

③ 刘静:《康德伦理学的"道德政治"路径研究》,《华中科技大学学报》2016 年第 3 期。

④ 王晨:《从道德法则到自然法权——试析康德〈道德形而上学〉中的法权推导》,《西南政法大学学报》2016 年第 2 期。

⑤ 胥博:《怀疑论与康德的政治哲学》,《政治思想史》2016 年第 2 期。

⑥ 林晖:《自然、道德和公开性——康德论永久和平的保障》,《复旦学报(社会科学版)》2016 年第 4 期。

⑦ 陈小珍:《生命的价值与自杀——从康德〈道德形而上学原理〉的角度》,《中北大学学报》2016 年第 3 期。

⑧ 张晓渝:《自律伦理学的两种可能形态：康德与王阳明》,《太原师范学院学报》2016 年第 3 期。

⑨ 张志平:《康德实践哲学中的"应该"问题及其类型学分析》,《复旦学报(社会科学版)》2016 年第 2 期。

⑩ 胡志:《〈实践理性批判〉中的两处文本疑误及其修正》,《求索》2016 年第 4 期。

⑪ 谈际尊:《"个人私利的战场": 黑格尔的市民社会道德图景》,《东南大学学报》2016 年第 1 期。孙恺临:《个人与国家的矛盾与和解——试析黑格尔市民社会与国家的关系理论》,《唐山学院学报》2016 年第 5 期。王磊:《家庭与国家之间——黑格尔市民社会理论探析》,《西安石油大学学报》2016 年第 5 期。

的整理或叙述，缺少真正的对话或评论。

黑格尔的国家学说也得到一些讨论。有人考查了他关于国家的总体观念，① 也有人探讨了他对契约式国家的批评。②

有不少人关注了黑格尔的自由学说。③ 有研究者关注了黑格尔关于自由与任性的区分，并指出，黑格尔断言，任性不是自由的体现，为此他提出了两种关于自由的看似矛盾的判准：以强调主体在活动序列中是否充当首要原因为核心的“自我决定判准”和以关注主体能否认识与选择理性对象为核心的“智性主义判准”。前一种判准看重近代意义上的理性主体，后一判准重视古典意义上的理性对象，两者之间似乎是截然对立的。要调和这样两种看似矛盾的判准，关键在于引入黑格尔关于“形式理性”和“具体理性”的区分。在黑格尔那里，“形式理性”是一种空洞的、缺乏自身内容的，无法在活动中进行自我决定的概念；与之不同，“具体理性”是一种实质性的、拥有自身内容的、能够在活动中进行自我决定的理性。黑格尔在断言任性不是自由的体现时，所依靠的正是具体理性而非形式理性。由于“具体理性”是拥有内容，能够进行自我决定的理性，因而借助“具体理性”概念，我们可以将黑格尔关于自由的“智性主义判准”所强调的对象因素，不再单纯理解为与主体无关的外在因素，而是理解为主体通过“具体理性”自我决定、自我创造的产物。这样一来，“智性主义判准”就可以被视为“自我决定判准”的一种变体，两种判准之间的矛盾与对立便可得到化解。因此，只要辨明黑格尔在“形式理性”和“具体理性”之间所作的明确区分，我们即可申言，在讨论任性是否是自由之体现时，黑格尔并没有在两种相互矛盾的判准之间犹疑不定，而是始终坚定不移地忠实于近代意义上以主体自我决定能力为核心的“自我决定判准”。④ 有人考查了黑格尔对自由主义的批判，认为他对当时流行于德国的英国和法国的自由主义展开了全面的批判，批判自由主义的知性思维方式造成了各种不可克服的对立；批判自由主义的抽象主体的本体论设定造成了人的存在的伦理性的丧失；批判自由主义的反历史性原则造成了精神的有限化、社会契约论理论模型的虚构化和启蒙运动的自反化；批判自由主义的物质主义原则造成了生活的外在化和偶然化、革命的恐怖性和虚无化等。⑤

---

① 王刚：《黑格尔国家理念述要》，《重庆工商大学学报》2016 年第 2 期。

② 武威利：《黑格尔理性国家学说的哲学理路》，《科学、经济与社会》2016 年第 4 期。

③ 陈晓川、薛舒文：《黑格尔论自由的实现与现代公民德性的形成——以〈法哲学原理〉为中心》，《学术交流》2016 年第 12 期。周媛：《论黑格尔法哲学理论体系中的自由概念》，《现代交际》2016 年第 2 期。刘淑静：《论法的理念即自由——黑格尔法哲学体系自由与法的内在逻辑》，《法制与社会》2016 年第 5 期。

④ 陈浩：《任性为什么不是自由的体现？——对黑格尔式自由观的一种微考查》，《复旦学报（社会科学版）》2016 年第 3 期；《参与者视角与旁观者视角——黑格尔论任性与自我决定判准的适用性》，《中国人民大学学报》2016 年第 4 期。

⑤ 黄其洪、蒋志红：《论黑格尔对自由主义的批判》，《哲学研究》2016 年第 5 期。

有些学者考查了黑格尔与自然法的关系。有人考查了霍布斯、卢梭与康德的自然法理论对黑格尔法哲学的重要启示，[①] 有人指出，虽然在黑格尔的重要著作《法哲学原理》中明确讨论自然法的文字并不多，但他的法哲学与自然法思想之间有着一种密切的关联。这种关系最明显地表现为他对近代自然法学说所做的批判，在此批判中，既有黑格尔对前人的继承，更有其对前人的超越。黑格尔对自然法的批判，其目标不是要取消或拒斥自然法，而是要使自然法建立在科学的基础上，以回避之前的研究过分地依赖于经验或神秘的猜测的做法。黑格尔通过对自然法理论的批判，找到了自然法的真正出发点，这一出发点本身使得自然法理论中的核心——使自然的、特殊的意志服从属于普遍意志而成为理性立法的目标和标志——得以实现，而正是这一出发点和目标成为使黑格尔得以从自然法过渡到自由意志的关节点。由此，我们可以说，黑格尔的自然法哲学对其传统既是“消解”同时也是“完成”；黑格尔的自然法哲学既是对所有自然法体系的否定，同时也表达了最终的、最完善的自然法系统。通过重构自然法，黑格尔的政治社会和国家学说成为将现代个人自由纳入到普遍正义伦理之中的一种可以接受的、比较完备的现代实践哲学。[②]

部分研究者在现代性问题的语境中审视了黑格尔的哲学思想。有人认为，在黑格尔那里，现代性的最大问题是如何统一特殊性与普遍性，也即统一私利与公共善。[③] 有人指出，马克思开启了资本现代性批判，而黑格尔开启的则是理性现代性批判。[④] 有人从现代社会道德危机的角度考查了黑格尔给出的回应。[⑤]

有人考查了黑格尔的家庭伦理观念。一些人论述了他的婚姻观念，[⑥] 也有人试图从他的家庭伦理的视角去阐发儒学中的孝观念。[⑦]

此外，有人考查了黑格尔对康德道德哲学的批判，[⑧] 有人关注了他的法权概念，[⑨] 有人讨论了他的所有权理论与自由意志的关联，[⑩] 还有人论述了他的异化思想。[⑪]

---

① 魏月、程彪：《近代自然法的自我扬弃——霍布斯、卢梭和康德自然法理论对黑格尔法哲学的三个启示》，《北方论丛》2016 年第 6 期。

② 邓安庆：《论黑格尔自然法与法哲学的关系》，《复旦学报（社会科学版）》2016 年第 6 期。

③ 徐国超：《黑格尔论私利和公共善的统一及其意义》，《集美大学学报》2016 年第 4 期。

④ 刘祥乐：《现代性批判的范式转换：从黑格尔到马克思》，《海南大学学报》2016 年第 6 期。

⑤ 黄学胜：《现代社会的道德危机及其出路：从康德、黑格尔到马克思》，《学术论坛》2016 年第 8 期。

⑥ 方旭红：《婚姻非契约的法哲学分析——以黑格尔法哲学为资源》，《南昌大学学报》2016 年第 1 期。祝杨军：《康德与黑格尔婚姻观念比较》，《山西师大学报》2016 年第 2 期。

⑦ 黄翠新：《〈论语〉中“孝”的现代阐释与传承发展——基于黑格尔的家庭伦理实体视角》，《成都理工大学学报》2016 年第 2 期。

⑧ 陈飞：《从抽象道德到社会伦理——黑格尔与马克思对康德道德哲学的批判》，《山东青年政治学院学报》2016 年第 1 期。马凤阳：《黑格尔社会伦理思想探析》，《道德与文明》2016 年第 3 期。

⑨ 庄振华：《黑格尔法权概念的现代意义——以〈法哲学原理〉“导论”为例》，《思想战线》2016 年第 2 期。

⑩ 周海军：《黑格尔所有权理论的政治哲学意蕴》，《科学、经济与社会》2016 年第 2 期。

⑪ 刘海江、萧诗美：《异化思想的辩证演绎：黑格尔、费尔巴哈与马克思》，《武汉大学学报》2016 年第 6 期。

第七章　现代西方伦理思想研究报告

王福玲

关于现代西方伦理学的界定范围，我们采用一种较为宽泛的划分原则，即19世纪中下叶以后，在欧美等主要西方国家里所产生的重大伦理学思潮或流派。就2016年的研究文献来看，学者们的研究兴趣集中在如下几个方面：第一，以叔本华和尼采为代表的唯意志论伦理学；第二，元伦理学；第三，现象学伦理学；第四，罗尔斯正义理论；第五，社群主义；第六，美德伦理学，第七，其他。

一、唯意志论伦理学

现代德国的唯意志论是现代西方最早的哲学流派之一。它的基本观点是以人的意志为核心来解释自然、社会和人的行为、关系等各种自然现象、社会现象和人生现象。唯意志论伦理学是建立在这种哲学基础之上的道德理论。叔本华是这一伦理学派的开创者，尼采在继承其思想的同时也做了进一步的发挥。2016年，学者们主要围绕叔本华和尼采的伦理思想进行探讨。

叶秀山先生阐述了叔本华的伦理思想及启示。他认为，叔本华在印度思想的影响下，以自己的方式改造了由德国古典哲学推进的西方形而上学传统，从而使他的哲学具有视角转换的意义。在充分肯定康德对“现象”与“本体”的划分之后，叔本华指出现象是意志的表现，要受到意志的支配；但意志作为世界的本体，又是一切痛苦的源泉。在把握理念世界的问题上，叔本华一反黑格尔以逻辑和概念为标记的科学性方式，主张用直观方式。因此，在叔本华那里，知识不是建构性的，而是解构性的；理念不是不可知的思想体，而是存在体，是一个摆脱意志的避难所。叔本华哲学或许告诉我们，欧洲哲学的理念论传统有可能制衡东方非理性意义上的神秘“意志”给人类带来的痛苦，但却不可能成为克服意志的武器。①

① 叶秀山：《东西方哲学的交汇点》，《哲学动态》2016年第1期。

杨玉昌探讨了叔本华关于理性和意志的关系。他认为，叔本华一方面通过对康德的批判，突破了西方哲学的理性主义传统，完成了从理性到意志的转变；另一方面并未完全抛弃西方哲学的理性主义传统，试图通过重新思考主体与客体、概念与直观的关系，兼容乃至融会理性与意志。与康德和尼采分别立足于纯粹理性和权力意志相比，叔本华从生存意志出发，对理性与意志关系的认识，更符合人类作为有限的认识者和行动者的本性，启发我们去探索一条走出理性主义和唯意志主义各自困境的新道路。[①] 另外，杨玉昌还在另一篇文章中考察了叔本华意志哲学中的人学意义。在他看来，叔本华通过确立意志，将人从传统基督教和柏拉图主义的所谓理想世界中唤醒，开始独立地面对世界和人生。然而，意志的局限性又使人陷入存在的暧昧和自我的分裂、矛盾状态，使人因丧失目的而迷失和寻求自己。叔本华意志哲学的人学意义在于率先提出人的价值和意义问题，促使尼采等现代哲学家继续对此进行深入探索。[②] 他还指出，叔本华从自在之物到生命意志的转变使人彻底摆脱了对上帝的依赖，开始寻求和成为自己。这是一次人的真正觉醒。随着意志被确立为人的本质，人失去了客观的目的，从而陷入不得不否定自身的困境。摆脱这一困境的出路在于全面理解意志与自在之物的关系，正确认识人的觉醒的意义和局限。[③]

尼采是叔本华思想的继承者和发挥者，但他在许多方面修正了叔本华的思想，使其生命意志的悲观主义伦理学成为一种以强力意志为基础的英雄主义“超人”道德论。2016 年，学者们对尼采思想的关注主要集中在他的道德自然主义，他与黑格尔关于主体性的论断以及海德格尔、德勒兹、施特劳斯等人对尼采思想的阐释和评价，等等。

韩正韦探讨了尼采的道德自然主义，他认为，通过宣称“回归自然”是向上攀升到自然，而不是退回到自然，尼采构想出了一种以自爱为原则的道德自然主义。尼采认为，自然是奢靡丰盈的，权力意志不仅是求权力、求利益的生存意志，更是求挥霍、求耗散的自然意志。尼采道德自然主义的核心是生命的进化与超越；而超人正是这种进化与超越的最终产物。超人体现了人的自私性与自然的无私性的结合。超人也是自私的，但是他的自私却要通过一种挥霍性向外给予来实现。[④]

黑格尔与尼采关于主体性的论断，无疑成为人们判定传统、现代与后现代关系的节点。曹瑜认为，如果仅将二者的主体性思想聚焦于形式上的对抗，而不进行哲学史的梳理，则既有可能重蹈历史虚无主义的覆辙，还会使二者否定之否定的思想脉络断裂为现代主义与后现代主义据理抗争的渊薮。但是，倘若将其置于现代性自我确证的语境之下，以现代形而上学主体性的理性范式转换为视角，便不难发现，首先，正是

---

① 杨玉昌：《叔本华对于理性和意志的探索及其意义》，《中山大学学报》2016 年第 5 期。

② 杨玉昌：《人的觉醒、迷失与寻求》，《现代哲学》2016 年第 3 期。

③ 杨玉昌：《论叔本华从自在之物到生命意志的转变及其人学意义》，《河北学刊》2016 年第 2 期。

④ 韩正韦：《“回归自然”——论尼采的道德自然主义》，《江苏社会科学》2016 年第 6 期。

经由尼采基于体现生命主体性的酒神精神及其强力意志的形上附义，而使这种主体性精神逐渐超越了历史主义、浪漫主义、悲观主义、经验主义等各种（后）现代主义的主体性原则，进而清晰地再现了二者之间的思想运动轨迹。其次，正是蕴含于尼采生命形上学中的主体性精神及其身体理性范式，不但表征着现代形上学主体性原则及其理性范式的转换与完成，而且在身体现象学对于意识现象学的反思与超越中，表征着现象学与方法论的转换与完成。最后，正是尼采这种基于现代形而上学主体性的身体理性范式的身体现象学，既整合了西方哲学史上经验、理性与信仰的偏执与独断，又整合了传统、现代及后现代的分野与断裂，进而彰显了其消弭现代性与后现代性张力的重大理论和现实意义。①

20 世纪与 21 世纪之交，尼采哲学的研究出现了“政治哲学的转向”。赵敦华对此作出回应，他针对利奥·施特劳斯派对尼采“秘传”式解释的主观随意性，以《查拉图斯特拉如是说》及此后作品为依据，分析了尼采哲学“超人—追求权力的意志—永恒回归”的“三连论”政治底蕴，公示尼采后期激进贵族主义企图回归古代等级制的证据，并对尼采在当代政治哲学争论中所起的重要影响进行了批判性分析。② 张志伟通过海德格尔《尼采》一书分析尼采与形而上学的问题，讨论了海德格尔通过与尼采的“争辩”而展开的关于形而上学的深思。③ 李科林阐释了海德格尔和德勒兹对尼采的不同解释路径，他认为，海德格尔力图保持西方哲学的统一性，把尼采的思想归置于形而上学的最终完成；德勒兹却认为尼采超越了形而上学，通过驱逐根植在思想中的虚无主义而扭转了西方哲学的发展方向。④ 尼采将永恒回归视为其最重要的学说之一，但对于这个学说有何重要之处，研究者们却一直没有统一的意见。梁家荣通过考察海德格尔对尼采的阐释和批评指出，首先，我们不能以理论态度，而应以“我们”的立场来思考永恒回归，继而论证在对待永恒回归以及没有终结状态的世界时，唯一可能的正面态度就是肯定过程本身。⑤ 杨波、罗兴刚、刘聪比较了马克斯·舍勒与尼采、海德格尔关于人的价值的争论。⑥

此外，甘霖阐述了尼采思想中的“苏格拉底问题”。作者认为，尼采对苏格拉底的批判既是自身立场的警醒确立，同时又带有“教育”的影响，而这样一种哲人式的“自我教育”可以看作尼采对苏格拉底问题的最有力回应。⑦ 高琪阐述了尼采对同

---

① 曹瑜：《论尼采对身体主体性及其理性范式的确立》，《哲学研究》2016 年第 2 期。

② 赵敦华：《现代“斯芬克斯之谜”——尼采政治哲学的解读和重估》，《苏州大学学报》2016 年第 3 期。

③ 张志伟：《尼采、虚无主义与形而上学——基于海德格尔〈尼采〉的解读》，《中国高校社会科学》2016 年第 6 期。

④ 李科林：《强力的意志和意志的强力》，《中国高校社会科学》2016 年第 6 期。

⑤ 梁家荣：《尼采的永恒回归学说与海德格尔的解释》，《哲学动态》2016 年第 9 期。

⑥ 杨波、罗兴刚、刘聪：《现时代“人”之“价值”何以可能》，《沈阳师范大学学报》2016 年第 3 期。

⑦ 甘霖：《尼采的“苏格拉底问题”》，《佳木斯大学社会科学学报》2016 年第 2 期。

情的批判和克服。[①] 孔令洁以《查拉图斯特拉如是说》为依据，考察了尼采超人之道的实现及其意义。[②] 陈四海比较了尼采和罗蒂的隐喻真理观。[③]

二、元伦理学

元伦理学是20 世纪西方伦理思潮的主脉之一，人们通常将该派伦理学称之为“分析伦理学”。2016 年，学界对现当代西方元伦理学的研究主要围绕以下几个方面进行：第一，关于分析进路的伦理学范式的探讨；第二，关于神圣命令论的辩护和反驳；第三，对重点元伦理学家如摩尔、黑尔思想的阐述与批判；第四，情感主义伦理学；第五、对进化揭露论证的考察。从 2016 年呈现的相关文献来看，学者们的研究重点在于对元伦理理论发展的反思以及对元伦理学领域中经典问题的审视。

（一）关于分析进路的伦理学范式的探讨

邓安庆于2015 年发表的文章《分析进路的伦理学范式批判》激起学界对伦理学范式的理论探索。学者们聚焦的第一个理论热点是如何理解分析进路的伦理学和元伦理学之间的关系，进而如何理解分析进路的伦理范式的意义，如何批判其存在的问题以及如何寻求其理论出路。冯平针对邓安庆对摩尔的批评，旗帜鲜明地举起了为摩尔辩护，继而为分析进路的伦理学的意义辩护的大旗，她具体地就关于“善”是不可定义的观点、对“自然主义谬误”的批判和摩尔“分析路向的不彻底性”这三个方面提出了自己的分析。[④] 学者们聚焦的第二个理论热点是如何走出分析进路的伦理学的局限。汪行福批评了邓安庆对分析进路的伦理学的“全盘否定”，指出我们如果把元伦理学视为一种有限范畴内起作用的方法，而不是理解为一种独断的排他性的理论立场，它的合理性就应该得到承认。同时，他从一个完整的伦理学理论起码应该包含的如下三个方面：对道德知识来源的历史解释、对道德知识的概念分析和道德规范的证明、对道德的社会任务和社会效力的评价提出了他自己关于如何走出分析进路的伦理学局限的见解。[⑤] 学者们关注的第三个理论热点是揭示与分析哲学“拒斥形而上学”密切相关的彻底经验主义立场的局限。郝兆宽敏锐地指出，大家都只知道分析哲学的教条之一是相信“通过对语言的一种哲学说明可以获得对思想的一种哲学说明”，但往往忽略了分析哲学的另一个更为隐蔽的立场，即绝对的经验主义。他认

① 高琪：《论尼采关于“同情”的批判及克服》，《阿坝师范学院学报》2016 年第 2 期。

② 孔令洁：《尼采超人之道的实现及其意义》，《太原师范学院学报（社会科学版）》2016 年第 5 期。

③ 陈四海：《尼采和罗蒂的隐喻真理观之比较》，《安徽大学学报（哲学社会科学版）》2016 年第 1 期。

④ 冯平：《分析进路伦理学的意义——为摩尔辩护》，《华东师范大学学报（哲学社会科学版）》2016 年第 2 期。

⑤ 汪行福：《如何走出分析进路伦理学范式的限制?》，《华东师范大学学报（哲学社会科学版）》2016 年第 2 期。

为，真正导致伦理学碎片化，使其既不能通达天理又不能脚踏实地的是摩尔之后的分析哲学家们那种彻底的经验主义，最典型的代表是维也纳学派的逻辑经验主义者们。因此，他从柏拉图到哥德尔的“概念实在论”这一西方哲学的主干出发对如何走出分析哲学的局限提出了自己的原创性思考。① 学界聚焦的第四个理论热点是伦理学与存在论的关系这一西方哲学最为棘手的问题。针对邓安庆批判分析进路的伦理学范式造成对生活和存在的遗忘，从而提出以存在论为伦理学重新奠基的观点，王金林通过辨析列维纳斯“伦理学作为第一哲学”的语义，指出列维纳斯的本意不是存在论为伦理学奠基，而是相反，主张伦理学为存在论奠基。作者指出这一点的重要意图是引导我们进一步思考，为何海德格尔和列维纳斯都无意于存在论为伦理学奠基？如果我们在试图为伦理学奠基的存在论的努力中，依然寻找到的不是“原根据”，那么就会不自觉地落入“深渊”之中，“我们对伦理学的拯救恐怕就既有牺牲存在论的可能，更有继续遗忘存在的危险。”② 孙向晨同样关注的是现代道德的基础，但他不是从存在论，而是从哲学史的角度，分析了现代之后的道德哲学表面上异彩纷呈，但全都是基于个体主义的语境。分析的伦理学范式同样是古典伦理世界终结后的产物，因而在道德的基础问题上，这个隐蔽的个体主义语境没有丝毫的改变。因而在貌似精确、科学的分析中，个体主义照样迫使每一种路径都进入破碎的和相对主义的结论。原本由于道德差异所产生的道德词语的歧义，并不会因为对于语词的清晰分析而消弭其中内涵上的巨大分歧。因此，元伦理学最终还是做不到澄清语义的作用，这才是分析进路的伦理学范式之所以失败的要害所在。③ 针对邓安庆将元伦理学等同于对“道德词语如善、正当、义务等等进行语义分析”的学科这一观点，罗亚玲提出了不同看法，她认为，元伦理学作为一门科学或一个学科的分支，其产生与分析哲学的发展有密切关系。诚然，在元伦理学迄今为止的发展中，语义分析确实占据了相当的分量，但元伦理学并非只是对道德词语进行语义分析。元伦理学虽没有做直接的道德判断，但它并不因此就变得没有意义。作者在其论文中，指出元伦理学是退后一步或站到另一个层面上追究规范伦理学背后的问题。④ 张庆熊接着邓安庆关于“自然主义谬误”的讨论，举例说明滥用分析范式容易导致在伦理学领域内的失误，进而将这一话题引申到维特根斯坦与石里克讨论过的伦理问题中，揭示石里克伦理学所包含的分析哲学的内在矛盾；最后论述了社会生活中应然与实然的统一性问题。⑤

---

① 郝兆宽：《概念实在论框架下的伦理学》，《华东师范大学学报（哲学社会科学版）》2016 年第 2 期。

② 王金林：《存在论为伦理学奠基问题管窥》，《华东师范大学学报（哲学社会科学版）》2016 年第 2 期。

③ 孙向晨：《要害在于走不出个体主义的语境》，《华东师范大学学报（哲学社会科学版）》2016 年第 2 期。

④ 罗亚玲：《元伦理学的学科任务和意义》，《中国社会科学评价》2016 年第 2 期。

⑤ 张庆熊：《在“可证实”与“不可说”之间的价值》，《哲学动态》2016 年第 4 期。

（二）关于神圣命令论的辩护和反驳

作为一种元伦理学理论，神圣命令理论尤其是批评者们的反驳引起了学者们的关注和反思。神圣命令理论主张道德完全且直接地依赖于上帝的命令。洪楼指出，“游叙弗伦两难”迫使神圣命令理论的辩护者们从意图解释价值论地位和道义论地位的无限定的神圣命令理论转向了仅意图解释道义论地位的有限定的神圣命令理论。作者认为，虽然神圣命令论可能具有某些潜在的理论优势，但其遭到的各种反驳说明它还远没有实现全面而直接地解释道德义务这一初始目标，即依据上帝的命令完全而直接地解释道德义务的本性。要想获得较大范围甚至普遍的认可，神圣命令论者还有更多的论证工作要做，甚至首先必须针对各种反驳进行防卫性的辩护。[①] 谢新雷在考察了亚当斯和奎因对神圣命令理论的辩护以及马丁和威伦伯格对神圣命令理论的批判基础上，主张无论是强神圣命令理论，还是弱神圣命令理论，在逻辑上都是无效的，任何一种神学唯意志论都是有缺陷的。因此，神圣命令理论相对于非宗教的道德理论没有任何优势，不能保证道德的客观性。[②]

（三）对重点元伦理学家思想的阐述与批判

1903 年，英国新实在论者摩尔发表了《伦理学原理》一书，它标志着现代西方元伦理学的兴起。学界对摩尔思想的研究经久不衰。侯忠海对摩尔“自然主义谬误观”进行了批判性研究。他在肯定摩尔对自然主义伦理学和形而上学伦理学的“自然主义的谬误”的批判之合理性的同时，也肯定了自然主义伦理学与形而上学伦理学根据事实与价值的联系，用“自然事物及性质”以及“形而上学的实在及性质”给“善性质”下定义也有一定的合理性。他主张，只有把摩尔开创的语言分析、逻辑分析的方法内化到规范伦理学的研究中去，把不可定义的“善性质”说清楚，才能使伦理学的研究走向真正“科学”的道路。[③] 乔洪武、程晓林考察了摩尔的伦理思想对凯恩斯经济学理论的影响。[④]

贾佳对 R. M. 黑尔的普遍规定主义元伦理学的实践意义与难题进行了探讨。她指出，黑尔建构起的“普遍规定主义”伦理学理论，通过对道德语言的意义与逻辑关系的研究，力图做到在逻辑上严丝合缝，经得起推敲，在实际生活中能够解决各种各样的道德分歧，让元伦理学的研究更有实际意义。但是，黑尔最终走向了以人际偏好的最大满足为最高目标的功利主义，黑尔的理论标志着元伦理学向规范伦理学的靠拢

---

① 洪楼：《道德义务的神圣命令理论探析》，《道德与文明》2016 年第 3 期。

② 谢新雷：《道德义务的神圣命令理论：辩护与反驳》，《云南社会科学》2016 年第 3 期。

③ 侯忠海：《摩尔“自然主义谬误观”的批判》，《湖北社会科学》2016 年第 3 期。

④ 乔洪武、程晓林：《论摩尔的伦理思想对凯恩斯经济理论的影响》，《伦理学研究》2016 年第 4 期。

和对实践中道德问题的重视，而他的理论的局限则是理性的工具性应用本身的局限。[①] 原成成也认为，黑尔的这种功利主义道路无法解决对少数人之“权利”保障的问题，也并非是人类对“平等相待”最期待的一种解释。因此，黑尔的学说在规范伦理学层面上的突破最终是有限的。[②]

（四）情感主义伦理学

情感主义伦理学是现代西方元伦理学的典型理论形式之一。它的理论宗旨在于把伦理学作为一种非事实描述的情感、态度或信念的表达，认为它不具备逻辑与科学那样的普遍确定性和逻辑必然性。2016 年学者们对该派思想的关注主要围绕斯洛特、斯蒂文森的情感主义理论，以及情感主义理论中的“移情”概念。

李于竹比较了斯洛特与孟子的情感主义理论。他认为，迈克尔·斯洛特将道德心理学中的移情概念运用于其伦理学中，试图构建一种基于移情观念的当代情感主义德性伦理学。与之相比较，中国儒家思想家中的孟子思想与其有异曲同工之妙。[③] 胡庭树阐述了斯蒂文森的情感主义语义学。他指出，斯蒂文森情感主义语义学将语言分析和逻辑分析的方法引进伦理学研究，对道德语言的句法、功能及其意义等进行了深入、系统的语义分析，从而将元伦理学研究带进了“语言分析”的时代。然而，情感主义语义学是一种非认知主义语义学，它从根本上否定了伦理学的客观性与科学性，因而也遭到了广泛的非议与批评。[④] 李鸣镝考察了以斯蒂文森为代表的温和情感主义的意义和局限。[⑤] 方德志阐述了现代西方情感主义的流派及其思想内容，并指出“移情”概念的重要意义。他认为，“移情”是当代西方情感主义伦理思想的核心概念，被当代道德情感论者赋予了新的时代内涵，反映了当代道德情感论者注重追求道德行为过程中“自我”与“他者”的平等参与和共同受益，以及由此对道德行为者产生的实际感受的伦理精神。“移情”的提倡也对现代西方政治、经济等活动产生了广泛影响，孕育出一种“移情的文明”之启蒙精神。[⑥]

（五）对进化揭露论证的考察

近十年来，被称作“进化揭露论证（evolutionary debunking arguments）”的议题在进化伦理学界受到了广泛关注。最近由乔伊斯（R. Joyce）、斯特里特（S. Street）等人提出的进化揭露论证将攻击目标锁定为“健全的道德实在论”（robust moral real-

---

① 贾佳：《普遍规定主义元伦理学的实践意义与难题》，《学术交流》2016 年第 5 期。
② 原成成：《从“普遍规约”到功利主义》，《南昌大学学报（人文社会科学版）》2016 年第 6 期。
③ 李于竹：《论斯洛特与孟子的道德情感主义》，《学理论》2016 年第 9 期
④ 胡庭树：《斯蒂文森情感主义语义学述评》，《淮海工学院学报》2016 年第 5 期。
⑤ 李鸣镝：《温和情感主义伦理学的意义和局限》，《佳木斯职业学院学报》2016 年第 4 期。
⑥ 方德志：《移情的启蒙：当代西方情感主义伦理思想述评》，《道德与文明》2016 年第 3 期。

ism）。乔伊斯的谱系学揭露论证和斯特里特的“达尔文式困境”是两个流行且重要的进化揭露论证模式。张子夏指出，尽管他们采取不同的进化揭露论证途径，但他们都试图通过指出道德判断在进化起源上的非循真性（non－truth－tracking）来否认道德判断对应于道德真理的可能性。[①]

另外，刘清平从区分元伦理学与规范伦理学的视角探讨了如何界定善的概念的问题。他指出，作为涉及人生价值的一对基本评判标准，“善”的核心语义其实是“有益—可欲—快乐—赞许”的四位一体，“恶”的核心语义是“有害—厌恶—痛苦—非难”的四位一体，二者分析性地决定了人类行为在元价值学层面的“趋善避害”取向。但由于人们常常拿自己的规范性评判取代这些元价值学的核心语义，结果在理论和实践中造成了一些严重的混乱扭曲，有必要对此加以纠正。[②] 还有学者指出价值多元主义对于公共行政的影响依然是一个值得商榷的学术话题。[③]

三、现象学伦理学

随着越来越多的哲学家尝试运用现象学的方法来研究伦理学的基本问题，“现象学伦理学”作为一门独立的分支成为20世纪一个庞大的伦理学学派。邓安庆探讨了现象学伦理学在当今时代的意义。他认为，“现象学伦理学”本质上并非独立于“意识现象学”的现象学分支，而是现象学自身的内在发展与完成，构成现象学运动的灵魂与主旨。“伦理现象学”实际上伴随着“现象学运动”的始终，因此，它绝非胡塞尔“回到生活世界”之后的产物，更准确地说，它是驱使胡塞尔从意识现象学回到生活世界的指引。没有伦理意识，胡塞尔不可能提出拯救欧洲科学危机的现象学任务。在伦理学上，胡塞尔的独创性贡献在于，他不仅在价值论的基础上创立了意志现象学，而且运用先验的“发生现象学方法”创立了人格伦理现象学。伦理现象学成为20世纪70年代之前西方主流的伦理学运动。70年代之后实践哲学的复兴与伦理现象学密切相关，哲学一方面转向政治哲学，以正义伦理为核心，一方面转向应用伦理学，而应用伦理学早期的主将也无非就是深受现象学熏陶的存在论现象学的学生们。现象学伦理学的重要性不仅表现为它真正构造了20世纪的时代精神，而且真正成为生命的内在意向和意志的展开与升华，这才是我们这个时代如此需要现象学伦理学的最为根本的理由。[④] 另外，曾云还探讨了爱的现象学分析对于胡塞尔的伦理共同

---

① 张子夏：《进化论揭露论证及其核心挑战》，《道德与文明》2016年第5期。

② 刘清平：《怎样界定善恶概念》，《人文杂志》2016年第3期。

③ ［荷兰］帕里克·奥里姆、［荷兰］杰里·沃赫夫：《道德困境与理论困惑：价值多元主义及其对公共行政的虚夸影响》，邵腾、张英魁译，《国外理论动态》2016年第11期。

④ 邓安庆：《现象学伦理学对于我们为什么如此重要?》，《现代哲学》2016年第6期。

体理论的形成所起的作用。①

四、罗尔斯正义理论

罗尔斯所撰写的《正义论》于1971年正式出版发行，旋即在学术界产生巨大反响，其正义理论及政治哲学在此后的40年间引发了无数激烈的讨论，至今仍是学界研究的热点和重点。2016年学者们对罗尔斯正义理论的研究硕果累累。这些研究主要从两个角度进行，一方面是关于罗尔斯正义理论自身的研究，如学者们对差别原则、应得概念等的阐述或质疑；另一方面是关于罗尔斯正义理论与其他哲学家思想的比较研究，如罗尔斯与康德的渊源关系，罗尔斯与诺奇克的对话，罗尔斯与桑德尔思想的比较，等等。

（一）关于罗尔斯正义理论本身的研究

2016年，有些学者对罗尔斯正义理论中的重要概念和问题提出质疑，同时也有不少学者围绕这些概念和问题进行了较为深入的阐释，并在分析文本的基础上对国内外学界的批评给予回应，为罗尔斯正义理论的融洽性和重要性进行辩护。学者们的讨论主要围绕罗尔斯理论中的以下方面进行：差别原则、应得正义观、《万民法》、公共理性的"完善性"问题、基本需求原则、道德和政治的关系、宗教与政治的关系，等等。

罗尔斯正义理论中的差别原则自其提出就受到学界的关注，赞赏和批评之声兼而有之。杨伟清对差别原则与利他主义的关系提出质疑。在他看来，罗尔斯运用社会契约方法来建构正义理论意味着其合理性的基础是原初状态中立约人的选择或同意。但立约人的选择或同意是基于理性考虑的选择或同意，即基于自我利益最大化追求的选择或同意。而这恰恰说明利己主义的理由才是罗尔斯正义原则的最终基础。若是这样，则基于利己主义考虑的差别原则不可能蕴含罗尔斯所阐发的那些利他主义精神。欲保持理论的自洽，罗尔斯要么舍弃契约论的证明方法，要么抛弃他对差别原则利他主义精神的相关论述，但无论哪种选择都伴随着巨大的代价。② 与之相反，闫笑则通过考察罗尔斯原初状态中立约人的特性，阐明罗尔斯以契约式理性选择模式证明正义原则理论的自洽性。在此基础上，作者主张，将作为公平的正义理论与利己主义关联起来，并倾向于将利己主义看作是作为公平的正义理论的基础，是对罗尔斯的误读。在作者看来，之所以产生这种误读，主要原因在于其混淆了原初状态中立约人基于自

---

① 曾云：《爱与伦理共同体——胡塞尔的社会伦理现象学》，《安徽大学学报（哲学社会科学版）》2016年第2期。

② 杨伟清：《差别原则与利他主义——对罗尔斯差别原则的一个批评》，《云南大学学报（社会科学版）》2016年第1期。

我善观念的合理性（rational）选择与基于公平合作条款的理性（reasonable）选择之间的差别，从立约人的合理性选择中直接推出理性选择。[①] 孙小玲从罗尔斯自身的政治和道德关切出发对差别原则进行深层的剖析，在肯定对差别原则诸多批判的合理性的同时为差别原则提供了有限的辩护。罗尔斯主张差别原则不能被视为严格意义上的分配正义原则，因为它是基于仁爱或人类之爱，这种仁爱在其自身并不包括裁决利益冲突的分配原则。因此差别原则应当被解释为一种弱意义上的劝导原则，这也可以避免其所面临的诸多困难。[②]

罗尔斯对“应得”概念的阐述遭到不少学者的批评。有批评者认为，分配正义中的应得是制度性应得，而惩罚正义中的应得是道德应得，罗尔斯无法自洽地主张这种不对称性。潘斌对这种关于“不对称性理论”的批评做出了回应，并主张罗尔斯在分配正义和惩罚正义中涉及的应得概念的不对称性有其内在的理论依据。在作者看来，罗尔斯主张分配正义中的应得要受休谟式的自然主义和怀疑主义的审查，而惩罚正义中的应得，由于其基础是与自然主义的世界相隔离的“自然”的道德义务，因此免去了面对休谟式的怀疑主义追问的负担。而如果自然主义和道德主义可以并存，分配正义中制度性应得概念和惩罚正义中的道德应得概念就不矛盾了。[③] 王立指出，在当代正义理论中，应得正义观是平等正义观最重要的批评者和挑战者。罗尔斯认为应得反映的是道德价值，并利用“道德价值与分配份额无关”来反对应得在分配正义中的地位和作用。作者通过考察罗尔斯正义理论中“无知之幕”的道德理由、差别原则的融贯性问题以及公平的机会平等原则在整个正义原则中的独特地位，指出“应得”作为先于正义原则的基本道德价值判断，已经被罗尔斯所接受并运用于正义原则的道德推理之中。“应得”与分配正义关系密切。[④]

高景柱深入剖析了罗尔斯《万民法》中的“人民观”和人权观。就人民观而言，罗尔斯采取了一种以“人民”为中心的分析路径，视人民为道德关怀的终极对象，并对世界主义者的以“个人”为中心的分析路径持否定态度。作者认为，罗尔斯在其国际正义理论中所采取的以人民为中心的分析路径既没有清晰地界定何谓“人民”，也没有平等对待个人。因此，世界主义者所推崇的以个人为中心的分析路径优于罗尔斯所偏爱的以“人民”为中心的分析路径，能够做到平等对待个人。[⑤] 就《万民法》中的人权观而言，高景柱认为，罗尔斯对人权角色的设定过于狭窄，即使人们认同这种设定，罗尔斯的人权清单也难以扮演其在《万民法》中的角色，因为罗尔斯的人权清单是一种极简主义的人权清单，忽视了一些重要的自由和民主的权利以

---

① 闫笑：《罗尔斯原初状态中立约人特性》，《道德与文明》2016 年第 4 期。

② 孙小玲：《正义和正义的超越——论罗尔斯的差别原则》，《道德与文明》2016 年第 1 期。

③ 潘斌：《罗尔斯应得理论的不对称性》，《道德与文明》2016 年第 2 期。

④ 王立：《应得与道德价值——罗尔斯的应得批判之批判》，《吉林大学社会科学学报》2016 年第 4 期。

⑤ 高景柱：《人民抑或个人——评罗尔斯〈万民法〉中的人民观》，《马克思主义与现实》2016 年第 3 期。

及经济与社会权利。罗尔斯不仅删减了《世界人权宣言》等人权文件的大部分内容，而且仅仅诉诸社会合作来证成其人权观。罗尔斯之所以赋予一种极简主义的人权清单如此重要的角色主要是出于一种实用主义的考虑。①

在理性多元论的背景下，罗尔斯试图以公共理性理念为自由主义正当性奠定基础。罗尔斯实现这一理论目标的逻辑前提是公共理性应当具有“完善性”。但批评者不满意罗尔斯公共理性对整全性学说的限制，他们的策略是把矛头指向罗尔斯关于公共理性的“完善性”主张。夏庆波认为，批评者以“完善性”来要求公共理性能够解决现代社会中所有的公共争议，似乎失之苛刻。其实罗尔斯在谈到“完善性”时，一再小心翼翼地强调，公共理性适用于所有或近乎所有的宪政根本和基本正义问题。历史地看，没有任何政治理论可以一劳永逸地解决所有正义。即使批评者们所提出的替代方案也是要么违背相互性标准，要么不比罗尔斯的公共理性更具解决问题的能力。相比之下，罗尔斯的公共理性能够一定程度地包容整全性学说，并致力于深入的交流和审议，体现了理性的公共运用是一个不断开放的过程。公共理性的运用有利于促进人们之间的相互了解与尊重，加之它诉诸票决民主来化解政治僵局，能够相对有效地解决现实的公共争议，因此，尽管不能完全回应“完善性”批评，罗尔斯式的公共理性仍然是现代多元社会中一种值得肯定的理论尝试。②

罗尔斯在著名的两个正义原则之外，还提出了一个基本需求原则，并将这一原则置于比两个正义原则更为优先的位置。汪志坚认为，罗尔斯假定正义原则只用于调节进行充分社会合作的公民之间的关系，在此预设之下，新引入的基本需求原则并不能与两个正义原则形成有机整体，差别原则将对基本需求原则产生排斥反应。然而，这一问题并非不可解决。一方面，基本需求原则若要有意义，罗尔斯就需要修正他关于正义原则适用对象的假设；另一方面，一旦罗尔斯将基本需求原则和差别原则运用于不同的社会群体，基本需求原则的引入将使得罗尔斯的正义理论更具包容性。③

自从马基雅维利开创现代政治哲学以来，道德与政治的关系问题逐渐凸显出来。董礼以道德与政治的关系为线索探讨古典政治与现代政治的分野，凸显了现代政治面临的道德困境。在此基础上，作者重点澄清了罗尔斯政治自由主义中道德与政治的关系，指出罗尔斯自觉放弃早期正义论的康德式路线，给出了政治自由主义的方案。这种“中间路线”的方案指涉道德，为解决现代政治的道德困境提供了一种可能的路径选择，是我们进一步理解道德与政治关系进而评价政治自由主义的一把钥匙。④

罗尔斯的本科毕业论文《简论罪与信的涵义》表述了他青年时代对宗教的信仰

---

① 高景柱：《人权、合法性和实用主义动机》，《武汉大学学报》2016年第2期。

② 夏庆波：《罗尔斯公共理性的完善性问题》，《社会科学辑刊》2016年第5期。

③ 汪志坚：《罗尔斯基本需求原则的困境及其解决》，《学术月刊》2016年第48卷第12期。

④ 董礼：《现代政治的道德困境及其路径选择——罗尔斯政治自由主义的尝试性方案》，《道德与文明》2016年第5期。

与理解，同时也揭示了他的政治哲学与宗教伦理学之间的深刻关系。王劲嵛主张，根据罗尔斯的《简论罪与信的涵义》《正义论》和《政治自由主义》之间的起承转合，可以将罗尔斯的思想发展划分为三个阶段，而宗教观念在每一次思想演变中都扮演着重要角色。罗尔斯在建构《正义论》时从内在理路到问题意识都深受宗教思想的直接影响，而在建构《政治自由主义》时则将宗教本身及其带来的挑战视为必须解决的问题对象，即罗尔斯试图通过政治自由主义的构想，在保证自由宪政之根本的同时妥善地处理宗教问题。①

罗尔斯在《正义论》中使用了一种建构主义的方法来构建他的伦理学体系。他将自己的建构主义称作康德式的建构主义。马翰林、李燚指出，罗尔斯对康德道德哲学进行了建构主义的解读，并将这种解读运用到政治哲学领域，最终从形而上学的道德建构主义走向实践的政治建构主义。② 司晓静对罗尔斯契约式道德证明的方法提出质疑，她主张按照罗尔斯的证明理论，两个正义原则必须合乎深思熟虑的判断，因此，两个正义原则本身就不是一个确定的独立准则，它们本身承诺的强度和原则的稳定性都要受到质疑。③ 周海军探讨了罗尔斯的平等参与原则，认为该原则从程序正义和背景制度正义两个层面捍卫了平等政治自由的公平价值，这对于现代民主政治发展具有重要的理论和实践指导意义。④

（二）罗尔斯正义理论与其他哲学家思想的比较研究

罗尔斯的《正义论》一经出版就引来不少哲学家与之进行论战。学者们对这些论战给予了持久的关注，并津津乐道于将罗尔斯的正义理论与其他哲学家或哲学流派的思想进行比较研究。2016 年，学者们主要将罗尔斯的思想与康德、诺奇克、科恩、美德伦理学家、功利主义、桑德尔、沃尔德伦等的思想进行比较研究。

罗尔斯正义理论与康德哲学的渊源关系一直是学界讨论的热点，康德哲学在什么意义上影响了罗尔斯的正义理论，罗尔斯又在什么意义上继承、超越或偏离了康德哲学，学者们从不同的视角对这些经久不衰的问题进行了探索。康德的自律（autonomy）概念因其为现代民主提供的道德支持而具有持久的魅力，成为现代伦理学和政治哲学中讨论的一个重要话题。孙小玲考察了康德的自律悖论与罗尔斯对该悖论的解决。她在回溯康德伦理学中自律概念的基础上，借助西季威克的批判，揭示出康德自律概念存在的含混性和内在的悖论，并进一步分析了罗尔斯对康德自律概念的重新解

① 王劲嵛：《上帝与正义：罗尔斯政治哲学建构中的宗教问题》，《华东师范大学学报（哲学社会科学版）》2016 年第 2 期。

② 马翰林、李燚：《罗尔斯道德建构主义的形而上学基础》，《学术交流》2016 年第 2 期。

③ 司晓静：《罗尔斯契约式道德证明方法及其反思》，《科学、经济、社会》2016 年第 144 期。

④ 周海军：《捍卫政治自由的公平价值——论罗尔斯的平等参与原则》，《宁夏大学学报（人文社会科学版）》2016 年第 3 期。

读和对西季威克批评的回应。她认为，罗尔斯最终将自律解释为一种受到制约的集体立法，从而避开了西季威克的指控，捍卫了康德自律的立法义，但这样一来，罗尔斯事实上偏离了康德以个体意志自律的理念所表达的道德理想主义，而转向一种以（理想）共同体为旨归的卢梭—黑格尔式的政治理想主义。然而，作者的真正意图并非简单评估罗尔斯是否，以及在何种程度上忠实于康德的自律伦理学，而是试图将两者置于一种积极的对话语境中，以寻求更为深入地理解他们思想之间的复杂关联，同时展示自律这一概念的内在复杂性。① 张国清、汪远旺区分了 reasonable（合理的）和 rational（理性的）的含义，指出罗尔斯“道德人”就是“通情达理的人”（reasonable and rational），在此基础上，回应了批评罗尔斯引入 reasonable 概念是为了弥补其理性论证不足的观点。作者进一步主张，罗尔斯提出的是一种双重理性假设，它既源于康德道德哲学，又超越康德道德哲学。单从理性选择视角批评罗尔斯正义原则的辩护逻辑有失偏颇。罗尔斯描绘了这样一个良序社会，正义感是生活于其中成员的首要美德；公平正义是自由平等且通情达理者的理性选择。罗尔斯晚年对公共理性的推崇，改变了其早期对个人理性的偏好，其公共理性理念是“通情达理的人”观念的发展。② 郭祖炎剖析了罗尔斯《正义论》和《万民法》两部著作中所蕴含的康德式路径。他认为，罗尔斯对于康德思想的继承和发展不仅仅是在实践理性或者道德的领域中，而且在罗尔斯的著作中还包含着对于康德审美判断力的利用和改造。在《正义论》中，罗尔斯倾向于用原初状态来保证绝对命令或道德律的施行，这是一种理性规范的路径。而在《政治自由主义》和《万民法》中，罗尔斯运用的是审美判断力所运演的路径。③

罗尔斯和诺奇克关于分配正义的争论是当代政治哲学的核心事件之一，诺奇克指责罗尔斯的差别原则是一种最终状态原则，没有尊重财富的历史来源。罗尔斯则回应说，诺奇克的转让的正义原则没有保持背景正义。汪志坚认为，罗尔斯的回应虽然有洞察力，但对诺奇克来说却只是一个外部批评。作者主张，通过合理修正诺奇克关于限制条款的内容，并利用限制条款和转让的正义原则之间的优先关系，可以把保持背景正义的要求嵌入诺奇克的资格理论内部。这一论证过程没有改变诺奇克“自然资源在被私人占有之前处于无主的状态”这一事实性前提和“对无主物的占有不能使其他人的境况变坏”这一规范性前提，因而就把罗尔斯从背景正义角度对诺奇克所做的外部批评转化为一个诺奇克自己不得不承认的内部批评。④ 诺奇克还批评了罗尔斯的合作理论，认为罗尔斯正义原则中的差别原则并非中立的原则，这一原则偏袒社

① 孙小玲：《自律的悖论与罗尔斯的契约论解决》，《哲学研究》2016 年第 1 期。

② 张国清、汪远旺：《正义感是人的首要美德——罗尔斯双重理性假设之考察》，《吉林大学社会科学学报》2016 年第 4 期。

③ 郭祖炎：《罗尔斯〈正义论〉与〈万民法〉展现的两条康德式路径》，《伦理学研究》2016 年第 3 期。

④ 汪志坚：《论罗尔斯与诺奇克关于分配正义争论中的批评转化》，《江汉学术》2016 年第 3 期。

会合作中的禀赋较差者，不能被当作社会合作的公平基础。李石通过考察马克思、罗尔斯和诺奇克关于社会合作的理论，指出马克思的剥削理论足以反驳诺奇克对罗尔斯的批评。一方面，社会合作中的禀赋较好者（例如资本家）必须与禀赋较差者（例如劳动者）合作，才有可能获利；另一方面，在禀赋较好者与禀赋较差者形成的合作中禀赋较差者天生处于弱势，需要通过社会基本制度的调整以补偿其天生的“不幸”。[①]

罗尔斯与科恩的论战也是学术界的一道风景线。王雨辰、游琴讨论了科恩分别从差别原则、帕累托最优的现实可行性、基本结构理论和建构主义理论四个方面对罗尔斯进行的道德批判，指出科恩在批判的同时试图通过对正义的拯救，论证理想的社会主义社会才是人类真正、彻底的自由和解放之路。[②] 张晓萌探讨了罗尔斯和科恩关于平等的论战。作者认为，罗尔斯提出“正义总意味着某种平等”的口号是在调和传统自由主义理论中自由和平等的张力，科恩指责罗尔斯的平等是向自由妥协，实现的仅仅是形式上的平等。尽管罗尔斯的理论相对于诺奇克而言已经向平等迈出了一大步，但是对于平等主义者科恩而言，这仍然是不够的。科恩告诫人们追求平等并不是处于功利性或利己性的目的，并声称一种比自由主义平等更彻底的、实质性的平等是更为值得追求的，因为平等原则本身就是值得追求的。基于这种对形式平等的批判，科恩进一步在平等原则的建构上进行了系统性的分析。[③]

美德伦理学家和实践理性的怀疑论者质疑康德和罗尔斯道德哲学确立的规范性原则是无根基的、空洞的、形式的和抽象的。卞绍斌基于罗尔斯理论的主要文本，展现出其寻求规范性方案的康德式渊源和完整理路，以此回应了威廉姆斯关于“外在理由”和“抽象人格”的诘难，强调人性观念和道德人格理想在寻求和重构规范性问题上的重要性。[④]

功利主义与自由平等主义两大政治伦理谱系都立足于人的理性能力，但又在理性基础、核心内容、研究方法、社会历史形式等方面各自分野。徐丹丹比较了罗尔斯的正义理论和功利主义思想，主张一元化的功利原则必然导致经济社会历史中严重的阶级分化与不平等，而原初状态确立的正义原则总体上能够适应与指导实践，并使人们获得一种稳定的正义感。[⑤]

李石以桑德尔对罗尔斯正义之优先性的批评为切入点，详细比较了罗尔斯与桑德尔在正义与仁爱关系上的不同观点。他认为，二者的争论体现了两种政治理论在人性假设上的分歧，并进而主张，正义与仁爱孰优孰劣的问题取决于人们所处的环境，在

---

① 李石：《何种社会合作？——在马克思、罗尔斯和诺奇克之间》，《哲学研究》2016 年第 2 期。
② 王雨辰、游琴：《柯亨对罗尔斯的四重道德批判》，《世界哲学》2016 年第 2 期。
③ 张晓萌：《平等的边界：G. A. 科恩与罗尔斯关于平等的论战》，《山东社会科学》2016 年第 5 期。
④ 卞绍斌：《罗尔斯与规范性的寻求》，《哲学动态》2016 年第 1 期。
⑤ 徐丹丹：《从理性到正义——罗尔斯正义论与功利主义的分野》，《江汉论坛》2016 年第 1 期。

仁爱的环境中以仁相待，在正义的环境中则必须要建立和应用正义的原则，以维护人与人之间的公平。[①]

毛兴贵考察了从罗尔斯到沃尔德伦关于正义的自然责任与政治义务的关系。他认为，根据罗尔斯的自然责任理论，公民的政治义务建立在正义的自然责任基础之上。罗尔斯的理论面临着无法解释政治义务的特殊性以及如何用一种非完善责任来解释政治义务等问题。沃尔德伦试图对罗尔斯的理论加以完善和辩护。沃尔德伦通过区分局内人与局外人解释了个人与国家制度之间关系的特殊性，并明确界定何为制度之运用于我们。尽管如此，作者依然认为，沃尔德伦没有解决罗尔斯的困境，而且他的理论自身也存在很多问题。[②]

高山奎、刘艳通过比较柏拉图和罗尔斯在正义观上的异同，探究其背后的原因，进而主张这种比较研究对于我们辨识公平正义的价值之维与制度硬核具有重要的启示意义，为当下中国正在进行的文明构建、结构调整和政制改革有重要的借鉴意义。[③]

另外，也有学者比较注重罗尔斯正义论在医疗等实践领域的具体运用。张兵、董新凯探讨了罗尔斯正义论对我国分配公平问题的启示。[④] 李晓蕊、邹长青探讨了罗尔斯正义论对于我国卫生资源配置的启示，他们寄希望于将程序、结果的公平正义引入当前我国的医药卫生体制改革中，为改革寻找基于基本的健康权共识性的重叠共识。[⑤]

五、社群主义

20 世纪八九十年代，欧美学界发起了一场对当代权利取向的自由主义的挑战，这场批判与其说是指向自由主义，不如说是对罗尔斯以其《正义论》为阵地所建立的试图将自由主义全面普遍化范式的集中围剿。这场围剿后来被冠以“社群主义”，产生了诸多代表性人物和著作。庞俊来分析了社群主义的现代伦理学形态，他指出，桑德尔的《自由主义与正义的局限》从一种形而上学的逻辑分析架构中提出了与自由主义论争的核心问题：权利与善的优先性问题；麦金太尔的《追寻美德》从道德哲学史梳理中重构了共同体赖以存在的德性传统；沃尔泽的《正义诸领域》则直接关注共同体得以实现的实践论根基；泰勒的《自我的根源》则着力于在社群主义的

① 李石：《正义与仁爱：罗尔斯和桑德尔的分歧》，《云南大学学报（社会科学版）》2016 年第 4 期。

② 毛兴贵：《正义的自然责任与政治义务——从罗尔斯到沃尔德伦》，《南京社会科学》2016 年第 1 期。

③ 高山奎、刘艳：《试论正义观的古今之变——基于柏拉图和罗尔斯的一种分析》，《山东科技大学学报》2016 年第 2 期。

④ 张兵、董新凯：《罗尔斯的正义论对我国的分配公平的启示》，《南京社会科学》2016 年第 10 期。

⑤ 李晓蕊、邹长青：《卫生资源配置中的公平正义——罗尔斯正义论的启示》，《医学与哲学》2016 年第 6A 期。

认同前提下追问人类的主体性。[①]

杨通进以戴维·米勒为中心，考察了社群主义的全球正义困境问题。他认为，戴维·米勒所建构的现实主义的全球正义理念虽然为民族自决和对民族同胞的偏爱情感提供了空间，但其理论仍然面临许多难题。米勒的这种社群主义的全球正义理论因钝化了正义理念的平等主义精神而丧失了对现实的批判和引导功能，彰显出社群主义的“全球正义困境”。[②]

黄启祥论述了华人学者黄勇对于自由主义——社群主义之争的超越。他指出，善与公正的问题是当代西方自由主义——社群主义争论的核心问题，宗教之善与政治公正的适当关系则是这个争论中的一个重要议题。以罗蒂为代表的自由主义和以泰勒为代表的社群主义者相互运用对方的见解来修正自己的观点，形成了两种比较典型的折中立场。黄勇以宗教多元的社会为背景审视自由主义和社群主义在这个议题上各自的观点，并通过考察以罗蒂为代表的温和自由主义与以泰勒为代表的温和社群主义，透视双方的中间形态对彼此观点的相互借鉴与调和，由此归纳出社群主义的自由主义和自由主义的社群主义。在此基础上，黄勇提出了一个由四种不同坐标组成的多重反思平衡模式，来代替自由主义与社群主义在宗教之善与政治公正二者关系上的观点。作者认为，这是超越自由主义—社群主义僵局的一大进步。[③] 范进学也比较了新自由主义和社群主义关于权利与善何者优先的争论，认为二者的观点并非决然对立，而是一种互补关系，从而形成了自由主义“社群主义化”与社群主义“自由主义化”之格局。[④] 马晓颖也探讨了社群主义的理论困境和现实难题。[⑤]

六、美德伦理学

现代美德伦理学是在对近代以来形成的规范伦理学的反省与批判中复兴的。麦金太尔以历史叙述的方法批判和审视了现代西方伦理学，提出重返古典美德伦理传统的新保守主义德性观。2016 年，学者们对美德伦理学的研究主要从以下两个方面进行：（一）关于美德伦理学思想的整体阐述；（二）关于麦金太尔伦理思想的讨论。

陈真重新界定了“何为美德伦理学”的问题。他指出，并非所有研究美德的伦理学都是严格意义上的美德伦理学。“美德伦理学”和“关于美德的伦理学”有着本质的区别。以研究对象（如美德或行为者）或以研究的问题来界定美德伦理学都无

---

① 庞俊来：《论社群主义之现代伦理学形态》，《东南大学学报（哲学社会科学版）》2016 年第 1 期。

② 杨通进：《社群主义的全球正义困境——以戴维·米勒为中心讨论》，《马克思主义与现实》2016 年第 3 期。

③ 黄启祥：《评述黄勇对自由主义——社群主义之争的超越》，《复旦学报（社会科学版）》2016 年第 3 期。

④ 范进学：《权利是否优先于善——论新自由主义与社群主义理论之争》，《政法论丛》2016 年第 3 期。

⑤ 马晓颖：《社群主义的理论困境与现实难题》，《山东青年政治学院学报》2016 年第 6 期。

法将美德伦理学与其他的规范伦理学（如后果主义和义务论）区别开来。正确的方式应当是以是否将美德概念视为伦理学的基本概念为依据来界定美德伦理学。美德伦理学是将美德概念视为基本概念并且追求理论自足性的伦理学。美德概念可以成为理论上具有第一性的基本概念，理由如下：第一，具体的美德概念理论上就具有第一性；第二，美德概念具有后果主义和义务论的基本概念及其规则无法穷尽的意义；第三，美德概念有着约定俗成的规定、直觉的认知基础和人性的心理基础，其规范性的内容完全可以独立于其他伦理学的基本概念而认识和确定。[①] 周琳考察了美德伦理学对现代道德哲学的重构与实践，她认为，美德伦理学补充了元伦理学以及规范伦理学的不足，对古代伦理学进行了回溯，这种重构对克服西方伦理学危机具有现实意义。美德伦理学在回答"为什么我们该成为那样（有德）的人"这个问题上保持优势，且强调践履，于当代道德建设是可取的一种伦理学。[②]

黄建军和刘耀东系统阐释了麦金太尔新保守主义德性观的内容，并提出它对中国道德建设的启示。他们认为，麦金太尔德性观的意义在于：批判现代社会道德危机，探索出一条重建道德之路；反思当代西方分配正义理论，注重德性对正义的价值；凸显道德与实践的关联性，强调实践中内在利益和外在利益的依存性。其不足表现为：过于注重批判，忽视了理论建构；强调德性回归传统，陷入理想主义境地；德性理论不彻底，陷入绝对主义与相对主义的逻辑悖论。[③] 薛勇民和珞婷探讨了麦金太尔的移情想象力。他们认为，传统的合理性是麦金太尔的道德哲学和政治哲学中一个需要加以说明的论题。在麦金太尔看来，在各种互相竞争的传统之间存在合理性选择的可能，而移情想象力就是这种合理性选择的有效理解途径。面对传统的认识论危机，移情想象力为传统的合理性辩护提供了方法。它通过一种传统的信奉者想象性地将自身置于对方传统中，从对方传统自身去理解传统；在承认对方传统的真理性基础上，重构自身传统，从而使自身传统获得合理性进步。作者主张，有关移情想象力是一种自由主义美德的判断，不能成为对麦金太尔自由主义者身份确证的可信依据。[④] 杨建兵、陈绍辉对麦金泰尔美德伦理学的学术史进行了回顾与反思。[⑤] 马宁在阐述麦金泰尔伦理思想的同时考察了其对当代道德建设的意义。[⑥] 胡娟分析了麦金太尔对现代性

① 陈真：《何为美德伦理学?》，《哲学研究》2016 年第 7 期。

② 周琳：《美德伦理学对现代道德哲学的重构与实践》，《浙江社会科学》2016 年第 5 期。

③ 黄建军、刘耀东：《麦金太尔新保守主义德性观之检视——兼论其对中国当前道德建设的启示》，《哲学研究》2016 年第 6 期。

④ 薛勇民、珞婷：《麦金太尔的移情想象力》，《山西大学学报（哲学社会科学版）》2016 年第 5 期。

⑤ 杨建兵、陈绍辉：《麦金泰尔美德伦理学的学术史回顾与反思》，《德州学院学报》2016 年第 1 期。

⑥ 马宁：《麦金泰尔美德伦理思想及其对当代伦理道德建设的启迪》，《山西青年职业学院学报》2016 年第 3 期。

自我的批判。[①] 郑晓艳探析了麦金太尔德性论的内容及其现实困境。[②] 葛谢飞比较了马克思和麦金太尔道德哲学的社会维度。作者指出，二者都坚持道德的社会性，并对现代性社会展开道德批判，但是，“社会”在他们那里的地位、内涵、作用并不相同。在马克思那里，社会不仅仅是一种背景性的社会实体，更重要的是唯物史观的体现，体现马克思思考道德问题的方法论。麦金太尔语境中的社会则只是作为道德背景性存在，而不具备马克思社会观的多重维度和丰富内涵，他的现代性道德批判隐含了传统与现代的二元对立思维以及回归传统的道德乡愁情结。[③]

七、其他

除上述六个方面的研究外，还有学者对诸如阿马蒂亚·森、玛莎·努斯鲍姆、阿伦特、斯坎伦等现代伦理学家的思想给予关注。从 2016 年的研究文献来看，学界对这些伦理学家思想的研究相对较少。

阿马蒂亚·森基于对罗尔斯“全球正义”理论的批评，指出罗尔斯正义理论的内部张力及其背后的契约主义理论的内在缺陷。卫知唤在论文中指出，阿马蒂亚·森虽然没有提出一套理论来整全性地替代罗尔斯的全球正义理论，但他在这一领域的研究工作仍然可以被视为对罗尔斯的重要补充。[④] 张三萍和金阳对阿马蒂亚·森的正义理论进行了阐释和批判。他们指出，阿马蒂亚·森的正义论在方法上，以社会现实主义的方法批判先验制度主义；在对正义的形式界定上，以开放的中立性取代封闭的中立性；在正义的观念上，以可行能力为信息基础讨论自由和平等问题。阿马蒂亚·森的正义论独具特色，但也有一定的局限性。具体表现在，中立的旁观者的反思机制难以保证正义的中立性和客观性；理论的调和性削弱了理论的论证力；强烈的改良主义倾向使其正义论对现实的关照十分有限。[⑤]

在对当代政治和经济生活中的功利主义正义观批判的基础上，努斯鲍姆引入了“诗性正义”和“能力正义”两个概念。王国豫和荆珊分析了努斯鲍姆“诗性正义”和“能力正义”提出的背景及其思想历程，指出努斯鲍姆的目的在于超越功利主义对正义的狭隘理解，重拾亚里士多德正义理论中关于人的目的的维度，从“诗性正义”走向“能力正义”[⑥]

白刚和张同功探讨了阿伦特与当代西方政治哲学的关系。他指出，阿伦特的古典

① 胡娟：《麦金太尔对现代性自我的批判》，《法制与社会》2016 年第 11 期。

② 郑晓艳：《德性伦理学的回归及其现实困境》，《海南师范大学学报（社会科学版）》2016 年第 7 期。

③ 葛谢飞：《道德哲学的社会之维》，《南京政治学院学报》2016 年第 3 期。

④ 卫知唤：《从封闭的中立性到开放的中立性：阿马蒂亚·森对罗尔斯全球正义理论的批判和超越》，《国外理论动态》2016 年第 8 期。

⑤ 张三萍、金阳：《阿马蒂亚·森正义论探析》，《浙江社会科学》2016 年第 2 期。

⑥ 王国豫、荆珊：《从诗性正义到能力正义——努斯鲍姆正义理论探究》，《伦理学研究》2016 年第 1 期。

共和主义看重和追求的是一种关于直接参与民主的理论，她极力拥护“参与民主主义”和公民的自发且直接的政治参与。在这种情况下，阿伦特的“政治观”，始终恪守古典共和主义的原貌。她的共和主义力图还原和展示古希腊城邦和古罗马共和国的政治精神。不过阿伦特并非固守古典政治与现代政治之间不可逾越的界限，对她来说，重要的是理解共和精神，并将此种精神注入现代政治中，实现“现代政治的古典化”或“古典政治的现代化”，从而获得和建构一种具有普遍意义的自由的公共生活。但作者认为，阿伦特对“城邦政治”的爱和对“公共精神”的寻求的古典共和主义仍含有一些精英主义的成分，终究难与现代政治共和精神产生真正的共鸣。①

燕连福探讨了杜威的人性观。他针对目前有学者认为杜威的思想是有害的观点进行了回应。他主张，杜威在人性问题上，表现出实用主义、自然主义和进化主义的一面，导致的并不是对良好秩序的破坏，而是对柏拉图永恒理念说以及决定论思想的纠偏。他进而认为，我们真正应该批判的不是杜威的人性论观点，而是他过度人类中心主义思想。②

王海萍从杜威对经验哲学的改造讨论了哲学的革命问题。他认为，在杜威那里，经验不仅是指关乎人的生存样式或生存状态的诸事情本身，更为重要的是，它被赋予“做”和“行动”的探究含义而具有实践的内涵，由此，关于人如何存在这一问题的本质性思考就成为经验的题中应有之义。基于这种立场，通过杜威对经验的哲学改造，可以重新审视并进一步厘清“何为经验”这一理论问题；同时，在实践上，经验方法的运用对于探索如何使现代人摆脱现代性危机未尝不是一种有益的尝试。③

邓伟生探讨了斯坎伦的契约主义。他指出，斯坎伦的契约主义道德理论是为了取代效益主义而建立起来的。效益主义在证成一个行为的道德正确性时，会考虑受该行为影响的人的福祉总和，因而人数多少变得很重要。而斯坎伦的契约主义，由于坚持只有个人理由才构成反对一项原则的理据，因而无法说明人数在道德上的重要性。他通过提出“打破平衡论证”尝试说明，在不依赖总和的情况下，也能说明人数的重要。而作者则认为，他的论证是不成功的。在此基础上，作者提出，只要引入几个重要区分，在契约主义框架内，其实可以容纳总和而不会滑向效益主义。④ 须大为考察了斯坎伦反休谟主义的动机理论。他指出，休谟主义动机理论主张动机由欲望和信念构成的组合产生。斯坎伦的动机理论为休谟主义动机理论提供了一种替代，该理论认为动机的来源不是欲望，而是理由判断。斯坎伦反休谟主义动机理论把规范性内置于动机中，这正好与基于欲望的理由理论和理由的内在主义这两种规范理论将动机内置

① 白刚、张同功：《阿伦特和当代西方政治哲学——反叛与回归》，《江西社会科学》2016 年第 8 期。
② 燕连福：《人性是可以改变的——试论杜威对人性观的改造》，《社会科学战线》2016 年第 3 期。
③ 王海萍：《哲学的革命——从杜威对经验的哲学改造说起》，《学术交流》2016 年第 7 期。
④ 邓伟生：《斯坎伦的契约主义与总计问题》，《世界哲学》2016 年第 4 期。

于规范性的努力相反。①

梁月考察了弗莱彻境遇伦理学的得与失。她指出，弗莱彻境遇伦理学主张以境遇的方法结合爱的律法与现实情景来做道德决断，体现了伦理学理论思维从重形式的规范伦理模式向重实质的实践伦理模式的转变，是对多样性现实生活的回归，这些亮点值得我们关注并学习。但该理论同样存在局限性，它在限制理论自身的发展外也为其他理论的发展提供了前车之鉴，同样值得我们警醒。②

规则后果主义时兴时衰。作为规则后果主义中坚领袖的布兰德·胡克，在接过布兰特的接力棒后，以罕有的冷静与反对者展开了激烈的辩论，对控方提出的质疑逐一进行了辩护。夏凌昌认为，尽管胡克的捍卫由于采用了精巧的方式，而使规则后果主义绽放了光芒，然而，与其说胡克的捍卫是精心的，毋宁说是狡猾的，正因如此，胡克的捍卫依然使规则后果主义无法逃脱乌托邦崇拜和部分服从的命运。如果胡克还想使规则后果主义显赫于规范伦理学之中，他必须摆脱其他背景，使规则后果主义回到“规则—后果”的同一性结构中才有可能。③

---

① 须大为：《托马斯·斯坎伦的反休谟主义动机理论》，《广西师范大学学报（哲学社会科学版）》2016 年第 1 期。

② 梁月：《弗莱彻境遇伦理学分析》，《山西财经大学学报》2016 年第 S1 期。

③ 夏凌昌：《布拉德·胡克对规则后果主义的双重捍卫》，《齐鲁学刊》2016 年第 6 期。

第八章　生命伦理学研究报告

朱　雷

2016 年我国生命伦理学的研究呈现百花齐放的姿态。2016 年度学者们更多地聚焦中国本土，把握时代发展、发掘传统精粹、指明发展方向。从宏观上给出生命伦理学的研究方法，在实践中找寻伦理困境的出路。与此同时，反思生命本质、倡导中国话语、给予个体关怀，对生命伦理学的探讨可谓丰富并颇有见地。

一、生命伦理学的新发展

生命伦理学自 20 世纪中叶出现以来，就在全球范围内获得了迅速发展。生命伦理学最早以问题为取向，探寻解决生命科学或医疗保健中提出的伦理问题。实际的伦理问题是复杂且多样的，学者们因此也投入了更多的关注和思考。2016 年度生命伦理学在中国的研究进展特点鲜明，问题突出。

首先面对各类实际的生命伦理问题，即在临床、研究和公共卫生工作中遇到的诸多实质性和程序性的伦理问题，邱仁宗尝试找出合适的解决办法，认为生命伦理学的方法就是伦理学的方法。他提出讨论论证、反思平衡、思想实验和判例法四种方法。论证由断言、支持和根据三个要素构成，采取何种论证需要看采取哪种根据，这表示信奉何种价值观。究竟采取何种根据是权衡价值的结果。反思平衡的方法源于罗尔斯。反思平衡是双方的，可以既检查某一直觉判断或道德判断，又考查某一道德原则，也细究背景理论，直到在道德评估中将所有要素结合为一个或多或少稳定的和谐平衡状态。从事思想实验实际是进行一种假言推理。利用思想实验可提出问题，回答问题，揭示思考中的不一致，展示令人困惑的事情，支持或动摇某种断言、观点、假说或理论等。而作为在应用伦理学中得到广泛使用的判例法，因其不是从理论开始，这样在实用或应用伦理学中无须要求行动者在解决面临的规范性问题或伦理问题前先在同意何种伦理学理论上取得一致意见。判例法推动了对案例的研究和讨论，也提供了一个更好的机会与信奉不同理论、哲学、宗教的人达成一致，从而解决有关临床、研究和公共卫生领域的政策争论。但是运用类比推理形成的道德判断或伦理问题解决办法的辩护，则必须借助伦理规则、原则或理论，从而达到伦理学的论证或伦理学的辩护，而不能是自我定向的。①

侯法银提出和谐生命伦理学的观点，重点阐释了人类持续发展新格局的构筑、宇宙和谐生命规律、和谐生命品质教育纲要、生命信号与解码技能以及和谐生命的相关问题。认为和谐生命伦理学是以宇宙和谐定律为轴心，以开发人类个体生命和善的潜能、提高生命品质为目标，由个体和谐生命延伸到宇宙和谐生命及宇宙间所有和谐生命系统与个体生命相互关系与规律的学说。其中提出相关主旨概念，如人类生命品质新概念、身心灵的实质等。认为人类生命品质新概念是指以宇宙自然规律为宗旨的世界观作精神支柱，以社会自然发展规律为价值取向，以生命自然规律为言行准则，润德于行，博爱众生，健康向上，在奉献社会中让生命增值，在融洽中履行和善使命，形神合一，各及所能，幸福人生。而身心灵的实质指儒道释文化共同涉及的核心。身是指人类的躯体，且与所有生命体类同；心是指应具有的意识思维和记忆功能，此与人类以外的动物相比，人类更独具心力；灵是指自然赋予动物的和善基因，但人类赋予有特定的文化和善智慧。和谐生命伦理学就是运用符合自然规律的意识思维模式，修复和提升人类赋予的和善灵魂，实施人类的再度进化，实现人类身心灵的彻底和谐。②

翟晓梅、邱仁宗认为从世界生命伦理学或医学伦理学学术发展的趋势看，其注意焦点逐渐从临床伦理学和研究伦理学转移到公共卫生伦理学。公共卫生工作和政策中的规范性问题，或实质性伦理问题和程序性伦理问题繁多且重要。公共卫生工作和事业是建立一个公正社会和实现社会正义的必备要素。没有良好的公共卫生，就不可能建立一个公正社会，也不可能实现社会正义。同时，公共卫生伦理学不是以伦理学理论而是以实践中的公共卫生伦理问题为其逻辑出发点。其主要讨论的内容包括公共卫生与伦理学、公共卫生的伦理基础、公共卫生伦理学基本原则、健康责任、公共卫生与个人自由、健康公平、卫生资源配置、医疗卫生与市场以及公共卫生研究等。③

王永忠则探索在全球生命伦理学背景下道德陌生人之间的解决之道。道德陌生人是恩格尔哈特生命伦理学中的一个基本问题。众多学者围绕这一问题提出了全球生命伦理学的概念，并在不同的文化及宗教语境中探讨了重新达成共识的可能性。面对启蒙的失败与共识的坍塌，作者提出重建全球生命伦理学的四种对话模式。即道德朋友—陌生人模式、道德熟人模式、道德学生—老师模式及全球公约模式。④

生命伦理学的新热点问题也聚焦在人造生命问题之上。魏飞认为当下伦理学都以

① 邱仁宗：《试论生命伦理学方法》，《中国医学伦理学》2016 年第 4 期。

② 侯法银：《和谐生命伦理学》，河南人民出版社 2016 年版。

③ 翟晓梅、邱仁宗《公共卫生伦理学》，中国社会科学出版社 2016 年版。

④ 王永忠：《全球生命伦理学是否存在道德陌生人的解决之道》，《学习与探索》2016 年第 10 期。

自然物和自然人作为研究对象，人造生命的出现则意味着人造物或人造人也能成为伦理学的研究对象。人造生命广受人们的关注和讨论，引发诸多伦理争议。作者对人造生命的定义及相关概念给出解读，并分析人造生命可能会造成生命伦理、医学伦理和社会伦理三方面的争议。同时提出对人造生命的态度和可能解决争议的方案。① 此外，任丑反思食品伦理冲突并寻求和解之道，指出食品伦理冲突主要集中在三个层面，包括素食与非素食的伦理冲突、自然食品与人工食品的伦理冲突、食品信息遮蔽与知情的伦理冲突。本质上是对食品道德法则的悖逆，因此和解路径就在于把握并信守食品道德法则。针对食品伦理冲突问题，必须秉持生命权之绝对命令，保障免于饥饿的权利，以此提升生活质量、实践善的生命目的。②

二、关于生命伦理学理论基础、原则和研究路径方法问题

2016 年度学者们继续对生命伦理学的本质、理论基础、实践原则和研究向度、方法等问题进行探讨。任丑希望能够基本解决生命存在的价值和意义问题，围绕生命与伦理如何生成为伦理生命展开讨论。认为伦理生命是一种自觉选择的以求善为目的的生命，这里的善包括幸福、正当、责任等内容。求善之生命是在祛恶之生命的前提下，融自由、理性、自律、至善于一体的实践智慧之存在。或者说，它是以自由为基点，以理性、自律的伦理实践为基本路径，以追求幸福德性一致的至善为最高目的的价值性存在。从自然生命到伦理生命（或自由生命）是生命自身的质的变化和提升。通常而论，自然生命应当但未必具有伦理生命，伦理生命则须具备自然生命，因为伦理生命是在自然生命的基础上对生命目的和价值的深刻肯定和具体实践的自由的自然存在。相对于自然生命而言，伦理生命祛除了内在恶和外在恶，是追求内在善和外在善的自由存在。这既确证了生命的存在意义，也提升了生命的价值品位。自然生命与伦理价值如何生成伦理生命才是生命与伦理如何生成伦理生命的实质。③

李谱曼探讨生命的自由追求问题，指出善最初必然来自生命自身的力量，是生命存在自身的需要激励主体不断地追求善的价值。在生命存在的逻辑理性原则中，本着“人同此心，心同此理”的原则，善最终成为普遍的生命存在价值准则。认识善的无限性，有助于主体的生命伦理实践活动及其内在价值追求。善的无限性，显示了至善价值追求的现实意义与精神意义，确立了生命伦理实践的根本原则。因此，从善的无限性看生命的自由实践与生命的自由追求，主体就必须进行无限的自我生命确证。④而岳瑨探索后人类生命伦理规制的起点问题。技术增强人类的趋势，使我们遭遇后人

---

① 魏飞：《人造生命的伦理争议》，硕士学位论文，华中科技大学，2016 年。
② 任丑：《食品伦理的冲突与和解》，《哲学动态》2016 年第 4 期。
③ 任丑：《生命与伦理如何生成为伦理生命》，《吉林大学社会科学学报》2016 年第 1 期。
④ 李谱曼：《善的无限性与生命伦理的实践目的》，《湖南师范大学社会科学学报》2016 年第 1 期。

类时代的道德忧虑。岳瑨认为后人类主义揭示了一个亟须认真对待的关涉技术和文明之未来的生命伦理课题。对于允许原则是否可以得到伦理学的辩护，他以NBIC会聚技术对医疗技术范式的突破为例，指出允许原则得到伦理辩护的前提在于，必须接受不断变化的后人类生命伦理规制，通过负责任的共同行动，使人类增强技术的发展成为一个不断展开的道德形态过程。[①] 岳瑨试图为人类增强技术面临的伦理困境寻找出路。增强人类一直是前技术时代和技术时代的哲学和现代性谋划的梦想。岳瑨认为后技术时代的来临使得人类增强的技术展现犹如“脱缰之马”。“技术激进主义与技术保守主义”之争表明，人类增强技术在其前沿性技术展现中使今日之人面临技术之后与伦理之前的困境。生命伦理的反思在关乎人性的改良、医学功能的转移、技术的逾越性、公正的有限性四大生命伦理挑战时，呈现出“未决事项”的特征。寻求一种“允许的伦理”而不是一种“禁止的伦理”，是人类增强技术面对生命伦理难题时的解决之道。[②] 刘刚对生命伦理中的尊严问题进行补充。尊严这一概念被广泛应用，但刘刚认为其中对生命伦理的意义和价值体现在什么地方还存在分歧。从尊严的历史维度中，从涉及尊严的文献、规章中寻找尊严的规定性，这样才能在生命伦理中得以充分的证明尊严存在的维度。他指出不管是康德意义上对理性和道德的尊崇，还是生命伦理原则中对自主性的强调，都在表明尊严作为人的价值的重要性，尊严的概念和人的尊严已成为生命伦理学发展中重要的内容。[③] 杜治政也对医学伦理目前的困境提出观点，认为目前的规范伦理适应了新兴市场的需要，能够发挥调节人们之间的相互关系的作用。但是需要德性伦理的补充，即推动规范伦理与德性伦理的结合有助于医学走出伦理困境。[④]

唐代兴提出生命伦理学研究的三维向度，认为生命既是本体意义的也是形成的。在本体世界，生命原发存在，其自在性和他者性内在地统一，并表征为感性的伦理意蕴。在形成世界，生命继发存在，其潜在伦理意蕴必彰显为现实伦理要求，并因为遭遇利害而敞开三种可能性朝向。但是，这些体现不同可能性朝向的伦理要求只能在生命创造之“生命的产物”这个层面展开，根本无助于消解生命自由与生命平等之间的矛盾和生命的产物控制与反抗控制之间的冲突。生命伦理学诞生于这一双重拉锯战中，并必然肩负以下使命：一是在人的形成世界中如何引导生命和呵护生命；二是在人的本体世界中如何实现生命的自在与自由。由此，生命伦理学必然开辟出生命本体

---

① 岳瑨：《允许的限度：后人类生命伦理规制的起点——以NBIC会聚技术对医疗技术范式突破为例》，《学习与探索》2016年第10期。

② 岳瑨：《技术之后与伦理之前——人类增强技术面临的伦理困境及其出路》，《伦理学研究》2016年第2期。

③ 刘刚：《尊严的概念及在生命伦理中的应用》，《自然辩证法研究》2016年第5期。

④ 杜治政：《走出医学伦理困境：要规则，也要德性》，《中国医学伦理学》2016年第6期。

的伦理学、生命形成的伦理学以及能够整合二者的生命伦理方法学。[①] 相应的，张建霞、苏振兴认为生命伦理学在于通过一个确定的形而上学原则或伦理规范指导现实，因此提出生命伦理学的几种范式。认为生命伦理学的原则规范体系源自人类道德哲学的思潮，义务论是对生命伦理学有着重大影响的思想来源，至今在医疗实践中承担着道德规范的作用。当代医学科学技术的巨大发展所引发的生命、生殖、医患关系等难题，对传统的伦理观提出了挑战。在理性多元化的今天，生命伦理学不可能依赖一种普适的道德规范来指导人们的实践，而只能在探索过程中寻找适应不同文化背景和指导生命科学发展进路的伦理范式。[②]

三、关于中国生命伦理“话语”与建构问题

继2015年对中国生命伦理学热烈且深刻的探讨后，2016年度突出体现中国生命伦理学的“中国话语”。同时展开对中国生命伦理建构问题的详细分析。田海平首先提出生命伦理学如何说中国话的问题，认为应该立足中华优秀传统文化，面对道德现实问题之治理，引入和而不同的智慧，推进说中国话的中国生命伦理学自信地面向世界、融入全球生命伦理的跨文化对话。生命伦理学的中国话语，既是传承中华优秀文化的载体，又是应对中国医疗卫生保健领域道德现实问题的智识维度，更是参与并推进全球生命伦理跨文化对话的不可或缺的重要力量和重要组成部分。[③] 田海平认为中国生命伦理学在历史语境、理论逻辑和实践旨趣三个方面产生了如何“说中国话”的问题。寻求“语境突围”，达成“基本共识”，应对“中国现代性”，是当前中国生命伦理学面临的最为紧要的问题。其中语境突围是全部问题的关键；共识难题和现代性难题是实现语境突围必须回应的两大挑战。尝试运用伦理分层的方法，可以得出两个基本结论。即通过界定大小语境，求解共识难题；通过确立程序伦理优先于实质伦理的分层原则，求解现代性难题。[④] 此外，他还提出中国生命伦理学究竟是“意识形态话语”还是“科学话语”一问。尝试从语境、思想和实践三个向度的前提性反思进行查勘。指出各种“断裂的形态”或“话语异质性分布”产生了相互断裂或异质的理解视域之间如何关联和贯通的课题。而一种道德形态学的考察能够凸显中国生命伦理学在“意识形态”和“科学”之间保持必要张力的重要性。在功能配置上表现为语境回归、反思性批判和实践关联性的视域之扩展，并贯穿一种对立面“和解”

---

① 唐代兴：《生命的自在意蕴与伦理本位——生命伦理学研究的三维向度》，《昆明理工大学学报（社会科学版）》2016年第1期。

② 张建霞、苏振兴：《超越义务论的伦理观——生命伦理学的几种范式》，《医学与哲学（人文社会医学版）》2016年第2期。

③ 田海平：《生命伦理学如何说“中国话”？》，《学习与探索》2016年第10期。

④ 田海平：《中国生命伦理学的话语、问题和挑战》，《吉林大学社会科学学报》2016年第1期。

的策略。他继而指出走向和解的理解范式的策略重点，即用意识形态话语辨识“中国价值”，反省生命伦理学的“文化信念”和原则主义进路之间的关联形态；用科学话语融入实践理性和实践智慧，反省中国生命伦理学的“现代性”价值支点；用“科学话语”与“意识形态话语”的相互关联及其内在张力展现中国生命伦理学的合法性、现代性和实践性。①

迟学芳、佟子林指出中国生命伦理学建构的定位问题。要创建中国传统生命文化为特征的内在生命伦理学，而不局限于应对生命科学技术前沿问题的外在生命伦理学，需要借鉴中外生命伦理思想传统，并重新定位研究方式。迟学芳等倡导的逻辑基于自然生命实体系统、生命文化系统、中国从优秀传统文化中的生命伦理尺度与非线性复杂性科学理论提供的判据，以及对上述两个系统进行内在选择和外在选择的机制等四个维度。由此将生命伦理从狭义扩展到广义，揭示新视野中的生命伦理学思想范畴，回答我国生命伦理学如何本土化和如何适应时代发展的难题，以便为构建生命文化视域中的我国生命伦理学提供一种建构论的认识框架和思维方式。②

赖平根据目前中国生命伦理学面临理论架构相对粗糙，缺乏对现实生活的话语引导权，学科发展动力不足等困境，提出需要回归自己的文化本源，与本国优秀传统文化对话的主张。他认为我国本土宗教以“道”为最高信仰，以“道”为生命的形上根据，赋予生命神圣的价值，强调“珍生”“贵生”，鼓励人们通过修炼脱离自然存在的状态，获得精神生命和自由意志，进入生命的意义之境，蕴涵了丰富的生命伦理学资源。这些丰富的资源为我们今天化解困境、实现中国生命伦理学的本土化建构提供了思想基础。③ 无独有偶，王延光对当代儒家重构主义生命伦理学进行了思考。她对当代儒家重构主义学者提出的需要以儒家的核心价值对中国生命伦理学进行重构的主张进行了回应。重构主义者认为重构后的当代儒家生命伦理学可以用于解决全球生命伦理学难题，但王延光指出儒家重构主义的“爱的弱化原则”和重构“亚洲儒学共同体”不能成功实现国际或全球生命伦理，儒家重构主义学者提出的四原则也不可能代替世界大多数国家承认和应用的美国的生命伦理四原则。共同道德的存在使全球生命伦理学和法规在不同文化、宗教和不同价值取向的国家中应用有了可能性。如伴随着全球化时代的到来，以儒家的义为基础的当代中国人的正义观已经共有仁、义、礼、智、信，以及公平、平等、权利、自由，这种融入和整合说明，世界存在一些共同道德和伦理共识，并正在应用着全球话语来表达和实现。④

① 田海平：《中国生命伦理学：“意识形态”还是“科学”》，《当代中国价值观研究》2016 年第 3 期。

② 迟学芳、佟子林：《生命文化视域中我国生命伦理学建构的定位》，《哲学研究》2016 年第 6 期。

③ 赖平：《论中国生命伦理学的本土化建构及其与道教生命伦理思想的融合》，《伦理学研究》2016 年第 1 期。

④ 王延光：《对当代儒家重构主义生命伦理学的思考》，医学与人文高峰论坛暨《医学与哲学》杂志第四届编委会第一次会议论文，大连，2016 年 11 月。

四、关于中西生命伦理学传统思想与现实经验的梳理及对比

对生命伦理学的关注从全球视野到中国传统，学者们积极进行发掘和研究。麻勇恒把视线转移到民族文化传统中，尝试理解苗族的生命伦理。他认为苗族的生命伦理是建立在“万类有命”“万命共尊”和“万命互换”的认知基础上的人与人、人与非人的客体物类对象间的一种责任之规定。即对生命尊重，生命平等、公平与生命神性的操守，从而使这套生命伦理成了万物和谐共存的前提，并成了乡村秩序得以通过神判建立的文化基础。具体通过苗族的信、德、理三个视角探讨敬畏神性的生命伦理内涵，及其在社会秩序建构中的作用。从“信”的维度看，苗族生命伦理的形成可能与苗族早期农耕生计模式下对植物生命神性的理解有关，基本法则是遵循“万类有命”“万命共尊”与“万命互换”。生命被认为是“灵魂”与“肉体”合一的神性存在。生命的主要责任是实现种族繁衍，求得生生不息。这也意味着生命是一轮“封闭式的圆环”，生与死本来就没有边界。“德”被认为是苗族生命伦理中最重要的构成要素之一。懂得敬畏被认为是德行的表征。苗族村落社会对生命伦理的操守，恰是神判导致灾厄报应所产生的敬畏对道德、神性不断强化的结果。此外，苗族生命伦理观念中，“理”的基本内涵是“天理”。从这个维度来看，在苗族村落社会中，人人敬尊“天理”，而“神判”活动则是“天理”的展现与表达，所以使人人产生敬畏。敬畏构成了苗族神性的生命伦理得以存在的基石，使得神判制度作为一套借用神性“致序”的地方性知识还在苗族村落社区活态运用，仍然是人们处理纠纷、应对不确定性优先选择的手段。①

张舜清探索《周易》中的生命伦理意蕴。认为《周易》以“生”为体，从伦理本体论的角度揭示了生命的本源、意义与价值，从而确证了“顺天”之于人之当为的根本意义。“顺天”也即“顺性命之理”，因为“性”与“命”皆是天道在不同向度上的表现或要求。因此“穷理尽性以至于命”就是人的生命存在之应然，也是人之生命最完美的终极表现。而其途径即“和顺于道德而理于义”，也即顺应天道之“正”。“养正则吉”可视为《周易》生命伦理的工夫原则，不同于现代物理与精神的“养生”，是一种涉及养万物之生、万民之生、个体身心兼养的全面的“养生”。他认为对于在改造自然和处理人工干预生命进程等生命伦理问题时，这些思想具有重要的启发意义。②

更多学者梳理传统儒家、道家等伦理思想和道德智慧并进行现实观照。医学认知和实践是面对人的生命存在的特殊客体，不仅需要主客关系的科学理性思维，更需要

---

① 麻勇恒：《敬畏：苗族神判中的生命伦理》，民族出版社 2016 年版。

② 张舜清：《论〈周易〉中的生命伦理意蕴》，《孔子研究》2016 年第 3 期。

主体际性的伦理思维，尤其需要道德意识的自觉，重视德性伦理对于规范伦理的滋润。张周志认为中国传统道德智慧擅长用你我关系的德性伦理进行换位思维，这对于丰富完善规范伦理、构建现代生命伦理价值体系等，均具有十分重要的价值。① 刘涛从儒家生命伦理看尊重自主原则的困境问题。尊重自主原则是西方生命医学伦理的基本原则之一，但也存在不可忽视的缺陷。刘涛认为包括三方面的缺陷：偏执理性而轻视情感；凸显患者的自主性而极力压低医生的自主性；缺乏对美德的追求和超常义务的承担。而儒家生命伦理所提倡的重视情感、推己达人、奉献牺牲的精神，可以弥补西方以尊重自主为基础的医学伦理体系的不足，推动当下日益紧张的医患关系转向和谐发展。② 李征宇探讨了“天人合一”整体观、“修身至德”养生观的生命伦理内涵，指出舍生取义的道德制约对树立正确人生理想的启示、乐天知命的人生态度对提高抗压能力的启示、积极入世的人生哲学对增强担当意识的启示，深入挖掘其中可以应对人生困惑、增强人们生命伦理意识、解决医疗体系中义利冲突等的现代价值，希望能为中国当代生命伦理的研究提供新思路和启示。③ 李柔曼围绕生命伦理问题，重点讨论孔子的“己所不欲，勿施于人”、孟子的“仁者爱人”以及属于儒家仁学文化的“医乃仁术”思想。认为孔子的“仁”说重内省，在不断实践着的生活中渐渐得到体会和升华。复杂的医患关系本来就需要医患双方长期互相磨合和理解。儒家文化的“仁”特别要求医生应该在医患关系中起到主导地位，要求医方把人的社会、心理、生理及环境看作一个有机联系的整体。依照生命伦理的基本原则，把患者当作自己的目的，以“爱人”之心，将周到的人文关怀深刻渗入行医的系统过程中，构建和谐的医患关系，并取得最理想的治疗效果。④

与儒家思想不同，道家以生命关怀为根本意蕴，以“道”为核心概念，以重生轻物为出发点，崇尚自然无为、被褐怀玉的理想人格，以人生超越和自由为理想，构建了独特的人生哲学。赖平探讨道教的自由生命之境，指出其旨在通过肯定人的价值、确认人的主体性地位，鼓励人们在自由意志的指导下自我创造、自我实现，走向生命存在的自由理想状态。这种生命的自由境界对于破解现代人的生存困境，帮助人们重构生命的意义系统、实现生命的主体性在场、回归精神的高地，以对抗现代社会对人的价值、人的主体地位的消解，对抗人性的异化，实现个体生命的自在自由，具有重要的意义。⑤ 而陈芃丰认为道家生命伦理思想的精髓包括道法自然、无为之为、重身贵生；而当代价值有万物平等、知止知足、为而不争。道家生命伦理思想以其智

① 张周志：《论中国传统道德智慧对现代生命伦理的积极价值》，《中国医学伦理学》2016 年第 5 期。

② 刘涛：《从儒家生命伦理看尊重自主原则之困境》，《社会科学战线》2016 年第 9 期。

③ 李征宇：《生命伦理学视域中的儒家伦理及其当代价值》，《医学与社会》2016 年第 10 期。

④ 李柔曼：《从儒家生命伦理学观点解读当代医患关系》，《辽宁医学院学报（社会科学版）》2016 年第 3 期。

⑤ 赖平：《道教的自由生命之境与现代社会生存困境破解》，《求索》2016 年第 4 期。

慧性和启发性，在当代将发挥重要作用。①

对西方生命伦理学思想的梳理和借鉴集中在对部分哲学家的理论研究中。余太盛研究亚里士多德的生命伦理观。他指出，亚里士多德的生命伦理观一方面基于希腊城邦社会生活的德性考察与实践总结，另一方面基于实践理性反思与德性生活理想的逻辑证明。余太盛认为亚里士多德不是从个人出发建立生命伦理原则，而是从公民城邦出发，基于公民城邦的要求探索公民的生命伦理。其生命伦理观，主要表现为正义与友爱两大原则。正义作为社会生活与政治法律的基础，保证了城邦社会的自由秩序；友爱作为公民社会的伦理法则，建立了城邦公民之间自由和谐的社会关系。亚里士多德的生命伦理观念具有普遍的理论价值。②

刘妍把目光转向加缪，认为加缪的生命伦理思想建立在对生命、对人的同情尊重上，以承认普遍人性为基础，旨在弘扬人的尊严，贬低神的尊严。加缪一直主张对爱的信仰，并全力维护人的尊严和人的价值。荒诞是加缪思想的重中之重，是其作品的主线，清醒地正视荒诞就可谓是一种勇敢。反抗到节制，是加缪面对荒诞的价值取向。人类发现荒诞的存在，就充分表明人的清醒意识，然而对此做出反抗才表明人真正进入生活。从人类的历史发展和现状中不难发现，在荒诞的发现过程中就存在着反抗意识，从反抗意识的觉醒到消极、积极的个体反抗直到个体反抗发展成为集体反抗，是反抗使人类从最初的个体发展到集体，从哲学上升到历史，自抽象思辨提升至具体的行动。然而反抗也是有限度的，任何一种反抗假若超出界限，违反了人性，就失去了意义，因此需要达到一种均衡节制的理想状态。这些是加缪生命伦理思想的内涵及价值取向，一种经过反思的、坚定的人道主义，它告诉我们要以一种积极的态度面对人生。③ 成红舞对波伏瓦和巴特勒关于生命伦理的思想进行分析，认为在道德伦理和政治现实面前，二人同时选择站在了道德伦理的维度上对政治的强权和霸道进行批判。波伏瓦坚持行动中的生命才是道德的生命，同时在面对强权方面，波伏瓦提出要实践一种真正的、全人类的道德生活还必须批判、揭示甚至惩罚那些伪善者以及因为伪善而给他人带去伤害的人。同样站在道德的维度上，巴特勒提出一种对个体生命进行哀悼的哀悼伦理，并在此基础上回应了波伏瓦的观点，巴特勒主张只有真正认清那个要由伦理道德去惩罚的对象，才能达致一种道德的自我审查和人性可能性的高度。④ 王延光就比彻姆和邱卓思生命伦理学的共同道德观发表看法。比彻姆和邱卓思提出了尊重自主、有利、不伤害和公正四个生命伦理学原则。其中以共同道德作为四原则的来源和基础，结合反思平衡的方法广泛地应用于解决全球的生命伦理学难题。

---

① 陈芃丰：《重身贵生：道家生命观及其当代价值》，《普洱学院学报》2016 年第 5 期。

② 余太盛：《公民城邦与亚里士多德的生命伦理观》，《湖南师范大学社会科学学报》2016 年第 1 期。

③ 刘妍：《加缪生命伦理思想研究》，硕士学位论文，南京林业大学，2016 年。

④ 成红舞：《“慷慨的道德价值”与“哀悼的伦理”——波伏瓦与朱迪斯·巴特勒对生命伦理的阐释》，《广西社会科学》2016 年第 7 期。

王延光通过梳理二人的共同道德与生命伦理学原则的关系，进而研究共同道德观的内容、来源、与生命伦理学的关系，指出共同道德就是他们上下求索的成果。虽然共同道德仅由共同道德的规范或一些无关联的原则、规则、道德美德分析和人权的诉诸等组成，但在生命伦理学实践中的成功应用已显示了它的生命力。[①]

此外，蒋冬双、穆宏浪以钱穆与史怀哲生命伦理观念之比较为例，展开了中西生命伦理的一种对话。生命伦理问题是文明和文化对话的基础，也是伦理与道德对话的基点。蒋冬双等认为有必要选取在文化立场与文明反思中各具特色的代表性人物加以阐发，而钱穆和史怀哲可作为这一领域的代表性人物。他们从文化与生命的内在关联这一问题意识出发，在文化生成的生命伦理的逻辑理路、生命伦理本身文化背景、生命伦理实践的取向差异等方面加以阐述，借此以比较东西方生命伦理的差异及其对话的可能。[②]

五、关于生命伦理学的优生问题

2016 年度对生命伦理优生问题的关注延续了以往的热点问题，如围绕基因技术等话题继续展开，但在内容上呈现出愈加丰富的特点。邱仁宗首先介绍了基因编辑技术的历史和现状，归纳总结了 CRISPR/Cas9 技术的发展历程及优缺点。着重讨论了基因编辑技术研究和应用中的伦理问题，提出应对基因编辑研发技术采取积极、审慎的基本方针，在证据和审查机制基础上，分阶段开展相关工作；同时将基础研究和前临床研究置于优先地位；应该允许将基因编辑技术用于体细胞的基因治疗，目前应禁止将该技术用于生殖系细胞的治疗，不考虑用于基因增强，对非人生物的基因修饰也必须有所规范和管控。[③] 李建会、张鑫也根据近年来备受瞩目的新兴 CRISPR/Cas9 基因编辑技术，对胚胎基因设计的伦理问题展开讨论。认为反对胚胎基因设计的伦理理由包括：应当禁止父母决定子女未来、应当禁止将子女产品化、应当顺其自然、应当禁止助长歧视、应当禁止不公平分配、应当禁止浪费资源。因此，应当禁止胚胎基因设计极可能是当前相对正确的道德判断。但作者同时表明，随着科技的发展，该道德判断的正确性也极可能发生变化。人类基因编辑国际峰会在其声明中明确指出，在目前情况下进行任何生殖细胞的基因编辑的临床应用是不负责任的，除非在适当地理解并平衡风险、潜在利益以及替代方案的基础上，相关的安全和效率问题得以解决；以及取得有关拟定临床应用的适当性的广泛社会共识等。[④]

---

① 王延光：《论比彻姆和邱卓思生命伦理学的共同道德观》，《医学与哲学》2016 年第 2 期。

② 蒋冬双、穆宏浪：《中西生命伦理的一种对话——以钱穆与史怀哲生命伦理观念之比较为例》，《西安电子科技大学学报（社会科学版）》2016 年第 6 期。

③ 邱仁宗：《基因编辑技术的研究和应用：伦理学的视角》，《医学与哲学》2016 年第 7 期。

④ 李建会、张鑫：《胚胎基因设计的伦理问题研究》，《医学与哲学》2016 年第 7 期。

线粒体替换技术应用于人类辅助生殖能够造福线粒体疾病家族，改善高龄患者辅助生殖的临床结局，但也可能引发一系列医学伦理问题。孙小花等提出此类问题包括如该项技术的规范化及安全性、与传统伦理观念的冲突、知情同意与保密原则的确定、后代身心健康成长问题、商业化供卵等。因此，各医疗机构在成立伦理委员会的基础上，还要加强伦理委员会的监督与管理工作。对技术实施后可能引发的伦理纠纷也要做好妥善的监督管理及调解。此外，需要提高辅助生殖行业医务人员的职业素养水平。主要是提高其伦理道德素养，本着医学伦理学的基本原则作出指导性决定或意见。① 郭卫华在探讨人类辅助生殖技术问题中，提到技术对人类自然出生方式和自然生命的深度干预与技术控制，使儒家传统生命伦理观遭遇伦理挑战，以致儒家生命伦理难以对人类辅助生殖技术的应用提供及时有效的价值引导。人类辅助生殖技术的临床应用也受到以儒家为主导的传统价值理念的诘难。人类辅助生殖技术作为人类精神文化的产物，应当接受儒家生命伦理理念的价值引导和约束。同时儒家生命伦理理念也应当归纳、包容新的科技价值理念，在科技与伦理之间寻找平衡点，发展出新的伦理原则和哲学基础来应对人类辅助生殖技术引发的诸多伦理困境。②

刘长秋讨论代孕应否合法化的问题，认为立足于伦理与法律关系的角度，伦理是法律的基础，法律对于代孕的定位应取决于伦理对于代孕的定性。而在伦理上，代孕是一种违背人类天性的不合理行为，一种严重违反伦理的辅助生殖行为，一种违背人性而为主流伦理观念所不容的现代医学活动。因为从医学社会学的角度看，生育作为女性孕育并产子的生物过程，并不是一种简单的技术化过程，而更是一种生理、心理过程和社会活动。代孕支持说将生育行为简单化为一种纯粹技术化的身体活动，使得原本神秘而高贵的生命可以通过技术和契约加以生产，客观上必然造成人类生命的物化及其在伦理位序中的降格，直接冲击现存的社会伦理秩序。此外，代孕构成对人性的违背，忽略和抹杀了母性这一最基本的人性。对于这种行为，法律应当予以禁止。而我国对代孕采取了完全禁止的规制模式，但在具体制度设置上还存在不足，需进一步完善。③ 而作为人类生命的早期阶段和潜在形态，人类胚胎是介于人与物之间的特殊存在，具有发展成人类个体的潜在价值，承载着延续家庭血缘的基本身份利益。罗维萍等认为人类胚胎作为人的潜在生命形式可以分享人的一部分尊严，胚胎的尊严是人的生命尊严在时间上的适当延伸，在量上低于人的尊严且随着距离出生的近远而增减。因此尊重和保护人类胚胎就是尊重和保护人自己。在实践中应禁止非法买卖人类胚胎、抑制人工流产的随意性、合理利用科研和医疗中的胚胎。④ 关于胚胎地位问

① 孙小花、刘兰兰：《线粒体替换技术应用于人类辅助生殖可能引发的伦理学问题探讨》，《中国医学伦理学》2016 年第 2 期。

② 郭卫华：《人类辅助生殖技术与儒家生命伦理观的价值冲突与和解》，《哲学动态》2016 年第 7 期。

③ 刘长秋：《代孕的合法化之争及其立法规制研究》，《伦理学研究》2016 年第 1 期。

④ 罗维萍、韩跃红：《人类胚胎的价值与尊严》，《昆明理工大学学报（社会科学版）》2016 年第 6 期。

题，王灿指出人类冷冻胚胎具有发育为人的潜能，应给予特殊道德地位表示尊重。人类胚胎冷冻技术的运用是对人类自然生殖过程的人为干预和控制，不仅会对传统家庭理念造成冲击，还可能带来婚姻与生育的分离以及传统亲子关系的破裂，对传统家庭伦理的冲击引人深思。此外，人们对胚胎需求量的不断增长造成胚胎商品化风险的挑战以及剩余冷冻胚胎处置去向引发的伦理问题都是对社会伦理的挑战，有可能引发伦理秩序的混乱以及严重的社会问题。因此，对于人类胚胎冷冻技术的明确态度应该是，它永远是人类自然生殖的辅助手段，主要为不孕不育患者家庭服务，禁止胚胎商业化以及将剩余冷冻胚胎进行生殖性克隆研究等行为。[①] 郭丽娜等面对这些关于人类冷冻胚胎处置方式的伦理道德问题，依据人道主义的基本原则，认为构建处置冷冻胚胎主体应遵循的道德原则包括生命价值、善良或正当、个人自由、诚实、公正公平，以实现冷冻胚胎处置方案的最优化。[②] 此外，李才华提出从生物学哲学看人胚胎的伦理地位，认为人胚胎具有重要的生命价值和一定的人格性，同时人胚胎也具有工具性和一定的物性，人胚胎的伦理地位具备“人”和“物”的两重性，二者是互补的。人胚胎是世代交替的一个过渡环节，是人类存在的特殊形态，具有发育为人的潜能。胚胎相对于一个物种的整体生存而言，只是人类种族整体生存的一个环节和部分，只是实现世代交替的一个工具，因此人胚胎具有工具性，可以在严格的限制和监管下利用其开展医疗和科研工作。[③]

六、关于生命伦理学的优死问题

伴随着人口老龄化的趋势，对于生命伦理的“优死”问题集中在临终关怀话题上。临终关怀是由临终关怀机构向临终患者及其家属提供的以减缓生理、心理痛苦为宗旨的全方位医疗护理服务。唐超指出目前我国临终关怀事业发展中存在国家层面、社会层面、家庭层面及医疗层面的伦理问题。国家层面的问题包括适合我国国情的临终关怀模式尚未建立、各地临终关怀产业发展不平衡及专业社会工作者和志愿者团体发展不完善；社会层面的问题包括对临终病人的生命关怀不够、对临终病人的心理关怀不足及临终病人的死亡尊严缺乏有效实现方式；家庭层面的问题包括对临终病人家属心理悲伤缺少抚慰及临终病人家属对护理知识相对缺乏；医疗层面的问题包括医护人员在临终关怀中遇到的伦理冲突及常年面对死亡造成心理阴影。因此尝试构建一个以直面死亡为基础，以尊重为核心，以减轻痛苦为手段，以关怀为方法的临终关怀伦理框架。更多地注意临终关怀服务在生命价值、伦理规范、心理疏导等方面的模式构

---

① 王灿：《人类胚胎冷冻技术的伦理问题研究》，硕士学位论文，昆明理工大学，2016 年。

② 郭丽娜、贾新转、吕翠婷：《关于人类冷冻胚胎处置方式的伦理道德思考》，《中国医学伦理学》2016 年第 6 期。

③ 李才华：《从生物学哲学看人胚胎的伦理地位》，《伦理学研究》2016 年第 2 期。

建，以期临终关怀服务被更广大人群所接受，造福更多的临终患者。[①] 谢和成认为临终关怀目前面临四个困境，即生存与死亡的难言之隐、保密与告知的举棋不定、尽孝与不孝的瞻前顾后、治疗与弃疗的进退维谷。从生命伦理、医学伦理、家庭伦理与社会伦理等方面进行分析，提出与临终关怀事业相关的临终者、医护人员、家属、政府和社会公众的具体对策，以期推动临终关怀事业向前发展。[②] 刘颖颜则具体描述了叙事医学视角下社区晚期癌症患者临终关怀的伦理挑战。探析社区晚期癌症患者临终关怀面临的伦理挑战，认为社区舒缓照护事业的发展不仅需要仁德之心的关爱，同时要加强优死教育、生命伦理教育，积极改善伦理环境，提高临终者生命质量。[③]

死亡的尊严问题是当代生命伦理学中讨论的一个重要问题。在当代的医疗实践中，各种新的医疗技术在老年人临终阶段的应用，已经引发了各种维护死亡的尊严之激烈争论。李亚明等试图重建儒家的人的尊严和死亡之基本含义，并从这些观念出发，对死亡的尊严与人的生物学生命之关系，死亡的尊严与人的痛苦之关系，以及死亡的尊严同人的自主性之关系进行分析，并与西方思想家在这些问题上的立场作比较。李亚明等还认为儒家关于人的尊严的观点是对以上问题作出的更好回答，有助于化解西方死亡伦理研究中出现的概念混乱和理论矛盾。[④] 对于由来已久的安乐死问题，刘刚指出在安乐死中自主之所以重要，不仅因为它是道德责任的一个条件，更重要的是个人正在通过实施自主来塑造自己的生活，做出有关自己生命和身体的种种决定。他认为自主是人们自由选择行为的一种方式，人们按照这种方式确定自己的行为和选择，并最终做出决策。作者从自主的行为、自主的选择和自主的判断三个层面对安乐死中的自主性进行了分析，认为自主必须以生命伦理学的知情同意原则作为前提条件。理性化和合法化将是我国安乐死发展的方向，也是解决现实问题的出路。对于自主性的认知、对尊严问题的考察及对自愿的理解等将是理性化的主要内容。[⑤]

器官捐赠推定同意原则在实施中也依然存在伦理等争议。周德霞等指出该原则在我国的实施中既存在逻辑原点方面的认识误区，也存在难以保障有效的知情同意、缺乏良好的信任环境和器官捐献公众平台建设滞后等困难。实行器官捐赠推定同意应以维护人的自由平等为前提，以尊重人的自主自愿为基础，以保障愿意捐献器官的人能够实现合理合法捐献愿望为目的。同时，还需要具备存在同意的极大可能性等法律要件和充分的知情同意宣传教育、广泛的公众参与、良好的社会信用体系、方便易行的推出机制以及公正的器官分配体系等伦理条件。[⑥]

---

① 唐超：《我国临终关怀事业发展的伦理问题及对策研究》，硕士学位论文，昆明理工大学，2016 年。

② 谢和成：《临终关怀的伦理困境及对策探讨》，《中国医学伦理学》2016 年第 2 期。

③ 刘颖颜：《叙事医学视角下社区晚期癌症患者临终关怀的伦理挑战》，《中国医学伦理学》2016 年第 2 期。

④ 李亚明、李建会：《死亡的尊严：儒家和西方观点的比较》，《世界哲学》2016 年第 5 期。

⑤ 刘刚：《安乐死与生命的自主性原则探究》，《中国医学伦理学》2016 年第 1 期。

⑥ 周德霞、刘剑：《器官捐献推定同意原则在我国的境遇研究》，《医学与哲学》2016 年第 10 期。

七、关于医疗生活与医疗实践中的伦理问题

时至今日，健康是一种生活态度的观点已被越来越多的人所接受并践行，同时医疗生活这一普通词汇也走进了伦理学者们的视野。2016 年度对医疗生活与医疗实践伦理问题的关注既有尖端技术方面，也包括对于医患关系等具体和日常事件的讨论。经过分析，蒋艳艳指出传统医学伦理学意图沟通为“身”的医学和为“心”的伦理，但受到身心二元论基础的局限，只是片面强调“身”的机械修复而忽视“心”的情感体验。现代医疗技术更凸显了对“身”的改造与完善，因而在传统思维模式下医学伦理困境愈发严峻。对现代医疗技术的伦理审思有必要实现“身体”转向。在身体伦理的视域中，现代医疗技术凭借高技术的运用以实现身心的良善合一为初衷，但在实践中又往往陷入身份认同危机引发的“身”与“心”的伦理困境，以及主体间对话缺失导致的“我”与“世界”的伦理困境。因此，充分利用身体伦理的学术资源，更新伦理向导的价值基础，成为现代医疗技术发展的题中之意。现代医疗技术的伦理向导应当回归“身体”，在医学实践中关注与体验具体的活着的身体，在医学伦理实践中打破理性的普遍价值规范的痼疾。[①]

岳瑨指出，认知神经科学的三种实验揭去了道德脑区的神秘幕纱。Benjamin Libet 的实验质疑自由意志的存在，达马西奥的实验旨在测定道德脑区，电极检测恒河猴大脑的实验发现了镜像神经元的探索领域。因此，他认为在道德脑区的门槛上反思技术，必须回应生命伦理的四个问题，包括自由意志是否只是一个错觉、知情同意是否还有必要、隐私的保护如何可能、人们是否能修改自己人性的版本。生命伦理学的宗旨是让道德伴随技术，道德的尺度将衡量脑技术的开发和应用从“板凳到临床”的生命伦理距离，这将造福人类。[②] 而面对出现的医疗创新和新的技术，往往也要经受道德的考量。边巴扎西等认为头颅移植手术计划的提出引发诸多生命伦理困惑及临床医学伦理困惑，同时面临道德伦理的诘问。面对各种伦理困惑，医者需要更多的人文理性回归，大众需要更多的关注生命本质及对生死观的认知。[③] 杨丹指出，在尖端医疗技术的研究和应用中，只有同步伴随伦理反思、法律应对和社会评估，才能让人类在享受医学进步带来的福祉的同时，避免新兴技术造成的风险和伤害。她认为尖端医疗的伦理意蕴，是指尖端医疗带来的伦理价值的反思、伦理规范的再造和伦理秩序的重构，围绕作为目的的“人”来展开。涵盖的议题包括：前置的伦理议题是尖端医疗技术在伦理上是被允许的抑或是被禁止的；关键的伦理议题是人与物的伦理价值

---

① 蒋艳艳：《现代医疗技术的“身体”伦理》，《东南大学学报（哲学社会科学版）》2016 年第 6 期。

② 岳瑨：《在“道德脑区”的门槛上反思技术——板凳到临床之间的生命伦理距离》，《吉林大学社会科学学报》2016 年第 1 期。

③ 边巴扎西、李磊、泽永革：《头颅移植术的生命伦理困惑》，《中国医学伦理学》2016 年第 4 期。

分野；核心的伦理议题是尖端医疗与人的尊严；规范性的伦理议题是生命伦理规范的制定和实施；程序性的伦理议题是尖端医疗的伦理审查。[①] 杨丹亦认为生命伦理取代了传统的医学伦理成为尖端医疗的伦理基础，是以“人的尊严”为哲学根基的。[②] 同时，陈雅雪等就药物神经增强中的尊严问题给出阐释。通过药物手段增强神经功能的健康人越来越多，但药物神经增强面临着安全性、有效性和公平性的伦理拷问。某些不安全的药物神经增强，从根本上违背了人的尊严这一基本价值原则，对人的生命尊严和人格尊严构成严峻挑战。为了从根本上维护人的尊严，需要加强医学和伦理审查，严格限制药物神经增强的适用范围并制定相应的伦理规则。[③]

马永慧等提出了一个全新的话题，即粪菌移植的伦理、社会问题。粪菌移植是从健康人粪便中分离功能菌群，移植到患者消化道，通过重建患者肠道菌群而实现对疾病的治疗。目前该项技术冲击着传统文化、伦理价值等，并引发人们对健康和疾病、风险、所有权等概念的重新思考。作者指出粪菌移植位于伦理争议的两个领域的交汇点，即临床试验与器官移植，因此与之相关的伦理和社会问题更具复杂性和挑战性：作为试验性的临床研究和在紧急情况下的挽救治疗，风险与收益评估、患者的脆弱性、知情同意，以及对获取试验性治疗的限制等问题尤为重要。同时作为一项新型的器官移植，粪菌移植涉及粪菌来源，即供体的选择和筛查、受体选择、资源分配的公正性、粪菌所有权和商业化等问题。作者认为患者的最佳利益和健康应是粪菌移植临床决策的首要考虑，其脆弱性和知情同意的操作困难应该得到尊重和保护。[④]

部分学者对于引发社会广泛谈论的医疗事件予以关注。邱仁宗聚焦魏则西事件，指出魏则西事件折射了当前我国医疗改革领域的种种乱象，表明在医疗改革中对市场导向的医改政策等关键性问题的错误认知并未得到纠正。误区之一是没有认识到医疗市场失灵是内置的，而这种医疗市场结构的内部失灵源于信息的不确定性和不对称性，医疗市场的国际经验与百度—莆田—武警北京总队二院肮脏利益链的形成都说明了这一点。误区之二是不了解医学是人道的专业，即医生不能将自我利益放在第一位，医患之间是信托而非契约关系，医院不能以追求利润和增殖资本为目的，引入市场机制和资本必然损害医学的核心价值，恶化医患关系，它表明决策者缺乏“利益冲突”和“财务灾难”的概念。误区之三是不了解建立一个以初级医疗为中心并与二级三级医疗协调的医疗配送系统的重要性，且建立这一系统必须将客观需要与主观愿望分开，在系统中进行供给侧改革或控制，并以初级医疗为主而以高新技术医疗为

---

① 杨丹：《论尖端医疗的伦理、法律和社会意蕴——兼谈对中国立法的启示》，《云南社会科学》2016年第3期。

② 杨丹：《尖端医疗的伦理基础及其对医疗刑法发展的影响》，《社会科学家》2016年第2期。

③ 陈雅雪、韩跃红：《药物神经增强中的尊严问题》，《医学与哲学》2016年第4期。

④ 马永慧、许鸿志、肖传兴、任建林、聂勇战、张发明：《粪菌移植的伦理、社会问题探讨》，《中华消化杂志》2016年第12期。

辅。误区之四是不了解未经证明的临床不当应用严重损害病人利益，类似莆田系医院的非法牟利行为应被禁止并追责，试验性治疗需满足一定的条件。[①] 苏洁等就魏则西事件也进行了伦理反思，指出事件暴露出的一系列伦理问题就包括违背了生命伦理的尊重与有利原则及临床诊疗原则。建议遵守生命伦理的四原则，规范医疗技术的临床试验，并将生命伦理融入医院管理和医院文化，遏制利益驱使下有违医德和法律的行为运作。[②] 杨国利以重庆医生被砍伤事件为切入点，重点讨论当前的医患关系问题。他认为在生命医学伦理学范式下，医疗决策的核心与关键在其道德正当性。具有道德正当性的医疗决策即使不能将道德陌生人的医患关系升华为道德朋友，也不会将其恶化为道德敌人。在防止医患关系被异化为道德敌人的价值上，生命医学伦理学的公平和尊重原则优于有利和不伤害原则。因此，对于促成道德朋友而言，医生的人文医疗决策能力要比科学决策能力更重要。只有不伤害或能增进医患信任的医疗决策才是好的和具有道德正当性的医疗决策。医务人员的人文能力是决定医患关系和谐与否的关键所在。而为了防止医患关系恶化为道德敌人应该建立医生回避制度。[③] 汤姆·汤姆林森、程国斌对致死性传染病患者的医疗照护提出反问，即"责任就够了吗?"在自身与家人面对重大风险时，健康专业人士是否有责任为致命传染病患者提供医疗照护呢?他们认为传统伦理学依赖于"责任"的道德论证仅仅在一般性的环境中是有效的，而面对更大风险的时候论证的效力是不够充分的。因为凭据责任自身的道德语言，不足以解读专业共同体照料高风险病人的职责的所有道德维度。应该转向基于美德和理想的道德语言，才能够公平地对待这类境遇的复杂性，并且有效激励卫生专业人员即使在自身面对巨大风险时仍会为病人提供医疗照护。[④]

面对现实的医患问题，学者们一方面对医疗公正问题各抒己见，另一方面对于医德的培养和医院和谐氛围的形成提出建议。尹洁试图以罗尔斯的正义论为例，从博格对于罗尔斯"机会的公平平等原则"之重建以及丹尼尔斯对于"健康需求之特殊道德重要性"的阐释出发，分析并揭示一般性的社会正义理论框架如何能够蕴含一种合理的医疗公正理论。其目的在于表明医疗公正理论的完善，不仅限于医疗保健资源合理分配理论的确立，这是因为健康需求的道德特殊性决定了所要建构的医疗公正理论不可避免地要与其背后深层次的"健康之社会性决定因子"缠绕在一起。医疗公正理论的建构并不因其与一般性社会正义理论的兼容性而丧失其独立性，医疗公正作为实践伦理研究课题的特性，决定了我们必须不断弥合理论与实际问题的鸿沟，而这

① 邱仁宗：《从魏则西事件看医改认知和政策误区》，《昆明理工大学学报（社会科学版）》2016 年第 4 期。

② 苏洁、韩跃红：《基于魏则西事件的伦理反思》，《昆明理工大学学报（社会科学版）》2016 年第 4 期。

③ 杨国利：《生命医学伦理学视野中的医疗决策——对重庆医生被砍伤事件中医疗决策的道德伦理反思》，《医学与哲学》2016 年第 7 期。

④ ［美］汤姆·汤姆林森、程国斌：《对致死性传染病患者的医疗照护：责任就够了吗?》，《社会科学战线》2016 年第 9 期。

正是建立一种整全的医疗公正观的目标所在。① 辛红、赵群也从公正原则的角度出发，分析患者、社会媒体、医疗机构、医务人员四个方面因公正原则的缺失而引起医患纠纷发生的原因，并针对纠纷的原因提出相应的对策。即树立公民正确的就医意识，坚持客观宣传并营造良好的环境，加强医德医风建设并增加卫生投入，加强医务人员职业胜任力教育，成立由第三方主导的医疗纠纷调解机构。②

简红江等指出建构和谐医患关系的根本在于对医学人文精神的追求。在医学伦理语境下，《大学》中“明明德、亲民、至善”所折射出的深蕴义理，在建构和谐医患关系中，应成为医务工作者自我生命伦理行为的根本要求，成为医务工作者重构患者生命价值的伦理责任，成为医务工作者营构医患关系的终极使命。其中“明明德”应成为医学伦理内则根基、“亲民”是患者生命价值再现的伦理要求、“至善”是医患关系和谐的最高原则。③ 李占立等分析了清代名医喻昌医德思想的重要特征，即重规范。喻昌“以律戒医”的医德规范主要体现在其著作《医门法律》中，具体包括“慎”“精”“诚”以及“求真”等具体的医德规范或要求。此类规范实现了医德思想的传统与现代的统一，医家自律与他律的统一以及德性伦理与规范伦理的统一，在中国医学伦理史上具有划时代的意义。④ 同时，李占立等以朱熹礼学为例探讨医师职业精神，对礼的本体确证和礼的发用对医务礼仪的理学释义进行了论述。指出不同于从规范伦理的意义上来讲的医务礼仪，基于“理”的医务礼仪更是一种美德伦理上的医务礼仪即礼的礼义部分，这个“理”是医学的本质之理，是“医乃仁术”的医德本质之理。相应的，这一医务之礼也应该是医学和医德本质之理的形而下的发用。古代医家对朱熹礼学的践履体现在医家的医务礼仪中，而现今医者德性之礼的养成仍需借鉴这一思想。李占立等提出需要识见“医乃仁术”的医德本质，加强医务人员的医德修养，践行仁心仁术，以此来促进医者德性之礼的养成。同时要规范医务礼仪，包括交谈礼仪、诊断礼仪、治疗礼仪、护理礼仪等方面。⑤ 通过梳理中国传统诚信观的释义及其与为医之道的关系，张秋菊提出传统诚信观对医学职业人格培养的启示。同时还指出要尽力克服传统诚信观的不足之处，如不能只在熟人圈讲诚信，而是应把诚信作为职业人格的核心之一去遵守和践行。厘清诚信内涵并在中国传统伦理文化中找到诚信文化的依据，既是对诚信内涵的溯源和深化，又是对诚信作为医学职业人格培养内容的凸显，有利于进一步强化医学职业人格培养的路径建设。⑥

另外，学者们对医学生也提出了医德教育。黄成华指出以生命伦理教育为导向进

① 尹洁：《“正义论”蕴含医疗公正吗?》，《哲学动态》2016年第1期。

② 辛红、赵群：《公正原则视角下对医患纠纷的思考》，《中国医学伦理学》2016年第4期。

③ 简红江、何国蕊、何国忠：《“明明德、亲民、至善”对医护工作人员建构和谐医患关系的启示》，《学术论坛》2016年第9期。

④ 李占立、赵群：《从〈医门法律〉论喻昌重规范的医德思想》，《中国医学伦理学》2016年第4期。

⑤ 李占立、赵群：《医务礼仪的哲学探析——以朱熹礼学为例》，《中国医学伦理学》2016年第3期。

⑥ 张秋菊：《中国传统诚信观及其对医学职业人格培养的启示》，《中国医学伦理学》2016年第4期。

行医德教育创新，有利于提升医学生素质，改善医患关系，进行医学教育的自我纠偏。为了形成生命伦理教育与医德教育的良性互动，在理论创新方面要注重生命属性的完整把握、重智轻德的系统纠偏、技术医学的适度超越、交往理念的合理界定、哲学范式的重大转型等问题；在实践创新方面，要挖掘生命伦理教育的资源、树立生命尊严的新核心理念、探索生命伦理教育的新样态、重视生命伦理教育的隐性资源等。① 李隼、张柏茂进一步指出单一的义务论和功利论逻辑指导下的医学生职业价值观教育又最终会偏离和违背人本价值观教育的初衷和本意，导致个体在行为选择上动机和效果的失衡以及在价值观上义和利的偏好失衡，这是构成当前医学生职业生涯中个体失范、社会声誉走低的重要原因。因此期望通过对当下医学生职业价值教育进行反思和优化工作，对这种状况加以改善。②

对医疗实践的伦理关注还涉及相关的生物医药及动物实验问题。我国已初步形成了生物医药研究的伦理审查体系。但生物医药研究伦理审查工作的实际效果还不尽如人意，整体水平有待提高。因此郑小蕻认为需要在生物医药研究伦理审查中实现合力效应。生物医药研究伦理审查合力是指，与伦理审查相关的组织、机构、人员以维护受试者权益、促生物医药研究为目的的相互合作；生物医药研究伦理审查的合力效应是指，在生物医药研究伦理审查中相关的组织、机构、人员合作所产生的效应。组织、机构和人员是构成合力的主体，共同维护受试者权益、促进生物医药研究。从而最大限度地维护受试者的安全和权益、提高伦理审查工作实效性、促进医疗卫生事业规范发展。为了提升生物医药研究伦理审查合力效应，建议建立生物医药研究伦理审查分工合作机制、严格把控生物医药研究伦理审查各个环节、促成生物医药研究伦理审查各项制度密切配合、加强生物医药研究伦理审查各部门协作能力，以及建立生物医药研究伦理审查合力效应的评估机制。③ 另外，曹强等通过探讨生物医学中动物实验伦理的基本规范，揭示了目前医学研究生动物实验伦理道德诸如对动物实验伦理认知不深、对动物福利法及相关伦理原则了解甚少、生命伦理意识淡薄、实验操作不规范等方面存在的主要问题。从个人因素、社会环境、教育评价机制、动物实验伦理委员会审查过程流于形式等方面对问题产生的原因进行分析，指出可以通过加强医学研究生动物实验伦理规范教育，培养其敬畏生命的意识，引导医学研究生正确处理动物实验过程中出现的各种伦理道德问题，更好地承担“除人类之病痛，助健康之完美”的社会责任。④

---

① 黄成华：《生命伦理视域下的医德教育创新研究》，《昆明理工大学学报（社会科学版）》2016 年第 3 期。

② 李隼、张柏茂：《关于医学生职业价值观教育中的义务论与功利论逻辑传统的反思》，《中国医学人文》2016 年第 7 期。

③ 郑小蕻：《生物医药研究伦理审查合力效应研究》，硕士学位论文，天津医科大学，2016 年。

④ 曹强、李情：《生物医学研究生动物实验伦理道德现状审思》，《医学争鸣》2016 年第 5 期。

八、关于学生群体的“优活”问题

对于学生群体的生命教育历来任重而道远，尤其在技术的发展下不断面临新的挑战。全球已步入大数据时代，而这一时代变革也需要医学伦理教育教学进行新的思考。陈祥鹏等指出在这一挑战下，生命医学伦理教育教学需要充分整合资源，利用数据资源和途径，运用数据分析方法引导医学生形成正确的伦理价值观和医学研究态度。[①] 陈化就以广东地区为中心进行了考察，对社会转型时期大学生生命道德进行实证探究。他认为对大学生进行生命道德教育，需要提高有效性，耦合大学生的现实诉求与生命道德教育的时代特质，寻求生命意义的真谛。同时将生命道德植入社会实践中，修复生命道德中“知行断裂”的现象，并以对话教育培植生命主体性，强化道德自主选择的能力。[②]

张震认为当前生命教育所面临的根本问题是“身体的缺位”，这致使其缺乏让人去切身体验和感触生命的过程，这样难以达到教育的本然目的。身体是生命存在的意象，身体的知觉是生命最初的动能，身体史即生命的历程并且生命教育与身体教育有共同的教育目标、主体以及终极旨趣。因此身体教育是生命教育的本质形式，应当以身体为核心。身体—生命教育是知身、炼身、美身与修身的教育。[③] 对此，王圣荣借鉴了孟子的生命观，把其内容概括为自然生命观、精神生命观和社会生命观。自然生命观主要表达了孟子注重人的自然性以及由自然性引申出来的珍爱生命、重视死亡思想；精神生命观涵盖了科学意蕴、道德意蕴和审美意蕴；社会生命观包括群体生命和个体生命两个部分的内容。从自然生命观可得到珍爱生命和正视死亡的启示；从精神生命观中得到构建生命教育生态链、注重生命中的道德修养和树立昂扬向上的生命态度的启示；从社会生命观中得到培养大学生生存意识与和谐意识的启示，以及对大学生使命与生命教育者使命的启示。[④] 梅思佳等将心理情景剧引入实习护士生命伦理教育的过程中，对心理情景剧的实践过程进行了详细描述，并从心理情景剧的创作、编写、演出等方面探讨了其提升生命伦理教育有效性的作用机制。[⑤] 鲁春丽等分析医学生对动物实验的看法，探讨了医学院校相关生命伦理教育之重要性。认为我国医学院校急需加强医学生生命伦理知识教育，加强实验过程管理，优化实验过程，减少浪

① 陈祥鹏、谢正德：《大数据时代下生命医学伦理教育教学面临的挑战及对策》，《继续医学教育》2016年第4期。

② 陈化：《社会转型时期大学生生命道德实证探究——以广东地区为中心的考察》，《中州学刊》2016年第3期。

③ 张震：《身体教育：生命教育的本质形式》，《广西社会科学》2016年第8期。

④ 王圣荣：《孟子生命观对大学生生命教育的启示》，硕士学位论文，曲阜师范大学，2016年。

⑤ 梅思佳、陈庆健：《心理情景剧在实习护士生命伦理教育中的实践》，《中国医学伦理学》2016年第4期。

费；同时医学院校实验指导教师应以身作则，善待实验动物，加强对医学生平时的教育。[①]

此外，鉴于目前艾滋病社会歧视现象依然严峻和高校普遍缺乏艾滋病相关专业人员的现实，实行通报制度后容易出现一些伦理问题，如违反知情同意原则、信息保密原则和隐私保护原则，由此会导致感染学生受到严重的社会歧视，遭受不公正待遇，合法权益受到侵害，精神受到伤害等。张璐平等建议在通报制度中严格保护感染学生信息；学校要加强艾滋病健康教育师资力量的建设；学校、政府、医疗机构共同行动，努力消除对艾滋病感染者的歧视。[②]

① 鲁春丽、赵丽：《从动物实验看医学院校生命伦理教育——基于北京四所医学院校医学生的问卷调查》，《中国医学伦理学》2016 年第 3 期。

② 张璐平、韩跃红：《建立学校艾滋病疫情通报制度的伦理问题研究》，《昆明理工大学学报（社会科学版）》2016 年第 2 期。

第九章　法律伦理学研究报告

杨茜茜

法律伦理研究是中国应用伦理学领域中一个不可或缺的重要组成部分，也是中国伦理学研究时代性发展的新生长点。与 2015 年相比，广大学者更加关注于当代中国法律伦理现代品格的塑造，以中国特色的法律伦理视角，用以构建当代中国特色社会主义法治体系。在学术会议方面，2016 年 6 月 18 日，浙江大学公共管理学院与浙江省委党校联合主办的“推进法治德治建设，创建基层社会治理”高峰论坛在乌镇举行，会议分为“治理、社会治理、基层社会治理的理论与实践研究”“社会治理体系中的法治、德治与自治研究”以及“桐乡市法治德治自治建设的经验与未来”三大主题。2016 年 8 月 31 日，《探索与争鸣》编辑部与华东政法大学社会发展学院联合主办的“平衡点与突破点：法治中国何以可能”圆桌会议在华东政法大学举行。会议以“平衡点与突破点：法治中国何以可能”为主题，以中国转型期中治与西治、人治与法治、道德与规则、私域与公域、工具与理念、行政化与专业化等理论和实践的张力为背景，重点探讨转型中国社会运行的内在逻辑和细微变化、中国现代法治建设面临的困难以及社会运行与法治建设之间的契合点和共享路径等问题。2016 年 12 月 17 日，第二届大国法治论坛暨法治与德治高端论坛在常州召开，会议以“良法善治”视域下的法治与德治为主题，分为法治与德治及相关概念辨析、法治与德治的关系类型、传统德治文化的现代转型、现代法治的良善本性和法治与德治融通互促机制等五个议题展开。在研究成果方面，出版专著 6 部，核心期刊相关论文 424 篇，学位论文收录共 164 篇，其中硕士学位论文 149 篇，博士学位论文 15 篇。成果主要涉及法律伦理的基本问题，法治与德治关系，法律制度的道德性，法律实践的伦理问题，中国传统法律伦理思想，国外法律伦理思想，法律职业伦理等问题。学者们在这些方面进行了深入的研究，在一些学科方向和领域取得了历史性的突破，而且有些研究成果直接或间接地影响到现实的法律实践活动和社会发展，这些都值得总结和肯定，下面试对此加以述析。

一、法律伦理的基本问题

首先，关于对道德法律化与法律道德化概念的理解问题，学界多有争议。如有学者认为道德走向法律化将不可避免陷入诸多困局。他们基于中外“法律优先论”与“德法独立论”，强调法治与德治紧密结合之时，在逻辑层次上应把道德置于法律之上，从法律走向道德即法律道德化，而不是从道德走向法律即道德法律化。① 而张晓燕却从“权利”视角出发，探讨了道德法律化对法治建设以及道德秩序之构建可能存在的问题，特别是道德法律化的限度问题，诸如：确保道德进入法律之时与现代法治精神的共鸣；注重道德的分层化，防止道德强制泛化；道德法律化限度的设定不能忽略作为法治基础的权力逻辑等。她认为在法律的帝国，宽容本身应该是一项最重要的美德。基于对权利的尊重，对权力的警惕以及对于道德治理终极目标之追求，不能因为有的行为是“反常的”或自身是令人厌恶的，就被纳入法律予以否定的范畴，当个体行为没有产生外部性，没有对他人的权利构成影响之时，法律一般不应该介入，个体应该保有不受打搅的权利。②

其次，关于道德争议的治理难题问题。历史变迁、文化融合和技术发展等都加剧了道德争议的出现，全球化时代的到来给传统的道德观念带来了极大的冲击。人们做出行动的实践理由和道德推理发生了改变，道德争议的治理难题由此出现。这一难题的理论面向体现为三点：(1) 道德理由具有客观性，还是只是人们情感或社会意识的主观表达？(2) 如果存在客观和确定的道德理由，那么人们如何知道这些理由？(3) 国家是否应当以及如何帮助人们选择正确的道德理由？例如，同性婚姻合法化、网络裸聊、代孕等行为。王彬认为有关代孕纠纷的法律分析充满伦理学立场的对立，法律技术是论证道德立场的工具，道德推理是法律论证的价值基点。形式意义上的法律论证必须以道德共识为前提，而在价值多元化的现代社会，关于代孕纠纷案的争议反映出“共识危机”，这种“共识危机”的出现缘于情感主义和直觉主义的伦理学立场。为凝聚道德共识，道德争议案件的司法裁决应坚持理性主义的伦理学立场，通过理性的论证赢得大多数人在道德上能够接受的解决方案。无论是目的论还是义务论的伦理学立场都难以在价值多元的社会中占据支配地位，应通过理性的论证规则和论证程序检验和协调义务论与目的论的普遍实践论据，理性地证成具有伦理争议的规范性命题。③ 郑玉双认为，道德争议的本质是社会成员对做出某一行动的道德理由的对与错存在理性分歧，具有元理论、规范理论和教义理论的三重实践意涵。基于共同善的

---

① 戴茂堂、左辉：《法律道德化，抑或道德法律化》，《道德与文明》2016 年第 2 期。

② 张晓燕：《德法互济中的乐观与审慎》，《道德与文明》2016 年第 2 期。

③ 王彬：《法律论证的伦理学立场——以代孕纠纷为中心》，《法商研究》2016 年第 1 期。

法律道德主义主张国家应当以法律制度的形式促进和保障人们更好地参与和实现共同善，为道德争议难题的解决提供一个二阶的道德总纲。公序良俗原则可被重构为法律道德主义的文化重塑功能，而不道德行为的犯罪化是国家以刑法对阻碍共同善行为的回应。法律道德主义为道德争议的法律治理提供了文化上保守、规制上宽容的理论方案。① 并且她还试图对工具主义法治观如何实现共同善的良法善治，从价值立场、方法论、道德证成、政治意义四个方面进行辩护，为法治实践提供新的理论定位和价值解析，从而为良法善治在国家现代化治理中的实现提供理论依据。② 杨继文以藏区草场纠纷治理为例，通过案件呈现我国农村法律治理的多样性和复杂性，尤其是民族地方纠纷治理的综合性特点、民族习惯法适用的普遍性以及纠纷解决的费用规制特点。主张通过完善法律管理相关制度、构建藏区环境公共利益制度、实现习惯法与国家法的良性互动以及充分利用多元化解决机制来实现治理难题。③

再次，学者们还关注道德冲突的规制和化解问题。王淑芹认为化解道德冲突，不能仅限于道德领域，在社会利益关系多样、价值相对主义和虚无主义弥散的当代社会，道德冲突虽不可避免，但社会管理、法律与道德的共同规制与互济，能够缓解道德冲突的尖锐性或遏制衍生型道德冲突的泛滥。同时还强调，发展市场经济，是为了人的自由全面发展的最终目的，是要为人享受合乎人性的精神生活奠定经济基础。要避免牺牲道德的经济发展优先论的泛滥所导致的人为道德冲突，光靠道德自身的力量是不够的，需要法律担当起道德与经济协调发展及守护道德的重任。④ 学者石毕凡就以“泸州遗赠案”作为道德与法律相冲突的疑难案件为例，运用利益衡量方法分析该案，认为这样能够避开规则与原则的适用困境，避免两种极端的结果而寻求一种“调和”的骑墙结论，从而实现司法的法律效果与社会效果相统一的要求。按照利益的层次结构，衡量的标准并非仅仅是案件当事人所诉求的一阶利益，还必须重视一阶利益背后所蕴含的二阶利益或高阶利益，主要表现为各种形式的制度利益和社会公共利益。⑤

最后，学者们对法律伦理学的研究方法进行了拓展。傅鹤鸣基于制度伦理视角，对国内伦理学界“制度伦理是什么”问题，以及“制度的伦理化与伦理的制度化”两个面向之争议问题，提出鲜明的主张，概括起来包括：一是制度伦理中的“制度”不应是一切制度，而应只专注于与国家公权力有关的制度；二是在构建当代中国制度伦理时，主要问题不在于伦理的“制度化”而在于制度的“伦理化”。他认为当代中国制度伦理建设的根本任务在于解决国家公权力的道德合法性问题，而法律又是现代

① 郑玉双：《道德争议的治理难题——以法律道德主义为中心》，《法学》2016 年第 10 期。

② 郑玉双：《实现共同善的良法善治：工具主义法治观新探》，《环球法律评论》2016 年第 3 期。

③ 杨继文：《“依法治藏”背景下的藏区草场纠纷治理》，《贵州民族研究》2016 年第 3 期。

④ 王淑芹：《现代性道德冲突与社会规制》，《哲学研究》2016 年第 4 期。

⑤ 石毕凡：《“泸州遗赠案”的利益衡量方法透视》，《河南社会科学》2016 年第 4 期。

法治中国国家公权力唯一合法来源。因此，让具有中国特色法律伦理的现代“到场”，用以构建当代中国法律的现代伦理品格，这应属我国制度伦理建设的核心命题，而这不是实现一般意义上的自由或平等，而是实现制度意义上的、以公共利益为基础的、兼顾起点与结果平等的公平正义。[①] 而杨伟清基于政治学视角对学界关于政治正当性、合法性与正义三个重要的评价性概念模糊不清的现状，从法律与道德维度进行了辨析，首先，正当性与合法性是相关的，两者无法截然分开。其次，正当性并不等同于合法性，因为正当性存在法律之外的道德维度。对正当性问题的严肃考察必然要超越合法性的层次，进入道德的领域。[②]

而青年学者石任昊以敏锐的观察力对“缠讼”与“涉诉信访”进行实证研究，发现道德话语、政治话语、法律话语作为纠纷解决的三种主要话语，在“官方表达”与“日常实践”情境中表现出“应然”与“实然”之间的“关系错位”，道德话语往往会“逆袭”至法律话语之上进行定纷止争，导致大量“非法治现象”出现。中国的现代法治建设要求我们不断打破惯例和常规，破除“政治话语”（魅力型权威）、“道德话语”（传统型权威）的历史桎梏，将法律话语（法理型权威）树立为新的权威标准、发挥新的历史功能，要实现规范意义上的法治社会，我们可以容许多元，但不能允许破坏秩序底线的多元，我们可以容留“逆袭”，但不能允许缺乏共同体精神的“逆袭”，我们可以赋予法律话语的现代性意义，但不能忽视盲目操作可能带来的现代性后果。[③]

二、法律与道德的关系

在推进我国法治国家建设的进程中，深入研究法律与道德的关系问题具有重要的意义。法学家、哲学家的观点大体可分为三类：一是认为法律与道德存在内在联系，二者本质上是统一的；二是认为二者无必然联系，将二者分离；三是认为法律与道德的关系要在具体的历史时段中加以考察。

道德与法律的关系，是伦理学研究中的基本理论问题。在这一问题上，王淑芹、李桂梅指出，罗国杰先生作为新中国伦理学事业的奠基者、中国马克思主义伦理学的开创者、社会主义市场经济条件下道德理论的创建者，既反对法律至上的独尊论也反对道德优先论，而是主张道德与法律相协调、法治与德治相辅相成。他所阐述的道德与法律相协调何以可能、何以实现的思想，立意深远，高屋建瓴，对于推进当代法治

① 傅鹤鸣：《法律伦理：当代中国制度伦理构建的核心命题》，《伦理学研究》2016 年第 5 期。

② 杨伟清：《政治正当性、合法性与正义》，《中国人民大学学报》2016 年第 1 期。

③ 石任昊：《话语逆袭：当代中国的法律秩序》，《探索与争鸣》2016 年第 11 期。

与德治理论研究的深化及建设良法善治的国家具有重要意义。[①] 后学龙静云在其思想体系中，从罗国杰先生关于法治与德治思想的内涵界定、关于法治与德治关系的论述、关于如何落实法治与德治相结合治国方略及其重要意义的思考三个方面，对其法治与德治思想进行探析。中华人民共和国成立后，关于“依法治国”与“以德治国”相结合的治国方略最早是由时任中国共产党总书记和国家主席的江泽民提出的，但鲜为大众所知的是，“以德治国”之所以能够得到党和国家领导人的重视，并与“依法治国”一起上升为治国的基本方略，与罗国杰先生长期的学术研究和急切呼唤有直接联系。罗国杰先生撰写了一系列论文并出版了《以德治国论》，以学术专著的形式，对法治和德治的内涵做出了全面、科学的界定，尤其把“以德治党”这一十分敏感和严峻的问题纳入了“以德治国”的范畴，先生的学术勇气和富有新意的学术创见，充分体现了其关注生活、关注现实需要的实践向度和本色。正如葛晨虹教授所言：“他提出的以德治国，能够成为治国方略和其一以贯之的学术关怀有关。”罗国杰先生对法治德治关系进行了不懈的探索。他对中西方思想家关于德治和法治思想或理论都有一定的批判吸收，尤其厚爱荀子的“隆礼重法”主张，先生认为“只有把法治与德治紧密地结合起来，把法律惩治和道德教化有机地融合起来，并使二者相辅相成、相互促进，才能使国家真正地长治久安。法治和德治，犹如车之两轮和鸟之两翼，不论任何时候和任何情况，都不可偏废”。对于我国如何落实法治德治相结合治国方略及其重大意义，罗国杰先生相较于学术界同人来说，站得更加高远，不仅系统探讨了如何落实法治德治相结合治国方略的具体措施，而且分别从理论创新与道德实践，国家治理和个人发展等方面，对法治与德治相结合治国方略的重大社会价值进行了全面、系统而深刻的思考。[②]

伦理学术界承前启后地从多角度对两者关系进行了研究与审视，为依法治国和以德治国相结合，法治中国建设提供了理论支撑。陈勇等人认为，在党的重要决议中提出“增强法治的道德底蕴”，应当是指法治作为一种国家治理、社会治理的方式和手段所具有或蕴含的道德方面的理念、观念、价值、精神、要求、准则规范等的集成、聚合和展示。法律的约束力并不能必然产生道德，而道德的约束力一旦生成则可以形成内心的法律。道德规范以“应该”的柔性话语形式，以内在的感召力和认同感实现对人们的思想和行动的双重约束，因此，道德情怀的融入有利于人们对法律规范的遵守和认同。由道德觉悟的提高而促进的法律意识提高是实现法律之“必须”与道德之“应该”这一理论层面在“意愿”这一实践层面上的统一，正是对“增强法治的道德底蕴”命题的时代诠释和现实愿景。[③] 张莉也认为，全面推进依法治国，既要

① 王淑芹、李桂梅：《道德与法律关系研究——罗国杰道德与法律相协调思想研析》，《学校党建与思想教育》2016 年第 2 期。

② 龙静云：《罗国杰法治德治思想探析》，《伦理学研究》2016 年第 6 期。

③ 陈勇、武曼曼、穆非：《论增强法治的道德底蕴》，《思想理论教育导刊》2016 年第 2 期。

全面加强民主法制建设，也需要加强政治和法律伦理建设，使依法治国建立在道德伦理的牢固基础之上。古代国家强调政治的伦理性，近代西方产生国家非伦理化观念，而中国则一直坚持政治伦理传统。全面推进依法治国，必须从立法、司法和执法等各方面、各环节加强政治和法律建设。在加强立法伦理建设方面，必须强调制度与法律规范的正义性，使制度和法律充分体现公平、正义；而加强行政与司法伦理建设方面，必须强调治理手段的正当性，正确认识行政手段的功利化以及隐蔽性非道德行为，调整政绩评价取向。[①] 李交发、李天助认为以德治国与依法治国是相互交叉、相互渗透的，两者并非相互隔离的个体。我们既不能割裂二者之间的联系，也不能误入“重德轻法”或“重法轻德”的失衡陷阱。[②] 廖小平、孙欢同样认为道德治理和法律治理共同构成了国家治理体系，二者之于社会秩序都具有不可或缺的重要价值。道德治理之所以具有如此重要的价值，是因为它不仅是对社会道德阴暗面及其负能量进行克服和消除的活动和过程，同时又是“益”，即传播先进价值观念，并以这种价值观念凝聚人心，激励和引导人们求真向善，实现价值观再造的活动和过程。[③]

中共十八届四中全会强调，国家和社会治理需要法律和道德共同发挥作用，以法治体现道德理念，以道德滋养法治精神。既扬弃传统法治又吸纳传统德治人本理念和自我管理特色，把刚性的法制和柔性的教化结合起来。[④] 在伦理手段的选择上，从以德治为主、法治为辅的国家治理模式转向德治和法治相结合的国家治理模式，有助于对国家公共权力的运行进行“双保险”式的管控，从而使德治和法治方略真正成为国家治理的手段善或工具善。[⑤] 葛声波认为法律虽然是现代国家规范行为的主要手段，但它不能单独地实现良好效果，必须通过吸收和反映一定的道德内容，借助道德的基础作用。只有加强道德建设，才能促进法律的制定、执行、适用和遵守，推动国家的法治进程。[⑥] 在公民价值观教育方面，同样要求道德规范与法律规范具有目标一致性，以及内涵设置的协调性，并坚持依法治国与以德治国“两手抓，两手都要硬”，推动法律规范与道德规范在实践中内外相配合，促进社会主义核心价值观外化于行，内化于心。[⑦] 在道德引领方面，彭凤莲对中华人民共和国成立以来的第 8 次特赦进行了深入剖析，认为它与人治背景下的赦免有根本区别，在本质上属于法治。特赦作为宪法规范，具有内在的道德即对于人的理解与尊重，从而能发挥其德治功能，鼓励犯人改过自新，并对全社会具有感召作用，有利于弘扬新型社会主义德治观。依

---

① 张莉：《依法治国中的政治与法律伦理》，《中国行政管理》2016 年第 12 期。

② 李交发、李天助：《“以德治国”与“中国特色社会主义法治体系”》，《湘潭大学学报（哲学社会科学版）》2016 年第 3 期。

③ 廖小平、孙欢：《价值观变迁对国家治理现代化的诉求》，《伦理学研究》2016 年第 3 期。

④ 肖琴：《法治环境下“德治”文化的地位、作用及其培育》，《湖南社会科学》2016 年第 2 期。

⑤ 向玉乔：《国家治理的伦理意蕴》，《中国社会科学》2016 年第 5 期。

⑥ 葛声波：《法律运行中道德的缺失与重建》，《人民论坛》2016 年第 6 期。

⑦ 李泽泉：《德法并举：规范视域下的公民价值观教育》，《中国特色社会主义研究》2016 年第 5 期。

法特赦是法治与德治完美结合的实践，在全面推进依法治国进程中具有里程碑意义。我国重启特赦，凸显依宪治国、依宪执政的理念，有利于树立宪法权威，彰显法治的实质正义和程序价值，起到推动赦免制度完善的作用。[①]

当然，也有很多学者认为，需要对法律与道德的关系从逻辑关系、历史维度等方面进行剖析。余达淮、陈光洁在文章中指出法律与道德作为规约人类社会行为的两大基本规范，两者虽同属上层建筑，但在理论和实践中却呈现出多维差异和相互影响。反映在我国的治国方略上表现为"依法治国"和"以德治国"的有机统一。文章对法律和道德是否构成一对矛盾，德治是法治的基础还是法治是德治的基础，依法治国和以德治国有无重点之分三个亟待厘清的时代命题进行了重新梳理。文章首先从历史与现实两个维度论证了法律与道德并不具有同一性，逻辑上不能构成一个矛盾统一体，继而不能形成哲学上所说的矛盾。其次，对法治和德治的关系正确界定应当是两者互为基础，"德治是法治基础"中的法治指的是"底线道德"的治理，"法治是德治基础"中的德治强调的是"高层次、高水平"的道德运行，因此，德治是法治的价值旨归和灵魂，而法治是德治的保障和基础。最后，对目前学界主要四种观点各具争议之处做了简要的回顾，同时提出了自己的主张，认为我们今天讲的"依法治国"和"以德治国"不同于阶级社会法治和德治的根本之处在于，从社会性质的向度上是一种新型的法治和德治，是人民当家作主的法治和德治，是社会主义性质的法治和德治。[②] 赖怡静认为不论是将二者完全等同还是主张将二者完全分离的观点，都是有失偏颇的。二者其实有共同的物质基础且相互影响，但对行为的调整范围不同、对行为的调整机制也不同。在分析法律与道德内涵时，要注意二者的边界，既不能用道德取代法律，也不能忽略法律内在的道德性。[③] 道德与法律相对分离、法治与德治主次有序，但最终还是需要获得更高层次的复归，才能形成良法善治的统一体，而这一"正反合"的辩证发展过程，寓于社会主义法治中国建设的伟大实践，必然体现出中华民族伟大复兴的文化自觉与自信。[④]

三、法律与实践的伦理问题

法律伦理学的研究也应立足于理论与实践两个方面来进行，因而如何从道德的立场来分析和解决法律实践中立法、执法、司法和守法各环节所出现的道德现象和问题，促进法治的建设是法律伦理学要关注的一个话题。

---

① 彭凤莲：《依法特赦：法治与德治之结合》，《马克思主义与现实》2016 年第 2 期。
② 余达淮、陈光洁：《"法治"与"德治"关系三题》，《道德与文明》2016 年第 2 期。
③ 赖怡静：《全面依法治国视域下法律与道德关系再研究》，《求实》2016 年第 9 期。
④ 戴小明、林孝文：《论现代治理体系中的德治与法治》，《湖北社会科学》2016 年第 7 期。

（一）关于立法伦理

法律会随着社会生活的变化而变化，因此，不同时代，国家的立法理念不尽相同。立法既要注重合法性，又要注重合理性。而要实现合理性的要求，立法过程必然涉及立法原则的伦理拷问和审查问题。近些年来，立法伦理的研究热点问题如安乐死、动物权利、堕胎、网络虚拟财产、人工智能等，都是具有法律和道德双重维度的“难题”。

罗培新指出社会信用立法游走于公私两域，具有相当高的技术难度，必须在立法法确立的权限范围内审慎进行。社会信用可以被界定为信用主体履行法定或者约定义务的客观状态，而对改状态的主观评价，则由运用信用信息的主体自行做出。立法者在体认个人信息自决权的基础上，还须认识到公共信用信息与市场信用信息在权属、归集与查询、救济、法律责任等方面的差异性。①

（二）关于司法伦理

司法伦理是法律伦理研究的重要内容。一个制定良好的法律仍然只是“应有”，要使良法之良变为“实有”，司法正义是最根本的保障，而司法伦理是司法正义的前提。

王申认为司法伦理是法官道德行为的规范依据，它所关注的是法官的义务和责任。法官遵循司法伦理、坚守正义的原则并不依赖于任何特定的道德观念，不应受制于政治的交易或社会的利益。在满足司法伦理的客观需求方面，法官有时确实很难寻找到一个最好的开端。但法官心智诚实的要求却占有优先的地位，而诚实就是责任。法官道德是司法伦理人格化的表征，只有确立与我国司法相适应的法官职业伦理品质，才能彰显中国特色的社会主义司法伦理。② 并且，针对通过寻求德性的普遍定义可以探索“德性是什么”的问题，王申指出德性伦理学作为规范伦理学的一个分支，是把关于人的品格的判断作为最基本的道德判断的理论。德性伦理学要求人们成为具有某种道德品性的人。德性就是人依照自己的“固有本性”或根本“法则”而行动。法官的历史其实就是法官道德活动的现象界。司法伦理精神包含了构成法官共同体的伦理秩序、法官的道德品质、司法伦理的精神性、体系性元素，以及由这些元素所形成的完整的法官道德形态。法官职业伦理是法官为自身所立之法，它的必然性源于法官职业本身。在法官的所有属性中，德性是最为高贵的。法官是社会良知的典范、正义的榜样、道德的先进者和法律的捍卫者。司法伦理规范其实是法官职业价值理念的

---

① 罗培新：《善治需用良法：社会信用立法论略》，《法学》2016 年第 12 期。

② 王申：《法官道德须满足司法伦理的客观需要》，《政治与法律》2016 年第 7 期。

凝结，也反映了法官职业的道德理想。①

张婷婷以“宜兴胚胎案”与“电车难题”作为观察对象，试图独立于传统道德观念和意识形态的解释，探究这种现象背后究竟隐藏了怎样的行为逻辑，以期探明国家现代化与道德退化悖论的起因，司法审判中科技、法律与道德的作用机理以及其中内含的裁判规则。她指出在科技水平极度发达的时代，司法裁判中科技与道德的相互阻却现象已经难以用传统社会科技水平低下来评判，法学家们有义务去探寻司法裁判背后的真实逻辑，并敏锐地观察到科技在司法中的运用正在逐步侵占了道德的生存空间。②

（三）关于守法伦理

中国共产党第十八届中央委员会第四次全体会议通过的《中共中央关于全面推进依法治国若干重大问题的决定》中特别应予以关注的是“增强全民法治观念，推进法治社会建设”，论述中要求“倡导契约精神，弘扬公序良俗”。有学者指出，公民对法律的敬畏是实现法治的前提，没有对法律的敬畏意识，法律就不能得到有效遵守。卢涛从大学生法治观念和契约精神养成的内在关系入手，从多视角对加强大学生法治观念和契约精神养成的合理性进行证成，进而对全面提升大学生法治观念和契约精神养成的路径体系进行探讨。③

学者赵旭东则从社会与文化维度去看待人“何以违法”的问题，认为需要在法律构成的不同主体之间理解法律为何，同时也要借此互动所展开的立法者的逻辑与守法者的武器之间寻求一种对于法律为何的理解。在看待违法的问题上，单单依赖于对个人行为的理解，无法完整地理解法律本身。法律要有人心作基础，不能完全通过外化的强力使之彻底的改变。④ 对于公权腐败问题，学者郑文宝、姜丹丹从自律和他律两个层面，指出防止腐败应从源头入手，“礼治”能有效管控腐败的萌芽期和量变期，倡导采用“德—礼—法”全过程反腐。⑤

（四）法律职业伦理

钱一栋认为，良好的法律职业伦理是法治建设的精神动力，有助于弥补法律制度的不足，保障法律人行为的正确方向。法律适用不是一个机械的过程，法律活动离不开法律人的能动因素，因此法治必须落实为法律人之治。而只有当法律人具有充分的职业伦

---

① 王申：《司法职业与法官德性伦理的建构》，《法学》2016 年第 10 期。

② 张婷婷：《科技、法律与道德关系的司法检视 ———以“宜兴胚胎案”为例的分析》，《法学论坛》2016 年第 163 期。

③ 卢涛：《大学生法治观念和契约精神养成三论》，《经济研究参考》2016 年第 22 期。

④ 赵旭东：《何以违法？适用中国文化转型的规则与社会》，《河北学刊》2016 年第 6 期。

⑤ 郑文宝、姜丹丹：《公权腐败的人性根源及其治理——从传统伦理说起》，《领导参考》2016 年第14 期。

理与技能时，他们才能成为良法的肉身，法律人之治才是真正的法治，而不是另一种人治。只有当法律人拥有法治信仰时，法律人才会认真对待职业伦理与技能。[①]

王申认为法官只有具备了美德才具有道德价值。司法伦理掌握司法本身的道德性及其理性价值、伦理关系和伦理评价，是对司法、文化与法官间的协作以及一系列共同、基本的伦理价值、规范及态度之基础的寻求和建构。司法公正既意味着维护公义，也意味着“善”。法官美德是关于公正概念最基本的价值体现，司法的本体世界就是一个道德世界，是法官所从属的真正在职业精神上自觉的世界。法官生活的道德标准唯有借助于司法伦理才能形成，司法伦理的目的是为法官自身建构一个与其职业相关联的秩序。[②] 同时他还认为应运用反思性认可方法提升法官的道德素质，意味着法官的道德信念必须经得住法理反思，并要求法官裁判给予充分的说理。法官欲得公众之尊崇就必须提升道德素质。尤其强调法官的良心，它是法官灵魂深处的一项道德原则。良好的法官道德素质能够使社会公众较为容易地判断法官的审判是否出于良心，使法官职业的公共价值广为人知。法官不仅要掌握完整的法律专业知识，而且还要拥有正义和守法的美德，将公正司法确立为提升法官道德素质的价值立场。[③]

刘广林、冀宗儒提出应着重完善利益、业绩考评、违法惩戒等保障机制以强化法官职业伦理责任之提升。用科学的责任机制代替目前使用的“违法审判责任”机制，对法官违法行为予以治理。违法审判责任模式侧重违法实体裁判“结果”追究而非“不当行为”防范的机理，且缺乏利益保障等局限，容易引发法官畏惧独立审判、辞职和出走、不当行为频繁发生等诸多弊端，而职业伦理责任重在对法官的“不当行为”进行治理，与当前法院试行的员额制、惩戒机制等弱化行政化的改革相适应。[④]

阮祝军认为检察官作为法律职业共同体中的重要成员，不同于一般公务人员，其经过长期的法律专业学习和训练后，会形成一种基于纯粹技术的身份荣誉感和责任感。也不同于医生等职业群体，检察官的这种技术权威必须建立在社会公众的信任之上，如果不能保持整个职业团体的廉洁正派，那么其技术功能将消失殆尽。检察官职业伦理建设，一方面为检察官办案责任制改革的合理性进行价值背书，另一方面为检察官办案责任制构建起伦理标准，以提升全社会对检察机关和检察官的司法信心。[⑤]

四、具体法律制度的道德性

2016 年度学术界主要对《宪法》《刑法》《民法》《慈善法》《婚姻家庭法》的

---

① 钱一栋：《法治与法律人的伦理与技能》，《浙江社会科学》2016 年第 5 期。

② 王申：《法官职业的道德义务和美德》，《法律科学（西北政法大学学报）》2016 年第 4 期。

③ 王申：《提升法官道德素质的立场与方法》，《法学新视野》2016 年第 2 期。

④ 刘广林、冀宗儒：《责任与伦理：违法审判责任的局限及补救》，《社会科学研究》2016 年第 5 期。

⑤ 阮祝军：《检察官职业伦理的内涵与建构》，《人民检查》2016 年第 24 期。

道德性问题进行了研究。

《宪法》第2条规定“中华人民共和国的一切权力属于人民”，“人民依照法律规定，通过各种途径和形式，管理国家事务，管理经济和文化事业，管理社会事务”，在此，人民所拥有的“国家的主人”权力可以通过宪法规定的选举权、表达权、监督权等来具体体现。可见，法律上的地位高于法律上的权利，是获取权利的来源和推演权利的基础。[①]《宪法》序言、《宪法》第24条和第53条中有着与“社会公德”相关的条款，陈斯彬通过研究宪法文本中的“社会公德”条款，认为伦理道德是否涵盖在“社会公德”范畴内取决于其对个人权利和社会秩序的影响。宪法保护公民道德，对伦理道德则视其对个人利益和社会秩序的重要性分别加以保护。在中国当代，传统伦理秩序已经被法律秩序所解放，但伦理情感仍然是人类最为重要的情感之一，于个人和社会仍都有着重要的意义。[②]

《民法》总则规定了主体人格，刘士国认为主体人格与人格尊严人格相区别是民法发展趋势。人格尊严具有民事权利属性，是产生其他人格权的本源性权利。隐私权、环境人格权、信息控制权、患者自己决定权和知情权、信用权等人格权的产生和发展，构成人格权法独立的基础。人格两分是人格权立法的科学依据。制定人格权法，有利于对人格尊严的保护，其立法应以党的十八届四中全会决定为指导，以宪法为依据；立足中国国情，与社会科技、经济发展相一致；正确处理人格权法与其他民事基本法以及特别法的关系；遵守社会公共道德、善良风俗和生命伦理。[③]

《刑法修正案（九）》及相关司法解释通过创设终身监禁、控制减免刑责、追加财产刑、资格刑等多种手段全方位、大幅度地提高对腐败犯罪的惩罚力度，以图有效打击严重腐败犯罪。叶睿、饶璟则认为这种通过简单推行“严酷刑罚”来遏制腐败犯罪之做法，并非最优策略选择。治理腐败犯罪应从“严密法网”入手，通过解注、修改法条以及强化法律伦理的刑法解释机能，将诸危害巨大、频繁发生的准贪污贿赂类行为纳入刑法规制之范畴。[④]郑玉双从刑法实践以犯罪为核心展开研究，指出犯罪是引发共同体的道德评价并受国家刑罚回应的行为，因此需要对犯罪的价值本质和为什么国家要以刑罚加以回应的证成难题作出解释。从自然法的视角看，法律的道德基础在于共同善。法律通过设置一个制度性框架让社会成员可以追求和实现共同善，而刑法是以强制方式保护社会成员的共同善实践机制的特殊规范。刑法通过将某些行为规定为犯罪，反映了这些行为对共同善的不尊重。共同善的本质决定了国家将犯罪者驱离共同善之外是内在回应性的，这支持了刑罚报应主义的合理性，也能回应报应主

---

① 胡玉鸿：《人的尊严的法律属性辨析》，《中国社会科学》2016年第5期。

② 陈斯彬：《宪法文本中的“社会公德”条款及其公私法应用》，《江海学刊》2016年第4期。

③ 刘士国：《论主体地位人格与人格尊严人格》，《法律科学（西北政法大学学报）》2016年第2期。

④ 叶睿、饶璟：《腐败犯罪治理的“严酷刑罚”与“严密法网”——兼谈法律伦理的刑法解释机能》，《西南民族大学学报（人文社会科学版）》2016年第12期。

义所面对的诸多传统挑战。①

2016年是《慈善法》的立法元年，作为一部具有道德色彩的法律，《慈善法》所理解的慈善活动是一种"大慈善"的概念。慈善是为公益的志愿行为，"公益"即慈善行为或慈善组织所指向或锻造的目标。"公益"的内涵应在自由主义的基础之上，进行公益性测试认定。蔡琳认为为了实现《慈善法》促进慈善事业的目标，应该放宽对慈善的公益目标的理解，对慈善活动的动机、影响因素、税收激励绩效进行深入的研究，并在此基础上进行具体的制度设计。②

学者们广泛认为，《婚姻法》具有强烈的伦理要求和浓厚的人文主义精神，婚姻家庭立法应将伦理道德优先、以人为本、遵从习惯、适度干预和适度超前与相对稳定相结合等作为基本的法律原则。赵万一认为对于具体的立法体例，应在坚持单一民法典立法模式的前提下，将有关自然人的一般规定与人格权、婚姻、家庭等内容混编在一编中，以"人法编"命名。在立法方式上，我们既要积极引进国外的先进理念和先进制度，兼收并蓄、吸收创新，又要立足本国国情，发掘传统制度资源，凝聚民族智慧，以制定出一部能够同时容纳古代文明、近代文明和现代文明，兼具形式理性和实质理性，具有普适性、辐射性和可复制性的中国版民法典。③《婚姻法》第46条规定了重婚和有配偶与他人同居两种严重违反忠实义务的离婚损害赔偿责任，致使离婚时，无过错方在过错方与第三者有非同居婚外不正当关系行为时难以据此向二者主张损害赔偿。张红认为目前非因同居婚外不正当关系所引发的婚姻损害赔偿之侵权责任认定问题已经成为实务上的疑难问题，诸如"欺诈性抚养"成为典型问题。在法益保护之情形下，以《民法通则》第106条第2款、《侵权责任法》第6条第1款、《侵权责任法》第22条为请求权基础，并束之以体系性解释。在构成要件上，主观需为故意，损害需达到与《婚姻法》第46条所列情形相当之严重后果。道德义务法律化在所难免，但道德入法需慎重，法律的泛道德化必然戕害自由，因而需结合个案把握合理限度，以维护自由与强制之间的平衡。④

五、中国传统法律伦理思想

中国历史悠久，古人的道德与法律思想源远流长。从先秦至辛亥革命数千年，中国传统伦理思想中留下了繁复的法律伦理思想遗产。研究法律伦理，学界都很关注挖掘传统文化之源，对此，他们的观点并不一致。

儒家的法律伦理思想在中国传统法律文化中占重要地位，李德嘉认为"德治"

---

① 郑玉双：《犯罪的本质与刑罚的证成：基于共同善的重构》，《比较法研究》2016年第5期。

② 蔡琳：《慈善法之善：对立法目标的法理阐释》，《江淮论坛》2016年第4期。

③ 赵万一：《婚姻家庭法与民法典关系之我见》，《法学杂志》2016年第9期。

④ 张红：《道德义务法律化：非同居婚外关系所导致之侵权责任》，《中外法学》2016年第1期。

是现代学者对儒家社会治理模式的概括总结。现代学界往往认为儒家“德治”将治国安邦的希望寄托在圣君明主身上，因而是一种典型的“人治”思想。实际上，儒家“德治”思想一方面以儒家伦理重塑传统法律的基本结构与内容，另一方面通过儒家德教提高百姓的道德素质，最终使国家通过公权力所建构的法律秩序与民间社会的伦理秩序形成最大限度的共识。在提倡治理创新的当代社会中，儒家“德治”的社会治理思想对于培育民间自治力量与提高公民道德素质方面有着许多可资借鉴的地方。① 王锋认为儒家伦理的治理逻辑建立在“以德配天”的基础上。它以天人相通为起点，以天谴论为中介，以天人感应为沟通，从而赋予君主专制权力以神圣性。在解决了这样一个合理性基础之后，就必然要求统治者行仁政德治，而德治之关键就在于“保民”“养民”“教民”。在实际的治理过程中，因为中国古代社会的特殊历史境遇，德治又不可避免地蜕化为人治。但人治的不稳定性、偶然性与任意性使得它必然为法治所否定。② 与基督教的严厉排斥和古希腊人的某种鼓励皆不同，儒家对同性恋持一种有保留的宽容态度，对于同性恋个人的评价更是以其道德行为为依据。儒家将同性恋人群的产生归为阴阳发生过程的可能产物，有其自然的原因，并不是一种罪恶，所以同性恋者应该受到公正的对待。也正是由于儒家信持这样一个阴阳生发的结构，而不可能赞许同性婚姻的合法化，因为同性恋者的结合毕竟不是阴阳化生的原真形态，将它与异性婚姻在法律地位上等同看待会导致一些对于人群长久延续不利的后果。③

儒家的道德与法律思想有多种研究维度与视角，学者王凌皋联系当代问题创造性地探索儒家美德裁判理论，借助分析哲学所发展出来的概念与工具将其发展成一种当代的法理学。④ 新儒家哲人牟宗三对西方自由民主的双重论断构成近代中国知识人回应西方法政思想的典型个案。他认同自由民主作为未来社会发展的方向并反省了中国的不足，不同于西方“分解的尽理之精神”，中国“综合的尽理之精神”造成了自由民主在制度上的缺失。他认为，只有借助德教的滋养，西方自由才能重现其精神品质。⑤

六、国外法律伦理思想

2016 年度学术界主要对伯尔曼、庞德、罗尔斯的法律伦理思想及反义务悖论、自然法进行了研究。

---

① 李德嘉：《儒家“德治”思想的社会治理创新价值》，《理论与改革》2016 年第 1 期。
② 王锋：《儒家伦理治道逻辑的权治观照》，《东南大学学报（哲学社会科学版）》2016 年第 5 期。
③ 张祥龙：《儒家会如何看待同性婚姻的合法化?》，《中国人民大学学报》2016 年第 1 期。
④ 王凌皋：《儒家美德裁判理论论纲：当代法理学语境下的重构》，浙江大学出版社 2016 年版。
⑤ 陈翠玉：《论牟宗三对自由民主的接纳与批评》，《政法论坛》2016 年第 1 期。

美国学者哈罗德·J. 伯尔曼深刻地剖析了法律与宗教的关系。他认为，法律最初主要起源于自然法和神法，代表神的旨意和自然规律，这是当时人们依靠和信仰法律的基础。从法律发展史来看，法律的神圣属性随着法律的演变而逐渐减弱，人们对法律的敬畏和尊崇之情也随之消减。面对法律的惩罚，违法者不再有更多来自信仰上的悔改和道德上的自责，只是按照法律规定承担责任而已。伯尔曼特别强调宗教与法律的互动关系，认为“没有信仰的法律将退化成僵死的法条，而没有法律的信仰将蜕变为狂信”。因此，当法律成为人们的信仰、具有权威性时，将会产生良好的社会效应——社会管理成本下降，人们相互关爱、信守合约，从而真正实现小政府、大社会的良性社会模式。①

自有了法律与道德这对“冤家”后，在全世界的法学家那里，有关法律与道德关系的研究与争论就从未风平浪静。19 世纪德国法学家鲁道夫·冯·耶林就十分形象地说道：“法律与道德的关系问题是法学中的好望角，那些法律航海者只要能够征服其中的危险，就再无遭受灭顶之灾的风险了。”庞德的著述虽涉足法学研究的不同方面，但又无不共同呈现出一个基本特色，那就是他在研究视野上所坚持的法哲学发展的历史社会学的整体观，而这也恰是他影响后人和为后人所留下的具有方法论意义的宝贵财富，正如朱利斯·斯通所描述的那样，庞德“一生中最为雄辩的箴言不仅是，法律思想应随时代的变迁而变迁；更为卓著的箴言是，法律知识源流的持续性随着变迁的速率而显得尤为重要”②。

以罗尔斯为代表的当代社会契约论者试图在契约论的方法上建构一种“作为公平的正义”，这种正义要求赋予所有人以基本的权利和自由。基于社会契约论的权利理论对权利主体的能力具有特定的要求并赋予权利以互惠性，进而反对“动物权利”的话语。契约论权利观所预设的权利主体必须是拥有道德能力的人，且可涵盖潜在的道德人。基于契约论的法律权利具有互惠性，这种互惠性源自契约论所要求的理性，并为法律系统所保障。权利主体的最低限度的道德能力和权利的互惠性是契约论权利观念的两个核心要素，这使得一种新型的契约论动物权利理论不可能获得成功，并使其自身在论证弱者权利保护上面临困境。因此，他们通过对契约论的某些方法工具加以改进，以促成其理论目标的达成。其中的一个转变就在于契约的道德力量的来源的转变：从同意到公平。古典社会契约论将契约论证的道德力量建立在以同意为表征的意志论之上，而罗尔斯则削弱了意志论的绝对力量，提出公平的理念，并赋予其重要的道德力。这种方法使得正义原则更加公道，能够最大限度地将权利主体扩展到不能做出自主决定的人，但是仍然无法延伸至某些特殊的群体，比如无康复可能的精神病

---

① 刘晓明：《对伯尔曼“法律与宗教关系”的再探讨》，《学习与探索》2016 年第 8 期。

② 潘驰：《竞渡“好望角”的法学家——读罗斯科·庞德的〈法律与道德〉》，《政法论坛》2016 年第 5 期。

患者等。诸如植物人、严重的精神病患者等永久性的失能者，与契约论所设想的自由、平等且独立的人类形象不相符合，被排除在适格的权利主体范围之外。①

反义务悖论是道义逻辑中最典型、最棘手的一类悖论，其存在的主要原因是法律或伦理规范实践中的多种义务冲突现象，无法在道义逻辑标准系统中得到有效的形式化表达。道义逻辑主要研究含有“应当”“允许”“禁止”等模态词的命题及推理形式，与法学、伦理学、人工智能等领域都密切相关，国外关于反义务悖论的研究成果很多。为解决反义务悖论，提高道义逻辑研究成果的实践需要，把道义推理的形式化与语用推理结合起来，尝试建立具有实用价值的语形、语义、语用，具有容忍义务冲突性质的语用道义逻辑系统，正是走出道义逻辑研究瓶颈的一个新契机。解悖方案以道义逻辑标准系统为基础系统，通过增添时态算子使之扩充为时态道义逻辑系统，使得首要义务和反义务的合理冲突现象能够在系统中得到一致的形式化表达，从而使反义务悖论得到有效解决。②

---

① 尹德贵：《契约论权利观探微》，《学术交流》2016 年第 8 期。

② 张莉敏：《国外反义务悖论研究探析》，《湖北大学学报（哲学社会科学版）》2016 年第 5 期。

第十章　生态伦理学研究报告

杨　琳

2015 年，我国的生态伦理学研究取得了较大进展，主要涉及四个方面的问题：中国传统生态智慧与环境伦理学的本土化、环境正义与生态正义、环境规范伦理与环境美德伦理、生态文明建设。相较于 2015 年，2016 年我国生态伦理学研究既具有继承性，又呈现出新特点，取得了新进展。第一，学界对生态伦理理论渊源的研究较多，其渊源呈现多元化的特点。首先，学者们不断深入挖掘中国传统生态智慧，继续努力建构本土化的生态伦理思想体系；其次，对于马克思、恩格斯以及马克思主义的生态伦理思想研究成为热点；最后，部分学者比较关注少数民族、宗教的生态伦理思想。第二，对环境伦理本身的理论建构进行反思，亦有生态哲学方面的研究成果。第三，环境伦理或者生态伦理研究具有学科交叉特点，主要是与法学、美学、文学等学科相关。第四，从生态伦理学视角反思现实问题，或者寻求政治理念的生态伦理基础，后者的讨论集中于生态文明、经济、科技、农业、政治等方面。第五，对于自然价值与权利的讨论仍然在继续。第六，生态女性主义方面的研究有一定进展。

一、生态伦理理论渊源多元化

首先，对于中国传统生态智慧的研究，主要集中于儒家与道家。郭齐勇以《礼运》《王制》为主，对《礼记》的生态伦理思想进行了梳理与诠释。他认为《礼记》对于生态系统的认识是以“天地”概念为中心的一种整体系统论观点，具有一种生态伦理的等差意识，但不否认不同生物圈的内在价值。由此，要求一种普遍的对生态的道德关怀。① 李涛认为生态伦理学一个重要的问题是人应该给予物什么样的道德关爱。儒家具有普爱意识，但同时又有“爱有差等”的观念。他认为朱熹从本体论上以“生生之仁”确立人与物平等，同时用“理一分殊”来化解“普爱”与“差爱”

---

① 郭齐勇：《〈礼记〉哲学诠释的四个向度——以〈礼运〉、〈王制〉为中心的讨论》，《复旦学报（社会科学版）》2016 年第 1 期。

之间的冲突，以“推己于物”和“用之有时，取之有节”的方式展现人对万物的仁爱之情。① 杨英姿认为生态伦理应该借鉴“天人合一”的思想，实现人类伦理文化的生态转向，革新人的生存之道，和谐人与自然的关系。② 黄勇认为美德伦理是研究环境问题的进路之一，相较于道义论与功用论更有优势。只是现有的环境美德伦理学承袭的是亚里士多德的幸福主义路线，有人类中心主义之局限，逊色于儒家特别以王阳明的思想为代表的环境美德伦理。“有德之人与万物一体”避免了人类中心主义的狭隘，“爱有差等”意味着“万物一体”并非无差别对待万物。③ 王海成认为，儒家伦理中有两条重要的原则，分别是“万物一体”与“爱有差等”。前者是儒家最高的道德境界，是“仁人”具有的德性。“爱有差等”是仁人的“万物一体之仁”在具体道德情境中的必然表现，也是区别于佛家、道家“万物一体”思想的标志。“万物一体”原则优于“爱有差等”原则。儒家伦理的德性论特征与这两条原则的关系能超越人类中心主义与非人类中心主义之争，为整合各种生态伦理理论奠定基础。④ 李记芬认为君子总括万物的思想，涵摄的是人与自然万物相互友爱的平等关系，从而有利于共生。这在当代，仍然具有重要的生态伦理价值。⑤ 龚群与李颖超认为，中国儒家的整体主义生态伦理观远远早于西方的利奥波德等。儒家注重“天人合一”，同时，生态动物伦理在儒家生态伦理思想中占有特别地位。儒家也看到天人相分的一面，强调顺应自然规律，利用自然规律为人类服务。⑥ 王绪琴认为老子的“俭啬”思想对于现代生态文明的建构具有很多启示意义，老子“我有三宝”的观念可以对应诠释为善意性原则、节约性原则和生态优先原则。老子“治人事天莫若啬”的思想则是在人与自然关系的维度上对人的行为加以限制，可以对应诠释为生态文明的双向展开。老子“俭啬观”具有当代意义，它指向的是可持续发展和人们生存的质量。⑦ 罗美云、梁晓阳认为《道德经》中蕴含着深刻的生态伦理智慧：道生万物的生态整体观；见素抱朴、少私寡欲的生态人生观；自然无为的生态抚育观；知足知止的生态公平观。⑧ 另外，李伟、翟澜杰考察了周秦优秀传统生态伦理文化的内容，总结了它的特点，认为其具有实践意义的现代价值，主要体现于优秀的学术传承、独具特色的生存智慧、普适的文化价值取向、处理生态关系的合理维度、超越与整合西方主客二分的哲学认识思路及新的治理理念和制度参考。⑨

---

① 李涛：《爱物何以可能——朱熹的生态伦理观探析》，《伦理学研究》2016 年第 1 期。
② 杨英姿：《返本开新：从“天人合一”到生态伦理》，《伦理学研究》2016 年第 5 期。
③ 黄勇：《儒家环境美德伦理》，《华东师范大学学报（哲学社会科学版）》2016 年第 3 期。
④ 王海成：《儒家生态伦理的两条基本原则及其关系》，《孔子研究》2016 年第 4 期。
⑤ 李记芬：《荀子总万物思想的生态伦理价值》，《道德与文明》2016 年第 4 期。
⑥ 龚群、李颖超：《中西比较视域下的先秦儒家生态伦理观》，《江西社会科学》2016 年第 12 期。
⑦ 王绪琴：《老子“俭啬”观与现代生态文明建构》，《自然辩证法研究》2016 年第 5 期。
⑧ 罗美云、梁晓阳：《论〈道德经〉的生态伦理思想》，《学术交流》2016 年第 3 期。
⑨ 李伟、翟澜杰：《论周秦生态伦理文化及其当代价值》，《道德与文明》2016 年第 4 期。

其次，学界越来越重视对马克思、恩格斯以及马克思主义的生态伦理思想的研究。曹孟勤认为生态文明建设的根本路径是主体自身的文明，现实的文明不过是主体自身文明的实存形态，主体自身的文明是将大自然本身运行的生态法则内化为自我意识，完成与自然界的本质统一。主体自身的文明最终落实于改造自然界的实践活动上，通过实践活动才能实现自然的人化和人的自然化。[①] 他还认为古希腊人对人的本质的认识是以自然宇宙为背景，两者二分，将自然宇宙凌驾于人之上。近现代启蒙精神对此进行了颠倒，从人本主义出发揭示人的本质，将人凌驾于自然之上。马克思既不赞成人的“自失说”，也坚决反对人的“自圣说”，认为人的本质是在生产实践的基础上呈现出来的人与自然的统一性，从而形成了一种崭新的生态人学，实现了人学思想上的一场哥白尼革命。[②] 曹孟勤还指出，现代性发现的人，不是真正的人，是异化的人，从马克思主义生态人学出发，真正的人既不是抽象性的，也不是孤独个体式的，而是人与自然完成了的本质统一。[③] 魏靖宇、刘晓勇探讨了马克思主义的生态社会主义观，认为它具备五个特征：即以“物质变换”为基础理论，以“劳动解放”为根本方法，以“政治民主”为内在要求，以“生态伦理”为基本保障，以“稳态经济”为总体面貌。以此对现行资本主义制度进行全面改变，实现人与自然的共同进化发展。[④] 严文波认为马克思生态伦理思想的科学内涵包含两个基本维度：对旧哲学自然观的扬弃和对资本主义生产方式的批判。这对于加深对绿色发展理念的认识，以及我国生态文明建设具有重要理论与现实意义。[⑤] 蓝强认为根据人与自然之间物质变换的过程中产生的价值、实践和认识三重维度，可以把“人—自然”系统的结构划分为价值结构、实践结构和认识结构。三者相互作用，构成复杂的整体。[⑥] 郇庆治认为研究马克思主义生态思想的价值或者意义在于它揭示出环境问题的根源是资本主义的社会关系和社会自然关系不断扩张与深化。要解决环境问题，就要逐渐消除资本主义的社会关系和社会自然关系。这对于我国的生态文明建设具有重要理论指导意义。[⑦] 薛勇民、贾婕介绍了莱斯对于马克思主义生态思想研究的成果。莱斯是加拿大生态马克思主义研究的主要代表人物，他的生态批判理论以独特的视角开辟了生态学马克思主义研究的新领域。他把生态问题与马克思主义相联系，透过历史考察，剖析

---

① 曹孟勤：《论马克思主义人学视域中生态文明建设主体自身的文明》，《南京师大学报（社会科学版）》2016年第1期。

② 曹孟勤：《论马克思生态人学的哥白尼革命》，《南京工业大学学报（社会科学版）》2016年第2期。

③ 曹孟勤：《人未生，焉何死——从马克思主义生态人学视域出发》，《中国地质大学学报（社会科学版）》2016年第4期。

④ 魏靖宇、刘晓勇：《论生态学马克思主义的生态社会主义观》，《福建论坛·人文社会科学版》2016年第11期。

⑤ 严文波：《马克思生态伦理思想的两个基本维度及当代意义》，《云南社会科学》2016年第4期。

⑥ 蓝强：《马克思主义理论视域下“人—自然”系统的复杂结构》，《学术论坛》2016年第12期。

⑦ 郇庆治：《生态马克思主义与生态文明制度创新》，《南京工业大学学报（社会科学版）》2016年第1期。

了导致生态危机的深层根源，提出了消解生态危机的三个维度：意识形态批判、社会制度批判与技术理性批判。其生态批判理论对于解决日益严重的环境问题具有非常重要的时代价值。[①] 另有3篇博士学位论文，主要阐释了马克思、恩格斯，或者《资本论》蕴涵的生态思想与当代价值，特别是与中国生态文明建设的关系。还有1篇论文是基于马克思主义理论的分析，对欧洲生态社会主义进行研究。另有1部专著，即聂长久所著《马克思主义生态伦理学》。

最后，少数民族的生态伦理思想也日渐受到学界关注。严奇岩将清水江流域涉及招龙谢土的碑刻作为第一手资料，研究清水江流域苗族、侗族对居住环境的乡土认知模式和对村寨灾难的传统应对方式，总结其蕴含以下三方面的生态意蕴：一是龙脉信仰和禁忌蕴含人地和谐的生态理念；二是对集体神圣利益侵犯的“公罚”行为，体现人神相应的生态管理制度；三是招龙谢土中人人自觉培护龙脉的植树造林是环境认知在日常生活世界中转化为生态伦理的具体实践。[②] 赵昆则从少数民族传统体育文化中寻找生态伦理思想。[③] 另有1篇博士学位论文，主要研究云南少数民族民间文学中的自然观。宗教方面，杨子路认为在道教思想史上，主要由重玄学派提倡的道性论持一种非人类中心主义的生态观；而主要由阴符家发展的盗机论，则持一种弱人类中心主义的立场。双方各自给出了不同的论证方式，既共存于道教思想体系而又互不通约，致使近世道教的生态实践呈现出一定的矛盾：其一，既有大量严格禁止破坏生态环境的戒律，但又有灵活之处；其二，生态保护实践与研究科学技术并重。道教这种看似矛盾的态度，不妨分别摄入胜义谛、世俗谛，即在出世的神圣维度强调人与万物同禀道性；而在入世的世俗维度，则强调人合理支配环境的权利。[④]

另外，也有学者尝试将西方的实用主义哲学思想引入环境伦理中。杜红认为进入的途径有两种：“环境伦理的实用主义”与“实用主义的环境伦理”。她认为由此而奠定的“环境实用主义”基础，能够为解决环境伦理理论与实践问题提供一种可能的方案。[⑤]

二、反思环境伦理与阐释生态哲学

反思环境伦理自身合理性方面，王妍主张从环境伦理的理论前提、环境伦理的本质规定、环境伦理的内在根据三方面进行分析，为环境伦理自身存在的合理性进行论证。她认为哲学范式的更迭是环境伦理的理论前提，即从原来的主体性哲学范式转向

---

① 薛勇民、贾婕：《威廉·莱斯生态批判理论的三个维度与时代价值》，《学习与探索》2016年第3期。

② 严奇岩：《从碑刻看清水江流域苗族、侗族招龙谢土的生态意蕴》，《宗教学研究》2016年第2期。

③ 赵昆：《少数民族传统体育文化的生态伦理研究》，《贵州民族研究》2016年第8期。

④ 杨子路：《道性与盗机：道教生态伦理思想新诠》，《中国哲学史》2016年第2期。

⑤ 杜红：《论实用主义如何进入环境伦理》，《自然辩证法通讯》2016年第6期。

新的人道主义哲学范式，此为环境伦理理论未来发展的方向和目标。她认为立法旨归的转变是环境伦理的本质规定，她既不赞同人为自然立法，也不赞同自然为人立法，主张人为自身立法。她还认为价值根基的确认是环境伦理的内在根据，即对生命价值、生态价值与环境价值的确认是环境伦理的内在根据。①

生态哲学方面的研究成果如下，薛勇民与谢建华考察了生态哲学中一个重要依据，即盖亚假说。它是论证环境整体性的依据。作者分析了强盖亚理论的盲目性，以及弱盖亚理论的合理性，从而得出恰当的盖亚本体概念，以此为基础，辨析出盖亚的自然主义认识论、整体主义方法论和系统性价值观等特性，总结其具有意识形态、整体主义的启示。② 乔清举与曹立明指出，儒家生态哲学是由“气”“通”“和”“生生”“时”“道”构成的范畴体系。“气”是宇宙的基本构成元素；“通”是不同实体之间的物质循环；“和”是气的生命状态；“生生”是宇宙演化的“合目的性”；“时”是自然运行节奏与人的行为规范体系；“道”是宇宙运行总过程与总规律。这些范畴包含人与自然的互动关系，是其生态意义与价值意义之所在。③ 王野林分析了整体主义的含义和精神实质，探讨和评述了利奥波德体现在“大地共同体”中的系统整体观，罗尔斯顿集中在自然价值论之中体现的生成整体观思想，以及奈斯的内蕴于“最大化自我实现”和“最大化共生”之中的精神认同整体主义。他们共同的方法论是整体直觉领悟。生态整体主义深层内蕴了人只有解放自然，才可最终获得自身的解放，其方法论具有普遍意义。④ 郝栋概述了美国生态哲学研究历史，分析指出当前美国生态哲学研究呈现出两大研究领域的格局，一个领域是生态哲学内在学术构建的进一步完善以及与其他学科之间（如与生态科学、生态美学、宗教）的关系研究；另一个领域是对于现实性问题的关注，包括生态哲学的实践性转向、社会发展与公正所带来的生态哲学与生态正义的关系、气候变化背后的哲学思考等，呈现出的方法论特征是传统与反传统交织、工具论与价值论共生、文本研究与面向现实。最后，他指出美国生态哲学对中国生态哲学研究的启示主要有三点，一是注重理论性与实践性相结合；二是注重长期性与阶段性相结合；三是注重本土化与国际化相结合。⑤

三、生态伦理学研究具有学科交叉特点

生态伦理学研究具有较强的学科交叉特点，主要是与文学、美学、法学三个学科关系密切。

---

① 王妍：《环境伦理的建构逻辑》，《自然辩证法研究》2016 年第 3 期。

② 薛勇民、谢建华：《盖亚假说的生态哲学阐释》，《科学技术哲学研究》2016 年第 4 期。

③ 乔清举、曹立明：《论儒家生态哲学的范畴体系》，《道德与文明》2016 年第 4 期。

④ 王野林：《生态整体主义中的整体性意蕴述评》，《学术探索》2016 年第 10 期。

⑤ 郝栋：《美国生态哲学的体系构建与实践转向研究》，《自然辩证法研究》2016 年第 3 期。

研究者们分析中外文学作品中的生态伦理观，亦关注少数民族文学中的生态伦理思想与精神。谢登攀选取了美国当代小说界巨擘科马克·麦卡锡的五部西部小说，采用整体关照与具体分析相结合的研究方法，以生态中心主义思想、生物中心主义思想和动物权利思想对人类中心主义和现代工业科技的批判为理论支持，对其中所展现的人与自然、动物以及科学技术的关系进行研究，期望从整体上考察其小说中所展现的环境伦理关系。① 李玫的《新时期文学中的生态伦理精神》认为文学中的生态伦理精神是指文学作品中蕴含的在探讨人类与自然、人类与其他非人类生命关系时的道德态度和伦理规范。这种伦理精神强调对自然和其他生命的价值、权利的肯定与尊重，并通过文学的方式实现伦理态度的审美表达。该论著以 1976 年以来的文学期刊作为一手研究资料，在对原始资料的辨析、梳理中形成判断。以人际伦理叙事为参照，呈现出生态伦理精神从缺失到逐渐生成的历时性特征，探究其伦理内涵、叙事模式、话语形态以及文学史定位和本土化路径。② 易小明、刘於清从中国古代游记中对环境状况的认识入手，探究其中蕴含的环境伦理思想，最后从思想启发、资源借鉴和行动规导等三个方面概括其当代价值。③ 李玟兵从生态学和生态批评视角分析云南少数民族民间文学中的自然观，其自然观指涉两个范畴：自然实体意义上的自然观，文中指云南少数民族的神性自然观和物性自然观；自然非实体意义上的自然观，文中指云南少数民族的人性自然观。她认为蕴含于其中的生态思想能为迷失于物质和精神家园的现代人指出一条返乡之路。④

在生态伦理与美学的交叉研究中，曹苗介绍了哈格洛夫环境伦理思想中的审美问题，哈格洛夫对于环境持有审美与科学的态度，他提出了自然美的优先地位，深刻剖析了环境美学的本体论特征：世界的完整性和复杂性；博物学；从自然的本身出发去理解自然。她认为哈格洛夫的思想对于生态文明建设与生态美学有重要启示作用。⑤ 曹苗还介绍了考利科特环境伦理思想中的审美问题。她认为考利科特在继承利奥波德生态思想的基础上，修正和发展了大地伦理学的理论内涵，进而在大地伦理学建构过程中催生了环境伦理整体主义，还发展了利奥波德的大地美学，对其的三个主要认识是：体验看不见的美；美来自大地的酬报；大地美学的隔代重归。曹苗还探寻了考利科特的美学的世界观基础，最后总结他的环境伦理思想对我国生态美学构建提供了重要启示。⑥ 程相占对于生态美学的合法性做了论证。他认为其合法性根据在于将二者

---

① 谢登攀：《寻找诗意栖居——科马克·麦卡锡》，南开大学出版社 2016 年版。

② 李玫：《新时期文学中的生态伦理精神》，中国社会科学出版社 2016 年版。

③ 易小明、刘於清：《论中国古代游记中的环境伦理思想及当代价值》，《云南社会科学》2016 年第 4 期。

④ 李玟兵：《云南少数民族民间文学中的自然观研究》，博士学位论文，云南大学，2016 年。

⑤ 曹苗：《哈格洛夫环境伦理思想中的审美问题——环境伦理和环境美学的本体论》，《江苏社会科学》2016 年第 4 期。

⑥ 曹苗：《考利科特环境伦理思想中的审美问题及其中国意义》，《海南大学学报（人文社会科学版）》2016 年第 3 期。

联结起来的六种合法途径：第一，生态学所揭示的生态危机及其催生的生态意识，催生了美学思想主题的生态转型与生态美学的出现；第二，生态学提供的生态知识对于审美体验有着巨大影响，甚至能够根本改变审美对象与审美体验；第三，生态学改变了人们的伦理观念，催生了生态伦理学，而生态伦理观念又在很大程度上影响甚至塑造了新的审美体验；第四，生态学所揭示的生态价值，引导欣赏者从生态健康出发去看待事物的审美价值，在价值序列中将生态价值置于审美价值之前，从而引发了生态美学对于审美破坏力的反思与批判；第五，生态学的核心关键词生态系统揭示了人的本性是生态存在，生命的本体是生态系统的生生特性与能力，从而为生态美学构建提供了新的本体论基石即生态本体论；第六，生态学确立的“有机体—环境关系”研究范式超越了现代哲学的心灵一元论研究思路，启发生态美学将其研究框架构想为“身体—心灵—环境”三元合一模式。①

在环境伦理与法学交叉研究方面，冯庆旭认为要对环境人权主体进行审慎的伦理界定，谈及人权，必须具备普遍性和有效性。个人可以作为环境人权的主体，个人可以是当代人与后代人，但是人类不能作为环境人权的主体，国家是作为集体人权的环境人权的主体。② 刘清生对环境法学生态人假设进行了批判，认为伦理学生态人理论也不能成为其根基，经济人和社会人不能而生态人能解决生态危机的观点更缺乏依据，环境法学生态人假设的方法论与环境整体利益不吻合。③

四、生态伦理学对现实问题的关照

许多生态伦理学学者运用理论关照现实问题，既包括寻求现实政治理念的伦理基础，也包括从生态伦理学视角审视现实中经济、政治等领域存在的问题，寻找解决之道。这两者可分为关于生态文明、科技、农业、政治等主要方面。

生态文明方面，陈柯提出应从四个维度对中国生态文明展开研究：第一，人类可持续生存的价值预设维度；第二，生态文明建设的生态伦理维度；第三，生态文明建设的主体性回归维度；第四，生态文明建设的历史唯物主义维度。④ 辛慧丽主张生态文明的伦理根基是尊重自然，生态文明的伦理实践是生态发展，生态文明的伦理责任是环境正义。⑤ 郇庆治从生态文明的角度审视了全面小康这一时代主题，探讨了生态文明与建设全面小康之间的关系。研究方法上既有理论辨析，又有实践观察。他认为

① 程相占：《生态美学：生态学与美学的合法联结——兼答伯林特先生》，《探索与争鸣》2016 年第 12 期。

② 冯庆旭：《环境人权主体的伦理界说》，《中州学刊》2016 年第 5 期。

③ 刘清生：《环境法学生态人假设置疑》，《学术界》2016 年第 9 期。

④ 陈柯：《当代中国生态文明建设的四重维度研究》，博士学位论文，吉林大学，2016 年。

⑤ 辛慧丽：《论生态文明的伦理基础》，《思想理论研究》2016 年第 12 期。

“全面建成小康社会”彰显出相对于2020年及其以后这一关键性时间节点的阶段过渡性特征，更多需要的将是走向新型文明的质的改变或创造。① 郇庆治对生态文明建设示范区进行了哲学反思，是尝试改进或重构人类社会不同层面或维度上的人与自然关系、社会与自然关系。依此，对我国生态文明建设试点或示范区的理论思考，可细分为三个值得或需要追问的理论性问题或维度：一是“五位一体”或“五要素统合”的机理与机制，可简称之为“管理哲学或战略维度”，即生态文明建设的健康顺利进行，究竟需要什么样的主客体关系、体制制度构架和经济政治与社会动力机制；二是省市县三级行政层面的更有效推动及其机理与机制，可简称之为“空间维度”，即生态文明建设的健康顺利进行，在哪一个行政层面上是更容易实施和取得成效的；三是生态文明建设的社会主义性质或方向，可简称之为“政治向度”，即生态文明建设的健康顺利进行，是否及在何种意义上意味着社会主义的政治愿景与现实。② 郇庆治还探讨了生态马克思主义研究对于生态文明制度创新的指导意义，主要是两点：一是我们需要始终坚持生态文明及其建设的社会主义目标和方向，二是我们需要时刻保持对当今世界主导秩序与框架的审慎态度和超越精神。③ 钟贞山认为深入研究“社会生态人”的伦理价值观，将会发现其有和谐生态伦理观、和谐社会观、生态文明观、生命价值观共四个维度，它们反映了社会生态人对自然、对社会、对生态和人生的基本态度和伦理构想。④

科技方面，刘济西、陈多闻认为技术使用的可持续性意指技术使用者与客体之间的一种动态平衡，主要表现在技术使用者的可持续性、技术的可持续性以及过程的可持续性三个方面。在经验型技术使用语境下，技术使用维持初级的可持续，人与自然整体和谐；在实体型技术使用情境里，技术使用的初级可持续状态被打破，人与自然关系异位；而在知识型技术使用境遇中，人类致力于在更高的层次上复归可持续性并建构人与自然的全面和谐，走向“生态伦理的整合”。⑤

农业方面，于川分析了要从在生态伦理逻辑下对农业行为进行重新认知的必要性，如何进行认知。他认为主要围绕农业的哲学轮廓、农业生态伦理内涵的动态表达、农业的道德内涵以及农业的功利性进行探讨，其意义在于有助于社会建构对基于生存需求的生态伦理的理解，同时有助于培育技术思维范式下的理性的生态超越意识。⑥

政治方面，郇庆治分析了“碳政治”，讨论了《京都议定书》框架下的“碳政

---

① 郇庆治：《前瞻2020：生态文明视野下的全面小康》，《人民论坛·学术前沿》2016年第18期。

② 郇庆治：《三重理论视野下的生态文明建设示范区研究》，《北京行政学院学报》2016年第1期。

③ 郇庆治：《生态马克思主义与生态文明制度创新》，《南京工业大学学报（社会科学版）》2016年第1期。

④ 钟贞山：《社会生态人的伦理价值观》，《江西社会科学》2016年第1期。

⑤ 刘济西、陈多闻：《论技术使用的可持续性》，《自然辩证法研究》2016年第11期。

⑥ 于川：《生态伦理思维下对农业的认知分析》，《自然辩证法研究》2016年第5期。

治”话语和实践；以马克思主义哲学和政治经济学传统的“绿色左翼”理论资源，对国际“碳政治”以及当前全球环境合作与治理中“生态帝国主义”逻辑的揭示和批判。他提出形塑后京都时代的“碳政治”，中国的话语权与角色问题，认为中国致力于超越“生态帝国主义”逻辑，在可预期的未来，中国将致力于承担新型全球“碳政治”的世界领导者角色，仍将首先是话语性的领导者，而社会主义生态文明建设的成效无疑是最为有力的支撑性因素。[①]

五、自然价值与权利

自然价值与权利是生态伦理学中的重要范畴。张晓琴分析了自然权利的生成逻辑与实质。她认为“利益共同体”是自然的权利存在的事实基础，构成自然的权利成立的必要条件。权利历史生成的逻辑为自然的权利提供了生成路径，是自然的权利成立的充分条件。自然的权利的实质在于引导人们在人与自然关系中树立正确的权利义务观，并用以规约人类权利的滥用，促进人与自然之间的良性互动。[②] 孔成思从中西传统道德结构差异的视角研究自然权利论的困境。人与自然是生态伦理学中的核心范畴，解读人与自然的关系是生态伦理思想能否自洽的重要标准。西方非人类中心主义环境伦理的自然权利论在这方面面临理论困境：动物权利论推崇道德主体价值平等，却在实践中妥协为对道德主体的差等对待；自然主义权利论主张“整体主义”，却无法克服人与自然分离的怪圈。孔成思认为是道德结构导致此困境，并认为“生生”之境是自然权利论缺失的重要维度。[③]

六、生态女性主义

王云霞认为女性在环境正义的斗争中天生具有先锋优势。原因在于母亲保护孩子的先天本能；维护家园健康和对生存基础的依赖；与男性在斗争中的志趣有别。她还将生态女性主义与环境正义中的女性运动放在一起进行分析比较：环境正义中的女性并不自认是“女性主义者”；“环境”一词对二者有着不同的指向和意义，对于生态女性主义而言，“环境”指外在的生态大环境，环境正义中妇女们关心的却是家庭社区这个“微环境”。同时，她强调尽管生态女性主义与环境正义中的女性运动有着不同的价值诉求和行动旨趣，但这并不意味着二者就是两条泾渭分明的平行线。[④] 郑湘

---

① 郇庆治：《“碳政治”的生态帝国主义逻辑批判及其超越》，《中国社会科学》2016 年第 3 期。

② 张晓琴：《自然的权利：生成逻辑及其实质》，《南京师大学报（社会科学版）》2016 年第 6 期。

③ 孔成思：《自然权利论的困境及反思——中西传统道德结构差异的视角》，《华中科技大学学报》2016 年第 2 期。

④ 王云霞：《环境正义中的女性：另类的生态女性主义运动》，《自然辩证法研究》2016 年第 2 期。

萍认为从女性与自然都是生命的生产者这一理论主张出发，社会主义生态女性主义者席瓦和米斯辨析了“从上面看”与“从下面看”两种生存视角的不同，强调其生存观是替代资本主义父权制经济模式的选择，并描绘了生态女性主义生存型社会的基本轮廓。社会主义生态女性主义生存观主张整体主义的和谐自然观，强烈反对机械论自然观，有利于实现人与自然和谐共存；重新建构了自然与女性之间的关联性，纠正了早期生态女性主义的本质主义倾向；在尊重自然界和女性的价值基础上，较好地处理了生存与发展的辩证关系；在实现生存性发展的过程中没有否定男性的贡献；契合了当前全球环境正义运动关于正义和平等的要求。社会主义生态女性主义生存观清晰地展现了生态女性主义的多元生态伦理主张，为人类正确处理生存和发展关系提供了一个值得思考和借鉴的模式。① 杨敏认为生态女性主义就是从女性的视角来看待自然和生态环境的历史性演变，对于生态文明建设具有重要意义。她梳理了生态女性主义的主要流派和基本主张，并在生态女性主义视域下考察我国生态文明建设中的问题与成因，最后提出我国生态文明建设的思路与对策。② 袁霞提出通过分析素食生态女性主义选择食素这种饮食模式的原因，展示它在动物问题上表现出的伦理取向。首先，素食生态女性主义驳斥了食肉主义文化的统治本体论，认为它导致了动物从有生命的主体被降格为无生命的客体，唯有关注生命伦理，才能还原动物主体性。其次，素食生态女性主义批判了肉生产和肉消耗背后的社会、历史和政治因素，提倡动物是有道德地位的生命主体，应当对它们给予关爱和同情。最后，素食生态女性主义注意到了素食主义的情境性，提出了种际正义原则。这种多元性和包容性的思维方式为素食生态女性主义打开了广阔的伦理空间，体现了对动物的人道主义情怀。③

此外，有 1 篇论文专门讨论了生态伦理前沿热点问题研究进展与展望，作者是陈云云、周文娟。她们认为以下问题是前沿与热点：“生态伦理”的基本内涵；生态伦理理论渊源；生态伦理流派；生态伦理与当前我国发展热点问题的关系，包括生态伦理与哲学构建，生态伦理与经济发展，生态伦理与政治发展，生态伦理与建设美丽中国，生态伦理与少数民族文化发展，生态伦理与生态意识教育；生态伦理面临困境，主要是哲学困境，人与自然的困境，思想困境；生态伦理发展路径。关于生态伦理研究的展望，她们认为，第一，生态伦理的研究范围和视域，需进一步拓展。第二，生态伦理的研究方法和范式，需进一步创新。第三，生态伦理的研究思维和指导思想，需进一步更新。④

---

① 郑湘萍：《论社会主义生态女性主义生存观》，《伦理学研究》2016 年第 3 期。
② 杨敏：《生态女性主义视域下的中国特色生态文明》，《山东社会科学》2016 年第 7 期。
③ 袁霞：《试述素食生态女性主义的动物伦理思想》，《暨南学报（哲学社会科学版）》2016 年第 3 期。
④ 陈云云、周文娟：《生态伦理前沿热点问题研究进展与展望》，《生态经济》2016 年第 8 期。

第十一章　科技伦理学一般问题研究报告

席云裳

随着科学技术日新月异的发展及其与人类社会生活日益紧密的联系，不同科学技术为人类社会带来了新的可能，同时也提出了新的伦理挑战。如何用已有的伦理知识去解决不断涌现的新的伦理问题，成为每一位学者思考并试图解决的挑战和难题。相较于应用伦理学的其他领域，科技伦理学在中国发展历史较短，目前多以梳理分析西方成熟的理论成果为主，但也出现了结合本国实际思考本土化的新声音。回顾2016年，机器人伦理、工程伦理、纳米技术伦理成为被讨论的主要话题。尤其在阿法狗（AlphaGo）四比一打败人类棋手后，人工智能已成为伦理学界乃至人类社会的热点事件。除了具体科技领域的伦理分析外，从社会的宏观层面来看，如何树立科学的科技伦理观，完善技术德性，处理科技与伦理的关系也是重要议题。

一、机器伦理的新发展

机器伦理是科技伦理学中一个正在兴起的研究领域，它的发展历史较短。但随着科技的进步，尤其是人工智能技术的飞速发展，人们已经开始思索诸如机器人的社会角色定位问题、自由意志问题、道德行为主体问题，以及“人—机器人”交互过程中所产生的诸多社会伦理问题。不同以往技术伦理学关注外在于机器的使用过程或结果的伦理问题，机器伦理更多的关注于如何使机器具有伦理属性的内在伦理问题。

纵观整个机器人发展的历史，由机器到示教机器人再到智能机器人，由工业机器人到农业机器人再到第三产业机器人，由初级、单一化、单领域到高级、多元化、多领域，根据其演变规律，可以进一步设想由无伦理、无道德、无责任到有伦理、有道德、有责任的机器人的演进，寻找升华机器人伦理的“奇点”。随着时代不断发展，奇点不断临近，之前设想的机器人是否具有道德，人类是否允许机器人具有道德、机器人伦理与人类伦理是否具有一致性的问题愈发显得重要。赵玉群、陈晓英基于物转向、生态中心主义、道义论三个面向对机器人未来的发展进行解析，认为根据这些思考有助于解决机器人具有伦理是否是社会和科技发展的必然趋势等问题。①

要讨论在机器内部嵌入以伦理原则或伦理程序的机器伦理是否可能，于雪、王前认为要解决的首要问题是机器人成为道德主体的合理性论证。道德对象由人到动物再到人工物的发展，为将机器纳入道德能动者和道德对象的机器伦理思想奠定了基础。在智能技术时代，人与人之间伦理关系的变化，也成为机器伦理思想产生的先决条件。机器在智能技术突飞猛进的当下不再作为单纯的外界因素“影响着”人与人之间的道德关系，而是直接“参与着”人与人之间的道德关系。当代智能机器在人与人的伦理关系中是负载价值的，其自身的道德属性决定了它在伦理学中的重要地位。这些都使得赋予机器人在道德行动中作为行为主体或者道德对象的地位十分必要。机器伦理的当代价值不仅表现在理论上推动了设计伦理由隐性到显性的转变，而且对于引导机器的良性发展使其“负责任地”为人类服务具有现实意义。当然，机器伦理思想仍然有很多可能存在的问题，一方面，通过程序计算出来的伦理原则是否可靠，引起了对于伦理学本身是否具有可靠性的争议。另一方面，具有情景判断和伦理决策能力的机器在道德共同体中处于什么位置，是应将其看作是道德主体还是道德对象，引发了关于道德主体与道德对象的多重性争议。此外，人机互动过程中是否可以产生信任机制，也挑战了伦理学中关于情感与道德的根本难题。② 芦文龙则更看重机器作为技术人工物成为道德行动体的可能性、存在状态及伦理意涵。他认为回答该问题的关键在技术人工物是否满足道德行动体的必要条件。具有意向性和自主性是存在物成为道德行动体的必要条件。而技术人工物基于技术功能和物理结构两重性之上的三元意向性、基于技术中介理论的差异自主性，使其满足了成为道德行动体的必要条件。在“人—技术”综合存在中只有技术人工物的自主性和道德敏感性强于人的时候，它才作为道德行动体存在。技术人工物作为道德行动体存在，既扩展了技术设计者的伦理责任，又拓展了伦理学的理论视域。③

在探究机器人道德意义的进程中，机器人伦理学内部发展出了两条不同的方法论进路：机器人伦理的实在论进路和机器人伦理的关系论进路。李小燕分析了两种进路在机器伦理中的理论挑战和优势：机器人伦理的实在论进路将机器人的道德意义建立在机器人的客观本质和特征之基础上，这既使它陷入了巨大的理论困境，又使它面临着无法克服的实践悖论。通过将机器人的道德意义与机器人在具体的人—机器人关系中呈现于人类意识面前的表观特征相关联，机器人伦理的关系论进路表现出了极大的战略优势：它不仅避免了机器人伦理的实在论进路所遭遇的理论困境和实践悖论，而

① 赵玉群、陈晓英：《机器人发展引发的未来的思考——基于物转向、生态中心主义、道义论的解析》，《北京化工大学学报（社会科学版）》2016 年第 1 期。

② 于雪、王前：《“机器伦理”思想的价值与局限性》，《伦理学研究》2016 年第 4 期。

③ 芦文龙：《技术人工物作为道德行动体：可能性、存在状态及伦理意涵》，《自然辩证法研究》2016 年第 8 期。

且还对人类幸福和美好的生活有着更为重要的意义。从而她认为这就确证了从机器人伦理的实在论进路走向机器人伦理的关系论进路的理论合理性和实践必然性。[①]

杜严勇认为当前的机器伦理研究仍处于“前科学”阶段，在分析了实现机器伦理可能遇到的困难和挑战的基础上，总结了来自不同领域的学者从人工智能、社会学、心理学以及哲学等不同进路对实现机器伦理的具体原则与方法进行的初步探讨。机器力量的日益强大及其潜在的巨大破坏力，机器自主程度的不断提高，人类对机器依赖及其可能产生的负面效应都凸显了机器伦理研究在当下的必要性。但由于道德理论选择的复杂性，哲学语言的模糊性与计算机程序的准确性之间存在矛盾，机器难以把握复杂的情感问题等挑战使得机器伦理确实面对诸多障碍。他认为只有不同领域的学者共同协作，正如当前从事机器伦理研究的科学家和哲学家等已研究出的成果，才能将机器伦理研究推向深入。[②]

国外伦理学研究中的“物转向”和未来场景的急剧变换是机器人伦理的重要产生背景。王绍源对国外伦理学研究的思想传承和主要成果进行了梳理：从研究特点上看，在实际分析过程中注重结合具体案例，运用伦理学基本理论反思机器人在社会应用中所产生的各种伦理问题，但选取的角度从人本主义（humanism）立场转向为“后人本主义”（post-humanism）立场，对机器人的伦理地位进行重塑（罗伯特·阿尔金等极少数学者除外）；其次，从研究内容上看，机器人伦理学着重关注本体论和认识论两个哲学层面，诸如机器人的道德地位问题，机器人的心灵意识问题等；最后，从研究的效果来看，机器人伦理学注重道德的“物化”过程，即哲学家、伦理学家开始积极地参与到机器人的设计实践中，他们提出应当把技术当作一种实现道德目的的工具，基于具体问题提出一些伦理规范原则，并将这些伦理规范通过编程的形式“嵌入”机器人中，以实现机器人的行为“向善”。这些对于中国社会科学工作者了解和把握这一新兴学科、追踪最新国外学术动向具有重要意义。[③]

以2016年4月的AlphaGo事件为切入点，翟振明和彭晓芸认为关于人工智能的忧虑中，最为值得关切的是人工智能的应用伦理及其价值植入的技术限度。人工智能的技术飞跃或者所谓“智能大爆发”带来的应用伦理问题，并不是新问题，而是价值失落、物理主义困境等一系列老问题的叠加。它会挑战我们过往的既有经验，却不是颠覆性的“消灭”。无论人工智能如何模仿人脑的“神经网络”，表现如何像人，只要人类心智现象的最终解释没有取得突破性进展，关于人工智能是否逼近人类智能的设问就缺少必要的前提。[④]

---

① 李小燕：《从实在论走向关系论：机器人伦理研究的方法论转换》，《自然辩证法研究》2016年第2期。

② 杜严勇：《机器伦理刍议》，《科学技术哲学研究》2016年第1期。

③ 王绍源：《应用伦理学的新兴领域：国外机器人伦理学研究述评》，《自然辩证法通讯》2016年第4期。

④ 翟振明、彭晓芸：《“强人工智能”将如何改变世界——人工智能的技术飞跃与应用伦理前瞻》，《人民论坛·学术前沿》2016年第7期。

但徐太庆对于机器人的未来发展的态度就没有那么乐观。他认为出于保护人类的目的，自主机器人的伦理问题值得研究。他阐述了自主机器人应有的伦理道德和自主机器人必须遵守的七大国际法则，以及关于机器人的人类行为准则。提出，只有在以上规范的基础上，承认机器人的伦理地位和内在价值，人类才能和机器人和平友好相处，自主机器人伦理才是可以实现的。①

在人工智能的军事化应用领域，关于其可能造成的伦理学后效，既有的批评意见有：此类运用会钻现有国际军备管控条约的空隙并促发此类武器的全球扩散；会降低杀戮门槛，并导致更多平民死亡；等等。然而，徐英瑾认为这些批评意见往往对传统军事战术平台与人工智能化的战术平台设置了双重标准，并刻意夸大了后者对于改变全球安全局势的全局性意义。而要真正使得军用人工智能技术的伦理学后效能够满足人类现有的价值观体系，其主要举措并不在于去粗暴地禁止此类装备的研发，而恰恰在于如何使得此类设备具备人类意义上的“伦理推理能力”。而在该研发过程中，如何解决“各向同性问题”亦将成为研究重点。②

二、工程伦理研究

工程伦理作为科技伦理学发展较为成熟的分支，在2016年这一整年也取得了长足的发展。除了工程师的职业伦理这一重要议题，学者们对工程设计、工程风险、制度支持、责任分析、国外成果回顾及本土化探索都进行了思考。

从职业共同体出发的工程师职业伦理是欧美开展工程伦理研究的主要进路，从工程活动共同体介入的广义的共同体伦理则是国内工程伦理研究的新形态。梁军聚焦于工程伦理中的微观层次，认为其集中反映了工程伦理作为实践伦理的本质。立足当代中国工程实践，从工程活动中的“工人”入手，分析他们的工作关系和生活关系，是工程伦理微观向度研究的重要内容。据此分析当前工程实践中“工匠精神”的阙如与重构，分析了通过对工人群体工作关系和生活关系的调整、提升和优化回归工匠精神及其伦理要素的路径，探索具有中国本土特色的工程伦理研究进路及范式。③

何菁也同意当前工程伦理呈现为一种规范式话语系统，它主要以职业伦理章程的形式表达了对工程行为者如何“正当行动”的指导和约束。但是，工程伦理的哲学实践仅仅关注“正当行动”是远远不够的，而是应以实现“好的生活”为最终诉求，在面对“我”“我—你”和“我—它”关系的生活亲证中，权衡各种道德义务，平衡各种责任关系。作为人类道德生活形式的工程伦理，应真诚地以“我”“你”

① 徐大庆：《自主机器人伦理》，《长沙大学学报》2016年第5期。

② 徐英瑾：《技术与正义：未来战争中的人工智能》，《人民论坛·学术前沿》2016年第7期。

③ 梁军：《工程伦理的微观向度分析——兼论“工匠精神”及其相关问题》，《自然辩证法通讯》2016年第4期。

“它”存在之“是”为伦理行动的起点，主动探究“我”在工程—人—自然—社会整体存在中如何“是其所应是”的行动和生活，即，维持和确认工程与人的生活世界的统一，实践并实现工程与人、自然、社会的繁荣共生、和谐共存。[①] 何菁在另一篇文章中进一步分析，在工程伦理研究的场景叙事中，自我责任（“我”与自身）彰显出道德成为自我的存在方式，要求“我”必须对自己的行为负责。切近责任（“我—你”）关怀了“我”与“你”的相遇，承认与肯定“你”的尊严，揭示出通过联系而产生的“我”对自然、社会和他人关怀与责任的可能性，即形成并发展与“你”的超出互惠的关系。超出切近的责任（“我—它”）即承认并尊重“它”的独一无二和完整性并对其负责，把“我—你”的关系模式拓展到“我—它”之间。当不同层次的责任冲突导致工程实践的道德困境时，场景叙事以“虚构”或“想象”的方式讲述“我”“在场”的时间维度和生活体验，帮助我们身临其境地了解道德判断和行为选择的心理基础与运行机制，理解工程实践出现的多种可能情境，这为发现“我”的存在所蕴藏的他者维度，实现“我”“我—你”和“我—它”关系平衡并在寻求平衡中践履不同层次的责任提供了现实思考方法。[②] 何菁还认为，工程伦理规范无法在根本上触及人类在工程—人—自然—社会存在中行动和生活的终极目的。在现实的工程实践中，具体情境对规范、原则的制约，往往表现为行为者在实践过程中经由反思、认识后的调整和变通。行为者主动践履“应当”责任要求的本质行为或“能力”展现为个体行为者工程实践与个人生活绵延统一的美德，即为工程生活的实践智慧。实践智慧表现为行为者人是目的、服务意识、和谐安居和可持续发展的工程伦理卓越价值观，在工程实践中其内容具体展开为功利价值与道义价值的统一、工具理性与价值理性共融、人际伦理与生态伦理并重和行业规范与个人美德结合。[③]

王永伟、徐飞和徐善衍基于 SCI、SSCI 和 A&HCI 数据库，在分析概括国际工程伦理研究基本状况的基础上，归纳了国际工程伦理研究的特征：成熟的学术共同体和相对广泛的研究队伍；相对普遍的跨学科、跨单位合作；具体而细致的职业伦理进路；丰富而规范的研究方法。国外的研究对推进我国工程伦理发展有如下启示：完善包含伦理内容的专业认证及工程师注册制度；重视基于经验的实证研究方法；以工程师伦理为切入点，重塑工程领域的职业伦理；取长补短，开创中国工程伦理研究的新篇章。[④]

同时，梳理和分析国外经典的工程伦理思想对深入理解工程伦理的多元化愿景和

---

① 何菁：《论作为道德生活形式的工程伦理》，《自然辩证法研究》2016 年第 7 期。

② 何菁：《工程伦理研究中的场景叙事——责任的表达与再发现》，《昆明理工大学学报（社会科学版）》2016 年第 2 期。

③ 何菁：《浅论工程生活的实践智慧》，《伦理学研究》2016 年第 2 期。

④ 王永伟、徐飞、徐善衍：《国际工程伦理研究的态势分析——兼谈对我国工程伦理研究的若干启示》，《自然辩证法通讯》2016 年第 4 期。

进一步推进工程伦理研究，也有着极其重要的理论价值和现实意义。代亮就以迈克·W. 马丁工程伦理思想为主要讨论对象，认为其“工程作为道德创造”思想揭示了科学和工程中的道德创造悖论，并指出如何消解这一悖论；批判性地解读了工程创造中的道德运气，展现其对科学家和工程师道德评价的独到见解；诠释道德领导的内涵，阐明道德领导在工程创造中的重要性。① 代亮又指出马丁首先倡导并发展了工程伦理个人承诺的研究视角，解构了工程伦理研究的“共识范式”，主张以“社会实践”为框架整合、重构这一“共识范式”；积极推进工程中的道德创造研究，诠释工程活动中“何为善”“善何以可能”等伦理问题。②

在工程风险方面，闫坤如分析了其具有的两个特性，客观实在性和主观建构性。不同工程主体对同一工程风险的感知具有差异性，且工程主体的风险感知具有变动性。工程主体因风险性质、风险熟悉程度和风险灾难性程度、风险的不可预测性、不可控性等风险的客观因素，以及主体的风险知识、风险态度、风险认知策略等主观因素导致风险感知差异。因此，要想消除或者缩减风险感知差异，就要从工程师的主体责任伦理、不同工程认知主体间的风险沟通伦理，以及社会稳定评估中的决策伦理等多维视角着手，才能对风险进行合理评估和有效的规避与控制。③

张恒力则聚焦于工程社会稳定风险评估，认为评估主体性问题是决定风险评估成效的核心问题。工程职业协会以独立性、客观性和公益性特征成为最为合理的评估主体。在遵守知情同意原则、利益和风险分配公正原则、预防原则的基础上，工程职业协会推进技术风险的识别与沟通，促进公众对工程风险评估结果的信任和认可；利用伦理周期模型，更为细致地审查工程风险带来的各种道德问题，达成一个多元道德反思的平衡，确定公众可以接受的工程风险，实现工程良性发展，保障公众的安全、健康和福祉。④

在工程设计方面，伦理是工业设计不可分割的重要价值维度。吴志军和彭静昊指出在分析工业设计伦理的本质时，我们需要关注和研究作为关系属性的“设计善”以及作为生成性关系的设计价值和多变共生的价值主体。工业设计应该体现技术伦理、社会伦理、生态伦理和利益伦理的内在要求。技术伦理关注产品中的技术选择和技术的人性化实现；社会伦理关注的是设计促进人际关系和谐；生态伦理关注设计支持可持续生产和消费；利益伦理关注产业链各主体间的多利益协调与公平。工业设计伦理的价值边界是工业设计道德合理性存在的边界。⑤

---

① 代亮：《迈克·W. 马丁工程道德创造思想述评》，《自然辩证法研究》2016 年第 1 期。

② 代亮：《工程伦理“共识范式”的解构与重构——迈克·W. 马丁工程伦理思想评析》，《自然辩证法通讯》2016 年第 4 期。

③ 闫坤如：《工程风险感知及其伦理启示探析》，《东北大学学报（社会科学版）》2016 年第 1 期。

④ 张恒力：《工程社会稳定风险评估主体性探析》，《自然辩证法通讯》2016 年第 6 期。

⑤ 吴志军、彭静昊：《工业设计的伦理维度》，《伦理学研究》2016 年第 4 期。

于爽通过考察传统工程伦理的发展状况，揭示传统工程伦理外在进路研究所存在的弊端，提出一种内在的研究进路，区别于以往的旁观者角色，让伦理学家直接进入工程设计和实施的过程中去，发现和描述工程现场中所体现出的具体的伦理问题，将那些隐蔽在工程设计和实施过程中未被工程从业者发现的伦理要素一一甄别出来，并且细致化地加以区分和表达。于爽比较了这种进路与案例研究方法的异同之处，分析了这种新的研究进路的特点、实现方式及存在问题。①

在工程的制度建设方面，不可否认工程伦理学需要制度的支持。陈雯引入制度伦理，透过价值引导和制度安排使伦理成为工程共同体集体行动的强制性结构，有利于协调好工程活动中的“德”与“得”的关系，引导善的工程目标也带来善的工程产品和工程影响。制度与伦理互动视域下的工程制度伦理构建，就工程伦理制度化建设而言，应加强工程道德立法、发挥工程职业社团与工程伦理章程的作用、建立工程伦理委员会；就工程的制度伦理化建设而言，应包括注册工程师制度中伦理维度的加入，工程项目评价制度中伦理维度的纳入以及完善工程伦理监督机制。②

三、纳米技术的发展与挑战

纳米技术被看作自然科学领域内不同学科的会聚，纳米技术的发展导致了一系列实际和潜在的社会影响，主要包括社会公正、隐私安全、人类增强、失控的纳米机器人等问题。张灿梳理总结了国外许多学者对此进行的反思和激烈的争论，将其主要分为支持技术进步的乐观派和反对技术进步的保守派。前者认为纳米技术会更好地解决诸如社会公正、环境污染等问题，利大于弊。后者则强调纳米技术对隐私的损害、进一步加剧社会不公，弊大于利。作者指出，过于乐观或者过于悲观的态度都不可取，但是吸取过去技术发展的教训，进行充分的伦理反思对于纳米技术负责任的发展具有重要作用。③

而德国是较早开展纳米伦理学研究的国家，经过十多年的发展，德国的纳米伦理学研究在该领域产生了较为积极的影响。王国豫和龚超分析，在理论层面，德国纳米伦理学研究注重对其的哲学反思，如对纳米技术科学特征的分析；在实践层面，则包括对纳米技术的评估和如何应对纳米伦理问题的思考，如纳米技术的远景评估、纳米技术智慧伦理的应对策略；在研究方法上，主要是提出了“探索性的纳米技术哲学”的研究路径，并试图从文化多样性的视角去理解纳米伦理问题。德国纳米伦理学研究立足本国特点，旨在为纳米技术的可持续性发展和负责任的创新提供理论上的反思和

---

① 于爽：《工程伦理研究的新进路》，《哈尔滨师范大学社会科学学报》2016 年第 4 期。
② 陈雯：《工程制度伦理的构建研究》，《昆明理工大学学报（社会科学版）》2016 年第 6 期。
③ 张灿：《国外纳米伦理学研究热点问题评析》，《国外社会科学》2016 年第 2 期。

政策上的建议，但同时也有一定的局限性，这对当前我国的纳米伦理学研究具有重要的借鉴意义。①

从纳米技术的具体使用来看，在认知增强领域，虽然纳米技术由于其自身的特性而能够在药物、植入物、基因技术等方面为认知增强提供更多更为直接有效的手段和途径。但是，冯烨指出纳米认知增强亦是一把双刃剑，其目的的不同会引起一些社会、伦理方面的问题，纳米科技专家和管理部门在研究和开发纳米认知增强技术的过程中，应遵循保护人类受试者、区别对待、预防原则以及底线原则等伦理原则，以促进纳米认知增强技术更好地为人类造福。②

在军事领域，纳米武器是纳米技术应用的必然产物。刘松涛指出其广泛应用的危险后果：纳米武器的研发和运用可能消解正义战争的标准，使战争手段更不人道，降低军人的伦理水准，浪费大量的资源，造成生态灾难。与其他高技术武器一样，纳米武器的研发与运用应该遵循后果可控、生态、人道等原则，以保持战争伦理的底线。③

会聚技术是纳米科学和技术、生物技术与基因工程、信息技术以及认知科学（认知神经科学、人工智能）的融合与协同。会聚技术以提升人的能力、改善人的生存环境为主要目标。但是由于它涉及重塑和改造人的内在自然，因而相关的伦理问题也更加突出。王国豫和马诗雯从统一科学、人机整合以及技术对社会的嵌入三个方面分析了“会聚技术”的特征，对会聚技术带来的相关伦理问题，包括人类增强的目的和对象、人的完整性问题、隐私、自由和道德责任、社会公正以及后果的控制等问题进行了讨论。在综合分析了美国、欧盟等提出的应对措施的基础上，提出应该动态地构建一套基于行动的技术伦理学框架。为此，必须完善伦理学和科学技术相结合的跨学科合作机制，发展跨学科的视角与方法，加强科学启蒙，构建公众参与的讨论平台，完善会聚技术的相关法律和制度建设，以促进全社会共同参与和应对会聚技术中的伦理问题。④

四、现代科技与当代社会

现代科技在为当代社会带来丰硕发展成果的同时对传统伦理发起挑战。面对科技时代下对新的伦理学的呼唤，刘小利认为两者的冲突既有认识论根源，又有价值论根源。我们有必要在马克思主义辩证哲学的领域中建立科学的科技伦理观。人类只有摒弃割裂人与自然、人与人、人与社会关系的道德伦理观，在马克思主义辩证哲学视域

① 王国豫、龚超：《德国纳米伦理学研究的理论与实践》，《自然辩证法研究》2016 年第 3 期。
② 冯烨：《纳米认知增强的伦理思考》，《自然辩证法研究》2016 年第 1 期。
③ 刘松涛：《纳米武器的伦理反思》，《自然辩证法研究》2016 年第 5 期。
④ 王国豫、马诗雯：《会聚技术的伦理挑战与应对》，《科学通报》2016 年第 15 期。

下建立联系、全面、发展的科学伦理观，才能使科学发展与人类道德观和谐一致，从而使科技更好地造福人类。[①] 王天民也在认知理论的视角下将儒学与当代科学加以对照。虽然儒学以其突出的伦理精神和人文情怀从根本上区别于当代科学，但正是在明确两者区别的前提下，从基本理念、方法、尺度和发展归宿等方面把儒学认知伦理融入科学之中，使科学发展彰显出人与物一体的人文意蕴、真善美相统一的价值情趣，对于当代科学观念的更新，开创具有中国民族特色和气派的科学发展道路具有重要的价值和意义。[②] 洪晓楠比较分析了广义上的科学伦理学与传统伦理学的区别，阐释科学伦理学的伦理决策模式，这一模式主要有五个步骤：描述的任务，定义伦理问题，界分可替代的行为过程，设想可能的结果，寻找最合适的。在此基础上，借鉴规范性研究的理论框架，结合不同的伦理学理论综合成为一个融贯的体系，按照义务论（第一层级）、功利主义（第二层级）和无知之幕的方法（第三层级）的顺序，提出了科学伦理学的研究纲领，提出科学伦理学或基因伦理学的“目标是人，而不是超人”。[③]

万舒全、文成伟同样反思了在后学院时代，科学共同体中同时出现了科学独立自主精神弱化和社会责任意识缺失。面对这样的道德危机，他们认为追求科学自主独立精神与社会价值理性相结合，积极促成科学场域与社会场域的主体间互动，在交往实践的基础上，进行不同语境下主体间的道德商谈，能够增强科学共同体的社会责任意识，进而促成科学共同体的道德共识，是走出道德危机的有效尝试。[④] 黎松针对技术更新时代下的伦理危机及消解策略给出了自己的看法，认为危机的消解需要技术更新的伦理在场、技术环节的伦理规制和负责任的全球伦理视野。[⑤]

现代科技发展对社会带来的举足轻重的影响，因而对于现代科技伦理实体而言，能否协调其蕴涵复合型伦理关系，其运作能否有序，其对于人—社会—自然系统的影响力如何等，都须进行伦理评价。陈爱华指出在评价过程中，必须坚持全面性原则、公正性原则、主体性原则和历史性原则。只有坚持动机与效果的统一、目的与手段的辩证统一，历史的评价其行为善恶，才能避免伦理评价的偏颇和不公，才能使得相关的伦理评价全面而公正。[⑥] 但目前我国伦理评价方法尚不完善，仍需不断探索前进。阮文静、侯海燕、王国豫、姜青春运用科学知识图谱中共词分析法，分析信息技术领域研究热点，挖掘重要的伦理问题。以此探究信息技术领域存在的伦理问题，采用一

---

① 刘小利：《马克思主义辩证哲学视域下的科技伦理观思考》，《哈尔滨师范大学社会科学学报》2016 年第 1 期。

② 王天民：《儒学认知伦理与当代科学观念的创新》，《自然辩证法研究》2016 年第 12 期。

③ 洪晓楠：《科学伦理学的研究纲领及其“应用”》，《社会科学战线》2016 年第 4 期。

④ 万舒全、文成伟：《后学院时代科学共同体道德共识探析》，《东北大学学报（社会科学版）》2016 年第 2 期。

⑤ 黎松：《技术更新时代的伦理危机及消解》，《东北大学学报（社会科学版）》2016 年第 3 期。

⑥ 陈爱华：《论现代科技伦理实体行为的伦理评价机制》，《伦理学研究》2016 年第 5 期。

个行之有效的科技伦理热点问题探测方法，将科学计量学领域方法应用到伦理研究领域，增加对社会价值评判的可操作性，通过共词分析法找出信息技术领域的伦理问题并予以解决。经过分析认为信息技术领域的伦理问题可分为系统开发者、用户责任、监管者三个主体的责任。① 除了科学的伦理评价，如何在日益增多的创新不确定性中，运用“研究与责任”的伦理价值，建构解决伦理冲突的制度安排，并使之成为一种稳定机制，也就是“负责任创新”，也正成为一种重要的技术发展战略理念。张春美基于这一重要战略生成的理论和实践前提，分析其理念内涵和基本特征，讨论了该战略推进中诸种公共政策选择策略，并进行了其本土化的现实思考。② 于惠玲反思创造与道德的关系，指出两者应当是相辅相成、相互促进的良性互动关系。立足中国国情，树立科学的创造道德观，应当促进从以“仁”为核心的中国传统道德观向以“创”为核心的现代道德观的创造性转化，这对激发全社会的智慧和创造力，走创新驱动发展道路具有重要意义。③

随着现代科学技术的发展，一方面科技领域分科日益细化，隔行如隔山，另一方面，科学与公众日常生活联系日益紧密，科学社会化、社会科学化趋势增强。因此，科学传播的社会需求应运而生。科学传播是科学知识、科学方法、科学精神和科学意识在科学共同体内部及与社会之间的扩散与再建构过程。陈发俊提出科学传播伦理探讨的哲学基础由科学实在论转向科学建构论，科学功用与科学精神的背离，公众理解科学由缺失模型转向民主模型。科学共同体在科学传播中负有“保证科学成果信息的真实性与透明性；客观公正地传播科学成果的价值和社会影响；尊重公众实际理解能力，适度简化对科学知识的表述”等伦理责任。④

科学技术的进步同样为道德教育创造了新的环境。颜青山认为人的道德品质是先天能动因素和后天习就因素综合作用的结果。如果把虚拟情景当作习就因素，那么人的虚拟道德品质是可能的，即是在虚拟情景中形成的道德品质；因为虚拟品质和真实品质共享同一能动性因素，它们的性质和伦理学地位就不可能存在差异。在此基础上，我们可以利用虚拟现实进行道德教育，而其必要条件是：第一，在虚拟和真实之间建立无间隙的连接；第二，受教育者认同虚拟现实中的行动和感受。⑤

为了更好地促进我国技术伦理研究的发展，科学客观地了解西方技术伦理研究的知识结构与研究前沿，侯建华和周莉娟在 Web of Science 和 CNKI 文献检索平台中分别检索并下载西方和我国技术伦理研究的相关文献，运用 CiteSpace 信息可视化软件

---

① 阮文静、侯海燕、王国豫、姜青春：《基于科学知识图谱的信息技术伦理热点问题研究》，《探索与交流》2016 年第 9 期。

② 张春美：《“负责任创新”的伦理意蕴及公共政策选择策略》，《自然辩证法研究》2016 年第 9 期。

③ 于惠玲：《创造与道德的关系探析》，《探索与争鸣》2016 年第 4 期。

④ 陈发俊：《科学共同体在科学传播中的伦理责任》，《科技管理研究》2016 年第 22 期。

⑤ 颜青山：《虚拟品质与道德教育——兼论基于虚拟现实之道德教育的可能性》，《伦理学研究》2016 年第 2 期。

对下载的文献进行信息可视化分析，绘制关键词共现和文献共被引网络知识图谱。通过对技术伦理领域研究文献的计量与可视化分析，对比中西方技术伦理研究主题的知识结构与研究前沿之间的异同，可以看出我国技术伦理领域的研究主题、研究前沿与西方研究主题、研究前沿保持一致，又独具特色，形成了特色研究。①

① 侯建华、周莉娟：《中西方技术伦理研究前沿的可视化分析与比较》，《科学与社会》2016 年第 4 期。

第十二章　网络伦理学研究报告

李欣隆

伴随网络的迅猛发展，网民数量的进一步增长，网络业已成为人们社会生活和学术研究的热点问题。网络主体的多元性、道德素养和水平参差不齐，对网络伦理问题的学术研究继续成为2016年伦理学界研究的重点问题。在这一年度，学术界主要对网络伦理的以下两个问题进行了深入的研究：（1）大学生的网络伦理问题及其解决，（2）电子政务与网络反腐。

一、大学生网络伦理问题

新媒体环境中网络主体的非理性行为和网络道德失范问题凸显出加强道德教育和法治规范的必要性。大学生网络伦理问题研究是2016年度网络伦理问题研究的重点问题。

网络对大学生带来了显著的负面影响。张玉指出，大学是本科生网络伦理道德观形成的关键时期，而网络则是大学生表达和传播各种情绪、态度、观点的重要媒介，具有独立性、开放性和隐蔽性等特征。网络不仅促进了大学生的网络伦理道德形成，而且导致了一些不容忽视的负面影响。①

互联网导致道德观念的混乱或心理障碍和网络违法的激增。孟秀霞和李九丽就指出，互联网是一把“双刃剑”。一方面为工作和学习带来了极大的便利，大幅提高了工作效率和生活质量，开阔了大学生的视野；另一方面也导致大学生在网络领域出现了亘古未有的伦理道德的问题。这些问题集中体现在大学生在道德观念上的混乱、错位、沉迷网络或网络游戏，心理障碍突出以及涉网违法剧增。② 周萍认为，虚拟社会中的网络伦理道德不仅能净化网络生态，还能弥合现实社会和虚拟社会的信任裂痕。但虚拟社会和现实社会的伦理结构存在差异，网络的匿名性和自由性使部分言行超越

① 张玉：《网络环境下大学生网络伦理道德认识与教育策略》，《黑龙江畜牧兽医》2016年第6期。

② 孟秀霞、李九丽：《论大学生网络伦理道德的构建》，《学校党建与思想教育》2016年第11期。

了伦理和道德的边界，造成网络伦理道德陷入困境。[1]

网络舆情与新媒体管控机制的不足导致大学生的网络道德失范。刘博敏指出，网络舆情形成的特殊机制、新媒体控制引导机制的不完善、群体观念与道德伦理教育的弱化促进了大学生非理性行为的形成。这种非理性网络行为具有情绪性、集群联动性、失范性和间接性等特征，并会对社会舆论、网络道德、个体健康心理产生重要影响。[2] 范益民则指出，新媒体传播具有双向互动性、便捷开放性、虚拟平等性的特征。网络道德的失范主要体现在网络价值观念模糊、网络语言放纵随意、网络信息侵权普遍、网络法律意识淡化、网络维权意识和维权途径不足。而由于新媒体的传播特征、网络立法的滞后性和教育主客体媒介素养的缺失，导致了网络主体道德的失范。[3] 韩成霞、王克婴认为，网络舆情是通过互联网及其他信息传播媒介来实现网民言论发表、情绪表达和意见阐发的表现形式。大学生是网络舆情的重要参与者，由于自身和互联网的特征及整个社会对网络舆情监管和引导不到位等原因，在参与网络舆情的过程中不可避免地出现了网络伦理道德失范问题。[4] 林梵认为，新媒体依赖症是文化异化的结果，其“工具依赖”只是内容依赖的媒介，精神依赖才是产生依赖症的罪魁和元凶。[5] 而自媒体的环境与发展也导致大学生网络道德的培养困难重重。白晓宁认为，自媒体环境的形成与发展改变了大学生伦理道德培养实践的发展状况，一方面自媒体为大学生提供了更为广阔的思维世界，另一方面自媒体环境的复杂性增加了大学生网络伦理道德意识培养的难度。[6] 李烁、吴晶认为，随着中国移动互联网的发展，以微博、微信等为代表的自媒体进入黄金时代，自媒体由于灵活便捷、平等自由等特点而成为媒介新宠，但同时，自媒体的碎片化、平民化及相关法律不规范等特点使传统的媒介伦理已无法应对由此产生的新的网络伦理问题。[7] 黄月琴认为，新媒介技术的赋权潜能主要体现在新媒介作为社会资源、关系连接管道和互动架构力量三个方面，而目前的实践探索则主要集中在发展取向、抗争政治取向和文化取向诸方面。新媒介技术视野下的赋权问题面临着来自网络伦理、大数据监视和算法社会的考验而充满了不确定性和挑战性。[8]

网络主体的道德失范源于其行为原动力的心理因素。彭蓉认为，大学生网络道德教育是大学生思想政治教育的重要组成部分。大学生在网络道德认知、情感、意志和行为上的失范，不利于大学生个体、他人和社会的健康发展。在导致大学生网络道德

---

① 周萍：《虚拟社会网络伦理道德的困境和出路》，《牡丹江大学学报》2016 年第 8 期。
② 刘博敏：《新媒体环境大学生非理性行为成因与引导策略》，《教育与职业》2016 年第 13 期。
③ 范益民：《新媒体时代大学生网络伦理道德失范教育的法治化思考》，《学术探索》2016 年第 1 期。
④ 韩成霞、王克婴：《网络舆情视域下大学生网络伦理道德失范与规范》，《理论观察》2016 年第 5 期。
⑤ 林梵：《大学生新媒体依赖症的形成、危害与矫治》，《黑龙江高教研究》2016 年第 4 期。
⑥ 白晓宁：《自媒体环境下大学生网络伦理道德意识的培养实践》，《理论观察》2016 年第 1 期。
⑦ 李烁、吴晶：《中国移动互联网时代自媒体伦理的审视与重构》，《理论建设》2016 年第 2 期。
⑧ 黄月琴：《新媒介技术视野下的传播与赋权研究》，《湖北大学学报》2016 年第 6 期。

问题的诸多原因中，作为行为原动力的心理因素具有根源性、内生性。①

深入剖析大学生网络道德的基础性研究有助于大学生网络道德问题的解决。王翠翠、谢鑫鑫认为，随着互联网时代的到来，网络道德教育对大学生的学习生活日益重要。深入的基础研究，对网络道德加以科学界定，分析大学生网络道德教育的内容和特点有助于探析大学生网络道德的培育和实践途径。②

高校网络法制教育和网络伦理教育是大学生网络问题的必要内容。杨婷、王晓静认为，大学生网络法治教育与网络伦理教育是高校大学生思想政治教育的重要组成部分，加强大学生网络法治教育与网络伦理教育，提高大学生网络法律素养与思想道德素质，对于促进高校依法治校，推进大学生成才成长，实现全面发展具有重要意义。③

宿舍网络文化问题的解决有利于促进大学生网络伦理问题的改进。杨杰、杨雪莹、陈卓伟认为，大学生宿舍网络文化的发展取得了一系列的经验，但是依然存在许多问题。大学生宿舍网络伦理道德具有“自律”与“他律”价值结构，具有一定的内在特征和相互关联性。基于此实施的措施有助于大学生宿舍网络伦理的发展和改观。④

网络是责任意识形成的基础和发展途径，强化大学生网络责任意识的培养有助于改进大学生网络伦理问题。高萍美坦言，大学生责任意识本质上是一种对人类“命运共同体”的价值理念，具有自觉责任意识。网络为大学生责任意识的表达与出场提供重要途径，为其形成与发展提供了必备平台。⑤

认清网络技术的本质是理解网络伦理关系的先决条件。侯金鹏、陈晓英认为，网络技术作为当今时代的新兴先进技术，本质上是技术在当今经济、政治、文化相互融合的社会中的一种高级表现形式。网络技术内部具有两面性，在开拓人们认识和改造世界的视野的同时也会带来严重的伦理问题。其伦理问题从根本上来说是由网络技术本身的客观性及其特征决定的。分析网络技术本质特征是进一步去探讨网络伦理的本质与关系的必经之路。⑥

发挥教师教育、校园环境、技术和监管机构和法治建设是解决大学生网络伦理问题的重要途径。王洪娇认为，在新媒体出现的过程中，大学生接触新鲜事物最多，受到的冲击最大，充满了好奇。网络时代信息的传播给大学生的心理以及日常的生活也

---

① 彭蓉：《大学生网络道德问题心理分析及对策》，《亚太教育》2016 年第 6 期。

② 王翠翠、谢鑫鑫：《网络视域下大学生道德教育》，《湖北经济学院学报》2016 年第 7 期。

③ 杨婷、王晓静：《依法治国视域下高校大学生网络法治教育与网络伦理教育的新思路》，《法制与社会》2016 年第 22 期。

④ 杨杰、杨雪莹、陈卓伟：《大学生宿舍网络伦理“自律”与“他律”价值结构探析》，《才智》2016 年第 35 期。

⑤ 高萍美：《论网络空间大学生责任意识的培育形态》，《学校党建与思想教育》2016 年第 2 期。

⑥ 侯金鹏、陈晓英：《网络伦理问题的根源及对策》，《韶关学院学报》2016 年第 7 期。

带了极大的消极影响，使其伦理道德也趋于失范。教师的教诲、良好校园网络环境的塑造和法治化的约束是必备路径。[①] 刘萍认为，在教育、技术和监管机构有机合作基础上，将网络对初中生思想政治素质诸多负面影响消除，令他们在利用网络进行相关知识信息获取时，能够自觉遵守当中的伦理道德规范秩序，为今后初中思想政治教育全新局势拓展奠定基础。[②] 陆开悟认为，随着网络在高校的普及，网络道德失范问题逐渐显现出来。制定合理的网络道德教育目标、选择科学的网络道德教育内容、探索有效的网络道德教育方法、建立科学的网络道德教育评价机制、打造优良的网络道德教育师资队伍等措施，构建完整的网络道德教育体系，能够有效预防大学生网络道德失范问题。[③]

校园学习机构和校园生活及其问卷研究应发挥自身重要职能，促进大学生网络问题的解决。李昭认为，高校图书馆电子阅览室应发挥自身便捷功能，正确管理和引导大学生规范使用网络，引导大学生正确使用网络，规范大学生的上网行为。[④] 买合木提·艾沙认为，互联网时代大学生思想政治教育工作既有发展新机遇，也存在严峻的挑战。应对策略是：加强网络思想政治教育队伍建设；开展网络伦理和法治教育；开设专门的上网引导课，提高学生处理、分辨、选择和综合利用信息的能力。[⑤] 互联网文化的道德危机应当通过精神文化和制度建设加以应对。王景云认为，以“互联网 +”为标志的网络技术在创造了新媒体环境的同时，也使中国大学文化安全问题凸显。在精神文化建设上，要把培育和践行社会主义核心价值观作为基本目标与核心内容；在行为文化建设上，要践行崇高的理想信念；在制度文化建设上，构建校园网络主流意识形态话语体系；在物态文化建设上，优化育人环境，从而坚定民族自信心，增强民族认同感。[⑥]

张晓光、赵巍认为，信息技术飞速发展，大数据影响人类社会生活的各个方面，也深刻改变了人的道德认知和德育观念。高校德育教育的思维模式和工作方式也面临新的挑战。在此背景下，应辩证审视德育现状，积极转变对大数据的主体认知，结合大数据技术理念和传统德育文化，提高德育教育的实效性。[⑦]

---

① 王洪娇：《新媒体时代大学生网络伦理道德失范教育的法治化思考》，《教育现代化》2016 年第 20 期。

② 刘萍：《论初中思想品德教学中网络伦理道德教育的有效途径》，《才智》2016 年第 24 期。

③ 陆开悟：《大学生网络道德失范及对策研究》，《江苏第二师范学院学报》2016 年第 4 期。

④ 李昭：《试论高校图书馆电子阅览室的管理对网络伦理道德教育的影响》，《内蒙古科技与经济》2016 年第 20 期。

⑤ 买合木提·艾沙：《互联网时代大学生思想政治教育工作对策》，《新西部》2016 年第 6 期。

⑥ 王景云：《新媒体环境下中国大学文化安全的四维视域》，《湖南社会科学》2016 年第 6 期。

⑦ 张晓光、赵巍：《大数据背景下高校德育的反思与优化》，《河北北方学院学报》2016 年第 5 期。

二、电子政务与网络反腐

加强电子问政和网络反腐的法律建设有助于促进反腐倡廉、电子政务和公民参与的积极性。陆俊、黄薇认为，电子政务伦理建设是保障电子政务行为的公平性、有效性和合理性的重要保障。目前我国电子政务伦理建设在制度建设上、建设倾向上、伦理原则的操作性上存在较多风险。因此，必须循序渐进地建立完善配套的法律法规，充分利用社会舆论监督，建立专门的伦理道德管理机构及善用传统行政伦理等理念，有效推动电子政务伦理建设的实践发展。① 肖扬伟认为，网络反腐是网络时代反腐倡廉的一种新方式，在取得阶段性胜利的同时，也出现了一些问题。这些问题主要体现在以网络反腐为名传播虚假信息，侵犯个人隐私，娱乐化、低俗化，“群体极化”和“道德绑架”等行为。只有完善法律制度建设，提升公民网络伦理水平，加强网络反腐舆论的引导和管理等措施，才能使网络反腐健康发展，为反腐倡廉作出新贡献。②

加强网络舆情的掌控是优化电子政务网络道德环境的重要举措。郑康认为，随着互联网信息技术的发展与普及，网民围绕监督事件持有的态度，发表的观点等信息集合，就构成了网络监督舆情。网络舆情中掺杂的信息真假难辨，网络监督中的网络舆情发展往往难以掌控，这就需要网络舆情引导部门，从网络舆情实际出发，适时干预，恰当引导，实现网络舆情的有效、平稳运行。③ 任君宁认为，网络暴力的蔓延窒息着互联网上信息流通、理性讨论的空间。在这样的背景下，舆论的引导便凸显出了它的必要性和价值来。从网络问政开始，到目前风行于全国各地的电视问政，无不指向唱响主旋律，集聚正能量的要求。④

---

① 陆俊、黄薇：《当前电子政务伦理建设实践思考及启示》，《人民论坛》2016 年第 2 期。

② 肖扬伟：《论网络反腐的问题与对策》，《宁夏党校学报》2016 年第 4 期。

③ 郑康：《网络舆情引导机制建构路径》，《人民论坛》2016 年第 24 期。

④ 任君宁：《网络时代考验媒体的疏导能力》，《新闻传播》2016 年第 22 期。

第十三章　经济伦理研究报告

张　霄　周雅灵

2016年的经济伦理学研究领域依然十分全面，面对发展中出现的新问题，学者们不仅加深了对马克思主义经济伦理学问题的研究，还主张从西方经济伦理学理论中汲取有意义的部分。经济伦理学是一个具有实践性的学科，因此学者们也越来越关注现实发展问题与经济伦理学理论的结合，因此研究的问题越来越具体，整体研究水平也有了新的提升。值得注意的是，越来越多的学者关注于中国发展过程中产生的新的发展理念，而为这些发展理念提供理论支撑也成了中国经济伦理思想的新增长点。

一、马克思主义经济伦理思想研究

马克思主义经济伦理学一直是经济伦理学中的重要组成部分，研究马克思主义经济伦理学对于我国社会经济发展而言具有重要的意义。因此学者们不仅关注了马克思的经济伦理思想，还对国外马克思主义者的经济伦理思想进行了深入的阐释，与往年相比，学术成果获得了极大的丰富。

"走进文本"与"走出文本"的良好互动是理论思想研究的重要方法之一，有学者指出，理解马克思经典文本所蕴含的经济伦理思想，必须从批判与建构相统一的经济伦理过程论这一根本方法入手。马克思经济伦理的方法论特色在于，在批判性与建构性辩证统一的基础上，以历史批判和伦理批判的辩证结合来实现对现实的批判与超越，这也是马克思主义经济伦理思想的鲜明特质。马克思运用历史辩证法、主体性与价值关系分析法来重点分析资本主义经济主体——资产者与无产者，阐明了两者之间不同的经济伦理价值诉求以及他们之间对抗性的矛盾关系。马克思还以十分锐利的笔触集中剖析了建立在资本主义私有制基础之上的、以按资分配为分配伦理的资产阶级经济伦理价值观，进而为阐述"公有制""从政治平等到经济平等""按需分配"（社会主义条件下的"按劳分配"）等无产阶级的价值观铺平了道路。他还指出马克思科学地揭示了经济伦理的终极旨归与基本方法论、主体性与价值关系的伦理分析和经济伦理的基本价值观等。除此而外，马克思还对前资本主义的劳动伦理和资本主义劳动伦理之间的差异性，以及经济中的时空伦理、科技伦理、竞争伦理等问题都进行了阐释。①

有学者对马克思财富伦理思想进行了研究。该学者指出，马克思财富伦理思想的逻辑理路是，依托历史唯物主义方法论原则，揭示财富伦理观念产生、发展与嬗变的根本动因，立足于劳动解放及人的自由全面发展的基本价值立场，聚焦财富活动的价值合理性与财富增长、人的主体性发展，探讨在具体的社会实践中如何实现经济发展与伦理诉求的有机统一。坚持解构与建构的统一、决定论与能动论的统一、物的尺度与人的尺度的统一，是马克思财富伦理思想的基本方法论原则。②

还有学者对马克思的反贫困理论进行了研究，指出，马克思反贫困理论是在批判资本主义社会的无产阶级贫困过程中建构起来的。该学者通过梳理马克思诸多文本指出，马克思的反贫困理论，尤其强调通过追求真正财富，实现无产阶级和全人类的反贫困，在财富均衡、财富正道、财富品质、财富梦想等诸多方面，都体现出其反贫困的经济伦理特质。同时还呼吁对马克思反贫困理论进行当代中国化的创新与发展，为在当代中国，如何更为有效地尤其是从经济伦理意义上发挥马克思反贫困理论的价值作用提出了建议。③

除了对马克思自身的经济伦理进行讨论，也有学者对著名新马克思主义者约翰·E. 罗默的经济伦理思想进行了分析。他指出，罗默以历史唯物论为理论依据，对社会主义和资本主义进行了深入系统的比较，认为导致社会主义和资本主义之根本区别的根源是经济基础。不仅经济基础不同，两种社会制度所倡导的价值观念体系也具有质的区别。罗默试图强调，社会主义也会倡导资本主义提倡的平等、民主等价值观念，并且将它们作为社会发展的伦理价值目标来看待，但这并不意味着社会主义与资本主义没有本质区别；社会主义应该、也能够从更高的水平上实现这些伦理价值目标。④

除了对西方马克思主义者的思想进行研究，还有学者对日本马克思主义伦理思想的最近发展进行研究，以 2011 年以后日本经济理论学会研究主题和近 5 年来日本马克思主义经济学新成果为研究对象，从资本主义国家经济危机的价值评价、制度伦理视角，对生态危机的审视、资本主义发展状况和未来前途的伦理反思三个方面对池上岳彦、岩佐茂、的场昭弘等日本马克思主义学者的经济伦理思想进行介绍，并提出我国应当借鉴的经验和吸取的教训。他指出当前日本马克思主义经济伦理思想所关注的

---

① 邢盘洲：《马克思经济伦理方法论及其当代思考》，《马克思主义研究》2016 年第 4 期。

② 张志丹：《马克思财富伦理思想的方法论及其当代性》，《江苏社会科学》2016 年第 6 期。

③ 阮瑶：《马克思反贫困理论的经济伦理特质及其在当代中国的价值实现》，《北京师范大学学报（社会科学版）》2016 年第 1 期。

④ 向玉乔：《罗默的市场社会主义伦理观》，《齐鲁学刊》2016 年第 3 期。

焦点问题离不开“危机”这个关键词，日本学者们不论是对危机成因的认识还是对资本主义未来的思考，都表达了对资本主义前途的质疑。日本学者们解决目前危机的政策建议虽然有一定的借鉴作用，但是其中也不乏空想主义的色彩。总体而言，其思想仍然丰富了马克思主义的经济危机理论。而我国也应从其面临的危机中吸取经验教训，获得新的启示。①

二、西方经济伦理思想研究

在2016年，学者对西方经济伦理理论的研究仍然热烈，除了对西方经济伦理思想的总体展示，还有对西方具体经济伦理学者的思想的进一步研究。总体上看，学者对西方经济伦理思想的研究更加深入和充分，开拓了西方经济伦理研究中的新主题。

伦理思想是各种道德理论的总称，而经济伦理思想只是伦理思想中关于经济问题的道德理论，那么这是“谁”的关于经济问题的道德理论？是关于什么经济问题的道德理论呢？有学者就这些问题展开了研究，学者在梳理了从亚里士多德开始的西方经济政治学思想与西方经济伦理思想后指出，在西方经济学还从属于神学和道德哲学的时代，西方经济伦理思想的研究对象是西方哲学家们对经济问题和人的经济行为的伦理判断和道德评价，即研究他们如何以从伦理到经济的认识模式来研究经济中的伦理道德问题。从亚当·斯密创立的古典经济学之后，我们研究的是西方经济学家如何以从经济到伦理的认识模式来研究经济中的伦理道德问题的。而从古典到新古典经济学的研究范式中，可以得出我们所要研究的是关于什么是经济问题的道德理论的重要结论，这就是关于生产、交换、分配和消费等方面的价值判断和道德评价。②

经济伦理具有指导经济活动合理并且有秩序进行的重要意义，但是总的来说经济伦理仍然是形而上的理论性知识，而如何打破形而上与形而下、理论与实践的壁垒一直是学者们关注的问题，形而下的经济活动实践如何落实形而上的经济伦理理论也是学界讨论的重点问题之一，有学者就对经济伦理如何通达现实的问题进行了研究。在伦理思想史上，思想家们就这个问题分别提出了美德论、契约论、功利论、自由主义、社群主义和生态主义等各种方案。这些方案无一例外地都对我国现阶段经济伦理的落实有着至关重要的指导作用。该学者从对西方伦理学史上这些思想的研究和梳理中发现，落实经济伦理不能脱离政治体制。当代政治以公正为目标，经济以繁荣为目标，而经济伦理则以繁荣和公正兼顾为圭臬。经济是政治的基础，政治是经济的集中表现也是经济的统帅和灵魂，而经济伦理则是经济和政治的价值遵循。因此经济伦理的实现既不能脱离经济也不能游离于政治之外，而必须以政治为保障。与此同时，他

① 乔洪武：《日本马克思主义经济伦理思想的新发展》，《马克思主义研究》2016年第11期。
② 乔洪武：《论西方经济伦理思想的研究对象》，《哲学研究》2016年第5期。

律机制也是经济伦理通达现实的依凭。从亚里士多德提出的优良政体、实行法治到生态主义者提出的技术、经济等的全方位生态化建构等都是外在于经济主体的他律机制。经济伦理的实现无疑不能离开主体自律机制，但自律更多地建立在主体的自觉基础上，表现为应然，是一种柔性的内部调控力量，当主体面对利益诱惑时，就可能得不到自律，从而使经济伦理得不到落实。而他律机制则是一种外在于主体的强制性力量，能够迫使主体做出道德选择，使得经济伦理得以实现。除了以上两种保障之外，制度安排也是实现经济伦理的必要支撑。经济伦理既表现为价值观念，也表现为行为规则，还表现为具体行动，具体行动就是经济伦理的落实，但它是在价值观念和行为规则的约束之下的。价值观念和行为规则既有原则性的，也有具体的。那些具体的行为规则就要靠法律制度加以固化，靠法制和规章制度建设来维系。因此。制度安排也是实现经济伦理的必要条件。只有在政治体制、他律机制和制度安排的配合下，经济伦理才能得以走下形而上学之坛，走进经济实践活动之中。①

仅仅找到经济伦理得以实现的可能还是不够的，有学者也同时专注于这些配合制度在实践中是如何展现各自的落实作用的。以制度安排方面为例，学者们就制度安排与经济伦理进行了更加严密的论证，回答了制度安排对经济伦理实现的支持是何以可能的，这种支持又是怎样的等问题。该学者指出，每当经济活动出现机会主义行为时，人们总要从经济伦理上寻找原因，随后又总要把原因归结为制度安排的失位。通过对前面研究的探究与对比对制度进行了综合性的定义，认为，制度就是调整人与人的社会关系的强制性的成文规则，包括法律、产权安排、正式的分配措施、契约或协议、共同体内部等级结构和章程、政策举措，等等。制度虽然可以定义为规则，但是必须与同样是规则的习俗惯例、伦理道德、意识形态等区分开来，因为这些东西虽然离不开强制性，但是并不以强制性为自己开辟道路。在当代市场经济社会中，伦理道德、意识形态等依然存在，而制度则往往集中表现为法律、政策和契约。它们之间仍然可以看到泾渭分明的界限。可以发现，在经济伦理的落实过程中还存在着很多困难，自律机制和舆论作用是经济伦理实现机制中极为重要的构成部分，但是经济生活本质上仍然是经济利益主导，经济利益在其中仍然处于支配地位。而经济主体本身的特性决定了人们在面临经济利益的诱惑之时，主体的利己性和利他性难以保持平衡，主体自身难以信守经济伦理。这时就需要带有外在强制力的制度化措施进行调节。这样柔性的经济伦理才能得以落实。学者发现，制度安排不仅仅是经济伦理落实保证，并且对经济伦理具有支持的作用。他们指出，制度不仅能惩罚罪恶，也能培育良知；能够有效增进信任，促进合作；能够维护和保障经济主体的自由；能防止主体间的冲突，也能化解主体间已发生的冲突。当然，除了以上这些理论性的论证工作外，学者也从社会现实的角度，从经济伦理学理论出发，为制度安排的具体内容和实践提出了

① 龚天平：《经济伦理如何通达现实》，《武汉大学学报（人文科学版）》2016年第9期。

具体的实施建议。这些建议可以进一步促进社会经济制度的完善，推动经济伦理在实践中的落实。①

因为西方地理位置的特殊性，西方的经济学起源普遍比中国的经济学起源要早，西方经济学的研究也经历了不同时期的哲学家从不同的信仰角度展开的研究。中世纪时期基督教是西方的主要宗教，这时经济伦理学的思想多数来自经院神学家，他们通过宗教的角度对经济生活的价值观与规范进行了新的解读，但是除了其中的宗教内涵，我们还可以从中看见理性在那个时代所散发出来的光辉。托马斯·阿奎那是中世纪经院神学家的代表之一，他对交换、正义与高利贷的关系的伦理思想解读就走出了宗教的影响。有学者就从此处着手梳理了阿奎那的经济伦理观。中世纪，社会贫富差距极大，高利贷盛行，而高利贷正是基督教价值观中严令禁止的行为。阿奎那就对高利贷的不合法性进行了分析。他指出，货币具有的是与商品不同的消费价值。货币的目的就在于消费以换取商品，因此它的所有权与使用权是统一在一起的，将货币借给他人就相当于将货币的所有权与使用权共同给予某人，而在这时借与还的数额应当是相等的。因为在此时你是将使用权同时交付给了借贷人，借贷人保管货币，承担了损失的风险；同时阿奎那还认为，货币本身是不会增加价值的，增加的价值是来自人的勤勉劳动，因此借方并不应该索取额外收益。在这里阿奎那讲的就是同物借还中的严格正义。同时阿奎那还严格地界定了借贷与高利贷的区别，他指出一个借贷行为是不是高利贷行为取决于买或卖的一方是否希望获得低于或高于公平价格的购买或出售商品。而借贷，借贷意愿和公平价格就是阿奎那强调的高利贷判定的三个核心参照要素。②

从韦伯那里我们就可以看到宗教与经济的关系是十分密切的，宗教的经济伦理各成一派，在经济生活中具有各自的宗教伦理理论支撑。除了学界广泛关注的新教伦理之外，也有学者对天主教的经济伦理观进行研究。天主教所追求的天主理想实际上是一种相应，神圣的追求要求信徒们在其全部生活里体现出这种相应。在天主教的信仰体系里，这种人与同胞、与世界之间的融合和相应被提炼为“与天主相像”的目标，而实现目标的唯一途径则是超自然意义的仁慈和博爱。天主教的经济伦理与其一脉相承，它的立足点在于爱与神圣，在这里经济并不是终极目标，而是一种通往神圣的手段。因此，天主教的经济伦理并不支持纯粹自由放任的市场经济行为和规律，而是要求将其与更高的精神目标有机地联系起来。这种经济伦理把仁爱视作对经济生活起最终决定性作用的原则，而把爱的原则与被爱当作最低标准的公正，坚持只有通过这种方式结合的经济共同体才是唯一能确保秩序和和平的经济方向。在公平价格与价值方面，天主教经济伦理也有自己的坚持。该学者指出，在天主教的价值体系中，经济的

① 龚天平：《制度安排与经济伦理》，《北京大学学报（哲学社会科学版）》2016 年第 9 期。

② 刘招静：《交换、正义与高利贷：托马斯·阿奎那的经济伦理观》，《历史研究》2016 年第 12 期。

价值是属于最底层的，而精神的价值属于最高层，由道德的和宗教的价值封顶，在这里和天主相像才是最高的价值。价格的实现必须以价值的实现为前提，交换的公平性和财富的合理性只有在最高价值的标准下判定才有意义。同时因为天主教始终强调“与天主相像”的绝对目的，他们对待工作倾向于保守接受而非积极进取，对待事业倾向于出离超脱而非入世苦行，更接近与封建时代顺天劳作的意识和习惯。①

从马克斯·韦伯开始，新教伦理和资本主义精神的研究就是经济伦理学研究的热点问题之一。很多学者致力于此，希望寻找经济伦理思想与宗教改革，或者说社会变革之间的关系。社会的变革对于经济伦理的变化有重要的影响，这是我们都能认可的共识，但是社会的变革是怎样影响经济伦理的，经济伦理的变化又是怎样促进社会经济政治文化的发展的，怎样的经济伦理思想更加符合社会发展的要求等这些问题仍然需要深入探究和理解。对宗教与经济伦理的关系问题的历史考察正可以成为我们的一面镜子，帮助我们解决这方面的问题。于是很多学者就宗教与资本主义精神进行了更加深入的探究。其中，费孝通先生的佚稿 2016 年就被刊登了出来，有学者考证这篇论文是由年轻时期的费孝通先生写于 1933 年至 1940 年之间，是对新教教义与资本主义精神之间关系进行探究的文章。该文从历史现实出发，考察了欧洲中古时期的社会现实状况，其中最主要的是教会和教众之间的关系情况；探究了当时宗教对经济生活的见解。他指出，为人生的物质需要而生产（以能生活为限）是中古的传统经济思想，不为享用而生产是近世的资本主义的经济精神。这两种在经济行为上产生的结果是显然不同的。中古的传统精神以经济生活是达到魂灵得救的路程所不能免的行为。而资本主义精神以经济活动为人生及宇宙的目的。赚钱的多少，损益表上数目的增减，都含有伦理的价值。所以经济行为是受以宗教生活为中心的伦理标准所左右的。而随着经济的发展，教会压迫日益剧烈，宗教改革应运而生。于是就有了路德的信仰自由论，即凭个人良心做事，一切事均能各得其道，这也就是古典经济学者的经济理论。这时现世的凡俗事务便具有了宗教的意义，凡俗事务是一种责任，完成这种责任是个人能力所能达到的最高德行。而加尔文比路德更进一步，他指出上帝的意志是绝对自由的，因此上帝的恩宠是决定好的，只有少部分人能够得到。事务上的顺利取决于是否得到上帝的恩宠。而在这里加尔文允许人谋利，鼓励人尽力生产，以耐苦勤俭为无上的美德，并不是要增进人类的享乐，是要尊荣上帝，他要禁止一切和这大前提相反的行为，所以有严格的戒律的制定。他的教义中包含了资本主义的精神，并且给它宗教的意义和伦理的基础，使资本主义的精神不再和宗教精神相冲突，生活系统中发生冲突的二部分重得统一。②

除了费孝通先生的佚稿，学者们也就马克斯·韦伯的资本主义精神进行了进一步

① 曾江：《天主教的经济伦理观》，《中国宗教》2016 年第 10 期。

② 费孝通：《新教教义与资本主义精神之关系》，《广西社会科学》2016 年第 11 期。

的解读。目前学界对韦伯的宗教社会学理论已经展开了广泛的研究，并且取得了不错的成绩，但是研究者对于韦伯“资本主义精神”的生成机理及其作用机制的探讨仍稍显不足，对于资本主义精神的历史作用的把握也不够准确。不少人怀疑韦伯是唯心主义者，是文化决定论者。因此有学者为韦伯进行了辩护，他指出，韦伯的资本主义精神的实质是一种将工作奉为天职，有系统且理性地追求合法利益的态度。这种态度是由基督教的“天职”观，即认为世俗禁欲主义的职业活动是基督教荣耀上帝、获得救恩的确证思想孕育的。基督新教的禁欲主义伦理借助其“天职”观，在价值层面将人的营利欲合法化，将世俗的职业活动视为上帝的意愿而神圣化；在实践层面反对无节制地享受和消费，主张合理地创造财富和满足个人需要。而这恰恰促进了资本的积累，追求荣耀上帝以获取救恩的信念也落实为系统、合理、勤奋的世俗职业活动。但是，韦伯强调营利欲是人类普遍存在的生存动机，并不是资本主义精神。资本主义精神是使用伦理和理性对人的“营利欲”进行规制。仅讲到此处可能有的学者会认为韦伯主张资本主义精神对资本主义发展具有决定性作用，是一个唯心主义者。但事实并非如此。韦伯在书中强调，资本主义精神是由特定社会历史条件所决定的；资本主义精神并非资本主义产生和发展的唯一因素，资本主义产生和发展同时取决于一定的物质因素；资本主义精神只是为资本主义这座钟表发挥了上发条的关键作用，一旦钟表开始走动，为它提供动力的就逐渐变成了机械。因此我们可以说韦伯并不是马克思的对立者，韦伯和马克思之间是相互协调和相互补充的。[①]

除了对韦伯思想的研究和梳理，也有学者对“韦伯问题”进行了回应。韦伯从社会、经济与伦理相契合的层面，比较了近代中西方历史发展进程中的社会思想变迁与制度演进，深刻地揭示出新教与儒家在经济伦理层面上的价值取向差异。然而，韦伯认为这一分殊背后的文化根源在于，儒家伦理阻碍了中国近代资本主义兴起。该学者指出，从某种程度上，不可否认韦伯的论述具有一定的合理性与批判性，但是其中也存在着缺陷和谬误。一方面，在韦伯语境中，儒家一直以宗教身份被放置在新教的一般对立面来进行分析。而作为“宗教的儒教”的概念难以自圆其说。另一方面，韦伯理论存在文本上的疏漏与文化倾向上的偏见。他仅仅把中国文化讨论的核心放在儒教与道教上过于狭隘，缺乏系统深入的汉学浸染。

另外印度著名经济学家阿玛蒂亚·森也是2016年研究的重点。阿玛蒂亚·森以其经济伦理思想获得了诺贝尔经济学奖，颁奖公告指出，“森在经济学科的中心领域作出来一系列可贵的贡献，开拓了供后世好几代研究者进行研究的新领域。而且，通过结合经济学和哲学的工具，森在重大经济学问题讨论中重建了伦理维度。”阿玛蒂亚·森通过一种与西方传统正义观不同的“非正义”的正义观重新解释了经济学中

---

① 郭现军：《再论马克斯·韦伯的“资本主义精神”》，《河南师范大学学报（哲学社会科学版）》2016年第3期。

的发展方向，行为规范等问题。① 有学者指出随着经济的发展，分工的逐渐细化，经济学越来越专注于研究工程学方法，注重效益，使得现代经济学成为一个伦理学不涉及的问题。西方经济学对亚当·斯密“经济人”的误解使得其单纯追求工具性价值，与伦理学严重分离。经济学者忽视了人在经济活动中的价值选择偏好等因素，盲目认为人总追求利益、选择利益最优的方案。因此阿玛蒂亚·森提出以“自由”的视角，把经济学与伦理学重新融合，创建自己的经济伦理思想。他指出自由是一种实质意义上的自由，也就是享受人们有理由珍视的那种生活的可行能力，一个社会成功与否，主要应根据该社会成员所享有的实质自由来判断。同时自由还是一个人首创性的主要决定因素，是一个人的价值体现。而发展则是扩展人们自由的过程，自由是发展的目的，也是发展的手段，这体现了经济的价值理性复归与伦理的工具理性展现，使得经济学与伦理学得以重新连接。②

三、中国经济伦理思想研究

2016 年，学界不仅仅就国外经济伦理理论进行了分析和研究，还将经济伦理思想与中国实际发展状况结合了起来，产生了中国经济伦理化的新发展，极大丰富了中国经济伦理思想。

经济社会追求的是利益，也就是财富的增长，而财富的增长离不开发展这样一个恒久的主题，尤其在党的十八届五中全会召开以后，发展问题成为经济伦理学中的热门话题。全面协调可持续发展战略是我国长期坚持的战略之一，全面协调可持续战略中不仅包含了经济学内涵、生态伦理学内涵，还具有经济伦理思想的内涵。

中国共产党十八届五中全会中，提出我国“十三五”乃至更长时期必须牢固树立并切实贯彻“创新、协调、绿色、开放、共享”五大发展理念。学者们随后从经济伦理学的角度对这样五个发展理念进行了深入的挖掘，分析了其中的经济伦理学基础和现实性。例如，有的学者通过对协调发展的政策和社会现实状况进行考证指出，国家利益、整体利益和人民利益是协调发展的价值目标和原则。国家利益要建立在整体利益和人民利益发展与获得的基础上，同时又引导和保证整体利益和人民利益的实现；整体利益在一定意义上就是国家利益和人民利益，强调的是国家利益和人民利益是全面、均衡、协调发展的利益；人民利益是国家利益和整体利益的体现和基石。除此之外，他们还指出，协调发展就是共富共享的发展实质，在这里则更加仰仗道德中的仁爱互助。援助、扶贫战略，在协调发展的过程中，加强了发达地区的责任感和使

① 张德政：《以正义论重建经济学的伦理维度——论阿马蒂亚·森伦理经济思想的主题》，《河北经贸大学学报》2016 年第 4 期。

② 黄播：《阿马蒂亚·森自由视角下经济学的伦理回归》，《广西社会科学》2016 年第 11 期。

命感，促进了发达地区的发展观的进一步提升，同时也促进了发达地区资源的更具社会主义德性意味的利用和投入。这是现时代社会主义仁爱精神和国家援助、扶贫战略所产生辉煌成就的真实写照。同时，该学者还通过对经济伦理学中的现实问题研究指出，我国在发展的过程中必须要注意保障社会的公平正义，平衡发展需要制度保证，而且是公平正义的制度保障。同时我们应该看到，“五位一体”的发展理念是离不开道德的支撑的。全面、协调的推进就需要“国民素质和社会文明程度的显著提高”；各个领域的建设更是离不开道德。就以生态建设来说，生态文明建设就是以道德为依据的。道德自觉会促使人们真正认识自然、社会的存在依据和理由，懂得保护生态就是保护人类自己生存和发展的道理，并由此不断提升建设生态文明的自觉性。①

从学者们的文章中我们可以看出，协调发展中具有深厚的伦理学思想基础，并且需要伦理学的保驾护航。如果说协调发展是更加注重效率与公平的伦理学关系，它与经济学更加靠近的话，那么我们不能否认绿色发展则是更靠近伦理学这一边，更加强调道德在其中发挥的作用。有学者从伦理导向或价值导向的角度看绿色发展观念。他提出，这一发展观念强调把环境保护的基本理念全面渗透在发展的过程中，重视正确处理发展与环境保护之间的关系；注重将追求绿色发展培育成一种社会风尚，让所有人都支持绿色发展、参与绿色发展；而绿色发展也是一种现实的责任，既是建设美丽中国的责任，也是促进全球生态安全的责任。在这里学者将环境保护问题定义为一个在本质上反映一个国家国民素质层面的范畴，于是，在实现绿色发展的过程中，构建一种道德保障机制就是十分重要的问题。在这个机制中，个人、企业与社会都是重要的道德主体。因此，该学者呼吁个人、企业和社会三个道德主体相互影响、相互配合，从自身做起带动其他的道德主体，共同承担起环境保护的责任，推动绿色发展理念的落实和践行。② 除了从伦理导向和道德机制入手，也有学者从绿色发展观的哲学底蕴入手进行研究。他指出，绿色发展观以马克思主义哲学为理论源流，结合了党的历代领导核心思想的环境保护理念，加入了中国传统文化中“天人合一”等生态智慧，融入了西方环境伦理学的思想。同时，我们可以从马克思主义哲学的辩证法思想与唯物史观中找到其理论基础。因此，绿色发展观念是科学的方法论。③

绿色发展，协调发展就意味着我们要利用更少的资源，创造更多的经济效益，提高资源的利用率和有效性，由此，共享的观念应运而生。资源的共享使得我们能够彼此沟通，节约更多的成本，创造更高的效益。从“共享单车”开始，共享发展理念已经不仅仅是国家上层建筑中的理想观念，而成为社会生活的现实活动。“共享”也因此成为 2016 年的热词之一。有学者指出，共享发展理念的伦理底蕴主要包括三个

---

① 王小锡：《协调发展的伦理意蕴》，《伦理学研究》2016 年第 5 期。

② 李培超：《论绿色发展的伦理导向与环境保护道德机制的建构》，《伦理学研究》2016 年第 5 期。

③ 杨卫军：《习近平绿色发展观的哲学底蕴》，《学术论坛》2016 年第 12 期。

方面：第一，道德协调，即我们应该肯定市场经济的合道德性，但这种道德性是不充分的，因此共享的理念就是社会道义的展现，促进市场经济向着更道德的方向发展；第二，道德激励，即我们承认人是具有自利和利他两种本性的，在经济生活中这两种本性往往不能平衡，共享理念的提出与实践能够促成所有社会成员自觉为社会进步贡献力量；第三，道德约束，即随着社会经济的发展，资源稀缺日益严重，共享已经不仅仅是当代人的话题，也是未来人类生存和发展的问题，共享理念的提出与实践是本着对未来负责、对全人类负责的态度，强化发展过程中的资源配置优化与资源节约。①

除了对共享发展理念的分析，也有学者就共享发展经济如何成为经济伦理学的一种新常态进行了研究。他指出，“共享经济”的实质是物品的所有权与使用权分离，拥有物品所有权的企业或个人，以有偿方式将物品的使用权出让给需要的企业或个人，从而能够实现“私人物品”的二次或多次消费利用，带来其价值的显著提升。“共享经济”会促进人们由“消费主义”向“使用价值”回归，在适度消费的同时，引导人们重新思考经济生活的本质，为社会消费伦理提供更经济、便捷和公平的新选择；还会促进社会经济生活中的合作与协同理念发展，使人的“经济性”具有更多“社会人”特征，确立合作互惠为主导的市场竞争伦理新范式；同时也有利于社会信用伦理改善，引导人们打破信任的“物质隔阂”，促进构建相互更加信任的社会信用伦理新规则。他还提出了关于维护“共享经济”落实与发展的现实性建议。②

毫无疑问，在现实经济的发展中，共享和发展越来越呈现出一种不能剥离的状态。共享是发展不平衡时期的重要法宝。随着中国经济的飞速发展，“有发展成果”与“分配发展成果”谁为社会主题之争出现，这呼吁发展伦理的出场。有学者指出，发展伦理是人类走向发展善的实践理性，它在共享发展成果上实现完整意义的“出场”，最终会把我们引向分配正义的价值预期。分配正义作为一种价值主张蕴含在发展伦理中，而分配正义以“共享”的呈现方式契合了它的社会历史性，体现了它的伦理诉求，体现发展伦理对分配正义的关切。应然意义上的分配正义并不能自行化解“有发展成果”与“分配发展成果”之争的矛盾，而共享可以将其消解在它的权利逻辑之中。尤其在严峻的现实困境前，分配正义还没有从内在的价值主张外溢为一种实践成果。因此，可以说分配正义是发展伦理最为核心的价值主张，而发展伦理在共享发展成果的“出场”，也是这个历史阶段分配正义得以伸张的理想模式。③

---

① 彭怀祖：《共享发展理念的伦理意蕴》，《毛泽东邓小平理论研究》2016 年第 8 期。

② 乔洪武：《共享经济：经济伦理的一种新常态》，《天津社会科学》2016 年第 5 期。

③ 张彦：《论发展伦理在共享发展成果问题上的“出场”》，《哲学研究》2016 年第 4 期。

四、现实经济伦理问题研究

2016 年学界除了关注理论思想的研讨之外，还对经济伦理思想如何与社会现实相结合，如何打破理论到现实的壁垒给予了重点关切。很多学者就最近发生的经济生活问题进行研究，努力促进将经济伦理思想带入社会生产实践当中，促进经济的更好发展。总体而言，学者们目光敏锐，聚焦最新社会现实问题，更加丰富了经济伦理思想的成果。

市场经济的全球化，呼吁着企业伦理的全球化。“金规则”——“己所不欲，勿施于人”成为一个被推荐的企业伦理全球化的基础性法则。有学者就“金规则”这一个普遍的道德原则进行了研究。他总结了历史上对“金规则”的几种批判，指出“金规则”不是一个标准化的道德规范，或者说，不是一个具体的路线图。对“金规则”提出的那些批评，实际上是将“金规则”简化降归至一个标准化的伦理规范，这必然将具有特殊价值的伦理原则错误地视为可普遍化的共同的道德基础。把原本属于价值的讨论裹挟进视域的框架里，这势必会引起争议并伤及讨论。①

近些年来食品安全问题一直是老百姓关注的重点问题，食品安全问题从本质上讲就是企业诚信问题，因此有学者从食品安全行业出发，对影响企业诚信的因素进行了调查分析。该学者基于“道德影响行为”的思维范式，初步以伦理领导作为测度企业道德水平的变量，对伦理领导对企业诚信的影响机理进行了探究，发现伦理领导确实能够促进企业诚信水平的提高。其研究拓展了企业诚信的研究深度，对企业诚信影响的前因变量进行实证分析，剖析了企业失信的伦理原因，为从组织行为学视角、管理人员角度着手解决企业诚信问题提供了新的理论依据。②

在注重企业诚信的同时，也有学者就企业、经济伦理创新进行了思考。该学者指出，对企业、经济伦理创新依据的完整思考，应该包括两个方面：“为什么”和“如何”，而且两者应该具有内在的一致性。“为什么”强调的是认识理性，可以从两个方面得到描述：“外在的压力和挑战”以及“内在的正当性证明”。就前者而言，包括全球化、可持续发展和金融化三个元素，这也可以看作是事实依据；而内在的正当性证明同样可以从另外三个方面得到解释：人是目的，而不仅仅是实现目的的手段；经济行为与道德情操的相互支撑关系；综合意义上的财富创造，这些可看作是理论依据。“如何”强调的是操作意义上的实践理性“应该怎么做”，这涉及五个伦理原则：

① 孙丰云：《“金规则”与企业伦理》，《哲学动态》2016 年第 2 期。

② 王书玲：《道德对企业诚信的作用机理研究——基于中国转型经济背景下食品加工企业的实证分析》，《学术论坛》2016 年第 3 期。

尊重、平衡、公正、开放、共享。①

在对企业伦理的研究与探索中，有学者将医学上的专业术语“体征”引入其中，对企业经济伦理体征进行了分析与研究。他指出，企业经济伦理体征本质上是经济单元与伦理单元之复合的“合作体征”；企业经济伦理体征的原初构造、再造乃至再次再造的前提，是企业经济功能与伦理功能既相互独立又彼此依存的辩证关系；适应企业经济伦理体征的形态变化进行管理创新的关键，是企业价值观再造或企业文化建设，其根本在于两大基本理念的运用，即运用“忠诚”构建企业的伦理认同，运用“信任”融合企业的社会资本。②

“义利”关系问题一直是企业伦理中的焦点问题，因此也有学者就企业伦理中的义利价值权重问题进行了研究。他指出，企业求利是具有合理性的。首先，企业的利润是企业家的劳动所派生，由企业生产者的劳动所贡献。其次，企业的利润是企业在经营活动中承担风险的报酬。最后，企业的利润是因其创造性劳动增加社会价值之回报。但是“君子爱财，取之有道”。企业“求利”，必须坚持目的与手段在道德上的统一性，即善的目的必须要用善的手段来实现，对利益的获取必须“取之有道”“以义取利”。这是企业在生产经营活动中应该遵循的一条重要道德原则。③ 还有学者强调，企业社会责任是企业本身所固有的、在其一定历史发展阶段所必须担负的人文关怀以及社会效益等相关责任的统称。它以历史性为基础，由人本性与公正性两个基本维度加以支撑。当代中国企业社会责任缺失主要表现为人本关怀乏力、生态学危机加剧以及社会担当严重不足三个方面。他指出，从本质上讲，中国企业走向文明的钥匙在于道德，破解企业社会责任困境的钥匙也在于道德。同时，该学者还对化解企业“义利”难题提出了合理性的建议。④

除以上的问题之外，还有学者论证了企业与人权的伦理关联。该学者指出，企业面临的外在的压力和挑战与得到广泛证明的内在于自身的伦理动机，分别从工具理性和目的理性两个维度共同催生并证明着企业与人权伦理关联的合理性。这两个维度以相互补充的方式共存于企业的外部影响内部化的过程当中。但必须承认的是，企业人权责任的目标建构不管具有多么完美的形式，如果没有实践中“应有的勤勉”的实质性支持，企业的人权责任也是不可想象的。因此，在这个意义上可以说，“应有的勤勉”是企业人权责任实现的路径。然而，承认企业与人权的伦理关联，并不意味着两者是绝对意义上的完备关联，而是意味着对于关联限度和边界的接纳。这对于细

---

① 孙丰云：《企业、经济伦理创新的依据：从“为什么”到“如何”的思考》，《伦理学研究》2016 年第 11 期。

② 岳瑨：《企业经济伦理体征：含义、再造与基本理念》，《哲学动态》2016 年第 2 期。

③ 黄国亮：《企业伦理中的义利价值权重问题》，《伦理学研究》2016 年第 11 期。

④ 路向峰：《企业社会责任的经济伦理检视》，《伦理学研究》2016 年第 3 期。

化分配乃至践行有关人权的企业责任具有不可忽略的意义。①

除了对企业责任给予了很大的关注外，还有学者对新出现的社会问题重点着墨，力图将学术成果与社会实践结合起来，促进经济健康发展。随着市场经济的发展，社会越来越离不开各种各样的消费品，消费成了人们日常生活的重要社会活动。怎样进行消费，什么样的消费才是合理的，就是伦理学应该关注的问题，有学者就这一问题进行了分析和讨论。他指出，消费是一种经济活动，但在本质上却是一种社会范畴。人类的经济活动离不开消费，消费活动的进行，不仅关乎消费者经济成本的考量，从思维模式层面来看更是诸多社会因素共同作用的结果。社会消费伦理作为一种意识形式或价值规范，通过影响社会中每一个消费者的消费伦理观念，进而影响整个社会的消费行为。因此，基于对消费伦理研究成果的总结和现实发展的考察，学者认为当前中国消费伦理，应主要从适度消费、绿色消费和科学消费三个维度来构建。②

当今社会，经济学原则被认为是指导人们行为选择的最有效原则，金钱被用来衡量一切，所有的社会行为都可以用经济学原理来分析，我们虽不能简单指责经济学原则的扩大化运用，也不能断言当今社会就是“经济学帝国主义”社会，但“经济学帝国主义”作为一种理论思潮对当今社会毕竟产生了这样那样的影响，在促进市场经济发展的同时，也带来了某些负面问题。因此有学者就从伦理视阈出发，指出了“经济学帝国主义”思潮的三个理论误区。一是在方法论上，其将经济学分析方法一元绝对化，将其完全推行于人类社会生活所有领域，忽视了人类社会生活的多样性和丰富性，既降低了解释力又会导致分析偏颇；二是在行为原则上，其将经济学原则作为人类所有行为选择的基本原则，这在一定的边界内有效，但将之推至最高社会原则，就往往会出错；三是在价值观念上，其将效率追求、经济理性和市场价值观无限夸大，把多元价值转化为一元，形成唯经济的价值取向和市场价值观的泛滥。③

随着社会分工的不断细化，每个人都在生产生活中扮演着不一样的角色，在生产生活中的各种角色也就是每个人不同的职业。由于职业生活是现代人最主要的生活方式，职业伦理对现代人道德观念的影响作用巨大。因此有学者指出市场经济去道德化是社会失范的根源。因此只有注重职业伦理的建设才能进一步解决这一问题，他强调了发展职业伦理的重要性，指出职业伦理才是公民道德建设的关键与核心；并对如何发展职业伦理提出了三个重要的维度。第一，通过职业伦理活动把伦理结构带入组织治理；第二，职业伦理对公民道德生活具有主导作用；第三，建立健全以行业为中心的职业伦理共同体。④

随着互联网的进一步发展，越来越多的新兴产业不断涌出，新的产业带来新的经

① 孙丰云：《企业与人权的伦理关联》，《道德与文明》2016 年第 3 期。
② 于博瀛：《当代消费伦理规范体系构建的三个维度》，《社会科学战线》2016 年第 12 期。
③ 赵昆：《伦理视阈下“经济学帝国主义”的理论误区》，《道德与文明》2016 年第 9 期。
④ 张霄：《论职业伦理在公民道德建设中的地位和作用》，《新视野》2016 年第 4 期。

济增长的同时，也会带来一系列的问题。有学者从网红经济的发展出发，分析了网红经济对社会伦理的冲击。他指出，网红在追求自身价值的同时，往往会引发一系列伦理道德上的矛盾与冲突，如网红的个性解放与传统伦理价值的矛盾、网红经济导致年轻人急功近利的不良社会风气、网红经济的不诚信现象，等等，这些问题值得引起人们的警惕和思考。因此他强调要进一步对网红经济进行规范引导，促进网红经济的良性、健康、持久发展。①

还有学者从我国道德危机的宏观角度提出自己的想法和建议，指出，随着社会主义市场经济的不断发展，我国道德危机问题凸显，出现了缺乏诚信、价值取向扭曲、道德冷漠、社会不公等严重问题，成因包括信仰缺失、市场经济的道德悖论、法律制度不健全、政府职能存在问题和政治权力腐败等。面对社会主义市场经济下的道德危机，要保持意识形态领域有序发展，培育与社会主义市场经济相适应的道德主体、正确处理法治与德治的关系、转变政府职能并树立正确政治伦理观，推动物质文明和精神文明协调发展。②

① 王卫兵：《网红经济的生成逻辑、伦理反思及规范引导》，《求实》2016年第8期。
② 陈博：《应对社会主义市场经济下道德危机的路径抉择》，《伦理学研究》2016年第9期。

第五篇

论文荟萃

【敬义论】

刘梦溪　《北京大学学报》2016 年第 3 期

中国文化最主要的价值理念悉在六经，我们有必要发掘“敬”之立义的学理内涵、精神旨归及其对建构人的完整人格的深在意义。敬为人事之本、敬即人的不可予夺之志、敬是礼的精神内核、爱敬为人道之极，程朱主敬说使儒家思想的信仰层面在学理上得到系统的深化和补充，“敬”的价值理念是人的精神世界的最高点，敬已进入中华文化的信仰之维。《荀子·礼论》之“孰知夫恭敬辞让之所以养安也”一语，可以视作敬义的全提。而《礼记·曲礼上》特地赋予“敬”以“安定辞”的义理换称，其对“敬”可以安定社会秩序的深涵，作了近乎突出到极致的彰显。而“敬而无失”这句警言，便成为中华文化背景下的人生规范的道德典则。

【儒家伦理实践中的参与者与观察者】

龚建平　《西安交通大学学报》2016 年第 1 期

在社会结构发生改变、人们从宗族社会中解放出来、个体性增强的情况下，伦理实践需要关注参与者与观察者彼此的身份关系。在当事人有多重身份的情况下，只有决策的科学性与程序的透明性才是他们真正代表不在场的参与者的前提。在信念与决策，决策与行为之间，存在着诸多间隔，其中不能排除情绪和利害关系的介入。认知上的误差和道德原则还不能满足政治法律的客观必然性要求。因之，如何超越参与者、当事人和旁观者各自的限制，使传统伦理观念的授受开拓新界域和新方法，参与者和观察者的身份相互转向成为必要。在传统儒家伦理的背景如宗法社会严密的礼教制度、政治上的集权专制制度及联系政治和文化道德教育的科举制度均发生重大改变之后，儒家伦理实践的客观条件发生了重大变化，这是真实的现实。据此，儒家伦理若要继续发挥其民族文化的功能，除了制度上的对接外，还需要有对观察者视角的肯定。

【天伦和人伦共生伦理永恒——秦汉传统中基于发生角度的伦理分类】

张国钧　《浙江大学学报》2016 年第 9 期

天伦、人伦之分最晚始于秦汉，两者在彼此对应中时被混用。从发生角度而言，天伦是天生的伦理，人伦是人为的伦理。天伦、人伦同气分形，共生中国人的伦理永恒、伦理信仰：天伦同气，因血缘而在代代传承中贯通有限生命，内生诚信，分形人伦；人伦基于诚信，为各自目的，从血缘和天伦向外全方位分形为姻缘、情缘、地缘、业缘、神缘、网缘等，使夫妻、朋友及各种职业伦理、社会伦理视需要和可能而及时结合或解散。伦理永恒是中国人的永恒，内化为伦理信仰，与有关因素共生，永葆中华文明生生不息，迥异于世界其他几大文明的命运与其宗教信仰的关系。敦睦伦理，消除伦理危机，关系到国家长治久安、文明生生不息，社会各界责任重大，国家的伦理责任更为重大。

【孔子德性伦理学的人文主义引论】

廖申白 《道德与文明》2016 年第 1 期

在传统上对孔子的体系有不同的概括进路。一些儒者追随韩愈，把孔子的思想体系概括为对道统的经典表达；另一些人把它概括为一种政治的理论；第三类学者把它概括为一种关心人的性与心的学说体系；我们遵循第三类概括——孔子的"为己之学"的人文主义。我们在把人作为哲学思考的中心这种原本的和非常广泛的意义上谈孔子的人文主义。在哲学方法上，这种人文主义以同时关注人之道或人的最终的真实与善和人的当下正确道路及策略这两者的方式来贯通对人的广泛关系的理解和对人的境况的关怀。这种人文主义的基础或本质是"为己之学"——一种泛义的人生的教育实践。孔子"为己之学"的思想内含"使我们作为学习者自己成为仁者"的目的，这目的使它孕育出一种德性伦理学。由于这种伦理学适合概括为孔子思想的重要特点，我们可以把孔子思想的体系概括为德性伦理学的人文主义。

【中华远古道德价值的挺立与普遍化进程】

辛晓霞 《道德与文明》2016 年第 5 期

从禅让制到嫡长子继承制，儒家在整理古代典籍的过程中，赋予两者"惟德是与，非贤不授"和亲亲、尊尊的意义并都加以维护，这意味着即使是在儒家的传统中，德在王位继承制度中也逐渐失去了优先性。但优先性的调整，并不意味着德的失落，而是恰恰开启了德的普遍化进程。德最初产生于政治领域，经由儒家的重构，德从主要指向君主，逐渐扩展为对臣，进而普及到士，最终指向每一个人，成为普遍的价值原则，成为整个文明的价值内核。这一普遍化进程，对中国文化之精神气质的发育，具有相当重要的意义。

【大身是谓同善——儒家博爱观念的彰显**】**

向世陵 《道德与文明》2016 年第 5 期

"同善"的思想最早可以追溯到孟子的"大舜有大焉，善与人同"。"同善"结合"兼所爱"，在宋以后发展为"天人一身"的"大身"观。"大身"基于自我的扩充，"同善"则体现为人际的关爱。仁既是个体的美德，也是天道之善的生生流行。以生生论仁善，讲仁者生也，是宋明诸儒将孔孟的仁说与《易传》的生生之善贯通起来的结果。生生和仁爱不仅需要客观性的支撑，也需要主观性的自觉，基点在一心与众心的同一，并在实践中为走向"同善"的慈善救助提供方便路径。"同善会"在明代后期出现，与明中叶以后心学的流行并吸纳气学的因素密切关联。人间的善行借助了天人感应的逻辑，以为最终能导致家给人足的太平美景。

【亲人、熟人与生人——社会变迁图景中的儒家伦理**】**

陈少明 《开放时代》2016 年第

5 期

该文借儒家思想资源，以社会组织结构的不同存在形态为背景，通过对亲人、熟人与生人的不同伦理原则的功能的探讨，揭示儒家伦理的实质与要素，在不同社会关系中的配置，以及面对现代社会可能变换、克服或坚持的原则。儒家伦理是否能适应现代社会的变迁，在时代变迁中是否仍具有其价值呢？答案是肯定的。原因在于，现代与传统的社会组织结构之间，不是颠覆与取代，而是生成与叠加的关系。社会组织结构的扩展顺序是，先有家庭，后有社会，但社会需要或能够包含而非排斥家庭。同理，先有熟人社会，后有生人社会，而生人社会既包括熟人社会关系，自然也连带家庭组织。因此，在当今社会，每个人都要面对亲人、熟人和生人。首先是亲人，然后才是熟人、生人。不同的关系，适应不同的伦理原则。儒家伦理作为传统社会的基石，其基本的伦理原则，如果能得到充分实践，它会在更大程度上促进人与社会的健全发展。反之，它将带来道德缺陷甚至危机。

【冯友兰的伦理概念说——兼论冯友兰对陈寅恪的影响】

陈来　《清华大学学报》2016 年第 2 期

冯友兰在 20 世纪 20 年代后期的两篇论文中提出，中国历代的忠臣孝子，并非忠孝于个人，而是忠于君父的概念，其忠孝的对象“不在具体底世界”而在柏拉图所谓概念之世界。冯友兰认为，虽然中国古代忠臣孝子，并不是尽其忠孝于个人，但仅用忠孝于概念世界来解释，亦未完善。冯友兰的这种分析为他后来在 20 世纪 50 年代提出的抽象继承法准备了方法的基础，可以视为近代以来寻求肯定传统道德的一种努力。这一思想对陈寅恪撰写王国维挽词起了重大的影响。然而，冯友兰的这种“同情的了解”的分析虽然可以反驳古代道德只是忠于个人的新文化式的批评，但在理论和实践上，并未能完全解决忠孝概念的现代继承问题、忠孝概念的现代价值问题，在古代道德转化的方面，对如何把君臣关系的忠转化为对国家人民的忠的方面，亦未能涉及。

【“原心定罪”与“功过相抵”——试论儒家判定“经权”关系的两个道德原则】

陈岘　《道德与文明》2016 年第 3 期

自孔子在《论语》中开始阐述这一问题伊始，经权关系便成为儒家在道德、政治哲学中最高且最难以把握的一项原则。这一原则在《春秋》中广为使用，而“原心定罪”与“功过相抵”则成了其中两条重要的评判标准。但自两汉以降，对于“权”的含义及经权关系的论争也在“反经”与“返经”间不断进退。由于行“权”之特殊性，对于“权”之轻重的区分以及何人方可行“权”的问题也成为历代学者讨论的焦点所在。然而，儒家对于“权”与“经”“义”之清醒的界定以及对于行“权”之人及条件的严格限定，使得儒家道德哲学在保持这一思想之灵活变通的同时，又恰到好处地控制了其严格限定之范围，使得千余年来并未因“权”而在政治、道德之中导致泛滥而带来难以收拾的恶果。而“权”这一最为讲究变通的原则也终于非常完备地保持了它所应该保持的原则性。

【伦理道德的中国精神哲学范式与中国话语】

樊浩 《学海》2016 年第 2 期

中国精神哲学传统一以贯之演绎的是伦理与道德“相濡以沫”的文化正剧，而拒绝向“相忘江湖”的道德自由方向发展。伦理道德的精神哲学形态的“中国范式”就是孔子的“克己复礼为仁”。如果进行话语转换，与黑格尔“伦理世界—教化世界—道德世界”的“西方范式”相比，“礼—克己—仁”的“中国范式”最重要的“中国风情”便是“克己”。“中国范式”在现代以文化坚守与问题共识两种方式呈现，一方面表现为对伦理型文化的坚守，以及“伦理上守望传统，道德上走向现代”的转型轨迹，另一方面是在关于分配不公和官员腐败两大问题诊断的高度共识中所表现的伦理忧患意识。伦理道德的精神哲学形态的中国话语，就是“伦—理—道—德—得”的精神哲学过程和精神哲学体系。

【孔德之容，唯道是从——论道家道德哲学的根基及其特征**】**

陈霞 《哲学研究》2016 年第 3 期

“德”与“道”都是道家的重要哲学概念。老子大量地谈到了道德问题，并追问道德的根基。他说“孔德之容，惟道是从”，即“德”要跟从、效法“道”，“道”是“德”的根基，这个根基不依赖于天命和鬼神。相对于具体的道德要求和规范而言，“道”不是经验性、情感性、功利性的，而是具有超验性、形式性、包容性、非强制性、普适性、实践性等特征。“唯道是从”作为一条形式性原则，具有普遍有效性和形而上学性，它发挥作用的方式不是规定具体的德目，而是防止任何具体的规范僭越其有限度的有效性，从而避免善的暴政。“孔德之容，惟道是从”，所要寻求的不是一种代替其他价值的新价值，而是设定一种原则，作为价值的出发点和立身之地，以便在形而上学的基础上对价值评价的特征和方式进行批判，为道德标准确立一个合理性的基础。

【论蔡元培的伦理思想和修身之道】

李醒民 《山东科技大学学报》2016 年第 6 期

作为伦理学家，蔡元培具有精湛而深邃的伦理思想和修身之道。他把伦理学分为实践伦理学和理论伦理学，给出道德的定义和成德的途径，将道德划分为消极和积极两个层次，并对人格、良心、权利和义务等概念进行了富有启发性的阐述。关于修身或修己之道，他认为体育、智育、德育三者不可偏废，力倡信义、节俭、独立和自制。他推崇自由、平等、博爱的新道德，并且身体力行，自当表率；他注重精神修养与树立和谐的人生观，主张过一种丰富的、进步的新生活。

【道德历史人类学视域中我国多民族道德生活的历史变迁】

李伟、陈文江　《中国人民大学学报》2016年第2期

从多民族的道德生活史入手研究我国几千年文明史中伦理道德的发生演变，特别是近代以来社会道德伦理秩序的巨大变化，是我国伦理学研究方向的一个重大转变。这种研究范式把人类学、社会学的实证分析方法和伦理学的价值分析方法结合起来，从我国多民族的人的日常生活、精神生活以及公共交往生活三个层面，对多民族道德生活中的人的核心价值观念、伦理文化形态和共有精神家园的发生演变进行实证分析和价值分析，形成了一种新的理论分析框架和实证分析维度。从这种研究视域出发，对我国多民族道德生活的历史变迁的分析路径可做如下考量：我国多民族道德生活中人的道德来源问题；人的德性是如何在一个民族的道德生活中陶冶的；各民族道德生活中人的德性是在“何处养成的”；各民族道德生活中人的德性呈现的空间及德性的社会建构过程；各民族道德生活中人的德性是如何传播和展现的。

【中国现代化视角下的儒家义务论伦理】

陈嘉明　《中国社会科学》2016年第9期

作为一种“单边”的义务论，儒家伦理要在中国的现代化进程中发挥积极的作用，需要弥补其缺陷，发展出一种权利论，以求在义务与权利之间取得一种平衡。因此作为一种纠偏的措施，特别是由于“矫枉必须过正”，如将儒家作为有助于中国的现代化的文化资源之一，对其的更新与转化就应当更新其道德哲学，以其“仁者爱人”的人文精神为基础，从中转化出以“权利”为本位的伦理观；亦即以尊重人的权利为前提，并从道德权利方面为法定权利提供伦理基础。“更新”“转化”的可能性在于，以孔子、孟子为代表的传统儒家本已具有“天地之性人为贵”的人本主义思想，只是囿于时代的局限，未能进而对仁者为何需要爱人的根据进行发问，未能深入到人之所以为人的权利论层面。因此，通过批判性的反思，我们可以在吸纳儒家原有的人本主义思想、原有的仁、义等德性思想中的合理要素的基础上，将其更新、转化为具有现代伦理价值、与现代化的需要相适合的，并能够为现代化的构建服务的学说。

【儒家道德的内在条件和内在超越——论刘宗周的“体独”思想】

朱卫平　《道德与文明》2016年第4期

刘宗周的“体独”思想为道德实践的内在可能性、内在超越的可能性奠定了坚实的内在根据。所谓“体独”，是指在身体整体参与的经验下，对独体即天命之性的体察和觉悟。它是道德实践的关键环节，通过体独，天命之性得以呈露，与人的生命发生真切的关联，使人对道德实践产生不容已的诉求。体独的方法是静坐，这种静坐方式并不是强使思路断绝，而是使独体在流行不息的心念过程中一直处于醒觉、做主的状态。

体独具有实践意义，体现为体独和立志之间的深层关系，即“觌体承当”：学者亲面体证独体，然后对自己的本性毅然地承当，毅然地选择担当起道德实践的责任。体独也具有超越意义，通过体独，可以实现对天道的证悟和观照；人在对天道的证悟中也能实现对性命和自我规定性的自觉。

【仁统四德】

陈来 《江苏社会科学》2016 年第 4 期

古代儒学的价值体系以“仁义礼智”或“仁义礼智信”并称，“仁”和儒学肯定的其他价值之间被设定、被理解为一定的结构关系。要处理“仁”与现代其他价值的关系，有必要回顾历史上儒家如何构建“仁”与其他诸德的关系。孔子并没有明确地强调德性的统一性，而宋明理学的“四德”说，则明确强调德性以“仁”为本的统一性，“仁”统领一切，贯通一切。并且用一种宇宙论来说明这种统一性的根源与性质。近代康有为虽然提出“以仁为体”，但在德性上、在价值上，有时重视“智”超过了“仁”。他反对宋儒的“仁统四德”说，这就改变了宋儒以来“仁”统率一切的地位。在现代社会，四德论应有所发展。我们提出以仁爱、自由、平等、公正为内容的“新四德”，而以和谐为社会目标。“新四德”的关系完全可以以固有的传统四德关系来理解，即以“仁”为基础确定新四德的关系。“仁统四德”表明儒学仁体论视野下的价值论是一元的，由一元（“仁”）统领多元。儒学期待社会结构能够使得其他以自由、平等、公正为核心关注的思想体系和儒学一起，共同构成多元互助的文化结构，以满足中国社会文化的发展需要。

【儒家的仁是普世价值】

杜维明 《西安交通大学学报》2016 年第 3 期

儒家文明是开放的、动态的、发展的。儒学融合了对他人的尊重和个人的自尊，在人际关系与主体性之间取得了平衡。儒家和它之前的文化传统之间没有发生“轴心突破”式的断裂，而是对夏商周三代文明积累的继承与转化。儒家追求终极关怀，面对当今世界之政治经济科技文化环境等领域的种种问题，21 世纪的儒学更需要关注人类长久的存活与繁荣。儒学的核心价值“仁”是源头活水，由“仁”发展出来的“学以成人”“何为人”等深刻论域，可以为当前的困境提供可选择的思路借鉴。因此，儒家的“仁”无疑是面向全人类未来的“普世价值”。

【儒家核心价值体系——“仁”的构建】

韩星 《哲学研究》2016 年第 10 期

“仁”是孔子思想体系的核心，是人之为人的本质，是儒家以人为本的集中体现。人生命的核心有了“仁”，首先要生长出自我。自我要存在发展，就要自爱。“仁者自爱”是仁爱展开的基本环节。在自爱的前提下，儒家认为“仁”始于亲情，是一种亲情之爱，这就是孝悌之道。到社会上如何处理人际关系，孔子提出“忠恕之道”作为实行仁道推己及人处理人际关系的“黄金律”。在更广泛的人群交往中，儒家提倡“泛爱众”的博爱思想。在政治上，孔子强调以仁政爱民为基本理念的王道政治理想。将“仁”推到天地之间的万事万物，就形成了爱物惜命仁者与万物一体的思想。孔子对待鬼神既不迷信也不全盘否定，重视丧葬和祭祀之礼，使得民心归厚。儒家以“仁”为核心，以同心圆层层扩展的方式向外推衍，形成了由仁、义、礼、智、信、孝、悌、忠、恕、敬、诚、勇、直、廉、耻、温、良、恭、俭、让等众多价值构成的核心价值体系，而仁是该价值体系的核心。

【荀子诚论发凡】

吴祖刚　《道德与文明》2016 年第 4 期

荀子对诚的阐释与《中庸》有紧密的联系，但是荀子之诚却因其理论基点——性恶论——而又与思孟一系儒家不同。在荀子这里，诚仅仅作为一种道德修养功夫而存在。这一道德修养功夫可以具体化为“常”和“慎独”两个层次。常具有如下两层含义：其一是可预知性，其二是可信性。这两者实际上体现的是在道德生活中，主体行为必须具有一贯性，即排除偶然性的发生。在此意义上的“常”便与二程所言之“庸”同义，即“不易”。慎独其实是对礼义的遵从与恪守。慎独之内在追求恰恰同于二程对《中庸》之“中”的诠释，即“不偏”。作为一种道德修养的功夫，诚之终极目的在于使主体形成良好的道德品质并因此永恒地践行符合道德规范的行为，实现人本身的“化”，但是这种化指的是心对道的认可及行为的合规范性，并非是在人性层面实现本质性的转化。

【论韩非的诚信观】

周四丁　《伦理学研究》2016 年第 4 期

诚信是韩非学说的核心概念，韩非从富国强兵的目标出发阐述其诚信思想，形成了系统的诚信观。他认为君主信任大臣和妻子会导致大权旁落，存在受制于人的道德风险。法律信用却有助于赢得民心，有利于保护君主权力免受权臣侵蚀，有利于富国强兵；基于信任他人的道德风险和法律信用的道德价值，韩非提出了“循名责实”的诚信管理论。诚信管理是通过“循名责实”实现“名实一致”。“循名责实”是一种非常严密完整的外塑机制，该机制通过综合运用法、术、势编织的士民相互监督网络来验证信息真伪；诚信管理以君主自律守法为前提，君主自我约束而遵守法律，则士民趋于诚信。

【中国传统忠观念的起源再探】

孔祥安　《齐鲁学刊》2016 年第 4 期

“忠”是中国传统社会十分重要的道德范畴，也是一个备受人们争议的伦理概念。但关于忠观念的起源研究一直没有形成共识，甚至存在忠观念与忠概念的混淆。五帝时代“中”的意识是“忠”观念产生的文化源头，“忠”源于

“中”。东夷人有善射的传统，“中”的意义从射箭命中，到成为指挥中心，再到王道，经历了漫长的过程。东夷人的“中”观念成为五帝时代人们思想观念的重要组成部分，乃至成为五帝时代“中”观念的文化源头。到尧舜时代，“中”的观念已经相当凸显，并成为一种政治治理的基本原则。因此忠观念起源于五帝时代。“忠”是五帝时代军事首领或酋长为了本群体利益所产生的中正不偏公正无私等的意识和观念，体现了为民的价值导向；也是氏族成员对军事首领或酋长这一权威的归依和服从，反映了对群体利益的维护和公平规则的期求。

【传统忠德在现代行政伦理中的转化与创新】

鄯爱红　《中国人民大学学报》2016 年第 4 期

建构当代行政伦理忠诚体系，需要从传统忠德中吸取智慧，传统忠德的特点可以概括为：忠寓于孝，忠孝统一；忠诚相通，重内轻外君国一体，重人轻事。在现代行政伦理的视域中，传统忠德转化涉及三个层面：价值层面需要拓展忠诚的内涵，实现从“私忠”向“公忠”的转化；行政伦理实践层面需要转移忠诚重心，实现忠诚对象从“以人为中心”向“以事为中心”和“以法律规则为中心”的转化；保障机制层面需要强化忠诚契约，实现由重内轻外的单向品德忠诚向内外结合的双向的契约忠诚的转化。其中，培养具有独立判断和创新精神的现代人格，实现由基于“服从人格”的依附关系向依赖于“独立人格”的契约关系转化最为关键。

【“礼”的伦理学意义的孕育与确立】

王苏　《齐鲁学刊》2016 年第 1 期

中国自古以来就以“礼仪之邦”闻名于世，“礼”的传统源远流长。“礼”的起源很早，但起初它并不属于伦理道德的范畴，而是带有浓厚的宗教色彩和政治色彩。殷商时期，殷人执礼器事鬼神，“礼”是带有宗教性质的祭祀神灵祖先的仪式，通过这些仪式表明人的身份和地位。西周之礼虽然在整体上已不再是单纯的宗教礼仪体系，但在一定程度上依然留有神圣性。与殷商之礼相比，西周之礼的政治性更为凸显。春秋末年，孔子援“仁”入“礼”，赋予“礼”以新的生命和内涵，即“礼”不再是僵死的外在形式，而是以真实情感为内核的伦理实体和道德规范，从而使“礼”成为中国最为重要的伦理规范和道德规范。在孔子思想的基础上，孟子设计了由“仁义礼智”构成的德性体系。在此体系中，“礼”与“仁义”一样，都是内在于人心的，“仁义礼智根于心”。由此，原来外在的礼，在孟子那里已经完全内化为本心所具有的一种内在属性了。至此，“礼”最终成为一个伦理学范畴，具有了伦理道德的意义。

【儒家君子人格的当代意义——以孔孟“君子”说为论域**】**

蒋国保　《道德与文明》2016 年第 6 期

孔孟将理想人格分为现实的理想人

格和可能的理想人格。现实的理想人格，是通过切实的道德实践能成就的高尚人格。君子被孔孟归于现实的理想人格。孔孟所谓君子人格，集中体现了儒家所提倡的好人品德，诸如志道、为仁（爱人）、怀德、守义、知耻、诚信等。当代人为了纠正以功利价值为首尚的人生偏差，消解意义危机、存在危机，迫切需要从儒家君子人格汲取三方面的精神营养：以君子人格作为塑造理想人格的现实榜样，将理想人格的塑造与培养落实在现实人的现实要求上，避免理想人格塑造上的假大空；注重发扬孔孟君子人格所体现的道德为尚、功利为轻的生命精神，重在以道德实践体现人生的根本意义，而不是以功利成就作为人生根本意义的体现；充分认识羞耻意义对人之存在的本质意义，真正树立以不知耻为人之本质上的可耻这一做人必不可缺的道德意识。

【“超凡入圣”与“即凡而圣”——儒家“圣人”观念的历史考察与现代反思】

李可心　《道德与文明》2016 年第 3 期

“圣人”观念在现代社会看似已不合时宜，但在传统儒学中却不可或缺。儒学本身是一套以希圣成圣为精神追求的完整学问。在儒学的发展中，圣人观念有治统化和心性化两个层面的偏向。而治统化的圣人观逐渐淡化，转以心性的成就作为对圣人的主要规定。儒家的圣人观大体上可以说是人伦与天道的统一，人性与圣性的统一，循理与自由的统一，主体与客体的统一，个体与全体的统一。其在历史中呈现出越来越开放、越来越通俗的倾向，圣人之德从殊德转为总德，从绝德转为通德。儒家圣人观蕴含了儒家式的古典平等、自由观念，对人生和世俗社会具有积极向上的精神引导功能。圣人之旧德蕴含了沟通现代新德的可能，且别具优越的特质，对现代社会和人生可有其价值理想方面的贡献。

【道德感动与儒家的德性示范伦理学】

王庆节　《学术月刊》2016 年第 8 期

存在论意义上的“感动论”可以作为儒家伦理学说的核心与基础。“感动”作为枢纽和端口不仅启动人类的道德行为，而且还将存在论层面上的感应一方面与认知层面上的道德感觉与感知连接起来，另一方面又与心理情感层面上的感情、情绪与同情连接起来。它使两者相互作用，发生与形成道德感通、感悟与道德知识，从而影响与指导我们的道德生活。基于此概念辨析，可以说，儒家伦理的本质就在于它是立足于情感本位之上的德性示范伦理学。通过区分伦理学的价值层面与伦理学的实践层面，可以有效地化解道德两难的困惑。儒家的示范性道德人格，体现的是某个或某些道德德性的风范，这些道德示范和风范的重要性，就在于其在平凡生活中彰显德性，从而感动、激励和范导人们做好人，行善事。儒家伦理作为价值科学，其本质上是一种文化生活和活动，它的目标在于生成、酝酿、承继、革新与传播以某种或某些价值为中心的价值文化理念。

【孟子的道德行动与人格生成】

陈志伟 《华东师范大学学报》2016 年第 2 期

在伦理学研究中，至少有两个问题是几乎所有研究者都很重视的，其一是道德原则的普遍性问题，其二是具有普遍性的道德原则的落实问题。这两者都关涉道德行动和人格生成这两个道德哲学的核心要素。孟子将恻隐之心这种情感因素作为道德行动的内在动力，同时也是人格生成的发端；经由知言养气的功夫论，孟子阐发了人格生成的过程；知言是辨别善恶与对错，从而形成确定的信念，而以“集义”为中介的养气则为人格的生成提供内在支撑，并以孔子的圣人气象显示了道德功夫论的终极目标——人格的圆成。要想实现这一目标，则必须从不忍人之心这种内在情感出发，通过“由仁义行”的天性之自发性，最终将内在德性充分展现于外在形体之中，使作为躯体之自然的形色完全内化为人的天性，并将一切道德行动的源泉归之于这种天性，实现道德行动的自然化，即由“践形”达到圣人人格的圆成。

【敬畏与慎独:《中庸》的道德工夫思想及其现代启示】

朱俊林 《伦理学研究》2016 年第 5 期

“工夫”是和“本体”相对应的范畴。在中国传统哲学中，本体这一范畴可以指事物的本来样态，也可以指事物的依据、本原、根本原理等，而“工夫”则指对本体的认识、体悟、实践以及相关的途径方法。《中庸》的道德工夫思想以作为天道的“诚”为其形上基础，阐明了道德工夫的可能性和必要性，提出了“自诚明”和“自明诚”两条相反相成的工夫路径。人通过反躬内求自己的本性并明了自己的本性，就可以通达万物之性，这就是“自诚明”；反之，通过明了万物之性，也可以洞明自己内在的本性，这就是“自明诚”。并提出了立志向道、循序渐进、安身求道、注重内容和实质的道德工夫原则以及学、问、思、辩、行的具体方法。最后，《中庸》提出了要把“不愧于屋漏”作为道德工夫的保证，即对于天和天道，人要保持敬畏之心。《中庸》还提出了更为细化的修养方式，譬如道德工夫应从家庭道德开始，逐渐过渡到君臣、朋友等伦理道德的要求。这种道德工夫思想对现代社会的道德建设具有重要启示。

【学以成人，约以成人——对新文化运动人的观念的一个反省】

何怀宏 《安徽大学学报》2016 年第 1 期

新文化运动的着眼点是解决“人”的问题，尤其是人心问题。它试图全盘打破一切传统的束缚，摆脱一切羁绊，追求一种个性绝对自由解放的新人。人在多大程度上能够改变社会上几乎所有人或大多数人的人性？而且这种尝试是否本身就违反道德乃至人性？今天我们有必要重温传统的“成人”之学。儒家的“成人”路径可以说是一种“学以成人，约以成人”，即最终能够趋于道德自由之境的人，主要是通过一种自我的学习和工夫，通过一种和神圣、社会与同道的立约，通过规约自己而最后达到自由的自律。今天的“成人”更趋多元，不再有一种固定的统一的意义，人们追求的人生目标将向各个方向展开，而所有这些追求又应该受到一些基本规约的限制，以不妨碍他人的同等合理的追求。

【孔子“仁”与“为仁”工夫间的内在紧张及其意义】

臧要科　《道德与文明》2016 年第 1 期

“仁”是孔子思想的核心，它是人在生活世界中道德践履所追求的精神境界，更是人在世的意义与价值之源。在孔子关于仁的言说中，“夫仁者，己欲立而立人，己欲达而达人”有两种解读路向。一是以朱熹和冯友兰为代表的将其理解为仁者的界定，这样“立仁达人”被方法化了。一种是以王夫之和张岱年为代表的将其理解为仁的界定，把“立人达人”作为精神境界，这种解读更为可取。仁是公心挺立基础上的人的自觉精神境界。孔子认为自我觉醒与超越之路始于孝悌，在觉醒与超越的途中还需要对内克己与对外推己及人的工夫。这些工夫同时也都属于广义的礼。克己旨在对以身为中心的致思趋向进行持续否定，净化和纯化人的意志以唤起本有的价值自觉。尽己与推己是克己中形成的自我定向上的成人与成物。在孔子关于“仁”与“为仁”工夫的言说中存在着生存样态与理论上的双重紧张，这种双重紧张同时也塑造了孔子独特的思想品格。

【何以知而不行？——朱熹论道德失败】

傅齐纨　《理论界》2016 年第 11 期

道德失败，具体到朱熹的哲学思想中，主要表现为“知而不行”。朱熹提倡“知行合一”的理想状态，但也承认现实中“知而不行”情况的存在。在朱熹看来，道德失败的原因可归结为知之不足，也即“非真知”。“真知”不同于“常知”，是一个包含实践性在内的概念，而常知只是知识性的认知。这两种知的差别可以被视为认知程度的深浅之别。而常知之所以没能达到真知，是因为知情欲等心理要素有缺陷，易受“私”的影响，从而在面对情境时道德无力。这种道德无力是道德软弱的表现，意志软弱要为道德失败负首要责任，因而避免道德失败的关键在于克服意志软弱。克服意志软弱需要诉诸道德践履，只能在“力行”这一过程中加以解决，从勉强而为开始，不断增强意志力。意志坚定可以跨越天然的间隙，塑造出儒家的理想人格。

【《礼记》哲学诠释的四个向度——以《礼运》、《王制》为中心的讨论】

郭齐勇　《复旦学报》2016 年第 1 期

对《礼记》的哲学诠释可以从四个方面展开：一是礼与礼治本是摆脱原始宗教而进一步人文化的产物，但《礼记》中所讨论的礼之根源与根据在于“天”与“太一”神，其中蕴含着终极性的指向，有宗教哲学的内蕴及意义。

二是《礼记》中对生态系统的认识是以“天地”为中心的一种整体论、系统论的观念。它对人性、物性的辩证认识清楚地表明了一种生态伦理的等差意识，并不忽视不同生物圈有自身的内在价值。《礼记》肯定不同生物圈层有自身价值，要求一种普遍的生态的道德关怀，蕴含着生态环保伦理的内涵与意义。三是《礼记》主张满足人民的基本公正合理的要求，主张惠民、富民、教民，缩小贫富差距，对社会弱者予以保护，其推行的文官制度、教育制度，为平民提供了受教育及参与政治的机会。这包含着对最不利者的关爱，其中涉及政治正义的问题，其天下大同、天下为公的社会理想与社会正义观、公私义利观影响深远。四是《礼记》中有关人的教养与人格成长的思想，体现了儒教文明的特点，其内核是成德之教，其目的是培养君子，成圣成贤，其方法是用礼乐六艺浸润身心，以自我教育与调节性情心理为主，其功能在于改善政治与风俗，其特点是不脱离平凡生活，知行合一、内外合一的体验。从以上四个维度对礼做出诠释，使礼的一些要素创造性转化、创新性发展，尽可能地为现代社会服务。

【法刑事件中孔子德法互济思想观略】

陈继红　《道德与文明》2016 年第 2 期

在德治与法治的关系上，孔子提供了一种“德法互济”的思想。以法刑事件作为一个新的研究视角，或许有助于我们深刻理解此种思想的意涵。在孔子那里，“杀”与“礼”的矛盾仅仅是一种表象，基于“礼”所指向的政治秩序构建这一目标，二者获得了内在的统一性。孔子不但注意到了任刑对于德教的反向推助作用，同时亦以德教之于任刑的先在性作为必要条件。孔子对听讼者的德行提出了特殊的要求，并通过自身的司法实践证说了其社会价值。通过上述三个维度，孔子试图在社会正义与民众幸福之间取得某种平衡，以此构建一幅道德生活的理想图景。此种“德法互济”思想既没有偏离“德主刑辅”的基调，亦没有视法治为一种绝对的消极手段。在强调“坚持依法治国和以德治国相结合”的现代社会，孔子的此种思考或许能够在某种程度上贡献新的治国智慧。

【儒家社会正义观的思考】

王云萍　《哲学研究》2016 年第 11 期

儒家的经典文本的确表达了对人民的生活条件及物质资源分配的深度关切，但儒家并未像当代西方政治哲学家一样试图建构一个社会正义的体系；相反，儒家对物质好处及其分配的强调，实际上被置于一个特定的框架内，该框架假定了政治共同体的性质是一种道德共同体，君民关系是一种彼此关怀的伦理关系。儒家提示我们，离开社群感和关怀感的纯粹现代社会正义原则，无论是平等还是充裕，其关于理想社会的设计，只不过说了故事的一半而已。

【义利关系维度下的廉德呈现探究】

王晶 《广西社会科学》2016 年第 11 期

基于基本的人道主义立场，“利”的存在具有不可否认的合理性。通过对占有与控制概念的理论梳理，欲望极致化会带来不可估量的人生风险。“义”的内涵不但呈现出集体主义文化中倾向于国家社会的价值选择趋向，又与本体存在“天道”“天理”相贯通。在“义以为上”的义利关系处理原则的指导下，廉德具有直觉式与理性式两种呈现方式：其一，直觉呈现方式基于“义”与“天理”贯通的最高意义，体现了最简易的道德呈现原则，直指廉德的最高层次的内容，真正的利被称为“义之和”；其二，廉德的理性呈现方式基于“义”社会整体性的价值取向，更具有可操作性。

【从“德性治理”到“公民社会”的建立——“顺服的伦理”、“根源的伦理”与“公民的伦理”**】**

林安梧 《江淮论坛》2016 年第 6 期

儒学有“生活化的儒学”“批判性的儒学”与“宰制性的儒学”，配合血缘性纵贯轴，可对儒学有一全面的把握。诠释与分析“以理杀人”“存天理、去人欲”等问题，并因而追溯中国儒学的特性，指出“根源伦理”“帝皇专制”与“巫祝咒术”三者相互依倚、相互抗持的关系。正因如此，“根源的伦理”与“顺服的伦理”才被混淆而误置，须瓦解与重建。对比而言，中国古代社会下的子民是一自然状态下的天民，其伦理乃“天民伦理”，是血缘性纵贯轴下所成之伦理。它不同于公民伦理，公民伦理重在以自我的限定为起点，并依客观的契约而构造一新的连结体。公民伦理不是来自道德、思想、意图，而是来自权力、结构、组织。这不是单元的转出，而是多元的重建。

【价值理性的自觉与优良秩序的基点
——孟子人性学说的方法论意义**】**

允春喜、金田野 《道德与文明》2016 年第 3 期

中国古代最早将理想政治生活的必然性和合法性寄托于天，而孟子通过赋予天以终极解释和终极价值的意涵，这一问题转向对人性的探讨，从而使客观的天道具备了人道的主观价值。孟子明确了人禽之别在于人性内在的价值尺度，使人从动物式的生存转向道德性的社会生活，从而对承载价值理性的人做了进一步规定。孟子将价值理性把握为一种无限的思维指向而非一种认识结果，使个别之“民”向普遍之“人”的转向成为可能。孟子的人性学说实现了人的价值理性的自觉，在优良政治秩序构建的方法论意义上影响深远。

【“天下为公”：在理想与现实之间】

张曙光 《北京师范大学学报》2016 年第 2 期

“天下为公”与“天下为家”，本来是《礼记》依据过往历史和传说提出的两种社会形态，由于这两种形态既关乎由仁义引导的道德价值秩序，又关涉由

礼法建构的社会政治秩序，因而随着历史变化的需要，不断被学者作出新的解释，其含义也不断得到分梳和丰富。其中，特别值得重视和辨析的，是孟子的“仁政”“王道”政治观，以及与之密切相关的“天下如一家，中国如一人”的思想命题，它们在历史上都产生了深远影响，并且成为近代以来中国人所理解的世界“大同”的主要思想构件，而大同理想一度让我们陷入“乌托邦”的空想和灾难。今天，要让传统的天下观尤其是“天下为公”的理念发挥积极的合理的作用，就要对上述观念及其问题加以辨析，既在政治上明确“谁之天下”以及“如何实现”的问题，又传承并创新其中的人文道德价值和哲学思想。聚焦于“天下为公”与“天下为家”的论题，也有利于廓清当前围绕传统思想文化展开的各种论争。

【论当代中国的“人民主体”理念】

李德顺、王金霞　《哲学研究》2016 年第 6 期

当代中国确立的“依法治国”原则，是坚持人民主体地位的必然结论和必要政治形态。但由于对“人民主体”概念理解的缺失，现实中产生了种种疑问和歧义。该文从哲学、历史和文化的角度恢复“人民”概念的本义，明确人民作为社会生活的实际承担者和现代文明的最高价值主体的意义，着重分析论述人民在我国社会主义政治文明建设中的角色，指出人民既是民主的主体，也是法治的主体。“法治中国”的建设，人民不能缺席，不能被分解和虚化。

【梁启超公德论的实践困境及现代应对】

王颖　《齐鲁学刊》2016 年第 5 期

梁启超在《新民说》中的公德理论大体分为两个阶段。在《论公德》篇中，他强调公德私德的独立分殊性，大力倡导输入一种新道德（公德）。在《论私德》篇中，他则突出公德私德的共通性，积极强调私德，并视其为公德养成的重要物质原点。这一理论转向是为了实现其公德理想而做出的主动调整。但由于缺乏必要的现实条件，以及理论内部的自我矛盾性，这两个阶段的理论构想均面临着实践困境。

【儒家大同思想与人类命运共同体建设】

孙聚友　《东岳论丛》2016 年第 11 期

儒家大同思想是古代思想家对于人类美好社会的理想追求，人类命运共同体意识是现代中国对于当今世界进步发展的理想追求，二者之间有着历史的相联，观念的相通，更有着价值上的相融。这具体表现为，儒家的大同思想与人类命运共同体之间具有“天下为公”的价值共识，贯穿着“公平正义”的治理理念，蕴涵着“和而不同”的文化理念。继承发扬儒家的大同思想，探讨人类命运共同体的建设，展示了以儒学为核心的中华文化的自信，承载了对人类命运的现实思考，它对于解决当今世界发展问题，推进人类的和平进步，具有重要意义。

【先秦孝道的起源与嬗变】

巴新生、宋娜　《天津师范大学学报》2016 年第 2 期

先秦孝道经历了三个发展阶段。第一阶段是西周宗法政治下的追孝、享孝。殷商时代祖先神与至上神上帝合而为一，因而殷人的“德”涵盖了对祖先神与至上神的双重崇拜，“德”即是“孝”，“孝”即是“德”。周革殷命之后，政治上的变故迫使周人在宗教观、天命观上进行了革新：割断了祖先神与至上神的血缘关系，创造了至上神“天”，使之上升为国家保护神，而“天”与任何氏族都没有血缘关系，从而完成了祖先神与至上神的二元化分离。在这样的背景下，在西周产生了尊祖先神的“孝”观念，“德”“孝”并称，“德”以对天，“孝”以对祖。然而，西周孝的对象主要为祖神考妣，而非在世之人，如青铜器铭文“追孝”“享孝”等记载。这一时期的“孝”成为构建以血缘为基础的家国一体的“宗盟”的道德向心力，具有鲜明的等级特征。第二阶段是春秋裂变中的惠宗族、尊君宗与养父母、爱父母。一方面，随着周天子地位下降、大宗小宗易位、君权旁落等现象的发生，春秋之孝并非维护一般父子关系的伦理准则，而是调节君宗与储君嗣宗关系的重要政治准则，其内容均以尊宗惠族为中心展开。另一方面，随着铁器、牛耕的使用，一部分家庭从宗族中解放出来，孝的对象开始增加现实生活中的父母。第三个阶段是战国新型国家机器中的奉养、善事父母。铁器牛耕的广泛使用、经济上的授田制和政治上的编户齐民制度，使个体家庭逐渐成为国家赋税、徭役的直接来源，赡养父母也由家庭内的子嗣来完成，“孝”被抬高到无以复加的地位。同时，战国以后，侍奉父母的“孝”延伸到侍奉君主的“忠”。

【孔子孝观念的创见及孝行应用的理论预设】

吴锋　《中国社会科学院研究生院学报》2016 年第 6 期

孔子虽未创建完整的孝道理论体系，却为儒家孝道思想提供了很好的理论预设。孔子在继承西周敬祖、承祖业等观念的基础上，于孝养和孝敬、行远与关切、报本与无改、孝顺与孝谏等方面提出了自己的创见。首先，孝养必须建立在“礼敬”的基础上，只有通过“敬”才能确立“孝”。其次，孔子既强调“父母在，不远游，游必有方”，又强调子女应关心父母的生存状况。再次，丧礼要循礼、合情、合节，三年不改父道。最后，子对父的孝要有层次——小棰则忍，大杖则逃，因顺父母而损伤身体的健康是不孝；同时，要对父母的过错实行劝谏，但劝谏的方法必须符合“礼敬”的原则。

【宋明理学孝德教育思想探析】

卢明霞、杨吉村　《东北师大学报》2016 年第 5 期

宋明理学孝道思想的内容主要体现在三个方面：一是以“天理”“良知”为主题，对孝德作了更进一步的哲学论证。孝是一种自觉活动，具有自觉性和主动性。二是强化了孝德教育的地位。

宋明时期，孝道教育的对象由士人扩大到整个社会，教育的形式也多种多样。三是对孝德教育实践做出了一系列理性思考，如由浅入深、从日用处开端、知行合一等。

【儒家孝道的性别难题】

陈继红 《中国人民大学学报》2016 年第 6 期

《孟子》和明清小说《七十二朝人物演义》中的“匡章事件”展示了孝道中的性别难题，即当从父和从母发生冲突时的优先性问题。“不欺死父”意味着在行为选择中完成了对父亲的孝，但同时却背离了对母亲的孝；“孤身悼母”则在心理情感上使这种行为上的背离获得了补偿。然而，从父的优先性只是体现在行为选择上，并不存在于心理情感中，孝母在心理情感上获得了与从父同等的地位。

【儒家孝道的功利化转向及其限度——孝子榜样叙事的观念史释读**】**

陈继红 《南京社会科学》2016 年第 10 期

孝子榜样叙事揭示出儒家孝道世俗化过程中经历了由目的性向功利化的转向。首先，作为儒家孝道社会性衍生的文化产品，“二十四孝”以功利证说了孝道的合法性，消解了儒家孝道之目的性价值，使之与社会文化心理达成了默契。其次，作为儒家孝道政治性归结的文化产品，元、明、清三代史书的孝子榜样叙事对儒家孝道进行了功利化的有限度修改。不同文化的互动与异动形成了巨大的文化合力，使儒家孝道获得社会根植性并积淀成为社会文化心理，同时成为一种精神工具。

【“理欲之辨”与清代前中期的女性婚姻道德生活——以“贞节观”及其引发的诸种道德困境为探讨对象**】**

施文斐 《安康学院学报》2016 年第 6 期

清人以原始儒学为参照，援“礼”入“理”，使清朝婚姻道德更具人文关怀。这一人性化的思维维度，在清人论及“贞洁观”及其相关问题时产生的道德困境尤为突出：一是“从一而终”道德观所引发的道德困境。在正统的伦理道德中，“从一而终”的道德规范使女性既没有选择婚姻的权利，也没有改嫁的权利，通奸行为就成为低质量婚姻的结果，且通奸行为在清朝中期具有一定的普遍性。二是“寡妇守节”所引发的道德困境。明人的道德价值取向是以死烈为尚，以守节为次。及至清朝，为将诸多问题消化在家庭内部，清廷重守节而轻死烈，希望寡妇可以承担起赡养舅姑、抚育幼孤、维持家业的重任。同时，在“寡妇改嫁”这一问题上，一方面国家希望寡妇守节养家，另一方面以中下层庶民为主的婚姻市场对寡妇有着极大的需求，这就导致了官方主流观念与中下层观念产生了巨大的冲突。三是“未嫁守节”所引发的道德困境。贞女们为了坚守自己的道德贞操，付出了巨大的代价。在这一问题上，清人普遍持“尊身重生”的观念，主张不当死则不死。为解决上述困境，清人区分了小我与大我、身体贞洁和精神贞洁、孝父母与继宗嗣的价值优先性，体现了“以理顺情”的情感化倾向。

【儒家会如何看待同性婚姻的合法化?】

张祥龙　《中国人民大学学报》2016年第1期

儒家将同性恋人群的产生归为阴阳发生过程的可能产物，有其自然的原因，并不是一种罪恶，所以同性恋者应该受到公正的对待。但是，也正是由于儒家信持这样一个阴阳生发的结构，而不可能赞许同性婚姻的合法化，因为同性婚姻的合法化会导致一些对于人群长久延续不利的后果：这种合法化会从道理上打开通向群婚制的缺口；它还可能会伤害一些无辜者，如父母和收养的子女等；它具有的某种示范效应可能会引导那些在性别取向上的徘徊者走上他们本来不一定要选择的性道路。

【论袁黄的家训教化与功过格修养法】

陈延斌　《武陵学刊》2016年第5期

我国传统家训的主要内容为长对幼、尊对卑的劝诫和平辈之间的相互勉励，贯穿了睦亲治家、处事之道和教育子孙的全过程。《了凡四训》体现了袁黄的四条家训教化思想：以自强为“立命之学”；以耻心、畏心和勇心为“改过之法”；以成人之美为“积善之方”；以造福为“谦德之效”。同时，袁黄在参照其他典籍的基础上，形成了更简明的《功过格款》，其中“功格”50条、“过格”50条，具有浓厚的劝善思想。

【论《周易》中的生命伦理意蕴】

张舜清　《孔子研究》2016年第3期

《周易》以“生”为体，从伦理本体论的角度揭示了生命的本源、意义与价值，从而确证了“顺天”之于人之当为的根本意义。“顺天”即“顺性命之理”，其根本途径是“养正”。“养”可解释为三个层次，每个层次都是涉及人生休养全方位的养：第一个层次是个人之“养”，包括了个人的养护自我身体之道和如何正确处理与他者关系的“为人之道”；第二个层次是“养民之道”；第三个层次则涉及天地养育万物这一根本的生养之道。“正”的基本意思是指阴居阴位、阳居阳位，阴阳爻各得其位为正，是要顺应天道的本然秩序。“养正”即以“正道”养生，则政兴人和、成己身强。

【论戴震重生平等伦理思想体系的构建】

徐玲英　《安徽师范大学学报》2016年第4期

戴震从人的生存和发展的内在要求角度构建了一整套伦理思想体，实现了伦理思想的嬗变，即由理学的强调尊卑贵贱转向重视生命和平等。戴震首先运用考据方法摧毁了程朱伦理思想的立论之基——理，指出理就是事物发展的客观规律，从而将程朱作为世界本源的形而上的理拉下了神坛。他循着“人道本于性，而性源于天道”的哲学思路，由天道探讨人性，认为人的血气心知之性皆本于天道之生生，而人伦日用无不为遂人之生，所以行人伦日用之事就是人道。由此，赋予传统的道德规范“仁义礼智”以新的内容，认为能掌握人伦日用的条理，用以调节人的自然情欲，使之无过无不及，从而有利于生生，这就是“懿德”。同时，戴震所倡导的“遂情达欲”的重生思想和“以情絜情而得其平”的道德理性，为近代启蒙运动奠定了基础。

【儒家丧礼“饰死者”析义】

张寿安　《学海》2016 年第 2 期

儒家丧礼分为“生者自饰”和“饰死者”两个方面：“生者自饰”指生者依其与死者的身份关系进行自饰，包括服饰及丧期，这是一般所说的“丧服”；“饰死者”指为死者进行装饰。儒家丧礼从人之将死即已展开，分为弥留、气绝、沐浴与含饭、小俭（死者加衣衾）与大俭（入棺）、下葬等过程，其中气绝有迁尸于寝、复两种礼仪，沐浴与含饭有正尸、沐浴、含饭、袭、冒、冰尸等礼仪。慎重繁复的“饰尸”礼仪表现了儒家“事死如事生”的送葬态度，合乎人道之极。

【宋明理学中的“终极关怀”问题】

王学智　《中国社会科学》2016 年第 9 期

宋明理学家将“终极关怀”问题理解为在具体修养中追求超越境界，获得精诚和勇气，同时悦乐和享受这种境界。通过对宋明理学“明”与“诚”、性体的统一性与表现的多样性、理一分殊及其超越与内在、以心体道的不同层次的梳理，发掘出宋明理学终极关怀对象的发展轨迹：从周敦颐、张载、邵雍的注重天道到程颢的注重人道，从程颐、朱熹的天人不二、体用一源到陆九渊、王阳明的立基于心、以心贯通天人，最后到刘宗周的返回天道、以天立极。

【相天：王夫之思想体系的终极关怀】

谭明染　《湖南大学学报》2016 年第 3 期

王夫之以张载的“太和”为最高目标，以庄子的“相天”为其方法，试图帮助人们建立健康道德和宇宙和谐的伦理体系。首先，他通过将天划分为“自然之天”“神化之天”“仁心之天”三个层次，将人和仁心提高到宇宙的高度。其次，他以天之不足、人的情欲问题来论证“相天”的重要性，主张利用人的智慧创造发明，补充天之不足。最后，提出“相天”的三个方法，主张以改造自然，修身养性来增加天下的和气。他相信只要人们能够坚持履行儒家的礼义，气质可以改变，而神气可以得到保持。即使形体消散，自己对宇宙所贡献的那一团和气仍然会造福后代。

【庄子生命观探析】

胡伟力　《湖北社会科学》2016 年第 11 期

庄子的生死观可分为形下生死观和形上生死观两个部分：前者由安生顺死、常因自然而不益生的自然生命观和虚己以游世的社会生命观构成；后者表现为独与天地精神往来。庄子对人的生死持“安生顺死”的态度，既顺自然的固然状态而享尽天年，又保存好生命内在的自发的东西，不受任何外物所影响，实现了自然与社会在生死观上的统一。

【论中国生命伦理学的本土化建构及其与道教生命伦理思想的融合】

赖平　《伦理学研究》2016 年第 1 期

生命伦理学于 20 世纪七八十年代初被介绍、引入中国，在取得一定成就的同时，也面临着理论架构相对粗糙，缺乏对现实生活的话语引导权，学科发展动力不足等困境。为化解这一困境，我们需要回归自己的文化本源，加强与本土文化的对话。我国本土宗教道教以“道”为生命的形上根据，赋予生命神圣的价值，强调“珍生”“贵生”，鼓励人们通过修炼脱离自然存在的状态，获得精神生命和自由意志，为中国生命伦理学的架构提供了深刻的启示：明确生命伦理学的价值自觉——“人”是目的；以“人的自由全面发展”为生命伦理学的价值旨归；强化生命伦理学的人文情怀，尊重人的主体性和自由意志，以抵制、对抗生命科技对人的异化。

【荀子总万物思想的生态伦理价值】

李记芬　《道德与文明》2016 年第 4 期

在荀子看来，君子有仁义、知通统类，从而能够总括、调理天地万物，这主要体现在两个方面：一是“忠信端悫而不害伤”。主要包括人在守仁、行义中做到端悫诚信和“不害伤”的敬爱之原则。二是“相持而长”。荀子意识到人与万物之间的发展存在矛盾——人欲无限而万物有限，提出名分使群的思想，强调人与自然之间的均衡、平衡发展。君子总括万物的思想，涵摄的是人与自然万物相互友爱的平等关系，从而可以兼容人与自然适度平衡、和谐发展，以达到彼此共生的人类理想。

【论儒家生态哲学的范畴体系】

乔清举、曹立明　《道德与文明》2016 年第 4 期

儒家生态哲学是一个由“气”“通”“和”“生生”“时”“道”构成的范畴体系。“气”是构成宇宙万物也包括人的最基本的元素或质料。“通”是气在不同物质实体之间、人与物质实体之间、人与人之间的流通、循环，是物质、能量和信息的交换。“和”是阴阳二气的运行能够产生生命的状态和万物之间相互关系的应然状态。“生生”是天地万物的生命、生长，是对宇宙万物的存在状态、机能和发展趋势的说明，是一种包含死亡在内的辩证统一性。“时”是宇宙运行，万物产生、发展和变化的节奏、节律和阶段性，天道和人道的结合点，人类对自然的认识表现在对“时”的把握。“道”是对宇宙起源及运动规律的总体概括，它综合地含有宇宙的整体性、有机性、有序性、联系性、合目的性等。“气”“通”“和”“生生”“时”“道”是人在与自然互动中形成的对自然界的认识，同时也包含着自然对于人的行为的制约。

【民国中医师团体的道德价值诉求】

王芳芳 《伦理学研究》2016 年第 4 期

民国中医师团体的成立是传统中医的一场自救运动，这一过程折射出传统士大夫从意图伦理转向责任伦理的一种尝试。一方面，传统士大夫从“洒扫应对”中所学的格致之知并不具有以责任为核心的职业伦理意蕴，具体落实到医生这一行业，医者也始终没有放弃“攀缘于儒”的努力，表现出强调主观性意图、忽视后果责任的伦理属性。另一方面，20 世纪 30 年代长达十年的中西医之争、医家“择病而医”和传统中医师内部的同行相讥等因素，严重威胁中医群体，使各中医师团体空前团结起来，责任伦理开始超越意图伦理。然而，这一转型却面临着困境：传统中医师群体虽然具有浓厚的意图伦理意识，但是缺乏西方社会启蒙运动以来的公共理性——以风险共担、契约精神、相互保障等为特质的责任伦理精神，这也成为当代医患关系紧张的原因之一。

【欧里庇得斯的启蒙——评《酒神的伴侣》中的盲先知忒瑞西阿斯**】**

罗峰 《外国文学》2016 年第 3 期

在经典悲剧《酒神的伴侣》中，欧里庇得斯通过改写古希腊作品中最著名的盲先知忒瑞西阿斯的形象，完成了对公民和王者的双重启蒙。忒瑞西阿斯不再是为传统诸神传达神谕的先知，而更像一位启蒙者。他提出，新式公民要有理智，以破除民众对传统宗教的信仰，尔后又用理性和自然哲学重塑酒神，瓦解传统统治的根基。忒瑞西阿斯还对忒拜新旧两代王者进行启蒙，他引导老王卡德摩斯去除羞耻心，一起狂欢，以摧毁传统统治的权威；又劝说新王彭透斯改变心性，彻底放弃强力，以实现人人平等、毫无约束的自由城邦。欧里庇得斯借传统外衣大胆颠覆传统，精妙传达出世界城邦的理念。

【柏拉图伦理学的宇宙论基础：从《理想国》到《蒂迈欧篇》】

宋继杰 《道德与文明》2016 年第 6 期

柏拉图在以《蒂迈欧篇》为中心的后期宇宙论中，放弃了《理想国》的精英主义，转而承诺，尽管并非每个人都能够在把握宇宙之上的理念的意义上占有哲学，但是他们能够通过研究可见宇宙本身，获得对于自然秩序本身的初步把握。他要证明，宇宙为人类的伦理提供了最宏大的模型，为人类的行为提供了最深远的意义。因为两者的关系既是一种作为“模型”的宇宙或自然的运作与作为“模仿者”的人类活动之间的关系，又是一种作为“整体”的宇宙或自然与作为其“部分”的人类本然状态或人性之间的关系，“伦理学的宇宙论基础”正是这两种关系的内在要求和具体展现。

【亚里士多德论德性的四重统一】

刘玮 《中国人民大学学报》2016 年第 4 期

自从苏格拉底提出“德性统一论”，

这个论题就成为古希腊哲学家的一个重要共识，但是，不同的哲学家给出了不同的表达和理解方式。在柏拉图的著作中至少有三种关于德性统一论的不同表述，而亚里士多德继承、修正和发展了苏格拉底与柏拉图的这个论题，在他自己的德性理论中提出了关于德性统一的四重论证：伦理德性可以在普遍正义之中或通过普遍正义得到统一，也可以在豪迈之中得到统一，还可以通过明智这种理智德性得到统一，而最终所有的伦理德性和理智德性都在拥有智慧的哲学家之中达到了最终的统一。

【阿奎那自然法的现代争论】

周伟驰　《世界宗教研究》2016 年第 4 期

20 世纪西方自然法理论有所复兴，六十年代马里旦和新托马斯主义者对阿奎那自然法的阐发引来分析哲学家尼尔森的批判，而尼尔森又遭到波尔克的反驳。在批判性地审视这些理论的过程中，与阿奎那自然法观念有关的一些问题逐渐得到澄清和深入思考。这些批评辩难有助于我们理解一直存在于关于自然法的思考和争论中的深层次问题。

【灵泊中的罪与罚】

朱振宇　《同济大学学报》2016 年第 5 期

在《地狱篇》第 4 歌中，维吉尔将异教圣贤们的精神状态描述为“只在向往中生活而没有希望”。在地狱的旅程中，每当维吉尔面临具有启示意义的时刻，这种灵泊的精神特征就不断地体现在诗人的迷茫中。由于拒绝皈依，这位异教诗人在古代的记忆与对未来不确定的期待之间挣扎。维吉尔的这种迷茫为地狱中的许多恶灵所共有，这些灵魂虽然具有预测未来的能力，却对“当下”发生的事情缺乏知识。在奥古斯丁的《忏悔录》中，时间的出现正是堕落的结果，人类心灵时间的三重结构（过去、现在与未来）是对上帝三位一体的拙劣模仿。只有理解“现在”，才能皈依上帝这“永远的现在”。因此，在但丁的地狱中，消失的“现在”是对不信者充满诗意的讽刺，而“只在向往中生活而没有希望”既是灵泊之罪的体现，也是对这罪的惩罚。

【人民、共和与权力——托马斯·莫尔政治思想新论**】**

李筠　《浙江学刊》2016 年第 5 期

莫尔是伟大的社会主义先驱，也是伟大的人文主义者。他并非纯粹的理想主义文人，而是积极入世参与政治的政治家。他遵循“从道不从君”的原则，坚持基督教世界的统一，反对路德和亨利八世的宗教改革。《乌托邦》是一部“严肃的喜剧”，它的社会政治批判真正的标准是“圣经人民论”，充分地展现出莫尔对西塞罗共和论的深入探索，也暴露出文艺复兴时代共和理论的深层次困境。莫尔深谙实力政治，《乌托邦》中的社会政治批判和建构充满了现实感和力量感，绝非局外文人的文字游戏或无知抱怨。

【经典言论自由理论的分型及其意蕴——立足密尔与霍姆斯立场的比较解读】

谢小瑶 《清华大学学报》2016 年第 3 期

在言论自由理论脉络中，密尔与霍姆斯的论述举足轻重。表面上，两者在内容、功能等方面具有诸多类似性，以致学界往往错误地将两者的理论主张加以等置。通过该文的解读，在言论自由理论上，两者事实上存在四个面向的差异：针对理性对个人信念中的角色担当，前者认为理性在其中发挥了关键性作用，后者则保持怀疑主义态度；在追求真理中的功能上，前者信守真理的恒在性，通过言论的交涉必然获致真理，后者则认为真理是多数人的偏好性抉择，具有流动性；在社会发展的主体动力上，前者主张是个性化个体起到了基础性作用，而后者则着眼于群体及其形成的多数者或主导性力量；在自由基点上，前者强调个体的个性自由，后者则突出利益群体的型塑及抉择能力。透过两种理论，返回民主与自由关系命题，密尔追求的是一种“民主意义下的自由”，而霍姆斯则是探求一种“自由基础上的民主”。

【约翰·密尔论社会主义】

盛文沁 《浙江学刊》2016 年第 5 期

约翰·密尔早年反对社会主义，其后逐渐倾向合作制和社会主义。他主张改革私有制；建立劳资之间以及劳动者共有的合作企业；希望资本家与劳动者利润共享、公平分配，实现阶级和谐。他强调，合作制度代表了民主这一政治原则在经济中的运用，集体所有制与民主管理更能夯实自由的经济基础，保障公平的机会平等，实现个人自由和自我完善。同时，他也反对中央统制模式的社会主义，反对废除竞争。密尔对社会主义的看法既反思了早期自由主义的理论局限，又深刻启发了 19 世纪末英国的新自由主义，至今仍促使我们思考如何消除社会不公正的根源，同时又将对个人自由的限制限于最低程度。

【政治宪法学视野下的“文明政体论”——从孟德斯鸠到休谟的政体论申说】

高全喜 《学术界》2016 年第 10 期

通过对孟德斯鸠和休谟“文明政体论”的分析，为当今中国学界有关宪制转型与政治文明的各种论说，提供了一个政治宪法学意义上的理论借鉴。孟德斯鸠提出了有关共和政体、君主政体与专制政体三种政体的性质及其动力原则的观点，区分了文明政体与野蛮政体，在他看来，专制政体就是野蛮的政体，专制等同于绝对专制，因此等同于野蛮。休谟则把孟德斯鸠的理论向前推进了一步，他通过把法治作为衡量专制程度的客观标准，为政体类型的划分开辟了一个新路径，提出了一个两阶的实质性政体理论：一阶是野蛮政体与文明政体的划分，它以是否存在绝对专制为衡量标准，关键在于法治之有无；在二阶层面的文明政体中，政体的优劣则在于法治之多少，以此来衡量相对专制的程度。

休谟的政体论属于政治宪法学的范畴，法治政府和宪法体制的构建与演进在其政体论中举足轻重。他将现代政府的权威和正当性建立在从强权向文明政体的转型之路上，这种历史规范主义的政治文明观对当下中国的政治文明建设最具启发意义。

【亚当·斯密法律思想评述：以《法理学讲义》为中心】

冯玉军　《中外法学》2016年第5期

《法理学讲义》是亚当·斯密于1752—1764年在格拉斯哥大学担任道德哲学教授期间两个不同年份的随堂讲稿记录的汇编。按照今天的知识分类标准，授课内容涵盖了哲学、神学、法学、政治学和经济学等广泛内容。在这部巨著中，斯密将抽象的人性问题置于具体的历史发展进程当中予以研究，系统总结和评述了经由格老秀斯、普芬道夫、洛克并被休谟等苏格兰启蒙学者不断发展了的自然权利学说，由此创立了一种关于国家与社会的崭新理解范式。因此，更深入地研读《法理学讲义》无疑有助于抓住斯密法律思想的内核，了解其重要观点的由来。与此同时，该书还补充并夯实了《国富论》的有关论证，它让我们看到，斯密始终将其关于国民财富的性质和原因的研究置于社会和政治发展这一更为宽泛的理论框架之中。

【从“合理选择”走向“理性共识”——霍布斯契约论证中的内在逻辑**】**

孟锐峰　《云南大学学报》2016年第6期

霍布斯的政治哲学可以理解为对这一问题的思考：追求不同偏好的个体在相互竞争的利益争夺中如何能够达成共识并建立一种和平合作的社会秩序。从整个论证来看，霍布斯显然认为一个稳定的社会合作秩序的建立不是依靠信奉一套来自宗教神学或形而上学目的论的道德观念，而是依靠那些拥有不同“合理选择”的人通过理性层层辨析和推理所达成的“理性共识”。霍布斯是以一种非宗教神学的方式来寻求对政治和社会问题的解决之道，从个体人基于私利的“合理选择”论证了人们走向“理性共识”并建立合作的可能和条件。

【私有财产的束缚与解放——洛克劳动财产理论研究**】**

林立成　《研究生法学》2016年第4期

私有财产的正当性并非不证自明的。私有财产在极长的一段时间里都被束缚在桎梏中。一切对私有财产的偏见皆源自对秩序动荡的担心，但仍可具化为三重面向，即反对私有财产的伦理、宗教、政治理由。从马基雅维里主义推演而出的近代职业伦理雏形否定了大而化之通行一切的道德标准，它表明至少对某些职业而言积累私有财富反倒是评断成功与否的标准。宗教改革后的新教徒奉行严格的现世禁欲主义，认为救赎的资格是事业上的成功。马基雅维里与新教伦理分别成功打破了束缚私有财产的伦理与宗教之索，然而伴随私有财产解放而生之贫富差距，并进而导致的社会问题反倒使政治上对私有财产的攻击显得愈发可信。洛克的劳动财产理论打破了束缚私有财产的最后一根锁链，从根本上肯定了私有财产的价值。洛克返归国家政府建立前之自然状态，他认为促使最初由神赐之公有财产转向供个体消费之私有财产的媒介是专属于个人所有的劳动。自然状态下的个人占有受到“腐烂原则”的限制，然而货币的出现使个人积聚远过于其需求的财富成为可能，“腐烂原则”已形同虚设。财富占有不均衡而导致的掠夺行为、自然状态下个人救济手段的低效共同激发了人类对公民社会的向往，人类保护其所占有之财产的欲望是为国家政府诞生的最根本原因，建立国家的目的即在于保护私有财产，劳动财产理论彻底摧毁了将私有财产视作政治分裂之大敌的观点，私有财产从此得到彻底解放。约翰·洛克从哲学认识论的高度为其政治理论奠定了颠扑不破的基础。借由“复杂观念”“造物者模式”与知识门类的再划分，洛克成功实现了这一目标。

【公民教育：卢梭美德共和国的微观基础】

谈火生 《学术月刊》2016 年第 5 期

公民教育是卢梭政治思想的核心，是其美德共和国的微观基础。卢梭心目中的公民具有强烈的爱国情怀，积极地参与公共事务，将公意作为自我行事的最高准则。卢梭的公民教育包括两个部分——家庭教育和公共教育，它们共同承担着将“人”转变为“公民”的任务。在古今之争的背景下，卢梭提出了现代社会公民教育的解决方案：在理想的城邦中，通过公共教育对全体公民实施公民教育；在腐化的现代民族国家中，公共教育不再可行，只能诉诸改良版的家庭来对个体实施公民教育。

【从康德到约纳斯——“绝对命令哲学”谱系及其意义】

汪行福 《哲学研究》2016 年第 9 期

在虚无主义、相对主义、犬儒主义等时代大潮下，特别需要强化思想和行动的责任意识。在这个方面，康德独具匠心地提出的“绝对命令”概念特别有启发性。从叔本华、马克思到阿多诺、约纳斯，西方近现代思想已经形成了一个“绝对命令哲学”谱系。在此谱系中，思想家们不仅在反思自己时代的基础上提出自己新的绝对命令，而且还在与康德的对话中阐发其现实意义。当今中国正处在特殊时期，特别需要确立我们自己的“绝对命令”。透过“绝对命令”来审视哲学，我们需要克服因辩证法的滥用而陷入模棱两可，也要防止因热衷于抽象思辨和概念游戏而逃避自己的责任。

【怀疑论与康德的政治哲学】

胥博 《政治思想史》2016 年第 2 期

怀疑论不仅是康德批判哲学的一个重要的问题意识，同时也是康德政治哲学的一个重要的问题意识。康德对于现代政治境况的理解受到怀疑论的影响，这尤为鲜明地体现在他对自然状态采取了一种典型的霍布斯式的理解，即把自然状态理解为一种意见的战争状态。但康德也在政治哲学上对怀疑论作出了鲜明的回应，并由此在两个关键点上修正了霍布斯的现代政治建构方案：其一是自保作为政治社会的道德基础；其二是绝对主义的主权观。正是康德在这两点上所作的关键修正使他能够把现代政治的理想描绘成一种关于法制共和国及其相互之间和平共存的理想。

【任性为什么不是自由的体现？——对黑格尔式自由观的一种微考察】

陈浩　《复旦学报》2016 年第 3 期

黑格尔断言，任性不是自由的体现，为此他提出了两种关于自由的看似矛盾的判准：以强调主体在活动序列中是否充当首要原因为核心的“自我决定判准”和以关注主体能否认识与选择理性对象为核心的“智性主义判准”。前一种判准看重近代意义上的理性主体，后一判准重视古典意义上的理性对象，两者之间似乎是截然对立的。要调和这样两种看似矛盾的判准，关键在于引入黑格尔关于“形式理性”和“具体理性”的区分。在黑格尔那里，“形式理性”是一种空洞的、缺乏自身内容的，无法在活动中进行自我决定的概念；与之不同，“具体理性”是一种实质性的、拥有自身内容的、能够在活动中进行自我决定的理性。黑格尔在断言任性不是自由的体现时，所依靠的正是具体理性而非形式理性。由于“具体理性”是拥有内容，能够进行自我决定的理性，因而借助“具体理性”概念，我们可以将黑格尔关于自由的“智性主义判准”所强调的对象因素，不再单纯理解为与主体无关的外在因素，而是理解为主体通过“具体理性”自我决定、自我创造的产物。这样一来，“智性主义判准”就可以被视为“自我决定判准”的一种变体，两种判准之间的矛盾与对立便可得到化解。因此，只要辨明黑格尔在“形式理性”和“具体理性”之间所作的明确区分，我们即可申言，在讨论任性是否是自由之体现时，黑格尔并没有在两种相互矛盾的判准之间犹疑不定，而是始终坚定不移地忠实于近代意义上以主体自我决定能力为核心的“自我决定判准”。

【论黑格尔法哲学与自然法的关系】

邓安庆　《复旦学报》2016 年第 6 期

虽然在黑格尔的重要著作《法哲学原理》中明确讨论自然法的文字并不多，但他的法哲学与自然法思想之间有着一种密切的关联。这种关系最明显地表现为他对近代自然法学说所作的批判，在此批判中，既有黑格尔对前人的继承，更有其对前人的超越。黑格尔对自然法的批判，其目标不是要取消或拒斥自然法，而是要使自然法建立在科学的基础上，以回避之前的研究过分地依赖于经验或神秘的猜测的做法。黑格尔通过对自然法理论的批判，找到了自然法的真正出发点，这一出发点本身使得自然法理论中的核心——使自然的、特殊的意志服从属于普遍意志而成为理性立法的目标和标志——得以实现，而正是这一出发点和目标成为使黑格尔得以从自然法过渡到自由意志的关节点。由此，我们可以说，黑格尔的自然法哲学对其传统既是“消解”同时也是“完成”；黑格尔的自然法哲学既是对所有自然法体系的否定，同时也表达了最终的、最完善的自然法系统。通过重构自然法，黑格尔的政治社会和国家学说成为将现代个人自由纳入普遍正义伦理之中的一种可以接受的、比较完备的现代实践哲学。

【东西方哲学的交汇点】

叶秀山 《哲学动态》2016 年第 1 期

叔本华在印度思想的影响下，以自己的方式改造了由德国古典哲学推进的西方形而上学传统，从而使他的哲学具有视角转换的意义。在充分肯定康德对“现象”与“本体”的划分之后，叔本华指出现象是意志的表现，要受到意志的支配；但意志作为世界的本体，又是一切痛苦的源泉。在把握理念世界的问题上，叔本华一反黑格尔以逻辑和概念为标记的科学性方式，主张用直观方式。因此，在叔本华那里，知识不是建构性的，而是解构性的；理念不是不可知的思想体，而是存在体，是一个摆脱意志的避难所。叔本华哲学或许告诉我们，欧洲哲学的理念论传统有可能制衡东方非理性意义上的神秘“意志”给人类带来的痛苦，但不可能成为克服意志的武器。

【在“可证实”与“不可说”之间的价值】

张庆熊 《哲学动态》2016 年第 4 期

早期分析哲学存在着元伦理学的、严格逻辑实证主义的、维特根斯坦的和石里克的四种伦理学进路，通过分析维特根斯坦和石里克伦理学的观念之争，可以发现分析哲学本身在“可证实”与“不可说”之间的内在矛盾。这使得他们要么把伦理学作为“不可说”的形而上学加以拒斥，要么接纳伦理学就势必抛弃逻辑实证主义的纲领。随着分析哲学成为一种学院哲学，更存在一种玩弄分析技巧的危险，导致伦理学逐渐远离真实的生活，甚至根本不关心生活的意义问题。伦理学应该脚踏社会生活的实地，在社会生活中阐明伦理规范的意义。

【自律的悖论与罗尔斯的契约论解决】

孙小玲 《哲学研究》2016 年第 1 期

自律（autonomy）不仅是康德伦理学的核心观念，而且也被公认为康德对现代伦理学最具原创性的贡献。同时，这一观念也因其为现代民主政治所提供的道德支持而具有恒久的魅力。但是，另一方面，对一些评论家而言，自律不仅缺乏内在的一致性，甚或是一个无益的虚构。西季威克在批判康德自由概念的模棱两可性后进一步揭示了构成康德伦理学核心的自律概念的悖论性。自律的悖论在西季维克那里被最终归结为一个立法者的悖论：要么可错，则意志不能立法；要么不可错，则不能被归责，也无需法律，即无需普遍立法的意志。

而无论何者，意志都不可能是普遍立法，即严格意义上的自律的意志。如果我们，如同阿利森建议的那样，在较弱的意义上将自律理解为意志参照法则的普遍性形成准则的能力，那么，我们也就比较容易避开西季维克式的批评。但是，这样我们也牺牲了自律在康德那里具有的道德性以及基于这一道德性的个体人格的绝对价值。罗尔斯最终将自律解释为一种受到制约的集体立法，从而避开了西季威克的指控，捍卫了康德自律的立法义，但这样一来，罗尔斯事实上偏离了康德以个体意志自律的理念所表达的道德理想主义，而转向一种以（理想）共同体为旨归的卢梭—黑格尔式的政治理想主义。

【现象学伦理学对于我们为什么如此重要?】

邓安庆　《现代哲学》2016 年第 6 期

“现象学伦理学”本质上并非独立于“意识现象学”的现象学分支，而是现象学自身的内在发展与完成，构成现象学运动的灵魂与旨归。“伦理现象学”实际上伴随着“现象学运动”的始终，因此，它绝非胡塞尔“回到生活世界”之后的产物，更准确地说，它是驱使胡塞尔从意识现象学回到生活世界的指引。没有伦理意识，胡塞尔不可能提出拯救欧洲科学危机的现象学之任务。在伦理学上，胡塞尔的独创性贡献在于，他不仅在价值论的基础上创立了意志现象学，而且运用先验的“发生现象学方法”创立了人格伦理现象学。伦理现象学成为20 世纪 70 年代之前西方主流的伦理学运动。70 年代之后实践哲学的复兴与伦理现象学密切相关，哲学一方面转向政治哲学，以正义伦理为核心，另一方面转向应用伦理学，而应用伦理学早期的主将就是深受现象学熏陶的存在论现象学的学生们。现象学伦理学的重要性不仅表现为它真正构造了 20 世纪的时代精神，而且真正成为生命的内在意向和意志的展开与升华，这才是我们这个时代如此需要现象学的价值伦理学的最为根本的理由。

【差别原则与利他主义——对罗尔斯差别原则的一个批评**】**

杨伟清　《云南大学学报》2016 年第 1 期

罗尔斯运用社会契约方法来建构他的正义理论，这就意味着其合理性的基础是原初状态中立约人的选择或同意。但立约人的选择或同意是基于理性考虑的选择或同意，即基于自我利益最大化追求的选择或同意。而这恰恰说明利己主义的理由才是罗尔斯正义原则的最终基础。若是这样，则基于利己主义考虑的差别原则不可能蕴含他所阐发的那些利他主义精神。欲保持理论的自洽，罗尔斯要么舍弃契约论的证明方法，要么抛弃他对差别原则利他主义精神的相关论述，但无论哪种选择都伴随着巨大的代价。

【何种社会合作? ——在马克思、罗尔斯和诺奇克之间**】**

李石　《哲学研究》2016 年第 2 期

罗尔斯认为人类社会是一个“合作

冒险”体系，在这一体系中人们不仅有利益的一致，也有利益的冲突。正义的两原则为人们提供了公平合作的基础，能够对合作中的利益和负担进行公平的分配。诺奇克对罗尔斯的合作理论进行了批评，其核心观点是：罗尔斯正义原则中的差别原则并非中立的原则，这一原则偏袒社会合作中的禀赋较差者，不能被当作社会合作的公平基础。马克思的“协作劳动”理论揭示了资本主义生产中资本家对工人的剥削，指出只有在与工人的合作中，资本才可能产生利润。李石认为，马克思的剥削理论足以反驳诺奇克对罗尔斯的批评。一方面，社会合作中的禀赋较好者（例如资本家）必须与禀赋较差者（例如劳动者）合作，才有可能获利；另一方面，在禀赋较好者与禀赋较差者形成的合作中，禀赋较差者天生处于弱势，需要通过社会基本制度的调整以补偿其天生的“不幸”。

【何为美德伦理学?】

陈真　《哲学研究》2016 年第 7 期

并非所有研究美德的伦理学都是严格意义上的美德伦理学。“美德伦理学”和“关于美德的伦理学”有着本质的区别。以研究对象（如美德或行为者）或以研究的问题来界定美德伦理学都无法将美德伦理学与其他的规范伦理学（如后果主义和义务论）区别开来。正确的方式应当是以是否将美德概念视为伦理学的基本概念为依据来界定美德伦理学。美德伦理学是将美德概念视为基本概念并且追求理论自足性的伦理学。美德概念可以成为理论上具有第一性的基本概念，理由有三：第一，在理论上，具体的美德概念本身就具有第一性；第二，美德概念具有后果主义和义务论的基本概念及其规则无法穷尽的意义；第三，美德概念有着约定俗成的规定、直觉的认知基础和人性的心理基础，其规范性的内容完全可以独立于其他伦理学的基本概念而认识和确定。

【罗尔斯与规范性的寻求】

卞绍斌　《哲学动态》2016 年第 1 期

遵循康德式的思想道路，罗尔斯始终强调人格理想在建构道德规范性这一重大课题上的核心地位。在他看来，存在着依赖于客体、原则和观念的不同欲望类型，他的正义理论和康德的道德学说主要是基于原则和观念的欲望而生发的道德动机。具有实践理性（理性与合理性）的人所具有的人格力量（善观念和正义感），以及追寻自由平等的道德理想，是证成规范性原则的根本出发点。基于这一阐释，可以有力回应威廉姆斯有关“外在理由”和“抽象人格”的诘难。

【正义感是人的首要美德——罗尔斯双重理性假设之考察**】**

张国清、汪远旺　《吉林大学学报》2016 年第 4 期

针对罗尔斯提出正义理论属于理性选择理论的观点，批评者认为，罗尔斯是康德主义者，康德道德理性学说与理性选择理论的理性人假设相冲突。罗尔斯在康德的道德人观念基础上构建一套

细致的正义原则证明程序。他的两个基本理念“自由平等的道德人”理念和“社会合作体系的社会”理念，与理性选择理论倡导的理念截然不同。后者将社会视为基于个人理性的竞争性协调体系，生活于其中的理性人以追求效用最大化为目的。通过考察可知，罗尔斯提出的是一种双重理性假设，它既源于康德道德哲学，又超越康德道德哲学。单从理性选择视角批评罗尔斯正义原则的辩护逻辑有失偏颇。罗尔斯描绘了这样一个良序社会，正义感是生活于其中成员的首要美德；公平正义是自由平等且通情达理者的理性选择。罗尔斯晚年对公共理性的推崇，改变了其早期对个人理性的偏好，其公共理性观念是“通情达理的人”观念的发展。

【“互联网+”时代的公民道德建设】

李兰芬　《社会主义核心价值观研究》2016 年第 1 期

公民道德建设是一项承载培育和践行社会主义核心价值观使命的实践活动。舆论作为一定社会信念、态度、情绪倾向的总和或汇集，总是在公众对社会各种现实问题和现象所表达的公共议论、意见、评价和看法的传递流动中不断地被构成和延展。在“互联网+”时代，公民道德建设的主体、路径、方法既得到了技术系统的创新支持，也遇到了亟须应对和化解的问题与挑战。把握时机、应对挑战是需要政府、社会和公民协同担当的共同使命。建构“互联网+榜样示范”平台，是对“互联网+”时代建树、传播和示范榜样人物和先进事迹的表达方式、展现形式、发布平台的一种创新，也是发挥公民道德建设中榜样示范引领功能的一种公民行动。“互联网+榜样示范”平台通过优化榜样人物和先进事件的表达方式、展现形式、发布时空，能够聚焦影响网民大众对榜样选树、传播和示范的移情力、认同度和践行场等关键因子，在榜样示范磁场中推进和引领公民道德建设的健康有序发展。

【“政治道德化”：意识形态电影批评的西方语境】

张卫军　《同济大学学报》2016 年第 4 期

电影无疑是当今最重要的意识形态载体。但意识形态操作有其复杂的技巧，意识形态在电影中的建构、传播和唤起认同的过程，本身是一个意识形态将自己消融、同化于电影情节和价值观中的过程。电影中的意识形态能够发挥效用的前提是它必须“隐身”，而一旦被指认和暴露，其意识形态则失去效果。揭示意识形态操作机制，将“道德”再度还原为“政治”，则是自 20 世纪 80 年代末开始的谢晋电影批评遵循的逻辑。但这一批评内置的是西方语境，即政治与道德、公领域与私领域的对立。一旦回到强调家国同构的中国传统，该批评逻辑将失去其有效性。谢晋电影中的“政治道德化”处理，有其本土文化传统的合理性，传统上“以政治为天职”是一个人的神圣职责与使命，“夫子至于是邦也，必闻其政”。由于意识形态电影批评将影片中的道德主题一概视为导演改头换面的政治操作，通过将道德表达指斥为意识形态表达，道德本身所具有的积极性被完全消解，使这一批评不可避免地具有了反道德倾向。

【1949—1976年：中国社会结构转换中的意识形态取向】

王智 《武汉科技大学学报》2016年第4期

1949—1976年，中国的社会发展经历改造、建设与“革命”之间和“继续革命”的几次语境转换。社会发展的语境转换，映照当代中国社会结构从多样到单一、再从单一到多样的发展过程。社会结构的转换与意识形态的取向相关联，一定的发展模式和制度体系决定了党—政府—社会的关联状况，决定了党领导国家与社会的内容与形式。1949—1976年的意识形态历经扬抑过程：其前期旨在建立和巩固社会主义的新意识形态，造就新的民族—国家—社会的观念内核；后期则逐渐导入摇摆路径。道德要求也因为意识形态的极左化而走上极端，“革命”成为评判的主要标准。在“政治挂帅”“突出政治”“道德挂帅”“突出道德”口号的引导下，20世纪60年代中后期被放大的道德主义又进一步扩张，高尚的共产主义道德在革命的名义下被少数妄人利用，成为配置社会权力资源的一个工具和社会结构非常态发展的一个原因。当前，中国社会结构正在发生更加深刻的演进，而意识形态工作也仍然一如既往的重要与迫切，意识形态取向关联现下全面建成小康社会之决胜阶段以及关联长远之中国特色社会主义事业。

【共享发展理念的伦理意蕴】

彭怀祖 《毛泽东邓小平理论研究》2016年第8期

党的十八届五中全会提出了“创新、协调、绿色、开放、共享”的发展理念，这是关系我国发展全局的一场深刻变革。其中的共享发展理念，主要是指“坚持共享发展，必须坚持发展为了人民、发展依靠人民、发展成果由人民共享，做出更有效的制度安排，使全体人民在共建共享发展中有更多获得感，增强发展动力，增进人民团结，朝着共同富裕方向稳步前进”。这对共享发展理念的解读与践行，有着深刻的意义。共享是社会和谐与稳定的基石，社会主义的核心要义离不开“共享”二字。当下，社会主义市场经济体制已实行了数十年，它为共享提供了现实可能，也使共享成为迫切性话题。共享发展理念的伦理意蕴主要包含道德协调、道德激励、道德约束三个层面。所谓道德协调，是指既肯定市场经济体制的合道德性，又侧重于社会道义的展现；所谓道德激励，是指通过共享发展理念的提出与实践，促成所有社会成员自觉为社会进步贡献力量；所谓道德约束，是指必须高度重视和解读资源稀缺性命题，本着对未来负责、对全人类负责的态度，强化发展过程中的资源配置优化与资源节约。共享发展理念的提出与实践会进一步促进公正善良、关爱他人、珍惜资源的氛围形成，它会让市场经济体制不断健康运行，让社会主义优越性不断展现，会逐步缩小贫富之间的差距。

【罗国杰道德修养论的基点】

李茂森　《道德与文明》2016 年第 3 期

道德修养论是罗国杰伦理思想的重要组成部分，包括三个最基本的起点，即重视自我反省的道德修养方法、坚持社会主义的价值导向、追求奉献社会和国家的理想人格。在罗国杰道德修养论中，我国传统道德修养和社会主义道德修养得到了有机的结合。他认为道德修养是中国伦理思想家研究的十个主要问题之一，认为“中国伦理思想家们，从孔子开始，就极其重视克己、内讼、慎独和内省，强调反省、修身和‘澡身’，到宋代更形成‘修养’的概念”。在如何传承中华民族的传统美德和弘扬中华民族精神方面，罗国杰以历史唯物主义为指导，坚持批判继承、弃糟取精、综合创新和古为今用的方针。他所倡导的社会主义道德修养论，要求人们努力成为一个高尚的、纯粹的、有道德的、脱离了低级趣味的、有益于人民的人。他所实践的知行合一的道德修养论，要求人们努力践行社会主义核心价值观，增强是非善恶的道德判断力，在社会生活和工作中充分发挥个人的道德自觉性和道德能动性。

【德性主义的重叙和再建——罗国杰德性伦理思想简论**】**

王文东　《道德与文明》2016 年第 3 期

德性主义或德性论是罗国杰晚年的主要理论或思想命题之一，对它的理解不仅是研究罗国杰思想的重要环节，也是研究当代马克思主义伦理思想中国化的重要任务。《学术自述》反映了罗国杰最终的思想意愿和学术期待，可称为“伦理学遗嘱”，其中提出的新德性论表明对道德概念本身认识的一个重要变化，即从早期的《伦理学》等代表的从社会意识形态和思想上层建筑的角度认识、分析道德，到晚年转入沉思人的精神世界，以主体普遍性的德性为核心思考人的生存之境，并由此观照、探察道德，从而再次论定伦理学的功能与伦理学人的使命。罗国杰的德性论深深植根于中国人的精神文化世界之中，蕴含着一种具有远古渊源的德性传统的重叙和对现代道德问题的全景性视观，无疑有益于我们立足民族文化建设中国特色和中国气派的伦理学。他以一种全新的灵活性在中国传统德性论、西方理性主义德性论与历史唯物主义的密网中游刃有余，其辩谈追求德性、德行与规范的统一，体现出故土情怀、现代道德观、理性方法和包容态度之方法特色，因此能直达现代社会道德问题的视阈极境。新德性论亦是一个将世界观、人生观、价值观和德性观辩证统一的教育伦理理论体系。

【转型中国：伦理基础变迁及其重建】

晏辉　《道德与文明》2016 年第 1 期

转型中国构造了一个重叠式的社会结构和观念重叠结构，也因此生成了一个问题丛。既有普遍性的与资本的世界化有关的问题，也有与中国的社会发展道路有关的问题，还有与转型中国自身有关的道德基础问题。最为深刻的伦理基础在于情理结构的解构与建构；就个体而言则是重建一个有理性且无偏见的观察者和演说者，以及具有基本道德理性知识的行动者；从领域看则是从家庭、家族和村社伦理向公民伦理扩展；从社会伦理、组织伦理向政治伦理拓展。伦理基础不是外在于人的思与行的某个不相关的元素，相反，它们就是思和行本身，是支配人们赖以进行正确思考和正当行动的品质和规范。这些品质与规范，要么是相关于人的行动的，旨在协调与合作，借以显出集体行动的逻辑，从而造成最大化的公共物品；要么是相关于公共秩序的，通过遵守可公度的规则造成对每个参与者都有利的环境；要么是相关于物的，旨在使现有的和可能的机会与资源在同一人群之不同成员之间进行合理分配。不同时代的人们不但创造着属于他们的生产、交往和生活方式，同时也生成着用以支撑这些方式的品质与规范。

【中国特色的网络治理演进历程和治网之道——中国网络治理史纲要和中国路径模式的选择】

方兴东、张静　《汕头大学学报》2016年第2期

通常意义的网络治理应该是广义的包括了政府主导的管理和非政府主导的社会化治理两大部分，政府主导的网络治理围绕中国网络治理的思想、战略、制度和行动等四大层面。两者应该不是非此即彼的关系，而是相辅相成的关系。通常意义的网络治理应该是广义的，包括了政府主导的管理和非政府主导的社会化治理两大部分。中国已经初步形成了具有中国特色的网络治理模式，但是有待进一步完善。无论是国内引发极大关注的快播案还是2016年爆发的百度贴吧事件，都表明国内网络治理依然面临严峻的考验。从外部来看，中国与美国彼此很难缓解与妥协的网络治理理念与利益之争都决定了中国网络治理之路艰难而漫长。对于中国来说，网民数量已经超过美国、日本、德国、英国和法国等五个最大发达国家的总和，占全球网民数量20%以上。中国应该团结全球各国，开创全球互联网的互联互通、共享共治新时代，更加奉行开放、共享、包容、多元的价值观。未来，中国特色的网络治理模式在体系上能够自洽，可以形成完整的逻辑体系；在范围上，具有普适性，适合更多的国家借鉴和模仿；在趋势上，能够在未来相当长的时间内继续发展。

【麦金太尔新保守主义德性观之检视——兼论其对中国当前道德建设的启示】

黄建军、刘耀东　《哲学研究》2016年第6期

麦金太尔认为，历史上曾是道德的东西与当今主流道德观念相悖离，这标志着一种文化的严重衰退与丧失。他甚至认为，西方社会不改变当前的道德观念，久而久之，必会导致道德的完全崩溃。麦金太尔以历史叙述的方法批判与审视了现代西方伦理学，将当代西方社会道德的衰败归因于兴起的以个人主义

和情感主义为特点的自由主义提出重返古典美德伦理传统的新保守主义德性观。其德性观的意义在于：批判现代社会道德危机，探索出一条重建道德之路；反思当代西方分配正义理论，注重德性对正义的价值；凸显道德与实践的关联性，强调实践中内在利益和外在利益的依存性。其不足表现为：过于注重批判，忽视了理论建构；强调德性回归传统，陷入理想主义境地；德性理论不彻底，陷入绝对主义与相对主义的逻辑悖论。麦金太尔的新保守主义德性观对中国道德建设具有重要的启示意义，主要表现为，强调德性与传统的互动，有利于我们正确对待中国传统道德文化；注重内在利益与外在利益的统合，有利于人的全面发展，要使人获得全面发展，必须将美德还给实践，重视实践活动的内在利益；人是一个具备美德资源的自我，强调人本身的完整性，不仅有利于弥合现实的道德冲突，而且还会提升公民整体道德素质。

【基于道德想象力的公德培育】

张晓阳　《上海教育科研》2016 年第 1 期

中国正处于社会转型期，随着公共空间的不断扩大，国人的道德境况尤其是公共领域的道德境况出现了很大危机。所谓的道德危机，是指无法凝聚道德共识，缺乏有效道德规则，进而导致道德大滑坡甚至大溃败的现象。普遍性的道德冷漠和道德焦虑背后是道德想象力的贫乏。传统的规范德育论和理性德育论都有自己的实践弊端，前者倡导教师进行价值灌输，确保学生“听话”即可，显然不利于道德主体的养成；后者虽然提倡教师秉持价值中立，充分尊重学生，帮助学生进行“清思”，但是有助长学生道德冷漠或“自我中心主义”的潜在危险。然而，公共领域需要的不是缺乏道德思考的无头脑的“循规蹈矩”者，也不是缺乏移情感受的“精致的利己主义者”，所以我们的公德教育，需要充分发挥道德想象力。道德想象力不仅仅是一种新的德育方法论，而且可以从道德情境（真实或虚拟）、道德感受（反思和移情）、道德可能（显性或隐性）、道德行动（直接或间接）、道德协商（讨论或辩论）五大步骤入手，实现公德培育中自身理论的实践转化。

【中国伦理学：意义、内涵与构建】

李建华　《中州学刊》2016 年第 7 期

伦理学是哲学社会科学的重要组成部分，在国家政治、经济、文化、社会、生态建设中发挥着价值引导与道德规范功能。建设中国伦理学无疑是我国当代伦理学者们应担负的历史使命。之所以要提出建设中国伦理学，是因为现有的伦理学表现出时代的滞后性，没有体现中国特色，缺乏中国态度。中国伦理学必须植根于中国道德土壤，立足于当代中国实践，着眼于中国重大问题。构建中国伦理学，必须以中国特色社会主义理论为指导，以传统伦理和西方伦理为参照，以学术、学科、话语三体系为抓手。就学科体系而言，要厘定学科门类，实现伦理学学科分类的规范化；要推进学科的交叉与联结，要思考、解答相关领域的道德问题，不仅需要道德知识，还需要道德知识与专业知识的融合；要确立学科优势，结合人才队伍、研究传统，准确定位学科主攻方向、建设目标，建立符合自身学术条件的培养体系和研究机制。中国伦理学的话语表达一定要是“中国的”，从基本理论到原则规范都要讲“中国话”，中国传统伦理的言说方式和现代中国的道德生活语言，都应是中国伦理学的学术语言，都应该能回应中国道德实践，能提升中国道德建设经验，能唱响中国道德“好声音”。

【当前中国社会转型过程中的政治信任——基于三个维度的实证分析】

郝宇青、胡焕芝　《社会科学》2016 年第 9 期

政治信任在一个国家社会政治生活中发挥着重要作用。它不仅有利于增进社会凝聚力，建构出有机的社会团结与社会和谐，而且有利于人际关系的简单化，从而大大降低社会运行的成本。随着改革的全面深化推进，社会发生着深层次的变迁，民众对政府和政治系统的信任程度亦在遭遇挑战，为深刻把握当下民众内心的真实状态，该文从诊断政治信任的推论性指标、行为指标和言辞指标出发，对当前中国东、中、西部 15 个省市进行深入调研，并对数据进行分析发现：在产生上，政治信任的利益倾向明显；在性质上，政治信任的特殊主义倾向明显；在构成上，政治信任的结构单一，政治信任的外部化倾向明显；总体上来说，呈现下滑趋势。在我国物质总体丰裕的同时，却出现了道德的贫困，这主要是经济利益分化和分配不公造成的，具有鲜明的社会转型特征。关于政治信任的性质，特殊主义的倾向明显。一方面，民众强烈希望卡里斯玛式的领袖人物出现，渴望政治权威，热衷于强有力的家长式统治；另一方面，建立在血缘、地缘、业缘等共同体基础之上的特殊信任并没有因为经济发展和社会结构分化而有明显的改变。因此，在未来的改革开放进程中，需要不断加强制度化、规范化建设，以推动普遍主义政治信任的形成和确立。

【对我党干部选拔任用制的道德考量】

靳凤林　《理论视野》2016 年第 4 期

一个政党或一个国家能否培养出优秀的领导人才，在很大程度上决定着这个党和国家的兴衰成败和生死存亡。中国特色的社会主义建设事业能否巩固和进一步发展下去，中华民族能否在当今激烈竞争的国际环境中再造辉煌，关键看我们党能否培养造就出一大批高素质的领导人才，从而不断提高党的执政能力和执政水平。委任制和选举制作为干部任职的两种模式，二者之间既存在着深刻的伦理冲突，又存在着相得益彰的求合之道。要大力推进干部人事制度的价值理念创新和制度伦理创新，就必须使党员群众在干部选拔任用的关键环节和关键部位上发挥主导作用。唯其如此，才能有效增强领导干部对人民群众的道德责任感，其中，领袖集团生成机制的制度化、规范化和程序化是我党干部选

拔任用制度改革的重中之重。干部选拔任用制的根本伦理准则应当是：德才兼备、以德为先原则；公开、公正、公平原则；权责正义分配原则。当前我国的干部体制之所以出现千军万马走独木桥和能上不能下的局面，其根本原因是干部待遇特权化现象广泛存在。一个干部经过精密的成本收益核算之后，发现只要他不断地在科、处、局、部等干部等级链条上晋升，其最终的政治生活待遇将进入无忧无虑的保险箱中。如果不断推进干部工资制度改革，逐步实现干部住房市场化，退休待遇社会化，即像西方发达国家那样，各级干部除在职期间享受相应待遇，退职后仍是一介平民，要靠自己的综合素质去赚取生活费用，那么无数人将不会再在干部竞争这条小路上过关斩将。唯其如此，才会真正建构起能上能下的干部流入退出机制，并最终破除数千年来我国社会的官本位现象。

【罗国杰与当代中国伦理学的正题法则——伦理道德与好制度的相互涵养与推行】

田海平　《吉首大学学报》2016 年第 3 期

中国伦理学应该确立什么？有人认为今天的中国社会是一个多元价值共存的社会，其典型特点是“去权威化”或“怎么都行”。更有些人认为，在市场经济条件下，推崇物质享受和个人主义，天然合理。面对当今道德领域出现的各种令人忧虑的突出问题，我们更需要思考罗国杰先生为当代中国伦理学确立正题法则的深远意义，即在唯物史观的指导下瞄准中国现代社会发展和文明转型中的那些至关重大、影响全局的理论问题和现实问题，寻求和确立正题法则。罗国杰先生的伦理学的理论和实践探索构成了一种“智库型”的伦理学，是一种资政建言的良知之学。他关于伦理学“正人心”的论断是对中国伦理学正题法则的经典表述，其意义体现在集体主义原则的确立和系统化阐释上。集体主义原则或集体主义道德源自唯物史观的基本原理，是把马克思主义基本原理（尤其是对资本主义制度的批判）与中国道德实践和理论的具体情况相结合，提出的一条理论原则和价值观原则。它要求我们的制度建设要从人民的利益出发，以符合人民的最大利益为标准。因而，是社会主义市场经济条件下道德体系的正题法则。其正题之“正”在于集体主义原则下的正义论之建构，即建构与社会主义市场经济体系相适应的公平正义的制度环境，强调道德更需要用好制度来推行。

【陌生人社会、公德与公共精神】

王小章　《观察与思考》2016 年第 1 期

《中共中央关于全面深化改革若干重大问题的决定》要求“坚持综合治理，强化道德约束”。公民“公德”意识和素养的培养提升，更应该成为我们今天道德建设的重心。传统熟人社会中的道德主要是一种调节、维系私人间关系的道德，这种道德侧重于从积极的角度要求行为者为特定的对象去“做”点什么，以帮助、成就、满足对方，即它主要措意于处于特定私人关系中人们彼此之间的“义务”。随着社会的现代化转型，我们需要强化调节陌生人之间关系以确立基本公共生活秩序的公德意识和素养。公德首先并主要从消极的角度来规范、约束社会成员的行为，其所主要措意的，是对人们不受别人干扰之“权利”的尊重。调节私人间关系的道德可以通过正面示范来建设，而强调“不能够做什么”的公德意识只能更多地依赖于树立“反面教材”来培育。公德所要确立的是公共生活之基本秩序的底线，而真正有生机有活力、能增进公共福祉的公共生活，则依赖于社会成员更积极的“公共精神”。人们通过独立自主的公共参与，逐渐会认识除了那些使他们与其他个体分离开的利益外，还有能够使他们彼此联系、联合起来的利益，而且这种共同利益，完全依赖于他们每个人共同参与的努力。

【网络秽语的污名化传播及其伦理困境】

陈文敏　《南京社会科学》2016 年第 6 期

在媒介、语言同文化环境的关系论述中，媒介环境学派的沃尔特·翁认为，人类社会的变迁从“原生口语文化”走向电子技术的“次生口语时代”，必然引起社会、经济、政治、宗教等结构的变化。网络空间是国别、地域、方言混杂的多语社会，广义的网络语言包括基础网语、交际网语、高级网语三个层次，在交际网语中，近年来呈现出语言的“污名化传播”趋势。与传统秽语的“污名”相较而言，“网络秽语”的语言传播从“污名”走向“自污”与“互污”，成为交际网语中的极端现象。就传播主体而言，施污者与受污者呈现融合之势；就传播表征而言，有风格标出、仪式抵抗、泛污名化的特征；就其传播效果而言，有助于社会情绪的泄洪，却致使社群的精神矮化、身份降维，并映射出社会断裂、信任缺失与共识漂移的社会现状。网络秽语的“去污”，是网络亚文化引导、公共交往伦理建设的重要维度，有助于和谐社会关系的缔结。要遵循《语言文字规划纲要》，加强中国特色网络文化的道德建设，建构起网络文化多样价值中的社会主义核心价值的认同体系与信念体系，祛除偏执的反文化、逆文化、污文化，使网络真正成为向善向上的文化容器。

【罗国杰的社会主义道德建设思想】

李建华、姚文佳　《齐鲁学刊》2016 年第 3 期

罗国杰先生是中国伦理学的奠基人与开拓者，对于我国社会主义道德建设作出了不可磨灭的贡献。他强调伦理道德在治国理政中的重要地位，主张建立与社会主义市场经济相适的道德规范体系，坚持和发展了集体主义道德原则，提出了社会主义道德建设的整体思路。集体主义原则作为马克思主义思想的伦理机体，是动态和开放的体系。罗国杰先生秉持历史唯物主义和历史辩证主义的学术态度进一步发展、完善了集体主义道德原则，纠正了以往集体主义道德原则的单向权力结构，证明了个人利益

的正当性。罗国杰先生全面论述了营造社会道德风尚的方式，提出了社会道德建设的社会机制，如教育培育机制、舆论引导机制、风习熏陶机制、行政奖惩机制和法律强制机制的机制系统。他提出的社会道德建设思路涉及社会生活各方各面，厘清了社会主体在建设中的道德责任，明确了主要领域的伦理规范，铺筑了实施道德引导、道德教育、道德熏陶、道德激励、道德约束的现实路径，体现出从原则走向制度、从理论走向实践的逻辑理路。他所提炼的道德原则是对社会主义道德的精炼概括，表达了当代社会本质伦理诉求，其中所含的平等、诚信、爱岗、敬业、和谐等观念已被纳入我国社会主义核心价值观之中。罗国杰先生设计的整体思路至今仍然是我国社会道德建设的基本框架。他有力回答了社会主义道德建设的根本问题，牢固确立了集体主义的核心地位，在发展集体主义原则的基础上针对我国社会特质构建了全面系统的伦理道德理论体系、提出了实施方略。他推动伦理道德成为与法治并驾齐驱的治国方略，为新时期建设社会主义道德提供了从理论到实践的完备方案。

【伦理的必然性与道德自由】

钱广荣　《伦理学研究》2016 年第 6 期

伦理学界近些年来有种观点反对“伦理就是道德”的俗成看法，认为伦理与道德是两个不同的概念，主张要在将两者区分的前提下才有可能合乎逻辑地联系起来。拓展和深入这种具有重要学理意义的观点，需要提出伦理的必然性与道德自由及其逻辑建构的学术话题。伦理的必然性可以从“自然而然”和“人为使然”两个角度进行考察。道德自由表现在社会和个体两个向度，社会道德自由，是指社会在何种意义上和以何种方式，运用道德的自由理性和自由意志提出和倡导自己的价值标准和行为规范体系，一个社会提出和倡导的道德，唯有在既能说明和适应伴随生产和交换关系“自然而然”形成的“伦理观念”的必然要求，也能说明和适应“纠偏”或“补充”“伦理观念”的必然要求的情况下，才能获得真正的自由。个体道德自由主要是就道德选择自由而言的，本质上是认知和践行社会提出和倡导的道德要求、赢得或恪守“道德人”资格的自由，属于意志自由范畴；在个体道德选择自由的问题上，应当倡导把“要讲道德”和“怎样讲道德”尽可能地一致起来的道德自由观，这样才能真正有助于维护和梳理伦理的“思想的社会关系”。道德作为特殊的社会意识形态和人的品质要素本性都是自由的，然而只有恪守伦理必然性限定的尺度才能真正获得自由。

【西方国家政府公信力提升的经验及其启示】

薛瑞汉　《河南社会科学》2016 年第 1 期

政府公信力是政府获得公众信任和认可的能力，其构成要素主要包括政府能力和公众评价两个方面，而公众满意度是评判政府公信力高低的终极标准。

20 世纪 60 年代以来，西方国家以科层官僚制与国家干预主义为特征的政府管理模式已表现出很大的不适应性，致使政府陷入了严重的管理危机、财政危机与信任危机，政府公信力受到严峻挑战。为摆脱困境，西方国家围绕公共管理和公共服务等采取了一系列改革措施：公共服务改革运动、公共服务质量运动、反腐败行动与道德基础运动、政务透明公开与扩大公众参与、放松管制运动、绩效改进运动等。这些改革措施对于西方国家政府公信力的提升起到了显著的效果，同时也为我国政府公信力的提升提供了有益的借鉴，树立政府公共服务理念，重视公务员行政伦理建设，促进政府过程开放透明，推动政府绩效改善。

【流动的公共性管理：城市“青知蚁族”需求与供给研究】

龙华云、李敬民 《华侨大学学报》2016 年第 4 期

随着我国高等教育体制改革的深入，加上快速城市化进程带来的人口流动的加速，近几年，在一些大城市的郊区和城乡接合部出现了一个被人们忽视的群体，他们是来自本地和外地的大学毕业生。2010 年仅北京地区保守估计“青知蚁族”就有 10 万人以上，上海、武汉、广州、南京等大城市也有类似群体。“青知蚁族”是中国在城市化和人口流动化的多重因素作用之下形成的新型流动群体，而现行公共政策在地域、组织、时间上存在诸多限制，使得该群体的社会保障缺失和社会融入难等问题日益严重。“青知蚁族”在来到聚居区之前可以享受院校或迁出地的各类社会福利保障制度以及物质与情感支持。当这一群体来到异地后，附着于其身的各种社会福利可能随之消失，甚至断裂，致其在日常生活和社会交往情感方面都陷入危机。“青知蚁族”的治理路径在于，在治理理念上从“静态的公共性”转换为“流动的公共性”，彰显其流动的跨越性、制度化个体主义、多方联动等优势。我国高校毕业生就业形势比较严峻，“青知蚁族”困境重重，在劳动力市场中售卖自身劳动力却无法获得体面生活。因此，在制定和实施就业服务及保障措施时，必须充分重视“青知蚁族”的需求，努力使他们有公平和竞争机会并看到奋斗与努力方向，从而整个社会流动性趋于公平、公正且有效。针对“蚁族”自身的复杂性暨需求，选取不同的着力点，建构出不同侧重点的流动公共性，这对于探索社会精准治理的新模式，具有重要的理论和实践意义。

【试论生命伦理学方法】

邱仁宗 《中国医学伦理学》2016 年第 4 期

面对各类实际的生命伦理问题，即在临床、研究和公共卫生工作中遇到的诸多实质性和程序性的伦理问题，需要找出合适的解决办法。作者认为生命伦理学的方法就是伦理学的方法，提出讨论论证、反思平衡、思想实验和判例法四种。论证由断言、支持和根据三个要素构成，采取何种论证需要看采取哪种根据，这表示信奉何种价值观。究竟采取何种根据是权衡价值的结果。反思平

衡的方法源于罗尔斯。反思平衡是双方的，可以既检查某一直觉判断或道德判断，又考查某一道德原则，也细究背景理论，直到在道德评估中将所有要素结合为一个或多或少稳定的和谐平衡状态。从事思想实验实际是进行一种假言推理。利用思想实验可提出问题、回答问题，揭示思考中的不一致，展示令人困惑的事情，支持或动摇某种断言、观点、假说或理论等。而作为在应用伦理学中得到广泛使用的判例法，因其不是从理论开始，这样在实用或应用伦理学中无须要求行动者在解决面临的规范性问题或伦理问题前先在同意何种伦理学理论上取得一致意见。判例法推动了对案例的研究和讨论，也提供了一个更好的机会与信奉不同理论、哲学、宗教的人达成一致，从而解决有关临床、研究和公共卫生领域的政策争论。但是运用类比推理形成的道德判断或伦理问题解决办法的辩护，则必须借助伦理规则、原则或理论，从而达到伦理学的论证或伦理学的辩护，而不能是自我定向的。

【全球生命伦理学：是否存在道德陌生人的解决之道?】

王永忠　《学习与探索》2016 年第 10 期

道德陌生人是恩格尔哈特生命伦理学中的一个基本问题，为了解决这个恩格尔哈特问题，众多学者提出了全球生命伦理学的概念，并在不同的文化—宗教语境中探讨了重新达成共识的可能性。面对启蒙的失败与共识的坍塌问题，重新建构全球生命伦理学可能有四种对话模式：道德朋友—陌生人模式、道德熟人模式、道德学生—老师模式与全球公约模式。

【生命与伦理如何生成为伦理生命】

任丑　《吉林大学学报》2016 年第 1 期

生命和伦理之间具有密不可分的内在关系：生命是伦理的自然存在根据，伦理是生命对其自身价值的确证。就是说，生命并非盲无目的的存在，而是具有明确价值目的的存在。恶的本质决定了恶不可能成为生命目的，善的本质决定了生命应当以善为目的。因此，生命不是以恶为价值目的的存在，而是以善为价值目的的存在。以善为目的的生命就是伦理生命，它是祛除内在恶和外在恶，追求内在善和外在善的自由存在。相对于自然生命而言，伦理生命既确证了生命的存在意义，又提升了生命的价值品位。

【技术之后与伦理之前——人类增强技术面临的伦理困境及其出路**】**

岳瑨　《伦理学研究》2016 年第 2 期

增强人类一直是前技术时代和技术时代的哲学和现代性谋划的梦想。后技术时代的来临使得人类增强的技术展现（特别是 NBIC 的会聚）犹如“脱缰之马”。“技术激进主义/技术保守主义”之争表明，人类增强技术在其前沿性技术展现中使今日之人面临“技术之后—伦理之前”的困境。生命伦理的反思在关乎人性的改良、医学功能的转移、技术的逾越性、公正的有限性四大生命伦理挑战时，呈现出“未决事项”的特征。寻求一种“允许的伦理”而不是一种“禁止的伦理”，是人类增强技术面对生命伦理难题时的解决之道。

【尊严的概念及在生命伦理中的应用】

刘刚 《自然辩证法研究》2016 年第 5 期

尊严的概念在生命伦理学中得到了广泛的应用，但其对生命伦理的意义和价值体现在什么地方还存在着分歧。学者迈凯琳等认为尊严是一个无用的概念，应该从生命伦理学中驱除出去，而学者卡斯等认为尊严是分析安乐死、临终关怀等生命伦理问题时不可缺少的概念。为了说明这些问题，就需要在尊严的历史维度中，从涉及尊严的文献、规章中去找寻尊严的规定性，只有这样才能在生命伦理中得以充分地证明其存在的维度。

【生命文化视域中我国生命伦理学建构的定位】

迟学芳、佟子林 《哲学研究》2016 年第 6 期

创建以我国传统生命文化为特征的内在生命伦理学，而不局限于应对生命科学技术前沿问题的外在生命伦理学，需要借鉴中外生命伦理思想传统，并重新定位研究方式。倡导的逻辑基于四个维度：自然生命实体系统、生命文化系统、中国优秀传统文化中的生命伦理尺度与非线性复杂性科学理论提供的判据，以及对上述两个系统进行内在选择和外在选择的机制。由此将生命伦理从狭义扩展到广义，揭示新视野中的生命伦理学思想范畴，回答我国生命伦理学如何“本土化”和如何“适应时代发展”的难题，为构建生命文化视域中的我国生命伦理学，提供一种建构论的认识框架和思维方式。

【论比彻姆和邱卓思生命伦理学的共同道德观】

王延光 《医学与哲学》2016 年第 2 期

比彻姆和邱卓思提出了尊重自主、有利、不伤害和公正四个生命伦理学原则。其中以共同道德作为四原则的来源和基础，结合反思平衡的方法广泛地应用于解决全球的生命伦理学难题。通过梳理其二人的共同道德与生命伦理学原则的关系，进而研究共同道德观的内容、来源、与生命伦理学的关系，指出共同道德就是他们上下求索的成果。虽然共同道德仅由共同道德的规范或一些无关联的原则、规则、道德美德分析和人权的诉诸等组成，但在生命伦理学实践中的成功应用已显示了它的生命力。

【人类辅助生殖技术与儒家生命伦理观的价值冲突与和解】

郭卫华 《哲学动态》2016 年第 7 期

人类辅助生殖技术对人类自然出生方式和自然生命的深度干预与技术控制，使儒家传统生命伦理观遭遇伦理挑战，以致儒家生命伦理难以对人类辅助生殖技术的应用提供及时有效的价值引导。

人类辅助生殖技术的临床应用也受到以儒家为主导的传统价值理念的诘难。人类辅助生殖技术作为人类精神文化的产物，应当接受儒家生命伦理理念的价值引导和约束。同时儒家生命伦理理念也应当归纳、包容新的科技价值理念，在科技与伦理之间寻找平衡点，发展出新的伦理原则和哲学基础来应对人类辅助生殖技术引发的诸多伦理困境。

【代孕的合法化之争及其立法规制研究】

刘长秋　《伦理学研究》2016 年第 1 期

代孕，无论在生命伦理学界还是在生命法学界都引发了巨大争论。在代孕应否合法化问题上，学术界存在“应合法化说”与“不应合法化说”两种针锋相对的学说，这两种学说都基于各自的立场提出了相应的论据。立足于伦理与法律关系的角度，伦理是法律的基础，法律对于代孕的定位应取决于伦理对代孕的定性。而在伦理上，代孕是一种违背人类天性的不合理行为。对于这种行为，法律应当予以禁止。从各个国家和地区的代孕规制立法来看，代孕应当为立法所谨慎规制。当前，我国对代孕采取了完全禁止的规制模式，但在具体制度设置上还存在一些不足，需要进一步完善。

【从生物学哲学看人胚胎的伦理地位】

李才华　《伦理学研究》2016 年第 2 期

从生物学哲学的角度看，人胚胎具有重要的生命价值和一定的人格性，同时人胚胎也具有工具性和一定的物性，人胚胎的伦理地位具备“人”和“物”的两重性，二者是互补的。人胚胎是世代交替的一个过渡环节，是人类存在的特殊形态，具有发育为人的潜能。胚胎相对于一个物种的整体生存而言，它只是人类种族整体生存的一个环节和部分，只是实现世代交替的一个工具，因此人胚胎具有工具性。可以利用人胚胎开展医疗和科研工作，但应当进行严格的限制和监管。

【死亡的尊严：儒家和西方观点的比较】

李亚明、李建会　《世界哲学》2016 年第 5 期

死亡的尊严问题是当代生命伦理学中讨论的一个重要问题。在当代的医疗实践中，各种新的医疗技术在老年人临终阶段的应用，已经引发了各种维护死亡的尊严之激烈争论。试图重建儒家的人的尊严和死亡的尊严之基本含义，并从这些观念出发，对死亡的尊严与人的生物学生命之关系，死亡的尊严与人的痛苦之关系，以及死亡的尊严同人的自主性之关系进行分析，并与西方思想家在这些问题上的立场作比较。儒家关于人的尊严的观点是对以上问题作出的更好回答，有助于化解西方死亡伦理研究中出现的概念混乱和理论矛盾。

【现代医疗技术的“身体”伦理】

蒋艳艳　《东南大学学报》2016 年第 6 期

传统医学伦理学意图沟通为“身”的医学和为“心”的伦理，但受到身心

二元论基础的局限，只是片面强调“身”的机械修复而忽视“心”的情感体验。现代医疗技术更凸显了对“身”的改造与完善，因而在传统思维模式下医学伦理困境愈发严峻。对现代医疗技术的伦理审思有必要实现“身体”转向。在身体伦理的视域中，现代医疗技术凭借高技术的运用以实现身心的良善合一为初衷，但在实践中又往往陷入身份认同危机引发的“身”与“心”的伦理困境，以及主体间对话缺失导致的“我”与“世界”的伦理困境。因此，充分利用身体伦理的学术资源，更新伦理向导的价值基础，成为现代医疗技术发展的题中之意。现代医疗技术的伦理向导应当回归“身体”，在医学实践中关注与体验具体的活着的身体，在医学伦理实践中打破理性的普遍价值规范的痼疾。

【从魏则西事件看医改认知和政策误区】

邱仁宗　《昆明理工大学学报》2016 年第 4 期

魏则西事件折射了当前我国医疗改革领域的种种乱象，表明在医疗改革中对市场导向的医改政策等关键性问题的错误认知并未得到纠正。误区之一，是没有认识到医疗市场失灵是内置的，而这种医疗市场结构的内部失灵源于信息的不确定性和不对称性，医疗市场的国际经验与百度—莆田—武警北京总队第二医院肮脏利益链的形成都说明了这一点。误区之二，是不了解医学是人道的专业，即医生不能将自我利益放在第一位，医患之间是信托而非契约关系，医院不能以追求利润和增殖资本为目的，引入市场机制和资本必然损害医学的核心价值，恶化医患关系，它表明决策者缺乏“利益冲突”和“财务灾难”的概念。误区之三，是不了解建立一个以初级医疗为中心并与二级三级医疗协调的医疗配送系统的重要性，且建立这一系统必须将客观需要与主观愿望分开，在系统中进行供给侧改革或控制，并以初级医疗为主而以高新技术医疗为辅。误区之四，是不了解未经证明的临床不当应用严重损害病人利益，类似莆田系医院的非法牟利行为应被禁止并追责，试验性治疗需满足一定的条件。

【道德争议的治理难题——以法律道德主义为中心**】**

郑玉双　《法学》2016 年第 10 期

道德争议的本质是社会成员对做出某一行动的道德理由的对与错存在理性分歧，具有元理论、规范理论和教义学理论的三重实践意涵。在元理论层面，道德争议涉及关于伦理确定性的实在论与反实在论之争。在规范层面，道德争议在二阶的政治道德结构中引发了中立的自由主义与政治至善主义之间的对立。基于共同善的法律道德主义主张国家应当以法律制度的形式促进和保障人们更好地参与和实现共同善，为道德争议难题的解决提供了一个二阶的道德总纲。在教义学层面，公序良俗原则可被重构为法律道德主义的文化重塑功能，而不道德行为的犯罪化是国家以刑法对阻碍共同善行为的回应，法律道德主义为道德争议的法律治理提供了文化上保守、规则上宽容的理论方案。法律道德主义以文化重塑的方式，借助公序良俗原则对共同善的私人领域的实践进行治理，相比于公序良俗原则的文化性和弹性，刑法实践体现为更强的道德论辩性，即刑法对行为的定罪和惩罚必须得到更大程度的道德辩护。施加在犯罪者身上的惩罚性负担体现了国家对该行为的谴责和责难。在二阶的道德结构中，刑法对于道德事物的介入所引发的争议最为激烈。哈特、范伯格等哲学家所持有的中立自由主义立场谨慎地选择了伤害原则作为犯罪化的道德依据，而拒绝将单纯违反道德规范的事务纳入刑法治理的范畴。而根据法律道德主义的立场，道德争议是价值的确定性在共同善的社会实践中被阻碍和破坏的社会表征，因此国家有责任通过刑法介入道德争议，从而恢复个体追求共同善的良善途径。

【现代性道德冲突与社会规制】

王淑芹　《哲学研究》2016 年第 4 期

道德模糊、道德悖论、道德困惑、道德困境都是与“道德冲突”有交叉内容的概念。这些概念与“道德冲突”除了语词上的差异外，还需考察语义上的差异。事实上，道德冲突是人类社会生活中客观存在的一类特殊道德现象，是当前社会各界共同关切的道德焦点问题，是平稳实现社会全面转型亟需化解的社会风险。对这些概念内涵进行厘定则成为廓清道德冲突概念的前提。“道德模糊”主要集中于道德本身及人们道德认知与判断方面，而“道德冲突”更集中体现在道德价值对立及其具体的道德行为选择与评价的矛盾。道德模糊、道德困惑本身不是道德冲突，只是引发或加剧道德冲突的诱因。“道德悖论”所表现的道德逻辑与道德现实的矛盾状态，是“道德冲突”的一种具体表现形式。狭义的“道德困境”与狭义的“道德冲突”同义，二者可以互用，因为“道德冲突的典型范式是道德困境”，人类永远不能完全消除“原生型道德冲突”，但可以减少或避免一些“衍生型道德冲突”。原生型道德冲突、主体型道德冲突和社会环境型道德冲突有不同的引发诱因；在社会利益关系多样、价值相对主义和虚无主义弥散的当代社会，道德冲突虽不可避免，但社会管理、法律与道德的共同规制与互济，能够缓解道德冲突的尖锐性或遏制衍生型道德冲突的泛滥。

【政治正当性、合法性与正义】

杨伟清　《中国人民大学学报》2016 年第 1 期

政治正当性事关对政治权力的道德评价问题。它旨在探讨政治权力的正当性所必须满足的道德条件，或者说是旨在追问什么样的政治权力可得到道德证成。政治正当性、合法性与正义是三个重要的评价性概念，但学界对于三者之间的关系究竟如何却并不十分清楚。我们需要区分法律意义上的正当性与道德意义上的正当性。法律意义上的正当性就是合法性，但道德意义上的正当性不能等同于合法性，这主要是基于两点考虑：其一，把正当性等同于合法性会带来难以接受的结果；其二，若正当性就是合法性，法律自身的正当性将难以解释。政治正当性与正义存在密切的关联：政治正义是正当性的必要条件，但政治正义并不足以保证政治正当性，因为前者并非后者的充分条件。正当性作为合法性当然有其重要意义，这是因为政治权力的合法性是一个值得追求的目标，它有助于实现许多重要的价值。若政治权力始终能够严格遵守法律，能不偏不倚地运用和执行法律，换言之，若政治权力能依法治国，则它将带来许多重要的结果。

【**人未生，焉何死**——从马克思主义生态人学视域出发】

曹孟勤 《中国地质大学学报》2016 年第 4 期

如何认识近代欧洲启蒙思潮中诞生的“人”，主要有三种观点，分别是：第一，以文艺复兴的人文主义者为代表，认为人是自然而然的存在；第二，以笛卡尔为代表，主张人是理性存在物；第三，以仁爱论为代表，认为人是道德性存在。在马克思主义哲学视域中，这三种观点都不能表示真正的“人”的诞生。确认人性，要将人放在自然界中，并且以自然世界为参照物，用人的后天属性与动物作比较，确认人不同于动物的本质属性。上述三种观点对于人的解读的方式与手法存在错误，没有找到人的本质存在。马克思认为，自然的人化和人的自然化是辩证统一的，它们属于同一实践过程的两个方面。自然界被人化属于自然向人的生成，人被自然化则属于人向自然的生成。由此可知，马克思对人性认识的路径规定，即人被自然界所设定和人向自然生成。这里的自然并非作为个别存在的自然物，而是作为整体的自然。区别于启蒙思潮对于人性的把握，马克思的人性观是，所谓的人是普遍性与特殊性相结合、相统一的人。

【生态马克思主义与生态文明制度创新】

郇庆治 《南京工业大学学报》2016 年第 1 期

生态马克思主义包含三方面内容：第一，马克思、恩格斯本人的生态思想；第二，欧美生态马克思主义者所作的进一步理论阐释与拓展；第三，我国学者 30 多年来（始于 20 世纪 80 年代中后期）系统性梳理与再阐释。生态马克思主义为生态文明制度创新与重建提供的思想资源主要是三个方面：第一，对资本及其运行逻辑的社会和生态制度性的限制；第二，对市场机制之外以及“非市场化领域”的更多积极关注；第三，是对于“国家”“政府”“社会”“计划”“教育”“技术”“创业”等现代社会制度形式的替代性意涵，需要做更多的发现和促进工作，努力使之朝向维护与推进社会公正和生态可持续方向进行变革，或者称之为“社会生态转型”。福建省的“生态文明建设先行示范区，以及深圳市大鹏新区的生态文明建设实践，都是以整体性思维与战略，优先进行制度与体制的改革与创新。生态马克思主义研究的价值或贡献就在于，它提醒我们，生态环境问题在很大程度上是资本主义的社会关系和社会自然关系不断扩张与深化的结果，因而克服生态环境问题的真正出路就在于逐渐消除资本主义的社会关系和社会自然关系。这给我国生态文明建设的启示是：第一，始终坚持生态文明及其建设的社会主义目标和方向；第二，时刻保持对当今世界主导秩序与框架的审慎态度和超越精神。

【网络和虚拟条件下的道德行为——基于当代认知科学立场的分析】

蔡曙山　《学术前沿》2016 年第 24 期

根据左右脑分工和脑科学的原理以及卡尼曼的前景理论和双系统加工理论，我们知道，道德压力与无意识行为之间存在反变关系。当道德压力加强时，无意识行为的冲动会减小；反之，当道德压力减少时，表现生物本能的无意识行为的冲动就会增强。因此，在网络和虚拟条件下，由于道德压力的减轻和释放，会形成强烈的无意识行为，新的道德行为模式以及特征也会随之形成。在网络和虚拟条件下，虚拟对象的范围大大扩展，性质也彻底改变。网络和虚拟技术不仅创造了虚拟对象，还将现实世界虚拟化。面对这些改变，我们不必惊慌失措，而应积极面对，通过立法和建立网络伦理道德规范，形成法律和道德的压力，抑制人们在网络和虚拟条件下的无意识行为，从而形成更加自觉和规范的道德行为。

【“机器伦理”思想的价值与局限性】

于雪、王前　《伦理学研究》2016 年第 4 期

“机器伦理”是当前道德哲学与人工智能领域交叉的研究方向，主要研究如何在智能机器中嵌入符合伦理原则的程序，使其能在面对道德困境时做出正确的判断和选择。机器伦理思想的发展具有内在机制，一方面是由于道德行为对象发生了由“人”到“非人”的转变，另一方面以机器为中介的人与人之间的道德关系由直接关系变为间接关系。机器伦理思想促进了技术设计伦理由隐性向显性的变化，引导技术产品“负责任”地为人类服务。同时，机器伦理思想存在着将道德行为数字化、道德行为主体模糊化以及信任机制不明确等局限性。

【技术人工物作为道德行动体：可能性、存在状态及伦理意涵】

芦文龙　《自然辩证法研究》2016 年第 8 期

学界对技术人工物能否作为道德行动体存在两种截然不同的观点。持肯定答案的观点较多关注技术人工物不断增强的社会角色，持否定答案的较多关注道德行动体的标准哲学概念及其既有定义、特征。回答该问题的关键在技术人工物是否满足道德行动体的必要条件。具有意向性和自主性是存在物成为道德行动体的必要条件。技术人工物基于技术功能和物理结构两重性之上的三元意向性、基于技术中介理论的差异自主性，使其满足了成为道德行动体的必要条件。在人—技术综合存在中只有技术人工物的自主性和道德敏感性强于人的时，它才作为道德行动体存在。技术人工物作为道德行动体存在，既扩展了技术设计者的伦理责任，又拓展了

伦理学的理论视域。

【从实在论走向关系论：机器人伦理研究的方法论转换】

李小燕 《自然辩证法研究》2016年第2期

在探究机器人道德意义的进程中，机器人伦理学内部发展出了两条不同的方法论进路：机器人伦理的实在论进路和机器人伦理的关系论进路。机器人伦理的实在论进路将机器人的道德意义建立在机器人的客观本质和特征之基础上，这既使它陷入了巨大的理论困境，又使它面临着无法克服的实践悖论。通过将机器人的道德意义与机器人在具体的人—机器人关系中呈现于人类意识面前的表观特征相关联，机器人伦理的关系论进路表现出了极大的战略优势：它不仅避免了机器人伦理的实在论进路所遭遇的理论困境和实践悖论，而且还对人类幸福和美好的生活有着更为重要的意义。这就确证了从机器人伦理的实在论进路走向机器人伦理的关系论进路的理论合理性和实践必然性。

【工程伦理的微观向度分析——兼论“工匠精神”及其相关问题】

梁军 《自然辩证法通讯》2016年第4期

从职业共同体出发的工程师职业伦理是欧美开展工程伦理研究的主要进路，从工程活动共同体介入的广义的共同体伦理则是国内工程伦理研究的新形态。在工程活动共同体层面，工程伦理学存在微观、中观、宏观三个层次。工程伦理的微观层次所聚焦的工程活动中的伦理问题，集中反映了其作为实践伦理的本质。立足当代中国工程实践，从工程活动中的“工人”入手，分析他们的工作关系和生活关系，是工程伦理微观向度研究的重要内容。据此分析当前工程实践中“工匠精神”的阙如与重构，探索具有中国本土特色的工程伦理研究进路及范式。

【浅论工程生活的实践智慧】

何菁 《伦理学研究》2016年第2期

工程伦理规范无法在根本上触及人类在工程—人—自然—社会存在中行动和生活的终极目的。在现实的工程实践中，具体情境对规范、原则的制约，往往表现为行为者在实践过程中经由反思、认识后的调整和变通。行为者主动践履“应当”责任要求的本质行为或“能力”展现为个体行为者工程实践与个人生活绵延统一的美德，即为工程生活的实践智慧。实践智慧表现为行为者人是目的、服务意识、和谐安居和可持续发展的工程伦理卓越价值观，在工程实践中其内容具体展开为功利价值与道义价值的统一、工具理性与价值理性共融、人际伦理与生态伦理并重和行业规范与个人美德结合。

【工程风险感知及其伦理启示探析】

闫坤如 《东北大学学报》2016年第1期

工程风险具有客观实在性和主观建构性。不同工程主体对同一工程风险的感知具有差异性，且工程主体的风险感知具有变动性。工程主体因风险性质、风险熟悉程度和风险灾难性程度、风险的不可预测性、不可控性等风险的客观因素，以及主体的风险知识、风险态度、风险认知策略等主观因素导致风险感知差异。因此，要想消除或者缩减风险感知差异，就要从工程师的主体责任伦理、不同工程认知主体间的风险沟通伦理，以及社会稳定评估中的决策伦理等多维视角着手，才能对风险进行合理评估和有效的规避与控制。

【工程社会稳定风险评估主体性探析】

张恒力　《自然辩证法通讯》2016年第6期

工程社会稳定风险评估已是当前工程技术风险评估的重要内容，而评估主体性问题是决定风险评估成效的核心问题。工程职业协会以独立性、客观性和公益性特征成为最为合理的评估主体。在遵守知情同意原则、利益和风险分配公正原则、预防原则的基础上，工程职业协会推进技术风险的识别与沟通，促进公众对工程风险评估结果的信任和认可；利用伦理周期模型，更为细致地审查工程风险带来的各种道德问题，达成一个多元道德反思的平衡，确定公众可以接受的工程风险，实现工程良性发展，保障公众的安全、健康和福祉。

【国外纳米伦理学研究热点问题评析】

张灿　《国外社会科学》2016年第2期

纳米技术的发展导致了一系列实际和潜在的社会影响，主要包括社会公正、隐私安全、人类增强、失控的纳米机器人等问题。国外许多学者对此进行了反思和激烈的争论。总体上，争论可以分为支持技术进步的乐观派和反对技术进步的保守派。前者认为纳米技术会更好地解决诸如社会公正、环境污染等问题，利大于弊。后者则强调纳米技术对隐私的损害、进一步加剧社会不公，弊大于利。作者认为过于乐观或者过于悲观的态度都不可取，但是吸取过去技术发展的教训，进行充分的伦理反思对于纳米技术负责任的发展具有重要作用。

【德国纳米伦理学研究的理论与实践】

王国豫、龚超　《自然辩证法研究》2016年第3期

德国是较早开展纳米伦理学研究的国家，经过十多年的发展，德国的纳米伦理学研究在该领域产生了较为积极的影响。在理论层面，德国纳米伦理学研究注重对纳米伦理学的哲学反思，如对纳米技术科学特征的分析；在实践层面，则包括对纳米技术的评估和如何应对纳米伦理问题的思考，如纳米技术的远景评估、纳米技术智慧伦理的应对策略；在研究方法上，主要是提出了“探索性的纳米技术哲学”的研究路径，并试图从文化多样性的视角去理解纳米伦理问题。德国纳米伦理学研究立足本国特点，旨在为纳米技术的可持续性发展和负责任的创新提供理论上的反思和政策上的建议，但同时也有一定的局限性，这对当前我国的纳米伦理学研究具有重要的借鉴意义。

【纳米武器的伦理反思】

刘松涛 《自然辩证法研究》2016年第5期

纳米武器是纳米技术军事应用的必然产物，它对战争伦理会产生深远的影响。纳米武器研发和运用，可能消解正义战争的标准，使战争手段更不人道，降低军人的伦理水准，浪费大量的资源，造成生态灾难。与其他高技术武器一样，纳米武器的研发与运用应该遵循后果可控、生态、人道等原则，以保持战争伦理的底线。

【技术更新时代的伦理危机及消解】

黎松 《东北大学学报》2016年第3期

技术更新时代是一个技术不断地更新换代的时代，在经济利益和技术自身发展规律的双重驱动下，人文环境和自然环境正遭遇着前所未有的问题，已由以往的伦理风险演变成了现在的伦理危机。伦理危机从本质上来说，就是人的危机。技术更新时代的伦理危机表现为伦理的空场、个人主义的盛行、自由和尊严的侵犯、健康和安全的威胁，而危机的消解则需要技术更新的伦理在场、技术环节的伦理规制和负责任的全球伦理视野。

【人类命运共同体的燔火之光】

万俊人 《光明日报》2016年8月5日

迄今为止，奥林匹克运动会是现代人类社会最具共享性和影响力的一项盛大活动。然而，究竟是什么因素使得奥林匹克运动会具有如此广泛而深远的影响，能够唤起不同地区、不同肤色、不同种族、不同信仰、不同政治立场的人们共同关注、一起感动、同心向往？答案林林总总，但有一点可以确定：奥林匹克的意义已然远远超出体育竞赛本身，它已成为而且日益凸显为人类社会的一种共同期待、一种精神分享。这种期待和分享随着我们这个世界从未停歇的动荡而变得愈发珍贵和强烈。奥运会的启示在于：任何正当合理的竞争都必须首先建基于平等参与、公平正义的秩序之上；任何独特卓越的竞技都是在差异中显露优异、在比较中相互促进；任何跨越国界或超越民族界限的人类共同活动都必须有益于人类的相互了解和理解，能够增进人类社会的团结、友谊和共同进步。诚然，奥林匹克的启示主要还是体育文化的，它并不能也不可能超越或代替人类政治、经济和全部文化活动与意义。即便如此，奥林匹克精神已经用它点亮的火炬照亮了人类走向命运共同体的道路，而它赋予优胜者的橄榄花冠和奖牌让我们日益深刻地理解了人类和平的崇高价值和美好理想。人们有理由相信并应该珍惜：让奥林匹克的圣火成为我们建立人类命运共同体的燔火之光，让这不息的燔火点燃我们心中美丽的理想，照亮人类生活世界的满天繁星。

【加强财富伦理研究】

唐凯麟 《光明日报》2016年8月17日

财富往往被理解为只是一个单纯的经济学概念，然而，财富的创造、财富的分配和使用都有着丰富的伦理内涵；对财富伦理的研究也不只是当前经济伦理学研究中的一个亟待加强的问题，而且也是一个关系到国家富强、社会安定、人民福祉的重大问题。财富伦理作为人类对自身行为的一种理性调节，是一种向善的实践理性，它规范和调节着经济利益的分割，既具有现实性基础，又包含着对现实生活的某种理论反思和超越。财富伦理至少包含了三个基本组成部分：一是对财富的社会本质及其价值依据的理解与把握的问题，即财富价值观；二是关于获取财富手段的正当性与合理性问题，即致富观；三是关于支配使用财富的合目的性与合规律性问题，即消费观。在这三个基本组成部分中，对财富伦理的理解和把握是其思想观念的基础，而致富观是其核心，消费观则是二者的现实结果。三者的互动互约使财富伦理的存在与运行成为一个具体而充满矛盾的辩证历史过程。加强财富伦理研究的当代意义在于能够有效克服市场经济自发性所导致的道德缺失，促进经济更加健康有序地进行，充分展示市场经济的合伦理性之维。现代财富伦理倡导人们正确地理解财富价值，用合乎伦理要求的手段创造财富，用健康文明的方式使用财富，以促进目的与手段、经济人与道德人的统一，最终达到共同富裕，实现人的自由全面发展和社会的整体和谐。

【社会全面转型过程中的道德引领】

李建华　《光明日报》2016 年 2 月 17 日

道德是社会生活的重要支撑和内驱动力，任何社会结构和生活方式的改变都需要道德的引领，也必然产生新的道德诉求。当前，我国社会进入了全面转型的时代，随之而来的是对于道德更为急迫而深切的呼唤。要充分发挥道德在社会全面转型中的引领作用，当务之急是要做好如下几方面工作：第一，尽快完成道德从被动适应社会需求到主动引导社会发展的转变。在社会实现全面转型和全面发展的今天，道德不但要跳出“被动适应”市场经济的格局，同时要肩负起批判的使命，更要跳出对市场经济“单一适应”的模式，从更高层次、更广视野引领社会的全面发展。第二，构筑适应社会全面发展的社会主义道德规范体系。在社会全面转型期，我们需要建立能够满足不同社会领域需求的，与这些领域内在价值保持一致的道德体系。社会主义核心价值观为我们构筑统合性的道德体系提供了基石。第三，建立社会主义道德建设的协同共治机制。当前，社会不同主体之间、不同领域之间的共同参与、协商共治趋于社会建设的常态，构建协同共治的道德引导机制是完成道德引领使命的前提。第四，充分发挥具有公共影响力群体的道德示范作用。公职人员、企业精英、文艺界明星等群体因为自己特殊的身份对于社会道德产生示范性效应，他们应该在道德引领中承担应有的责任和义务。

【伦理道德，因何期待“精神哲学”】

樊浩　《江海学刊》2016 年第 1 期

当今中国伦理道德发展，需要三次连续推进的学术进程：“精神”的认同；

“哲学”的期待；“形态”的建构。三个进程的总体性命题和总体性话语是“伦理道德的精神哲学形态”。“伦理道德的精神哲学形态”的要旨在于：以“伦理道德”为聚焦点，将伦理道德回归于“精神”，在“精神哲学”体系和人的精神世界的辩证发展中，探讨伦理道德的发展规律及其所建构的“精神哲学形态”。这一命题的演绎必须经历三次理论推进：“伦理道德”的“精神”推进；由“精神”到“精神哲学”的推进；由“精神哲学”到“精神哲学形态”的推进。其中，伦理道德因何期待精神哲学，是必须探讨的首要问题。伦理道德的“精神”回归，在理念与话语形态上，必须由“伦理‘=’道德”“伦理‘与’道德”“伦理‘VS’道德”，向无任何中介的“伦理道德”回归；亚里士多德“伦理的德性”与“理智的德性”、《论语》与《道德经》共生的轴心时代的智慧演绎了伦理道德的这一“精神”密码。“精神哲学”回归的要义，是在人的伦理道德与生活世界的辩证互动中把握伦理道德发展的规律和人的精神世界建构的规律，康德道德哲学和玄学伦理以否定性的方式演绎了这一回归的必然性。“精神哲学形态”回归的精髓，是在精神哲学体系和人的精神世界的辩证发展中把握伦理道德发展的历史规律和民族精神传统，黑格尔精神哲学和宋明理学呈现了这一文明智慧。通过三次回归，伦理道德逻辑和历史地回到自己的精神家园。

【论道德之应该的逻辑回归】

王小锡　《道德与文明》2016 年第 3 期

对道德本体的研究和阐释需要从道德主体寻求切入点，并由此揭示道德之应该的缘由。历史上影响最大、争论最多且最接近于道德本体探究的是关于道德依据的“应该说”。历史上许多思想家，不管是唯心主义者还是旧唯物主义者，他们对道德之应该的本体论追问要么坚持唯心的所谓辩证法，要么形而上学地去解析道德，难以给予科学的解释。不管如何抽象地理解道德，道德仍然是社会的重要组成部分，只有按照马克思的历史唯物主义观点，从社会历史尤其是社会关系中来寻找道德的依据，才是唯一可走的正确道路。道德之“应该”所体现的规范要求有其自身的独特性，它不同于带有“角色意蕴”和“利益意蕴”特质的道德规范。科学的道德之“应该”及其规范不同于政治、经济、法律、宗教之“应该”及其规范，它不代表某一群体、阶层和阶级等的角色和利益，除非某群体、阶层和阶级等的角色或利益代表着社会历史发展的方向，故体现为科学道德及其道德规范之“应该之应该”其本身就是“应该”的。既然我们所说的道德是人立身处世与集体生存发展之“应该的应该之应该”，并明确提出要对社会、对他人、对自身负责，那么，这样的道德不可能仅仅停留在哲学分析或哲学理念层面，唯有“应该的应该之应该”及其所体现的道德规范与人的完善和人际关系的和谐达到统一，我们所说的道德应该才有实际意义，道德之为道德即本体意义上的道德才是可能的或现实的。

【论共同善】

曹刚　《伦理学研究》2016年第5期

共同善是伦理学的重要范畴，但“共同善”的内涵并没得到清晰的界定，且歧义甚多。或者把共同善视为独立于共同体成员个体的共同体的善；或者把共同善视为个人善的集合；或者把共同善看作是基本善，即每个人要实现各个不同的生活计划所需的相同的基本条件。共同善就是共同体的内在目的及其实现，其内涵包括三个方面，其一，目的性共同善。共同体多种多样，其目的也各个不同，但在杂多的具体共同体的背后有一个抽象的共同体，在各个不同的目的背后，隐含着一个内在目的，即：维护和实现合作共生的连带关系。这就是所谓的目的性共同善。社会连带关系是一个基本的人类学事实。连带关系不仅是一个社会事实，还是一种共同善。合作共生的社会连带关系并不能得到自发的实现，人们必须以共同体的方式组织起来，维护和发展合作共生的社会连带关系。其二，条件性共同善。使集体行动成为可能的手段都可称为条件性的共同善，其内容包括支配性权力、激励性制度和社会资本。当然，由于共同体的性质、规模的不同，集体行动之所以可能的条件也不一样，家庭不同于市民社会，市民社会也不同于国家。其三，成果性共同善。成果性的共同善是为满足共同体成员的共同需要，通过集体行动提供的共有共享的集体成果。这个意义上的“共同善”，类似于经济学的“公共物品”。简言之，成果性共同善具有共同需要、共同创造和共同享受的公共物品。

【道德责任是如何可能的——自由论的解释及其问题**】**

姚大志　《吉林大学学报》2016年第4期

在当代政治哲学和道德哲学中，道德责任是一个关键概念。人们通常认为，道德责任依赖于自由：只有人是自由的，他们对自己的行为才负有道德责任。但是，从决定论的观点看，人不是自由的。“自由论”的道德理论深入地探讨了自由与道德责任的关系，解释了道德责任是如何可能的。为此，自由论提出了著名的“后果论证”和“因果解释”。后果论证由两个基本观点构成：第一，“能够做别的事情”是道德责任的前提条件；第二，决定论与“能够做别的事情”是不相容的。相容论者可以反驳后果论证的第一种观点，来证明道德责任并不以“能够做别的事情”为前提条件；他们也可以反驳后果论证的第二种观点，来证明决定论可以与“能够做别的事情”是相容的。在当代自由论的道德理论中，“因果解释”理论处于主流地位，大多数自由论者都属于因果论者。但是，这种“因果解释”理论具有以下一些问题。首先，因果论者大都承认“自由意志”的存在，都主张这种“自由意志”引发了行为，从而也都面临如何解释“主体”或“自我”的本体论问题。其次，主体引发了什么？在这个问题上，“因果解释”拥护者们的观点既是模糊不清的，又是充满争议的。再次，“因果解释”理论既是一种理由解释，即用理由来解释行为的原因，也是一种最终解释，即主体是行为的终极起源。但是，这两种解释是冲突的。最后，对于任何一种因果解释，最根本的问题在于它都会面临因果链条的无限后退问题，为此，自由论者必须让这种后退在某个地方停下来。

【论自由与伦理价值】

黄裕生　《清华大学学报》2016 年第 3 期

如果对于人类的生活与行为来说，有应当或不应当的要求与问题，因而有诸如善恶、正义与不义这类伦理价值，那么，必定要有一个前提，那就是：我们并不生活或存在于必然性里，至少我们不仅仅生活于必然性里。人类这种存在者的特别之处就在于：他是以自我决断的方式跳出自然而置身于必然性之外。这种能够抗拒一切自然因果性而只从自己的理性意志出发决定自己行动的自我决断，使他既是一个自然（必然）的因果性系列的中断者，又是一个自由因果性系列（事件系列）的肇始者。在这个意义上，对于能以自我决断置身于必然性之外的我们来说，我们跳出自然，也就意味着我们置身于自主性之中。因为对于我们这种存在者来说，必然性之外就意味着摆脱了完全被决定的命运而获得了能自我决定的自主性，所以，必然性之外就是自主性。在归责伦理学视野里，正是自由使人这种存在者存在于可能性之中而永远面临着自主决断的生活，因而自由构成了一切伦理价值与伦理法则的基础。因为只有能够在自己的存在中打开多种可能性而能够进行自主决断，才存在应当不应当的问题，才出现相互性要求的自主关系，并因而能够且需要确立相互规约的法则。归责伦理学并非不重视美德伦理学所追求的美德，而是首先要为成就美德本身确立可靠的前提。人类在实践领域里启动从基于“知识”的美德伦理向基于自由的归责伦理的过渡，意味着开始了古典时代向现代性时代的过渡。在这个意义上，后者确立了现代性社会的价值原则。

【建构与践行可普遍化的道德法则：可能性及其限度】

晏辉　《湖北大学学报》2016 年第 1 期

人世间并非所有的价值都可以被证实，但可以被证明。不能被证实但可以被证明的价值，一定不是实然和已然的，而是应然的。应然的价值是面向未来的事情，是人类趋向于它却又不能完全实现它的那种善。人类先行标划出这种善，把它视为“理想类型”，然后殚精竭虑地去实现它。这种应然的善就以善的类型和善的理念两种形式存之于世。如若有一种善的类型和善的理念对每个人都有利，那它必定就对所有人都有效，我们就把这种善称为普遍价值和可普遍化的道德法则。康德则明确地把“人是目的而不仅仅是手段”证明为可普遍化的道德法则。可普遍化的道德法则作为人之“是其所是”的价值逻辑，也许早已潜存于人类心灵深处，但作为可践行和实现的法则却与现代社会密切关联。作为观念的可普遍化的道德法则要成为具有现实化的伦理，必须把普遍化的法则转换成经济领域中的效率与公平原则、政治领域中的平等和正义原则、公共交往中的尊重与让予原则，在行动主体上具体化个体的道德义务和组织的道德责任。在日常生活中，可普遍化的道德法则表现为相互交往的公民之间可以相互提出的有效性要求，即按照你意愿别人对待你的方式对待别人。当我们在理论上厘定了可普遍化的道德法则的内部结构及其外部的扩展形式之后，更为要紧的是探讨其实现的可能性及其限度问题，分析实现可普遍化道德法则的条件与环境。而只有在现代市场社会的场域下，构建与之相应的现代精神体系，建构和践行可普遍化的道德法则才具有了条件和环境。

【道德冷漠与道德能力的构建】

陈伟宏　《道德与文明》2016 年第 5 期

道德冷漠是当代社会的一种道德病症，一般是指个体道德情感的匮乏，以及由此引起的在道德感知、道德判断和道德行为上的迟钝麻木和无动于衷。在道德冷漠的情境中，个体的道德判断和道德行动能力趋于丧失，人与人之间的道德关联和道德纽带难以维系，社会的道德规范被人们漠视，社会的道德秩序趋于混乱，人们强烈感受到世态的炎凉和人情的麻木。道德冷漠一旦弥漫成一种社会化的道德心态和道德氛围，人们就会认为这个社会存在着严重的道德危机，进而感到个体在道德上的无力。道德冷漠既是社会价值失范和伦理失序的表现，也是个体道德能力缺失的表现。道德冷漠的根本危害，与其说是纵容或主动导致不道德的或恶的现象的发生，毋宁说是在面对恶的现象时缺乏独立的道德人格以及建立在道德人格基础上的道德抗争的意识和勇气。所以，从道德主体的角度看，要切实克服道德冷漠问题，就有必要着力于个体的道德能力的提升，即将个体培育成具有道德意识、道德品格和道德行动的主体，以实现个体道德能力的自我再建。主体的道德能力构建不仅有着个体性的维度，而且有着社会性的维度。唯有从根本上实现社会规范的伦理和道德重建，重建人与人之间的道德关联，重塑民众的道德信念、道德信仰和道德人格，将社会从总体上塑造成一个道德型社会，主体的道德能力才可能得以充分的生长和展示。

【罗国杰对马克思主义伦理学的创造性探索】

王泽应　《道德与文明》2016 年第 5 期

该文指出，罗国杰自 20 世纪 50 年代起开始投身于马克思主义伦理思想的研究并把建设马克思主义伦理学作为自己的神圣使命，并为此付出了毕生的精力和心血。在长达半个多世纪的岁月中，他运用唯物史观和唯物辩证法研究道德现象特别是社会主义道德和共产主义道德，并紧密联系中外伦理思想史的发展以及我国现阶段道德建设的实际，深入地探讨了一系列马克思主义伦理学的重大理论和现实问题，建构了一个较为完整且逻辑谨严的马克思主义伦理学理论体系，在促进马克思主义伦理学的中国化和形成中国马克思主义伦理学方面作出了自己独特的理论贡献。

【马克思主义兼容道德——正义的三个理由】

武铁传　《道德与文明》2016 年第 6 期

该文指出，马克思主义与道德、正义的兼容关系，不是一个简单明了的陈述性问题，它的证立需要得到文本、逻辑和哲学精神的可靠支持。考诸经典文本，道德、正义在马克思主义著作中有丰富的文本依据；考察逻辑方法，道德、正义是马克思惯用的从抽象到具体方法的老道运用；探赜哲学精神，道德、正义与马克思主义的实践精神三维兼容。马克思与恩格斯并不是冷酷无情的理论家，而是兼具缜密思维的理论家和崇高道义情怀的伟大革命家。

【马尔库塞对新人本主义伦理学的贡献】

石小娇　《道德与文明》2016 年第 11 期

文章指出，马尔库塞一生致力于融合马克思主义、存在主义和弗洛伊德主义，开启社会道德批判之维，分析发达工业社会景观下人存在的意义，无论是对生命本真的找寻、工具理性的控诉，抑或单向度社会的批判，无不饱含着深刻的人本主义动机，因此应将其伦理思想归属于西方马克思主义人学阵营，是人本主义的马克思主义发展中承前启后的重要阶段。人的欲望、行为与痛苦、自由与幸福等问题构成了马尔库塞新人本主义伦理思想的主要研究对象，否定性、个体性和新感性是其新人本主义伦理学着意标举的特征。马尔库塞坚持沿着为生命、爱欲、审美和人的解放这条道路进行理论研究和社会实践，在伦理研究方法创新、道德话语范式改造和人本主义意涵拓展等方面作出了贡献，构造了一个标新立异且笼罩着浓厚乌托邦色彩的新人本主义伦理思想大厦。

【后苏联时代俄罗斯伦理学研究的路径演变及范式转向】

武卉昕　《道德与文明》2016 年第 11 期

文章指出，后苏联时代俄罗斯伦理学研究的路径演变及范式转向反映了社会道德意识形态的变化，研究呈现出可以纵向探究和横向考察的理论空间。历时态变迁中的后苏联时代俄罗斯伦理学，其研究的实践进路体现在伦理学研究的整体裂变、社会适应、理性转变和价值传承上；共时态视野中的后苏联时代俄罗斯伦理学，其主要特征之一就是政治伦理学、生态伦理学、经济伦理学、宗教伦理学等伦理学分支学科研究的范式转向。后苏联时代俄罗斯伦理学研究的路径演变及范式转向是社会生活对道德意识形态建构提出的具体要求，它既反映了俄罗斯社会从社会主义制度向资本主义制度的根本转变，同时又在道德层面持续指引和反映着俄罗斯社会发展的演进历程。该文为进一步研究东欧马克思主义伦理学提供了思路。

【企业经济伦理体征：含义、再造与基本理念】

岳瑨　《哲学动态》2016 年第 2 期

该文将医学上的专业术语“体征”引入其中，对企业经济伦理体征进行了分析与研究。企业经济伦理体征本质上是经济单元与伦理单元之复合的“合作体征”；企业经济伦理体征的原初构造、再造乃至再次再造的前提，是企业经济功能与伦理功能既相互独立又彼此依存的辩证关系；适应企业经济伦理体征的形态变化进行管理创新的关键，是企业价值观再造或企业文化建设，其根本在于两大基本理念的运用，即运用“忠诚”构建企业的伦理认同，运用“信任”融合企业的社会资本。

【罗默的市场社会主义伦理观】

向玉乔　《齐鲁学刊》2016 年第 3 期

作为一位新马克思主义者，罗默对社会主义取代资本主义怀有坚定的信念，但他旗帜鲜明地反对用以中央计划经济体制为基础的社会主义取代资本主义。他倡导的是市场社会主义模式。平等是市场社会主义的内在价值取向。市场社会主义强调每一个人都应该有自我实现和享受正当福利的平等机会，但它同时也承认社会弱势群体的存在，并认为分配正义的天平向社会弱势群体倾斜具有道德合理性。要实现市场社会主义，应该有能够体现其特征和本质的宪法。该宪法的主要内容是将私有财产的积累限制在一个许可的限度内，同时还必须对所有受宪法保护的财产进行明确的规定。社会主义应该比资本主义更公正、更平等、更民主，这就是它的优越性或比较优势所在。

【马克思经济伦理方法论及其当代思考】

邢盘洲　《马克思主义研究》2016 年第 4 期

高度方法论自觉是研究与发掘文本思想的逻辑前提，而文本解读方法的视阈转换必将形成新的理论空间和思想层面。以唯物史观的伦理视阈解读马克思的相关文本，我们不难发现其中不仅蕴含着丰富的经济伦理思想，而且从中还可以提炼出批判与建构相统一的经济伦理基础论、历史分析与道德分析相统一的经济伦理功能论、体现社会基本矛盾运动的经济伦理主体论、澄清经济伦理观的经济伦理批判论等方法论特色。研究和发掘这些经济伦理思想及其方法论不仅具有学术史意义，而且对现实经济伦理问题的批判性考查也具有方法论意义。

【论发展伦理在共享发展成果问题上的“出场”】

张彦　《哲学研究》2016 年第 4 期

全面深化改革时期，我国面临的一个重要困境是发展成果创造、获取和分配等历时态问题的共时态解决，这吁求发展伦理在共享发展成果问题上的“出场”。发展伦理的出场引发了共享权利的外在机制，即“共享理念之生成—共享权利之应然—共享权利之实然”的过程，也凸显了共享权利的内在逻辑，即“成果共建—成果共享—责任共担”的理论范式。同时，也将“共享权利”作为一个核心问题提上日程，使其内含共享经济成果、政治成果、文化成果、社会成果和生态成果的综合性权利，从而为解决发展的共时性难题提供视角和方法，推动中国发展进入到坚定发展信念、共享发展成果权利、重视分配正义的历史性阶段。

【论职业伦理在公民道德建设中的地位和作用】

张霄 《新视野》2016 年第 4 期

该文指出，当前中国社会一定程度上的失范状况，在根本上是由市场经济的祛道德化造成的。它不仅瓦解了职业伦理对市场经济的规范作用，也弱化了道德在非经济领域的社会功能。由于职业生活是现代人最主要的生活方式，职业伦理对现代人道德观念的影响作用巨大。因此，发展职业伦理，不仅可以保障市场经济的健康发展，还能为家庭道德和个人品德的发展提供一个良好的基础，从根本上净化社会风气。所以，在新时期开展公民道德建设，应当把职业伦理放在关键地位，发挥核心作用。从具体实施的角度来看，发展职业伦理，需要通过职业伦理活动把伦理结构带入组织治理，需要建立健全以行业为中心的职业伦理共同体，需要发展面向行动的职业道德培训。

【论西方经济伦理思想的研究对象】

乔洪武 《哲学研究》2016 年第 5 期

西方经济伦理思想研究对象的选择和确定，是这一方向研究的基础。它包含两大基本问题：第一，这是“谁”的关于经济问题的道德理论；第二，是关于什么经济问题的道德理论。该文认为，在西方经济学还从属于神学和道德哲学的时代，西方经济伦理思想的研究对象是研究西方哲学家们对经济问题和人的经济行为的伦理判断和道德评价，即研究他们如何以从伦理到经济的认识模式来研究经济中的伦理道德问题。从亚当·斯密创立的古典经济学之后，我们研究的是西方经济学家如何以从经济到伦理的认识模式来研究经济中的伦理道德问题的。而从古典到新古典经济学的研究范式中，可以得出我们所要研究的是关于什么经济问题的道德理论的重要结论，这就是关于生产、交换、分配和消费等方面的价值判断和道德评价。

【伦理视阈下“经济学帝国主义”的理论误区】

赵昆 《道德与文明》2016 年第 9 期

当今社会，经济学原则被认为是指导人们行为选择的最有效原则，金钱被用来衡量一切，所有的社会行为都可以用经济学原理来分析，我们虽不能简单指责经济学原则的扩大化运用，也不能断言当今社会就是“经济学帝国主义”社会，但“经济学帝国主义”作为一种理论思潮对当今社会毕竟产生了这样那样的影响，在促进市场经济发展的同时，也带来了某些负面问题。就“经济学帝国主义”的理论误区而言，在伦理视阈下，可主要概括为：一元绝对的方法论、唯经济原则的行为选择论和泛市场的价值观念等三个方面。文章指出，我们应该警惕将市场价值观扩大到整个人类社会所带来的巨大危险。

第六篇

新书选介

【中华民族道德生活史】（8卷）

唐凯麟主编　东方出版中心 2016 年 4000 千字

《中华民族道德生活史》丛书 2014 年先秦卷、秦汉卷、现代卷出版，2015 年宋元卷、明清卷、近代卷出版，2016 年魏晋南北朝卷和隋唐卷出版。至此全部 8 卷本出齐，并同时出版 8 卷套装，依时代先后分为先秦卷、秦汉卷、魏晋南北朝卷、隋唐卷、宋元卷、明清卷、近代卷和现代卷。该丛书以不同历史时期中华民族的道德生活为载体，以民族道德传统的形成、发展、演变和弘扬为基本线索，揭示中华民族道德生活发展的逻辑性、规律性，把握其深刻的历史内涵和积极的当代价值，具有重大的理论和现实意义。丛书视野开拓、史论结合，填补了中华民族道德生活史研究的空白，其思想性、创新性、科学性突出且有机结合，建构了一个观点正确、逻辑谨严、论述有据的中华民族道德生活史体系。

【颜李学派伦理思想研究】

吴雅思著　中国人民大学出版社 2016 年　233 千字

颜李学派的伦理思想作为传统儒家文化的重要构成部分，有着重要的研究价值。该书分为颜李学派伦理思想产生的历史文化背景、理论基础、社会价值取向、实践方式、终极目标、历史命运及价值启示等七个部分，旨在以明末清初的实学思潮为背景，从伦理思想史和经济学史的双重视域，在与同时代英国亚当·斯密的经济伦理思想的比较中，探讨颜李学派伦理思想中的人性论、义利观、“习行”修养方式、“经世致用”思想的内在逻辑与理论内容，揭示其在中国明末清初资本主义萌芽时期学术兴衰的缘由和在现代的理论价值。

【中国伦理政治大纲】

方乐天著　河南人民出版社 2016 年 270 千字

该书最早的版本出版于 1947 年，2016 年再版。全书分为上、下两篇，共 16 章，上篇谈伦理，下篇谈政治。前 10 章侧重伦理思想方面，讨论了人性、父子、兄弟、夫妇、君臣、朋友、积学、敦礼、待人等问题；后 6 章在政治思想方面，讨论了政府与人民、养民、教民、卫民、政令、典职等问题。全书依托大量的史料，对中国伦理学说史作了系统深入的分析，认为“仁义之性”为人类一切活动之枢机及中国伦理政治学说之主干。此书再版一方面可使读者能够较为清晰地认识与了解中国伦理和政治的内涵特点，另一方面也可了解 20 世纪中期中国伦理思想和政治思想研究的一个面向。

【儒家政治正当性观念发展研究：从孔子到董仲舒】

屈永刚著　中国传媒大学出版社 2016 年　245 千字

该书在对古今正当性内涵进行辩证分析的基础上，以西汉初期之前儒家政治正当性观念为研究对象，分析了儒家天命观的兴起及其内涵，阐述了以孔孟荀为代表的早期儒家以及董仲舒的“天人感应”思想中反映出的政治正当性观念。作者认为，只有当学说所宣扬的秩序符合对应时代的社会观念时，才能够得到被统治者的认可，从而建立起统治的正当性。作者立场鲜明，并没有“生搬”今天的标准去衡量中国古代权力正当性问题，而是在参考近现代的正当性理论的基础上，用历史的眼光，站在当时的社会背景下去思考其地其时王朝正统性的获得与赋予。

【古代民本伦理思想研究】

李天莉著　中国社会科学出版社 2016 年　281 千字

该书从伦理角度对中国传统民本思想进行梳理和诠释，揭示了民本思想所涉及的人伦关系及其实质，对民本思想内部所潜藏的伦理关系冲突进行细致分析，揭示民本伦理发展过程中的矛盾，说明民本伦理发展的内部动力。作者注重传统伦理思想内部以及中西伦理思想的比较，总结了道家、墨家等多个学派的民本主张，在分别阐释了其在现实、学理、逻辑上的合理性后，对各学派的主张进行比较研究，对传统民本思想形成系统性的伦理解析。针对民本伦理中存在的观念冲突，对民主、人权、人本等关键词汇及其演变进行分析，在对比的过程中找寻其异同，在此基础上厘清民本伦理发展过程中所遇到的混乱和困惑。

【德性之用：思孟学派与亚里士多德的伦理学】

崔丽萍著　中国社会科学出版社 2016 年　301 千字

在 20 世纪后半期中西方伦理学界德性伦理复兴的浪潮下，国内外有许多学者将中西方德性学说进行比较研究。该著在此形势下重点分析了思孟学派和亚里士多德伦理学的德性之旨和德性之用。作者认为，二者都以德性为其伦理学的基础和依归，但由于社会体制和自然环境等方面的不同，前者具有天人合一的辩证思维，以德性的先天性、内在性和情感的基础性为立足点，具有形而上学、伦理学和政治学合一的特点；后者具有认知的形式思维，强调德性的后天性、德行的重要性及理性的主导性，在形而上学、伦理学和政治学分离的基础上有所统合。该书在中西德性伦理的比较研究、中西伦理思想比较方面具有一定的参考价值。

【《管子》伦理思想研究】

王辉著　郑州大学出版社 2016 年　241 千字

该书主要讨论了《管子》及其伦理思想的形成背景；《管子》的道德根据论；《管子》的道德范畴论；《管子》的道德教化论；《管子》的道德修养论；《管子》伦理思想的理论特征及现代启示。作者探讨了《管子》中的人性观点，认为德性不是先天而生的，而是后天道德教化的结果，正是通过发明人心的认知能力，对“道”与“德”的认识以及对礼义道德规范的遵从，人们的德性才得以逐步养成，个体生命秩序与社会生活秩序才能臻至和谐。因此，道德教化是人们德性养成的必要条件，结合人心能够体道知礼，就为道德教化的践行提供了可能性。在结论部分，作者认为《管子》伦理思想中明显含有经济与道德的互动、刑法与德礼的辩证以及对因循之方的推扬等理论特性，对当今社会精神文明的构建与道德水准的提升具有重要的借鉴意义。

【道德感动与儒家示范伦理学】

王庆节著　北京大学出版社 2016 年　177 千字

该书收录了作者近年来发表的关于儒家哲学的文章，试图结合中西方道德哲学中的主要概念、原则、理论框架，对道德感动这一情感现象的哲学本质和伦理意义进行概念辨析，并由此引出对儒家伦理的一些重要概念与基本问题，如“恕道”“示范”“身体”“自我”“本分”“孝养”“道理”等的哲学解释与思考。作者认为，儒家伦理在现代生活中的生命力，首先不在于外在强加的义务、命令或律则般的普遍规范，而源自原初生命与生活世界中的人心感受、感动与感通。由此，儒家伦理就其本质而言，是“示范伦理学”而非“规范伦理学”。作者以西学的视角解读中国哲学，精准地阐发了传统儒学的核心概念与思想精髓，深入到儒学的文化脉络中去。

【孟子伦理思想研究：以列维纳斯伦理学为参照】

李凯著　人民出版社 2016 年　236 千字

列维纳斯伦理学作为当前国际伦理学界的前沿性研究领域之一，对人与人、国与国、民族与民族之间冲突的根源进行了全新的思考，其甘当他人“人质”的伦理主张颠覆了人们对于人际关系的传统看法，对于化解人际冲突、地区冲突等具有启发和借鉴意义，对于反思中国传统伦理思想也提供了有益的参照。该书选取列维纳斯这位西方后现代伦理学家作为孟子的对话对象，以其伦理思想为参照标准，在详细地比较、分析、总结孟子伦理思想的基础上，阐释了孟子伦理思想在中国传统文化中的重要作用，以及在现代视野下，孟子伦理思想的优劣之处。同时，通过庄子、荀子、戴震等人对自由意志问题的思考，展现了中国先哲们对同一问题不同角度的思考与解读。这对帮助读者理解、分析传统文化，特别是在传统文化的现代传承与阐释上，有着积极的意义。

【何为正义】

陈宜中著　中央编译出版社 2016 年　258 千字

《何为正义》集结了作者十余篇研究论文，论述议题从义战论说到广岛核爆与利比亚战争，从社会正义与市场正义到色情权利。这些文章的问题意识相互关联，共同探讨了当代社会中的公共正义问题。《何为正义》起自当代自由主义者对正义概念与视野的分歧，论及罗尔斯、哈耶克、德沃金、沃尔泽等人的公共正义思想观念，同时深入多项极富争议的论题，分析其中蕴含的正义议题，并做出具有现实关怀的学理判断。

【西方德性伦理传统批判】

胡祎赟著　中国社会科学出版社 2016 年　255 千字

该书始终坚持逻辑与历史相一致的原则，在对西方德性伦理传统的历史样态分析的基础上，分别从思想学理和社会结构转型的角度探究了西方德性伦理失落的原因。在西方伦理思想的演进轨迹中，效果论将德性工具化，义务论中的义务高于德性，而权利论则遮蔽了德性。该书从社会结构转型的视角分析了德性伦理传统式微的根本原因，对以麦金太尔为代表的社群主义“回归共同体以拯救现代道德”的观点作了合理的批判。在思考如何超越德性伦理与规范伦理对峙这一问题上，从现代性精神理念入手，对规范伦理与德性伦理各自的理论限度做了讨论，探索出了一条超越德性与规范对峙的思路：从制度伦理走向德性伦理。

【麦金太尔追寻美德筹划与道德相对主义之争】

张言亮著　兰州大学出版社 2016 年　206 千字

该书关注的核心问题是麦金太尔与道德相对主义的关系问题。作者从麦金太尔对道德探究观的理解谈起，论述麦金太尔所理解的三种主要道德探究观的具体内容以及存在的问题，并回答诸如麦金太尔把“传统”作为唯一合理的道德探究观以取代其他两种道德探究观是否能够避免道德相对主义、麦金太尔是否最终战胜了道德相对主义等问题。

【美德伦理学】

罗莎琳德·赫斯特豪斯著　李义天译　译林出版社 2016 年　242 千字

美德伦理学是道德哲学在 20 世纪后期取得的重要发展。罗莎琳德·赫斯特豪斯对这一发展作出了突出的贡献，而该书是她对新亚里士多德主义美德伦理学的全面阐释和辩护。她展示了美德伦理学如何为行动提供指导，阐明了道德困境，并指出情感具有重要的道德意义。她在康德和新亚里士多德主义之间发现了更多共同点，并且从美德伦理学视角对“出于责任感”而行动进行了阐释。

【寻求有尊严的生活：正义的能力理论】

玛莎·纳斯鲍姆著　田雷译　译林出版社 2016 年　172 千字

如果 GDP 每年都在增长，但却始终有相当比例的民众无法接受基础教育，没有医疗保险，我们能否认为这个国家正在进步？纳斯鲍姆在《寻求有尊严的生活：正义的能力理论》中批判了以 GDP 为指挥棒的发展路径，认为当下主流的发展理论忽视了最根本的对尊严和体面的人性需求。《寻求有尊严的生活：正义的能力理论》陈述了能力发展模式的结构和政策意义，勾勒出一种有别于罗尔斯正义论的新政治理论，并且讨论了它的哲学渊源和脉络，在承认文化差异的前提下，论证了能力理论路径的普遍价值。

【公共卫生伦理学】

翟晓梅、邱仁宗著　中国社会科学出版社 2016 年　459 千字

该书认为从世界生命伦理学或医学伦理学学术发展的趋势看，其注意焦点逐渐从临床伦理学和研究伦理学转移到公共卫生伦理学。公共卫生工作和政策中的规范性问题，或实质性伦理问题和程序性伦理问题繁多且重要。公共卫生工作和事业是建立一个公正社会和实现社会正义的必备要素。没有良好的公共卫生，就不可能建立一个公正社会，也不可能实现社会正义。同时，公共卫生伦理学不是以伦理学理论而是以实践中的公共卫生伦理问题为其逻辑出发点。其主要讨论的内容包括公共卫生与伦理学、公共卫生的伦理基础、公共卫生伦理学基本原则、健康责任、公共卫生与个人自由、健康公平、卫生资源配置、医疗卫生与市场以及公共卫生研究等。

【和谐生命伦理学】

侯法银著　河南人民出版社 2016 年　148 千字

该书提出和谐生命伦理学的观点，重点阐释了人类持续发展新格局的构筑、宇宙和谐生命规律、和谐生命品质教育纲要、生命信号与解码技能以及和谐生命的相关问题。认为和谐生命伦理学是以宇宙和谐定律为轴心，以开发人类个体生命和善的潜能、提高生命品质为目标，由个体和谐生命延伸到宇宙和谐生命及宇宙间所有和谐生命系统与个体生命相互关系与规律的学说。其中提出相关主旨概念，如人类生命品质新概念、身心灵的实质等。认为人类生命品质新概念是指以宇宙自然规律为宗旨的世界观作精神支柱，以社会自然发展规律为价值取向，以生命自然规律为言行准则，润德于行，博爱众生，健康向上，在奉献社会中让生命增值，在融洽中履行和善使命，形神合一，各尽所能，幸福人生。而身心灵的实质是儒道释文化共同涉及的核心。身是指人类的躯体，且与所有生命体类同；心是指应具有的意识思维和记忆功能，与人类以外的动物相比，人类更独具心力；灵是指自然赋予动物的和善基因，但人类被赋予特定的文化和善智慧。和谐生命伦理学就是运用符合自然规律的意识思维模式，修复和提升人类的和善灵魂，实施人类的再度进化，实现人类身心灵的彻底和谐。

【敬畏：苗族神判中的生命伦理】

麻勇恒著　民族出版社 2016 年　278 千字

该书指出苗族的生命伦理是建立在“万类有命”“万命共尊”和“万命互换”的认知基础上的人与人、人与非人的客体物类对象间的一种责任之规定。是对生命尊重，生命平等、公平与生命神性的操守，从而使这套生命伦理成了万物和谐共存的前提，并成了乡村秩序得以通过神判建立的文化基础。具体通过苗族的信、德、理三个视角探讨敬畏神性的生命伦理内涵，及其在社会秩序建构中的作用。从“信”的维度看，苗族生命伦理的形成可能与苗族早期农耕生计模式下对植物生命神性的理解有关，基本法则是遵循“万类有命”“万命共

尊”与“万命互换”。生命被认为是“灵魂”与“肉体”合一的神性存在。生命的主要责任是实现种族繁衍，求得生生不息。这也意味着生命是一轮“封闭式的圆环”，生与死本来就没有边界。“德”被认为是苗族生命伦理中最重要的构成要素之一。懂得敬畏被认为是德行的表征。苗族村落社会对生命伦理的操守，恰是神判导致灾厄报应所产生的敬畏对道德、神性不断强化的结果。此外，苗族生命伦理观念中，“理”的基本内涵是“天理”。从这个维度来看，在苗族村落社会中，人人敬尊“天理”，而“神判”活动则是“天理”的展现与表达，所以使人人产生敬畏。敬畏构成了苗族神性的生命伦理得以存在的基石，使得神判制度作为一套借用神性“致序”的地方性知识还在苗族村落社区活态运用，仍然是人们处理纠纷、应对不确定性优先选择的手段。

【清华法治论衡（第23辑）：法律与正义】

高鸿钧、於兴中主编　清华大学出版社 2016 年　481 千字

《清华法治论衡（第 23 辑）》专号为“法律与正义”，围绕当今世界各主要文明就法律与正义问题所做的重要探索进行了理论探讨和专题研究，内容包括对重要理论家，如罗尔斯、阿玛蒂亚·森的正义思想进行的研究，也涉及一些重要思想流派，如西方自然法思想对法律与正义问题的影响。同时围绕法律与正义的具体问题，如既判力问题、转型正义、代际正义、公民不服从，以及刑法、商法、靠前法等部门法中的正义问题进行了深入探索。

【宪制的伦理之维】

陈寿灿著　中国社会科学出版社 2016 年　123 千字

基于伦理之维探讨宪制的建构问题可谓国内外法治研究中又一重要理论成果。通过突破传统上“宪制伦理”只被理解为宪制所蕴含的道德意义之藩篱，对宪制进行伦理学意义上的理解和定位，提出“人的尊严是宪制伦理的基础”。宪制伦理在国家维度集中体现为人权的保障；在社会维度集中体现为人的解放的实现；在自然环境维度集中体现为绿色正义。通过对宪制正当性基础的叩问，成功跨越了西方语境下宪制问题研究的理论陷阱，为中国语境下的法治模式与宪制建设提供全新的理论视角。“宪制伦理”通常只被理解为宪制所蕴含的道德意义，而这只是宪制伦理的基本方面。作为宪制的道德意义的前提预设，即宪制必定能得到某种道德价值的支撑，也就是宪制的正当性问题则是宪制伦理的更深层次的问题。所以，《宪制的伦理之维》认为，宪制伦理是指宪制的正当性及其伦理意蕴。在现代社会，宪制作为一种政治体制被认为是迄今为止的切实可行的较好制度性安排。作为人类创造出来的为人类服务的产物，宪制的建立与运行必定有其内在合道德性价值依据，也只有建立在这种价值依据前提下的宪制才具有存在的合理性。那么，问题的合乎逻辑的展开就是何为宪制伦理的道德基础及其多维存在状态。对以上问题的思考，构成了《宪制的伦理之

维》的主题。

【马克思主义生态伦理学导论】

聂长久、韩喜平著　中国环境出版社 2016 年　240 千字

该书分为六个部分。导论部分主要介绍了马克思主义生态伦理与自然的解放，包括的内容是马克思主义生态伦理的基本特征、内在逻辑、自然的优先地位及其现实意义、三元结构模式下马克思主义生态伦理的实现路径以及它的时代化与中国化。第一章论述马克思主义生态伦理的基本原理，即其方法论基础、人性论基础与基本原则。第二章解读马克思主义相关经典论述的思想史，即自然辩证法、人类进化进程与人类社会发展相关经典论述的生态伦理解读。第三章讲的是西方马克思主义生态伦理的时代化及其发展。第四章论述马克思主义生态伦理中国化的条件与过程，从中国传统生态伦理思想谈到进化论伦理学与近代中国生态伦理的嬗变，最后谈到马克思主义生态伦理的中国化。第五章的主要内容是中国特色社会主义生态伦理的形成与发展、内涵与基本特征与实践路径。

【新时期文学中的生态伦理精神】

李玫著　中国社会科学出版社 2016 年　326 千字

该书分八个部分。绪论主要进行概念界定、论域限定，以及介绍研究思路。第一章探寻生态伦理精神最初的缺失与原因，主要内容是“非人类”概念的使用与生态伦理精神缺失的判断，缺失的文本体现，缺失的文学史体现，以及对于这种缺失状态的原因分析。第二章是文学史视野中生态伦理精神的出场：从阶级叙事到生态叙事。从意识形态叙事模式开始谈起，到对现代文明质疑、人类中心哲学的发展与生态写作新阶段、环境文学出现与生态伦理立场的悖谬、世纪交替之际生态伦理精神书写的特点，最后阐述对新世纪生态写作走向的预期。第三章主要分析生态伦理精神的叙事模式：“狩猎主题”与“食物主题”。主要分析了伦理思考中的理论误置与叙事策略，对生命管理权的质疑与生态伦理叙事的核心问题，精神疗愈、政治话语与猎人角色的合法化，食文化、虐杀与叙事中的伦理缺失。第四章分析生态伦理精神的话语形态，包括空间话语、时间话语与“身体”话语。第五章从启蒙立场与科学维度分析生态伦理对现代文学传统的呼应与延续。第六章论述了生态伦理精神的本土化生成，分为本土化元素、诗性话语建构与生态伦理精神的本土化生成。第七章主题是创作主体的精神渊源与个案分析。首先论述了创作主题的知识谱系与生态伦理精神建构的关系，其次个案分析选取了于坚、迟子建、郭雪波与叶广芩的作品进行了分析解读。

【网络新闻传播伦理】

韩爱平、张玉玲著　河南大学出版社 2016 年　296 千字

《网络新闻传播伦理》除前言、附录、参考文献外，共有三大部分十章的内容。

第一部分包含第一章网络新闻传播与伦理，主要介绍网络新闻传播和新闻

伦理的发展历史、伦理学的一些基本问题及新闻伦理在网络新闻传播过程中的作用。第二部分运用伦理学的理论范式对网络新闻传播中的道德问题进行探讨，包含第二、三、四、五、六章。内容包括网络新闻传播过程中的道德机制、道德义务、道德规范、道德评价、道德选择，分别对网络新闻传播过程中的传播模式与传播环境、网络新闻传播伦理的价值取向与准则、新闻道德规范的构成、网络新闻传播的道德评价结构和方式、新闻伦理道德的选择标准进行了阐述。具体内容涉及伦理学的基本理论、基本范畴及新闻伦理的基本问题。第三部分运用传播学的理论范式对网络新闻传播过程中的道德问题进行探讨，包含第七、八、九、十章。内容包括对网络新闻传播媒介、传播主体、受众的伦理分析及网络新闻传播中的伦理失范及重构，分别对我国网络新闻传播媒介的构成及管理制度、网络新闻传播主体的权利与责任、网络受众的特征及网众传播模式、网络新闻传播的失范现象进行了分析。具体内容涉及网络新闻传播过程中出现的新模式（网众传播）、新现象（自媒体、公民新闻、众筹新闻等）和新问题。

【大数据伦理：平衡风险与创新】

科德·戴维斯著　赵亮、王健译　东北大学出版社 2016 年　96 千字

该书考察了由大数据现象所引发的各种伦理问题，并解释了为什么各个单位需要重新思考涉及隐私和身份问题的商业决策。作者科德·戴维斯给出了各种方法和技术来帮助企业深入自身当前的数据实务，开展一种透明而富有成效的伦理调查。掌握数据如何被处理，对于个人和组织都属于合法具有的利益。对数据的使用情况能够直接影响品牌质量和收益，就像在塔吉特、苹果、奈飞，以及其他数十家大公司身上印证出的那样。通过该书，读者将学会如何使自己行为统一于明晰的公司价值观，如何赢得客户、合作伙伴和利益相关者的信任。

【西方德性思想史】

江畅著　人民出版社 2016 年　3349 千字

该书分古代卷、近代卷、现代卷上、现代卷下四卷，是国内第一部系统介绍和研究西方德性思想史的著作。该书坚持忠于原典、突出重点、尊重原貌、总体观照原则，在认真研读西方古典思想家原著的基础上，对西方自古至今的德性思想作初步的系统梳理和阐述，并力求揭示其演进过程、精神实质和显著特色，着重阐明西方主要思想家德性思想的来龙去脉、基本观点、内在逻辑、突出贡献和历史影响。从西方德性思想历史看，德性思想既包括关于个人德性的思想（通常被看作伦理思想），也包括关于社会德性的思想（通常被看作政治思想）。这两方面的德性思想在近代思想家那里都有所涉及，但其重点是社会德性的思想，只是在不同的思想家那里，其研究的重点有所不同。古代卷部分本着重阐述其德性思想较为系统、具有重要价值并对后世有深远影响的思想家的德性思想。近代卷部分以近代思想家关于社会德性的思想为主，兼顾其个人德

性思想，主要是启蒙思想家、情感主义者、功利主义者、康德主义者等主流思想家的德性思想，也对社会主义者、意志主义者等非主流思想家的德性思想作了述介。现代卷上半部以自由主义、民主主义、法治主义、社群主义和资本主义及其现代化的批判五大阵营为基本线索对西方现当代社会德性思想进行整理，其阐述详略的根据是思想家对西方现当代主流价值观的贡献，以及在今天看来其思想本身所具有的价值。现代卷下部以现代德性伦理学的复兴和发展为主要线索对西方现当代个人德性思想进行整理，在对现当代西方个人德性问题研究再度兴起的总体情况进行综述的基础上，着重从德性伦理学复兴时期的德性思想、新亚里士多德主义者的德性伦理学、其他德性伦理学、当代结果主义德性论、道义论德性论、对个人德性问题的拓展研究六个方面来阐释西方现当代个人德性思想的进程。

【非物质经济、文化与生态文明】

卢风著　中国社会科学出版社 2016 年　275 千字

该书认为，资本主义工业文明是不可持续的，因为其核心理念——独断理性主义——是错误的，其制度受制于“资本的逻辑”，激励“大量生产、大量消费、大量排放”，由生态学、复杂性理论、耗散结构论等科学理论可知，“大量生产、大量消费、大量排放”是不可持续的。生态文明是人类文明的必由之路。建设生态文明的硬任务是节能减排、保护环境、维护生态健康。如何解决节能减排与经济增长之间的矛盾是生态文明建设的关键问题之一。物质财富的增长是有极限的，当物质财富增长达到生态极限时，进一步谋求经济增长的出路是：发展非物质经济。文化产业大发展和数字化技术的快速进步为发展非物质经济提供了历史契机和技术条件。但仅有发达的文化产业和高水平的数字化技术并不意味着非物质经济的健康发展。仅当我们纠正了独断理性主义错误，超越了物质主义价值观，制度创新不再受制于“资本的逻辑”，才可能发展健康的非物质经济，大幅度地节能减排，卓有成效地建设生态文明。

【道德失范研究——基于制度正义视角】

高兆明著　商务印书馆 2016 年　300 千字

该书是国内最早且最系统地从制度正义角度理解道德失范现象的学术著作，以人类文明历史进程为背景，立足于中国现代化建设实际，从多学科交叉的角度，在“伦理”—“道德”的理论框架中，以制度公正为切入点、制度有效供给为基本分析方法，从宏观的角度研究道德失范问题。所关注的焦点不是制度公正的具体内容，而是揭示制度公正建设对于克服社会日常生活中普遍存在的道德失范现象的意义。该书共分为伦理实体、制度供给、法治世界、良序社会四章，主要内容包括：生活世界、社会进步、制度变迁、制度激励、角色规范、德行有用、规范生活、国家权力、法治国家等。

【经济道德论】

汪荣有、程世平著 江西人民出版社 2016 年 360 千字

该书共九章，深入研究了中国经济道德和西方经济道德的重要范畴，系统梳理和阐述了社会主义市场经济的道德体系。第一章讨论经济与道德的关系，是对经济道德概念的概说；第二章阐述了经济道德的思想资源，分别分析了中国传统经济道德思想、西方文化中的经济道德思想、马克思恩格斯的经济道德思想与当代中国的经济道德思想；第三章是对经济道德的现状分析，探讨了经济道德主流的本质、当代中国经济道德的主流、当前经济道德失范的状况和原因；第四章阐述了经济道德的理论基础，分别讨论了经济道德与德性论、义务论、价值论、共理论之间的关系；第五章分别从政府道德、企业道德、社会组织道德、个体道德四个层面讨论了经济主体的道德约束；第六章阐述了经济制度的道德内涵，论及经济制度的道德价值、市场经济体制的道德、产权制度道德和分配制度道德；第七章分别从生产、分配、交换、消费四个环节论述了经济运行的道德引导；第八章讨论了对经济活动的道德评价，阐述了道德评价对于经济活动的必要性和主要形式，重点探讨了名誉和良心在经济活动道德评价中的作用；第九章聚焦了新型城镇化、生态经济、食品药品安全、高房价等社会经济热点问题，着重剖析了其中的道德问题及应对措施。

【英美新马克思主义伦理思想】

向玉乔著 中国人民大学出版社 2016 年 248 千字

该书系统梳理了哈维、卡利尼科斯、施韦卡特、马尔库塞、伊格尔顿、弗洛姆、柯亨、威廉斯、罗默、吉登斯、福斯特、詹姆逊 12 位英美新马克思主义者的伦理思想，指出他们具备如下三个特征：第一，他们坚信马克思主义。这意味着，他们相信马克思主义思想和理论的科学性与真理性，并且能够自觉地为马克思主义的科学性和真理性提供辩护，而不是对马克思主义妄加否定。第二，他们具有无情批判资本主义的勇气。英美新马克思主义伦理学家继承了经典马克思主义作家的批判精神，他们从政治伦理学、生态伦理学、经济伦理学等多学科视角对资本主义社会存在的合理性基础发起攻击，从而使资本主义社会陷入了合理性危机和合法性危机。在英美新马克思主义者看来，资本主义社会是资本力量得以滋生蔓延的温床，是导致资产阶级和工人阶级之间存在尖锐矛盾和冲突的现实原因，是引发周期性经济危机的社会根源，是导致当代人类面临生态危机的终极理由，是当今世界长久陷入动荡不安的深层动因。第三，他们认为资本主义具有其自身难以克服的弊端，并且相信社会主义最终将取代资本主义，他们对资本主义社会进行批判性解构，从而使它的经济基础和上层建筑的内在不合理性暴露无遗，但是他们并没有满足于这样的批判性解构。他们不仅为社会主义社会的建构提出设想，而且为未来共产主义社会的建构提出建议，

从而表现出富有远见卓识的建构主义智慧和精神。

【文化与伦理——基于公共性视角的研究】

袁祖社著　人民出版社 2016 年　251 千字

该书共六章。第一章是对社会生活的伦理拷问，意在回答优良文化与价值何以是必要的这一问题，梳理和考察了当代社会伦理生活种种疏离现象，指出了社会文明建设中的道德困惑与出路，探讨了优良伦理理性信仰与美好心灵生态的制度文化重建何以可能的问题；第二章聚焦伦理学与公共精神，着重探讨文化观念变革中的正义逻辑，讨论了西方思想文化中公正观念的范式沿革，描绘了现代共享性政治伦理范型——“文化公共性”，分析了当代中国社会公正实践的伦理价值诉求；第三章探讨伦理学的新范式，阐述了基于利益共契与公共善优位的制度文化新转向，指出制度伦理学这一新学理典范的创制及其实践介入性，讨论了社群共同体之“公共善”何以具有优先性，阐述了“权利公平”的实践逻辑与公民幸福的价值期待；第四章着眼于公民伦理建设与德性共存问题，论述了“公民伦理”建设的深层困境和当代主题，指出“复杂社会”的多值伦理逻辑困境，阐述了现代公民之理性生存品质与高尚德性人格的养成；第五章剖析了文化伦理的本质即德性价值的自我证成，讨论了文化的伦理本质与现代德性生活的价值真理，分析了人文知识的公共性效度及其伦理价值证成逻辑，揭示了文化本质的“伦理证成”使命与精神生活的道德价值逻辑；第六章聚焦于优良心灵秩序的培育这一文化现代性的实践伦理问题，阐述了文化现代性的实践伦理与精神生活的正当性逻辑，考察了“文化软实力”相关研究，探讨了个体优良心灵秩序的养成路径。

【养老视阈下中国孝德教育传统研究】

卢明霞著　中国社会科学出版社 2016 年　254 千字

该书共四章。第一章是对中国孝德教育传统的历史追溯，分六个阶段描绘了中国孝德教育传统的历史演进过程，其中，西周时期是孝德教育的产生时期，孝德与孝德教育相继源起，春秋战国时期是孝德教育的理论化阶段，儒家、道家、法家、墨家等一系列思想家纷纷提出了系统的孝德理论，两汉时期是孝德教育走向实践的阶段，孝德教育的基本模式在汉代得以确立，魏晋隋唐是孝德教育的非官方化阶段，将孝德视为人的一种自然本性，宋明时期孝德教育逐步通俗化和大众化，孝德教育的形式极大丰富，清末民国时期是孝德教育的批判与结构阶段，传统孝德教育实践日渐衰落；第二章分析了养老视阈下中国孝德教育传统的历史作用与现实意义，传统孝德教育倡导养志之孝以改善老年人的慰藉困境、强化养体之孝以改善老年人的照护困境、转化和提升送终观念以改善老年人的临终关怀困境、强化孝亲责任以改善老年人经济支持困境；第三章考察了养老视阈下中国孝德教育传统的现状和困境，指出孝德教育传统面临相对断裂和自发传承两重境遇，面临着现代家庭结构变化、市场经济、人口老龄化等现实的社会困境和中华优秀传统文化日渐式微、后喻文化色彩日益淡化、乡土文化中的阿波罗式文化日渐消解等文化困境；第四章探讨中国孝德教育传统的继承与创新问题，指出微观层面要养成个体善事父母之孝德、宏观层面要充分发挥孝德教育的养老功能，孝德教育要激发以爱敬父母为核心的孝德情感，也要提升善事父母的行为能力，现代社会孝德教育可以通过情感互动法、说理法、习惯养成法、榜样示范法、文艺作品感染法、心理疏导法、奖惩激励法、启发引导法、内省法、实践体验法等方法来实现。

【底线道德论】

卞桂平著　江西人民出版社 2016 年
292 千字

该书共六章。第一章为导论，分别阐述了底线道德的必要性与合理性、内涵、特征、类型；第二章聚焦于底线道德的结构、功能及运行机制；第三章描绘底线道德的历史演进及规律性；第四章阐述底线道德的价值，分别讨论了底线道德的价值内涵、价值构成和价值取向；第五章阐述了底线道德的历史变迁及基本内涵，探讨了中国传统道德的底线问题、西方底线道德的基本内涵与特点、社会主义核心价值观的底线意蕴；第六章展开论述道德危机与道德底线问题，分别探讨了“扶倒地老人”“暴力让座”“校长开房”“小悦悦”等社会道德热点话题。该书认为，底线道德的日益沦丧已经成为当前社会发展的绊脚石，因而，除了进行共产主义、社会主义高尚的道德规范弘扬之外，更应高度重视更为基本的底线道德的价值建构，只有基于政治、经济、文化，以及社会诸层面夯实整个社会底线道德的价值基础，个体至善与社会至善才能够得到“预定的和谐”。深入探讨现代人道德失范的深层动因、寻求重塑现代人道德感的显示良策，必然成为现时代所面临的重大课题，而弥补底线道德的失陷则是题中之意，对此，学校教育应该避开功利性和市场化的陷阱，社会公正是每一个体都必需的空气，依法治国是每个人心中的道德律。

【新乡土伦理——社会转型期的中国乡村伦理问题研究】

王露璐著　人民出版社 2016 年
220 千字

该书从转型期中国乡村伦理的问题出发，立足于对什么问题、问题何以产生、问题如何解决的思考和分析，深入地探讨了转型期中国乡村伦理的若干热点问题。全书共七章，第一章探讨乡村伦理共同体的式微与重建，指出乡村伦理共同体经历了由传统向现代的转变，强调重建伦理共同体应该从机械结合走向有机结合；第二章探讨农民行为选择的伦理冲突与化解，分析了农民行为选择的理性因素和非理性因素，描绘了农村改革进程中“新农民”形象的生成；第三章探讨农民分配观念和乡村分配问题，解释了农民分配观从平均主义到先富光荣的转变过程，描绘了乡村工业化进程中的分配模式及其走向；第四章探讨乡村社会的道德权威的生成与延续问题，阐述了中国乡村社会的权威构成及其作用，讨论了村庄领袖的权威获得与延续；第五章探讨乡村社会的人际信任问题，概观中国社会的人际信任问题，揭示了转型期乡村人际信任格局的变化与特征，提出乡村社会人际信任的重建路径；第六章探讨乡村社会礼治秩序与法治秩序的冲突融合，描绘了乡村社会变迁过程中礼治与法治之间的共生与紧张关系；第七章探讨城乡差别与城乡公平问题，概述了我国城乡关系的基本样态，分别从程序正义、地理正义、社会正义三个方面论述了城乡环境的正义问题。

【伦理学体系】

任丑著　科学出版社 2016 年　545 千字

该书尝试给出一个从理论伦理学到应用伦理学再到后伦理学的伦理学体系。该书第一部分理论伦理学共分为理论伦理学基础和理论伦理学要素两编。第一编理论伦理学基础中界定了伦理学的基本内涵、基本路径和基本问题；第二编理论伦理学要素分为伦理主体论、伦理实体论、伦理生态论三个方面。第二部分应用伦理学分为应用伦理学基础、物理应用伦理学、人理应用伦理学三编，第一编应用伦理学基础讨论了何为应用伦理学、应用伦理学视阈的人权、人权视阈的尊严概念三个问题；第二编物理应用伦理学涵盖生命伦理学、工程伦理学、网络伦理学三个方面；第三编人理应用伦理学分为宗教伦理学、法律伦理学、政治伦理学、管理伦理学四个方面。第三部分后伦理学包括后伦理学发端、后德性论探究两个方面。该书认为，伦理学体系在研究理论伦理学、应用伦理学和后伦理学的逻辑进程中，从自由和人权推出义务与责任的逻辑理路，对于反省以义务为本位的传统伦理学原理式的思维格局，确立道德权利在伦理学中的应有地位，直至从某种意义上推进当代中国伦理学的观念变革与理论创新，都可能起到抛砖引玉的作用。同时，这些研究触及了国际伦理学领域富有挑战性的理论前沿，它或许将为伦理学的研究探寻一条有益的出路，提供一种颇具价值的新的尝试、新的方法。

【中国古代尊老养老问题研究】

李岩著　中国社会科学出版社 2016 年　304 千字

该书以中国古代尊老养老体系的构建为核心，全面梳理并阐释中国古代尊老养老的发展脉络，借助古代文献与考古学、民俗学和社会学的研究方法，从历史学的角度，完整系统地勾勒出中国古代尊老养老问题的框架。该书在对中国古代尊老养老问题从总体进行梳理和研究的基础上，又特别选择其中几个典型案例进行深入分析研究。此外，该书结合中国古代尊老养老的经验，就老龄化凸显的今天应该如何借鉴古代尊老养老经验，建立健全社会保障体系，完善和谐社会的各项医疗保障体系，真正做到老有所养，老有所用，在最大程度上发挥老人聪明才智等方面提出了自己的意见和建议。该著共八部分，第一部分绪论回顾了中国古代养老尊老问题相关研究，界定了“老”的内涵，概括了受尊养对象、内涵和样式；第二部分阐述了中国尊老养老观念的起源与早期实践；第三部分详细介绍了中国古代尊老养老的具体措施；第四部分探讨了中国古代家庭与家族的尊老养老；第五部分阐述了中国古代尊老养老的礼仪与风俗；第六部分论述了中国古代社会养老以及养老救济的思想与实践；第七部分分析了中国古代养老尊老的特点与影响；第八部分反思了中国古代尊老养老存在的问题以及对今天的启示。

【哲人与僭主：柏拉图书简研究】

彭磊著　华东师范大学出版社 2016 年　180 千字

该书是国内第一部系统研究柏拉图书简的专著。柏拉图传世的十三封书简是柏拉图实际写就，还是后世假托柏拉图的文学创作，迄今仍是不解之谜。但是，这些书简毕竟从某些方面展现了柏拉图一生的行迹，映射出柏拉图与现实政治的关系以及柏拉图对哲学的理解，对于现代人理解柏拉图具有重要的价值。作者分三部分讨论了柏拉图的这些书简，首先对这些书简的真伪、研究现状和戏剧结构做出了整体性的讨论，随后重点研究了最重要的《书简七》，最后对其他十二部书简做了相对简要的梳理。

【托马斯·阿奎那情感理论研究】

黄超著　人民出版社 2016 年　200 千字

该书是国内少有的深入阿奎那伦理学内部进行讨论的力作。作者从理论渊源、情感的本质与结构、情感理性化的心理机制、情感理性化的伦理意义，以及阿奎那情感理论的特性与影响几个角度系统讨论了阿奎那伦理思想中的重要一环——情感理论。作者特别强调了阿奎那在人的欲求和情感与理性之间建立直接联系的努力，在服从理性的范围内，情感分有了自由；同时，情感作为一种具有理性的能力，成为伦理德行的主体。

【命运与审慎：马基雅维里政治哲学研究】

陈华文著　商务印书馆 2016 年　200 千字

该书从马基雅维里的政治哲学著作《君主论》《李维史论》，以及喜剧作品《曼陀罗》入手，讨论马基雅维里政治学说的双重叙事结构：历史与喜剧。作者紧扣命运与审慎（或“明智”）这对主题，讨论善变的命运女神在马基雅维里学说中的核心位置，而命运的无常决定了马基雅维里要在变化的历史视域中理解政治与道德，他在作品中，让带有典范性的历史和喜剧人物表达出他对意大利政治以及人类根本处境开出的药方：我们唯有审慎地生活，在善行与恶行，人道与兽道之间切换，才能在无常的命运面前立于不败之地。这显示了他的政治学说的革命意义。

【罗国杰文集（第一卷：马克思主义伦理学的探索）】

罗国杰著　中国人民大学出版社 2016年　390千字

该书详细阐述了伦理学的对象、方法、任务，特别是探讨了马克思主义伦理学的体系结构和特征，对道德需要、道德评价、道德境界、道德人格等伦理学问题的探索都具有开创性。书中还讨论了应用伦理学、伦理学的学科发展等问题。

【马克思主义伦理学】

龙静云主编　中国人民大学出版社 2016年　372千字

该书从界定马克思主义伦理学的研究对象入手，对道德的本质和社会作用、中外伦理思想的历史发展、市场经济的道德基础和主要伦理规范、社会主义道德体系与道德建设的重大价值、道德意识与道德选择责任的认定等重大问题做了全面系统的分析和探讨。

【经济伦理与分配正义】

何建华、严国红主编　中共中央党校出版社 2016年　366千字

该书以论文集的形式，以经济伦理与分配正义为主题，汇集了与其相关的部分论文。该书分为"经济伦理理论前沿""财富伦理与分配正义""经济活动中的伦理问题研究"等三个部分，收录了《论道德之应该的逻辑回归》《中华传统美德公正德目论纲》《发展价值观的演绎与批判》等文章。

第七篇

学术动态

一、学术会议

陈伟功　乔　柯

【罗国杰伦理思想研讨暨《罗国杰文集》出版发布会举行】

3月19日，罗国杰伦理思想研讨暨《罗国杰文集》出版发布会在中国人民大学举行，来自全国各地的百余名各界代表共聚一堂，缅怀罗国杰教授的崇高道德风范和精神品格，学习、探讨和阐扬罗国杰教授的伦理思想与道德建设理论。会议由中国人民大学伦理学与道德建设研究中心、中国人民大学哲学院、中国人民大学出版社主办，中国伦理学会、道德与文明杂志社协办。中宣部原常务副部长徐惟诚，中央文明办专职副主任、中宣部副秘书长、理论局局长、马工程办主任夏伟东，中国人民大学校长刘伟，教育部社科司副司长徐青森，中国伦理学会会长万俊人等出席发布会并致辞。中国人民大学党委副书记吴付来主持开幕式。中国社科院党组成员、当代中国研究所所长荆惠民，东南大学原党委书记郭广银，中国社会科学院陈瑛研究员，湖南师范大学唐凯麟教授，北京师范大学李春秋教授，中国人民大学陈先达教授、宋希仁教授、马博宣教授、刘大椿教授、安启念教授，以及来自各高校、科研院所、相关部门、出版机构、新闻媒体等相关单位的代表和罗国杰教授家属代表参加发布会。

【尧舜禹文化与当代社会核心价值研讨会举行】

3月19日，尧舜禹文化与当代社会核心价值研讨会在北京举行，会议由中国伦理学会与山西省委宣传部、光明日报社、中国先秦史学会主办，运城市委、市政府，运城市盐湖区委、区政府参与。中央宣传部副部长王世明作重要讲话。河南省省委原书记、中央马克思主义建设工程咨询委员会主任徐光春，光明日报社总编辑何东平，全国人大教科文卫副主任、民盟中央副主席张平，中国伦理学会会长万俊人等出席研讨会。会议围绕尧舜禹与核心价值观、尧舜禹与德孝文化等方面展开了讨论。

【第24次韩中伦理学国际学术大会举行】

4月17—21日，第24次韩中伦理学国际学术大会在韩国城南市韩国学中央研究院举行，大会由韩国伦理学会和中国伦理学会共同主办。此次学术大会的主题是“现代社会的伦理问题与道德教育”，来自中韩两国的伦理学者100余人参会。会议按论文内容分为四个组进行了学术研讨，分别探究了东西方伦理思想、文化与道德教育、道德教育的理论与方法以及社会生活诸领域的伦理等问题。

【当代生命伦理学研究研讨会召开】

5月20—22日，中国人民大学伦理学与道德建设研究中心在北京举办当代生命伦理学研究研讨会，来自全国各地40余名专家学者共同与会，就“生命伦理学的原理和当代科学技术的挑战”这一主题进行了研讨。会议围绕“纪念《纽伦堡法典》70周年”“生命伦理学总论”“临床伦理学”“遗传伦理学”“公共卫生伦理学”“法律、制度伦理学”等六个专题展开。与会学者认为，生命伦理学应该以伦理问题为导向，坚持理论与实践相结合的原则，统合义务论和效用论，为政策和法规的完善提供伦理基础，从而保障医学“以人为本”的特性，达到个体利益与社会利益的平衡。

【“治国与齐家”虞舜德孝文化研讨会召开】

5月21日，“治国与齐家”虞舜德孝文化研讨会在山西运城举行，会议由中国伦理学会，中国先秦史学会，山西省委宣传部，山西省文化厅和运城市委、市政府主办。中宣部副部长王世明在研讨会上讲话。来自中国伦理学会、中国先秦史学会、人民日报等机构和高校的15位专家学者，围绕德孝文化思想精髓要义、当代价值及应用推广、德孝文化和经济社会发展关系等内容开展了学术交流和研讨商榷。

【第六届国际企业、经济学和伦理学学会（ISBEE）世界大会召开】

7月13日，第六届国际企业、经济学和伦理学学会（ISBEE）世界大会在上海开幕，来自世界五大洲30多个国家和地区的500余名专家学者和企业高管出席大会。该届大会主题为“企业和经济发展中的伦理、创新与福祉”，这是ISBEE自成立以来首次在中国举办的世界大会。ISBEE是世界范围内第一个专门致力于企业、经济学和伦理学研究的专业学会，也是该领域最有影响力的国际学会。

【中国伦理学会地方高校德育专业委员会2016年年会暨学术研讨会召开】

7月23日，中国伦理学会地方高校德育专业委员会2016年年会暨学术研讨会在广西桂林召开。研讨会由中国伦理学会与桂林理工大学联合主办，桂林理工大学马克思主义学院承办，江汉大学马克思主义学院协办。来自全国各地数十所地方高校近百名思想政治理论课教师和德育工作者参加会议，研讨会围绕“社会实践与高校德育”这一主题进行了深入的交流、探讨。

【“文化自信与道德建设”学术研讨会召开】

7月27—28日，“文化自信与道德

建设”学术研讨会在山东烟台召开，会议由中国伦理学会、山东省伦理学与精神文明建设研究基地、山东省伦理学与政德文化研究中心主办，烟台市委党校承办，会议是为深入学习习近平总书记“七一”讲话精神尤其是关于“文化自信”的重要论述，进一步树立良好的道德风尚而举行。来自全国各地机构和高校的120余名专家学者参加了会议，并就文化自信的内涵、意义及道德教育、道德认同、道德自觉等问题进行了深入研讨。

【公共卫生伦理与科研诚信国际研讨会暨世界生命伦理学会公共卫生伦理学组学术会议召开】

8月25—26日，由北京大学资助的公共卫生伦理与科研诚信国际研讨会暨世界生命伦理学会公共卫生伦理学组学术会议在北京大学召开。来自世界卫生组织等国内外相关专业的100余位专家参加了此次会议。会议就公共卫生伦理框架、公共卫生伦理核心概念、全球公共卫生伦理的解读及其对中国的意义进行了研讨，并就中国公共卫生伦理核心问题展开了讨论。

【第十二届中国公民道德论坛举行】

9月19日，第十二届中国公民道德论坛在北京中国职工之家报告厅举行，论坛以“用先进典型引领核心价值”为主题。中共中央政治局委员、中央书记处书记、中宣部部长刘奇葆出席论坛并讲话，强调要深入学习贯彻习近平总书记系列重要讲话精神，着眼培育和践行社会主义核心价值观，广泛发现和树立各类先进典型，推动形成群星灿烂与七星共明的先进群体格局，着力构筑中国精神、中国价值、中国力量。中国伦理学会副会长李建华、王小锡，常务理事卫建国、葛晨虹，常务副秘书长王海滨应邀参加了此次论坛。

【第十次全国应用伦理学研讨会暨国际学术论坛举行】

10月15—16日，第十次全国应用伦理学研讨会暨国际学术论坛在贵阳举行，论坛由中国社会科学院应用伦理研究中心和贵州师范大学历史与政治学院共同主办。来自全国众多高校科研院所的专家学者及相关期刊的专家80余人参加了会议。会议围绕“寻求共同价值：应用伦理学的视野”，以及“共同价值在伦理学研究中的意义”“当代社会生活中的共同价值与道德困境”等问题展开了讨论。

【“师德评价与教师发展”高端学术研讨会召开】

10月20日，由上海师范大学跨学科研究中心、上海师德研究与评价中心和上海伦理学会主办的“师德评价与教师发展”高端学术研讨会在上海师范大学召开。会议聚焦新形势下师德建设中的热点和难点问题，探讨如何以师德评价促进师德水平提升和教师专业伦理发展。与会者围绕如何建立科学合理的师德评价体系、师德评价的价值遵循和师德评价与教师发展的关系等问题展开了讨论。

【“伦理视域下的城市发展”第六届全国学术研讨会召开】

10月21—23日，“伦理视域下的城市发展”第六届全国学术研讨会在北京召开。会议由中国伦理学会、北京伦理学会主办，北京建筑文化研究基地、北京建筑大学文法学院和马克思主义学院承办，中国马克思主义研究基金会为支持单位。来自国内外高校和科研机构以及《人民日报》《哲学动态》《理论视野》等报纸杂志的150余名专家学者出席研讨会，北京建筑文化研究基地负责人高春花教授主持会议。北京市哲学社科规划办主任崔新建教授、北京建筑大学校长张爱林教授、中国伦理学常务副秘书长王海滨研究员、北京伦理学会会长葛晨虹教授到会致辞。

【2016中国伦理学大会召开】

12月3—4日，2016中国伦理学大会在山西运城举行，大会由中国伦理学会、中共运城市委、运城市人民政府与山西师范大学共同主办，来自全国各地高校、研究机构等单位及企业界的600余位代表参会。中国伦理学会会长万俊人教授，中共运城市副书记、市长陈振亮，中共山西省委宣传部副部长杨茂林分别在开幕式上致辞。大会期间，举办了“2016中外伦理热点——第四次青年学人与知名学者对话会”，举行了“2015年度中国伦理学十本好书”评选活动、“德孝文化、慈善文化和关公文化与当代社会核心价值”专题征文获奖作品以及“2016中国伦理学大会优秀论文”颁奖仪式。

二、国家、教育部项目

（一）国家社科基金项目

1. 重大项目

（1）当前主要社会思潮的最新发展动态及其批判研究，郭忠华，中山大学，16ZDA100

（2）当前主要社会思潮的最新发展动态及其批判研究，孔明安，中央编译局，16ZDA101

（3）国外价值观教育现状调查与可借鉴性研究，杨晓慧，东北师范大学，16ZDA102

（4）中国政治伦理思想通史，李建华，浙江师范大学，16ZDA103

（5）中国政治伦理思想通史，孙晓春，南开大学，16ZDA104

（6）儒家道德社会化路径研究，翟学伟，南京大学，16ZDA107

2. 重点项目

（1）基于互联网的青年爱国主义教育模式及实现机制研究，蓝汉林，浙江工业大学，16AKS009

（2）培育和践行社会主义核心价值观的法治化路径及实现机制研究，杨福忠，中共河北省委党校，16AKS010

（3）伦理视阈中的国家治理研究，朱辉宇，中共中央党校，16AZX004

（4）转型期中国伦理基础变迁及其重建研究，晏辉，北京师范大学，16AZX018

（5）基督教伦理的艺术教化研究，林季杉，湖北大学，16AZX019

（6）马克思主义伦理思想史，张霄，中国人民大学，16AZX020

（7）人对自然的身份认定与责任担当研究，曹孟勤，南京师范大学，16AZX021

（8）新媒体与市场环境下文化资本的伦理义务研究，魏则胜，华南师范大学，16AZX022

（9）中国特色社会主义道德规范体系研究，吴瑾菁，江西师范大学，16AZX023

3. 一般项目

（1）马克思恩格斯国家治理思想研究，金承志，安徽工程大学，16BKS005

（2）习近平总书记生态文明思想研究，周光迅，浙江理工大学，16BKS013

（3）习近平总书记“人类命运共同体”思想及其对马克思主义的新贡献研究，陈东英，岭南师范学院，16BKS018

（4）习近平总书记“人类命运共同体”战略思想研究，张战，河北经贸大学，16BKS019

（5）习近平总书记绿色发展观的哲学底蕴研究，杨卫军，河南工业大学，16BKS020

（6）习近平总书记绿色发展思想研究，刘保国，长沙理工大学，16BKS021

（7）生态文明纳入社会主义核心价值体系的基本问题研究，钟贞山，南昌大学，16BKS036

（8）现代性视阈下中国共产党人的精神家园建设研究，王喜国，解放军南京政治学院，16BKS059

（9）五大发展理念下善治生态型构的中国逻辑及其进路研究，金慧芳，上饶师范学院，16BKS063

（10）我国生态文明建设制度创新研究，李宏伟，中共中央党校，16BKS070

（11）社会主义核心价值观与国家治理现代化内在逻辑研究，孙英，中央民族大学，16BKS087

（12）高校宣传思想工作合力研究，曲建武，大连海事大学，16BKS088

（13）传统儒家担当精神现代转化与公民核心价值观培育研究，张乃芳，华北电力大学，16BKS099

（14）引导青年理性爱国与实现中国梦研究，王永浩，中国社会科学院，16BKS103

（15）传统儒家伦理的当代嬗变及价值研究，苑秀丽，青岛大学，16BKS104

（16）大数据时代我国社会公德治理的运行机制研究，王晓丽，华南理工大学，16BKS105

（17）伦理人格与法律人格的结构性关联研究，周雪峰，武汉纺织大学，16BKS106

（18）网络社会公民道德焦虑与对策研究，刘慧瀛，郑州大学，16BKS107

（19）以提升价值观自信为指向的中华传统美德创造性转化研究，吴翠丽，南京大学，16BKS108

（20）中国传统家训的创造性转化与创新性发展研究，彭昊，湖南商学院，16BKS109

（21）农民社会主义核心价值观培育研究，高韧，华中农业大学，16BKS110

（22）中国传统价值观创造性转化与培育和践行社会主义核心价值观研究，陈杰思，云南师范大学，16BKS111

（23）社会主义核心价值观的社会知晓度研究，徐文涛，中共青岛市委党校，16BKS119

（24）社会主义核心价值观的微传播研究，徐霞，华中师范大学，16BKS120

（25）社会主义核心价值观日常生活化的理论与实践问题研究，何林，辽宁大学，16BKS121

（26）微时代社会主义核心价值观精准传播研究，陈静，黑龙江省社会科学院，16BKS122

（27）儒学对社会主义核心价值观的涵养机制及路径研究，杨肇中，福州大学，16BKS123

（28）红色家风与社会主义核心价值观的家庭培育研究，顾莉，盐城师范学院，16BKS124

（29）青藏地区多元文化与社会主义核心价值观融合研究，崔治忠，青海师范大学，16BKS125

（30）微文化背景下大学生社会主义核心价值观培育研究，唐平秋，广西大学，16BKS126

（31）网络虚拟社会中的道德失范及治理研究，刘军汉，中共河南省委党校，16BKS127

（32）当代艺术类大学生社会主义核心价值观培育机制探析，申淑征，沈阳音乐学院，16BKS128

（33）马克思主义正义观研究，林进平，中央编译局，16BZX001

（34）城乡空间正义研究，王欢，中华女子学院，16BZX012

（35）当代中国社会发展中的风险分配正义问题研究，冯志宏，延安大学，16BZX013

（36）基于空间正义的城市治理研究，董慧，华中科技大学，16BZX015

（37）老庄德论及其价值观研究，尚建飞，内蒙古大学，16BZX039

（38）情、礼关系下的《礼记》礼义学研究，华军，吉林大学，16BZX040

（39）儒家仁学与女性主义关怀伦理学的对话研究，彭华，哈尔滨工业大学，16BZX041

（40）先秦秦汉“性”字词义及其与人性论关系研究，方朝晖，清华大学，16BZX042

（41）胡塞尔伦理学的现象学建构研究，陈志远，四川大学，16BZX068

（42）满族伦理思想研究，薛柏成，吉林师范大学，16BZX083

（43）当代中国居住伦理研究，陈丛兰，西安工业大学，16BZX084

（44）、西南少数民族家训文献整理及现代性转换研究，冉光芬，贵州师范大学，16BZX085

（45）唯物史观视野下生态伦理实践观研究，薛勇民，山西大学，16BZX086

（46）敦煌文献中的藏族伦理思想演变研究，久仙加，西北民族大学，16BZX087

（47）公平视阈下荀子政治伦理及其当代价值研究，陈光连，金陵科技学院，16BZX088

（48）基于道德信仰的传统善恶报应思想研究，孙长虹，闽江学院，16BZX089

（49）儒家的人生哲学及其现代价值研究，杜振吉，曲阜师范大学，16BZX090

（50）周秦两汉婚姻家庭伦理嬗变与影响研究，刘举，黑龙江大学，16BZX091

（51）黑格尔对康德自然法和权利学说的伦理反思及其启示研究，杨伟涛，郑州大学，16BZX092

（52）基于新语言分析方法的伦理学研究，黄正华，福建师范大学，16BZX093

（53）西方经济伦理思想史，徐大建，上海财经大学，16BZX094

（54）英美情感主义伦理思想研究，王腾，苏州科技学院，16BZX095

（55）“经济学帝国主义”的伦理反思，赵昆，曲阜师范大学，16BZX096

（56）大数据伦理问题与治理研究，宋吉鑫，沈阳工程学院，16BZX097

（57）互联网金融伦理的理论与实践问题研究，何华征，遵义师范学院，16BZX098

（58）伦理学视阈下的我国食品安全战略与监管机制研究，韩作珍，兰州财经大学，16BZX099

（59）农村社会治理的伦理路径研究，耿永志，河北师范大学，16BZX100

（60）企业伦理责任与企业家道德责任之当代建构路径研究，姜晶花，南京师范大学，16BZX101

（61）新常态下收入分配的伦理底线研究，阳芳，广西师范大学，16BZX102

（62）城市少数民族移民的社会道德整合问题研究，沈云都，云南农业大学，16BZX103

（63）当代中国家庭政策建构的伦理维度研究，李桂梅，湖南师范大学，16BZX104

（64）互联网时代道德偶然性研究，庞俊来，河海大学，16BZX105

（65）日常生活的变革与伦理构建研究，鲁芳，长沙理工大学，16BZX106

（66）生态女性主义视阈下女性符号消费的伦理研究，汪怀君，中国石油大学，16BZX107

（67）医疗决策中基于权益位阶的利益冲突化解机制之研究，刘俊荣，广州医科大学，16BZX108

（68）医学科学研究中的伦理审查制度问题研究，刘婵娟，温州医科大

学，16BZX109

（69）道德虚无主义研究，王俊，东南大学，16BZX110

（70）近代社会转型期国民人格塑造问题研究，张勤，江苏第二师范学院，16BZX111

4. 青年项目

（1）习近平总书记民生思想研究，贺方彬，济南大学，16CKS006

（2）习近平总书记关于“人类命运共同体”思想研究，曲波，东北师范大学，16CKS007

（3）共享发展理念的社会主义特质与实践机制研究，刘占虎，西安交通大学，16CKS022

（4）西方女性主义性别正义理论范式研究，茅根红，华南师范大学，16CKS032

（5）历史唯物主义视野下重建人民信仰的基本问题研究，杜娟，燕山大学，16CKS037

（6）网络社会中青年群体信仰风险的规避研究，刘又嘉，江西师范大学，16CKS038

（7）新发展理念视阈下道德协调治理机制研究，薛惠，华中师范大学，16CKS039

（8）价值虚无主义思潮对社会主义核心价值观的冲击与应对研究，唐忠宝，江南大学，16CKS040

（9）以核心价值观构建当代中国人的精神世界研究，张苗苗，中国人民大学，16CKS041

（10）大学生网络素养与社会主义核心价值观认同研究，黄渊基，长沙理工大学，16CKS045

（11）我国中小学社会主义核心价值观培育校本课程开发的理论研究，杨其勇，四川师范大学，16CKS046

（12）中华优秀传统文化融入青少年社会主义核心价值观培育研究，彭菊花，中南民族大学，16CKS047

（13）基于“内在主义”进路的技术伦理学理论重构研究，张卫，华中师范大学，16CZX020

（14）“医学化”理论及其对中国当代医学困境的哲学阐释，唐文佩，北京大学，16CZX021

（15）脑成像技术的伦理问题及治理研究，刘星，中南大学，16CZX022

（16）移动互联网技术与奢侈消费关系的哲学研究，王娜，大连理工大学，16CZX023

（17）增益性转基因的哲学透视，韦敏，南京信息工程大学，16CZX024

（18）儒家女性伦理研究，王堃，北京大学，16CZX033

（19）儒家心学中的道德情感现象学研究，卢盈华，浙江工商大学，16CZX034

（20）谢无量与中国传统伦理思想的现代转型研究，覃江华，华中农业大学，16CZX037

（21）笛卡尔的伦理思想及其当代价值研究，施璇，上海社会科学院，16CZX041

（22）胡塞尔伦理现象学研究，黄晶，贵州师范大学，16CZX042

（23）崇高的道德哲学研究，乔利丽，太原理工大学，16CZX054

（24）多元时代的宽容悖论问题研究，武云，上海交通大学，16CZX055

（25）中国传统忧患思想及其现代价值研究，王乐，中共中央党校，16CZX056

（26）当代西方政治哲学中的人权问题研究，刘明，南开大学，16CZX057

（27）古希腊城邦伦理与公民美德研究，陶涛，南京师范大学，16CZX058

（28）美国无人机反恐的正义性研究，张煌，国防科技大学，16CZX060

（29）社群主义政治义务理论后期进展跟踪研究，丁铁，东北财经大学，16CZX061

（30）信号检测视角下的日常道德判断研究，董蕊，浙江财经大学，16CZX062

（31）人类生殖系统基因编辑的伦理学研究，张迪，北京协和医学院，16CZX063

（32）基于医疗公正视角的健康资源配置伦理评估研究，尹洁，东南大学，16CZX065

（33）人体微生态研究中的伦理困境与对策研究，马永慧，厦门大学，16CZX064

5. 西部项目

（1）汲取中国传统治理智慧与实现国家治理现代化研究，黄义英，广西师范学院，16XKS008

（2）生态文明建设与国家政治安全、政治认同研究，张首先，成都医学院，16XKS012

（3）社会主义生态文明建设视阈下回族生态价值观研究，张艳，宁夏大学，16XKS013

（4）民族地区社会主义核心价值观的涵养载体及其实现机制研究，冯霞，广西财经学院，16XKS020

（5）红色基因传承与社会主义核心价值观培育研究，王伟，井冈山大学，16XKS023

（6）当代新疆民族团结道德模范精神研究，郭文惠，新疆大学，16XKS025

（7）马克思主义价值哲学——核心价值观研究，刘进田，西北政法大学，16XZX001

（8）当代中国社会福利的伦理研究，庞永红，重庆大学，16XZX011

（9）中国传统儒家忠德思想的现代转化与社会忠德建设研究，欧阳辉纯，贵州

师范大学，16XZX012

（10）生态文明战略视域中的“中国农业伦理学”研究，方锡良，兰州大学，16XZX013

（二）教育部人文社科规划项目

1. 规划基金项目

（1）社会主义核心价值观融入农民日常生活研究，王方友，安徽科技学院，16YJA710020

（2）共享发展理念的马克思主义分配正义理论溯源与创新研究，罗克全，吉林大学，16YJA710016

（3）“绿色发展”理念引领下的生态价值观养成研究，张敏，吉林大学，16YJA710030

（4）当代中国社会风气的守与变，李玉林，九江学院，16YJA710011

（5）环境道德教育与生态文明建设互动机制研究，朱国芬，南京理工大学，16YJA710032

（6）社会主义核心价值观融入大学生信仰教育研究，林希玲，青岛大学，16YJA710013

（7）马克思主义道德观与道德相对主义批判，杨胜良，厦门大学，16YJA710028

（8）转型期中国社会心态失衡现象研究，张九海，天津理工大学，16YJA710029

（9）“互联网+”条件下社会主义核心价值观认同机制与引领路径研究，敖翔，信阳农林学院，16YJA710001

2. 青年基金项目

（1）微公益时代的公民慈善及其实践模式研究，刘丹，北京师范大学，16YJC710024

（2）中华优秀传统文化对社会主义核心价值观的涵养功能研究，王新刚，河南理工大学，16YJC710041

（3）新常态下大学生生态伦理教育的路径创新研究，肖明，湖南环境生物职业技术学院，16YJC710044

（4）马克思正义思想及其当代境遇研究，蓝春娣，江西师范大学，16YJC710019

（5）领导干部家风建设研究，吴世丽，南通大学，16YJC710043

（6）马克思正义理论视域下共享发展理念及其实践路径研究，苗瑞丹，厦门大学，16YJC710034

（7）生态正义问题制度之维研究，郑湘萍，深圳大学，16YJC710055

（8）知识教育与德性教育的内在机理及转化机制研究，蒋冬双，西安电子科技

大学，16YJC710018

（9）绿色发展理念下的社会主义生态文明建设研究，李垣，西安电子科技大学，16YJC710023

（10）传统家训中的德育思想及其当代转化研究，姜玉峰，浙江师范大学，16YJC710017

（11）当代英美马克思主义正义理论谱系研究，林育川，中山大学，16YJA720003

（12）当代美德伦理学中的正义问题研究，孙会娟，东南大学，16YJC720016

（13）灾难与仁学——中国传统哲学视域下的灾难哲学建构，赵楠楠，广州大学，16YJC720031

（14）道德责任归因中的运气问题研究，赵静波，海南大学，16YJC720030

（15）人格、自由和尊严："Persona"概念在中世纪的发展，江璐，中山大学，16YJC720009

3. 重点研究基地重大项目

（1）规范性研究——当代西方哲学中的自然主义与反自然主义之争，韩林合，北京大学外国哲学研究所，16JJD720003

（2）明代伦理与文学关系研究，廖可斌，北京大学中国古文献研究中心，16JJD750003

（3）社会主义核心价值观的理论内涵与实践逻辑研究，王葎，北京师范大学价值与文化研究中心，16JJD710005

（4）社会主义核心价值观建设与中国传统价值观的转化创新研究，李祥俊，北京师范大学价值与文化研究中心，16JJD720004

（5）当代中国价值观现状实证研究，沈湘平，北京师范大学价值与文化研究中心，16JJD710006

（6）儒家生活德育思想研究，汪凤炎，南京师范大学道德教育研究所，16JJD880026

（7）生活德育的理论深化与实践推进研究，高德胜，南京师范大学道德教育研究所，16JJD880027

（8）社会治理的伦理重构——谋求复杂性和不确定性条件下的善治，张康之，中国人民大学伦理学与道德建设研究中心，16JJD720015

（9）社会主义核心价值观社会认同伦理研究，江畅，中国人民大学伦理学与道德建设研究中心，16JJD720016

三、博士学位论文

1. 《存在和参与——奥古斯丁伦理思想中的秩序内涵》，沈小龙，浙江大学

2. 《“达尔文式困境”与道德实在论》，张子夏，浙江大学

3. 《道德与幸福同一性的精神哲学形态》，任春强，东南大学

4. 《邓小平经济伦理思想研究》，谭文翰，湖南师范大学

5. 《对跨国人体研究剥削议题的伦理审视》，田冬霞，中山大学

6. 《“二人台”艺术的伦理文化与伦理意蕴研究》，韩敏虎，山西大学

7. 《20 世纪 80 年代中国人道主义思潮研究》，徐敬龙，黑龙江大学

8. 《〈国风〉（1932—1936）伦理思想研究》，胡芮，东南大学

9. 《工作伦理研究》，刘永春，中国人民大学

10. 《公共推理的理想性与现实性——阿马蒂亚·森正义理论研究》，洪峰，南京师范大学

11. 《功利主义中的偏见与利己问题研究》，巫怀宇，南京大学

12. 《孔子与耶稣政治伦理思想之比较》，靳浩辉，中共中央党校

13. 《论德性伦理学实践性证成的两条路径——新亚里士多德主义和孔子伦理学》，韩燕丽，山东大学

14. 《论社会福利的价值基础》，寇楠楠，中国人民大学

15. 《马克思“〈莱茵报〉时期”的伦理思想研究》，郑晓绵，湖南师范大学

16. 《马克思主义新闻伦理思想研究》，张曦，南京师范大学

17. 《明清家训文献考论》，陸睿，浙江大学

18. 《明清侠义小说伦理精神研究》，范渊凯，南京师范大学

19. 《〈群书治要〉民本思想研究》，刘海天，中共中央党校

20. 《女性主义伦理思想与当代中国电影叙事》，李丹丹，东南大学

21. 《生态正义的价值评价研究》，董岩，吉林大学

22. 《西方道德动机论的心学观照——以王阳明为参照》，张晓渝，中国人民大学

23. 《现代传媒伦理研究》，马正华，东南大学

24.《“新生活运动”的伦理研究》，李明建，南京师范大学

25.《信、愿、行——中国净土宗修行伦理研究》，钱姝璇，中国人民大学

26.《虚无与责任——约纳斯基于诺斯替主义的生命哲学研究》，杨振华，南京大学

27.《学衡派伦理思想研究》，方旭红，东南大学

28.《荀子礼学的自然基础》，须大为，中国人民大学

29.《约翰·L. 麦基元伦理学思想研究》，马春雷，山西大学

30.《中国传统政治伦理研究》，郑文宝，黑龙江大学

31.《中国古代人伦关系与社会秩序的构建——〈白虎通〉伦理思想研究》，冷兰兰，湖南师范大学

32.《中华武术伦理精神和中华魂的塑造》，杨洋，中共中央党校

33.《组织德性研究》，闫茂伟，东南大学

四、学术成果

（一）专著

1. 《从清教神坛到福利国家》（王萍著，中央编译出版社）
2. 《道德失范研究》（高兆明著，商务印书馆 ）
3. 《非物质经济、文化与生态文明》（卢风著，中国社会科学出版社）
4. 《公共权力的伦理道德维度》（孙英著，辽宁人民出版社）
5. 《何为正义》（陈宜中著，中央编译出版社）
6. 《论德性养成》（刘芳著，中央编译出版社）
7. 《论人性》（张宽政著，中国书籍出版社）
8. 《人的价值学》（罗范懿著，人民出版社）
9. 《人性的哲学探讨》（周国平著，生活 · 读书 · 新知三联书店）
10. 《善恶的基因》（叶首德著，九州出版社）
11. 《社会转型下的耻感伦理研究》（章越松著，中国社会科学出版社）
12. 《社会转型期我国家庭伦理变化及道德建设研究》（路丙辉著，人民出版社）
13. 《生而优雅》（傅佩荣著，中信出版社）
14. 《生存 · 人性的核心》（张兴让著，光明日报出版社）
15. 《生态文明新论》（何小刚著，上海社会科学院出版社）
16. 《生态正义研究》（田启波著，中国社会科学出版社）
17. 《伪善的道德形而上学形态》（王强著，中国社会科学出版社）
18. 《唯物史观新视阈下中西价值观比较》（卢双喜著，中国社会科学出版社）
19. 《文化与伦理》（袁祖杜著，人民出版社）
20. 《西方经济伦理的实证研究》（沈昊驹著，中国社会科学出版社）
21. 《新乡土伦理》（王露璐著，人民出版社）
22. 《行政伦理概论》（张震著，科学出版社）
23. 《养老视阈下的中国传统孝道教育研究》（卢明霞著，中国社会科学出版社）
24. 《英美新马克思主义伦理思想》（向玉乔著，中国人民大学出版社）

25.《责任中国》（顾红亮著，上海人民出版社）

26.《中国传统家训文化多维考察》（詹昌平著，九州出版社）

27.《中国道德文化的传统理念和现代践行研究》（李建华等著，经济科学出版社）

28.《中国经典原境界》（顾随著，北京大学出版社）

29.《中西环保哲学》（冯沪祥著，北京大学出版社）

（二）编著

1.《百家家训》（黄祖绪编，中国文史出版社）

2.《道德资本》（黄国其编，现代出版社）

3.《德和的智慧》（杜善周编，企业管理出版社）

4.《工程伦理》（李正风、丛杭青、王前编，清华大学出版社）

5.《经济伦理与分配正义》（何建华编，中共中央党校出版社）

6.《伦理与文明》（贾英健编，社会科学文献出版社）

7.《历代孝行类编》（骆明编，光明日报出版社）

8.《美国人文主义》（张源编，北京师范大学出版社）

9.《人生仪规》（张俊良编，吉林人民出版社）

10.《生态文明理论与实践研究》（陈金清编，人民出版社）

11.《探究与实践》（高建华编，高等教育出版社）

12.《〈孝经 曾子论孝〉读本》（韩星编，中国人民大学出版社）

13.《应用伦理学教程》（甘绍平、余涌编，企业管理出版社）

14.《职业道德与安全教程》（袁希平、胥留德编，科学出版社）

15.《职业基本素养》（刘兰明编，高等教育出版社）

16.《中国传统修身经典选读》（甘生统编，经济科学出版社）

17.《中国伦理学史经典精读》（姚新中、王觅泉编，高等教育出版社）

18.《专业技术人员网络道德建设》（何滨编，国家行政学院出版社）

（三）译著

1.《道德博弈》（［美］扎克著，黄延峰译，中信出版社）

2.《道德的法律强制》（［英］德富林著，马腾译，中国法制出版社）

3.《道德勇气》（［美］基德尔著，邵世恒、吕威、蔡紫薇译，北京时代华文书局）

4.《关于良心的问题》（［英］马斯特斯著，晓燕译，团结出版社）

5.《关于爱国》（［美］维罗里著，潘亚玲译，上海人民出版社）

6.《理与人》（［英］德里克·帕菲特著，王新生译，上海译文出版社）

7.《伦理学中的非认知主义》（［美］马克·施洛德著，张婉译，华夏出版社）

8.《美德伦理学》（［新西兰］赫斯特豪斯著，李义天译，译林出版社）

9.《人生五大问题》（［法］莫诺阿著，傅雷译，三联书店）

10.《生态民主》（［美］莫里森著，刘仁胜、张甲秀、李艳君译，中国环境出版社）

11.《享乐主义宣言》（［法］米歇尔·翁弗雷著，刘成富、王奕涵、段星冬译，社会科学文献出版社）

12.《孝经述议复原研究》（［日］林秀一著，乔秀岩、叶纯芳、顾迁译，崇文书局）

13.《幸福的科学》（［美］亨利·史密斯·威廉姆斯著，余卓桓译，中国人民大学出版社）

14.《幸福乌托邦》（［英］威廉·戴维斯著，常莹、郭丹杰译，新华出版社）

15.《找回你自己》（［美］西伯里著，杨小虎译，北京大学出版社）

16.《尊严》（［美］唐娜·希克斯著，叶继英译，中国人民大学出版社）

第八篇

伦理学人

徐惟诚

徐惟诚（1930— ），笔名余心言。安徽芜湖人。大夏大学肄业。1946 年 10 月加入中国共产党，曾在上海从事党的秘密工作。中华人民共和国成立后，历任青年团上海市委组织部部长，上海《青年报》总编辑，《解放日报》副总编辑，北京日报社社长、总编辑，中共北京市委常委、宣传部部长，中共北京市委副书记，中共中央宣传部常务副部长，中国大百科全书出版社总编辑，文化扶贫委员会主任，第八届全国政协常委、学习委员会主任，第九届全国政协委员，中国职工思想政治工作研究会常务副会长，中国家庭文化研究会会长，中国人民大学道德科学研究院院长，中国伦理学会名誉会长，北京杂文学会会长等职务。中国作家协会会员。

徐惟诚先生有著作 80 余种。作品涉及党的宣传工作、新闻出版工作、思想政治工作、精神文明建设、企业文化、家庭文化、家庭教育、文化扶贫、学校品德教育、党员修养、青少年修养等领域。

伦理学和道德建设是徐先生重点研究的问题之一。他运用马克思主义的基本观点，联系中国社会转型期的实际，对伦理学基本理论进行多层面的探究。主要涉及道德与人们物质生活条件的关系，市场经济需要什么样的道德，传统道德的现代价值，诚信在市场经济中的作用以及建设诚信的途径，社会深刻变动中的道德建设等问题。对于涉及社会生活各领域的道德状况，如理想与纪律、职业道德、家庭美德、社会公德、邻里关系等分别进行研究，对当代道德建设中遇到的一些新问题如法人道德、虚拟社会的道德、知识财富分配中的道德等作了探索。他提出，“伦理学的研究要更加适应社会主义建设的需要”，“要坚持把当前的伦理现象，当作一个运动着的过程来对待，找出它的规律性，就可以使伦理学的研究得到丰富的源泉、得到充分的发展”。他强调：“伦理学研究中要保持共产主义的纯洁性，用共产主义的思想体系去观察问题，分析问题。”他呼吁“建设有中国特色的伦理道德体系”并提出现实的途径。他提出了“道德要靠建设”的理念，强调“社会深刻变动中的道德建设将是一个长期的艰苦的过程”，“道德问题，除了讲道理，很重要的是要养成”。作品有《科学信仰道德》（1981）、《道德鼓吹录》（1984）《人往高处走——道德与共产主义道德》（1985）、《改革中的精神铸造》（1991）、《市场经济与道德建设》（2000）、《传统道德的现代价值》（2003）等。2010年被中国伦理学会授予“终身成就奖”。

徐先生长期关注青少年的成长。从20世纪60年代初开始就为青少年撰写大量有关品德修养的读物数十种。内容涉及理想信念、人生价值、伦理道德、思想方法、友谊、处世、求学、就业等方面。1994年主持起草《爱国主义教育实施纲要》，《给小红的信》（1963），《祝你学习好》（1979），受到孩子们的喜欢，多次重印，发行都超过60万册，并译成少数民族文字出版。

自1980年中国第一个研究家庭教育的群众性学术团体——北京市家庭教育研究会成立开始，徐先生就一直关注家庭教育的研究和家庭教育事业的发展，推动有关资料的收集、有关学科的建立、有关报刊和专著的出版以及各种普及活动的开展。1994年担任中国家庭文化研究会会长以后，他又对新时期家庭结构、功能、内外条件的变化、家庭美德建设作了大量研究。他提出的树立正确儿童观、重视留守儿童教育、家庭教育首先是怎样做人的教育、要尊重儿童、理解儿童、注意培育儿童的爱心等观点影响广泛。

徐惟诚先生特别关注学校的思想教育和提高中小学生的综合素质。他主张，教育的目的“是要教会学生学会做人，学会学习”“启发青少年对知识的兴趣，学会寻找知识的方法，养成寻找知识的习惯”。为此，他主持或指导做了大量实事。例如：“手拉手”交友活动、中小学生“同游百科园”读书活动等，特别是由他指导组织开展的全国青少年爱国主义读书教育活动，自1993年开始，每年一个主题，坚持了二十多年，惠及几亿青少年，为他们健康成长打上了深刻的烙印。著有《论思想教育》（1985）、《论理想和纪律教育》（1985）、《余心言少年儿童教育论集》（1996）、《余心言论爱国主义教育》（2004）等。

刘启林

刘启林（1937— ），中国伦理学会“终身成就奖”获得者。曾任中国社会科学院哲学研究所伦理研究室主任、中国社会科学院机关党委书记、中国社会科学院副秘书长、秘书长、院党组成员，宋庆龄基金会常务副主席、党组副书记，当选过中国共产党第十三届、第十五届全国代表大会代表，中国人民政治协商会议第九届全国委员会委员。

刘启林先生1937年7月7日生于北京，1944年至1951年在北京、锦州、兴城等地读小学，1951年至1957年在北京三中读中学，1957年9月至1962年8月就读于中国人民大学哲学系，1962年9月至1964年8月在北京农业机械总厂党委宣传部任干事，1964年9月到中国科学院哲学研究所做伦理学专业研究生，后留所工作。期间曾到湖北襄樊、河北徐水参加两期四清工作，并经历了“文化大革命”，到河南信阳五七干校下放两年。“文革”结束后，做了几年研究工作。1985年调任中国社会科学院机关党委书记，1986年兼任中国社会科学院副秘书长，1988年3月担任中国社会科学院秘书长、院党组成员，1992年5月调任宋庆龄基金会常务副主席、党组副书记，2003年10月退休。

刘先生长期从事伦理学的研究工作，先后被评为助理研究员、副研究员、研究员。著有《共产主义道德概论》《婚姻家庭道德》《伦理道德漫谈》等书，主编《当代中国社会科学名家》《当代中国社会科学家》等书。在学术团体中，曾任中国伦理学会秘书长、副会长、顾问，中国婚姻家庭研究会副会长，中国婚姻家庭建设协会副会长等职。

甘葆露

甘葆露（1932—2018），北京青年政治学院教授，中国伦理学会“终身成就奖”获得者。曾任北京师范大学哲学系伦理学教研室主任、北京青年政治学院学术委员会副主任、北京伦理学会副会长、中国伦理学会副会长、北京东方道德研究所名誉所长。

甘葆露先生 1932 年 5 月生于上海。20 世纪 50 年代，从华南师院转入北京师范大学学习哲学，并留校工作，从此进入哲学和伦理学的学习、研究与教育领域。1979 年，与其他几位老师一起在北京师范大学哲学系设立了伦理学教研室，这是北京师范大学校史上第一个专门的伦理学研究与教学单位，为北京师范大学伦理学的持续发展奠定了基础。20 世纪 90 年代初，从北京师范大学调入北京青年政治学院，在新的岗位上继续从事伦理学的研究与教学。1994 年，参与了北京东方道德研究所的建立，与王殿卿教授等学者一起，把工作重心放到了道德教育领域。

甘先生的学术工作主要体现在马克思主义指导下的伦理学基本原理和道德教育领域。在伦理学基本原理的研究方面，甘先生主编有《道德概论》《伦理学原理》《马克思主义伦理学》等多部教材。这些教材均以马克思主义关于伦理学的基本理论为依据，对道德的本质、起源以及社会主义道德进行了论述，最终落脚至道德行为与道德品质、道德教育和道德修养、人生观和人生价值等问题，可供不同学习背景的人求学之用。其中《道德概论》和《伦理学概论》供师范专科学校、教育学院、函授教育、自学者和卫星电视教育选用；《伦理学原理》（与唐凯麟合作主编）是为适应我国高等师范院校教学改革和培养目标的需要，组织编写的适合师范特点和教学要求的汉语言文学和政治教育专业本科教材；《马克思主义伦理学》则是供政教专业本科和函授试用的教材。除此之外，甘葆露先生还主编有《人生哲学新论》一书，其中对人生本质、人生价值、人生选择等人生存在的诸多问题进行了分析论述。总之，甘葆露先生在伦理学基本原理的研究与教学实践中作出了重要贡献，促进了我国伦理学教育事业的发展。

在道德教育领域中，甘葆露先生始终坚持马克思主义的立场和观点，并以之为指导进行研究和写作。她在与齐振海、李春秋先生合著的《共产主义人生观教育》一书中提出，树立共产主义人生观是当代青年的迫切任务，我们应该摒弃利己主义，树立无产阶级的公私观、幸福观、荣辱观、生死观、恋爱观和共产主义崇高理想。该书不仅关注理论认识层面，还提到树立共产主义人生观的方法，认为我们应运用马克思主义观察和处理人生问题，提高自我教育、自我改造的自觉性，并在社会实践中积极培养和锻炼自己，最终在振兴中华的奋斗中提升和实现人生价值。该著作于1987年获北京市社会科学优秀成果二等奖。

与《共产主义人生观教育》类似，甘葆露先生与齐振海、李春秋先生合著的《共产主义道德教育概论》中强调共产主义道德教育的重要性，认为共产主义道德教育具有振兴中华、建设四化、培养共产主义新人和发扬党的共产主义道德教育传统的重要意义，点明集体主义是共产主义道德的基本原则，揭示出坚持共产主义方向等共产主义道德教育的基本原则和以理服人等共产主义道德教育的基本方法。

尤为值得注意的是，甘葆露先生还与人合著有《爱国主义教育概论》《当代爱国主义浅论》等爱国主义道德教育著作，提倡马克思主义指导下的爱国精神。在具体的职业道德教育领域，甘葆露教授曾发表《“企业文化”与职业道德建设》《党政干部职业道德及其建设》等多篇文章，认为企业的职业道德建设的关键环节和西方“企业文化”的关键环节一样，是使企业内全体人员形成统一的价值取向标准，做到一方面着眼于人的全面发展，另一方面坚持价值取向标准的理想与现实的统一。在《党政干部职业道德及其建设》中，甘葆露先生强调党政干部在社会分工中占有特殊地位，对之应提出比其他职业工作者更高的道德要求，认为党政干部应该做到无私公道、廉洁清正等职业道德规范，并提出党政干部提升职业道德修养的若干途径和方法。

甘葆露先生曾多次主持国家或市级重点课题，发表多篇优秀论文。“七五”期间，甘葆露先生作为课题组负责人，完成了“企业文化与社会主义精神文明建设”和“当代青年价值观变化”两项国家级科研项目；“八五”期间，承担了原国家教委的专项课题“价值理论与社会主义价值观建设”以及市级重点课题“中西人生哲学比较研究与北京市大学生人生观教育”；甘葆露先生还曾承担国家哲学社会科学“九五”重点项目“社会主义市场经济与企业文化”。她曾先后在《光明日报》《中国教育报》等报纸杂志上发表论文近60篇。

2010年，甘葆露先生荣获中国伦理学会颁发的“终身成就奖”。2017年，荣获首届罗国杰伦理学教育基金优秀教师奖。甘葆露先生在我国伦理学的理论研究和道德教育教学实践事业中倾注了毕生心血并作出了重要贡献。

宋希仁

宋希仁（1936— ），中国人民大学哲学院教授，中国伦理学会“终身成就奖”获得者。曾任中国人民大学伦理学教研室主任，伦理研究所所长，道德科学院副主任。

宋先生1936年7月出生于吉林省临江县。1956年在营口高中加入中国共产党，同年秋天考入中国人民大学哲学系。1960年，宋先生于中国人民大学提前毕业并留校任教于逻辑学教研室，讲授形式逻辑，并翻译俄文的逻辑学著作，后转到中央财政金融学院政治理论教研室教哲学。“文革”期间学校停办，宋先生参加农村社会主义教育运动五年。“文革”结束，宋先生在北京市财贸学院政治理论教研室工作。改革开放后，中国人民大学复校，宋先生应罗国杰先生的邀请回中国人民大学哲学系伦理学教研室任教，1987年受聘副教授，1990年受聘教授，同年被评为北京市德育先进工作者，1991年被评为全国优秀教师。1993年起任博士生导师，同年开始享受国务院特殊津贴。

宋先生的研究领域比较广泛，在伦理学基础理论、中外伦理思想史、人生哲学、现实道德问题的研究方面，均有所涉足。他发表的专著、教材、论文等计250多万字，主编、统稿600多万字。

宋先生的工作主要体现在四个方面：第一，对伦理思想史的研究，尤其是对西方伦理思想史的研究。他主张伦理学史本身就是伦理学，是历史上发展着的伦理学。对伦理思想史的研究就是用发展的眼光看历史上发展着的伦理学理论；他强调伦理思想史的连续性和多元性。他认为伦理思想史必然是各种分歧意见和理论观点的陈述、修正和交锋，但观点的分歧不是真理和谬误、非此即彼的对立，分歧的意义在于促进道德认识的进一步发展。因此，伦理思想史上连续和多元的理论观点有助于把握更高级、科学的现代伦理精神和道义观；他主张历史的东西需要历史地看待，认为每种伦理思想体系的评价必须被置于特定的历史条件下。宋先生在长期从事伦理思想史教学和研究的基础上，撰写了《西方伦理思想史》（上、下卷），书中他利用马克思主义的观点和方法，对主要伦理思想派别、代表人物及其思想体系做了介绍、分析和评价，指出其产生的历史条件和历史意义，解释伦理思想发展的逻辑与历史的统一及思想史本身的内在规律性。在审视东西方世界史全局、各个民族国家伦理思想的特殊性和人类精神发展的规律性基础上，他主编了《当代外国伦理思想》一书。此后，他还主编了《西方伦理思想史》《西方伦理学思想史》《中国伦理学百科全书：西方伦理思想史卷》。在《伦理的探索》一书中，他尝试着把自古希腊到19世纪的西方伦理思想发展史与马克思恩格斯的伦理思想贯通起来。在他主编的《中国伦理学百科全书：东方伦理思想史卷》中，第一次比较全面地阐述了东方主要国家的伦理思想和相关背景资料。在国家教委组织编写的多卷本《中国传统道德》中，他和罗国杰先生任《规范卷》的主编。在这期间，他对中国传统伦理思想进行了比较系统的研究，发表了《中国传统道德规范的发展》《传统道德治化经验值得研究》《道德观念的继承和发展》《传统道德治化反思录》和《和谐社会的伦理思考》等多篇文章。

第二，对人生哲学理论体系的构建上。宋先生对人生哲学问题的思考以1982年关于人生观的大讨论为起点。他先是协助罗国杰先生主编了教育部规划的《人生的理论与实践》统编教材，在之后人生哲学的课堂教学中，他不断深化对人生的哲学思考，随后出版了专著《不朽的寿律——人生的真善美》。该书从个体的人开始，从个体、特殊上升到一般和类本质，试图回答“人生是什么”“人生应当是什么”“人生能够成为什么”这三个问题，试图统串人生学、心理学、道德学、伦理学和政治学于一体。2003年，宋先生在《不朽的寿律——人生的真善美》书稿基础上修改、增补和扩充之后，出版了新著《人生哲学导论》。这本书从人生经验和常识出发，进一步完善了已有的人生哲学体系，力求探索实施人生哲学教育的途径，阐述循序渐进地提高人生德智体美全面发展的过程和规律性。罗国杰先生曾对宋先生关于人生哲学的这两部著作给予深刻评价，认为它们“把真善美统一了起来，构建了独具一格的人生哲学体系”。

第三，宋先生对伦理、道德和人生哲学的研究，最终都集中到对马克思恩格斯道德哲学的研究中。他认为马克思恩格斯使人类的道德思考和伦理探索达到了新的高峰。《伦理的探索》是宋先生将西方伦理思想史和马克思伦理思想史衔接起来的首次尝试。以《伦理的探索》为基础，宋先生随后出版了《马克思恩格斯道德哲学研究》。该书以马克思、恩格斯的著作文本为依据，系统梳理和总结了马克思恩格斯道德哲学思想，对马克思、恩格斯不同时期有关伦理道德的论述进行了具体分析并作出了必要的理论概括，不回避疑点和难点，对马克思恩格斯道德哲学思想论述中比较难以解释的问题，作了认真思考和解说。宋先生认为，马克思恩格斯的道德哲学就是关于自由及其秩序的哲学，并在此基础上进一步主张，如果我们能正确理解自由与秩序，就可以消除狭隘的民族主义和自由主义，把握建立在生活实践基础上的以人民幸福和人类解放为关注点的伦理秩序和道义精神。该书入选“国家哲学社会科学成果文库”，获得了“内容厚重，论述充实，有说服力，有启发性”的赞誉。在关于马克思恩格斯的道德哲学研究中，宋先生还发表了《马克思论权利和义务》《恩格斯关于法律和道德对杜林的批判》《道德的自律与他律——从康德、黑格尔到马克思》和《黑格尔法哲学思辨之谜》等具有影响力的文章。

第四，在关于现实道德问题的研究中，宋先生十分重视伦理学理论在现实中的应用以及现实道德建设。他将伦理学理论和中国社会的实际道德现状联系起来，他关于伦理学和道德建设的研究直接涉及社会道德与和谐社会建构问题的讨论。他发表了《和谐社会与公民道德》《职业道德的自律与他律》《论伦理关系》《论伦理秩序》《八荣八耻的道德哲学》和《和谐社会在于化解矛盾》等文章。宋先生还主编了《社会伦理学》《治家丛书》（包括《家庭经济》《家庭文化》《家庭管理》和《家风家教》四册）、《干部诚信建设读本》《领导干部素养读本》《干部自律读本》等普及道德教育的通俗读物。

宋先生从教50年，对我国马克思主义伦理学的研究和伦理学队伍的建设起了重要作用，在马克思恩格斯伦理思想研究、西方伦理思想史以及人生哲学的教学和研究上作出了突出贡献，在我国伦理学百科全书的建设中扮演了重要角色。

温克勤

温克勤（1936— ），天津社会科学院哲学所研究员，中国伦理学会“终身成就奖”获得者。曾任中国伦理学会理事，天津市伦理学会会长，天津市建设有中国特色社会主义研究会副会长，《道德与文明》主编。

温先生 1936 年 9 月出生于天津县（现天津市津南区）葛沽镇一个贫民家庭。1956 年服从组织选送考取了北京工业学院（现北京理工大学）机械系。出于对文史的爱好，于 1957 年考取了中国人民大学哲学系，在校期间对伦理道德问题产生了浓厚的兴趣。1962 年毕业后，被分配到北京师范学院（现首都师范大学）政教系任哲学教师，1973 年任系副主任。1976 年调入中共天津市委宣传部任《学习通讯》杂志编辑，1979 年调入南开大学哲学系任哲学、伦理学讲师。1980 年应邀出席全国第一次伦理学讨论会暨中国伦理学会成立大会，提交论文《研究我国古代的伦理学遗产》。1982 年调入天津社会科学院哲学所，曾任社会学、伦理学、美学研究所副所长，哲学、伦理学研究所所长。《道德与文明》创刊以来，长期担任常务副主编，1995 年担任主编，1996 年退休。

1984 年被评为天津市精神文明标兵，1991 年获天津市“八五”立功奖，1992 年享受国务院特殊津贴，1996 年被评为市级优秀党员。

温先生的研究领域比较广泛，在伦理学基本理论、中外伦理思想史、现实道德问题和中国化马克思主义伦理思想与道德建设理论方面，均有所涉足，用本名和笔名任真、闻明、任洁、喻义、成思、衷成、隋云、仲秋月、秋石、迎水等发表了有关这些方面的文章。撰写学术文章 200 余篇，其中为中国人民大学报刊复印资料全文转载 40 余篇。

温先生的工作主要体现在三个方面：一是试图客观公允地评价中国传统伦理特别是儒家伦理。基于这一想法，他从 20 世纪 80 年代起，撰写了一系列关于学习和研究儒家伦理和传统伦理的文章，着重论述孔子和儒家伦理思想的历史价值、现代价值及未来价值，肯定其在治理现代社会生活中诸种矛盾冲突方面的积极意义和作用，同时与一些流行的否定儒家伦理思想的观点进行论辩。在传统伦理文化研究中，他力图坚持科学分析的态度和方法。他提出，一方面要破除近现代以来形成的认为反传统即等于革命、进步，讲传统即等于保守、反动的思维定式；一方面对传统伦理文化应该坚持批判地继承，继承其中合理的、有价值的东西，并使其在新的历史条件下容纳时代的新的内容、新的理解和新的特征，要有新的发展，并坚决摈弃那些体现剥削阶级意识的陈旧落后的东西。他认为，在传统伦理文化批判继承问题上，要注意处理好理性与情感、理性和理想的关系。对于中西伦理文化的比较研究，不能以西方伦理文化发展为标准，用一些西方文化的概念术语或某种理论模式来裁剪博大精深、生动丰富的民族传统文化，不能将民族文化的一个时期、一个方面的表现，夸大成整个民族的文化历史传统。温先生参与了新中国第一部《中国伦理思想史》的写作，参编《中国伦理大词典》，负责汉唐部分的词条，出版了《中国伦理思想简史》。二是对集体主义道德原则采取坚持和发展的理论立场。他认为在反思过去的道德宣传教育工作时，应将集体主义原则本身与贯彻实施中出现的问题区别开来，集体主义原则不仅不与社会主义市场经济和现代社会生活相对立，而且有了集体主义原则的指导，它们才能健康发展。集体主义可以容纳人道、公正和功利伦理中的积极因素，将它们对立起来或贬低前者褒扬后者的做法都是不妥当的。同时，在新的历史条件下，集体主义道德也需要在内容和实践形式上加以丰富和发展。在他撰写的多篇文章尤其是《社会主义市场经济与集体主义道德》《社会主义道德体系的科学建构》《中国伦理学研究 20 年》中阐述了上述看法。三是比较重视伦理学普及和道德宣传教育工作。他主编和牵头主编了不少侧重于科普性和宣传教育方面的伦理道德读本，如《干部道德教程》《思想政治工作与伦理学》《家庭伦理道德读本》《中华名人与治国》、“中华五千年美德丛书”“中国革命传统美德丛书”“人伦丛书”“公民道德教育丛书”、《知荣明耻：社会主义荣辱观中小学读本》《做一个文明市民》《社会主义职业道德概论》等。另外还写了不少普及和宣传教育方面的文章。

此外，温先生还主编了《管理伦理学》《伦理学简编》《伦理百科词典》《毛泽东伦理思想的理论与实践》《现代临床医学伦理学》《港台学者论传统伦理文化》《中国伦理文化宝库》等多部著作。

《社会主义市场经济与集体主义道德》一文获中宣部 1993 年度精神文明建设“五个一工程”入选项目奖；“中华五千年美德丛书”获中宣部 1993 年度精神文明建设“五个一工程”入选项目奖；《中国伦理思想史》获光明杯学术奖三等奖；《思想政治工作与伦理学》获全国思想政治工作研究优秀著作二等奖。

在长期从事伦理学研究的过程中，曾以学者身份出访日本、韩国，参加在台北举行的海峡两岸第一次伦理学研究会，参加中宣部召开的第二届精神文明研讨会。

朱贻庭

朱贻庭（1936— ），浙江省慈溪市龙山镇人。华东师范大学哲学系教授。1960年北京大学哲学系哲学专业本科毕业，1963年复旦大学哲学系中国哲学史专业研究生毕业。上海市伦理学会名誉会长。曾任上海市社会科学联合会委员，中国伦理学会理事，上海市伦理学会副会长、会长。2006年任中国浦东干部学院特聘教授。

朱先生长期从事中国传统伦理思想史和伦理学的教学、科研工作。教学注重理论与实际相结合，着力培养学生对社会现实的调查研究和理论分析能力。自1991年始，带领每一届研究生下企业进行企业伦理的社会调查，并根据实际调查写出有关“企业伦理”的论文多篇，是我国“企业伦理学”学科建设的开拓者之一。

朱先生主持完成国家哲学社会科学课题2项、教育部和上海市哲学社会科学课题4项。编著出版《中国传统伦理思想史》《中国传统道德》（名言卷）《当代中国道德价值导向》《伦理学大辞典》《应用伦理学辞典》《中国传统道德哲学6辨》《与孔子对话》（共八集）等多种著作，发表学术论文百篇。主编《中国传统伦理思想史》一书，自1989年由华东师范大学出版社出版以来，至今已出了4版并9次印刷，在学界产生了很大影响，入选教育部“十一五”全国普通高校国家级计划教材，并获2011年教育部高等教育司普通高等教育精品教材、上海市普通高校优秀教材一等奖。1993年参与由著名伦理学家罗国杰任总主编的教育部重点项目“中国传统道德丛书”的编撰，任编委，并担任其中《名言卷》第一主编。1999年退休后仍笔耕不辍。主编的《伦理学大辞典》于2002年由上海辞书出版社出版。该辞书是上海市“十五”哲学社会科学发展规划的重点项目，收词4600多条，约260万字，是一部收词最多、内容最新最全的伦理学专科辞典，获第五届国家辞书奖一等奖、第六届国家图书奖提名奖。任第六版、第七版《辞海》和《大辞海》的分科主编。2013年又主编出版中国第一本《应用伦理学辞典》。自2004年始，以上海市文庙为平台，联络并组织上海市有关学者开展儒学和传统文化研究，每年在孔子诞辰纪念日举行一次以“与孔子对话”为主题的学术研讨会，并将成果编辑出版，至2016年已主编出版八册近200万字；立足现实，发掘和弘扬儒家文化的优良传统，集中体现了上海学者儒学研究的特点和风格。这是朱贻庭先生学术生涯中一项重要的学术活动。2017年，耄耋之年的朱先生据几十年的研究积累，出版了专著《中国传统道德哲学6辨》。该书从哲学的高度对贯穿于中国传统伦理学的一些根本问题和基本范畴作了梳理整合、反思总结，深入探讨中国传统伦理思想的传承演变，并思考其现代转化，试图重建既有中华文化“家园”感、又体现现代精神文明价值的具有中国话语特色的“中国伦理学”逻辑结构和范畴体系，提出了“再写‘中国伦理学’”的构想。有学者评说此书“开启了一条再写‘中国伦理学’的路径，发出了再写‘中国伦理学’的先声”。

20世纪80年代初，以一篇题为《评韩非的非道德主义思想》刊发于《中国社会科学》，标志着朱贻庭先生正式开始了“中国传统伦理思想史”研究的学术生涯。在国学大师张岱年先生的指导下，历时7年（1983—1989）主编出版了《中国传统伦理思想史》一书，奠定了朱先生研究中国伦理学的学术基础。他总结自己40年来的中国传统伦理思想的研究心得，认为中国传统道德哲学的思想精髓，可以概括为“敬天”“重义”“贵和”，他称之为中国传统道德哲学的宝鼎“三足”。以此为重心他展开了对中国传统伦理思想的学术研究，并在思想理论和方法论上提出了一些具有学术价值和现实意义的学术观点。20世纪90年代初，他提出了“道德价值导向”这一概念，并论述了“道德价值导向”与“道德价值取向”、“一元价值导向”与“多元价值取向”及其关系的学术观点；1997年提出并论述了文化演进的“源原之辨”和“古今通理”两个概念，总结并确立了他研究传统伦理思想的方法论基础。他认为任何一种社会文化的生成，都有“源”与“原”两个方面的综合成因，即“源原整合”。作为现实文化之“源”的优秀传统文化之所以能与现实之“原”相整合，就在于优秀传统文化中存有现实“价值对象性”的“古今通理”。优秀传统文化的创造性转化和创新性发展，其实就是对“古今通理”这种“价值对象性”的价值再创造，使之成为体现时代精神的现代价值，认为这是具有规律性的传统文化继承和发展的基本路径；还提出“文化生命结构‘形神统一’”概念，将“形神之辨”这一原义用来对人体生命结构的哲学概括，提升到文化哲学的高度，不仅揭示了包括道德在内的文化生命结构的哲学精义，并对文化建设具有重要的方法论意义；对“天人合一”这一中国哲学（中国道德哲学）的核心范畴，也有独到见解：它既是一种关于宇宙结构的宇宙观，即体现为“天道”与“人道”合一的“宇宙结构伦理模式”，又是关于人生修养的境界学说。后者是前者在人格精神世界的转换，体现了古贤对“天道”的敬畏意识。其主要论说以“‘天人合一’的道德哲学精义”为题发表后，被《新华文摘》（2017年第22期）以封面标题转载；在“义利之辨”这一中国传统伦理学的基本问题上，提出中国传统“义利观”有两层含义：在社会治理的层面上体现为执政者的治国价值方针，在人生哲学层面上体现为人生价值取向。两者都“重义”。前者集中体现了“民本”理念的“公正”要求，后者表现为“义为目的”和“义贵有功”的两种价值观模式。指出传统伦理思想的“重义”精神，包含着“重己役物”“物物而不物于物”即超越物质功利的“超越精神”，它是传统“义利观”的精义所在，具有重要的现代价值；在关于传统“和”文化的问题上，认为“和”之所以可“贵”，在于“和实生物”。“生”才是“和”的本质，是“和”文化的价值所在。因而主张在学理上提“和生”哲学较之提“和合”哲学更能显现传统“和”文化的实质；基于对中国传统伦理学的概念范畴话语体系的反思总结，还提出要着重研究“伦理”与“道德”两概念的区别与联系，认为“‘伦理’与‘道德’之辨”应该成为再写“中国伦理学”的一个重要的理论范式。朱先生提出的这些学术观点和学术思想，在学界产生了广泛影响，有些概念如“道德价值导向”与“道德价值取向”、“一元价值导向”与“多元价值取向”已经为学界所普遍使用。

朱先生由于在教学和学术研究上的突出贡献，获中国伦理学会“终身成就奖”和罗国杰伦理学教学基金的“优秀教师奖”，享受国务院特殊津贴。

陈瑛

陈瑛（1939— ），中国社会科学院哲学研究所研究员，研究生院教授、博士生导师，中国社会科学院应用伦理研究中心名誉主任，《道德与文明》主编，中国伦理学会“终身成就奖”获得者。曾任中国社会科学院哲学研究所伦理学研究室主任，中国伦理学会会长、名誉会长。

陈瑛先生 1939 年 12 月 25 日出生于河北省深县，少年时代随全家避日寇流落到河南省禹州，中华人民共和国成立后在卫辉、新乡等地读书。1957 年至 1962 年在中国人民大学哲学系本科读书。毕业后先后在北京政治学校、北京工业大学等院校担任哲学课辅导员和思想政治课教师。1978 年进入中国社会科学院研究生院哲学系，在李奇研究员的指导下攻读伦理学硕士学位，于 1981 年毕业。此后一直在中国社会科学院哲学研究所伦理学研究室从事伦理学研究工作，先后担任助理研究员、副研究员、研究员及研究室主任。主要研究伦理学原理、中国伦理学史和若干应用伦理学的课题。

陈瑛先生坚信马克思主义，积极参与中国特色社会主义建设事业。改革开放之初，他就学习和宣传马克思主义伦理学基本原理，研究社会主义市场经济和道德建设的关系，参与了《中国大百科全书·哲学卷》和李奇先生主编的《道德学说》等书的撰写，并主持编写了我国第一部论述人生幸福的学术专著《人生幸福论》。《人生幸福论》全面系统地介绍了西方古代、近代哲人和中国古代思想家的幸福观，阐述了编者自身在哲学层面对幸福问题的理解，对人与幸福的关系、痛苦和快乐与幸福的关系、幸福和主体的关系、幸福和环境的关系、个人追求真善美与献身人类的幸福的关系等问题进行了深入的探讨，并且落实到现实生活层面，阐述了幸福在事业、爱情、婚姻、友谊与健康等人生重要问题方面的具体体现，探讨了马克思主义指导下个人实现幸福的道路。该书曾荣获全国“五个一”工程奖，推动了我国精神文明的建设与发展。

陈瑛先生对中国伦理学史的研究工作倾注了最大努力，他曾与钱逊先生合作主编《中国传统道德·理论卷》，主编《中国伦理大辞典》（辽宁人民出版社），两次参与或主编《中国伦理思想史》（贵州人民出版社 1985 年版；湖南人民出版社 2004 年版）。其中《中国伦理思想史》（贵州人民出版社 1985 年版）运用马克思主义的立场、观点、方法研究中国古代伦理思想，并且概括出道德的社会作用、道德的本质与起源、道德评价、道德原则与道德规范、道德修养与道德教育五个主要问题，认为各个时期的伦理思想家大致都围绕着这些问题进行探讨，并由此认为中国伦理思想史形成了一个连贯而又系统的链条。该著作是中华人民共和国成立以来该领域最早的专题研究著作之一，在中国伦理学史的研究工作中起到了带头作用。

在中国伦理学史的研究工作中，陈瑛先生不仅重视学术思想史研究，还特别重视对社会道德生活史的研究。他主编的《中国古代道德生活史》是我国第一部系统研究中国古代道德生活史的专著，书中坚持以马克思主义唯物史观和辩证法为指导，以原始社会、奴隶社会和封建社会的道德生活为论述的主要经线，以家庭婚姻道德、政治行政道德、社会行业及不同阶层的道德等为主要纬线，围绕一定时期人们的行为准则及道德规范的理论框架，努力展现中国古代道德生活的原貌和历史演变过程。该书获得首届罗国杰伦理学教育基金优秀著作奖一等奖。

此外，陈瑛先生参与主编的《现代伦理学》也具有重要意义。书中不仅对中国现代伦理学进行了详细论述，还囊括了苏联伦理学，现代日本、印度和阿拉伯伦理学以及现代西方伦理学等重要内容。在阐述现代西方伦理学时，该著作特别介绍了元伦理学、功利主义、社会正义理论、德性理论、存在主义伦理学、实践哲学的重建和交往社会的伦理学、生命伦理学和生态伦理学等诸多学术前沿内容，极大地拓展了中国伦理学界的研究视野，推动了中外伦理思想的沟通交流。

在应用伦理学研究方面，陈瑛先生也做了许多努力。从 20 世纪 80 年代中期起，中国社会科学院哲学研究所和中国伦理学会同日本社团法人伦理研究所连续举办 10 次实践伦理学讨论会，集中研讨应用伦理学问题，开辟了我国应用伦理学研究的新篇章。陈瑛先生每次会议都积极参加，并就许多应用伦理问题作出多次发言和深入阐述，且根据会议讨论内容编辑出版了《中日实践伦理学讨论实录》《应用伦理学的发轫》等文集。其中，《中国古代商业道德》一文曾荣获中国社会科学院哲学研究所优秀论文奖。

从中国伦理学会建立起，陈瑛先生就积极参与学会的组织工作，先后担任副秘书长、秘书长，并成为继李奇、罗国杰之后中国伦理学会第三任会长。同时，他积极参加各省市和地方伦理学会的组建及学术活动，多次参与“中国公民道德论坛”。他还十分重视联系海外学者，与中国台湾学者以及新加坡、日本、韩国等国学者展开对话，组织召开“中韩国际伦理学学术讨论会”“海峡两岸伦理思想讨论会”等会议，努力开展对外伦理文化交流，推动中国伦理学研究走向世界。

陈瑛先生在伦理学原理、中国伦理学史和应用伦理学等领域付出了极大努力，积极推动了马克思主义伦理学的研究与宣传，促进了中国伦理学会的建立与发展，加强了中国与世界多国伦理思想的对话与交流，为新中国伦理学事业的发展壮大作出了重要贡献。

章海山

章海山（1939—　），广东省伦理学会名誉会长，中国伦理学会“终身成就奖”获得者，享受国务院特殊津贴，曾任中山大学哲学系主任、中山大学当代伦理学研究所所长等职务。

章海山先生1939年出生于浙江绍兴。1963年北京大学哲学系本科毕业，1966年北京大学哲学系西方哲学专业西方伦理思想史方向硕士研究生毕业。长期在中山大学哲学系任教，从事伦理学、伦理史和马克思主义道德论的教学和科研工作。1991年晋升为教授，为伦理学专业和马克思主义哲学专业博士生导师。曾任中山大学人文科学学院副院长、哲学系主任，中山大学学术委员会会员，教育部第一届高校哲学文科教学指导委员会委员，广东省伦理学会理事，广东社会科学联合会委员，广东省伦理学会副会长，广东省精神文明建设研究中心兼职研究员，广东省高等学校理论教育与思想教育师资培训中心兼职教授。1993年起享受国务院特殊津贴，1995年获得中山大学黄桂清奖励金。

章海山先生主持、完成国家社科基金项目、教育部社科课题、“十一五”国家级教材、广东省社科基金课题等10余项，出版学术著作和教材10余部。代表性著作有《西方伦理思想史》《马克思主义伦理思想发展的历程》《善的发现——人性与道德》《经济人与道德人——市场经济与道德建设》（合著）、《当代道德的转型与建构》《伦理学引论》《经济伦理论》《经济伦理及其范畴研究》等。《西方伦理思想史》获得1988年原国家教委首届全国高等学校人文社会科学优秀教材二等奖；《马克思主义伦理思想发展的历程》获得1995年原国家教委首届全国高等学校人文社会科学优秀成果二等奖；《经济人与道德人——市场经济与道德建设》获得1998年教育部第二届全国高等学校人文社会科学优秀成果三等奖。发表各类论文百余篇，有些被《新华文摘》、中国人民大学报刊复印资料、《高等学校文科学报文摘》等转载。《新时期需要道德重建吗?》一文获1995年全国报纸理论宣传文章一等奖。

曾获国家教委高校优秀教材奖、教育部首届和第二届高校人文社会科学优秀成果奖、广东省社会科学优秀学术专著奖等多项奖励。

章海山先生的主要研究方向是马克

思主义伦理思想与实践，同时在西方伦理史、应用伦理学和当代道德建设领域颇有建树。章先生的工作主要有以下五个方面：第一，系统研究马克思主义伦理思想史。研究过程中，采用史论结合的研究方法，在详尽梳理史料的基础上，开创性地完成了我国第一部马克思主义伦理学史类专著——《马克思主义伦理思想发展的历程》。在书中，章先生概括了从马克思到毛泽东、邓小平的伦理思想，动态呈现了马克思主义伦理思想的发展过程，揭示了马克思主义伦理思想在整个马克思主义思想体系中的地位和作用；并在马克思主义人性论、伦理学派别的划分等问题上提出了独到的见解。

第二，运用马克思主义伦理思想从事伦理学基本问题的研究。章先生在他所著的《简明伦理学》、《伦理学纲要》（合著）、《伦理学引论》中，对伦理学的基本原则、规范，道德起源和本质，社会主义道德原则与发展等一系列问题进行了深入研究。在《伦理学引论》一书中，以马克思主义基本原理为指导，结合我国社会发展中的经济发展、科技发展和道德进步的现状等问题，探讨了道德的起源、本质、发展等一系列伦理学基本问题。

第三，对西方伦理思想史的开拓性研究。1984 年，章海山先生出版了中华人民共和国成立以来第一本系统研究西方伦理思想史的教材《西方伦理史》，谨慎地应用了科学方法、历史唯物主义，揭示了伦理学史上的两条路线，也就是感性主义伦理学和理性主义伦理学。章海山先生在书中阐明了西方伦理思想史演化的三个基本规律：（1）感性主义人性论与理性主义人性论是西方伦理学两条基本路线的理论出发点。（2）感性主义伦理学一般强调道德对外部事物或物质利益的依赖关系，偏重于从物质利益与道德的关系中揭示道德的内容和标准。理性主义伦理学强调道德对人的内在主观精神或外部客观精神的依赖关系，倾向于从精神、善良意志等方面去解释道德的内容和标准。（3）整个西方伦理学的发展是一个由简单到复杂、由贫乏到丰富、由不科学到比较科学的历史进步过程，其间亦有倒退，但进步是必然的。

第四，对应用伦理学的研究。章先生从事伦理学应用研究，着重于经济、企业、职业活动和婚姻家庭领域。他主编了《职业道德读本》《家庭伦理》《企业伦理学》等著作，出版了《经济伦理论》《经济伦理及其范畴研究》等专著。

第五，对社会主义市场经济确立后新时期道德建设理论以及实践中出现的新问题、新情况的研究。我国经济体制转型以来，道德建设中出现了一系列需要解决的理论和实践问题。针对这种情况，章先生运用马克思主义道德理论分析研究市场经济与道德的内在联系和价值同构，经济人与道德人的关系，人性和道德的关系，当前道德状况的评价以及新时期的道德规范体系，出版了《善的发现》、《梦想与奋斗——特区人价值观研究》、《经济人与道德人》（合著）、《当代道德的转型与建构》等专著。章海山先生认为，当前我们需要建立一个适合道德建设的科学的道德评价体系，明确道德建设目标、内容和手段，使得道德建设科学化、规范化。在道德建设中，要将道德建设和当前的市场经济制度等各项社会制度相连结；将道德建设与产业化相结合，使得道德建设有更雄厚的资金；同时还需要获得法律的支持、政策的引导和制度的保证。

章海山先生的伦理学研究体现出了显著的特点，表现为史论结合、理论与社会实践相结合。他长期致力于我国伦理学工作，笔耕不辍，著作等身，创作出了一系列具有极高学术价值的伦理学著作和论文。他对马克思主义伦理思想和西方伦理思想史所做的研究工作，富有开拓性和独创性。

曾钊新

曾钊新（1937—　），中南大学公共管理学院教授、博士生导师，中国伦理学会“终身成就奖”获得者。曾任中国伦理学会理事，湖南省伦理学会副会长，湖南省社会学学会副会长，湖南省哲学学会常委理事，湖南省船山学会常委理事，湖南省第三届哲学社会科学联合委员会委员，中南工业大学社会科学系主任，中南工业大学伦理学研究所所长。现为湖南省作家协会会员、湖南省书法家协会会员。

曾先生1937年2月出生于湖南省汝城县土桥乡。1955年从中等师范学校毕业，随后被送到高等师范学院深造。深造期间，他被分配到中南矿冶学院教书，受到科学研究氛围的熏陶。1960年毕业于华中师范大学政治系。1962年毕业于中国人民大学政治学进修班。1978年，得遇中国马克思主义伦理学研究的先行者周原冰、李奇、罗国杰诸先生，得到他们无私的帮助。1979年，正式走进了伦理学的殿堂，发表了伦理学开篇之作《论人性》。1983年晋升为副教授。1986年晋升教授，任中南工业大学图书馆副馆长。1989年任中南工业大学社科系主任。

1992年获国务院高等教育特殊贡献津贴补助，2010年获中国伦理学会“终身成就奖”，2017年获首届“罗国杰伦理学教育基金”优秀教师奖。

曾先生研究领域非常广泛，在人性论、道德心理学、伦理社会学、负面文化、教育哲学、文化哲学领域均有突出成果。尤为重要的是，曾先生是我国在道德心理学和伦理社会学两个领域的开拓者，撰写学术专著20余册，学术文章100余篇。

曾先生的工作主要体现在五个方面。第一，曾先生针对人性与道德的关系提出了自己的独特看法，给出了“人性是产生道德的第二位原因或‘第二土壤’”的著名论断。他的“人性定义”被称为当时全国六种人性定义之一，成为一家之言。传统的伦理学强调道德产生于经济生活之中，一定社会的经济状况是产生道德的客观基础；曾先生另辟蹊径，研究了人性与道德的关系，认为人性是产生道德的第二原因或“第二土壤”。这就为伦理学向纵深发展打下了坚实的理论基础。第二，曾先生创立了我国第一个完整的道德心理学体系。曾先生关于道德心理学的独创性思考，早期浓缩在1992年辽宁人民出版社出版的《德性的心灵奥秘：道德心理学引论》一书中，后又以更为系统和完备的方式呈现于2017年商务印书馆出版的《道德心理学》一书中。由于我国伦理学研究起步较晚，理论体系的建构基本上是拷贝了苏联季塔连科的模式。这种体系最大的问题是运用历史唯物主义原理来分析道德现象，只注重了对道德的宏观把握，忽视了对道德的微观分析，导致伦理学研究没有心理根基。曾先生从他的人性论研究过渡到对道德与心理的关系研究，无疑是为了克服当时伦理学界的理论病灶而做出的学术努力。曾先生将伦理学研究转向了人的心理世界，大胆采用新的角度来研究道德，致力于揭示内隐于人的道德的深层心理结构。经过多年探索，曾先生建立了道德大厦的心理基地。这座道德大厦的心理基地包括："道德认知""道德情感""道德思维""道德意志""道德移情""道德模仿""道德判断""道德推论""道德接受"的心理模式。第三，曾先生还对伦理社会学有深入研究。他在伦理社会学领域的研究成果呈现在1993年湖南出版社出版的《心灵的碰撞：伦理社会学的虚与实》一书中。他旨在通过研究伦理社会学，探究社会生活中的伦理操作程序。曾先生提出了"道德感染""道德知觉""道德迁移""时年道德"和"场合道德"诸多概念。其中的"时年道德"和"场合道德"是构筑伦理社会学的两个基础概念，被誉为"丰富了马克思主义道德教育的内容"，"补充了职业道德教育的不足"。伦理社会学由四大模块构成，分别研究社会运行中的道德问题、交往中的道德问题、人在社会中的道德问题、社会生活中的道德问题。第四，曾先生首先提出和论证了负面文化这一概念。曾先生认为："负面文化是与积极的、正确的、光亮的社会意识相抗衡和相否定的观念形态或精神现象，是社会经验的背向积累和腐蚀变异，是影响社会进步、健康与和谐的消极力量和病毒。"曾先生主编了"负面文化研究丛书"，出版了10余本著作专门研究"罪恶""失败""虚假""丑陋""错误""衰落""自私"等负面文化现象。负面文化思维就是通过对负面文化的探究，发现其规律特性，找到消除的根本办法，来实现对正面文化的弘扬与建设。正如曾先生所言："看清阴影，是为了追求光明。"对于负面文化的关注和研究，体现了曾先生对于学术研究的真诚和气魄。第五，曾先生在60余年的教学实践中，对教育问题进行了哲学沉思，形成了他独特的教育哲学思想，出版了《教育哲学断想录》《教育漫话》等著作。曾先生认为教育哲学作为哲学和教育学相通的产物，可以揭示人的个性发展和社会需求之间的辩证法则。曾先生不仅注重教育哲学的理论研究，同时也在教学中积极实践自己的教育理念。在教学实践中，他结合学术方向和研究视野，注重对学生的基本理论和研究能力的培养，强调元典教学和课题研究式教学方法的重要性。他是较早将课题研究式教学引入研究生教学的教师。在研究生教学上，创造了"研讨教学'三步式'"教学法："导入课题"—"文献利用”—“专题写作”。这种教学方法锻炼了学生的思辨能力和观察能力，使得学生们受益良多。

曾先生的论著曾多次获奖。《人性理论的历史形态及其变革初探》获得中南矿冶学院 1981 年度理论成果一等奖，并收入中南矿冶学院三十年校庆科技成果汇编中；他的《道德心理论》获原有色金属总公司优秀教学成果奖，并获湖南省首届社会科学优秀成果奖三等奖；“负面文化研究丛书”获湖南省第四届社会科学优秀成果奖二等奖；《德性与德心：道德的社会培育及其心理研究》获湖南省第六届社会科学优秀成果奖三等奖。

曾先生近年从事文学创作，于 1997 年出版了散文集《午后清唱》，读者视它为“正气的心歌”“智慧的纠缠”“哲学的浪漫”。曾先生酷爱书法，古师黄庭坚，今法颜家龙，习墨不怠。

包连宗

包连宗（1932— ），浙江舟山人，华东师范大学哲学系教授，硕士研究生导师。中学就读于定海县中学（现为舟山中学），高中毕业后留校任政治辅导员（团专职干部），1954 年考入华东师范大学政治教育系，1956 年加入中国共产党，1957 年政教系本科毕业，留校从事哲学教学工作。20 世纪 60 年代开始关注伦理学，1978 年在周原冰教授带领下专职从事伦理学教学和研究。

1980—1991 年，曾任上海市伦理学研究会理事、秘书长、副会长。全国伦理学会理事、副秘书长。全国哲学类核心期刊《道德与文明》编委，“真善美丛书”编委等职。

担任上海伦理学研究会秘书长期间，在周原冰会长领导下负责学会学术活动的组织工作，组织会员为上海人民广播电台、《解放日报》撰写介绍伦理学知识的广播稿和文章，举办伦理学讲座，主持编写伦理学知识的普及读本《道德科学知识讲话》和《道德科学知识》，其中《道德科学知识》一书，被团中央推荐为青年读物，并获上海社联优秀学术成果奖，产生了较好的社会效果。

在伦理学教学中，包先生注重联系现实生活和学生思想实际，追求通俗易懂。他主张伦理学的教学不仅是传授伦理知识，更重要的是提高学生的道德自觉和进行伦理思考的能力。为此，在教学中增加了“人为什么需要道德?”“道德与成才的关系”“道德修养贵在自觉”“认识自己，战胜自己是道德修养的重要方法”“道德评价中的具体情况具体分析”“两难处境下的道德选择”等专题，联系实例，引导学生进行伦理思考，受到学生欢迎。

除搞好伦理学的教学，包先生还热心伦理学的普及工作，服务社会主义精神文明建设。在 20 世纪 80 年代，曾到黄浦、长宁、普陀区文化馆，上海外贸学院、上海第一医科大学、市委宣传部举办的干部学习班等单位义务宣讲伦理学知识 50 多场，助力社会主义精神文明建设。

在伦理学研究的方向上，包先生侧重于应用伦理学和道德选择问题。

1985 年出版的《教师职业道德修养》（合著）一书，是献给第一个教师节的礼物。该书是在广泛征集全国 10 多个省市优秀教师事迹和对上海多所中小学实地调查基础上，经过认真研究思考写成的，所以材料比较丰富，贴近实际，该书从教师工作的特点，论述了师德的特殊重要性，以及“教书育人”“热爱学生”“为人师表”“勤奋学习”“团结协作”等师德规范。强调“教书育人”是教师的基本职责和崇高的道德义务。该书出版后成为当时许多师范院校和中小学教师师德教育的教材，受到他们的欢迎。

1989年出版的《科技伦理学基础》是为适应上海市理工科院校开设“科技伦理学”课程需要而编写的教材，该书从科技活动的特点和科技发展的现状出发，概述了科技伦理思想的发展历史，比较系统地论述了科技活动与道德的关系、科技道德规范、科技工作者的人格和道德品质、科技道德评价、科技管理中的道德问题和科技道德建设等。在论述科技活动与道德关系时，既肯定了科学技术的发展对道德的积极作用，又着重论述了道德因素对科技发展的重要作用，指出：科技工作者的道德品质有利于科技成果造福人类；科技工作者的道德精神是科技创造发明的巨大动力；科技道德和科学精神是科技工作者成才、成功的重要因素；科技道德可以协调科技集体内部关系，更好发挥人、财、物的作用。在论述科技道德评价问题时，指出，科技道德评价的客观标准应看：（一）是否有利于揭示自然的奥秘，促进科技本身的发展；（二）是否有利于促进社会经济繁荣和生态文明；（三）是否有利于促进社会精神文明和人的全面发展。而对科技工作者的科技活动进行评价时还应贯彻具体情况具体分析原则。该书还结合科技发展史上某些特定现象进行分析，一是对爱因斯坦从建议制造原子弹到反对原子武器制造的行为评价，二是对专利权几种不同态度的评价。

1993年出版的《人生的选择》，主要从伦理学角度考察人生的选择，该书论述了人生选择的必然性，指出“人生即选择”，论述了选择与责任，选择的心理基础，人生选择的原则。包先生认为，功利与道义的统一、个人的社会价值与自我价值的统一、自主性与规范性的统一、合理的目的与正当而有效手段的统一，是人生选择的四个基本原则。该书还探讨了人生选择中的一些普遍性问题，如：人生理想、人生道路、家庭婚姻、生活方式等选择，有利于促进青年对这些问题的思考。

包先生的科研成果主要有：《伦理学概论》（包连宗、朱贻庭主编）、《教师职业道德修养》（包连宗、郑建平著）、《科技伦理学基础》（包连宗主编）、《伦理学问答》（吴铎、包连宗、盛宗范著）、《人生的选择》（包连宗、黄建华著），共发表论文30余篇，并为《大百科全书哲学卷》撰写部分道德范畴条目，是《伦理学大辞典》主要撰稿人之一。

索引/关键字

J

K

L

M

N

O

P

Q

R

S

T

W

X